U0151018

“十四五”时期国家重点出版物出版专项规划项目
碳中和交通出版工程·氢能燃料电池动力系统系列

质子交换膜燃料电池堆

明平文　李冰　编著

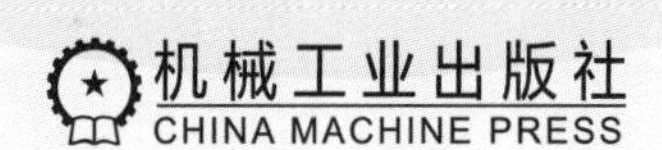

本书是围绕我国“碳中和”发展目标和《新能源汽车产业发展规划（2021—2035年）》发展愿景，为构建“碳中和”交通体系而编写的“碳中和交通出版工程·氢能燃料电池动力系统系列”之一。

质子交换膜燃料电池堆（简称电堆）是氢能载运工具及热电联供动力系统的核心器件。近年来，汽车用燃料电池相关基础理论和共性技术发展得很快，质子交换膜燃料电池堆步入了商业化前期轨道。本书首先介绍了电堆概述、电堆的工作原理与指标，其次介绍了电堆的性能设计、电堆的使用特性与系统匹配、电堆的寿命与可靠性保障、电堆典型故障成因及纠正预防措施、电堆的制造工艺与质量监测等相关基础共性技术，最后提出了电堆材料的进阶需求，列举了电堆的概念设计流程。本书融合了电堆理论知识和作者十余年的工程实践经验，极具现实指导意义。

本书可供高等院校师生、制造业企业和研究机构的工程技术研究人员及对电堆制造感兴趣的读者阅读。

图书在版编目（CIP）数据

质子交换膜燃料电池堆 / 明平文，李冰编著．—北京：机械工业出版社，2023.10

碳中和交通出版工程．氢能燃料电池动力系统系列　国家出版基金项目“十四五”时期国家重点出版物出版专项规划项目

ISBN 978-7-111-73831-2

Ⅰ．①质…　Ⅱ．①明…②李…　Ⅲ．①离子交换膜燃料电池－研究　Ⅳ．① TM911.48

中国国家版本馆 CIP 数据核字（2023）第 168911 号

机械工业出版社（北京市百万庄大街 22 号　邮政编码 100037）

策划编辑：王　婕　　　　责任编辑：王　婕

责任校对：郑　婕　陈　越　　责任印制：常天培

北京铭成印刷有限公司印刷

2024 年 2 月第 1 版第 1 次印刷

180mm×250mm・27.25 印张・2 插页・516 千字

标准书号：ISBN 978-7-111-73831-2

定价：199.00 元

电话服务　　　　　网络服务

客服电话：010-88361066　机　工　官　网：www.cmpbook.com

010-88379833　机　工　官　博：weibo.com/cmp1952

010-68326294　金　　书　　网：www.golden-book.com

封底无防伪标均为盗版　机工教育服务网：www.cmpedu.com

丛书编委会

丛书序

PREFACE

2022 年 1 月，国家发展改革委印发《“十四五”新型储能发展实施方案》，其中指出到 2025 年，氢储能等长时间尺度储能技术要取得突破；开展氢（氨）储能关键核心技术、装备和集成优化设计研究。2022 年 3 月，国家发展改革委、国家能源局联合印发《氢能产业发展中长期规划（2021—2035 年）》，明确了氢的能源属性，是未来国家能源体系的组成部分，充分发挥氢能清洁低碳特点，推动交通、工业等用能终端和高耗能、高排放行业绿色低碳转型。同时，明确氢能是战略性新兴产业的重点方向，是构建绿色低碳产业体系、打造产业转型升级的新增长点。

当前我国担负碳达峰、碳中和等迫切的战略任务，交通领域的低排放乃至零排放成为实现碳中和目标的重要突破口。氢能燃料电池已经体现出了在下一代交通工具动力系统中取代传统能源动力的巨大潜力，发展氢能燃料电池必将成为我国交通强国和制造强国建设的必要支撑，是构建清洁低碳、安全高效的现代交通体系的关键一环，也是加快我国技术创新和带动全产业链高质量发展的必然选择。

本丛书共 5 个分册，全面介绍了质子交换膜燃料电池和固体氧化物燃料电池动力系统的原理和工作机制，系统总结了其设计、制造、测试和运行过程中的关键问题，深入探索了其动态控制、寿命衰减过程和优化方法，对于发展安全高效、低成本、长寿命的燃料电池动力系统具有重要意义。

本丛书系统总结了近几年“新能源汽车”重点专项中关于燃料电池动力系统取得的基础理论、关键技术和装备成果，另外在推广氢能燃料电池研究成果的基础上，助力推进燃料电池利用技术理论、应用和产业发展。随着全球氢能燃料电池的高度关注度和研发力度的提高，氢燃料电池动力系统正逐步走向商业化和市场化，社会迫切需要系统化图书提供知识动力与智慧支持。在碳中和交通面临机遇与挑战的重要时刻，本丛书能够在燃料电池产业快速发展阶段为研发人员提供智力支持，促进氢能利用技术创新，能够为培养更多的人才做出贡献。它也将助力发展“碳中和”的国家战略，为加速在交通领域实现“碳中和”目标提供知识动力，为落实近零排放交通工具的推广应用、促进中国新能源汽车产业的健康持续发展、促进民族汽车工业的发展做出贡献。

丛书编委会

前言

PREFACE

面对日益增长的能源需求和紧迫的环境污染问题，开发零/低碳的可再生能源是保障我国能源安全和带动全产业链高质量发展的必然选择。氢能具备物质和能源双重属性，在供电、供热、交通运输及长时储能等方面有着巨大的潜力，是可再生新能源体系中的重要组成部分。作为氢能利用的重要转化装置，质子交换膜燃料电池具备效率高、功率密度高、易于启动等优点，在交通运输领域具有很大的应用潜力。我国政府在《新能源汽车产业发展规划（2021—2035年）》《汽车产业中长期发展规划》《能源技术革命创新行动计划（2016—2030年）》等顶层规划中指出，要鼓励并引导氢能燃料电池汽车产业发展。随着国家燃料电池汽车示范运营城市群的推广，质子交换膜燃料电池堆技术得到了快速发展。因此，有必要对质子交换膜燃料电池堆的技术发展进行总结归纳，并对有关未来电堆关键材料的进阶需求及概念设计流程进行预测，以期加快质子交换膜燃料电池商业化的步伐，促进社会逐步进入氢能时代。

本人从1994年开始进行燃料电池相关研究、开发与产业化推进，主要从事燃料电池电堆与系统技术及其过程工程研究。本人承担或主持了973、863、中国科学院重大科技专项等燃料电池相关课题30余项，2019年牵头国家重点研发计划“质子交换膜燃料电池堆可靠性、耐久性及制造工程技术”项目。本人牵头研发出国内首创的可量产、寿命超过5000h的车用电堆产品，重整燃料电池热电联供系统及潜航氢氧燃料电池系统样机；在燃料电池极板功能结构与材料、膜电极衰退与抑制、阴阳极水热管理与器件等研究方向，累计发表论文百余篇，授权并有效发明专利90多件。本人的研究成果先后获得中国汽车工业科技进步特等奖1项，辽宁省科学技术一等奖1项、二等奖2项。基于团队多年来的研究积累，由本人牵头撰写了这部著作。

本书详细介绍了质子交换膜燃料电池堆涉及的基本知识、原理、方法及改进措施。全书共分为9章：第1章介绍了质子交换膜燃料电池发展历史、分类、电堆系统结构和各组件功能；第2章～第4章总结了电堆工作原理、性能评价指标和改进策略，以及电堆使用特性和系统匹配需求；第5章～第7章总结了电堆寿命衰退原因与可靠性保障措施，典型故障成因及纠正预防措施，电堆制造工艺与关键质量监测措施；第 8 章和第 9 章展望了电堆关键组件发展趋势和电堆概念设计新方法、新举措。

本书是“碳中和交通出版工程 · 氢能燃料电池动力系统系列”中的一本，在此特别感谢系列图书组织单位同济大学新能源汽车工程中心及各合作企业、院校的大力支持和帮助。本书的内容是本人负责的国家重点研发计划项目及自然科学基金等研究成果的总结，在此对科学技术部、国家自然科学基金委员会和项目参与单位表示衷心的感谢。本书在杨代军老师、郑伟波老师和博士后唐富民、李淼协助下完成。博士生李翔、楚天阔、杨炎革、郭玉清、张晶晶、解蒙、万克创、史启通、康嘉伦、廉钰弢、霍然、岳才政、肖燕进行了书稿的校核，在此一并表示感谢。

本书可供可再生能源行业，特别是质子交换膜燃料电池电堆相关的从业人员参考，也可以作为高校能源与工程及相关专业学生的推荐用书。

由于理论与学识水平有限，书中难免存在谬误与不足之处，敬请读者批评与指正！

明平文

目 录

CONTENTS

第 3 章 电堆的性能设计

第 4 章 电堆的使用特性与系统匹配

第 5 章 电堆的寿命与可靠性保障

第 6 章 电堆典型故障成因及纠正预防措施

第 7 章 电堆的制造工艺与质量监测

第 8 章 电堆材料的进阶需求

第 9 章 电堆概念设计流程

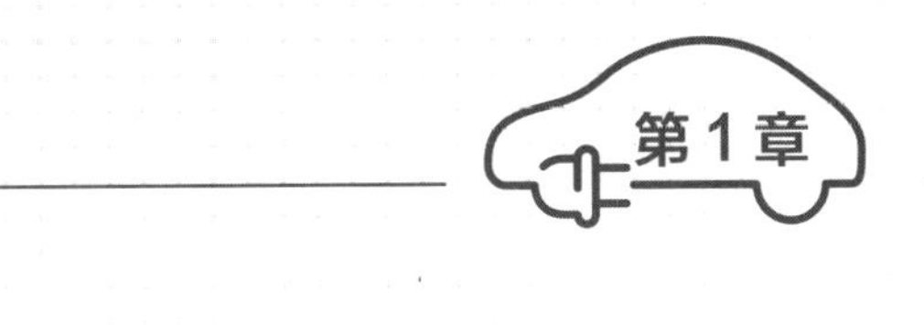

概　　述

传统化石能源主要包括煤炭、石油、天然气等，其能量的转化利用方式主要是利用热机将化学能转化为热能，再将热能转化为机械能或电能以供使用[1]，而这种转化方式存在三个较为突出的关键性问题：首先，其化学能转化为热能的过程会受到卡诺循环的限制，其极限能量转化效率不会超过理论卡诺循环效率；其次，能源不断消耗会在不同程度上导致人们对能源不足的恐慌和担忧；最后，在将传统化石能源中的化学能转化为热能的过程中会产生大量的环境污染物，如二氧化碳、一氧化碳、二氧化硫、氮氧化物、颗粒物等。其中排放出的二氧化碳是引起全球气候变暖的主要污染物，因为二氧化碳能够吸收红外辐射的气体化合物，从而在大气中捕获和保持热量使地球变暖，当煤炭、石油和天然气等化石燃料燃烧时，二氧化碳会累积并使大气负荷过重，据统计，大气中的二氧化碳含量自工业革命以来由 280×10^{-6}（ppm）增加到了 410ppm，并且如今地球的平均气温已经上升了约 1.3℃，非常接近 1.5℃的临界升温阈值，因此许多科学家认为，这可能导致严重的气候变化影响。另外传统化石燃料燃烧排放的其他污染物，如二氧化硫，是导致酸雨出现的污染物，颗粒物则会带来雾霾等环境污染。此外，传统化石能源是不可再生能源，随着快速发展的工业化和城市化进程，能源的消耗量和消耗速度都在不断增加。在化石能源盛行之初，世界的人口总数大约为 7 亿，而如今，世界人口规模已经达到了 70 亿，预计 2050 年世界人口将会突破 100 亿[2]，而能源是人类从事生产劳动不可或缺的部分，因此能源消耗量在快速增加，进而导致传统化石能源的储存量快速降低。总之，面对日益增长的能源需求和紧迫的环境问题，开发低碳和可再生的新能源成为世界各国迫切需要解决的问题，而这也关系到全人类未来的生存与发展。

改革开放以来，我国的经济社会快速发展，我国的 GDP 总量已跃居世界前列，能源消耗总量也持续大幅增长，目前我国已成为能源生产和消费大国。2000 年以来，我国能源消费总量年均增长近 2 亿 t 标准煤，到 2020 年已达 49.8 亿 t 标准煤，其中煤炭占比 56.8%，石油占比 18.9%，天然气占比 8.4%，一次电力及其他非化石能源占比 15.9%。由于大量使用化石能源，我国已经是全球温室气体排放量最大的国家，2020 年我国二氧化碳排放量占世界排放总量的 31.7%。在“两个一百年”奋斗目标的历史交汇点，针对“双碳”目标的发展新要求，着力调整能源结构、提高能效、加强低碳能源和可再生能源的消费比例，既是履行我国大国担当的重要举措，也是保障我国能源安全和带动全产业链高质量发展的先进道路。

在 2000—2010 年之间，氢能的发展跌宕起伏，先是被寄予厚望，随后又经历了期许过高和随之而来的幻想破灭。尽管如此，随着全球对改善气候条件的决心加强、政府部门出台的政策引导、氢能行业成本的逐渐下降及其性能方面的改进与提升，越来越多的证据表明，氢能是全球能源系统深度脱碳的一个利好选择[3]。低碳能源系统中的氢能在提供电能、热能、工业发展、运输及储能等方面有着巨大的潜力，此外，随着可再生能源的大规模发展和氢燃料电池、风电/光伏电解水制氢等高效电化学技术的逐步突破，氢气已被当作能源消费侧清洁的高能燃料。氢能既可由化石资源/核能集中制取，有利于碳捕集与利用，也可由再生能源分布式获得、实现就地消纳；氢气还被当作能源输配网的互联物质，借气、液等不同密度形态联通管道网和运输网，借高效氢-电互动联通管道网与电力网，实现跨季节储备与跨地域输配。作为可再生能源载体的氢能，已展现出源头低碳、输配无碳和消费零碳的能源远景，为全球范围内的大规模减碳提供了一种最具希望的战略途径。作为一种环境友好、转化率高的优秀能源，氢能在新能源开发中具有很大前景。

近年来，氢能的应用，如燃料电池的发展也是如火如荼，基于其优势而生的燃料电池叉车、无人机等应用已率先开辟了小型市场，而主流应用也即将到来。目前，美国、韩国等国家已经开发出商用燃料电池重型货车，并已经在多个国家上市。在日本，燃料电池的家用热电联供系统也得到了一定程度的推广。而为缓解对化石能源的进口依赖，实现国家能源安全战略，落实绿氢经济，氢能与燃料电池战略已被列入我国中长期战略规划。由 2019 年《中国氢能源及燃料电池产业白皮书》可知，我国氢能与燃料电池产业 GDP 在 2026—2030 年期间会达到 5 万亿人民币，到 2050 年将达到 12 万亿，带动相关行业 GDP 将达 33 万亿。与此同时，利用风能和太阳能等可再生能源电解水制氢，并应用于氢燃料电池汽车，具有非常好的经济效益和可持续发展的价值。不仅如此，目前大量化工产业的副产氢也可以最终用于燃料电池。因此，通过燃料电池的应用终端，可完美有效地利用化石能源并规避浪费，提高资源利用效率，最终实现排除碳素的“氢循环”。

追溯燃料电池的发展历史，在伏打于 1799 年发明了伏打电池的 3 年后，戴维指出了制造燃料电池的可能性。1839 年，威廉姆·格罗夫（William Grove）利用电解水产生氢气（H_2）和氧气（O_2），制造出第一节氢氧燃料电池，又被称为格罗夫（Grove）电池，如图 1-1 所示[4]。Grove 电池的发电过程是：在稀硫酸溶液中，插入 2 片白金箔，一端供给氧气，另一端供给氢气，氢气与氧气反应生成水，

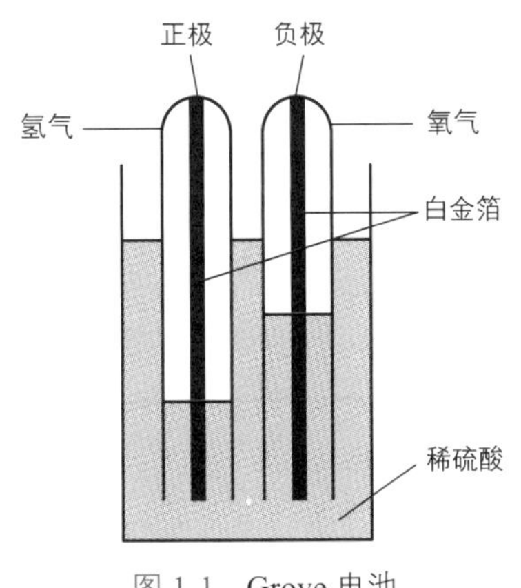

图 1-1 Grove 电池

同时产生电流。他把多只电池串联起来作电源，点亮了伦敦讲演厅的照明灯，拉开了燃料电池发展的序幕。然而由于电极所使用的铂很难获取，再加上获得的电能很小，格罗夫电池并没有得到实际的使用。

在格罗夫进行实验的同时，肖拜恩（C.F.Schoebein）在他的实验中也得到了与格罗夫实验类似的结果，此外他的实验发现金丝和银丝也能产生同样的效果，于是他在 1838 年给英国哲学杂志编辑的信中写道：我们声明电流是由氢气和氧气（溶解在水中）的化合引起的，而不是接触产生的[5]。因为肖拜恩的文章比格罗夫要早，所以也有人认为肖拜恩是第一个发明燃料电池的人。

1882 年，瑞利（L.Rayleigh）试图通过增加电极、溶液和气体的接触面积来提高铂电极的反应效率。他用了两片面积为 $20in^2$（$1in^2 = 6.45cm^2$）的铂网，空气电极侧将铂网平放在电解液面上，氢气电极侧则将铂网平放在密闭容器中液面上。他的这个“新型气体电池”可以产生“不大但还是可观的电流”。

1889年，英国人孟德（Mond）和朗格尔（Langer）首先提出燃料电池（Fuel Cells）这个名称，并且用一个与 Grove 电池相似的装置产生电流密度约 $0.2A/cm^2$ 的电流[6]。1894 年，奥斯瓦尔德（Ostwald）分析指出：使用燃料电池直接发电的效率可以达到 50% ~ 80%，而由热能做功的发电过程受卡诺循环限制，效率在 50% 以下。然而，就在燃料电池发展刚刚起步的时候，发电机问世了，它的出现推动了用热能做功发电技术的迅速发展，淡化了人们对燃料电池的兴趣，致使此后的 60 多年间燃料电池技术没有明显的进步。当然，有关电极动力学和材料制备等基础研究方面的不足也是制约燃料电池技术进展的因素之一。

20 世纪初，一些寻求高效能源的科学家又掀起了燃料电池的研究热潮。20 世纪 50 年代，英国剑桥大学的培根（Bacon）经过长期卓有成效的研究之后，成功地开发出第一个实用型燃料电池—使用多孔镍电极、功率为 5kW 的碱性燃料电池系统，其运行寿命达到 1000h。他的主要贡献可归纳为 3 个方面：①提出新型镍电极，采用双孔结构，改善了气体输运特性；②提出制备电极的新工艺（用锂离子嵌入镍板预氧化焙烧），解决了电极氧化腐蚀问题；③提出电池系统排水新方案，保证了电解液工作质量。显然，培根的研究成果奠定了现代燃料电池实用技术的基础。

20 世纪 60 年代，美国的航天事业迅速发展，急需高性能电池作为航天器的电源。宇航局引进培根技术，开发了阿波罗（Apollo）登月飞船用燃料电池，之后又把燃料电池列入宇宙飞船、太空实验室、航天飞机等空间开发计划中[7-8]。苏联的“礼炮 6 号”轨道站也采用燃料电池作为主电源。燃料电池在航天飞行应用中的巨大成功，进一步推动了燃料电池的研发热潮。

20 世纪 70 年代出现的能源与生态环境危机，又进一步刺激了发达国家政府和企业寻求高效清洁能源、发展新能源产业的需求，研发燃料电池恰恰顺应了这股时代发展的潮流，因而燃料电池备受关注。美国、日本等国纷纷制定燃料电池发展的长期计划，由此掀起了又一轮燃料电池商业化的研发高潮。以美国为首的发达国家大力支持民用燃料电池发电站的开发，重点是研发以净化重整气为燃料的磷酸燃料电池（PAFC），并建立一批中小型试验运行发电站。1977年，美国首先建成了民用兆瓦级磷酸燃料电池试验发电站，开始为工业和民用提供电力。至今，世界上已有百余台磷酸燃料电池发电站在各地试运行。自此之后，熔融碳酸盐（MCFC）和固体氧化物（SOFC）燃料电池也都有了较大进展。尤其是在20世纪90年代，质子交换膜燃料电池（PEMFC）采用立体化电极和薄的质子交换膜之后，电池技术取得一系列突破性进展，极大地加快了燃料电池的实用化进程。随着人们环保意识的提高，社会舆论的关注，世界各大汽车公司竞相开发“无污染绿色环保汽车”，质子交换膜燃料电池被认为是电动汽车的理想电源。美国三大汽车公司——通用（GM）、福特（Ford）和克莱斯勒（Chrysler）都已得到美国能源部的资助，大力开发燃料电池电动汽车，力争近期将它推向市场。显然，以大规模使用燃料电池为特征的能源产业变革，已指日可待了。

燃料电池无论在效率方面还是环境保护方面都具有很大的潜力，与传统的内燃机相比，燃料电池可以将氢气作为燃料来降低污染，燃料电池能够将氢气中的能量直接转化成电能，能量之间的转换不受卡诺循环的影响，转换效率能达到60%[9-11]。因为燃料电池发电时生成的产物是水，所以不会对环境产生污染。按照运行温度的高低，可以将燃料电池分为低温、中温和高温燃料电池[12]。质子交换膜燃料电池（PEMFC）属于低温燃料电池，其最大的优越性体现在工作温度低，最佳工作温度为80℃左右，且在室温也能正常工作，适宜于较频繁启动的场合，而且启动快，具有比其他类型的燃料电池功率密度更高及比蓄电池电动汽车续驶里程更长等优点。它可在较大电流密度下工作，既可用作固定发电站，又可作为移动运输工具的电源。特别是近年来，由于人们环保意识的增强及对化石燃料有限性取得的共识，世界上掀起了研究和开发PEMFC的热潮，PEMFC有望成为取代目前汽车动力的最有竞争力的动力源之一。而质子交换膜燃料电池堆（简称电堆）作为氢能载运工具及热电联供动力系统的核心器件，其发展已经步入了商业化前期轨道，因而有必要对质子交换膜燃料电池堆的技术发展进行总结归纳，并对有关未来车用电堆关键材料的进阶需求及概念设计流程进行预测，以期加快质子交换膜燃料电池商业化的步伐，促进社会逐步进入氢能时代。

1.1 质子交换膜燃料电池简史

早在 1850 年，人们就已经知道了“离子交换”过程[12]，但应用于燃料电池却是 100 年以后的事了。液态电解液存在密封和电解液循环方面的难题，采用固态电解质就会使结构更加简单。美国通用电气（General Electric，GE）公司是最早研究质子交换膜燃料电池（PEMFC）的机构，GE 公司的格鲁布（T.Grubb）和里德拉（L.Niedrach）首先开发了 PEMFC 技术。1955 年，格鲁布第一个提出将离子交换膜作为电解质的想法，1959 年该方法获得专利。

20 世纪 60 年代，GE 公司以磺化聚苯乙烯膜为电解质，开发了质子交换膜燃料电池，所用的氢气由氢化锂（LiH）和水反应发生。这种质子交换膜燃料电池随后被美国国家航空航天局（National Aeronautics and Space Administration，NASA）采用，用作双子星（Gemini）航天飞行器的辅助电源。这种功率 1kW 的燃料电池只有 32kg，十分轻巧。同时，电池工作过程中所形成的水可供宇航员饮用。然而当时仍存在着一些问题，如功率密度仍然较低（$<50mW/cm^2$）；聚苯乙烯磺酸膜在电化学反应条件下稳定性较差，寿命仅 500h 左右；Pt 催化剂用量太高等。

20 世纪 50 年代末，碱性燃料电池开始受到重视。剑桥大学的培根（Bacon）以比较廉价的镍代替铂作电极，以多孔气体扩散电极来增大气 – 液 – 固三相接触表面积，制备了高性能的碱性燃料电池。被 NASA 用于阿波罗登月飞船后，碱性燃料电池的研究变得热门，使质子交换膜燃料电池相关研究进入低潮。

此后，GE 公司继续对 PEMFC 进行开发，其中最大的突破发生在 20 世纪 60 年代中期，美国杜邦（Dupont）公司成功开发了全氟磺酸离子聚合物膜，其最先在氯碱工业中得到应用[13]。20 世纪 70 年代开始，通用电气公司采用全氟磺酸膜代替聚苯乙烯磺酸膜，提高了燃料电池的性能，使燃料电池的寿命超过 57000h。当时美国杜邦公司研制出的新型性能优良的全氟磺酸膜，即 Nafion 系列产品，相对于聚苯乙炔磺酸膜具有以下优点：一是氟碳化合物的存在，使膜具有更高的酸性；二是相对 C-H 键来说，C-F 键在电化学环境中具有更高的稳定性。尽管如此，由于燃料电池系统工作过程中膜的干涸问题没有得到很好的解决，PEMFC 技术的发展仍然十分缓慢。后来，GE 公司采用内部加湿和增大阴极区反应压力的办法解决了上述问题，并开发出 GE/HS-UTC 系列产品，但其仍存在着两个不足：一是贵金属催化剂用量太高，达 $4mg/cm^2$，导致电池成本太高；二是电池必

须以纯氧为氧化剂，如采用空气作氧化剂，即使在较高的压力下，电池的电流密度也只能达到300mA/cm^2，限制了PEMFC的应用。

1983年，出于军事应用的目的，加拿大国防部（Canadian Department of National Defence）对PEMFC产生了极大的兴趣，并于1984年资助加拿大巴拉德动力系统公司（Ballard Power System，简称巴拉德公司）开始研究PEMFC，其首要任务是解决氧化剂的问题，即用空气代替纯氧。另外，拟采用石墨极板取代NASA电池中的铌板，以降低电池的成本。1987年，巴拉德公司采用了一种由美国Dow化学公司研制的新型聚合物膜，以Pt/C为催化剂，并同时在电极中加入全氟磺酸树脂建立质子通道，增大了电极内反应的三相界面，提高了Pt的利用率。他们将电极与质子交换膜热压在一起制成膜电极（Membrane Electrode Assembly，MEA），降低了膜与电极之间的接触电阻，其电流密度可达430mA/cm^2。

20世纪80年代末期，以军事应用为目的的研制与开发，使得PEMFC技术取得了长足的进展，以美国、加拿大和德国为首的发达国家纷纷向燃料电池领域投入巨额开发资金。如美国电力研究所（EPRI）曾为美国军队制造了两台手提氢氧PEMFC发电机，一台电压为12V，功率为500W；另一台电压为24V，功率为1000W。1990年，巴拉德公司为加拿大国防部设计并制造了一台28V、4kW的甲醇空气PEMFC发电机，1994年6月加拿大国防部又拨款370万加元给巴拉德公司建造了一套40kW的PEMFC系统（用于潜艇），并于1996年完工。1994年7月，德国HDW造船公司投资930万加元给巴拉德公司研制PEMFC并安装在HDW建造的潜水艇上，德国西门子公司为德国海军设计制造的以PEMFC为动力的潜水艇已于1996年交付使用。这一系列军备竞赛似的研究与开发，使得PEMFC技术日趋成熟。

20世纪90年代，质子交换膜燃料电池的应用方向转向电动汽车与备用发电站等。1993年以后，巴拉德公司在PEMFC技术上快速发展，在巴拉德公司的带动下，许多汽车制造商参加了燃料电池车辆的研制，例如：Chrysler、Ford、GM、Honda、Toyota等，大大地促进了PEMFC在汽车领域的发展，PEMFC进入了一个飞速发展的阶段。在20世纪90年代初，巴拉德（Ballard）公司研制成功第一代MK5和MK513 PEMFC。在此基础上，其与德国戴姆勒－奔驰公司用MK5电池组组装出第一代以PEMFC为动力的电动汽车。以此为基础，巴拉德公司又用MK513组装了200kW电动汽车发动机，以高压氢为燃料，装配出20台试验样车。其最高时速和爬坡能力均与柴油发动机一样，且其加速性能还优于柴油发动机。1994年，德国戴姆勒集团（Daimler AG）汽车公司使用巴拉德公司研制的质子交换膜燃料电池堆作为动力能源，研制了功率为50kW的Necar1电动汽车。1996年研制了功率为50kW的Necar2电动汽车。他们在1997年又研制了功率为 250kW 的 Nebus 电动公共汽车。2008 年北京奥运会及 2010 年上海世博会，我国也投入使用了质子交换膜燃料电池汽车，起到了较好的示范作用。2014 年年底，丰田宣称实现了燃料电池汽车商品化生产，其首款燃料电池汽车命名为“未来”（Mirai），并在 2015 年初将相关的 5680 项专利无偿开放，以加速燃料电池汽车的商业推广。此外各国政府对 PEMFC 研发和基础设施建设的投资也将持续下去。具体情况为：美国计划依靠燃料电池、混合动力和生物燃料等技术的共同发展，逐步摆脱对石油燃料的依赖，并将 PEMFC 列入长期发展规划中。日本政府的目标则是 2030 年前后实现燃料电池汽车商业化。

此外，直接甲醇燃料电池（DMFC）也是质子交换膜燃料电池的一种，因为它同样采用质子交换膜作为电解质。然而 DMFC 的出现比 PEMFC 还要早，最初采用液态电解质。1951 年，科德什（Kordesch）和马可（Marko）就研究了 KOH 中以碳为电极的直接醇类（甲醇和乙醇）和甲醛燃料电池。后来艾丽斯查尔摩斯（Allis Chalmers）公司的研究人员也试验了碱性电解液中的直接甲醇燃料电池。1965 年，壳牌和 ESSO 的研究人员采用了酸性电解液，因为其不会和产物中的 CO_2 反应。随后的几十年里 DMFC 没有引起人们的太大兴趣，直到 1992 年，新型质子交换膜 Nafion 膜在 PEMFC 中的应用取得成功。这时 DMFC 的结构与 PEMFC 相似，我们才称其为 PEMFC 的一种。

1.2 我国 PEMFC 发展简史

我国是世界上从事燃料电池研究较早的国家之一，早在 20 世纪 50 年代，出于航天事业的需要，一些科研单位即开始了这方面的研究[14]。我国在“七五”“八五”“九五”期间都安排了相应的质子交换膜燃料电池攻关项目，且取得了一定的进展。根据《新能源和可再生能源发展纲要》，燃料电池技术被列入“新能源和可再生能源发展优先项目”，在“九五”计划末已经有 20 多家研究单位投入 PEMFC 的研制。我国首辆燃料电池汽车于 1999 年在清华大学试验成功。

在这之后的“十五”期间（2001—2005 年），我国开始在燃料电池汽车技术领域组织大规模的研发工作，并在“863”重大专项中指出支持 PEMFC 的研发。2003 年 3 月，“中国燃料电池公共汽车商业化”示范项目启动。2008 年，以 PEMFC 为动力的燃料电池汽车在奥运会期间亮相于北京。“十五”期间，上海神

力公司研发的燃料电池轿车发动机，以气态氢为燃料，净输出功率达 50kW，能量转化率高于 50%，而运行噪声仅为 70dB。该公司所研发的燃料电池客车发动机，净输出功率为 100kW，能量转化率为 45% ~ 52%，运行噪声为 76dB。中国科学院大连化学物理研究所、中国科学院电工研究所和武汉东风汽车工程研究院合作，开发成功以 30kW PEMFC 为动力的 19 座中型客车，最高车速可达 60.3km/h，爬坡度为 16°，0 → 40km/h 的加速时间为 22.1s。

“十一五”（2006—2010 年）和“十二五”（2011—2015 年）规划继续把燃料电池汽车列为重点支持项目。这期间是我国燃料电池汽车从示范考核到产业化的启动阶段。2006 年，《国家中长期科学和技术发展规划纲要（2006—2020 年）》指出，要在我国逐步形成燃料电池汽车的自主研发能力。2010 年，全球最大的 PEMFC 示范发电站在华南理工大学建成，标志着我国 PEMFC 的各项技术已达到国际先进水平。2012 年“中国燃料电池汽车技术创新战略联盟”成立，成员包括同济大学、清华大学、武汉理工大学、重庆大学、中国科学院大连化学物理研究所等众多高校和研究机构，以及上汽、一汽、东风、长安、奇瑞等多家汽车企业，目的是紧密产学研联合，促进燃料电池汽车产业更好更快的发展。2014 年，上汽荣威 950 Ⅳ型燃料电池汽车出产，其搭载的动力蓄电池（镍钴锰酸锂电池）和氢燃料电池（质子交换膜燃料电池）所组成的动力系统可保证车辆在 40km/h 等速工况下持续行驶 430km。同年，北汽福田欧辉燃料电池客车和东风 EQ5080 燃料电池厢式运输车也相继问世。

进入“十三五”后，我国的目标是建立起完善的新能源汽车科技体系和产业链。2017 年，在三部委（工业和信息化部、国家发展改革委和科学技术部）联合发布的《汽车产业中长期发展规划》中，进一步强调了燃料电池汽车的战略地位。与此同时，我国推出的最新补贴政策明确指出，燃料电池汽车补贴不退坡，补贴力度已经达到美国和日本的 4 倍。在利好政策的支持下，我国与国际先进 PEMFC 生产厂商的联系也进一步加强，2017 年，加拿大 Hydrogenics 与巴拉德公司先后与我国企业签署合作协议。综合上述可知，我国对燃料电池汽车给予了足够的重视和支持。

目前，在国家政策的支持下，燃料电池产业链逐步完整，各项技术也越来越成熟。催化剂生产企业代表有贵研铂业、武汉喜马拉雅、上海唐峰、北方稀土等；质子交换膜厂家主要有山东东岳、雄韬股份、同济科技、浙江汉丞科技；气体扩散层企业有武汉绿动氢能、深圳通用氢能、中氢科技、上海河森电气、济平新能源、台湾碳能科技等；膜电极代表企业有雄韬股份、潍柴动力、武汉理工新能源、鸿基创能、新源动力、苏州擎动等；电堆生产企业有大洋电机、东方电气、雪人股份、雄韬股份、潍柴动力、上汽集团、上海神力科技、鸿基创能等；双极板企业包括氢璞创能、上海治臻、新源动力、上海神力科技、明天氢能科技、喜马拉雅光电等；燃料电池系统企业包含亿华通、宇通客车、潍柴动力、雄韬股份、大洋电机、上汽集团、全柴动力、中国动力、同济科技、科力远、英威腾、康盛股份、美锦能源、宗申动力、苏州弗尔赛、上燃动力、上汽集团、广东国鸿等；燃料电池汽车生产代表企业包含上汽集团、宇通客车、金龙汽车、福田汽车、厦门金旅、佛山飞驰、康盛股份、东风汽车、一汽集团、华菱星马、凯龙股份、美锦能源等；空压机企业代表有雪人股份、大洋电机、昊志机电、英威腾、航天 11 所、广顺、航天 811 所、重塑科技、爱德曼等；储氢瓶企业包括中材科技、京城股份、富瑞特装等；加氢站企业包括福田汽车、雄韬股份、同济科技、厚普股份、鸿达兴业、金通灵、京城股份、美锦能源、中泰股份、东华能源、金鸿能源、华昌化工等。以上这些企业逐步研发了具有自主产权的产品，构筑了国内完整的产业链结构，进一步推进了燃料电池的商业化进程。

总体来说，我国燃料电池汽车技术的研发起步不晚，发展速度也不慢，但是产业基础薄弱 [15-16]。正如中国科学院院士衣宝廉所说的“虽曾陷低迷，如今三分天下有其一”，燃料电池的道路是曲折的，但发展前途是光明的。在 PEMFC 的基本理论研究方面，我国与世界先进国家的差距并不大，在这一方面公开发表的论文也较多 [17-18]。我国在燃料电池催化研究方面已经取得了可喜的成果 [19-20]，尤其在膜电极材料研发方面 [21-22]。但是还需要重视结构优化、结构集成、封装和可靠性等方面的研究，这是影响 PEMFC 实际应用并大规模产业化的关键因素，也是我国 PEMFC 从实验室真正走向市场的关键环节。

1.3 PEMFC 分类

1.3.1 不同方式的分类

燃料电池的分类方式有很多，常用的方式是按照燃料电池电解质性质和工作温度进行分类。

因为电解质可以分为酸性、碱性、熔融盐类或固体类，所以燃料电池可以分为五类：碱性燃料电池（Alkaline Fuel Cell，AFC）、质子交换膜燃料电池（Proton Exchange Membrane Fuel Cell，PEMFC）、磷酸燃料电池（Phosphoric Acid Fuel

Cell，PAFC）、熔融碳酸盐燃料电池（Molten Carbonate Fuel Cell，MCFC）、固体氧化物燃料电池（Solid Oxide Fuel Cell，SOFC）。

按工作温度范围的不同，一般把碱性燃料电池（AFC，100℃）和质子交换膜燃料电池（PEMFC，100℃以内）归为低温燃料电池，将磷酸燃料电池（PAFC，200℃）归为中温燃料电池，把熔融碳酸盐燃料电池（MCFC，650℃）和固体氧化燃料电池（SOFC，1000℃）称为高温燃料电池，各类燃料电池特征见表1-1。

表1-1 各类燃料电池的特征

项目	碱性燃料电池	质子交换膜燃料电池	磷酸燃料电池	熔融碳酸盐燃料电池	固体氧化物燃料电池
电解质	KOH溶液	全氟磺酸膜	磷酸盐	（Li_3K）CO_3	固体金属氧化物
燃料	纯氢	氢、重整气	天然气、氢	天然气、煤气	氢、天然气、煤气
传导离子	OH^-	H^+	H^+	CO_3^{2-}	O^{2-}
工作温度范围	低温（60～120℃）	低温（60～120℃）	中温（160～220℃）	高温（400～1000℃）	高温（400～1000℃）
特性	无污染、效率高、造价高、少维护、不适合工业应用	无污染、低噪声、固体电解质、适合流水线大规模生产、成本与常规技术相比较贵	低污染、低噪声、成本较高、连续运行效率低	低噪声、无外部气体配置、能源利用率高	低噪声、能源利用率高、材料要求严苛

目前，PEMFC按照燃料的种类和来源分类，可以分为四类：氢氧质子交换膜燃料电池、直接甲醇燃料电池、直接乙醇燃料电池、直接甲酸燃料电池[23]，而后三者又可以统称为碳质化合物质子交换膜燃料电池，现分别阐述。

1 氢氧质子交换膜燃料电池（H_2/O_2型PEMFC）

H_2/O_2型PEMFC是目前研究最为充分，也是技术最为成熟的质子交换膜燃料电池，习惯上，PEMFC也专指H_2/O_2型燃料电池。H_2/O_2型PEMFC具有较高的功率密度（可达$2.0W/cm^2$[24]），远远超过了其他类型的燃料电池。虽然各种H_2/O_2型PEMFC汽车和固定发电站早已试运行，但目前该类电池仍存在一些缺点，使其尚不能进入规模化的商业应用。这些缺点主要有：①所用的质子交换膜、催化剂价格昂贵；②电池性能的稳定性不理想；③水热管理系统复杂；④H_2的储存效率低下。

由于成本的限制，H_2/O_2型PEMFC只在特殊的应用领域具有竞争力。要想取代目前普遍应用的内燃机，H_2/O_2型PEMFC除了要进一步提高功率密度外，还需要具有与内燃机相当甚至更低的成本。虽然H_2/O_2型PEMFC以H_2为燃料时性能最佳，但H_2需要消耗其他的能量来制取，且H_2的体积能量密度小，储存效率很低。一般认为，PEMFC 能运行 5000h 以上且电池性能没有明显的下降时才能在实际中使用，但现在的电池材料难以满足上述的要求。此外，以加氢站取代加油站，也需要大量的前期资本投入。因此在 H_2/O_2 型 PEMFC 的大规模商业化应用之前，还有一系列的问题亟待解决。

2 碳质化合物质子交换膜燃料电池

除了以 H_2 为燃料外，质子交换膜燃料电池还可以以碳质化合物如甲醇、甲酸、甲醚、乙醇等为燃料直接液体进料。在各种碳质化合物燃料中，甲醇因具有较高的电化学活性而成为研究的热点，该类电池被称为直接甲醇燃料电池（Direct Methanol Fuel Cell，DMFC）。

直接甲醇燃料电池的研究基本与 H_2/O_2 型 PEMFC 同时起步，但其早期采用的是酸性或碱性液体电解质，电池性能很差[25]。20 世纪 90 年代初，受 H_2/O_2 型 PEMFC 的启发，直接甲醇燃料电池开始采用固态的全氟磺酸膜作为电解质，形成了现在的 DMFC，电池性能得到了极大的提高。DMFC 与 H_2/O_2 型 PEMFC 的电池结构基本一样，差别主要在于 DMFC 的阳极采用的不是 Pt/C 催化剂，而是对甲醇催化活性较高的 Pt-Ru/C。电池工作时，甲醇水溶液从流道穿过扩散层进入电池的阳极催化层，在 Pt-Ru/C 的催化作用下分解为 CO_2、电子和 H^+。CO_2 经扩散层反向扩散至流道排出，H^+ 经过质子交换膜到达阴极催化层，与阴极的 O_2 和从外电路传导至阴极的电子发生反应产生水。DMFC 的电极半反应和电池总反应为：

阳极：

$$CH_3OH+H_2O \longrightarrow CO_2+6H^++6e^- \tag{1-1}$$

阴极：

$$\frac{3}{2}O_2+6H^++6e^- \longrightarrow 3H_2O \tag{1-2}$$

总反应：

$$CH_3OH+\frac{3}{2}O_2 \longrightarrow CO_2+2H_2O \tag{1-3}$$

与 H_2/O_2 型 PEMFC 相比，DMFC 的显著优点在于使用的燃料为廉价易得、储运方便的液体甲醇，且水热管理简单，辅助配件少。DMFC 体积小、质量轻，因此非常适合当作便携式电源用于手机、笔记本等。目前 DMFC 面临着两大技术难题：①阳极催化剂对甲醇的催化活性低，电池的功率密度偏小；②电池运行时，甲醇容易随水透过膜扩散至阴极，毒化阴极催化剂并与 O_2 直接发生反应形成混合电路。

1.3.2 典型的应用系统架构

质子交换膜燃料电池系统是一个非线性、多输入、强耦合的复杂系统，其中电堆模块是整个系统发电的核心部件，也是最复杂的部件。要想使燃料电池系统持续、稳定地运行，除了维持核心部分电堆模块的正常运转外，还需要为其搭配一些辅助部件。这些辅助部件则构成了燃料电池的附属系统。电堆模块与附属系统之间既存在区别又存在联系。如图 1-2 所示，实际的 PEMFC 应用系统涉及以下子系统：空气供给子系统、氢气供给子系统、增湿 / 水管理子系统、热管理子系统、电力调节子系统、控制 / 监督子系统。

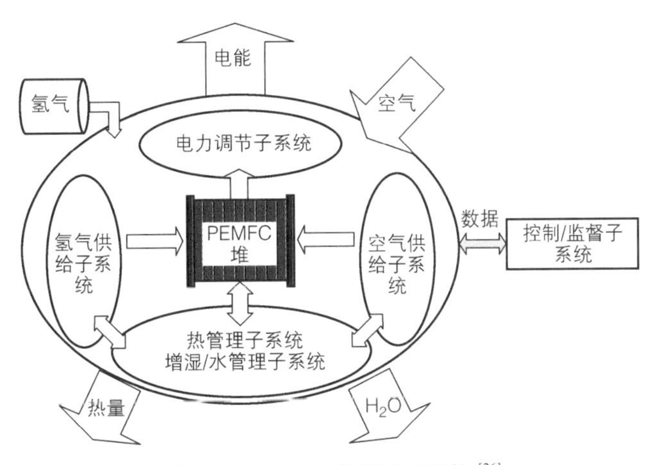

图 1-2 PEMFC 应用系统架构[26]

1 空气供给子系统

空气供给子系统负责为电堆模块的阴极侧提供反应所需的氧气，同时提供足够的空气流量、空气压力和适宜的湿度。如图 1-3 所示，空气供给子系统主要由空气过滤器、空气流量计、空气压缩机、供应与排出管道、电堆阴极流道及相应的出入堆口温度、压力传感器等模块组成。

空气通常由鼓风机或压缩机提供，该鼓风机或压缩机位于进气口处。通过调节鼓风机或压缩机，可以保持足够的空气，以在整个功率范围内保持所需的阴极化学计量流速（Stoichiometric Ratio，SR）。适当的流速可以使堆栈在最佳和有效的状态下运行，若空气流量严重不足，则可能会导致电池输出功率下降，甚至损坏电池。空气供给子系统的另一个功能是为燃料电池堆提供适当的空气压力。空气在入口处的压力通常从略高于大气压的压力加压至 2.5Pa[27]。实际上通过实验可以发现，较高压力下运行燃料电池会提升电堆的输出功率。然而，高压会导致与压缩机相关的较高的能量消耗，因此应该在提高堆栈级效率和降低系统级功率损耗之间应折中考虑。压力调节需要在反应物出口处使用可变的下游压力阀（喷嘴）。流速和气压的控制通常是耦合的。

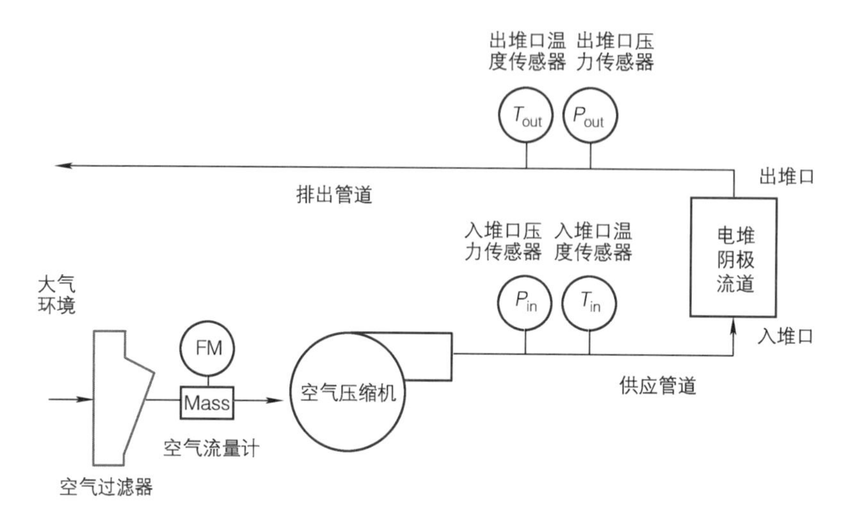

图 1-3　空气供给子系统组成

在空气进入电堆前需要通过空气过滤器，空气过滤器通常为双层结构，外层为物理过滤层，主要过滤空气中的微粒；内层为化学过滤层，主要过滤危害阴极侧触媒的化学成分，流经空气过滤器的空气压力损耗一般忽略不计。空气流量计用于计量阴极侧的空气流量，其测量精度决定了空气回路中的流量控制精度。出堆口与入堆口处的温度、压力传感器用于测量阴极侧出堆口和入堆口空气的温度与压力信号，并将其传输至控制器中，由控制器进行数据处理与分析工作。

通常在电堆运行时需要过量提供反应所需的氧气，而过量的氧气是通过调节空气供应回路的空气流量来实现的，具体方法是通过改变空气压缩机（简称空压机）的转速来实现。此外，空气回路的压力控制也非常重要，合适的压力梯度有利于阴极液态水的排出，同时需要保证阴阳极的压差在质子交换膜的可承受压力范围内。空气回路的流量与空气压缩机的转速及压力有关，压力与流量两个物理量耦合程度较高，因而难以直接控制，通常需要建立空气压缩机的数学模型并设计解耦控制算法，从而实现两个物理量的相对独立控制。

2 氢气供给子系统

与空气供给子系统类似，氢气供给子系统主要负责为电堆模块的阳极侧提供反应所需的氢气，同时提供足够的氢气流量、氢气压力和适宜的湿度。图 1-4 为氢气供给子系统的组成，它主要由比例阀、温度与压力传感器、疏水阀、排气阀和阳极流道等模块组成。

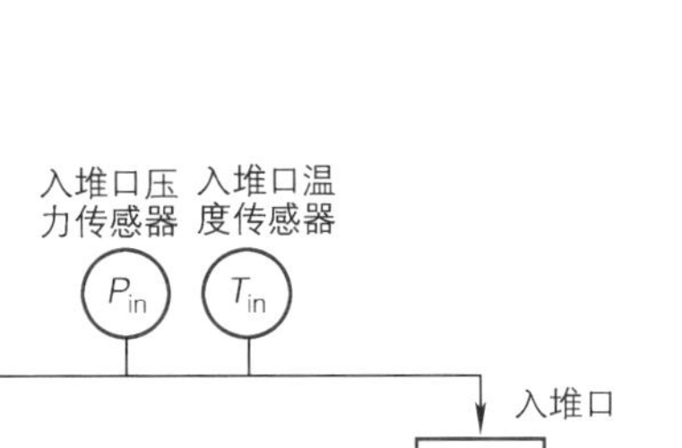
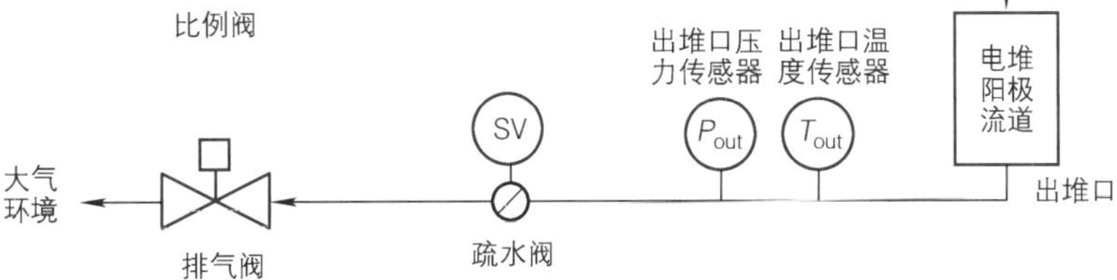

图 1-4 氢气供给子系统组成

一般而言，储氢瓶中的氢气经过二级减压后到达比例阀前端的压力为 800kPa 左右，比例阀后端的氢气压力最高不能超过 50kPa，因此比例阀通常承担降压、调压和调节流量的功能。疏水阀安装在氢气供应回路的出口处，主要作用是将管道内的冷凝水排放至管道外，提高氢气的干燥程度。出堆口与入堆口处的温度、压力传感器用于计量出堆口和入堆口处氢气的温度与压力信号。

为了增加燃料电池汽车的行驶里程并提高氢气的利用率，氢气供应系统采用阳极死端模式：正常运行时紧闭排气阀；当阳极氮气的累积及水淹问题导致电堆性能下降时开启排气阀，排出累积的氮气及液态水。此外相较于阳极管道的口径，排气阀的口径建议采用其 1/4 口径，以减小排气扰动对氢气压力控制的影响。

氢通常从储氢瓶中供应，因为就目前的技术而言，氢通常被压缩储存。由于阀门、压力调节器和流量调节器的参与，氢气的压力和流量可以被控制。氢可以以封闭式或流通的模式供应。在封闭式的模式中，氢气出口关闭，氢气在燃料电池中消耗。由于从阴极侧扩散的杂质、水蒸气和氮气可能随着运行而积聚，因此通常需要定期吹扫氢气室[28]。在流通模式中，过量的氢气流过流道，这意味着阳极化学计量流量（Sa）大于 1。未使用的氢气通过喷射器或泵装置返回到入口侧。在流通模式操作中，通常需要分离和收集可能存在于阳极出口处的任何液态水。

3 增湿 / 水管理子系统

质子交换膜燃料电池中质子的传导性和膜的含水量之间有直接的关系，因此需要保持膜适当的湿度，以确保在电池运行期间可靠的离子传导性。为了提高空气进气的温度和湿度，同时利用空气尾气中的热量和水气，采用增湿焓轮将空气进气和空气尾气进行热交换和水气交换。阴极侧产生的水和空气中的水分通常不足以维持膜的湿度。解决这个问题的一种常见方法是在它们进入流道之前添加一个加湿器，用来加湿空气、氢气或两者的混合物。当然，还可以采用其他各种加湿方案，例如通过水鼓泡气体，直接注水或注入水蒸气，通过水可渗透介质交换水等。

4 热管理子系统

在将化学能转化为电能时，质子交换膜燃料电池的效率通常低于 60%。如果这些热量不能及时合理地从电堆中释放，则可能导致电堆局部出现过热现象，轻则减少使用寿命，重则电堆报废[29]。这意味着其中少部分热量通过气体排出，绝大部分热量需要通过散热风扇及冷却管道来带走。研究发现，在 60 ~ 80℃之间运行质子交换膜燃料电池可以获得更高的效率。为了使质子交换膜燃料电池在这个有利的温度区间内工作，必须采用冷却部件。热管理系统主要负责调节电堆模块的温度，维持系统的热平衡。其组成如图 1-5 所示，该系统主要由冷却管道、散热风扇、循环水泵、散热器、去离子器及温度与电导率传感器等模块组成。其具体运行过程如下：当电堆温度较高时，让冷却液流经大循环回路，利用冷却管道和其他散热设备将热量带走，让电堆处于较理想的工作温度点。正常运行时，电堆内部的工作温度无法直接测量，只有通过冷却液的出堆温度来进行判断。合理的电堆温度可以让电堆处于合理的湿度范围，保证电堆良好的输出性能。整个回路中散热风扇的转速是一个重要的控制量。通过闭环控制调节散热风扇的转速大小，从而调节冷却液的入堆温度，最终保证电堆处于一个良好的温度范围。

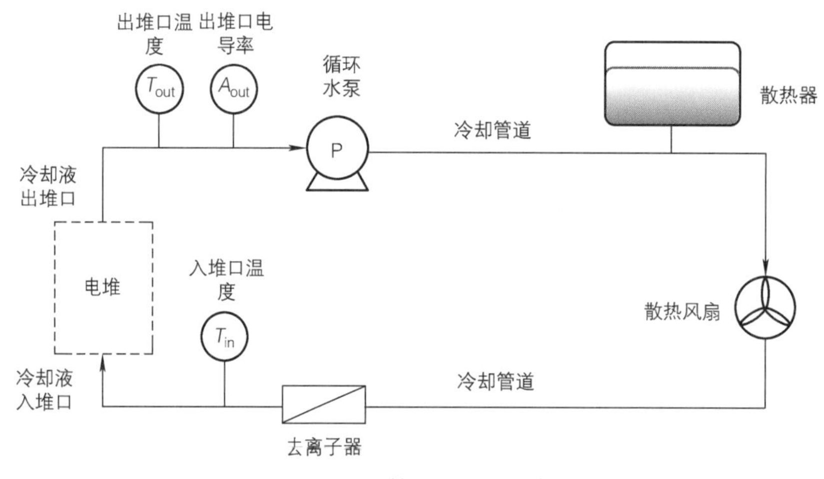

图 1-5 热管理子系统组成

冷却液流经电堆内部并吸收热量，循环水泵负责输送带着巨大热量的冷却液途经散热风扇，最后返回至冷却液的入堆口处，它是维持系统热平衡的重要部

件之一，通常会与散热风扇配合使用。此外，冷却液流经电堆时，和各节的双极板均有接触，因此必须确保冷却液具有足够的绝缘阻抗，否则会导致电堆内部短路，严重情况下甚至会导致燃烧爆炸的后果。因此，在回路中配备电导率传感器，来时刻监测冷却液的电导率，防止人身安全事故的发生。同时，回路中还增加了去离子器，用来降低回路冷却液的电导率。通常去离子器和电导率传感器之间会相互配合使用，当系统中冷却液的电导率过大且无法降低时，需要开启去离子器或通过散热器更换冷却液。

5 电力调节子系统

当在负载变化的情况下使用堆栈时，燃料电池堆栈的输出电压不是恒定的。此外，电池组的输出功率通常不适合负载的电压。DC/DC 变换器是一种将直流电能变换为负载所需的电压或电流可控的直流电能的装置。它通过高速通断控制把直流电压斩成一系列的脉冲电压（也叫斩波器），通过控制通断占空比或通断周期来改变这一序列的脉冲宽度，以实现对电压平均值的调节，经过滤波器滤波，最后在被控负载上得到电流或电压可控的直流电能。DC/DC 变换器用于将堆栈电压调节到固定值，该值可以高于或低于输出堆栈电压。请注意，根据应用对象，可能需要多个 DC/DC 变换器来产生不同的输出电压。例如，在燃料电池车辆中，存在用于辅助子系统的 DC/DC 变换器和用于主电源的 DC/DC 变换器。为辅助子系统设计的变换器的输出功率可以提供给辅助了系统中的组件，例如空气压缩机、冷却风扇和启动电池。在主电源中的 DC/DC 变换器中，电源逆变器和电动机通常是主要部件[30]。

6 控制 / 监督子系统

为了使质子交换膜燃料电池系统在高效安全的状态下运行，各种子系统应该正常运行和协作。控制 / 监督子系统在实现这些目标方面发挥着重要作用。一方面，它通过合成来自采样数据的操作信息，可以给出命令以有效地控制不同的子系统；另一方面，它还可以利用监督功能检测异常状态。

PEMFC 系统的负载经常发生变化，因此必须由控制 / 监督子系统对系统各部分进行实时监控，并根据负载的变化不断跟踪、调整氢气和空气的进气量。为保证 PEMFC 系统安全、高效、稳定地运行，控制 / 监督子系统需包括启动控制程序、停机控制程序、故障检测报警程序，以及关键参数的检测报警程序、运行参数的调整和控制程序。控制 / 监督子系统由温度及压力传感器等多种传感元件、电磁阀等执行元件和计算机控制软件构成。控制 / 监督子系统最终可实现 PEMFC 系统的全自动运行。

1.4 PEMFC 的电堆结构

1.4.1 电堆模块

PEMFC 动力系统主要通过燃料电池堆模块搭配相应的辅助子系统，如氢气供给子系统、空气供给子系统、水热管理子系统、电力调节子系统和控制 / 监督子系统等实现运转发电，如图 1-6 所示。其中，燃料电池堆模块是发生电化学反应的场所，为燃料电池发动机提供动力来源，被称为燃料电池发动机系统的心脏，是整个燃料电池系统中最为核心的部分。图 1-7 展示了国内外厂家的电堆产品。

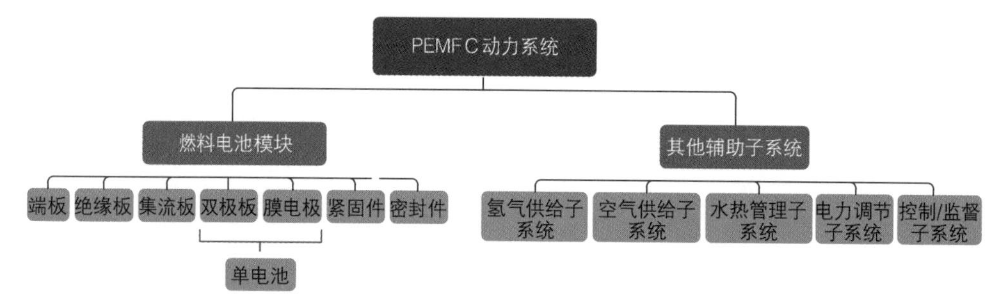

图 1-6　PEMFC 动力系统组成

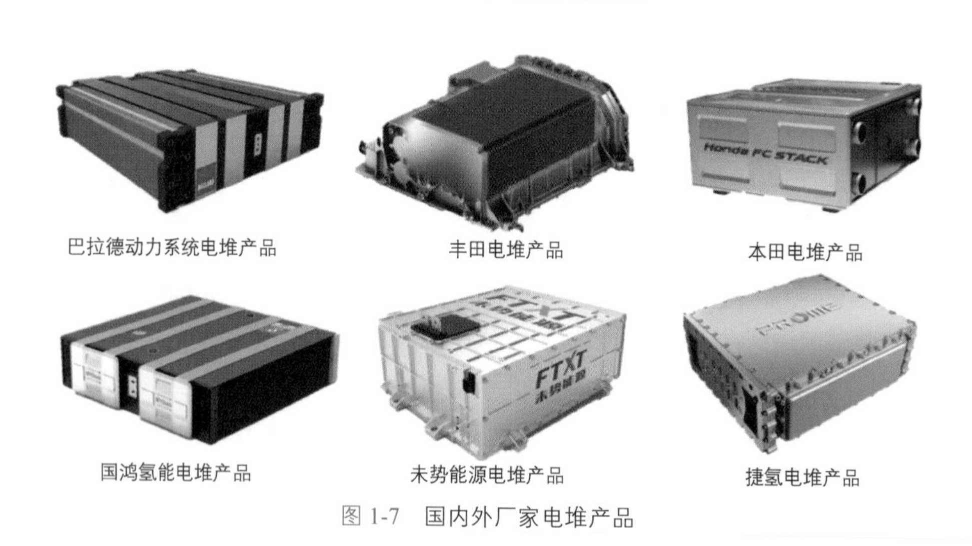

图 1-7　国内外厂家电堆产品

电堆模块主要由端板、绝缘板、集流板、双极板、膜电极、紧固件、密封件七个部分组成，其中膜电极和两侧双极板组成单电池，为反应发电的最小单元。由于质子交换膜燃料电池（PEFMC）单电池产生的电压非常有限，即使在最理想的状态下，其产生电压也不超过1.23V，再加上伴随产生的各种极化现象会损耗生成电压，实际能输出的电压范围大概在0.6～0.8V，因此在实际使用过程中，工程师通常根据实际电流、电压和功率的需求，通过双极板与膜电极交替叠合，将多个单电池串联叠加在一起，并在各单体之间嵌入密封件，最后使用端板配合紧固件（通常采用螺杆或者钢带）以一定的压紧力将内部结构紧密封装在一起，装配成为电堆结构。质子交换膜燃料电池堆模块的剖面示意和实体结构如图1-8所示。

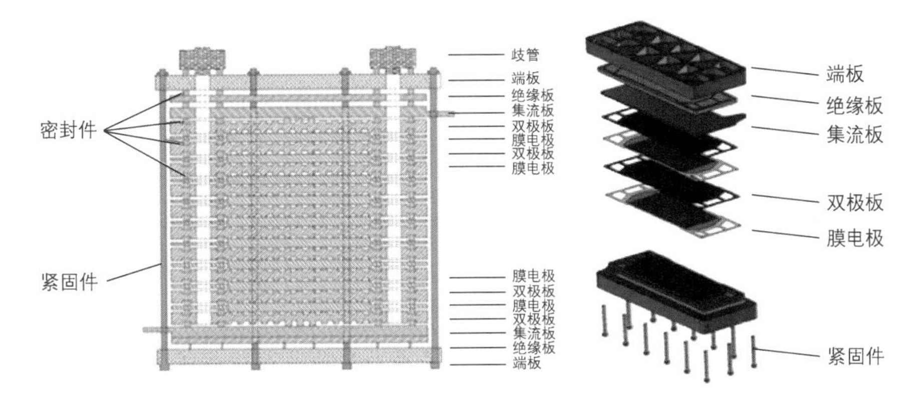

图1-8 质子交换膜燃料电池堆模块剖面示意及实体结构

电堆模块中各组件的相应功能及要求如下：

（1）端板 端板的主要作用是控制各组件间的接触压力并配合紧固件提供紧固力，因此足够的强度与刚度是端板最重要的特性。足够的强度可以保证在封装力作用下端板不发生破坏，足够的刚度则可以使得端板变形更加合理，从而均匀地传递封装力到密封件和膜电极上，对于电堆性能及整体稳定性具有重要作用。

（2）绝缘板 绝缘板对燃料电池功率输出无贡献，仅对集流板和后端板电隔离。为了提高功率密度，要求在保证绝缘距离（或绝缘电阻）的前提下最大化减小绝缘板的厚度及重量。但减小绝缘板厚度易导致在制造过程中产生针孔，并且可能引入其他导电材料，引起绝缘性能降低。

（3）集流板 集流板是将燃料电池的电能输送到外部负载的关键部分。考虑到燃料电池的输出电流较大，多采用导电率较高的金属材料制成的金属板（如铜板、镍板或镀金的金属板）作为燃料电池的集流板。

（4）双极板 燃料电池双极板（Bipolar Plate，BP）又叫流场板，是电堆中的“骨架”，与膜电极层叠装配成电堆，在燃料电池中起支撑、收集电流、为冷却液提供通道、分隔氧化剂和还原剂等作用。

（5）膜电极　质子交换膜燃料电池（PEMFC）的核心组件就是膜电极（Membrane Electrode Assembly，MEA），它一般由质子交换膜、催化层与气体扩散层三个部分组成所谓的“三合一结构”。PEMFC 的性能由 MEA 决定，而 MEA 的性能主要由质子交换膜性能、扩散层结构、催化层材料和性能、MEA 本身的制备工艺决定。

（6）紧固件　紧固件的作用主要是维持电堆各组件之间的接触压力。为了维持接触压力的稳定和补偿密封件的压缩永久变形，端板与绝缘板之间还可以添加弹性元件。

（7）密封件　燃料电池密封件的主要作用就是保证电堆内部的气体和液体正常、安全地流动，其需要满足以下要求：①较高的气体阻隔性：保证对氢气和氧气的密封；②低透湿性：保证高分子薄膜在水蒸气饱和状态下工作；③耐湿性：保证高分子薄膜工作时形成饱和水蒸气；④环境耐热性：适应高分子薄膜的工作环境；⑤环境绝缘性：防止单体电池间电气短路；⑥橡胶弹性体：吸收振动和冲击；⑦耐冷却液：保证低离子析出率。

另外，按照组件功能划分，电堆模块可以分为以下几部分：

（1）供气分配机构　包括与歧管连接并贯穿各部件的气体主通道和单电池内双极板流道。

（2）电堆紧固结构　包括前后端板及与之配合的紧固件（通常采用螺杆或者钢带）。通常按照紧固方式的不同将电堆分为螺杆紧固式电堆和钢带紧固式电堆，如图 1-9 所示。

（3）电堆绝缘结构　主要包括电堆两侧的绝缘板。

（4）电堆密封结构　主要包括密封垫片及膜电极密封填胶。

（5）单电池　电化学反应发生场所，其包括膜电极和双极板，是发电的最小单元。

图 1-9　螺杆紧固式电堆和钢带紧固式电堆

下面将对以上五个功能性子结构逐一进行详细阐述。

1.4.2 供气分配机构

在电堆模块中，通过端板上的歧管对接氢气供给子系统、空气供给子系统及水热管理子系统上的对应接口，实现对电堆模块的供气和供液。进入电堆模块的气体再由模块中的供气分配机构将气体及冷却液输配给每个单电池，以发生电化学反应并进行电池热量转移。电堆供气分配机构主要由与歧管连接并贯穿各部件的腔口通道及双极板内的流场微通道组成。

电堆模块端板及其歧管接口如图 1-10 所示，电堆模块端板上通常包括 6 个接口，分别是氧气（空气）入口、氢气入口、冷却液入口、氧气（空气）出口、氢气出口、冷却液出口；6 个歧管接口的位置布置根据设计采用的流动方式而定，流动方式主要有三种，分别为逆流、交叉流、并流，如图 1-11 所示。根据流体接口是否位于同侧可将流体流动方式进一步划分为同侧逆流、同侧并流、同侧交叉流、异侧逆流、异侧并流和异侧交叉流 6 种流动方式。在图 1-10 中，电堆模块采用了同侧并流的设计，即反应气体接口位于同侧且并行流动，而冷却液接口则设置在另一侧端板。

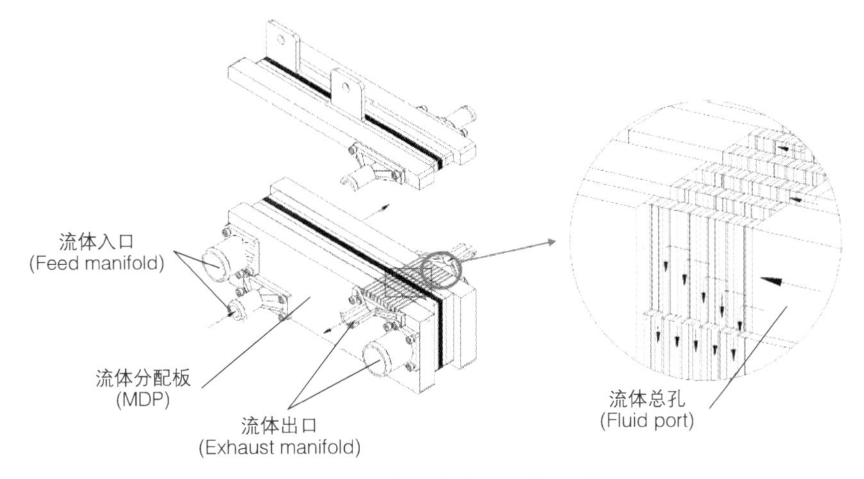

图 1-10 电堆模块端板及其歧管接口

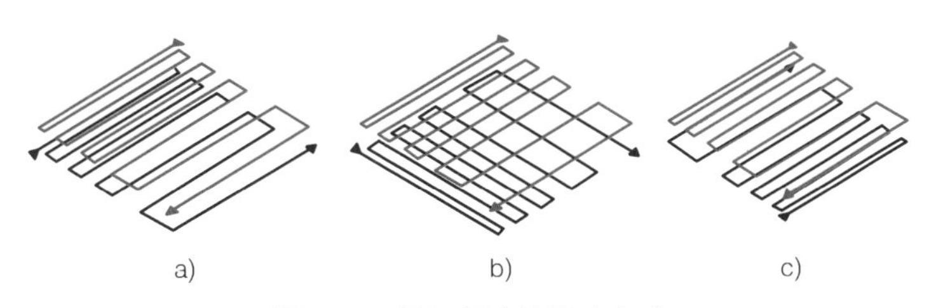

图 1-11 阴阳极流体流动方式

a）逆流（counter flow） b）交叉流（cross flow） c）并流（co-flow）

流体由端板处歧管接口进入电堆模块后，在各组件预设腔口组成的通道中流动，各组件通常具有 6 个预设腔口并与相应歧管接口相通；流体依次流经绝缘板及集流板预设腔口后抵达单电池重复单元的双极板腔口；根据双极板腔口与双极板两侧流场的连通状态，选择性地进入相应的流场通道（氢气进入氢气侧流场，氧气则进入另一侧的氧气侧流场）；在单电池重复单元中，供气和供液按照上述方式被较为均匀地分配至各个双极板流场中。图 1-12 展示了一组单电池双极板内的氧气、氢气及冷却液流动状况，流体自双极板腔口进入双极板流场后，由于流场的特殊加工设计，流体首先通过流场主通道被引导进入双极板流场中，而后进入分配区被进一步均匀分配至各流道，继而进入活性区，流体在活性区沿着流道渗透进入内侧膜电极参与反应。而未参与反应的气体及完成换热的冷却液通过流场流道进入双极板另一侧的回气腔口中，通过各组件预设腔口组成的回气通道后离开电堆模块。双极板内流场的结构如图 1-13 所示，按照区域不同可分为腔口区、主通道区、分配区及活性区。其中，腔口区为流体提供电堆层面的公共流道；主通道区将双极板腔口与双极板内流场连通，将流体引入流场；分配区将来自主通道的流体进一步均匀分配；活性区将流体尽量多地渗透进入膜电极参与电化学反应。

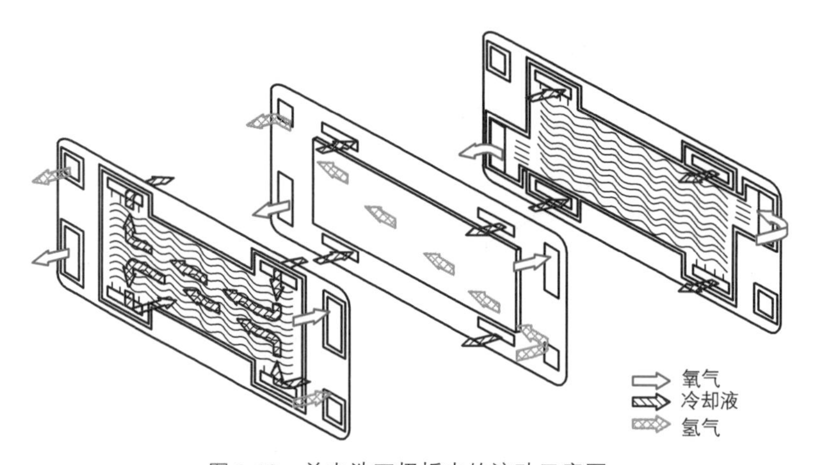

图 1-12　单电池双极板内的流动示意图

从燃料电池技术产生以来，人们就对流场进行了大量研究，目前常规流场有交指流场、平行流场、蛇形流场等，其结构如图 1-14 所示。其中，平行流场具有较多的相互平行的通道，流程距离短，进出口压损小，通道并联有利于反应气体及冷却液在通道内的均匀分布，同时直流道结构简单，易加工。其缺点是反应气体在直流道中存留时间短，气体利用率低，流速相对较低，产生的水不能及时排出，易造成堵水。蛇形流场有单通道和多通道之分，图 1-14c 为单蛇形流场，所有气体在一根流道中流动，气体流速很大，且流道长，造成压损过大，虽有利于反应水的排除，但不利于电流密度的均匀性和催化剂的利用。而且单根流道一旦堵塞，会直接导致电池无法使用，为了避免这种情况，多采用多通道蛇形流场，其兼有平行流场和单蛇形流场的优点，即使单根流道堵塞，其他流道也会发挥作用，同时相同活性面积采用多通道有利于减少流道的转折，可有效降低压力损失，保证电池的均匀性。交指流场的特点是流道是不连续的，气体在流动的过程中，通道堵塞，迫使气体向周围流道扩散，这个过程会使更多的气体进入催化层进行反应，有利于提高气体利用率，提高功率密度。同时在强制对流的作用下，岸部和扩散层中的水极易排出。同时气体经过扩散层强制扩散，会产生较大的压降，如果气流过大，强制对流可能会损伤气体扩散层，降低电池性能。现在也在不断开发新型流场，如仿生流场、螺旋流场、3D 流场等。

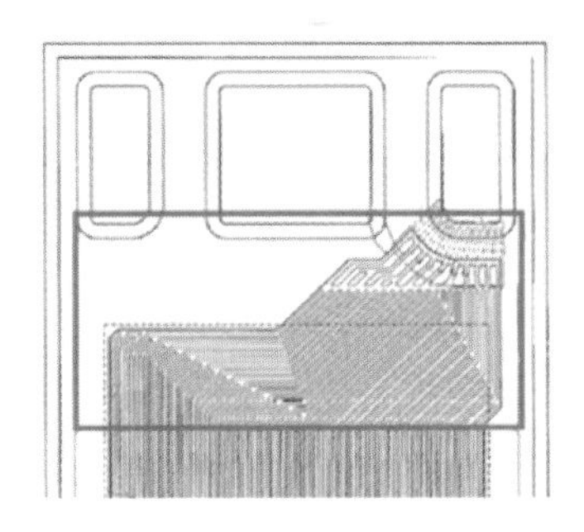
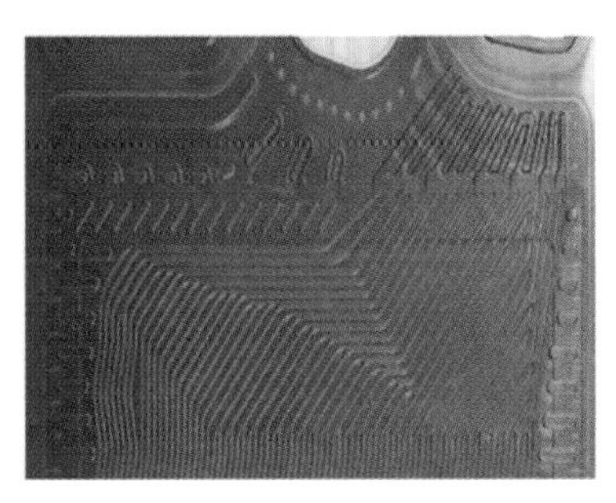

图 1-13 双极板内流场结构

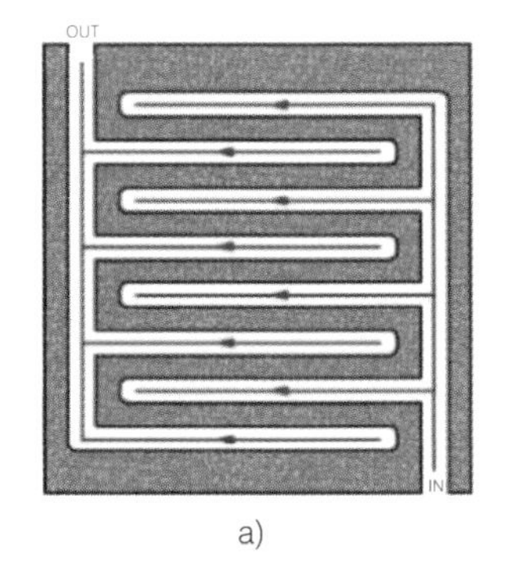

a)

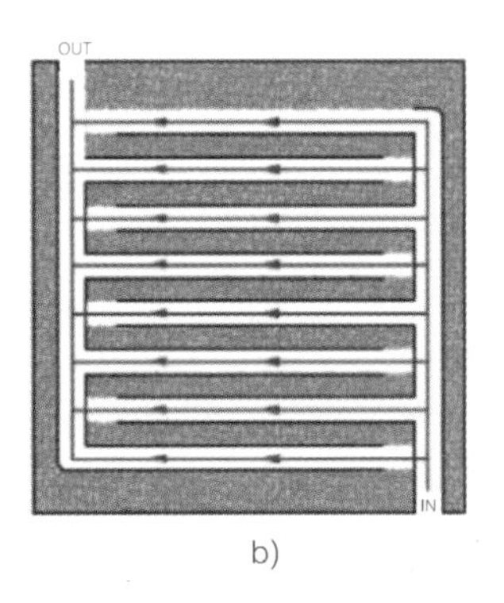

b)

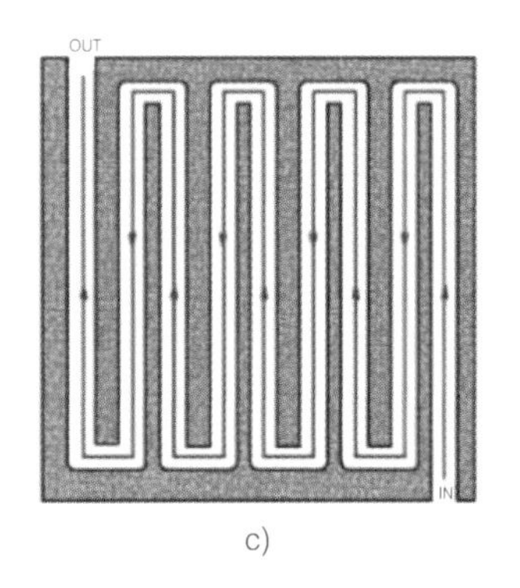

c)

图 1-14 双极板三种常规流场设计

a）交指流场 b）平行流场 c）蛇形流场

1.4.3 电堆紧固结构

电堆紧固结构主要包括电堆的前后端板及用来封装的紧固件。其中，端板位于电堆的两端，其主要作用是将封装力传递给电堆内部各个组件，实现对各组件间接触压力的控制并配合紧固件为电堆封装提供紧固力；紧固件的作用主要是维持电堆各组件之间的接触压力。因此，两者的协同配合可有效控制并维持电堆组件之间的接触压力稳定，保证电堆的稳定高性能运行。此外，紧固结构能够为电堆模块提供一定的机械强度和刚度以抵抗电堆受到冲击、振动等强载荷的影响，防止其变形、错位及失效。对紧固结构进行设计时，紧固压紧力可以通过点压力、线压力和面压力来提供。因此衍生出来了许多组装方式，通过不同的压紧方式将电堆组装起来。目前比较常见的电堆紧固方式有螺杆紧固和钢带紧固两种，其结构如图 1-15 所示。其他紧固方式，如箱式弹簧紧固、平板紧固等，由于存在明显缺点，目前已经较少被使用。

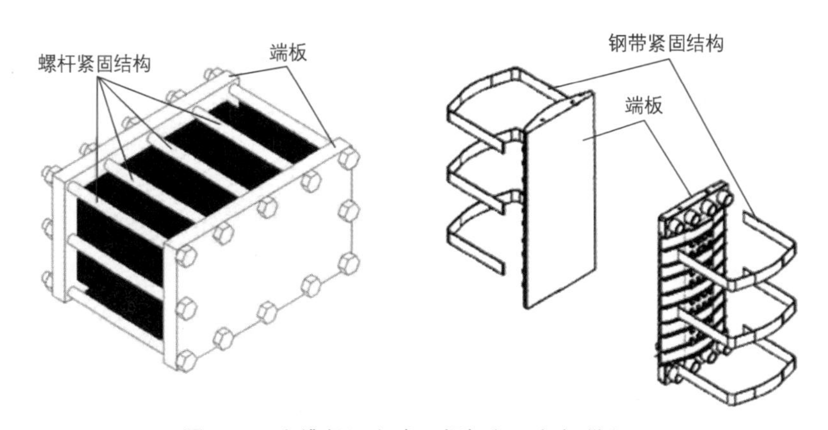

图 1-15 电堆紧固方式：螺杆紧固与钢带紧固

钢带紧固目前较多应用于石墨板电堆，钢带紧固的特点是结构紧凑，比螺杆紧固节省空间，可以在减少端板厚度和重量的同时，分散钢带与电堆紧固处的紧压力，使压紧力更均匀分布。这种紧固方法的受力面积更大，可以将压紧力更均匀地施加在端板上，避免出现局部端板受力不均匀的情况。目前，钢带紧固是大型燃料电池堆比较先进的紧固技术，但该组装工艺的设计及实施较为复杂。加拿大巴拉德公司电堆便采用了此种比较典型的紧固方式。此外，广东国鸿氢能、北京氢璞创能、ZSW 等均采用这种电堆紧固方式。

随着技术的革新和发展，紧固方式进一步得到优化。为了解决螺杆紧固方式容易出现接触压力分布不均的问题，一些厂家通过对端板进行加厚及对端板结构拓扑优化的方法，有效地提高了组件压力的均匀性。此外，一些厂家在使

用钢带的同时，也对端板的结构进行了改良。如 Power Cell 电堆采用了比较典型的弧度端板配合钢带的压紧方式，如图 1-16 所示。这种电堆组装方式的特点在于使用带一定弧度的端板配合钢带实现压紧，进一步提高了电堆的紧固力的均匀性。其优点主要是上下端板部分可以采用一定的镂空结构来实现电堆的轻量化设计。

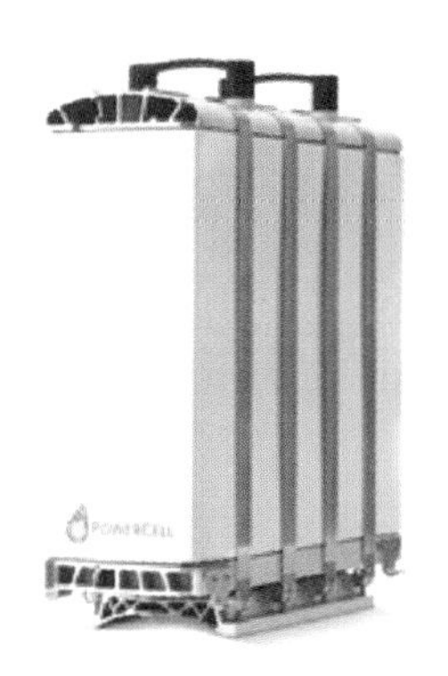

图 1-16 弧度端板配合钢带紧固结构

除了以上电堆紧固方式外，一些新式电堆紧固方式被研发和应用，如图 1-17 所示。其中，卷曲束缚结构紧固方法使用卷曲束缚结构代替螺杆压缩电堆，能够降低螺杆带来的重量，使电堆更加轻便，但仍然需要厚重的端板来分散零部件周围部分受到的力，电堆减重不明显。压紧力液压可调型螺杆紧固方式需要加入一个复杂的高压液体控制设备，对于商用燃料电池堆来说不太实用，但是具有一定的研究价值。弹簧螺杆紧固式则是将螺杆改良为弹簧螺杆来进行压紧。内凹弧度端板配合螺杆紧固方式是采用一个带有弧度的内凹端板，并通过螺杆向电堆施加压紧力，这样的设计能够更均匀地施加应力，但是会导致端板的体积和质量进一步增大，且端板的形式需要根据单电池片数而定制开发，较难大规模推广使用。

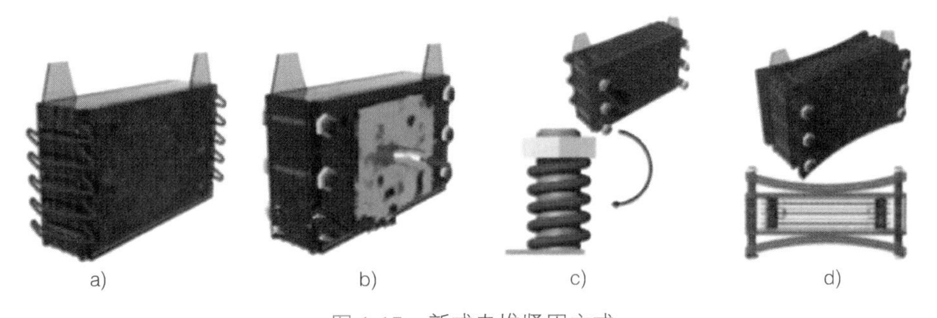

图 1-17 新式电堆紧固方式

a）卷曲束缚结构紧固式 b）压紧力液压可调型螺杆紧固式 c）弹簧螺杆紧固式
d）内凹弧度端板配合螺杆紧固式

1.4.4 电堆绝缘结构

质子交换膜燃料电池堆通常由几十节到几百节单电池串联组成，工作状态时的电压范围通常为几十伏到几百伏。对于高压电而言，其触电防护直接关系到人身安全，主要的防护措施包括基本防护和单点失效防护。基本防护主要是零部件的防护设计，通过绝缘、遮拦或外壳设计，防止人员与带电部分直接接触。单点失效防护主要是电位均衡和绝缘电阻防护。

在电堆模块的绝缘设计中，绝缘板作为电堆绝缘结构，是质子交换膜燃料电池堆中的必要部件，其通常位于电堆集流板和端板之间，起到电堆集流板与电堆封装壳体之间绝缘作用，如图 1-18 所示。燃料电池堆绝缘板作为电堆的重要组成部分，除具有良好的绝缘功能外，还需要具备一定的机械强度和刚度以抵抗电堆受到冲击、振动等强载荷的影响，防止电堆模块的变形、错位及失效。同时，由于需要满足电堆供气和供液需求，至少一侧的绝缘板还需要具有反应气体和冷却液进出的腔口，因此绝缘板还应易加工、易成型，以匹配电堆模块的结构设计。

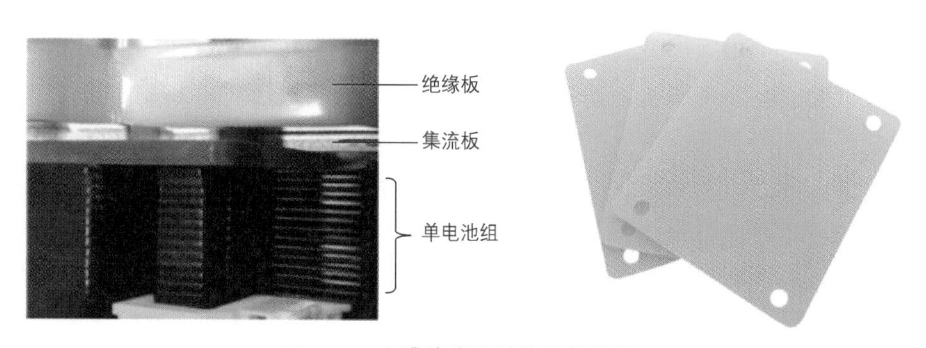

图 1-18 电堆绝缘的结构及绝缘板

电堆工作时，冷却液将流经电堆集流板、绝缘板、端板。由于冷却液有一定的导电性，因此绝缘板的厚度与电堆绝缘性能密切相关，绝缘板越厚，电堆绝缘性能越好，但绝缘板体积、重量、成本都显著上升。传统的绝缘板通常采用绝缘材料加工而成，一般为平板结构。由于绝缘板对燃料电池功率输出无贡献，仅对集流板和后端板电隔离，因此为提高功率密度，要求在保证绝缘距离（或绝缘电阻）的前提下最大化减少绝缘板厚度。然而，在传统方法中，绝缘板通常用切削或注射成型加工，在制备较薄绝缘板的过程中容易产生针孔，并且可能引入其他导电材料，造成绝缘性能降低。因此，传统的方法对绝缘板材料厚度要求较高，无法制备超薄绝缘板以满足高功率密度需求。

对于绝缘性能和功率密度之间的权衡，丰田 Mirai 采用了在阴极侧集流板和后端板间设置两层绝缘板的方案。该绝缘板包括第一绝缘板和第二绝缘板，且两层绝缘板均采用热塑性树脂（PET）真空成型（吹塑），这种方案能够加工更薄的绝缘板。与采用单层绝缘板相比，双层绝缘板方案可保证即使在一层绝缘板因针孔或混入导电杂质引起绝缘性能下降的情况下，另一层绝缘板可有效保证绝缘电阻，提高绝缘可靠性。此外，通过设置绝缘板壁部（接近于法向垂直，超过后端板边缘部位），可保证安全的爬电距离（爬电距离指沿绝缘表面测得的两个导电零部件之间或导电零部件与设备防护界面之间的最短路径），提高电堆绝缘性。

1.4.5 电堆密封结构

在燃料电池性能方面，集成力对燃料电池各部件的影响仍是制约整堆性能提高的重要因素。密封件是集成力在电堆内部最主要的承力和传力部件，其接触压力分布主要影响燃料电池的气密性，并进一步影响燃料电池的电化学性能[31]。

燃料电池的密封与传统内燃机相似，密封件用于密封双极板的冷却流道及双极板和膜电极之间的反应气体通道，可采用的材料包括三元乙丙橡胶、氟橡胶、硅胶及聚异丁烯等。密封件的选择应考虑其在工作期间的温湿度变化、化学物质腐蚀、气体渗漏、绝缘性和吸收冲击振动等性能。燃料电池的密封形式包括固态垫圈密封和液体密封胶密封。其中，液体密封胶密封可分为就地成型垫圈（FIPG）和固化装配垫圈（CIPG）。固化装配垫圈因其拆卸方便等优点被广泛采用。固化装配垫圈密封件在设计时，应综合考虑其密封高度、弹性模量、硬度、使用温度、工作介质因素，以便在电堆装配和使用过程中提供足够的密封性，传递接触力[32]。

电堆整体封装设计应考虑整堆应力分布、寿命阶段内的振动和冷热冲击耐受性、工艺实现成本因素，在力争体积紧凑、质量降低的情况下，实现电堆的最优封装。

1.4.6 单电池

组成 PEMFC 的基本单元是单电池，由单电池组成电堆，电堆加上其他辅助系统构成了 PEMFC 系统。电堆和单电池的结构如图 1-19 所示，单电池由双极板（Bipolar Plate，BP）、密封件（Sealant）和膜电极（Membrane Electrode Anode，MEA）组成。双极板是连接单电池构建电堆的重要组件，主要作用是提供流道，输送氢气和氧气。双极板除了需要具有一定的机械强度以承担电池堆叠后的重量和外力以外，还要具有耐酸碱腐蚀性和高导电性等。目前市场上的双极板材料主要有碳质材料、金属材料以及金属与碳质的复合材料三类[33]。密封件放在两个双极板之间，主要作用是防止反应气体的泄漏，保证密封件正常工作也是 PEMFC 系统中至关重要的一环，密封材料要求抗腐蚀、抗疲劳，具有良好的延展性[34]，而各类橡胶材料能够满足使用要求。由气体扩散层、催化层和质子交换膜组成的膜电极（Membrane Electrode Anode，MEA）是 PEMFC 的核心部件，催化层一般由 Pt 和 C 组成，催化剂是由 Pt 的纳米颗粒分散到碳粉载体上的担载型催化剂，催化剂可降低化学反应的活化能，提高电池的工作效率；气体扩散层的作用是反应气体和产物水的传质，该部分的材料需具备一定孔隙率和适合的孔分布，选用石墨化的碳纸可满足以上要求[35]；质子交换膜的功能是分隔燃料和氧化剂并传导质子，目前最具代表性的隔膜是全氟磺酸膜[36]，厚度为数十微米至数百微米，能够耐酸碱腐蚀和满足一定的机械强度。

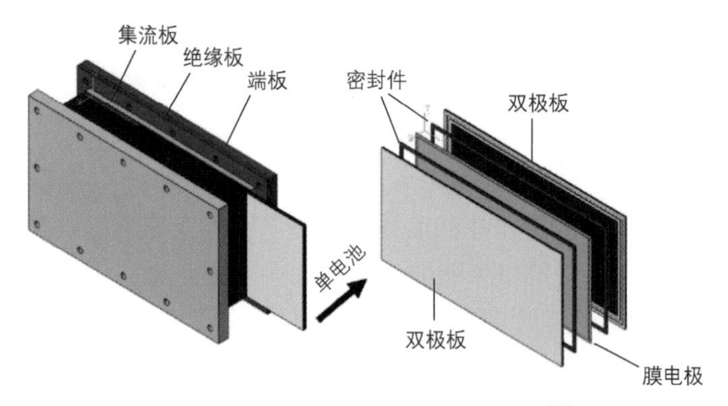

图 1-19　PEMFC 电堆和单电池结构[37]

参考文献

[1] 李天涯 . 质子交换膜燃料电池气体扩散层的制备和性能研究 [D]. 北京：北京化工大学，2021.

[2] LEE R. The outlook for population growth[J]. Science, 2011, 333(6042): 569-573.

[3] DEBE M K. Electrocatalyst approaches and challenges for automotive fuel cells[J]. Nature, 2012, 486(7401): 43-51.

[4] GROVE W R. ESQ M A. On voltaic series and the combination of gases by platinum[J]. The London, Edinburgh, and Dublin Philosophical Magazine and Journal of Science, 1839, 14(86-87): 127-130.

[5] SCHÖNBEIN C F. On the voltaic polarization of certain solid and fluid substances: To the editors of the Philosophical Magazine and Journal[J]. The London, Edinburgh, and Dublin Philosophical Magazine and Journal of Science, 1839, 14(85): 43-45.

[6] MOND L, LANGER C A new form of gas battery[J]. Proc R Soc London, 1890, 46(280-285): 296-304.

[7] SERFASS J, GLENN D. Fuel cell commercialization—beyond the ‘Notice of Market Opportu-

nity for Fuel Cells’(NOMO)[J]. Journal of Power Sources, 1992, 37(1-2): 63-74.
[8] CAMARA E, SCHORA F. MC Power commercialization program for MCFC power plants[J]. Journal of Power Sources, 1992, 37(1-2): 165-168.
[9] HAILE S M. Fuel cell materials and components[J]. Acta Mater, 2003, 51(19): 5981-6000.
[10] PARK C H, LEE C H, GUIVER M D, et al. Sulfonated hydrocarbon membranes for medium-temperature and low-humidity proton exchange membrane fuel cells (PEMFCs)[J]. Prog Polym Sci, 2011, 36(11): 1443-1498.
[11] STEELE B C. Material science and engineering: the enabling technology for the commercialisation of fuel cell systems[J]. Journal of Materials Science, 2001, 36: 1053-1068.
[12] HANNAN M, HOQUE M M, MOHAMED A, et al. Review of energy storage systems for electric vehicle applications: Issues and challenges[J]. Renewable and Sustainable Energy Reviews, 2017, 69: 771-789.
[13] BANERJEE S, CURTIN D E. Nafion® perfluorinated membranes in fuel cells[J]. J Fluorine Chem, 2004, 125(8): 1211-1216.
[14] 侯明 , 衣宝廉 . 燃料电池技术发展现状与展望 [J]. 电化学 , 2012, 18(1): 1-13.
[15] 侯明 , 俞红梅 , 衣宝廉 . 车用燃料电池技术的现状与研究热点 [J]. 化学进展 , 2009, 21(11): 2319-2332.
[16] 王诚 , 王树博 , 张剑波 , 等 . 车用质子交换膜燃料电池材料部件 [J]. 化学进展 , 2015, 27(Z1): 310-320.
[17] PROMISLOW K, WETTON B. PEM fuel cells: a mathematical overview[J]. SIAM Journal on Applied Mathematics, 2009, 70(2): 369-409.
[18] LUCIA U. Overview on fuel cells[J]. Renewable and Sustainable Energy Reviews, 2014, 30: 164-169.
[19] 俞红梅 , 衣宝廉 . 车用燃料电池现状与电催化 [J]. 中国科学 : 化学 , 2012, 42(4): 480-494.
[20] 吴金锋 . 质子交换膜燃料电池电流密度分布的研究 [D]. 大连 : 中国科学院研究生院 (大连化学物理研究所), 2004.
[21] 舒婷 . 燃料电池低铂载量膜电极制备新技术的探索及其研究 [D]. 广州 : 华南理工大学 , 2013.
[22] 汪嘉澍 , 潘国顺 , 郭丹 . 质子交换膜燃料电池膜电极组催化层结构 [J]. 化学进展 , 2012, 24(10): 1906-1914.
[23] 王开丽 . 基于 Pt 基纳米线的催化层构筑及其质子交换膜燃料电池性能研究 [D]. 天津 : 天津理工大学 , 2022.
[24] LIU C-Y, SUNG C-C. A review of the performance and analysis of proton exchange membrane fuel cell membrane electrode assemblies[J]. Journal of Power Sources, 2012, 220: 348-353.
[25] 夏高强 . 质子交换膜燃料电池膜电极及催化剂的研究 [D]. 天津 : 天津大学 , 2014.
[26] 尧松 . 质子交换膜燃料电池系统的输出特性建模及其应用 [D]. 成都 : 电子科技大学 , 2020.
[27] CORBO P, MIGLIARDINI F, VENERI O. Hydrogen fuel cells for road vehicles[M]. Berlin: Springer Science & Business Media, 2011.
[28] SAMMES N. Fuel cell technology: reaching towards commercialization[M]. Berlin: Springer Science & Business Media, 2006.
[29] 姚帅 , 王洪建 , 程健 , 等 . 质子交换膜燃料电池系统运行特性 [J]. 热力发电 , 2018, 47(7): 10-15.
[30] 马睿 . 基于实时仿真的多物理域燃料电池模型和系统测试 [D]. 西安 : 西北工业大学 , 2019.
[31] 张智明 , 胡淞 , 李昆朋 , 等 . PEMFC 密封胶接触压力的均匀性研究及改善方法 [J]. 湖南大学学报 (自然科学版), 2018, 45(10): 30-37.

[32] 王茁，曹婷婷，曲英雪，等. 燃料电池电堆设计开发关键技术 [J]. 汽车文摘，2020, 537(10): 57-62.

[33] HERMANN A, CHAUDHURI T, SPAGNOL P. Bipolar plates for PEM fuel cells: A review[J]. International journal of hydrogen Energy, 2005, 30(12): 1297-1302.

[34] SCHULZE M, KNÖRI T, SCHNEIDER A, et al. Degradation of sealings for PEFC test cells during fuel cell operation[J]. Journal of Power Sources, 2004, 127(1-2): 222-229.

[35] GARCÍA-SALABERRI P A, VERA M, ZAERA R. Nonlinear orthotropic model of the inhomogeneous assembly compression of PEM fuel cell gas diffusion layers[J]. International Journal of Hydrogen Energy, 2011, 36(18): 11856-11870.

[36] TANG Y, KARLSSON A M, SANTARE M H, et al. An experimental investigation of humidity and temperature effects on the mechanical properties of perfluorosulfonic acid membrane[J]. Materials Science and Engineering: A, 2006, 425(1-2): 297-304.

[37] 肖文灵. 燃料电池密封结构优化设计与性能分析 [D]. 大连：大连理工大学，2020.

电堆的工作原理与指标

随着燃料电池技术的快速发展，氢燃料电池已经在重载交通领域实现了大规模示范应用，并逐步向长续航、大载重的场景过渡，因此对燃料电池功率密度和使用寿命的要求越来越高。氢燃料电池汽车的核心为燃料电池发动机系统，其结构主要包括燃料电池发动机、车载储氢系统、冷却系统等。其中，燃料电池堆是氢能源汽车的心脏，燃料电池堆主要由催化剂、质子交换膜、气体扩散层、双极板以及其他结构件如密封件、端板和集流板等组成。据美国能源署数据，燃料电池堆约占燃料电池发动机系统成本的62%。在电堆中，膜电极约占电堆成本的75%，其中催化剂占电堆成本的36%。因此在推进燃料电池商业化的进程中，降低燃料电池堆成本，尤其降低核心膜电极的成本是极其重要一环。此外，以进一步提升燃料电池整体性能与耐久性为目标，追求更高的功率密度、显著增加电堆内水热产量、实现更佳的电堆有效水热管理等一系列研究方向，也是当前学术界和产业界共同关注的热点。

2.1 电极过程

氢燃料电池是一种电化学装置，其单体电池由正、负两个电极和电解质组成。燃料电池的正、负极本身不包含活性物质，只是催化转换元件。从能量角度看，燃料电池的功能是将外部能量充给电池，使其再发电，实现反复使用，它的容量由电极的大小与重量决定。燃料电池运转过程中，通过泵、管道等系统零部件将贮存在电池外部“储氢瓶”中的氢燃料供给电极，并在电极上发生电化学反应，同时输出电能。在此过程中，燃料电池电极不会发生明显的变化。理论上讲，只要不断向燃料电池提供氢气（阳极反应物）和氧化剂（阴极反应物，如空气、O_2），就可以连续不断地发电，但实际上，由于电极元件老化衰减等原因，燃料电池的寿命是有限的。

氢燃料电池的发电原理可以简单概括为氧气和氢气发生电化学反应生成水，反应过程中将储存在氢中的化学能转化为电能，同时释放热量。氢氧反应被拆分为两个半电极反应，见式（2-1）和式（2-2）。

阳极：

$$2H_2 \longrightarrow 4H^+ + 4e^- + \text{少量热} \qquad (2\text{-}1)$$

阴极：

$$O_2 + 4e^- + 4H^+ \longrightarrow 2H_2O + \text{大量热} \tag{2-2}$$

氢气进入电池内部后，在催化剂的作用下解离成电子和质子，电子通过外电路流向氧气侧，形成电流并对外做电功，质子则通过电池内部质子导体流向氧气侧。氧气侧的氧气进入电池后，将在催化剂作用下结合氢气侧传导过来的电子和质子生成水并释放大量热。由于氢气侧为失电子氧化反应，因此对电池而言为阳极，而氧气侧为得电子还原反应，因此为阴极。从对外做电功来看，由于电子经过外部电路从氢气侧流向氧气侧，与外部电流流向相反，氧气侧电位较高，因此为电池正极，而氢气侧为负极。

通过上述原理分析可以发现，燃料电池正常工作时，电池内部涉及反应气体输运、电极反应、电子和质子传导、产物水排出及产热散热等物理化学过程。PEMFC 结构不仅要实现上述各过程，且需要使性能、成本、耐久性等综合性能达到最优。由一片 PEMFC 组成的电池称为单电池，图 2-1 为实验室通过夹具组装好的单电池实物图，实际装车的 PEMFC 电堆由多片燃料电池堆叠串联而成。

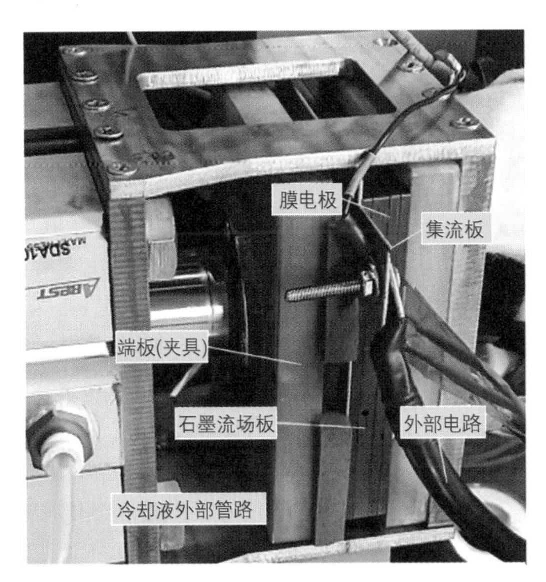

图 2-1　PEMFC 单电池实物图

单电池主要由集流板、流场板（即双极板，BP）和膜电极（MEA）组成。集流板的作用是将电化学反应产生的电流传导至外电路。双极板具有输运反应气体和产物水、导电及输运冷却液的功能。流场板靠近膜电极一侧开有气流道（GC），用以均匀分配电化学反应所需的氧气和氢气，以实现电流密度的均匀分布，提高电池输出功率。此外，气流道还具有及时排出反应生成的液态水功能，以降低氧气传递阻力，减少浓差极化损失。流场板另外一侧则开有冷却液流道，用来控制电池运行温度。流场板是实现电池水热管理的重要部件之一，其结构设计和材料选型一直是当前研究热点。

膜电极是 PEMFC 发电最关键核心部件，含阳和阴两个单侧电极，空间上由质子交换膜（PEM）进行隔离。PEM 是膜电极核心部件，不仅起到隔离阴阳极气体反应物的作用，还起到传递质子和绝缘电子的作用。常见 PEM 有全氟磺酸质子交换膜、部分氟化聚合物质子交换膜、非氟聚合物质子交换膜及复合质子交换膜等。PEM 性能和含水量息息相关，为防止膜失水造成性能下降，PEMFC 工作温度大多在 100℃以下。

每个单侧电极都包括气体扩散基底（GDB）、微孔层（MPL）和催化层（CL）。此外，在各层相交处存在交界区域，结构如图 2-2 所示，各层简介如下：

（1）GDB　由孔径范围 1 ~ 100μm 的多孔材料构成，具有支撑、保护 CL 和 PEM 以及传递电荷和输运水气的功能。性能良好的 GDB 一般气体传质阻力小，能将反应气体均匀分布到催化层，同时还能及时排出积水，具有较长的使用寿命。

（2）MPL　沉积在 GDB 表面的一层致密多孔炭颗粒层，主要由碳粉和疏水剂聚四氟乙烯（Polytetrafluoroethylene，PTFE）构成，起到平整表面、减小界面阻抗、改善孔隙结构和提升排水性能的作用。

（3）CL　由催化剂和离子聚合物构成的多孔结构，是电极反应发生场所。催化剂表面活性位点为反应场所，离子聚合物用来传递质子，孔隙用来输运反应气体，三者交界处为三相界面。CL 是核心反应区域，几乎涉及 PEMFC 内物质传输、化学反应及相变等所有物理化学过程，其结构设计、制备工艺和催化剂合成一直是当前研究重点。

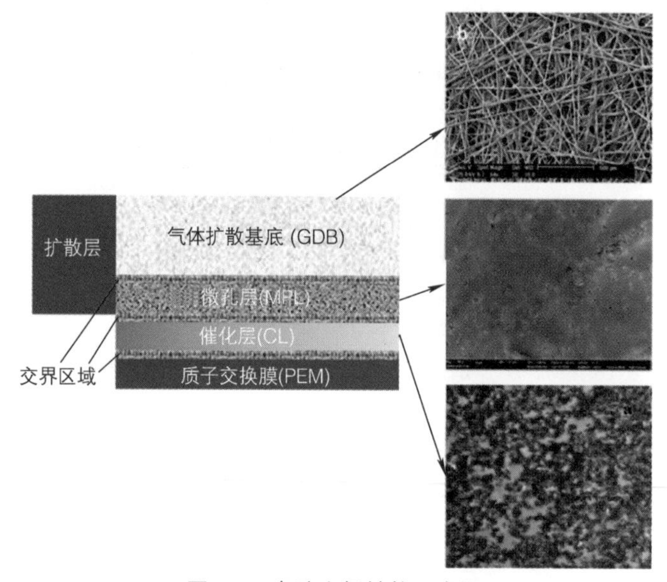

图 2-2　多孔电极结构示意图

2.1.1　电极过程热力学

1 标准可逆电压

根据热力学定律，恒温恒压下，电极反应过程中输出的可逆电功 W_{elec}（即最大电功）为该过程中吉布斯自由能变化 ΔG 的负值，即

$$W_{elec} = -\Delta G \tag{2-3}$$

燃料电池通常工作在恒温恒压条件下，因此氢氧电极反应满足该公式。吉布斯自由能除了决定该电极反应可以提取的最大电功，还决定了该化学反应的自发性。如果 ΔG 为零，则该电极反应无法提取电功。如果 ΔG 大于零，那么电功为负数，即需要外界输入电功才能使该反应发生。只有 ΔG 小于零时，电极反应才可以自发对外输出电功。

不过，对于一个电池系统而言，其做功潜能通常用可逆电压（也称电动势）度量。在电势差 E 的驱动下移动电荷 Q，所做电功为

$$W_{elec} = EQ \tag{2-4}$$

如果电荷由电子携带，则：

$$Q = nF \tag{2-5}$$

式中，n 是迁移电子的摩尔数；F 是法拉第常数（$F = 96493\text{C} \cdot \text{mol}^{-1}$）。

联合式（2-3）~ 式（2-5）可得：

$$\Delta G = -nFE \tag{2-6}$$

由式（2-6）可知，吉布斯自由能决定了电化学反应的可逆电压。该方程是电化学与热力学联系的桥梁。

以氢燃料电池氢氧反应为例：

$$H_2 + \frac{1}{2}O_2 \rightleftharpoons H_2O \tag{2-7}$$

在标准状态下（25℃、0.1MPa、所有物质活度为 1），由热力学手册可查得，若反应生成液态水，则吉布斯自由能变化为 −237.2kJ · mol^{-1}；若反应生成气态水，则吉布斯自由能为 −228.6kJ · mol^{-1}。因此，根据式（2-6）可知，氢氧燃料电池在标准状态下的可逆电压为

$$E^0 = -\frac{\Delta G^0}{nF} = \begin{cases} \dfrac{-237200\text{J} \cdot \text{mol}^{-1}}{(2\text{mol e}^-) \times (96439\text{C} \cdot \text{mol}^{-1})} = 1.23\text{V} & (\text{液态水}) \\ \dfrac{-228600\text{J} \cdot \text{mol}^{-1}}{(2\text{mol e}^-) \times (96439\text{C} \cdot \text{mol}^{-1})} = 1.19\text{V} & (\text{气态水}) \end{cases} \tag{2-8}$$

式中，E^0 是标准状态下的可逆电压；ΔG^0 是标准状态下的自由能变化。

因此，在标准状态下，氢燃料电池可获得的最高电压为 1.23V。根据应用场景，燃料电池如果要输出几十至几百伏电压，则需要将若干个单电池串联起来。

2 非标准可逆电压与能斯特方程

标准状态的燃料电池可逆电压（E^0）只在标准状态条件下使用，而非标准状态下的燃料电池的工作状态可能与之区别很大。比如，高温燃料电池（700～1000℃）、汽车用燃料电池经常工作在非标准状态：工作压力为 3～5atm（1atm = 101.325kPa）、反应物浓度（活度）变化等。

首先，需要理解温度偏离标准状态时可逆电压的变化。由化学热力学可知，当反应在恒压 p 条件下进行时，ΔG 随温度 T 变化的关系用 ΔS 表示，公式为

$$\left(\frac{\partial \Delta G}{\partial T}\right)_p = -\Delta S \tag{2-9}$$

将其代入式（2-6）可得：

$$\left(\frac{\partial E}{\partial T}\right)_p = \frac{\Delta S}{nF} \tag{2-10}$$

式中，$\frac{\Delta S}{nF}$是温度系数。

根据式（2-10），在常压下，任意温度 T 下的电池可逆电压 E_T 可由式（2-11）计算：

$$E_T = E^0 + \frac{\Delta S}{nF}(T - T_0) \tag{2-11}$$

式（2-11）为不同温度下电池可逆电压计算公式，通常认为 ΔS 与温度无关。若进一步考虑 ΔS 与温度的关系，也可以通过对与温度相关的定压热容变化进行积分求取：

$$\Delta S = \int \frac{\Delta c_p}{T} \mathrm{d}T \tag{2-12}$$

定压热容 c_p 与温度的函数关系为

$$c_p = a + bT + cT^2 \tag{2-13}$$

根据式（2-11），以氢燃料电池为例，生成气态水时，$\Delta S = -44.43\mathrm{J \cdot mol^{-1} \cdot K^{-1}}$，那么电池可逆电压随温度变化大致为

$$E_T = E^0 + \frac{-44.43}{2\times 96439}(T - T_0) = E^0 - 2.3\times 10^{-4}(T - T_0) \tag{2-14}$$

因此，随着电池操作温度的升高，燃料电池可逆电压下降，每升 100℃，电

池电压下降约 23mV，所以温度对可逆电压的影响很小。

接下来，将进一步研究压力偏离标准状态时可逆电压的变化即 ΔV。同样，根据热力学可知，当反应在恒温下进行时，ΔG 随压力 p 变化的关系为

$$\left(\frac{\partial \Delta G}{\partial p}\right)_T = \Delta V \tag{2-15}$$

同样代入式（2-6）可得

$$\left(\frac{\partial E}{\partial p}\right)_T = -\frac{\Delta V}{nF} \tag{2-16}$$

对于理想气体，式（2-16）可以改写为

$$\left(\frac{\partial E}{\partial p}\right)_T = -\frac{\Delta n_g RT}{nFp} \tag{2-17}$$

式中，Δn_g 是反应气体总的摩尔数的变化，即生成物摩尔数与反应物摩尔数之差；R 是气体常数。

因此，如果反应生成的气体摩尔数小于反应消耗的气体摩尔数，也就是说反应的体积变小了，那么增加系统压力将提高电池可逆电压。不过，通过计算可以发现，压力对可逆电压的影响仍旧很小。对于氢燃料电池，当将氢气压力由 3atm（1atm=101.325kPa）增加到 5atm 时，可逆电压只增加 15mV。

最后，通过化学势（Chemical Potential）概念的引入，理解可逆电压随浓度的变化。对于 i 种物质构成的体系，其摩尔数为 n_i 第 i 种物质的化学势 μ_i 与体系吉布斯自由能 G 的关系为

$$\mu_i = \left(\frac{\partial G}{\partial n_i}\right)_{T,p,n_{j\neq i}} \tag{2-18}$$

化学势和浓度的关系通过活度 a 进行联系：

$$\mu_i = \mu_i^0 + RT\ln a_i \tag{2-19}$$

式中，μ_i^0 是物质 i 在标准状态（a_i=1）下的参考化学势，它仅是温度的函数，与压力和浓度无关；R 是气体常数；a_i 是组分 i 的活度，对于理想气体，$a_i = \dfrac{p_i}{p^0}$，p_i 是组分 i 的分压，p^0 是标准大气压（1atm）。

根据式（2-18）和式（2-19），对于任何化学反应过程，吉布斯自由能变化为

$$\Delta G = \sum_i v_i \mu_i = \sum_i v_i \mu_i^0 + RT\sum_i v_i \ln a_i \tag{2-20}$$

式中，v_i是反应式中的计量系数（Stoichiometric Factor）；$\sum_i v_i \mu_i^0$为标准吉布斯自

由能，即反应各物质活度均为1时的吉布斯自由能，用ΔG^0表示。故式（2-20）可进一步简化为：

$$\Delta G = \Delta G^0 + RT\sum_i \nu_i \ln a_i \tag{2-21}$$

式（2-21）称为范德霍夫等温方程，反映了吉布斯自由能随反应物和生成物活度（浓度或压力）等变量变化的函数关系。

同样，代入式（2-6），可以得到电池可逆电压与组分活度的函数：

$$E = E^0 - \frac{RT}{nF}\sum_i \nu_i \ln a_i \tag{2-22}$$

式中，E^0是电池标准可逆电压，仅是温度的函数，与反应物浓度、压力无关。式（2-22）即为反映了电池电动势与反应物、生成物活度关系的能斯特方程。

3 燃料电池可逆效率

ΔG与反应的焓变ΔH和熵变ΔS之间的关系为

$$\Delta G = \Delta H - T\Delta S \tag{2-23}$$

根据式（2-23），对任一电池，该过程的热力学可逆效率$\varepsilon_{\mathrm{re}}$（即最大效率）为

$$\varepsilon_{\mathrm{re}} = \frac{\Delta G}{\Delta H} = 1 - T\frac{\Delta S}{\Delta H} \tag{2-24}$$

综上，根据常温常压下氢氧反应焓变及熵变数据，生成气态水时，氢燃料电池可逆效率高达92.8%，而传统内燃机最大理论效率由于卡诺循环限制，可逆效率只有50%左右。

2.1.2 电极过程动力学

1 法拉第定律

燃料电池运行过程中，燃料氢气和氧化剂氧气的消耗与输出电量之间的定量关系服从法拉第第一定律和法拉第第二定律。

法拉第第一定律：燃料和氧化剂在电池内消耗质量Δm（kg）与电池输出的电量Q（C）成正比，即

$$\Delta m = k_{\mathrm{e}}Q = k_{\mathrm{e}}It \tag{2-25}$$

式中，k_{e}是比例因子，电化当量（$\mathrm{kg \cdot C^{-1}}$）；I是电流强度（A）；t是时间（s）。

法拉第第二定律：通电于若干个电解池串联的线路中，当所取的基本粒子的

荷电数相同时，在各个电极上发生反应的物质，其物质的量相同，析出物质的量与其摩尔质量成正比。其数学表达式为

$$k_e = \frac{M}{nF} \tag{2-26}$$

式中，n 是反应转移电子数；F 是法拉第常数（$C \cdot mol^{-1}$）；M 是摩尔质量（$kg \cdot mol^{-1}$）。

综合式（2-25）和式（2-26）可以得到，燃料和氧化剂在电池内消耗的物质的量 ΔN（mol）与电流 I（A）之间的关系为

$$\Delta N = \frac{k_e}{M} It = \frac{1}{nF} It \tag{2-27}$$

法拉第第一定律和第二定律反映了燃料和氧化剂消耗量与其本性之间的关系。氢燃料电池中每输出 $1F$ 的电量（$26.8A \cdot h$），必须消耗 1.008g 氢气和 8.000g 氧气。

2 电化学反应速率

电化学反应速率 v（$mol \cdot s^{-1}$）定义为单位时间内物质的转化量：

$$v = \frac{d\Delta N}{dt} = \frac{1}{nF} I \tag{2-28}$$

电流强度可以用来表示任何电化学反应的速率。

电化学反应均是在电极与电解质的界面上进行的，因此电化学反应速率与界面的面积有关。将电流强度 I 除以反应界面面积 S（m^2），得到电流密度强度 i（$A \cdot m^{-2}$），即单位电极面积上的电化学反应速度：

$$i = \frac{I}{S} \tag{2-29}$$

3 Butler-Volmer 方程

评估一个反应的总速率时，要同时考虑正向速率和逆向速率。净速率为正向反应和逆向反应之间的速率差。对于同一半电极反应，例如式（2-1）中的氢氧化半电极反应或式（2-2）中的氧还原半电极反应，在平衡条件下，正向反应的电流密度和逆向反应的电流密度都为 i_0，称为交换电流密度。远离平衡态时，可以将新的正向电流密度或逆向电流密度理解成由 i_0 开始并考虑正向活化能垒和逆向活化能垒的变化，以及电极处反应物和生成物浓度的影响。

正向速率 i_1：

$$i_1 = i_0 \frac{c_R^*}{c_R^{0*}} e^{\alpha nF\eta_{act}/(RT)} \tag{2-30}$$

逆向速率 i_2：

$$i_2 = i_0 \frac{c_P^*}{c_P^{0*}} e^{-(1-\alpha)nF\eta_{act}/(RT)} \tag{2-31}$$

净速率 i：

$$i = i_0 \left(\frac{c_R^*}{c_R^{0*}} e^{\alpha nF\eta_{act}/(RT)} - \frac{c_P^*}{c_P^{0*}} e^{-(1-\alpha)nF\eta_{act}/(RT)} \right) \tag{2-32}$$

式中，α 是传输系数；η_{act}是电压损失；n 是电化学反应中转移电子数；c_R^* 和 c_P^* 分别是反应中反应物和生成物的实际表面浓度；i_0 是参考点处测量交换电流密度，此处反应物和生成物的浓度分别为 c_R^{0*} 和 c_P^{0*}。

式（2-32）即被誉为电化学动力学奠基石的 Butler-Volmer 方程。该方程阐述了电化学反应产生的电流随活化过电位的增加呈指数型增加这一现象。活化过电位（η_{act}）表示克服电化学反应相关的活化能垒而损失的电压。

4 Tafel 方程

当处理燃料电池反应动力学时，Butler-Volmer 通常过于复杂。为了使用和计算方便，在特殊条件下可近似简化 Butler-Volmer 方程。

例如，在活化过电位很大时，Butler-Volmer 方程中的第二项指数项可以忽略。此时，正向反应方向起决定作用，相当于一个完全不可逆反应过程。不考虑电极表面处反应物浓度影响，Butler-Volmer 方程可简化为

$$i = i_0 e^{\alpha nF\eta_{act}/(RT)} \tag{2-33}$$

通过该方程可以得到：

$$\eta_{act} = -\frac{RT}{\alpha nF}\ln i_0 + \frac{RT}{\alpha nF}\ln i \tag{2-34}$$

因此，活化过电位 η_{act} - $\ln i$ 曲线应该是一条直线。通过拟合 η_{act} 对 $\ln i$ 可以获得 i_0 和 α。可将式（2-34）概括为

$$\eta_{act} = a + b\lg i \tag{2-35}$$

该式称为 Tafel 方程，其中 a 为 Tafel 方程曲线截距；b 为 Tafel 方程曲线斜率。

对于燃料电池，需要注意大量净电流产生时的情况，此时 η_{act} 值很大，可以认为是正向反应占主导地位的不可逆过程。因此，Tafel 方程在大部分讨论中被证明是合理且有意义的。不过在较低的过电位条件下，Tafel 方程的近似结果将偏离 Butler-Volmer 方程。

2.1.3　极化过程及伏安曲线

燃料电池运行过程中输出电能时，电池电压将从电流密度 $i=0$ 时的静态电势 E_s（不一定等于可逆电压）降为 U。不同电流密度下，电池电压值不同。如图 2-3 所示，电流密度越大，输出电压越小。U 和 I 的关系图称为伏安曲线（也称极化曲线）。

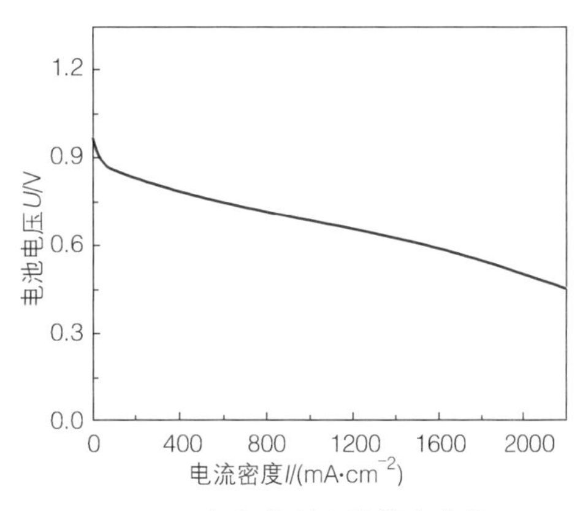

图 2-3　氢氧燃料电池伏安曲线

静态电压和电池电压的差值为极化电压损失 η 为

$$\eta = E_s - U \tag{2-36}$$

造成电池电压极化损失的原因包括打破反应活化能垒的活化极化损失、克服电子 / 质子传导造成的欧姆极化损失，以及反应物传导过程中浓度损失造成的浓差极化损失，表示为

$$\eta = \eta_{act} + \eta_{ohm} + \eta_{conc} \tag{2-37}$$

式中，η_{act}是活化过电位（极化电压损失）；η_{ohm}是欧姆极化电压损失；η_{conc}是浓差极化电压损失。

η_{act}在前面已经介绍，通常可通过式（2-34）中 Tafel 方程求解。

欧姆极化电压损失η_{ohm}伴随离子和电子的传递过程，根据欧姆定律，计算公式如下：

$$\eta_{ohm} = iR_{ohmic} = i(R_{elec} + R_{ionic}) \tag{2-38}$$

式中，i 是电流密度（$A \cdot m^{-2}$）；R_{ohmic} 是电池中总的面积比电阻（$\Omega \cdot m^2$），由电子面积比电阻 R_{elec} 和离子面积比电阻 R_{ionic} 两者贡献。通常离子传输比电子电荷传输更难，因此离子传递过程对总面积比电阻的贡献更多。

之所以使用面积比电阻概念，主要是因为燃料电池通常以单位面积为基础，常用电流密度而非电流进行比较，因此在讨论欧姆损失时，通常使用面积标准化的燃料电池电阻，也称为面积比电阻。通过使用面积比电阻，欧姆极化电压损失才可由电流密度进行计算。

浓差极化电压损失 η_{conc} 是催化层发生化学反应不断消耗反应物质导致反应物浓度下降，使得化学反应速率极大减慢，从而对燃料电池性能产生极大的影响。流道内反应物的浓度与催化层反应物浓度的差值决定浓差电压损失的大小和程度，而浓度极化往往受到从流道到气体扩散层再到催化层处的传质阻力影响。为计算浓差电压，引入极限电流密度的概念。

在催化层反应物浓度下降为 0 时的质量传输极限情况下，燃料电池所能维持的电流密度达到最高。此时，该电流密度为燃料电池极限电流密度 i_L。在稳态条件下，催化层反应速率（常用电流密度表示）应和反应物的流通量精确匹配（即消耗速率必然等于供给速率）。据此，可以得到求解极限电流密度的公式如下：

$$i_L = nFD^{eff}\frac{c_R^0}{\delta} \tag{2-39}$$

式中，D^{eff} 是多孔层电极内反应物的有效扩散率（由于电极的复杂结构和曲折性，“有效”扩散率比“标称”扩散率低）；c_R^0 是流场沟道里反应物体浓度；δ 是多孔电极厚度。

燃料电池中 δ 的取值为 100 ~ 300μm，D^{eff} 量级为 $10^{-2}m^2 \cdot s^{-1}$，因此燃料电池的极限电流密度为 $1 \sim 10A \cdot cm^{-2}$。燃料电池不可能产生比极限电流密度所限的更高的电流密度。

根据能斯特方程，反应物浓度影响电池可逆电压，见式（2-22）。为了简单起见，若只考虑单一反应物的燃料电池，忽略生成物影响，那么根据能斯特方程，催化层中反应物消耗引起的可逆电压损耗（即 η_{conc}）可通过以下公式计算：

$$\eta_{conc} = \frac{RT}{nF}\ln\frac{c_R^0}{c_R^*} \tag{2-40}$$

式（2-40）的含义是将能斯特方程中反应物浓度 c_R^0 用催化层中反应物实际浓度 c_R^* 替代，而二者浓度分别可以用电流密度和极限电流密度表示：

$$c_R^0 = \frac{i_L\delta}{nFD^{eff}} \tag{2-41}$$

$$c_R^* = c_R^0 - \frac{i\delta}{nFD^{eff}} = \frac{i_L\delta}{nFD^{eff}} - \frac{i\delta}{nFD^{eff}} \tag{2-42}$$

代入式（2-40）可得浓差极化电压损失 η_{conc} 计算公式：

$$\eta_{conc} = \frac{RT}{nF}\ln\frac{i_L}{i_L - i} \tag{2-43}$$

从式（2-43）可以发现，当电流密度接近极限电流密度时，浓差极化电压损失急剧增加。

2.2　水热管理

在上述学习中，可以发现质子交换膜燃料电池在运行过程中其内部是一个很复杂的体系，其中水热管理是燃料电池中富有挑战性的综合性工程问题。质子交换膜燃料电池的水热管理影响电池内部反应气体的分布，而反应气体的分布又决定着电流的分布。若气体分布不均匀，会引起局部缺气而不能产生电流，严重则会引起反极，导致催化剂降解和电池性能衰减，对电池产生不可避免的伤害。因此，质子交换膜燃料电池内部的水热管理是决定电池性能的关键因素。在理想状态下，反应气体应尽可能地均匀到达电极表面，保证电流密度分布均匀，提高电池运行平稳性。另外，当前燃料电池操作温度大多为 60 ~ 95℃，温度过低容易造成水淹，阻碍氧气传递，增加浓差极化电压损失，过高则可能引起膜脱水，耐久性下降，同样不利于电池高性能运行。受限于实验测量，虽然明确了操作温度范围，但人们对电池内部温度分布及波动情况了解还是甚少。因此，质子交换膜燃料电池的水、热、气管理对其性能和寿命有非常重要的影响。

2.2.1　水与热的生成

1　水的生成

质子交换膜燃料电池内反应机理和水、热生成过程如图 2-4 所示，在电池阳极侧，氢气通过阳极流道和气体扩散层到达阳极催化层，在催化剂作用下解离为带正电的质子并释放带负电的电子。质子穿过质子交换膜到达阴极，电子通过外电路到达阴极，并在外电路形成电流。在电池阴极侧，氧化剂通过阴极流道和气体扩散层到达阴极催化层（Cathode Catalyst Layer，CCL），在催化剂的作用下，氧气与质子和电子发生反应生成水，同时释放热量。阳极侧电极和阴极侧电极反应方程分别见式（2-1）和式（2-2）。

电池内部水主要来源于反应气体加湿带入及阴极氧还原反应。斯坦福大学 O'Hayre 等[1]学者在 2005 年提出燃料电池中三相界面（TPB）是化学反应的发生场所，在燃料电池阴极侧，氧还原反应是在三相界面发生并且在此生成了水，三相界面指的是电解质（质子交换膜）、空隙、催化剂颗粒这三种物质的交界面，如图 2-5 所示。在三相界面生成的水，经催化剂颗粒间形成的气孔，最终流到气体扩散层。

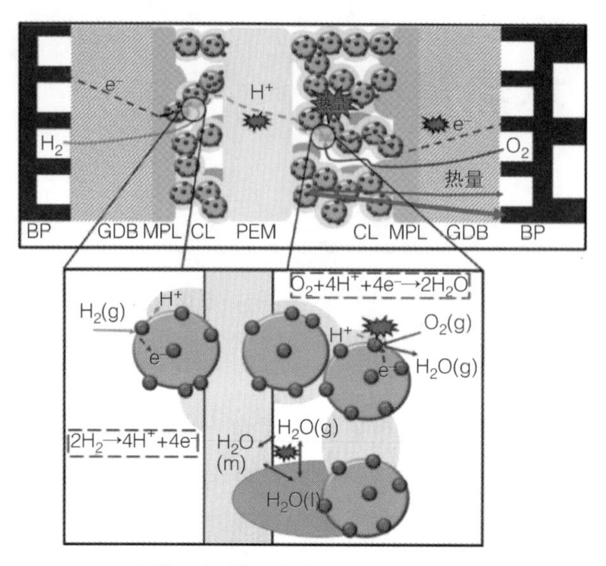

图 2-4 质子交换膜燃料电池内反应机理和水、热生成过程

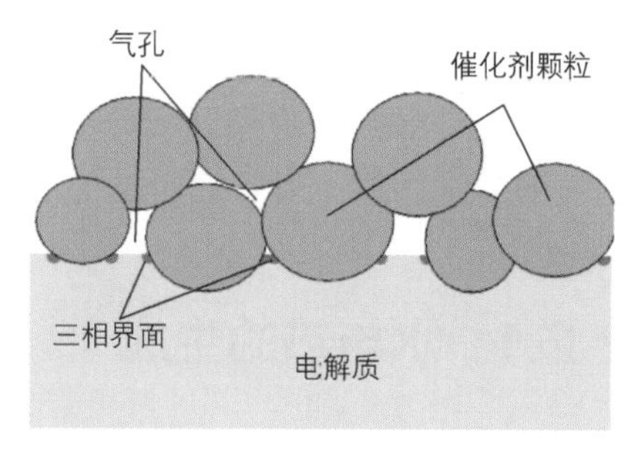

图 2-5 三相界面简化图

水在催化层中生成后，需要穿越碳纸才能到达流道。催化层孔一般为几百纳米，碳纸则是由碳纤维无序搭建而形成的多孔介质，其孔径一般约为几十微米，而流道深度则在毫米级别。从催化层及膜内纳米尺度孔结构到扩散层微米尺度的介观结构，再到流道内宏观结构，水在电池内传输过程是一个跨越 6 ~ 7 个空间尺度的过程。目前已经有很多学者通过模拟和实验手段对液态水在电池内跨尺度形成和排出过程进行了研究。Wang 等 [2] 学者在 2004 年通过透明燃料电池和摄像机研究液态水在电池内的传输机理，研究中提到碳纸中水的流动是由水的表面张力主导的，表面张力比重力和空气阻力起着更重要的作用。Cetinbas 等人 [3] 采用孔尺度方法对催化层中亲水纳米孔隙内发生的毛细冷凝进行了孔尺度研究，发现随着相对湿度增加，纳米孔中越来越多的液态水连通了质子到达孔隙内部 Pt 颗粒的通路，因此三相界面数量增多，性能提升。Jeon 等 [4] 则结合可视化实验和格子波尔兹曼法（LBM）仿真研究碳纸压缩对流道内液态水行为的影响，综合考虑了碳纸的碳纤维排布对传质的影响。对于压缩率（CR）= 10%、20% 和 30%，液体水在流道区域的中间位置渗出；对于 CR = 40% 和 50%，液体水在流道和脊的界面处出现。Zhang 等 [5] 通过实验和理论分析，观察到碳纸中水蒸气凝结为液态水的现象。碳纸中还有阴极反应气从流道穿过碳纸再到催化层，以保证化学反应的进行。因此在碳纸中，水的流动和反应气的流动以错流的形式实时进行。在设计阴极碳纸

时，不仅需要保证生成的水能快速及时地穿过碳纸，还应避免过多的水堵住碳纸中的孔隙。对于液态水在流道中出现、生长及聚并的过程，很多学者基于非原位可视化进行了实验探索，通过高速摄像机观测不同气速、液速下液滴的形成、生长及聚并的过程[6-8]。

2 热的生成

燃料电池中热量的来源更为广泛，化学和电化学反应、电子和质子传递、相变等过程都会引起 PEMFC 内热量的释放或吸收。反应热是所有可能反应的产热总和，包括氧还原、氢氧化、碳腐蚀等半电极反应产热，也包括氢燃烧、膜降解等化学反应产热。不过目前大部分研究只考虑主反应热，即氧还原和氢氧化两个半电极反应产热，如图 2-4 所示。

氢氧整个电极反应为

$$H_2(g)+O_2(g)\longrightarrow 2H_2O(g) \qquad \Delta H_{LHV}=-483.6kJ\cdot mol^{-1} \tag{2-44}$$

式中，ΔH_{LHV}是假定所有产物为气态水时的低热值（LHV）焓变，不过也有研究认为反应生成物为高热值液态水（$\Delta H_{HHV}=-571.7kJ\cdot mol^{-1}$），可能会高估电池内部产热。

焓变（ΔH）代表电化学反应的总能量变化，如果焓变能够完全转换为电功，形成的最大理论电位为$E_T=-\Delta H/nF$，称为热中性电位。不过根据热力学定律，电池最大输出电功取决于吉布斯自由能（ΔG），因此最大输出电位为$E_{re}=-\Delta G/nF$，称为可逆电位。E_T 和 E_{re} 之间的能量将以热的形式释放，为反应最小产热，称为可逆热（Q_{re}），如图 2-6 所示。不过 PEMFC 实际输出电位（E_{cell}）明显低于可逆电位（E_{re}）。E_{re} 和 E_{cell} 之间的能量差同样将以热的形式释放，包含克服电子和质子传导产生的焦耳热（Q_{Joule}），以及电化学极化产生的不可逆热（Q_{irr}），如图 2-6 所示。研究表明，可逆热、不可逆热和焦耳热分别约占氢氧反应焓变总损失的 35%、55% 和 10%，三者之和与输出电功相当。

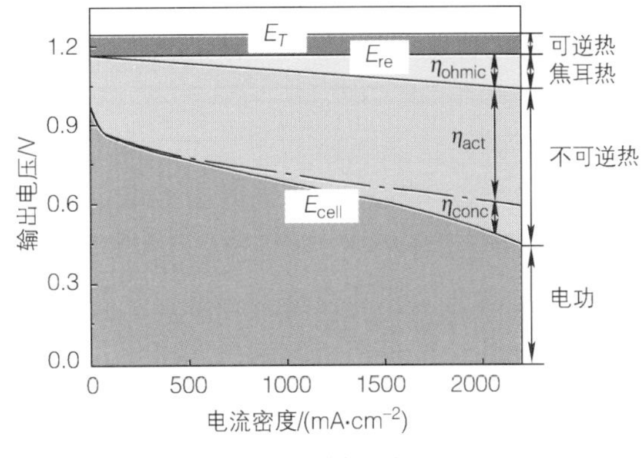

图 2-6 氢燃料电池功和热

除了上面提及的产热源以外，在水传递过程中，由于局部温度、压力和含水量的变化，水在汽、液、膜三相间会发生相变，同样涉及热量的吸收和释放。在过去研究中，相变热经常被忽略。但是 Bhaiya 等 [9] 认为，相变热约占据总产热的 10%。Xing 等 [10] 通过理论计算发现，相变热约占总产热的 20%。因此，虽然具体产热量还不确定，但相变热应被重视，它可能是造成局部温度显著变化的主要原因。目前人们对燃料电池内相变过程的了解仍非常有限，存在很多争议，比如有些学者认为从膜相脱附出来的水是气态水 [11-12]，而有些认为是液态水 [13]。多孔结构和微尺度下的水相变速率也很难确定，目前只开展了些初步研究。Marek 等 [14] 通过实验和微尺度分析，发现水相变是非对称的，水蒸发系数显著高于水冷凝系数。Zenyuk 等 [15] 通过 X 射线计算断层扫描仪研究气体扩散基底层内水蒸发过程并发现了蒸发速度受水前缘区域粗糙度、水饱和度、孔隙率等因素影响。相变速度应该是一个非常关键的参数，可能对水平衡和相变热产生显著影响。为了准确定量分析相变热，仍需深入研究相变过程。由于 PEMFC 内部速度和压力梯度较小，因此大部分研究认为电池内流动功和黏性耗散等热源可忽略不计。

表 2-1 总结了 PEMFC 内部热源 / 汇空间分布 [16]。催化层及其临近交界区域涉及几乎所有物理化学过程，因此涵盖上述提到的所有热源 / 汇，而双极板和质子交换膜区域只发生电子或质子传导，因此只产生焦耳热。Bhaiya 等 [9] 认为，催化层释放的不可逆热占总产热比例最大，其次是质子焦耳热和可逆热。相比之下，电子焦耳热要少得多。因此，燃料电池内空间产热分布极不均匀，中间较多，两侧较少。

表 2-1　PEMFC 内部热源 / 汇空间分布

热源	CL & PEM|CL & CL|MPL	MPL & GDB & MPL|GDB &GDB|BP	BP	PEM	GC
可逆热	√				
不可逆热	√				
质子焦耳热	√			√	
电子焦耳热	√	√	√		
相变热	√	√			√

除了主反应以外，PEMFC 在复杂的汽车工况下运行还会引发很多副反应。当 PEMFC 在负载快速变化、低温启动、水淹等恶劣工况下运行时，会发生空气饥饿。图 2-7a 描绘了空气饥饿可能引发的副反应。该状态下，由于缺少氧气，从阳极迁移到阴极的质子无法参与氧还原反应，会在空气饥饿区域相互结合生成氢气，由此提供补偿电流。此外，由于饥饿区域气压降低，从阳极到阴极的氢气交叉也将加强。无论是反应生成的还是交叉渗透的氢气，在阴极都将直接发生燃烧反应。尽管燃烧反应方程式和氢氧总电极反应相同，但是燃烧反应焓变将全部释

放为热能。直接燃烧释放的大量热极易造成局部热点。Dou 等[17]已在空气饥饿区域观察到了由于氢气直接燃烧产生的局部热点。

当 PEMFC 在氢气计量比较低的恶劣条件下运行时，会发生燃料饥饿。和空气饥饿引起的化学或电化学反应不同，燃料饥饿常造成碳载体腐蚀和水电解。根据燃料缺乏程度，碳腐蚀和水电解发生的区域也不尽相同。若阳极只是稍微缺少燃料，发生局部燃料饥饿，阳极侧氢气不足以提供氧还原反应所需的质子和电子，阴极将发生水电解和碳腐蚀反应。阳极侧则由于氢气不足气压下降，空气渗透增强，透过膜的氧气将在阳极结合阴极反应提供的电子和质子发生氧还原反应（图 2-7b）。局部燃料饥饿常造成电流逆流，和电池正常工作区域形成电流回路。Reiser 等[18]发现，当阳极部分暴露于氧气时，电解质电位将从 0V 下降到 −0.59V，导致阴极侧界面电位显著升高（1.44V），进而引起析氧和碳腐蚀。CO_2 和 CO 生成可逆电位分别为 0.21V 和 0.518V，因此碳腐蚀发生时会有显著的电极极化，由此产生的可逆热可能无法忽略。然而，据目前所知，还没有研究关注该反应产热。若阳极氢气严重短缺形成完全燃料饥饿，碳腐蚀和水电解将发生在阳极侧，因为阳极侧缺少氢气，质子数量不足以维持燃料电池正常负载电流，于是在外部电源的作用下发生碳氧化和析氧反应提供质子和电子以维持电流（图 2-7c）。此时电流方向保持不变，但电池功能发生了变化，相当于电解池。

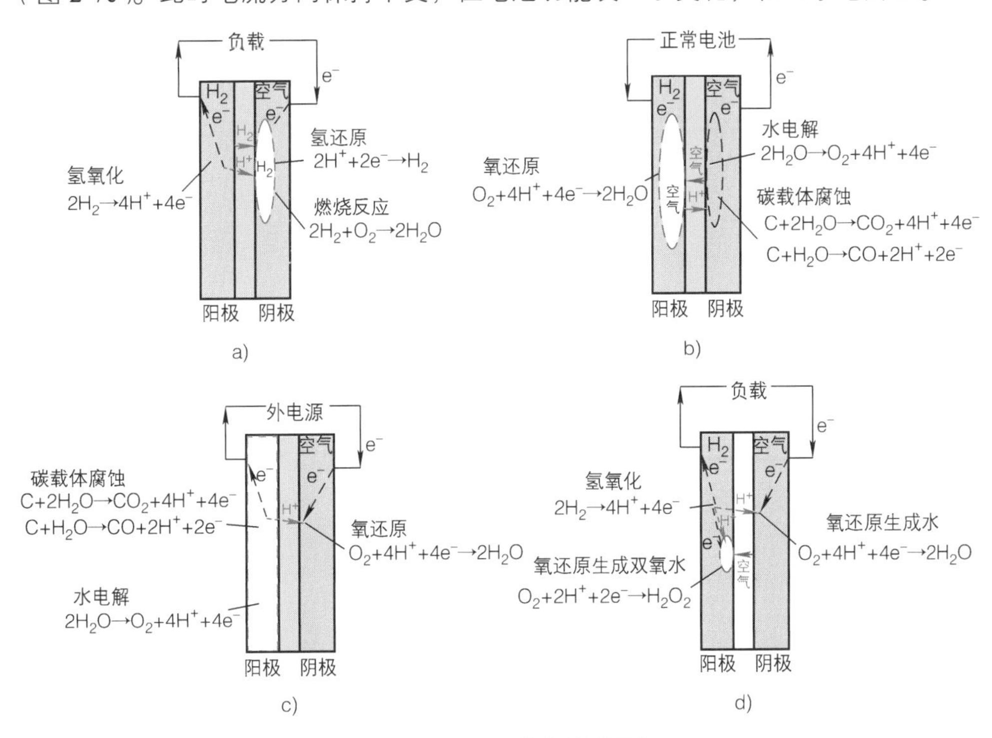

图 2-7　PEMFC 发生的副反应

a）空气饥饿　b）局部燃料饥饿　c）完全燃料饥饿　d）空气交叉状态下 PEMFC 内可能发生的副反应

PEMFC 应用过程中，为了减少质子传递造成的电压损失，PEM 的厚度越薄越好。随着膜厚度的减少，气体渗透速率也在增加。氧气渗透到阳极将和氢气反应生成 H_2O_2（图 2-7d），在金属板释放过渡金属离子催化下 H_2O_2 会解离成羟基（-OH）和羧基（-OOH），可能引起膜的一系列化学降解。不过目前对膜降解反应动力学和能量变化研究还不够充分，无法确定这些热量对电池内部温度的影响。除了空气渗透，氢渗透也会加剧。Zhao 等人[19-20] 发现，氢渗量随着膜厚度的减小而增加。在催化剂的作用下，渗透到阴极的氢气将和氧气发生直接燃烧反应，释放大量热量，造成局部高温。

在特定环境下，PEMFC 内部会发生副反应，很可能增加电池内部产热。然而在复杂的汽车操作条件下，准确确定这些反应及反应释放的热量仍然很困难。

2.2.2 水的气液两相

氢氧燃料电池工作的显著特点是反应产物是水，由于电池运行温度只有 80℃，未达到水相变临界温度，因此电池内部会存在水气液两相并存区域。另外，电池反应同时会释放热量，造成不同区域温度也存在差别。随着温度和浓度的变化，水在蒸气和液态水两相间会发生相态转变，当局部蒸气浓度高于该温度下饱和蒸气压时，水蒸气将凝结为液态水，而局部水蒸气未饱和时，液态水将蒸发为水蒸气。燃料电池内的质子导体离聚物具有吸水锁水功能，膜内水同样是氢离子传递的重要载体。为作区分，学者将膜内水归纳为与液态水和蒸气不同的第三种状态，即膜态水。膜中水分与局部蒸气浓度及液态水含量均有关。

因此，水在电池内有液态水、膜态水和蒸气三种状态。液态水和蒸气主要位于电池多孔材料孔隙和流道内，膜态水指在与质子交换膜和催化层离聚物中硫磺酸根基团结合的水分。液态水由于占据了部分反应气体的传输路径，因此会引起反应气体传质阻力的增加，造成浓差极化电压损失的增加。膜态水则和电池质子传递能力密切关联，膜态水越少，质子传递阻力越大。表 2-2 对常温状态下质子交换膜燃料电池不同组件内水的状态进行了总结。正常情况下，反应生成的水通过蒸气对流扩散或液态水在多孔层渗透向流道传输，在此过程中一部分将被膜吸收并向阳极侧扩散传输至阳极催化层。在高温环境下，部分膜态水可能蒸发为蒸气，发生膜脱水，对氢离子传递极为不利。水蒸气在传输过程中遇到较低温度区域将凝结为液态水，如果液态水过多，就会堵塞孔隙，阻碍反应气体传输，同样不利于电池的高效利用。

表 2-2　燃料电池组件内常温状态下水的存在状态

组件名称	区域	水的状态
质子交换膜	聚合物	液态水，膜态水，蒸气
不可逆热	√	液态水，膜态水，蒸气
质子焦耳热	√	液态水，蒸气
相变热	√	液态水，蒸气

有效水管理的目标是：①为膜态水提供足够的水分；②允许水和反应物高效传递通过电池多孔材料；③有效地从流道中除去水，尤其是大功率发电时产生的大量液态水。只有实现了这些目标，才能提高电池水管理能力，最终提升燃料电池最大输出功率。反之，则会导致大电流密度下发生水淹，阻碍反应气体的传输，致使燃料电池性能骤降。合理的水管理策略依赖于多项参数，如扩散层与流道的润湿特性、流道的结构形状、流道内气体流速，以及扩散层出水孔径的大小与位置等，只有充分了解这些因素的综合影响，才能优化反应物气体的流动和扩散、压降，最终达到理想的电池性能和耐久性。

了解水的运动和排出机理是优化水管理和防止水淹的关键，然而目前人们对电池内水状态还有许多未知之处。比如，国内外对 CCL 内产物水初始状态研究还未达成一致。由于操作温度低，大部分认为是高热值液态水 [19]，不过在微尺度下水相态及相变可能和大尺度不同，因此也有人认为是低热值气态水 [9]。美国特拉华大学 Zhang 等人 [20] 曾设计和制作了催化层可视化系统，观察微孔结构中液滴形成、生长、聚结和运输过程，认为水主要以气态形式排出催化层。除此以外，复杂的多孔材料中水在气 – 液 – 膜间相态转化速率及不同材质膜动态吸水机理等同样存在很多认知盲点，需要进一步研究。

2.2.3　水热状态与离子电导

燃料电池中电解质的离子电导率数量级近 $10\text{S}\cdot\text{m}^{-1}$，即使厚度为 15μm，也将产生 $0.015\Omega\cdot\text{cm}^2$ 的面积比电阻。相比之下，碳纸的电子电导率在 $1000\text{S}\cdot\text{m}^{-1}$ 左右，250μm 厚碳纸产生的面积比电阻只有 $0.0025\Omega\cdot\text{cm}^2$。该对比说明电解质电阻在燃料电池总电阻中仍旧占主导作用。

氢氧燃料电池通常使用聚合物电解质作为离子导体。目前，质子交换膜燃料电池中最普遍最重要的聚合物电解质是由杜邦公司生产的 Nafion 系列膜。1991 年，Springer 等人 [21] 率先在 30 ~ 80℃环境温度下对不同含水量 Nafion 117 膜进行了离子电导率测量，并建立了电解质离子电导率计算公式。后人又在其基础上进行阿伦尼乌斯定律拟合，最终总结出目前最常见的离子电导率计算公式：

$$\sigma_m = (0.5139\lambda - 0.326)\exp\left(1268\left(\frac{1}{303.15} - \frac{1}{T}\right)\right) \tag{2-45}$$

式中，σ_m是 Nafion 膜离子电导率；λ 是含水量，表示 Nafion 中平均每个磺酸基团带有的水分子个数；T 是温度。

由式（2-45）可见，聚合物离子电导特性既和膜中含水量有关，也和温度有关。温度升高一定程度也可以加快离子输运，此外，电解质中的含水量越多，聚合物离子的电导能力越强。这需从 Nafion 中离子传输机理方面进行说明。Nafion 中存在自由体积（“开放空间”），自由体积壁排列有磺酸基团（$SO_3^-H^+$），如图 2-8 所示。在孔隙中有水存在的条件下，孔隙中的氢离子（H^+）将结合水分子形成水合氢离子（H_3O^+），并从磺酸基侧链脱离开来。当孔隙中存在足够多的水时，水合氢离子就可以在水相中传输。也就是说，此类聚合物电解质中，水是重要的载体物质，当水分子穿越聚合物中的自由体积时，离子可以随同搭载。2003 年，Weber 等[22]学者进一步总结出离子在电解质中的传输机制，当膜内水充足时，膜内会形成从簇到簇、从膜一侧到膜另一侧的连续水通道，如图 2-8 所示。依赖该水通道，电解质电导率可以用 Grotthuss 机理、质子跳跃或扩散穿过膜来解释。离子电导率随含水量的增加而增加，因为水越多，越有利于形成更多的离子传输通道以及更短的传输路径。

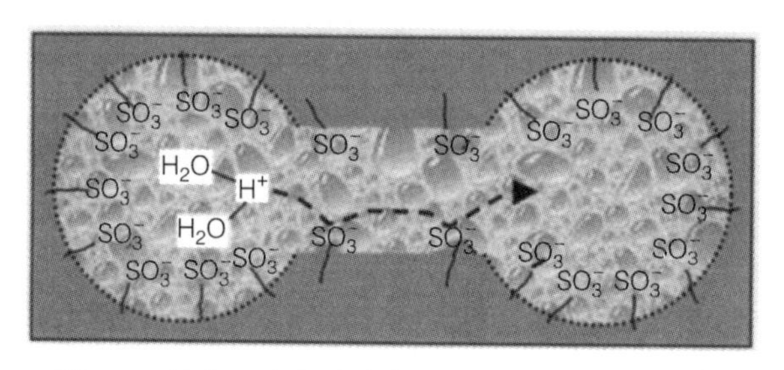

图 2-8　氢离子在充分水合的电解质中传输机理[22]

为了维持聚合物电解质的离子电导率，电解质必须与水充分水合。稳态实验表明，Nafion 中含水量（λ）可以从几乎为 0（完全干燥的膜）到 22%（一定条件下完全饱和）。实验结果表明，Nafion 中含水量与燃料电池的相对湿度、液态水及温度条件有关。1991 年，Springer 等[21]基于稳态实验测量 30℃温度、环境相对湿度（水活度）由 0 增加到 1 的过程中，Nafion 117 膜中含水量的变化数据，如图 2-9 所示。水活

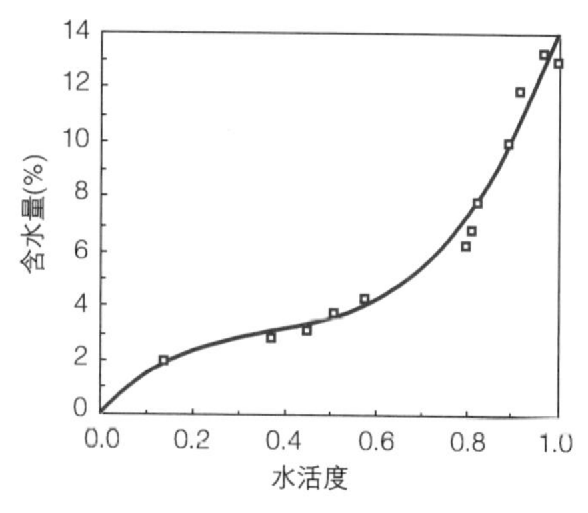

图 2-9　30℃下 Nafion 117 膜的含水量与水活度关系[21]

度 a 定义如下：

$$a = \frac{p_w}{p_{sat}} \tag{2-46}$$

式中，p_w 是系统中水蒸气的实际分压；p_{sat} 是系统在工作温度下的饱和水蒸气气压。

拟合图 2-9 中的实验数据，得到 30℃、不同湿度环境下，系统达到稳态时膜中含水量 λ_{30} 计算公式：

$$\lambda_{30℃} = 0.043 + 17.81a - 39.85a^2 + 36.0a^3 \quad 0 < a \leqslant 1 \tag{2-47}$$

1994 年，Hinatsu 等人进一步研究环境温度 80℃时，多种聚合物电解质膜在不同水活度下膜内的含水量变化。通过对实验数据进行拟合，可得到 80℃下，膜内含水量 λ_{80} 与水活度 a 的关系式为

$$\lambda_{80℃} = 0.300 + 10.8a - 16.0a^2 + 14.1a^3 \quad 0 < a \leqslant 1 \tag{2-48}$$

上述实验表明，若系统环境欠饱和，没有液态水形成，则膜内最大含水量（质量分数）在 9%～14% 范围内；而当系统中存在液态水时，膜内含水量通常会激增。Zawodzinski 等人 [23] 在室温下将 Nafion 117 膜浸入液态水中，发现膜中最大含水量（质量分数）可高达 22%。

2.3 导电与导热

2.3.1 电子传输与内电阻

氢气在阳极催化层中分解成电子和质子。其中电子通过 GDL、双极板、集流体和外部电路转移到 CCL，在那里它们与氧气和质子反应生成水。

GDL 电导率通常使用有效介质近似来描述。多孔结构组分的性质通常用于描述介质的电导率。布鲁各曼近似通常用于模拟 PEMFC 中电子的传输。GDL 电导率的测量通常使用四探针技术测量。Williams 等 [24] 研究了西格里碳纸内的电导率，结果表明电导率高度依赖于所使用的裸碳纸及其所经历的处理（添加微孔层和 PTFE）。Nitta 等 [25] 测量了西格里 SIGRACET10-BA 碳纸在不同压缩力下平面和面内的有效电导率。他们发现，电导率与压缩力呈线性关系，并且电导率随

着压缩力的增加而增加，因为纤维之间的电阻随着压缩力增加而减小。

对于常见的离聚物包覆的 Pt/C 的 CCL，由于 Pt 的密度远大于碳，而且低 Pt 负载是降低成本的发展趋势，Pt 颗粒的体积分数很小，因此 Pt 粒子对电子传导的贡献不大，电子传导主要由碳载体的性质决定。在催化剂团聚体内部，碳颗粒通过共价键强烈融合在一起，使得体电导率相当高。CCL 中电子传导受到相邻团聚体之间碳 – 碳接触的限制。CCL 的电子传导率主要由 Pt/C 纳米颗粒聚集体的电学行为决定。这不仅与材料的本征电导率有关，还与聚集体的导电性相关。颗粒之间的界面引起了电荷传输额外的阻力，导致聚集体的电导率通常低于单个颗粒之间的电导率。导电颗粒之间的接触面和配位数的增加可以增加电导率，可以通过扩大颗粒之间的接触面积来增加电导率，但也可能发生一些弹性和塑性形变。Shetzline 等[26]通过混合炭黑与 Nafion（1100EW）制备薄膜并测量其电子电导率，当碳的质量分数低于 5% 时，在 25% ~ 100% 的 RH 区间内，电子电导率的值介于 $10^{-4} \sim 10^{-3}S \cdot m^{-1}$ 区间；当碳的质量分数大于 5% 时，电子电导率随着碳含量的增加而增加，含有 20% 炭黑的薄膜的电导率值在所有的 RH 区间增加至 $10^{-2} \sim 10S \cdot m^{-1}$。

2.3.2 热量传导与内部温度

1 热量传导

热量电池中间区域释放的热量将通过一定方式传递到两边低温区域，目前研究中提及的热量传导机制主要有三种：①温度梯度驱动的热传导；②压力梯度驱动流体整体流动造成的对流能量传递；③浓度梯度驱动混合组分交叉扩散造成的扩散能量传递。图 2-10 总结了 PEMFC 内各功能层热量传导机制，其中流道区域忽略了扩散传递，因为和流道中流体的整体流动相比，扩散通量近乎可以忽略不计。BP 和 PEM 区域可近似为固体导热。

在多孔介质 GDB、MPL 和 CL 中，三种热量传导机制共存。Bhaiya 等[9, 27]基于量级分析认为导热、扩散和对流传递能量比值为 $100 : 10^{-2} : 10^{-6}$，对流影响几乎可以忽略不计。但是在不同的操作条件和电池结构下，结果可能有所不同，例如在 Weber 等人[28]的研究中，对流的影响非常大。实际上，更多研究选择忽略扩散而非对流。虽然扩散和对流处理仍存有争议，但公认的是热传导是最主要的热量传导机制。PEMFC 的导热性能与材料自身密切相关。当给定温度梯度时，材料导热系数越高，热阻越小，导热通量越大。

在燃料电池膜电极中扩散基底层（GDB）最厚，是影响燃料电池导热性能的

关键部件，使用的材料主要有碳纸、碳布等。根据已有研究，研究人员已采用模拟或实验方法来研究 GDB 的导热系数。一方面，研究 GDB 本身导热特性；另一方面，研究 GDB 与其他部件（比如 MPL、双极板等）组合时导热性能。

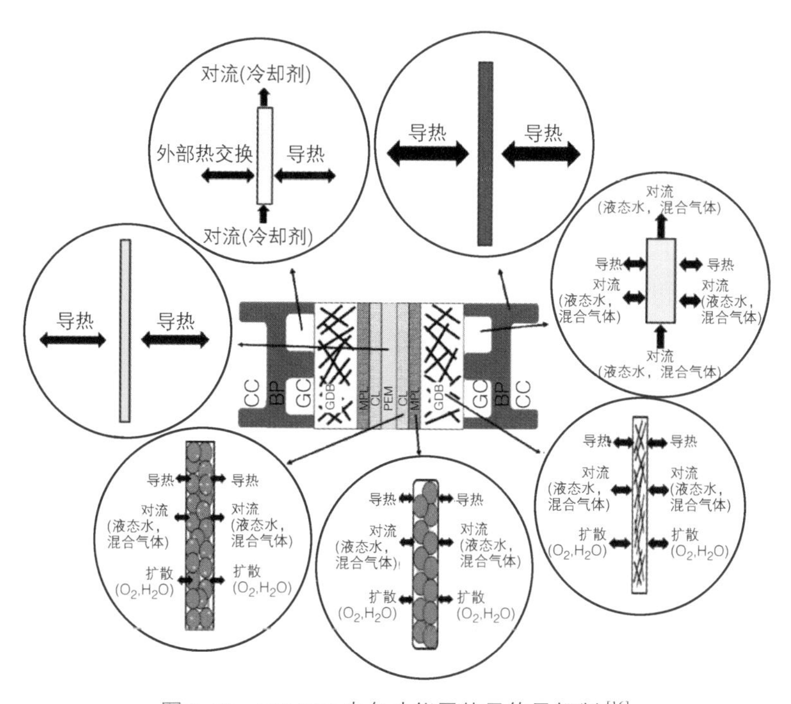

图 2-10　PEMFC 内各功能层热量传导机制 [16]

2　GDB 导热系数

（1）测量原理　多孔材料导热系数对电池内部温度分布至关重要，但还未引起足够重视，以 GDB 透面方向导热系数为例，有不同的研究分别选取了 0.3、1.7 或 $10W \cdot m^{-1} \cdot K^{-1}$，之间相差近两个数量级。

多孔材料有效导热系数很大程度上取决于孔隙大小、孔隙率和孔隙中流体种类。理论计算和实验研究是当前研究多孔材料有效导热系数的两类主要方法。理论模型在一定程度上可以预测不同组成结构对导热系数影响，但是多孔材料复杂的微观结构增加了求解难度，使得大部分研究选择实验测量更为合理。测量方法大致可分为原位和非原位两类。原位测量对测量设备要求低，但也因此很难测准样品厚度，误差较大。相较而言，非原位测量越来越普遍，包括稳态法、准稳态法和瞬态法。常见稳态法（热流法）测试原理如图 2-11 所示，测试过程中设备向样品注入一定热流（q），通过记录流经样品温差（ΔT），计算得到含接触热阻（Thermal Contact Resistance，TCR）在内的总热阻。为了排除接触热阻影响，常常需要测量至少两个厚度样品（t），才能得到样品自身体热阻，再基于傅立叶定律确定样品导热系数。稳态法是目前获得 PEMFC 多孔材料导热系数的最常用方法。Burheim 等[29-37]通过稳态方法进行了很多创新性研究，探究了几乎所有因素对 PEMFC 多孔材料有效导热系数的影响，例如压缩力、液态水、PTFE、孔隙内气体，以及老化程度等。

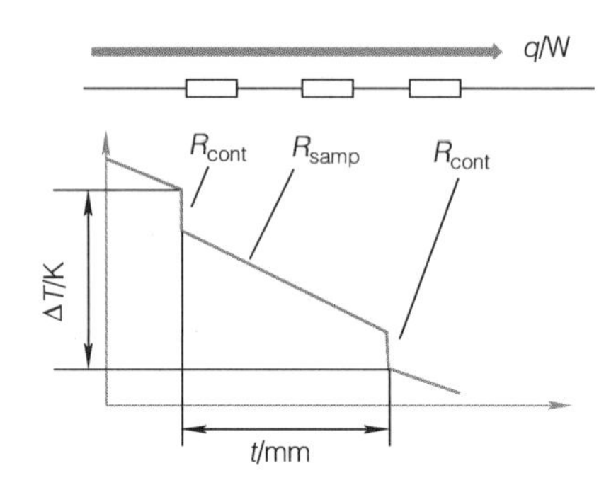

图 2-11　导热系数稳态法测试原理[16]

准稳态法是介于稳态和瞬态方法之间的一种导热系数测试方法。测试过程中只要求被加热物体温差恒定或温升恒定，而不需要通过长时间加热让试样温度达到稳态。基于一维传热模型假设，确定与时间有关的边界条件后，通过相对简单的能量衡算，就可以得到物质的导热系数。Zamel 等人[38]通过准稳态法测量 GDB 透面方向导热系数，并探究了压缩力、PTFE 含量及温度的影响。

瞬态法包括激光法、瞬态平面源法（TPS）和瞬态热线法等，其中 TPS 具有测量时间短、操作方便、TCR 影响小等优点，是目前测量 PEMFC 内多孔材料最常用的非稳态测量方法。该方法测量原理是在稳态样品上施加约 1℃轻微温度扰动，测量温度扰动引起的温度幅值或相位变化，利用内置数学模型计算有效导热系数。Ahadi 等[39-40]首次采用 TPS 法测量 PEMFC 内薄膜材料导热系数。

（2）导热系数　由于输运气体需要，GDB 材料如碳纸、碳布等孔隙率很高（0.6 ~ 0.8）。碳纸是通过碳纤维和黏合剂复合而成的一种疏松多孔材料，该材料除了起到导电与传热的作用外，还是气体和液滴穿过的介质。为了进一步提升液体在 GDB 中的透过能力，碳纸会被进行疏水处理。PTFE 是一种广泛用来处理 GDB 的疏水剂。在 GDB 制备工艺中，基于高温热熔的方式，使 PTFE 负载在碳纤维和黏合剂碳化物表面。

在 GDB 中，由于碳纤维结构取向不同，碳纸内部存在明显结构各向异性。在面内方向上碳纤维相互交叉，纤维之间留有气孔。由于碳纤维导热系数（$130W\cdot m^{-1}\cdot K^{-1}$）远远高于气孔中的气体导热系数（$0.03W\cdot m^{-1}\cdot K^{-1}$），热量主要沿着碳纤维进行传导。而在透面方向上，碳纤维呈随机堆积结构，热量必须通过纤维间接触进行传导。纤维表面非常粗糙，TCR 较大，因此透面方向有效导热系数通常比面内方向小很多。

燃料电池运行过程中，GDB 内部环境、组成及微观结构的变化对导热性能也有影响。比如在装配力作用下 GDB 结构和孔隙发生明显形变，碳纤维接触更

紧密，因此导热性能可能增强。PEMFC 运行时还会生成很多液态水，当高导热的液态水（$0.58W \cdot m^{-1} \cdot K^{-1}$）替代空气占据孔隙后同样会提升 GDB 有效导热系数。除了压力和液态水以外，温度、PTFE 含量及碳纤维老化程度等因素也会对 GDB 导热系数造成影响。表 2-3 和表 2-4 汇总了不同文献中在不同条件下的 GDB 导热系数测量结果。

表 2-3　GDB 透面方向有效导热系数汇总

品牌	是否带 MPL	温度 /℃	压力 /MPa	PTFE（%）	水饱和度	有效导热系数 /（$W \cdot m^{-1} \cdot K^{-1}$）	参考文献
Toray	否	26 ~ 73	恒定	0	0	1.24 ~ 1.80	[43]
	否	22	0.5 ~ 1.4	5 ~ 60	0 ~ 0.75	0.28 ~ 1.6	[44]
	否	35 ~ 70	0.2 ~ 1.5	5	0	1.44 ~ 2.1	[45]
	否	-50 ~ 120	0 ~ 1.6	0，60	0	0.1 ~ 1.8	[38]
	否	35 ~ 85	恒定	0	0 ~ 0.6	0.4 ~ 0.96	[46]
	否	35 ~ 85	恒定	30	0 ~ 0.6	0.53 ~ 0.68	[46]
Sigracet	否	56 ~ 58	2	0 ~ 20	0	0.22 ~ 0.48	[43]
	否	—	0.1 ~ 5.5	5	0	1.2	[47]
	是	35 ~ 75	0 ~ 2	0 ~ 30	0	0.25 ~ 0.55	[48]
	是	—	0.2 ~ 1.4	0 ~ 20	0	0.25 ~ 0.6	[49]
	否	—	0.1 ~ 1	5	0	0.12 ~ 0.35	[39]
	否	22	0.46 ~ 1.39	0	0.66 ~ 0.83	0.3 ~ 0.87	[44]
SolviCore	是	22	0.5 ~ 1.4	—	0 ~ 0.26	0.27 ~ 0.57	[50]
	是	70	0 ~ 1.4	30	0	0.25 ~ 0.52	[51]
	是	80	0.4 ~ 1.5	5	0	0.3 ~ 0.56	[52]
SpectraCarb	否	70	0 ~ 1.4	0 ~ 30	0	0.26 ~ 0.7	[51]
Freudenberg	否	22	0.46 ~ 1.39	0 ~ 10	0	0.14 ~ 0.16	[44]

表 2-4　GDB 面内方向有效导热系数汇总

品牌	是否带 MPL	温度 /℃	压力 /MPa	PTFE（%）	水饱和度	有效导热系数 /（$W \cdot m^{-1} \cdot K^{-1}$）	参考文献
SpectraCarb	否	70	—	0 ~ 19	0	9.73 ~ 13.8	[53]
SolviCore	是	70	—	30	0	3.2 ~ 3.87	[53]
Toray	否	70	—	30	0	15.1	[54]
	否	-20 ~ 120	—	0 ~ 50	0	10.1 ~ 14.7	[53]
Sigracet	否	35 ~ 65	—	0 ~ 50	0	10.5 ~ 17.5	[55]

基于上述文献中的实验结果，可以发现 GDB 面内方向有效导热系数几乎是其透面方向的 100 倍。不过即便是同一品牌，不同实验得到的数值也不一样，大致能得出如下几条定性结论：

1）随着加载压力的增加，GDB 透面方向有效导热系数显著增加。这是因为较大的压力使碳纤维和黏结剂发生变形，因此各个纤维之间形成了更多更好的接触，导热热阻下降。

2）液态水能大幅度提升 GDB 透面方向有效导热系数，尤其是在高温环境下。因为液态水在 GDB 中的位置大多位于碳纤维相交区域，能够显著降低碳纤维间 TCR。此外，高温下水容易蒸发，水在高温区蒸发和低温区冷凝时会增加热通量，极大促进多孔材料内热量传递，该现象称为热管效应，宏观表现为导热系数的上升。

3）不存在液态水时，温度对导热系数的影响几乎可以忽略。

4）随着 PTFE 含量的增加，GDB 有效导热系数将下降，因为 PTFE 破坏了碳纤维间良好接触。

近年来，通过 TPS 测量 GDB 导热系数越来越常见。Xu 等 [41] 利用 TPS 测量湿碳纸导热系数。由于测试时间较短（10s），水分蒸发对结果的影响较小。Ahadi 等 [39] 提出改进 TPS 方法，可消除夹具和样品间 TCR 带来的测量误差，发现 600kPa 下 SGL BA 碳纸透面方向导热系数约为 0.28W·(m^{-1}·K^{-1})，最大不确定度约为 3.4%，与稳态法测量结果相近。西安交通大学陶文铨院士课题组在 TPS 测量碳纸导热系数方面也进行了初步研究 [42]。通过测量带 MPL 层 Toray TGP-H-060 碳纸，发现当含水量（质量分数）由 0 增加到 80% 时，导热系数从 0.145W·m^{-1}·K^{-1} 线性增加到 0.37W·m^{-1}·K^{-1}，当含水量为 77% 时，样品导热系数随温度增加显著上升。

3 电池内温度分布

研究燃料电池内部温度分布有理论 / 数值计算和实验测量两种手段，前者涉及因素复杂全面，是对实验的有效补充；后者现象直观，是对理论和数值计算的标准检验。二者各有优缺点，可单独进行，也常相互结合以加深理解。

（1）数值模拟　针对 PEMFC 内部温度时空分布，由于涉及多物理场耦合，大部分研究采用基于流体力学宏观数值模拟方法，通常利用基础电化学反应构建模型，用 Bulter-Volmer 方程或简化 Tafel 方程描述电极反应动力学，还需耦合质量传递、动量传递和相变等过程，考虑燃料电池几何构型和材料物性等细节影响。过去几十年里，科研人员基于连续性假设，利用计算流体力学数值模拟方法已经建立许多 PEMFC 单电池宏观理论模型，包括稳态模型和瞬态模型。前者可以反映 PEMFC 稳态性能和局部稳态特征，而后者可以捕捉多种动态现象。针对交通运输领域应用，PEMFC 负载频繁变化，瞬态传热模拟更接近实际应用场景。

稳态热模型按几何结构简化程度可分成三类：一维模型、二维模型和三维模型，按是否考虑液态水还可分为单相流模型和两相流模型。一维模型只考虑一条线上的温度分布。Ge 等 [56] 建立的一维 PEMFC 传热模型，通过数值计算发现

最高温度位于 CCL，比操作温度高近 12℃。然而模型中只考虑了电化学反应释放的热量，可能会造成产热计算不准。总的来说，一维稳态模型在 PEMFC 早期研发阶段比较多，但只能预测一条线上的温度分布，随着更符合实际电池的模型出现，此类模型近年较为少见。考虑 PEMFC 面内和厚度两个方向维度，人们也开发出来许多二维传热模型。与一维模型相比，二维模型可以描述整个面上的温度分布，还可以反映材料各向异性影响。二维模型还可以反映双极板沟脊下不同传热性能。近年来，Burheim 等 [31] 结合最新测量的多孔材料有效导热系数和 TCR 建立了一系列二维传热模型。数值计算结果如图 2-12a 所示，最高温度位于 CCL，且流道下温度（虚线）整体高于脊下（实线）。二维模型由于包含更多影响因素且能展示更多区域温度分布，因此要优于一维模型。不过面对 PEMFC 复杂的传热过程，二维模型仍然不足以模拟燃料电池实际热状态。三维热模型将更全面模拟不同空间几何和热管理设计下 PEMFC 热性能。Rahgoshay 等 [57] 建立了多个三维模型研究冷却板蛇形流场和平行流场换热能力。结果表明，蛇形流场最高温度低于平行流场，说明蛇形冷却流具有更好的换热性能。

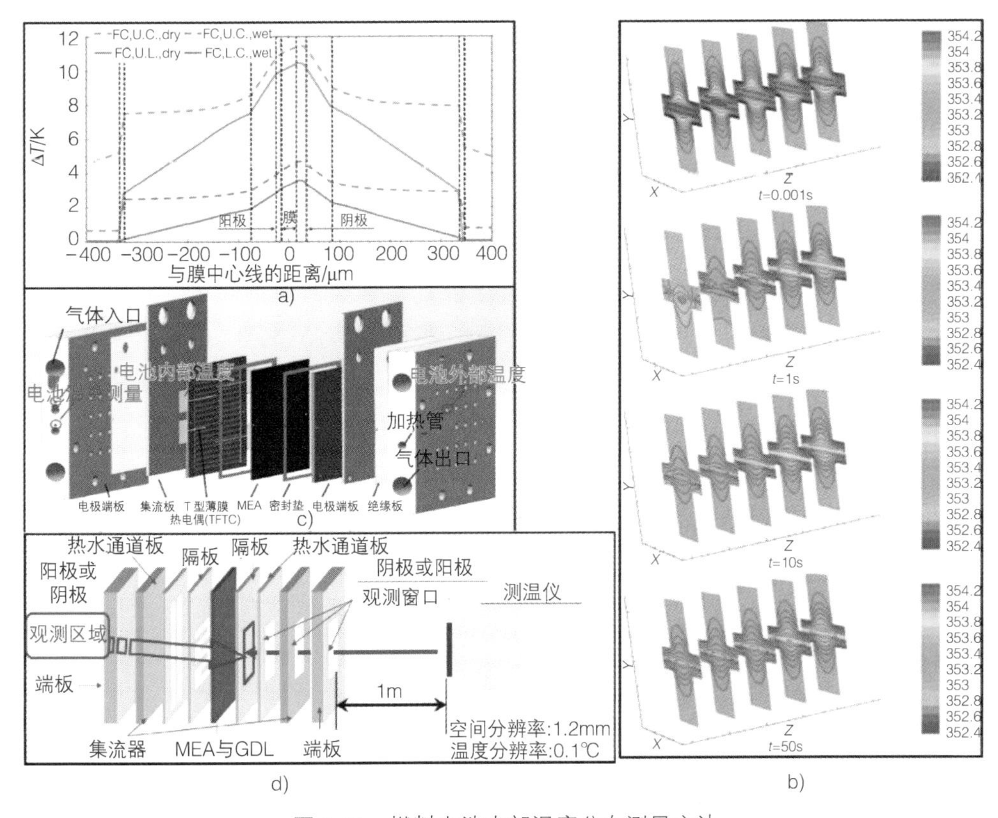

图 2-12 燃料电池内部温度分布测量方法

a）模型预测膜电极内温度梯度 [31] b）模型预测电池内部温度瞬变
c）基于 TFTC 测温电池结构 [65] d）基于 ITI 测温电池结构

相比稳态模型，瞬态模型研究相对稀少。瞬态模型主要用于捕捉电池内部各时间尺度下发生的动态现象，揭示瞬间传递行为。然而，在不增加计算强度的情况下，计算机并不能捕捉所有过程。在目前的瞬态模型中，时间步长常常大于10ms。为了降低计算成本，加快收敛，还会对几何模型进行简化处理，建立比如一维、准二维、二维和准三维模型。当然也有学者建立三维瞬态模型，不过通常需要高强度计算。

21 世纪初，不少学者开始建立 PEMFC 单电池多物理场耦合瞬态模型，关注电池内部温度时空分布。2007 年，Wu 等人[58] 建立了二维瞬态传热模型，发现当操作湿度由 1 降到 0.5 时，电池内温度在 120s 后才能达到新的稳态。Wu 等[59] 在进一步考虑相变热影响后建立了三维两相模型。如图 2-12b 所示，湿度阶跃变化过程中，在 1s 时刻 CCL 内出现由水蒸发吸热造成的"冷点"。2017 年，Gos-htasbi 等人发现当电池电压从 0.8V 降低到 0.6V 时，温度急剧升高 2～3℃[60]。

（2）实验测量　在线温度测量对于验证热模型可靠性及实时监测 PEMFC 内部状态至关重要。与理论模型研究相比，直接测量温度具有可靠、简单等优点。自 2003 年以来，已有很多关于 PEMFC 温度测量的研究，测量技术大致分成两类：介入式和非介入式。

介入式温度测量是将商用热电偶或特制的微型传感器插入到燃料电池内不同位置来检测温度。商业热电偶具有易获取、种类齐全等优点，因此被广泛用来测量电池双极板处温度。Lee 等[61-62] 沿着膜电极透面方向插入多个热电偶以获得透面方向温度分布，结果表明，最高温度位于 CCL。Zhang 等[63-64] 在 CCL 和 GDB 之间插入 10 根 T-type 热电偶实时监测温度，捕捉到空气饥饿时电池内温度显著上升 2～3℃。然而商业热电偶存在体积大、难固定等问题，可能会带来严重燃料泄漏和电池性能衰减，还会增加钻孔等额外操作，一些易碎热电偶还可能在电池组装过程中损坏。随着微电子机械系统（Micro-Electro-Mechanical-System，MEMS）的发展，越来越多测温微传感器被开发出来，根据测温原理大致分为两类：薄膜热电偶（Thin—Film Thermocouples，TFTCs）和电阻温度探测器（Resistance Thermal Detectors，RTDs）。前者基于热电效应原理，需要两种热敏材料，如铜－康铜；后者依据导体电阻与温度对应关系，只需一种热敏材料，如铂。和商业热电偶相比，微传感器的优点在于：尺寸小、测量位置不受限、高灵敏度、高灵活度、易于和其他传感器集成。最近，Tang 等[65] 制备了薄且耐久性好的 Type-T 类型 TFTCs，其在 PEMFC 内的位置如图 2-12c 所示。介入前后电池性能测量结果表明，带 TFTCs 和不带 TFTCs 电池最大功率密度差为 4.08%。不过尺寸缩小还带来传感器易碎问题。Liu 等[66] 和 Ali 等[67] 都研究过电池组装过程中 TFTCs 失效问题。因此，未来开发的微传感器应具有以下特点：①尺寸小，对电池性能的影响小；②装配时不容易损坏；③制作简单，成本低；④灵敏度高，响应快。由于电池内各处尺寸不同，通常采用两种或两种以上类型的传感器测量 PEMFC 内不同位置的温度。体积比较大的商用热电偶用来测量 PEMFC 外部温度，而体积较小的微传感器用来测量膜电极内部温度。Thomas 等 [68] 用商业热电偶测量气流道温度分布，用内置铂丝测量电池内部温度，发现在 1.5A · cm^{-2} 时，电极表面温度比双极板高了近 7℃。还有一些非传统的介入式方法，比如热变色蜡、磷光测温、带隙传感器等。Stefan 等 [69] 通过热变色蜡观察到膜针孔附近温度高达 140℃。

非介入式测温主要是指红外热成像（Infrared Thermal Imaging，ITI）技术，它是一种波长转换技术，能够捕获物体各部位发出的热辐射，并将其转换为二维图像，是目前领先的非介入式温度测量方法。与介入式测温方法相比，ITI 的主要优点是能够反映物体整个表面温度分布，因此特别适合测量电堆外表面温度。ITI 为非接触式原位测量方法，不受传质和温度干扰，相比传感器等介入式方法测量更准确。然而，利用 ITI 测量燃料电池内部温度，往往需要改造电池的原有结构，建造一个由硒化锌和氟化钡等材料制成的透明窗口。Nishimura 等 [70] 在电池上构造一个观察窗口，允许红外光透射出电池，进而利用 ITI 观察隔板背面温度分布，电池结构如图 2-12d 所示。通过对比开口前后电池伏安曲线，发现电池性能并未发生明显变化，但是开口很可能引起局部散热变化，所测温度真实性需要进一步考证。由于无法将碳纸做成透明材料，ITI 技术大多用于测量 BP 附近或 MEA 外表面温度，还无法测量膜电极内部温度。

2.4　物质传递过程

2.4.1　反应与吸附

电解质的吸放水过程决定了膜（包括催化层内的电解质）的润湿度和离子电导率，是质子交换膜燃料电池水管理中至关重要的过程。实验表明在膜吸水的过程中，吸收液态水和吸收饱和水蒸气的速率并不相同，吸收液态水的速率更高，对于最常用的电解质材料—全氟磺酸膜，当其接触水蒸气时表面呈现疏水性，但当其接触液态水时，电解质表面会变得亲水。当电解质吸收液滴后，电解质表面的亲水性会增强，使得更多的液态水被电解质所吸收；而当电解质从水蒸气中吸水，一般需要经过水蒸气在电解质疏水表面凝结，随后液态水被电解质吸收的过程。当有液态水存在时，水活度一般都会大于 1.0。将干燥的膜置于湿空气中，膜吸水达到平衡状态的时间尺度一般在 100 ~ 1000s，因而膜被水蒸气润湿是一个很慢的过程。实际上催化层内电解质吸放水的速率还取决于电解质内含水量与平衡态含水量的差值。

2.4.2 水在膜中的输运

膜中的离聚物由疏水骨架、柔性全氟化碳（透气性）和具有 H^+、SO_3^- 的亲水团簇组成。SO_3^- 与材料结构结合，难以移动，H^+ 和 SO_3^- 之间存在吸引力。H^+、SO_3^- 的亲水性团簇能吸收大量水分形成水合亲水区。在水合亲水区，SO_3^- 对 H^+ 的吸引力相对较弱，并且可以更容易地移动。水合亲水区域可以被认为是稀酸，这解释了为什么膜需要充分水合（水合区域必须尽可能大）以获得可观的质子传导性，并且 SO_3^- 可以被认为是质子交换位点，因为 H^+ 经常在 SO_3^- 之间移动。离聚物的吸水率通常表示为每个 SO_3^- 的水分子数，被称为含水量（λ）。在水合良好的 Nafion 膜中，每个 SO_3^- 大约有 20 个水分子，质子电导率可以达到 10S/m。目前 Nafion 膜的厚度范围为 25（Nafion 211）~ 175（Nafion 117）μm，含水的亲水区尺寸达到纳米级。膜内部水浓度 c_{H_2O}（$kmol \cdot m^{-3}$）与含水量相关：

$$\lambda = \frac{EW}{\rho_{mem}} c_{H_2O} \tag{2-49}$$

式中，ρ_{mem} 是干膜的密度（$g \cdot cm^{-3}$）；EW 是聚合物当量（$g \cdot eq^{-1}$）。

一般而言，EW 高，膜的机械强度和热强度较高，EW 低，质子交换位点多，传导率高。对于 Nafion 膜，EW 通常等于 1100kg/kmol（Nafion 112、115 和 117）或 2100kg/kmol（Nafion 211 和 212）。在考虑所有操作条件（正常和冷启动）及在亲水区域中，液态水、与 H^+ 结合的水（例如 H_3O^+）和冰都可能存在。离聚物中水最合适的分类是非冷冻水和冷冻水，这是基于通过差示扫描量热法（DSC）和核磁共振（NMR）对水的冻结行为的观察。DSC 已被用于确定不同类型水的含量，并且已经研究了在不同的零度以下的温度下 Nafion 膜中非冷冻水的最大允许量，研究发现有一定量的水不会结冰。根据与磺酸结合的紧密程度，非冷冻水可进一步分为非冷冻水、可冷冻水和游离水。非冷冻水主要与磺酸紧密结合，其最大允许量约为 4.8。可冷冻水与磺酸松散结合并表现出冰点降低。如果含水量足够高，也可能出现游离水，这证实了含水量较高时，水在接近水的正常冻结温度（0℃）的温度下在离聚物中冻结的观察结果。由于水的表面动力学增强，水在小孔中的纳米限制也可能导致冰点下降。因此，自由水可能仍具有比散装水略低的冰点。基于实验测量：

$$\lambda_{sat}=\begin{cases}=4.837,\ T<223.15\text{K}\\=[-1.304+0.01479T-3.594\times10^{-5}T^{2}]^{-1},\quad 223.15\text{K}\leqslant T\leqslant T_{N}\\>\lambda_{nf},\ T\geqslant T_{N}\end{cases}\tag{2-50}$$

式中，λ_{sat} 和 λ_{nf} 是饱和度（最大允许非冷冻含水量）和非冷冻含水量；T 和 T_N 分别是当地温度和水的正常结冰温度（273.15K，即 0℃）。T 和 T_N 的单位均以 K 为单位。

需要注意的是，当温度低于 −50℃时，没有检测到进一步的水相变化，非冷冻水饱和含水量保持在 4.8 左右。其温度范围为 −50 ~ 0℃（223.15 ~ 273.15K），非冷冻水的最大允许量随着温度的升高而增加。此外，如果温度高于水的正常结冰温度（$T\geqslant T_N$），离聚物中的水不会结冰，因此在此温度范围内，离聚物中的饱和含水量总是高于未结冰的含水量。最大允许含水量与局部非冷冻含水量之差可以认为是离聚物发生水相变化的驱动力，即如果 λ_{nf} 大于 λ_{sat}，水将冻结直到局部平衡状态达到 $\lambda_{nf}=\lambda_{sat}$。

由于浓度梯度，水可以通过膜的空隙空间扩散。水在阴极催化层中产生，导致阴极侧有更多的水，因此水的扩散通常是从阴极到阳极。由于浓度梯度，膜中的扩散非冷冻水通量是一个向量，可以写为

$$J_{nmw,diff}=-D_{nmw}\nabla c_{nmw}=-\frac{\rho_{mem}}{\text{EW}}D_{nmw}\nabla\lambda_{nf}\tag{2-51}$$

式中，D_{nmw} 是膜内非冷冻水的扩散系数；c_{nmw} 是膜内非冷冻水的浓度。等式中的负号表明扩散通量总是在降低浓度的方向上。请注意，正常操作条件，非冷冻水代表膜中的所有水。

扩散系数敏感地取决于膜水合。在实验中，由于分子的随机运动，通过跟踪均匀水合膜中的示踪剂，可以相对容易地测量自扩散系数。一般来说，聚合物膜的水自扩散系数在随含水量和温度变化的幅度和趋势方面是相似的。由于水扩散的空间小，以及阻碍水运动的氢键，膜中的自扩散系数仅比散装液态水在饱和蒸气水合时的值约低 4 倍。自扩散系数已在不同温度和含水量下通过实验测量。自扩散系数是在整个膜的膜水合均匀时测量的，通常称为内扩散系数，适用于燃料电池操作中完全水合的膜。实际中燃料电池动态操作时的膜可能在阳极侧部分干燥，但在阴极侧仍保持完全水合。在这种水梯度的情况下，描述水通过这种膜扩散的适当系数是 Fickian 扩散系数，它与自扩散系数有关。对于电子传输数为

0 或为 1 的系统，内扩散系数和 Fickian 扩散系数通过系数因子关联：

$$D_{\mathrm{nmw,F}} = D_{\mathrm{nmw,I}} \left[\frac{\partial \ln(a)}{\partial \ln(\lambda_{\mathrm{equil}})} \right] \tag{2-52}$$

式中，a 是测量内扩散系数时的水活度；λ_{equil} 是平衡时膜含水量。

系数因子可以通过取方程的微分的倒数来获得。膜中非冷冻水的 Fickian 扩散系数为

$$D_{\mathrm{nmw}} = D_{\mathrm{nmw,F}} = \begin{cases} 2.692661843 \times 10^{-10}, & \lambda \leqslant 2 \\ 10^{-10} \exp\left[2416\left(\dfrac{1}{303} - \dfrac{1}{T}\right)\right][0.87(3-\lambda_{\mathrm{nf}}) + 2.95(\lambda_{\mathrm{nf}} - 2)], & 2 < \lambda \leqslant 3 \\ 10^{-10} \exp\left[2416\left(\dfrac{1}{303} - \dfrac{1}{T}\right)\right][2.95(4-\lambda_{\mathrm{nf}}) + 1.642454(\lambda_{\mathrm{nf}} - 3)], & 3 < \lambda \leqslant 4 \\ 10^{-10} \exp\left[2416\left(\dfrac{1}{303} - \dfrac{1}{T}\right)\right][2.563 - 0.33\lambda_{\mathrm{nf}} + 0.0264\lambda_{\mathrm{nf}}^2 - 0.000671\lambda_{\mathrm{nf}}^3], & 2 < \lambda \leqslant 3 \end{cases} \tag{2-53}$$

1 电渗拖拽效应

电渗拖拽系数取决于膜的含水量，由于一些因素，膜的含水量会有所不同。实际上质子穿过 Nafion 膜的孔隙通常会拖拽水分子，质子以水合氢络合物（H_3O^+）或类似的形式传播。然而，为简单起见，可以直接根据每个质子的水分子数来定义电渗拖拽系数。换句话说，电渗拖拽系数定义为在没有浓度和压力梯度的情况下，每摩尔质子通过膜传输的水摩尔比。水通量为

$$\boldsymbol{J}_{\mathrm{nmw,EOD}} = n_{\mathrm{d}} \frac{I_{\mathrm{ion}}}{F} \tag{2-54}$$

式中，I_{ion} 是离子电流密度；F 是法拉第常数。对于 Nafion 膜不同含水量下的电渗拖拽系数 n_{d} 不同。n_{d} 在含水量为 22 时测量为 2.5，在含水量为 11 时测量为 0.9。另一项测量结果表明，含水量为 5 ~ 14 时，n_{d} 为 1.4，含水量为 0 ~ 5 时，n_{d} 逐渐减小到 0。据其他相关独立研究结果，n_{d} 在含水量为 1.4 ~ 4 时数值为 1。基于数值模型的实验测量已经建立了其相关性，其中一个显示了线性关系如下：

$$n_{\mathrm{d}} = \frac{2.5\lambda_{\mathrm{nf}}}{22} \tag{2-55}$$

另一个显示逐步相关性：

$$n_{\mathrm{d}} = \begin{cases} 1, & \lambda_{\mathrm{nf}} \leqslant 14 \\ 0.1875\lambda_{\mathrm{nf}} - 1.625, & \text{其他} \end{cases} \tag{2-56}$$

2 水力渗透

压力梯度与水的水力渗透相关的水通量表示如下：

$$\boldsymbol{J}_{\text{nmw,hyd}} = -c_{\text{nmw}} \frac{K_{\text{nmw}}}{\mu_{\text{nmw}}} \nabla P_{\text{nmw}} = -\lambda_{\text{nf}} \frac{\rho_{\text{mem}}}{\text{EW}} \frac{K_{\text{nmw}}}{\mu_{\text{lq}}} \nabla P \tag{2-57}$$

式中，K_{nmw} 是离聚物中非冷冻水的渗透率；c_{nmw} 是离聚物中非冷冻水的浓度；μ_{nmw} 是离聚物中非冷冻水的动力黏度（常使用液态水的性质代替）；P_{nmw} 是离聚物中非冷冻水的压力。负号表示压力下降。膜中非冷冻水的渗透性主要与含水量有关，因为膜的孔径随着含水量的增加而增加。

2.4.3 跨尺度扩散

PEMFC 中气体扩散层厚度在 30μm 左右，催化层厚度在 5μm 左右。氧气的传输主要有克努森扩散（<100nm）和分子扩散（>100nm）两种。如图 2-13 所示，这两种扩散机制的贡献主要取决于孔径（100nm 为分界点）。对于正常操作条件的 PEMFC，氧气在 GDL 中主要是分子扩散，克努森扩散可以忽略不计。

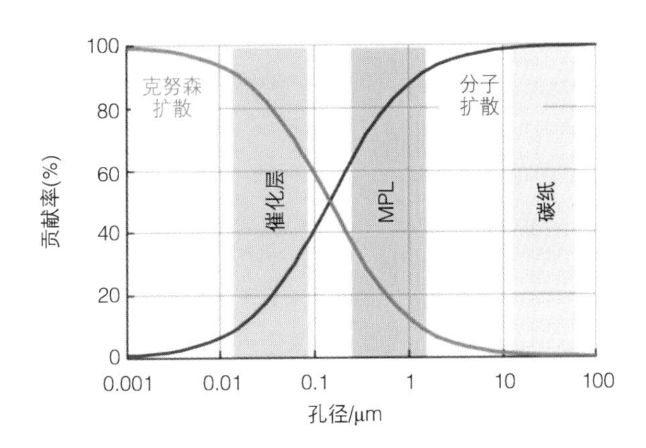

图 2-13　孔径与分子扩散和克努森扩散的贡献率之间的关系

在多孔电极结构迂曲的孔隙通道内，氧气分子的运动受到孔壁的限制，气体的有效扩散率低于气体的体扩散率。气体的有效扩散率受到孔隙率和迂曲度的影响，计算公式可以表示为

$$D_i^{\text{eff}} = D_i \frac{\varepsilon}{\tau} \tag{2-58}$$

式中，D_i^{eff}是气体组分 i 在多孔电极内的有效扩散率；D_i 是气体组分 i 的扩散率；ε 是多孔电极的孔隙率；τ 为多孔电极的迂曲度。由 Bruggeman 修正，多孔介质的迂曲度和孔隙率具有如下关系：

$$\tau = \varepsilon^{-0.5} \tag{2-59}$$

此外还存在一些其他的对多孔介质有效扩散率的修正方式，但是 Bruggeman 修正的形式最为简单，其应用也最为广泛。

氧气从气体扩散层进入催化层中，首先在催化层的孔隙中传输，然后需要穿过 Pt 表面的 ionomer 才能到达反应位点。Kongkanand 等人[71]定义了这种氧气通过 Pt 表面覆盖的 ionomer 薄膜的传输为局部传输。2010 年，Kudo 等人[72]首次将溶液扩散模型引入燃料电池领域，以解释 CCL 中的局部氧输运过程，并随后得到其他研究人员的广泛认可。在氧气局部扩散方面，ionomer 被认为均匀地覆盖在催化剂的表面。如图 2-14 所示，局部氧传输行为可分为三个过程：①氧从气相吸附到电离聚物；②氧在超薄离聚物膜内的扩散；③氧从离聚物吸附到 Pt 表面。由于离聚物膜的厚度仅为 5 ~ 10nm，离聚物内部的扩散比两个界面处的吸附要快，因此吸附被认为是局部氧传输的速率决定步骤。

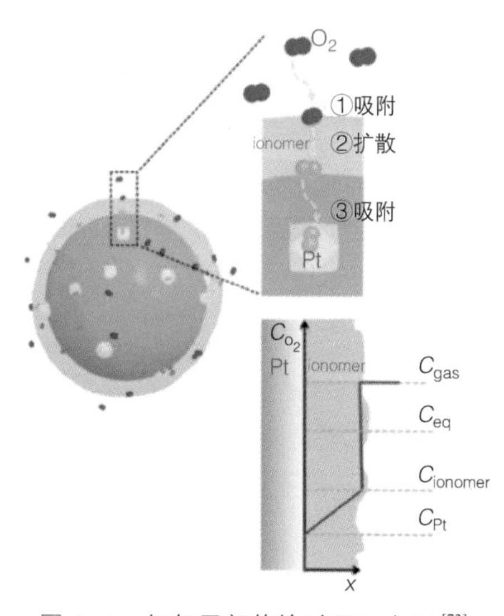

图 2-14　氧气局部传输过程示意图[73]

2.4.4　液态水的排除

自 1950 年通用电气公司首次开发 PEMFC 及 1962 年至 1966 年美国双子座太空任务的首次实际应用以来，水管理问题一直伴随着 PEMFC。直到今天，为了获得更好的性能，该领域的大量研究仍然在继续。

PEMFC 中阴极催化层发生氧还原反应生成水，加上电渗拖拽将水从阳极拖拽至阴极，使得阴极催化层中水更加富集，当膜电极中局部水蒸气压力高于当地饱和蒸气压力，水蒸气通常会冷凝成液态水。液态水在多孔介质中一般认为是通过毛细压力的作用从催化层排出至流道中。在 PEMFC 仿真中一般通过 Leverett-J 方程来表示毛细压力对液态水传输的影响：

$$P_{\mathrm{c}}=\sigma\cos\theta\left(\frac{\varepsilon}{K}\right)^{0.5}\begin{cases}1.42(1-S)-2.12(1-S)^2+1.26(1-S)^3,\theta<90^\circ\\1.42S-2.12S^2+1.26S^3,\theta>90^\circ\end{cases}\tag{2-60}$$

式中，P_{c} 是毛细压力（Pa）；σ 是液态水表面张力（Pa）；θ 是接触角（°）；ε 是孔隙率（%）；K 是固有渗透率（%）；S 是饱和度（%）。

阴极流道中液态水的来源主要有两个方面：一是局部水蒸气分压超过该位置温度对应的饱和蒸气压时，水蒸气会在流道壁面凝结成液态水；二是阴极催化层反应生成的液态水在毛细压力的作用下经过其气体扩散层传输，会抵达并突破与流道接触的扩散层孔隙面。液滴在扩散层表面上形成、生长、脱离和迁移进流道中。流道内液滴的传输是气流作用与液滴表面张力相互影响的结果。如果外部气流的剪切力不足以克服流道壁面和气体扩散层表面孔隙对液态水的阻力，形成的液滴便无法及时脱离孔隙的束缚。如果外部气流的作用力能够克服阻力，液滴增加到一定高度后克服孔隙的束缚并沿底部壁面往出口方向移动。

2.5　流体分布特性

提高电堆功率密度是推进电堆技术产业化和完善技术链的关键。双极板作为质子交换膜燃料电池的重要部件，对气体分布和水传输具有重要作用。流场的设计和加工是为了在阴极和阳极两侧分别以最小的压降向气体扩散层和催化层提供所需的氧气和氢气。流场中反应物分布不良或不均匀会导致不均匀的电流密度、膜中的局部热点、性能退化和材料退化等问题。更好的流场设计将有助于降低传质损失、避免阴极水淹、完善水管理和提高电池输出功率。

气体分布均匀性与压力是流道设计的两个关键性指标，气体分布均匀性越高，电池的输出性能越好；压降越小，电池泵送能耗越低。不同的流场形式下，气体分布均匀性与压降的差异较大。常见的流场形式包括平行流场、蛇形流场、多蛇形流场、交趾流场和网格流场，以及它们的变形或组合形式。其中平行流场的气体分布均匀性一般较差，水、热分布不均匀，容易形成液泛，电池输出性能较低，但是其压降较小，能耗较低。对于单蛇形流场，气体分布均匀性较好，电池输出性能较高，由于所有流体都由同一条流道传输，气体流速较高，排水能力较强，但是压降较大。综合考虑蛇形流场与平行流场的特点，研究者们提出了多蛇形流场，多蛇形流场能够保持较高的气体分布均匀性，同时压降也比单蛇形流场低很多。交趾流场的进气流道和排气流道不连通，可以强制气体进入气体扩散层，形成脊下强制对流，能排出气体扩散层内的水，并大幅度提高电池性能，但会带来非常大的压力损失，较高的压力损失不仅造成泵送功率的损失，还会缩短电池的使用寿命。网格流场的气体分布均匀性高于平行流场，但是其电池性能一般低于蛇形流场与交趾流场。

2.5.1 二维流场分布

1 平行流场设计

平行流场是一种许多平行排列的直通道，有单个或多个进出口。其设计简单，易于制造。根据进出口位置对平行流场进行分类：U 形、Z 形、多 Z 形、Z-U 混合形、2U 形、4U 形等，如图 2-15a 所示。

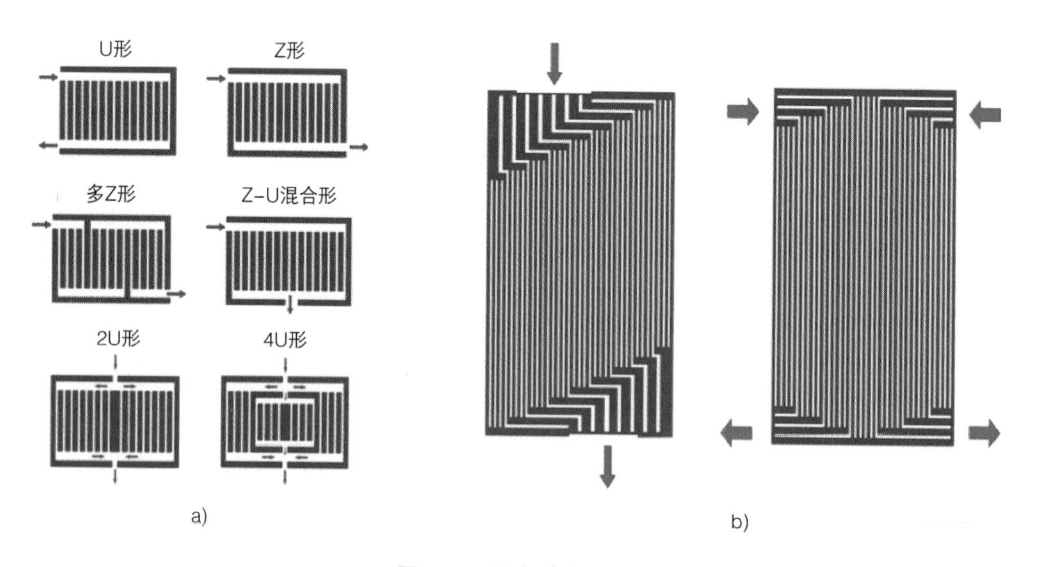

图 2-15 平行流场设计

a）多种 Z 形和 U 形平行流场示意图 b）单和双进 / 出口平行流场

与蛇形流场相比，平行流场中反应物的压降有所降低，但很少有通道出现反应物匮乏的现象。设计参数如封头、通道和肋部尺寸是造成气体不均匀分布的主要原因。在U形中，流体分布和流量是独立的。因此，在高流量下，U形结构的性能优于Z形结构。多U形和多Z形的非均匀流动指数都较低，但多Z形的压降要大得多。Z-U混合型流动分布优于传统平行流场。将流场分成两半，并提供两个进口，使非均匀性流量因数降低了50%，如图2-15b所示，对平行流场进行单次和双次进出的通道改造，通道宽度为1 ~ 3mm，通道宽度从入口到中间逐渐减小，然后到出口逐渐增大，使反应物分布均匀。单进/出口平行流场的通道长度与双进/出口平行流场相同，可使反应物分布均匀。

2 蛇形流场设计

蛇形流场是指流动路径从入口到出口是连续的，通道布置类似于蛇/蛇的形式或运动。与平行流场相比，蛇形流场使反应物的压降增大，因此蛇形流场可以有效地将反应物分布到质子交换膜燃料电池的整个活性区域。

一般来说，蛇形流场从进口到出口只有一个通道。平行于第一条蛇形通道的两条或多条通道的排列被称为多通道蛇形流场。单通道、双通道、循环通道和对称通道蛇形流场等如图2-16a所示。三重混合蛇形流场如图2-16b所示。在较高的湿度条件下，双通道的性能优于其他设计。同样的设计尺寸，在2通道、3通道和4通道的蛇形流场的比较中，发现3通道蛇形流场的性能优丁其他蛇形流场。同样，从3通道、6通道和9通道蛇形流场的比较中，发现6通道蛇形流场的性能优于其他蛇形流场。通过4通道和1通道在平行、逆流和交叉流动时的性能对比发现，与交叉流和逆流相比，平行流分别提高了4通道和1通道蛇形流场在低电压和高电压下的性能。在相同的操作条件下，4通道蛇形流场的性能优于1通道蛇形流场。

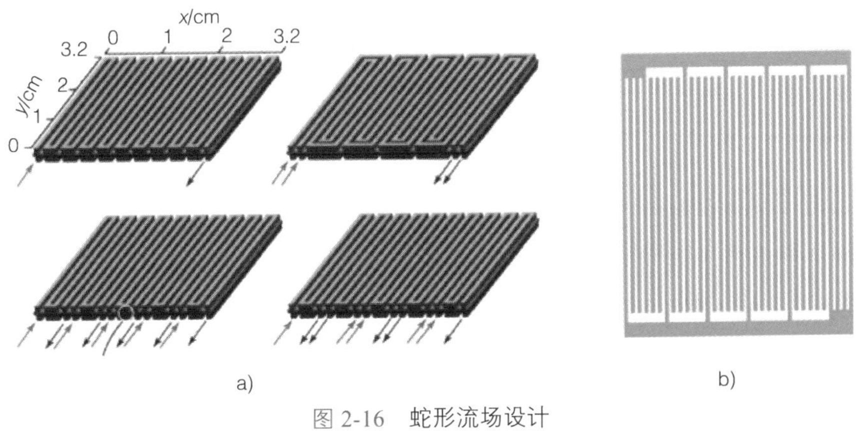

图2-16　蛇形流场设计

a）单通道蛇形流场，双通道蛇形流场，循环通道蛇形流场和对称通道蛇形流场　b）三重混合蛇形流场

W 流场（图 2-17a）的设计覆盖了最大的活性表面并产生了均匀的电流，因此性能优于其他设计。蛇形流场的直通道弯曲形成锯齿形通道，称为锯齿形蛇形流场，如图 2-17b 所示。与其他三种类型相比，锯齿形通道具有排水性能更好和压降最小等特点。对于三个波浪状蛇形流道（图 2-17c），其具有相同的 6.28mm 波长，振幅分别为 0.25mm（C1）、0.5mm（C2）和 0.75mm（C3）将其与常规蛇形流场（C4）在不同的电池温度和气体流速条件下进行了比较。C1 的结果比基本模型（C4）高 20.15%。在所有流速下，C1 都表现出比 C2、C3 和 C4 更好的性能。此外，随反应物流速的增加，扩散和功率也有所增加。

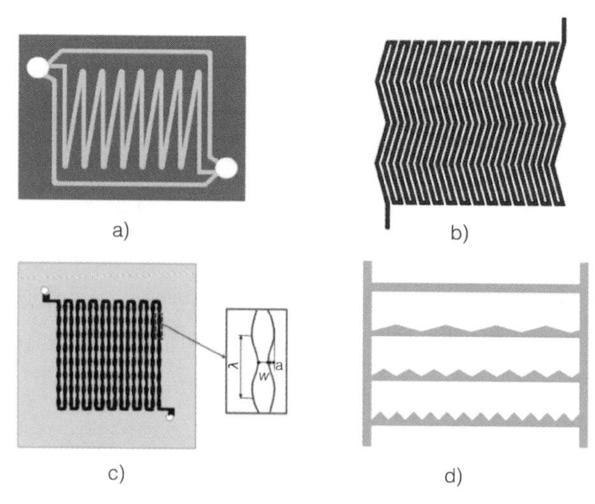

图 2-17　其他流场设计

a）新型改进蛇形 -W 流场　b）锯齿形蛇形流场　c）波浪状蛇形流场　d）直和波浪状混合流场

有一些研究侧重于比较不同流场的性能。Yan 等[74-75] 使用了有效面积为 198cm^2 且具有平行、蛇形和交指通道的流场。结果发现，交指流场比平行流场表现出更好的性能，因为它迫使反应气体通过气体扩散层，如图 2-18 所示。研究表明，具有交指流场的燃料电池的性能与具有平行通道几何形状的另一个电池相似，但燃料消耗较低。此外，关于蛇形流场，增加通道数量、通道长度和匝数有利于电化学反应，可以减少出口处未反应的燃料，从而提高燃料电池性能。

3 通道长度和通道数

通道长度和通道数是对燃料电池性能影响最大的两个几何参数，尤其是在蛇形流场中。几项研究分析了脊下的反应物对流流动。在单蛇形流场几何中，流经气体扩散层的流量百分比与双极板的材料和几何参数直接相关。此外，还确认了通过增加通道的长度可以增加对流。因此，为了增强燃料电池的性能，采用矩形而不是方形有源区域可能是有利的。通过改变并行通道的数量来改变燃料电池的

路径长度会影响其性能，因此，与较长路径相比，具有较短路径长度的燃料电池可以有更均匀的电流密度分布和更少的水泛滥效应。然而，与 26 通道的流场相比，具有 13 通道流场的燃料电池的整体性能略有提高，如图 2-19 所示。通道数量增加，使脊下的电流密度和温度值均匀分布。水饱和压力降低，增加了膜的含水量，从而提高了局部性能，进一步提高了燃料电池的整体性能。

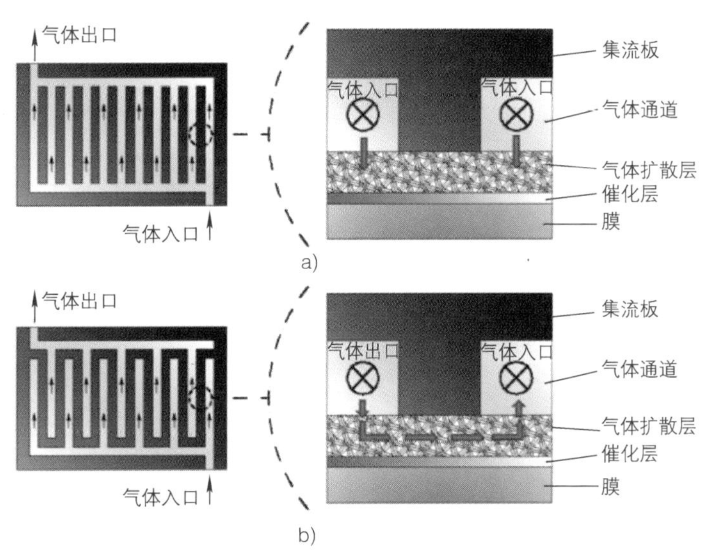

图 2-18　气体在不同流场中流动示意图

a）传统的平行流场　b）交指流场

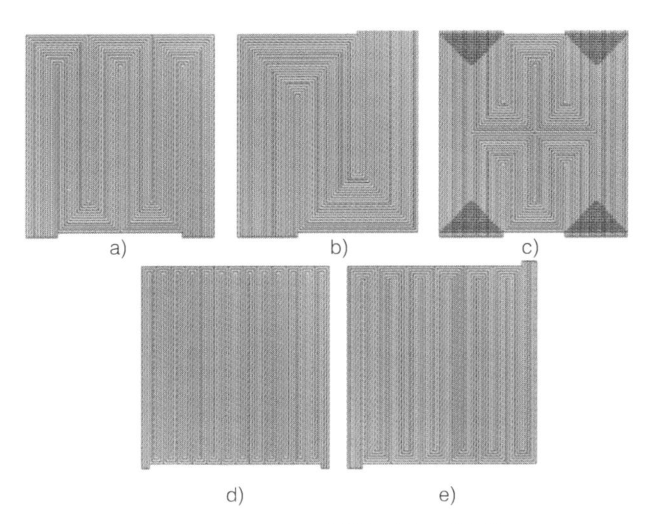

图 2-19　不同通道数量的蛇形流场

a）3 通道多蛇形流场　b）6 通道多蛇形流场　c）13 通道多蛇形流场
d）26 通道多蛇形流场　e）26 通道多对称蛇形流场

4 流动的方向

在燃料电池运行期间，反应物沿着流动通道循环，其中反应物条件（压力、浓度、温度、相对湿度等）随着从气体入口流向出口而不断变化。因此，反应物通过 MEA 两侧电池的方向将决定气体在通道不同点的条件。分析最多的反应气体的循环设置是：顺流、逆流和错流。Ge 和 Yi[76] 研究了反应物流动方向对 140cm^2 活性面积燃料电池性能的影响。结果表明逆流布局时，膜加湿电池性能得到了改善。此外，在 MEA 的整个活性区域上形成了均匀的电流密度分布，从而避免了局部热点并提高了燃料电池的性能。Scholta 等人[77] 分析了燃料电池在阳极和阴极方向流中不同配置的性能，使用阳极中的干气和阴极中的湿气，分别采用顺流、逆流和错流，如图 2-20 所示，并使用具有 100cm^2 有效面积和简单蛇形流场的双极板。结果表明燃料电池逆流配置显示出更好的性能，这主要是由于电池中的湿度分布更均匀。

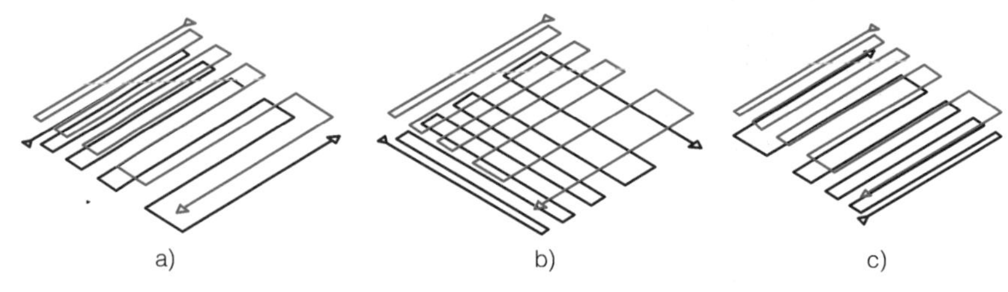

图 2-20　顺流、逆流和错流

a）逆流　b）错流　c）顺流

关于平行流场的燃料电池性能，设置类似的逆流配置，发现如果应用高电流密度，具有大深度的流场也显示出更高的电池电压。这种行为归因于较低压力差的交叉传输的相对减少。此外，研究表明，当增加并联通道的数量时，在低反应物需求下工作时电池电压会降低。这种行为与在高电流密度下使用高度平行通道时观察到的结果相反。更大的深度也显示出更高的电池电压，尤其是在应用高电流密度的情况下。综上，作者认为平行通道的数量不仅取决于流场尺寸和几何形状，还取决于燃料电池的操作范围。

Morin 等人[78] 研究了流动方向对 PEMFC 中水管理的影响。结果表明，具有逆流布局的燃料电池获得了更好的膜水合，提高了质子电导率，从而提高了电池的性能。此外，他们发现重力的作用可以使燃料电池中的水分滞留，这也增强了质子交换膜的水合作用。Valino 等人[79] 分析了具有 100cm^2 有效面积的多级流场的电池的性能，如图 2-21 所示，研究了流动方向的不同配置：顺流、逆流和错流。结果表明，催化层上反应物的消耗主要取决于气体流动的化学计量比，而不是流动方向的配置。整个流场中的反应物分布在催化层上产生不均匀的电化学反

应。大多数电化学反应发生在气体入口附近，因此活性区域的很大一部分未被充分利用。

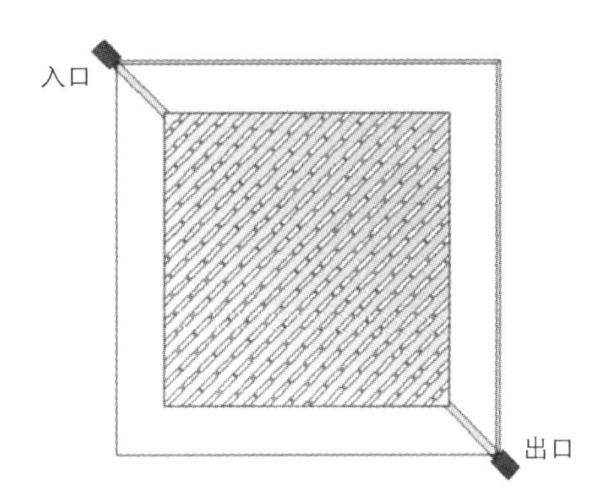

图 2-21　具有 100cm^2 有效面积的多级流场

2.5.2　三维流场分布

1 流道截面形状

关于通道的横截面形状，矩形横截面是通道最广泛使用的配置。Kumar 等 [80] 分析了通道尺寸对阳极耗氢量的影响。对于高氢消耗量（80%），通道宽度、脊宽度和通道深度的最佳尺寸值分别接近 1.5mm、0.5mm 和 1.5mm。此外，研究了不同通道形状的影响。结果表明，三角形和半圆形横截面导致阳极的氢气消耗量增加约 9%，从而提高了燃料电池的效率。Ahmed 等 [81] 研究了三种不同的通道横截面：矩形、梯形和平行四边形，如图 2-22 所示，在高电流密度下，脊宽度对电池性能有重要的影响。较窄的脊宽度有利于反应物的分布并有助于减少浓度损失。

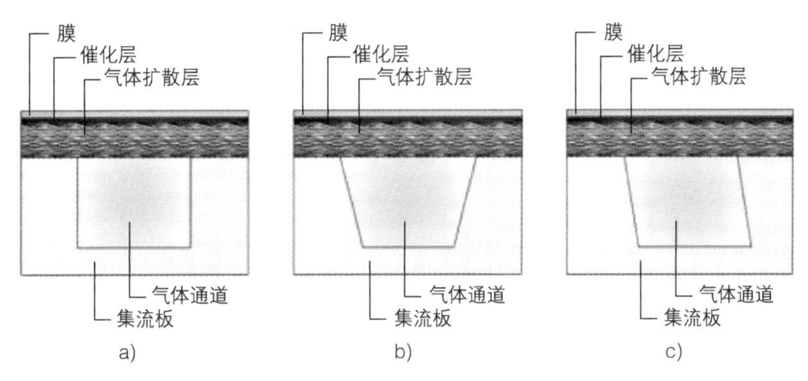

图 2-22　不同几何结构的横截面图

a）矩形　b）梯形　c）平行四边形

这些几何形状的研究表明，矩形截面通道提供了更高的电池电位，而梯形截面显示出更均匀的电流密度分布。此外，阴极过电位和欧姆损失对脊宽度非常敏感，在高工作电流密度下，有一个最佳的通道 - 脊宽度比。而在低电流密度下，电池输出电压不受脊宽度的影响。

2 通道高度

在具有 5.29cm^2 有效面积的多蛇形流场上，Yang 等人[82] 研究了出口通道流动面积减少对燃料电池性能和局部传输现象的影响，如图 2-23 所示。结果表明，与传统的蛇形流场相比，随着出口通道流动面积的减少，反应物运输、反应物利用率和液态水去除都得到了增强，但是，压降也增加了，从而降低了电池的整体性能。关于压力损失，最佳燃料电池性能时的高度收缩率为 0.4。

通过改变通道高度，提出了一种针对单个蛇形燃料电池的优化方法，该模型具有 5 个通道，有效面积为 81mm^2，如图 2-24 所示。该几何变量仅应用于阴极，保持与阳极流道略微相似以保持恒定的通道截面。优化的几何结构使得电池输出功率比具有直通道的电池增加 11.9 倍。最佳模型由三个锥形通道（通道 2 ~ 4）和一个最终发散通道（通道 5）组成。通道截面变窄改善了主通道流动和副脊对流，两者都增加了局部氧气传输速率，从而提高了局部电流密度。

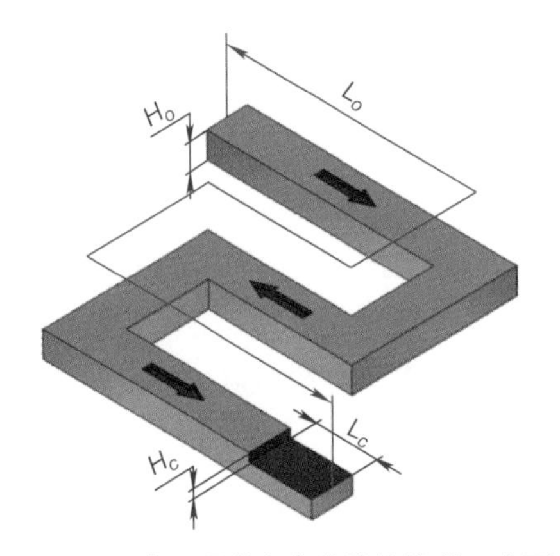

图 2-23　出口通道高度收缩的流道示意图

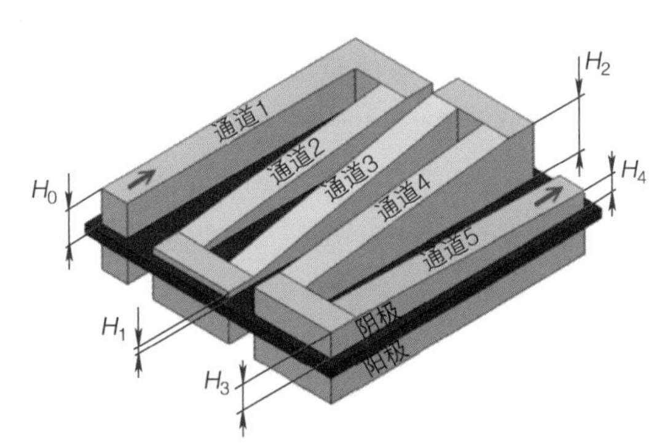

图 2-24　具有不同通道高度的蛇形流场

3 通道横截面的高宽比

Choi 等人[83] 研究了不同通道高度和宽度对具有多个蛇形流场的燃料电池性能的影响。分别对 7 个 25cm^2 不同通道宽度和高度的 5 通道和 4 圈流场模式进行了研究，如图 2-25 所示。结果表明，随着通道高度的增加，由于气流横截面积的增加，压降减小。这种效应导致液态水在出口处积聚，略微降低了电池性能。此外，随着通道宽度的增加，与增加通道高度时观察到的电池电压值相比，电池电

压大幅下降。膜脱水发生在更宽的通道配置中，而脊下区域的氧质量分数随着对流的增强而增加。电化学反应增加了含水量，但实际通道配置由于缺乏反向扩散效应而表现出较差的除水效果。

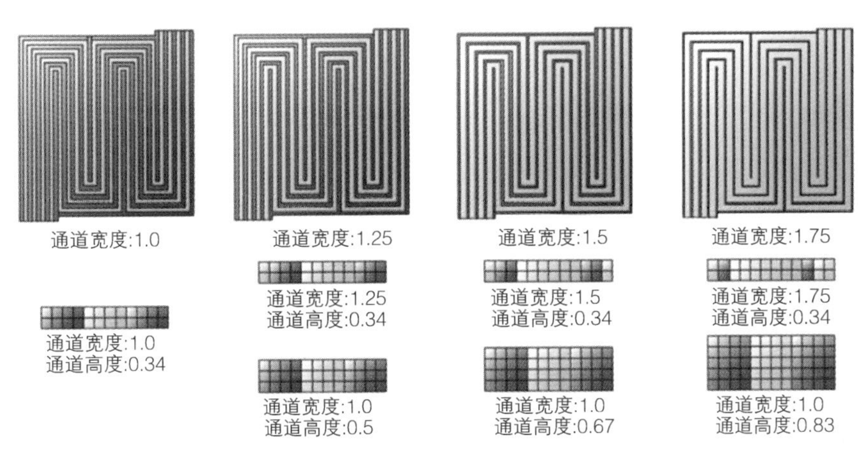

图 2-25　7 个具有不同通道宽度（mm）和高度（mm）的流场

4 新型流场

除了使用最常见的流场几何形状分析几何参数对燃料电池性能的影响外，新的研究也越来越多地涉及开发新的流场设计。流场流道有了更多新式设计形状，从对已知几何形状的轻微修改到设计完全不同的配置。

Kuo 等人[84]在传统的直气流通道和新型波浪状气流通道之间进行了比较研究，如图 2-26 所示。结果表明，在波状通道中出现了对流效应。与直气流通道相比，波浪状通道提供了更好的对流传热性能、更高的气体流速和更均匀的温度分布，从而使得催化反应的效率大大提高，电池电压和功率密度更高。

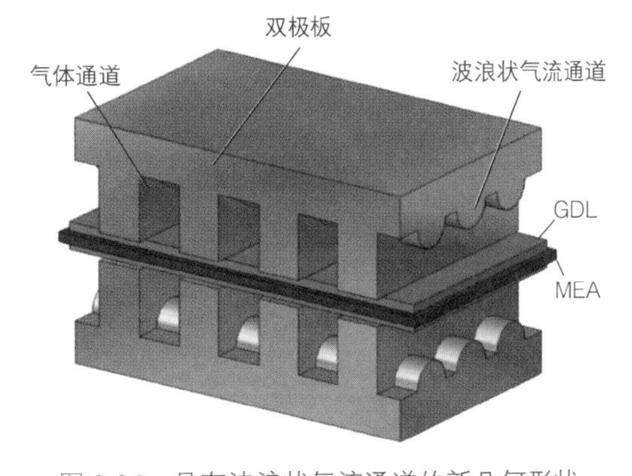

图 2-26　具有波浪状气流通道的新几何形状

为了改善燃料电池通道中的水管理，Bunmark 等人[85]研究了倾斜通道在向上倾斜和向下倾斜方向上的影响。实验结果表明，使用向下倾斜的通道修改阳极流场可以提高燃料电池的性能。阳极上液态水的比例降低，从而增加了从阴极到阳极的反向扩散效应，因此提高了膜水合和质子传导性。此外，在阴极侧使用向下倾斜的通道时，仍可以沿通道观察到液态水的积聚效应，这一设计几乎没有改善水管理。

2.5.3 非线性分布

研究人员已经开始研究受自然界启发的新流场设计，即仿生设计。这种新设计从大自然中汲取灵感，换句话说，它再现了植物组织或叶子及动物肺中的结构，让气体以更有效的方式流过双极板。

Roshandel 等人[86]在平行、蛇形和受现有生物流体流动模式启发的新双极板设计之间进行了比较研究，如图 2-27 所示。结果表明，仿生流场在催化层显示出更均匀的反应物浓度和压力分布。采用新设计获得的功率密度高于蛇形和平行流场，分别高出 26% 和 56%。

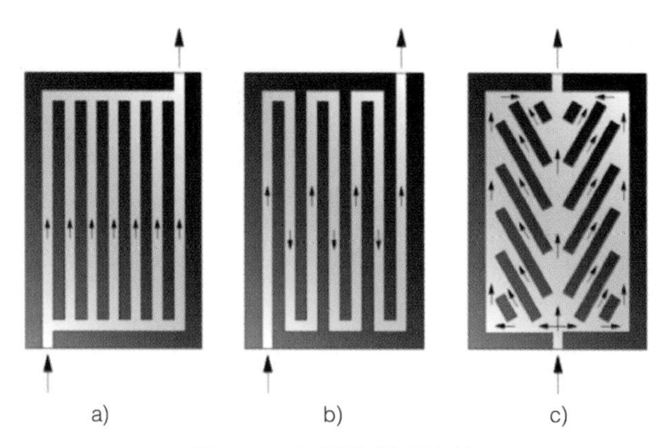

图 2-27 不同流场的比较

a）平行流场 b）蛇形流场 c）仿生流场

Khazaee 等人[87-88]研究了具有环形截面的燃料电池性能，如图 2-28a 所示。结果表明，增加扩散层和双极板之间的连接数量可以提高燃料电池的性能。Cano-Andrade 等人[89]研究了具有 4 个、8 个和 12 个径向通道的流场，如图 2-28b 所示。其他研究致力于分析通道数量对燃料电池性能的影响，其中流场具有遵循螺旋设计的通道，如图 2-28c 所示。

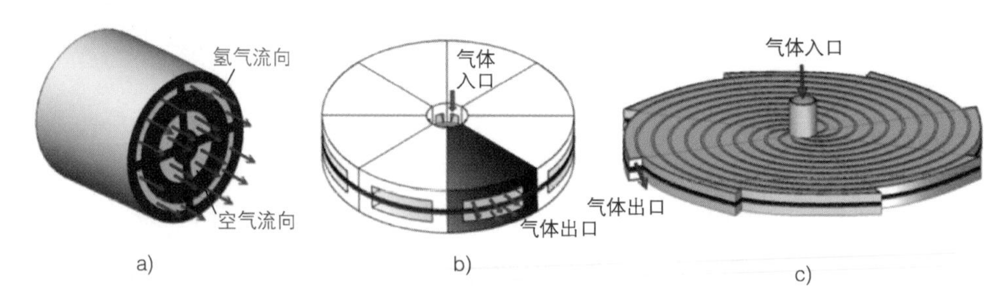

图 2-28 不同通道设计对电池的影响

a）环形燃料电池 b）具有 8 个通道的径向燃料电池 c）具有 8 个螺旋通道的燃料电池

参考文献

[1] O′ HAYRE R, BARNETT D M, PRINZ F B. The triple phase boundary[J]. Journal of The Electrochemical Society, 2005, 152(2): A439-A444.

[2] YANG X G, ZHANG F Y, LUBAWY A L, et al. Visualization of liquid water transport in a PEFC[J]. Electrochemical and Solid-State Letters, 2004, 7(11): 119-122.

[3] CETINBAS F C, AHLUWALIA R K, KARIUKI N N, et al. Effects of porous carbon morphology, agglomerate structure and relative humidity on local oxygen transport resistance[J]. Journal of the Electrochemical Society, 2020, 167(1): 1-9.

[4] JEON D H, KIM H. Effect of compression on water transport in gas diffusion layer of polymer electrolyte membrane fuel cell using lattice Boltzmann method[J]. Journal of Power Sources, 2015, 294: 393-405.

[5] ZHANG F Y, YANG X G, WANG C Y. Liquid water removal from a polymer electrolyte fuel cell[J]. Journal of the Electrochemical Society, 2006, 153(2): A225-A232.

[6] WU R, LI Y-M, CHEN R, et al. Emergence of droplets from a bundle of tubes into a microchannel gas stream: Application to the two-phase dynamics in the cathode of proton exchange membrane fuel cell[J]. International Journal of Heat and Mass Transfer, 2014, 75: 668-684.

[7] COLOSQUI C E, CHEAH M J, KEVREKIDIS I G, et al. Droplet and slug formation in polymer electrolyte membrane fuel cell flow channels: The role of interfacial forces[J]. Journal of Power Sources, 2011, 196(23): 10057-10068.

[8] KUMBUR E C, SHARP K V, MENCH M M. Liquid droplet behavior and instability in a polymer electrolyte fuel cell flow channel[J]. Journal of Power Sources, 2006, 161(1): 333-345.

[9] BHAIYA M, PUTZ A, SECANELL M. Analysis of non-isothermal effects on polymer electrolyte fuel cell electrode assemblies[J]. Electrochimica Acta, 2014, 147: 294-309.

[10] XING L, LIU X, ALAJE T, et al. A two-phase flow and non-isothermal agglomerate model for a proton exchange membrane (PEM) fuel cell[J]. Energy, 2014, 73: 618-634.

[11] ZHANG G, XIE B, BAO Z, et al. Multi-phase simulation of proton exchange membrane fuel cell with 3D fine mesh flow field[J]. International Journal of Energy Research, 2018, 42(15): 4697-4709.

[12] WANG Y, WANG S, LIU S, et al. Three-dimensional simulation of a PEM fuel cell with experimentally measured through-plane gas effective diffusivity considering Knudsen diffusion and the liquid water effect in porous electrodes[J]. Electrochimica Acta, 2019, 318: 770-782.

[13] XING L, CAI Q, LIU X, et al. Anode partial flooding modelling of proton exchange membrane fuel cells: Optimisation of electrode properties and channel geometries[J]. Chemical Engineering Science, 2016, 146: 88-103.

[14] MAREK R, STRAUB J. Analysis of the evaporation coefficient and the condensation coefficient of water[J]. International Journal of Heat and Mass Transfer, 2001, 44(1): 39-53.

[15] ZENYUK I V, LAMIBRAC A, ELLER J, et al. Investigating evaporation in gas diffusion layers for fuel cells with X-ray computed tomography[J]. The Journal of Physical Chemistry C, 2016, 120(50): 28701-28711.

[16] WANG Q, LI B, YANG D, et al. Research progress of heat transfer inside proton exchange membrane fuel cells[J]. Journal of Power Sources, 2021, 492: 229613.1-229613.19.

[17] DOU M, HOU M, et al. Behaviors of proton exchange membrane fuel cells under oxidant starvation[J]. Journal of Power Sources, 2011, 196(5): 2759-2762.

[18] REISER C A, BREGOLI L, PATTERSON T W, et al. A Reverse-Current decay mechanism for fuel cells[J]. Electrochemical and Solid-State Letters, 2005, 8(6): A273-A276.
[19] BARGAL M H S, ABDELKAREEM M A A, et al. Liquid cooling techniques in proton exchange membrane fuel cell stacks: A detailed survey[J]. Alexandria Engineering Journal, 2020, 59(2): 635-655.
[20] ZHANG F-Y, SPERNJAK D, PRASAD A K, et al. In situ characterization of the Catalyst Layer in a polymer electrolyte membrane fuel cell[J]. Journal of The Electrochemical Society, 2007, 154(11): B1152-B1157.
[21] SPRINGER, E T. Polymer Electrolyte Fuel Cell Model[J]. 1991, 138(8): 2334-2342.
[22] WEBER A Z, NEWMAN J. Transport in polymer-electrolyte membranes[J]. Journal of The Electrochemical Society, 2003, 150(7): A1008-A1015.
[23] ZAWODZINSKI T A, DEROUIN C, RADZINSKI S, et al. Water uptake by and transport through Nation(R)117 membranes[J]. 1993, 140(4): 1041-1047.
[24] WILLIAMS M V, BEGG E, BONVILLE L J, et al. Characterization of gas diffusion layers for PEMFC[J]. Journal of the Electrochemical Society, 2004, 53(16): 5361-5367.
[25] NITTA I, HOTTINEN T, HIMANEN O, et al. Inhomogeneous compression of PEMFC gas diffusion layer Part I. Experimental[J]. Journal of Power Sources, 2007, 171(1): 26-36.
[26] SHETZLINE J A, CREAGER S E. Quantifying electronic and ionic conductivity contributions in carbon/polyelectrolyte composite thin films[J]. Journal of the Electrochemical Society, 2014, 161(14): H917-H923.
[27] BHAIYA M, PUTZ A, SECANEII M.A comprehensive single-phase, non-isothermal mathematical MEA model and analysis of non-isothermal effects[J]. ECS Transactions, 2014, 64(3): 567-579.
[28] WEBER A Z, NEWMAN J.Coupled thermal and water management in polymer electrolyte fuel cells[J]. Journal of The Electrochemical Society, 2006, 153(12): A2205-A2214.
[29] BURHEIM T O S. Review: PEMFC materials' thermal conductivity and influence on internal temperature profile[J]. ECS Transactions, 2017, 80(8): 509-525.
[30] BURHEIM O S, PHAROAH J G. A review of the curious case of heat transport in polymer electrolyte fuel cells and the need for more characterisation[J]. Current Opinion in Electrochemistry, 2017, 5(1): 36-42.
[31] WANG S, LI X, WAN Z, et al. Effect of hydrophobic additive on oxygen transport in catalyst layer of proton exchange membrane fuel cells[J]. Journal of Power Sources, 2018, 379: 338-343.
[32] BOCK R, KAROLIUSSEN H, SELAND F, et al. Measuring the thermal conductivity of membrane and porous transport layer in proton and anion exchange membrane water electrolyzers for temperature distribution modeling[J]. International Journal of Hydrogen Energy, 2020, 45(2): 1236-1254.
[33] OTSUKI Y, SHIGEMASA K, ARAKI T. Measurement of temperature difference on catalyst layer surface under rib and channel in PEFC using micro sensors[J]. International Journal of Heat and Mass Transfer, 2020, 160(3): 120169.1-120169.8.
[34] NISHIMURA A. In-situ measurement of in-plane temperature distribution in a single-cell polymer electrolyte fuel cell using thermograph[J]. Journal of Environment and Engineering, 2011, 6(1): 1-16.
[35] BOCK R, KAROLIUSSEN H, POLLET B G, et al. The influence of graphitization on the thermal conductivity of catalyst layers and temperature gradients in proton exchange membrane

fuel cells[J]. International Journal of Hydrogen Energy, 2020, 45(2): 1335-1342.

[36] BURHEIM O S, SU H, HAUGE H H, et al. Study of thermal conductivity of PEM fuel cell catalyst layers[J]. International Journal of Hydrogen Energy, 2014, 39(17): 9397-9408.

[37] MPL, BURHEIM O S, SU H, et al. Thermal conductivity and temperature profiles of the micro porous layers used for the polymer electrolyte membrane fuel cell[J]. International Journal of Hydrogen Energy, 2013, 38(20): 8437-8447.

[38] ZAMEL N, LITOVSKY E, et al. Measurement of the through-plane thermal conductivity of carbon paper diffusion media for the temperature range from −50 to +120℃ [J]. International Journal of Hydrogen Energy, 2011, 36(19): 12618-12625.

[39] AHADI M, ANDISHEH-TADBIR M, TAM M, et al. An improved transient plane source method for measuring thermal conductivity of thin films: Deconvoluting thermal contact resistance[J]. International Journal of Heat and Mass Transfer, 2016, 96: 371-380.

[40] AHADI M, TAM M, SAHA M S, et al. Thermal conductivity of catalyst layer of polymer electrolyte membrane fuel cells: Part 1-Experimental study[J]. Journal of Power Sources, 2017, 354: 207-214.

[41] XU G, LAMANNA J M, CLEMENT J T, et al. Direct measurement of through-plane thermal conductivity of partially saturated fuel cell diffusion media[J]. Journal of Power Sources, 2014, 256(15): 212-219.

[42] CHEN L, WANG Y F, TAO W Q. Experimental study on the effect of temperature and water content on the thermal conductivity of gas diffusion layers in proton exchange membrane fuel cell[J]. Thermal Science and Engineering Progress, 2020, 19: 100616.1-100616.4.

[43] KHANDELWAL M, MENCH M M. Direct measurement of through-plane thermal conductivity and contact resistance in fuel cell materials[J]. Journal of Power Sources, 2006, 161(2): 1106-1115.

[44] BURHEIM O S, PHAROAH J G, et al. Through-plane thermal conductivity of PEMFC porous transport layers[J]. Journal of Fuel Cell Science and Technology, 2011, 8(2): 021013.1-021013.11.

[45] SADEGHI E, DJILALI N, et al. Effective thermal conductivity and thermal contact resistance of gas diffusion layers in proton exchange membrane fuel cells. Part 1: Effect of compressive load[J]. Journal of Power Sources, 2011, 196(1): 246-254.

[46] WANG Y, GUNDEVIA M. Measurement of thermal conductivity and heat pipe effect in hydrophilic and hydrophobic carbon papers[J]. International Journal of Heat and Mass Transfer, 2013, 60: 134-142.

[47] NITTA I, HIMANEN O, MIKKOLA M. Thermal conductivity and contact resistance of compressed gas diffusion layer of PEM fuel cell[J]. Fuel Cells, 2008, 8(2): 111-119.

[48] ALHAZMI N, INGHAM D B, ISMAIL M S, et al. The through-plane thermal conductivity and the contact resistance of the components of the membrane electrode assembly and gas diffusion layer in proton exchange membrane fuel cells[J]. Journal of Power Sources, 2014, 270: 59-67.

[49] SADEGHIFAR H, DJILALI N, BAHRAMI M. Effect of polytetrafluoroethylene (PTFE) and micro porous layer (MPL) on thermal conductivity of fuel cell gas diffusion layers: Modeling and experiments[J]. Journal of Power Sources, 2014, 248: 632-641.

[50] BURHEIM O, VIE P J S, PHAROAH J G, et al. Ex situ measurements of through-plane thermal conductivities in a polymer electrolyte fuel cell[J]. Journal of Power Sources, 2010, 195(1): 249-256.

[51] KARIMI G, LI X, TEERTSTRA P. Measurement of through-plane effective thermal conduc-

tivity and contact resistance in PEM fuel cell diffusion media[J]. Electrochimica Acta, 2010, 55(5): 1619-1625.
[52] MPL, UNSWORTH G, ZAMEL N, et al. Through-plane thermal conductivity of the microporous layer in a polymer electrolyte membrane fuel cell[J]. International Journal of Hydrogen Energy, 2012, 37(6): 5161-5169.
[53] ZAMEL N, LITOVSKY E, SHAKHSHIR S, et al. Measurement of in-plane thermal conductivity of carbon paper diffusion media in the temperature range of −20℃ to +120℃ [J]. Applied Energy, 2011, 88(9): 3042-3050.
[54] TEERTSTRA P, KARIMI G, LI X. Measurement of in-plane effective thermal conductivity in PEM fuel cell diffusion media[J]. Electrochimica Acta, 2011, 56(3): 1670-1675.
[55] ALHAZMI N, ISMAIL M S, INGHAM D B, et al. The in-plane thermal conductivity and the contact resistance of the components of the membrane electrode assembly in proton exchange membrane fuel cells[J]. Journal of Power Sources, 2013, 241: 136-145.
[56] GE N, CHEVALIER S, LEE J, et al. Non-isothermal two-phase transport in a polymer electrolyte membrane fuel cell with crack-free microporous layers[J]. International Journal of Heat and Mass Transfer, 2017, 107: 418-431.
[57] RAHGOSHAY S M, RANJBAR A A, RAMIAR A, et al. Thermal investigation of a PEM fuel cell with cooling flow field[J]. Energy, 2017, 134: 61-73.
[58] WU H, BERG P, et al. Non-isothermal transient modeling of water transport in PEM fuel cells[J]. Journal of Power Sources, 2007, 165(1): 232-243.
[59] WU H, et al. Modeling of PEMFC transients with finite-rate phase-transfer processes[J]. Journal of The Electrochemical Society, 2010, 157(1): B1-B12.
[60] GOSHTASBIA. A real-time pseudo-2d bi-domain model of pem fuel cells for automotive applications[C]. New York: ASME, 2017.
[61] LEE S K. Temperature Measurement in Through-plane Direction in PEFC with a Fabricated In-line Thermocouple and Supporter[J]. ECS Transaction, 2009, 25(1): 495-503.
[62] LEE S K, ITO K, OHSHIMA T, et al. In situ measurement of temperature distribution across a proton exchange membrane fuel cell[J]. Electrochemical and Solid-State Letters, 2009, 12(9): B126-B130.
[63] ZHANG G, GUO L, MA L, et al. Simultaneous measurement of current and temperature distributions in a proton exchange membrane fuel cell[J]. Journal of Power Sources, 2010, 195(11): 3597-3604.
[64] ZHANG G, SHEN S, GUO L, et al. Dynamic characteristics of local current densities and temperatures in proton exchange membrane fuel cells during reactant starvations[J]. International Journal of Hydrogen Energy, 2012, 37(2): 1884-1892.
[65] TANG Y Q, FANG W Z, LIN H, et al. Thin film thermocouple fabrication and its application for real-time temperature measurement inside PEMFC[J]. International Journal of Heat and Mass Transfer, 2019, 141: 1152-1158.
[66] LIU J X, GUO H, YUAN X M, et al. Effect of mode switching on the temperature and heat flux in a unitized regenerative fuel cell[J]. International Journal of Hydrogen Energy, 2019, 44(30): 15926-15932.
[67] ALI S T, LEBAEK J, NIELSEN L P et al. Thin film thermocouples for in situ membrane electrode assembly temperature measurements in a polybenzimidazole-based high temperature proton exchange membrane unit cell[J]. Journal of Power Sources, 2010, 195(15): 4835-4841.
[68] THOMAS A, MARANZANA G, DIDIERJEAN S, et al. Study of coupled heat and water trans-

fer in proton exchange membrane fuel cells by the way of internal measurements[J]. Journal of Physics: Conference Series, 2012, 395(1): 012065. 1-012065. 8.

[69] KREITMEIER S. Local Degradation at Membrane Defects in Polymer Electrolyte Fuel Cells[J]. Journal of the Electrochemical Society, 2013, 160(4): F456-F463.

[70] NISHIMURA A, KAMIYA S, OKADO T, et al. Heat and mass transfer analysis in single cell of PEFC using different PEM and GDL at higher temperature[J]. International Journal of Hydrogen Energy, 2019, 44(56): 29631-29640.

[71] KONGKANAND A, MATHIAS M F. The priority and challenge of high-power performance of low-platinum proton-exchange membrane fuel cells[J]. The Journal of Physical Chemistry Letters, 2016, 7(7): 1127-1137.

[72] KUDO K, JINNOUCHI R, MORIMOTO Y. Humidity and temperature dependences of oxygen transport resistance of nafion thin film on platinum electrode[J]. Electrochimica Acta, 2016, 209: 682-690.

[73] LIU S, YUAN S, LIANG Y, et al. Engineering the catalyst layers towards enhanced local oxygen transport of Low-Pt proton exchange membrane fuel cells: Materials, designs, and methods[J]. International Journal of Hydrogen Energy, 2023, 48(11): 4389-4417.

[74] YAN W M, YANG C H, SOONG C Y, et al. Experimental studies on optimal operating conditions for different flow field designs of PEM fuel cells[J]. Journal of Power Sources, 2006, 160(1): 284-292.

[75] YAN W M, CHEN C Y, MEI S C. Effects of operating conditions on cell performance of PEM fuel cells with conventional or interdigitated flow field[J]. Journal of Power Sources, 2006, 162(2): 1157-1164.

[76] GE S H, YI B L. A mathematical model for PEMFC in different flow modes[J]. Journal of Power Sources, 2003, 124(1): 1-11.

[77] SCHOLTA J, HAUSSLER F, ZHANG W. Development of a stack having an optimized flow field structure with low cross transport effects[J]. Journal of Power Sources, 2006, 155(1): 60-65.

[78] MORIN A, XU F, GEBEL G, et al. Influence of PEMFC gas flow configuration on performance and water distribution studied by SANS: Evidence of the effect of gravity[J]. Fuel and Energy Abstracts, 2011, 36(4): 3096-3109.

[79] VALIO L, MUSTATA R, GIL M I, et al. Effect of the relative position of oxygen–hydrogen plate channels and inlets on a PEMFC[J]. International Journal of Hydrogen Energy, 2010, 35(20): 11425-11436.

[80] KUMAR A, REDDY R G. Effect of channel dimensions and shape in the flow-field distributor on the performance of polymer electrolyte membrane fuel cells[J]. Journal of Power Sources. 2003, 113(1): 11-18.

[81] AHMED D H, SUNG H J . Effects of channel geometrical configuration and shoulder width on PEMFC performance at high current density[J]. Journal of Power Sources. 2006, 162(1): 327-339.

[82] YAN W M, LI H Y, CHIU P C, et al. Effects of serpentine flow field with outlet channel contraction on cell performance of proton exchange membrane fuel cells[J]. Journal of Power Sources. 2008, 178(1): 174-180.

[83] CHOI K S, KIM H M, MOON S M. Numerical studies on the geometrical characterization of serpentine flow-field for efficient PEMFC[J]. International Journal of Hydrogen Energy, 2011, 36(2): 1613-1627.

[84] KUO J K, YEN T H, CHEN C K. Three-dimensional numerical analysis of PEM fuel cells with straight and wave-like gas flow fields channels[J]. Journal of Power Sources, 2008, 177(1): 96-103.

[85] BUNMARK N, LIMTRAKUL R, FOWLER R W, et al. Assisted water management in a PEMFC with a modified flow field and its effect on performance[J]. International Journal of Hydrogen Energy, 2010, 35(13): 6887-6896.

[86] ROSHANDEL R, ARBABI F, MOGHADDAM G K. Simulation of an innovative flow-field design based on a bio inspired pattern for PEM fuel cells[J]. Renewable Energy, 2012, 41(2): 86-95.

[87] KHAZAEE I, GHAZIKHANI M. Performance improvement of proton exchange membrane fuel cell by using annular shaped geometry[J]. Journal of Power Sources, 2011, 196(5): 2661-2668.

[88] KHAZAEE I, GHAZIKHANI M, ESFAHANI M N. Effect of gas diffusion layer and membrane properties in an annular proton exchange membrane fuel cell[J]. Applied Surface Science, 2012, 258(6): 2141-2148.

[89] CANO-ANDRADE S, HERNANDEZ-GUERRERO A, SPAKOVSKY M, et al. Current density and polarization curves for radial flow field patterns applied to PEMFCs (Proton Exchange Membrane Fuel Cells)[J]. Energy, 2010, 35(2): 920-927.

电堆的性能设计

3.1 电堆的性能要求与结构

3.1.1 堆叠技术简介

当质子交换膜燃料电池堆单元达到一定多的数量时，堆叠技术对于高可靠性耐久性电堆设计起到至关重要的作用。除了选择合适的具有高化学和物理性能的材料外，力学性能对电堆的耐久性也非常重要，包括机械应力、温度和湿度循环变化在内的循环荷载对燃料电池膜结构的破坏及膜的降解、失效和损伤起着重要的耦合作用。

1 抗振性

车用大型质子交换膜燃料电池堆通常会受到各种振动和冲击，电堆的性能、耐久性和可靠性也会因此受到影响。另外，由于整体共振可能会对质子交换膜燃料电池堆造成严重破坏，一些结构部件（如垫片）在长时间振动后，也可能由于局部振动的模态和频率而出现局部结构损伤。

设计电堆结构和控制电堆结构的固有频率以避免结构共振是燃料电池堆设计的重要环节。固有频率是厚度、弹性模量和各个构件结构密度的函数。研究发现，材料厚度每增加 25%，其固有频率会增加 17%。电堆结构尺寸和几何形状的微小变化可以引起局部振动模态的显著变化。因此，对电堆中任何小型结构进行精心设计对控制电堆的振动具有重要意义。Liu 等人基于有限元方法对螺栓夹紧的小型燃料电池堆进行了振动模态分析，发现 4 个螺栓和 6 个螺栓夹持的电堆的第一振型振动方向均为夹持方向，即与螺栓平行；整体振动通常发生在 1 ~ 1.3kHz 的低频率，而局部振动发生在高频率。整体振动频率随电堆尺寸的增大而减小，大型电堆比小型电堆更容易遭受共振损伤。通过增加夹紧螺栓的数量可以增强堆叠结构在夹紧方向上的抗振性，但该方法不能有效改善垂直于夹紧螺栓方向上的抗振性和旋转振动。在总夹紧载荷不变的情况下，密封垫片的局部振动模式与夹紧螺栓的数量无关。夹紧螺栓的整体振动频率和局部振动频率均随夹紧载荷的增大而增大。因此，为避免低频振动引起的结构损伤，夹紧载荷应保持在适当偏高的范围内。

2 疲劳及可靠性

电堆结构中的循环应力对疲劳寿命有很大的影响。根据疲劳寿命曲线，螺栓

螺母连接区域、垫片与 PEM 连接区域局部疲劳寿命较短。因此，在电堆工作过程中，这些区域可能首先出现低可靠性。此外，靠近端板层的单体 MEA 边框和膜的疲劳寿命比中间位置的要短。由于总夹紧载荷和冲击载荷由夹紧螺栓共同承担，夹紧螺栓组较多的螺栓疲劳寿命比夹紧螺栓组较少的螺栓疲劳寿命长。夹紧螺栓的布置也会影响垫片和膜上的应力分布。增加挤压刚度可以降低垫片外部区域的循环应力大小，从而提高疲劳寿命。最佳夹紧载荷、夹紧螺栓 / 绑带数量和配置是影响结构疲劳寿命的三个重要设计参数。另外，在实际的燃料电池堆中，其性能受到许多制造和加工因素的影响，所有结构参数都不可避免地存在几何误差，这将给电堆堆叠技术研究增加更多的不可控因素，会对电堆的疲劳和可靠性造成一定程度的影响。

改变 MEA 与垫片之间的厚度差，会导致堆叠可靠性发生 9% 以上的变化。这说明结构参数，包括机械、几何、物理和化学性质对系统可靠性的影响是巨大而复杂的。更准确的可靠性预测需要各个子结构的基本可靠性参数，如均值和变异系数，这需要大量的实验和统计工作。由于大型燃料电池堆叠在不同振动方向的抗振能力不同，燃料电池堆固定到工作场所（如车架）的方法对其抗振性和可靠性非常重要。

3.1.2　电堆堆叠要求及关键部件

燃料电池堆包含一系列由膜电极、双极板和密封件组成的重复单元—单体电池，所有重复的单体被堆叠在一起，通过两端的端板夹住，形成一个燃料电池堆，图 3-1 是电堆 3D 模型示意图。燃料电池堆的设计基本包括：反应物在每个单体间和单体内的均匀分布、适当的工作温度、最小的电压损失、无反应物的泄漏和坚固的机械结构。

PEMFC 堆叠组装的理想工艺应符合以下要求：

1）GDL 压缩必须达到足够的值，以产生最佳性能。

2）GDL 和双极板之间的接触压力分布应该均匀，足以降低接触电阻。

3）端板、双极板等支撑部件的变形应非常小，以产生均匀的夹紧力。

4）支撑部件的极限应力必须低于允许值。

5）密封压力必须大于流体的工作压力，以防止泄漏。

1 端板

一个大型的燃料电池堆可能由数百个结构件组成，这些结构件由具有拉伸应力的螺栓施加一定的夹紧力，靠两端两个端板压缩在一起。端板是支撑电堆结构

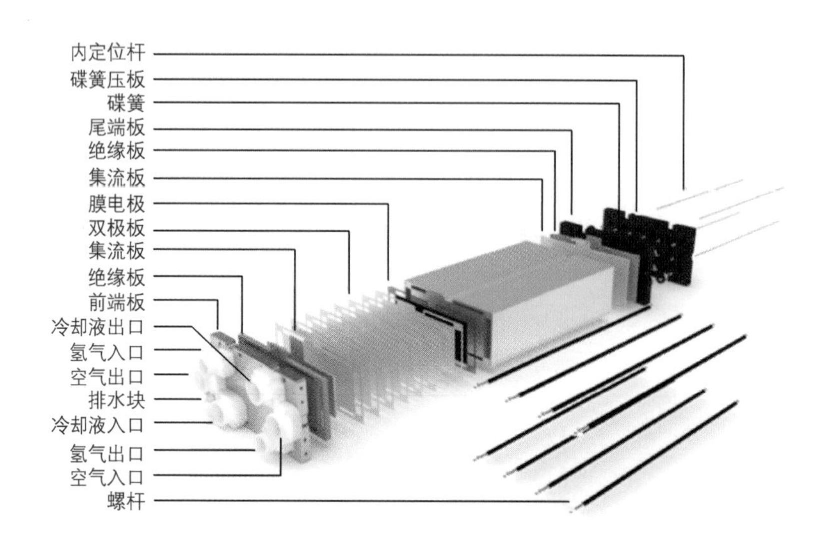

图 3-1　电堆 3D 模型

的最重要的部分，应具有以下特性：

1）拥有足够的机械强度和刚度，以承受堆叠可能承受的夹紧力、堆叠重力、振动和冲击力等随机载荷。采用高弹性模量、高屈服应力极限的弹性材料制成的端板，确保在去除外力后能恢复到初始设计的状态。因此，早期使用的端板多为金属材料。

2）尽可能小的质量 / 体积，以增加电堆的功率密度。通过轻材料的选择、结构的优化及两者的结合来实现。

3）较高的抗弯刚度，以保证燃料电池堆内均匀的接触压力。增加端板材料的厚度或选择高刚度材料，如钢，可以提高端板材料的抗弯刚度。然而，这常常与电堆设计中的小质量 / 体积需求相冲突。

4）良好的耐蚀性、易加工、低成本等。

端板的设计将影响 PEMFC 的性能，包括 GDL 效率、密封能力和结构可靠性。在一般的夹紧方法中，螺栓设计在端板边缘。端板的面积通常大于电池的活性面积，这样的几何设计导致端板结构容易弯曲。因此，装夹方式和端板形状对燃料电池堆的性能有很大影响。

2 双极板与流场

双极板（BP）是燃料电池堆中最重要的部件之一，被誉为燃料电池的“筋骨”。其重量占电堆总重量的 60% 以上，制造成本占总成本的 30% 左右。双极板具有功能性通道和凹槽。一侧的通道用于向单电池提供反应物，另一侧的通道用于泵送冷却剂以保持各个单电池的工作温度。优良的双极板应具有以下功能：

1）通过合理的流道设计，实现反应物在电堆内尽可能地均匀分布。

2）高效疏水结构，以便于管理电堆内反应生成水，即有效地输送反应生成水。

3）具有一定的导热性，并为冷却剂提供流动通道，将反应热从电堆中带走，便于电堆的热平衡管理。

4）分离每个单电池，并在相邻单电池之间提供一系列电连接。

5）配合密封胶材料提供电堆密封功能，避免氧气和氢气泄漏。

6）良好的导电性，耐腐蚀性。

除性能控制外，双极板的重量和成本降低一直是20多年来双极板设计和制造的两个最重要的目标。设计轻量化的双极板是降低燃料电池堆总重量的有效途径。双极板成本主要包括材料成本和制造成本。在材料选择方面，必须在材料成本、电气和力学性能、耐腐蚀性能、可制造性等方面进行平衡。双极板的大部分生产成本取决于制造技术，这是燃料电池堆大规模商业化生产的关键技术。目前，针对双极板制造提出了多种制造方法，如机铣、注射成型、冲压成型、橡胶成型、电火花加工、3D打印等。

对于一个单体电池的流场设计原则是在电池的活性区向每个通道提供均匀的气体反应物进气和合理的低而均匀的压降，并确定通道内气体速度和压力的阈值，以避免水淹或干燥。寻找流场分布均匀、压降较低的最优设计，包括通道形状和长度，以最大限度地提高功率输出和耐久性。一个大规模电堆往往是由一系列相同的单电池堆叠而成，整个电堆的流场设计的目标是在给定的工况下，实现所有单电池的性能、耐久性和寿命都高度相似。这是基于所有单电池都将具有相同性能的假设，因为它们使用相同的材料、密封件、催化剂、结构、电化学过程，并在相同的操作条件下工作。然而，在实践中，大多数的电堆都或多或少地表现出单个电池性能的不均匀及衰减的不同步，随着单体数量的增多，如何保证各个单体间的流体分配一致性，是大功率电堆设计的难点。

3 密封件

一个大型的燃料电池堆有许多密封的接口。密封稳定性是影响质子交换膜燃料电池堆性能和安全性的重要因素之一。为了保证大型电堆的高性能和安全性，可靠的密封设计是必要的。质子交换膜燃料电池堆的密封设计大多采用密封垫包围MEA，以防止气体或反应物从堆的密封接口泄漏。超弹性聚合物由于成本低、弹性变形性能好，常被用作衬垫材料。然而，如果密封结构设计不当，在运行过程中甚至在组装过程中都会发生密封失效。此外，由于在燃料电池运行中密封材料暴露在如酸、湿度大、温度不当和机械负载循环的环境中，垫片材料的性能会发生退化。

燃料电池堆中的密封结构通常有四种类型：PEM 直接密封、PEM 包裹框架密封、MEA 包裹框架密封、刚性框架密封，它们既可用于石墨极板，也可用于金属极板。各种密封结构的工作原理都是一样的，即需要一个合适的密封压力来实现可靠的密封。任何工程表面在纳米和微米尺度上都是粗糙的。因此，在两个固体接触面之间总是存在大量复杂且随机的纳米 / 微通道。为了控制接触固体表面之间的泄漏，需要最小的接触压力 P_{min}，以保证表面粗糙度发生足够的弹性变形，使粗糙表面之间的纳米间隙和微间隙很小，使泄漏控制在设计标准之内。此外，接触压力不能过高，超过最大接触压力 P_{max}，密封结构材料可能会发生塑性变形，甚至断裂损伤。因此，密封接口的接触压力应设计在 $P_{min} \sim P_{max}$ 的范围内。然而，密封接触压力的设计需要对整个电堆结构进行协同优化，因为密封压力会影响 MEA 和双极板的接触压力和载荷，这取决于所有结构材料的温度、湿度和应力 - 应变关系。因此，密封接触压力设计实际上是一种系统化设计，不能脱离电堆结构设计。

3.2 单元电池反应区的设计

3.2.1 极化曲线的展开标定与目标设定

1 燃料电池工作中的电压损耗

在实际运行过程中，电池中有电流通过时，电极电位会偏离平衡电位，这种现象称作电极极化。电压（V）与电流（I）或电流密度的关系图称为极化曲线，即 I-V 曲线。典型的质子交换膜燃料电池的电压 - 电流密度极化曲线如图 3-2 所示。

极化是电池由静态（$i = 0$）转入工作状态（$i > 0$）所产生的电池电压、电极电位的变化。而电压与电流的乘积等于功率，再乘以电池运行时间即是输出电能，所以极化表示电池由静止状态转入工作状态能量损失的大小。要做到这一点，必须研究极化产生的原因。

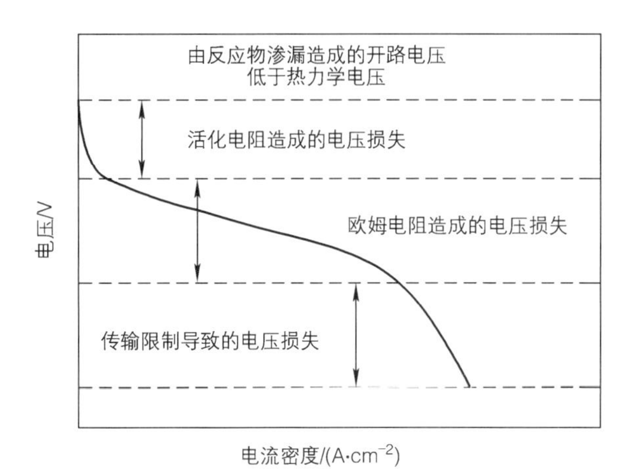

图 3-2　质子交换膜燃料电池电压 – 电流密度极化曲线

极化主要包括[1]：活化极化、欧姆极化、浓差极化。考虑这些电位电池的工作电压 V 为：

$$V = E_{\mathrm{ocv}} - \eta_{\mathrm{act}} - \eta_{\mathrm{ohm}} - \eta_{\mathrm{con}} \tag{3-1}$$

式中，E_{ocv} 是电池的开路电压；η_{act} 是活化过电位；η_{ohm} 是欧姆过电位；η_{con} 是浓差过电位。

1）活化极化是由电极表面的反应动力学过程较缓慢而引起的电压降，即活化过电位（η_{act}）。可通过提高反应温度、气体背压和反应物浓度，增大电流交换密度、电极表面粗糙度和制备高催化活性催化剂等方法来加速电化学反应的动力学过程，从而减轻活化极化。

2）欧姆极化是由电池各部件之间的接触电阻、电导率和电解质中质子传输的阻力引起的电压损失，这部分的电压降即为欧姆过电位（η_{ohm}）。它与电流、温度及膜中的含水量有关。而膜中的含水量与电池内的温度、反应气体的流量和压力有关，特别是反应物气体的相对湿度对膜中的含水量影响较大。可采用高质子传导率的薄电解质膜、优化膜电极的制备方法和增强电解质膜与催化层的接触面积等方法来减轻欧姆极化。

3）浓差极化主要是由反应气体扩散缓慢引起的电压降，这部分的电压降即为浓差过电位（η_{con}），这种极化在阴极尤为明显。在低电流密度区，电化学反应较为缓慢，浓差极化较小，可不考虑浓差极化；在高电流密度区，电极反应产生的液态水会堵塞气体传输通道，阻止氧气传输到电极表面的催化活性位点，从而产生浓差极化。可通过增加氧气的流速或背压来增加氧气到达活性位点的速度从而降低浓差过电位。另外就是可以通过改善催化层的结构，以增强高电流密度下的传质过程。

3.2.2 活化极化的改进

由于对于 PEMFC 来说阴极活化极化远大于阳极活化极化，因此以下只讨论阴极活化极化的情况。由于两相间质子浓度的差异在界面 I 和 II 之间产生双电层。阴极活化极化可以分为两部分，即极化电压损失 η 和电流密度 j：

$$\eta = \phi_{\mathrm{I}} - \phi_{\mathrm{II}} \tag{3-2}$$

式中，$\phi_{\mathrm{I}} - \phi_{\mathrm{II}}$ 是由相间电势差引起的极化，其值可以由相间场强计算。

$$j = \varepsilon_S \frac{\partial E_S}{\partial t} + j_{\mathrm{H}^+} \tag{3-3}$$

式中，j 是电流密度；ε_S 是电极孔隙率；E_S 是电极电势；t 是时间。

活化电流造成的电压损失 η_{act} 大小可以通过质子转移电流密度 j_{H^+} 来计算：

$$j_{\mathrm{H}^+} = nF\frac{\mathrm{d}N}{\mathrm{d}t} = nF\vec{K}C_{\mathrm{O}_2}^{*}\exp\left(\frac{\alpha nF\eta_{\mathrm{act}}}{RT}\right) - nF\vec{K}C_{\mathrm{H_2O}}^{*}\exp\left(\frac{-(1-\alpha)nF\eta_{\mathrm{act}}}{RT}\right) \tag{3-4}$$

式中，n 是电子数；$\vec{K}$ 是反应速率；$C_{\mathrm{O}_2}^{*}$ 是无量纲氧气浓度；$C_{\mathrm{H_2O}}^{*}$ 是无量纲水浓度；α 是传递系数。

式（3-4）即 B-V 方程。为了便于计算需要对式（3-4）进行简化。在电流密度较大的时候，正向反应速率远大于逆向反应速率，即式（3-4）中第二项逆反应部分可以忽略。

另外反应的速率常数 $\vec{K}$ 可以通过反应的活化能 k 来计算，即

$$\vec{K} = k\exp\left(-\frac{\Delta G}{RT}\right) \tag{3-5}$$

因此阴极电流密度 j 可以表示为

$$j = nFkC_{\mathrm{O}_2}^{*}\exp\left(-\frac{\Delta G + \alpha nF\eta_{\mathrm{act}}}{RT}\right) \tag{3-6}$$

综上，活化极化的表达式为

$$\eta_{\mathrm{act}} = \frac{RT}{\alpha nF}\left(\ln\frac{i}{Av} + \frac{\Delta G}{RT} - \ln k - \ln\left(C_{\mathrm{O}_2} - \frac{S_{\mathrm{O}_2} j l_{\mathrm{GDL}}}{nFD_{\mathrm{eff}}^{\mathrm{c}}}\right) - \ln(nF)\right) \tag{3-7}$$

式中，A 是反应面积（m^2）；v 是反应速率（$\mathrm{mol \cdot s^{-1}}$）；$C_{\mathrm{O}_2}^{*}$ 是流道内 O_2 的浓度；S_{O_2} 是催化层 O_2 的浓度；l_{GDL} 是气体扩散层的厚度；$D_{\mathrm{eff}}^{\mathrm{c}}$ 是有效传输系数。

为了简化计算，根据交换电流密度 j^o 的定义：

$$j^o = nFkC_{\mathrm{O}_2}\exp\left(-\frac{\Delta G}{RT}\right) \tag{3-8}$$

因此，式（3-7）可以化简为

$$\eta_{\text{act}}=\frac{RT}{\alpha nF}\ln j-\frac{RT}{\alpha nF}\ln j^{o}-\frac{RT}{\alpha nF}\ln\left(1-\frac{S_{\text{O}_2}jl_{\text{GDL}}}{nFC_{\text{O}_2}D_{\text{eff}}^{\text{c}}}\right) \tag{3-9}$$

另外，由于受扩散影响的项与浓差极化具有相似的表达式，且实际上也是由扩散引起的电压损失，一般与浓差极化一起计算。因此活化极化的形式可以化简为

$$\eta_{\text{act}}=\frac{RT}{\alpha nF}\ln j-\frac{RT}{\alpha nF}\ln j^{o} \tag{3-10}$$

对于同一个膜电极来讲，不同的电流下，其对应的传递系数 α 及交换电流密度 j^{o} 都可以视为常数。所以活化极化的计算可以进一步化简为

$$\eta_{\text{act}}=a+b\ln j \tag{3-11}$$

式（3-11）被称为塔菲尔方程。可以用实际测得的极化曲线拟合得到塔菲尔曲线，通过塔菲尔曲线计算其活化极化的大小。

3.2.3　欧姆极化的改进

欧姆极化主要由电子阻抗、离子阻抗造成。其中占主要部分的是离子阻抗。

$$\eta_{\text{ohm}}=iR_{\text{ohm}}=i(R_{\text{elec}}+R_{\text{ion}}) \tag{3-12}$$

由于 PEMFC 中包含离子传输的部分主要是催化层和质子交换膜，这里先忽略催化层的离子阻抗，Nafion 膜的离子阻抗与膜的含水量密切相关。根据文献中的经验规律，膜的电导率 σ 与含水量 λ 呈以下关系：

$$\sigma=a\lambda-b \tag{3-13}$$

因此，为了计算 Nafion 膜的离子阻抗，必须了解膜内的水传输过程。如下：

$$N_{\text{H}_2\text{O}}^{\text{m}}=N_{\text{H}_2\text{O}}^{\text{eod}}-N_{\text{H}_2\text{O}}^{\text{bd}}\pm N_{\text{H}_2\text{O}}^{\text{temp}}\pm N_{\text{H}_2\text{O}}^{\text{hp}} \tag{3-14}$$

式中，$N_{\text{H}_2\text{O}}^{\text{m}}$ 是通过膜的水净通量；$N_{\text{H}_2\text{O}}^{\text{eod}}$ 是氢离子拖拽引起的水通量；$N_{\text{H}_2\text{O}}^{\text{bd}}$ 是反渗引起的水通量；$N_{\text{H}_2\text{O}}^{\text{temp}}$ 是温度引起的水通量；$N_{\text{H}_2\text{O}}^{\text{hp}}$ 是压差引起的水通量。

质子拖拽：质子穿过 Nafion 膜时，会拖拽一个或多个水分子，拖拽水分子多少与膜的含水量呈正比。

反向扩散：由于拖拽水和电化学反应的发生，水在膜的阴极侧会快速积累，使膜的两侧产生水的浓度梯度，发生反向扩散。

这两种传输方式的共同作用，使得质子交换膜的含水量存在一定的空间分布。考虑到质子拖拽与反向扩散的共同作用：

$$J_{H_2O} = 2n_{drag}^{SAT} \frac{j}{2F} \frac{\lambda}{22} - \frac{\rho_{dry}}{M_n} D_w \frac{d\lambda}{dx} \tag{3-15}$$

式中，J_{H_2O} 是水的总流通量；n_{drag}^{SAT} 是电渗拖拽系数，一般取 2.5；ρ_{dry} 是干态密度；M_n 是 Nation 膜等效质量（kg）；x 是膜的厚度方向；D_w 是 Nation 膜中水的扩散率。

将阴极侧与阳极侧的含水量作为边界条件，解上述微分方程得：

$$\lambda(x) = (\lambda_C - \lambda_A) \frac{\exp\left(\dfrac{jM_m x}{8.8FD_w \rho_m}\right) - 1}{\exp\left(\dfrac{jM_m l_m}{8.8FD_w \rho_m}\right) - 1} + \lambda_A \tag{3-16}$$

式中，$\lambda(x)$ 是膜厚度方向 x 处的含水量；λ_C 是阴极侧含水量；λ_A 是阳极侧含水量。

因此只要确定阴极侧与阳极侧的含水量，就可以得到 λ 在空间上的分布情况。根据通量守恒：

$$S_{H_2} \frac{j}{2F} \frac{\phi_A P_{SAT}(T)}{P_A - \phi_A P_{SAT}(T)} = D_{eff}^A \frac{C_{H_2O}^A - C_A}{l_{GDL,A}} \tag{3-17}$$

式中，S_{H_2} 是阳极侧的产水速率（$mol \cdot s^{-1} \cdot cm^{-2}$）；$P_{SAT}(T)$ 是温度为 T 时的饱和蒸气压；ϕ_A 是阳极的湿度；P_A 是阳极的进气压力；D_{eff}^A 是阳极水的有效扩散系数；C_A 是膜化阳极侧的水浓度；$l_{GDL,A}$ 是阳极气体扩散层的厚度。

可得膜在阳极侧的水浓度 C_A 为

$$C_A = C_{H_2O}^A - \frac{l_{GDL,A}}{D_{eff}^A} S_{H_2} \frac{j}{2F} \frac{\phi_A P_{SAT}(T)}{P_A - \phi_A P_{SAT}(T)} \tag{3-18}$$

同理，可以得到阴极侧的水浓度 C_C

$$C_C = C_{H_2O}^C - \frac{l_{GDL,C}}{D_{eff}^C} S_{O_2} \frac{j}{2F} \left(1 + \frac{\phi_C P_{SAT}(T)}{P_C - \phi_C P_{SAT}(T)}\right) \tag{3-19}$$

代入 $\lambda_m = \dfrac{\rho_m}{M_m} c_{H_2O}$，可得 λ_A 和 λ_C，根据经验规律可以得到膜的总电阻 R_m 表达式为

$$R_m = \ln\left(\frac{a\lambda_C - b}{a\lambda_A - b}\right) \left(\frac{1}{\dfrac{a(\lambda_C - \lambda_A)}{\exp\dfrac{jM_m l_m}{8.8FD_{H_2O,m}\rho_m} - 1} + a\lambda_A + b}\right) \tag{3-20}$$

3.2.4 传质极化的改进

燃料电池工作过程中，随着净反应速度的提高，扩散步骤逐渐成为整个电极过程的速率决定步骤。由于燃料电池阴极使用空气，氧气的扩散比氢气慢得多，因此一般计算浓差极化时只考虑氧气的扩散过程。

当扩散步骤成为整个电极过程的控制步骤时，可以用电流密度 j 来表示，即

$$j = nFD_{O_2,GDL} \frac{C_{O_2} - C_{O_2}^*}{l_{GDL}} \quad (3\text{-}21)$$

式中，$D_{O_2,GDL}$ 是气体扩散层氧气的扩散系数；C_{O_2} 是氧气浓度；$C_{O_2}^*$ 是实际参与反应的氧气浓度。

因此实际参与反应的氧气浓度 $C_{O_2}^*$ 为

$$C_{O_2}^* = C_{O_2} - \frac{S_{O_2} j l_{GDL}}{nFD_{eff}^C} \quad (3\text{-}22)$$

式中，S_{O_2} 是产生 O_2 的速率；D_{eff}^C 是阴极水的有效扩散系数。

根据能斯特方程，浓差极化 η_c 的值可以计算为

$$\eta_c = \frac{RT}{nF} \ln\left(1 - \frac{S_{O_2} j l_{GDL}}{nFD_{eff}^C C_{O_2}}\right) \quad (3\text{-}23)$$

为了方便计算，引入极限扩散电流密度 j_L

$$j_L = nFD_{eff}^C \frac{C_{O_2}}{l_{GDL}} \quad (3\text{-}24)$$

极限扩散电流密度表示的是当达到此电流密度时，由于扩散过程的损耗，实际参与反应的氧气浓度为 0，即燃料电池不能获得比极限扩散电流密度更大的电流密度。一般而言，浓差极化的形式与活化极化计算过程中浓度项的形式相同。因此，计算浓差极化时，一般将两者合并，即

$$\eta_{conc} = -\frac{RT}{nF}\left(1 + \frac{1}{\alpha}\right) \ln\left(1 - \frac{S_{O_2} j}{j_L}\right) \quad (3\text{-}25)$$

综上，PEMFC 的电压表达式为

$$E = E_{\mathrm{OCV}} - \frac{RT}{\alpha nF}\left(\ln j + \frac{\Delta G}{RT} - \ln k - \ln nF\right) - \tag{3-26}$$

$$i\left(\ln\frac{a\lambda_{\mathrm{C}} - b}{a\lambda_{\mathrm{A}} - b}\right)\left(\frac{1}{\dfrac{a(\lambda_{\mathrm{C}} - \lambda_{\mathrm{A}})}{\exp\dfrac{jM_{\mathrm{m}}l_{\mathrm{m}}}{8.8FD_{\mathrm{w,m}}\rho_{\mathrm{m}}} - 1} + a\lambda_{\mathrm{A}} + b}\right) + \frac{RT}{nF}\left(1 + \frac{1}{\alpha}\right)\ln\left(1 - \frac{S_{\mathrm{O_2}}jl_{\mathrm{GDL}}}{nFD_{\mathrm{eff}}^{\mathrm{C}}C_{\mathrm{O_2}}}\right)$$

3.2.5 传热与换热结构

燃料电池堆对氢能的利用，除了发电外，产生的热量也相当可观，相当于进入电池的总氢能的 45% ~ 60%。但是，燃料电池的排气温度相对较低，排气带走的热量仅为 3% 左右，辐射散热和空气自然对流的比例很小，大部分热量需要通过额外的冷却系统带走。过高或过低的温度都会直接影响膜和膜组的性能。因此，有必要对质子交换膜燃料电池冷却系统进行优化设计，以确保燃料电池的高效稳定运行。

燃料电池堆中的发热分为以下几部分：电化学反应的可逆热（也称为熵热）、反应的不可逆热、欧姆热、水蒸气冷凝产生的热量[2]。根据热力学第二定律，可逆热是反应物的总化学能与最大有用能之间的差值。为了在电流流动时保持恒定的温度，必须带走电极中的热量。不可逆的热量来自燃料电池中的不可逆电化学反应。由于燃料电池反应分裂成两个电极反应，阳极和阴极上都会产生热量。欧姆热的发生是因离子和电子流过燃料电池堆组件的阻力而产生的，需要高导电性来减少欧姆热。水蒸气冷凝产生的热量含量低于上述来源。熵热、反应不可逆热和欧姆热分别占产生的总热量的 55%、35% 和 10%，与燃料电池堆的功率输出相当。

最广泛的冷却机制包括在专门设计的冷却通道中使用液体或空气作为冷却剂的强制对流，或带 / 不带翅片的边缘冷却。通常，在相同的泵送功率下，液体的传热系数大于气体的传热系数，因为前者的导热系数和热容更高。因此，液体冷却目前广泛用于带走大功率燃料电池堆（>10kW）中产生的热量，尤其是在汽车应用中。在液体冷却中，传热机制是热量将从电池穿过双极板传递并进入冷却剂，冷却液流经电堆内分离的冷却剂通道，然后，加热的冷却介质通过泵送入热交换器，以实现将热量排出到周围介质中或将其用于加热等其他目的。

改变冷却通道的几何形状可以有效地提高燃料电池堆的热管理能力。通道几何形状的比较见表 3-1。根据表 3-1 的结果，在雷诺数为 10 ~ 60 的条件下，采用 V 形和 C 形几何结构，整体换热效率分别提高了 80% ~ 270% 和 130% ~ 385%。

由于混乱区数量较多，C 形几何结构优于 V 形结构。波浪形通道的设计提高了传热性能，特别是波长减小或振幅增大时。

表 3-1　通道几何形状的比较

几何	平均 Nu 数	平均 Po_m 数	比值	效率（%）
V 形	14.03	88.4	6.3	23.5
B 形	13.03	93.17	7.15	23
之字形 3D	15.14	114.38	7.55	24
U 形	17.73	137.51	7.75	25
C 形	19.40	151.73	7.82	26
之字形 2D	8.23	84.40	10.25	11
C 形 2D	11.06	125.55	11.35	16
直通道	3.03	62	20.46	6.5

注：Nu 数是对流热量与传导热量的比值；Po_m 数是流体扰动程度。

3.2.6　体积功率密度的提升

燃料电池堆是燃料电池汽车的核心，其比功率是反映燃料电池堆技术水平的重要指标，掌握高比功率燃料电池堆技术可以降低电堆硬件数量，从而也会使电堆的成本得到大幅降低。燃料电池汽车逐渐从规模示范过渡到商业化运行，以丰田 Mirai、本田 Clarity、现代 Nexo 为代表的率先商业化的燃料电池车在性能等方面已经达到了传统燃油车水平，乘用车的燃料电池功率级别一般在 100kW 左右，商用车的燃料电池功率输出在 30~200kW。上汽大通汽车有限公司的 FCV80 汽车是我国第一个开始销售的燃料电池车，其他车厂也纷纷推出燃料电池公告产品，从车型来看，大多集中在商用车，从功率级别看，国内车用燃料电池堆主要以 30~50kW 为主，功率等级普遍低于国际同类燃料电池车。

综上，有必要提高功率密度，尤其是在乘用车有限的空间内要装载一定功率的燃料电池堆更需要高的功率密度。另外，从降低成本的角度，提高功率密度可以降低燃料电池材料、部件等硬件消耗，进而可以显著地降低燃料电池成本。提高燃料电池的功率密度需要从提高性能与减小体积两方面着手。在性能方面，从燃料电池极化曲线分析可知，可以从降低活化极化、欧姆极化、传质极化等多方面入手提高燃料电池性能，这就需要改进催化剂、膜、双极板等关键材料的性能，需要保障电堆的一致性等；在体积方面，需要降低极板等硬件的厚度，提高集成度等。除采用高活性催化剂、薄增强复合膜、导电耐腐蚀双极板等创新性材料实现燃料电池堆高比功率性能外，电堆结构优化也应同步考虑，如通过 3D 流场可以改善大电流的传质极化，优化组装过程可以有效降低欧姆极化，提高电堆的一致性有利于保证电堆高功率输出，这些措施都可以促进燃料电池堆性能的提高，有利于燃料电池堆比功率的提升。

电堆组装与一致性对电堆性能的提高至关重要。组装决定电堆部件之间的配合程度，组装良好的电堆才能最好地发挥部件的性能；一致性是衡量电堆性能优劣的重要指标，一致性好的电堆可以在大电流密度下工作，有利于提高电堆的功率密度。

电堆组装过程通常是在压力机上进行的，一般是依据一定的组装顺序及定位方法，把 MEA 与双极板摞装起来并附以集流板、端板，通过紧固装置固定形成一个完整的电堆。电堆组装除了要保证电堆密封性外，还要保证 MEA 与双极板界面的良好接触。电堆设计阶段要考虑电堆密封元件形变与 MEA 形变的匹配，在组装过程中通过控制电堆高度，定量双极板向膜电极扩散层中嵌入深度，同时使密封元件达到预定的变形量。图 3-3 为电堆组装过程密封件、双极板与 MEA 相对位置，电堆组装高度为 $h = h_1 = h_2$，其中 h_1 为满足 MEA 压深以获得预期较小接触电阻的组装高度；h_2 为满足密封变形要求的组装高度，一般通过离线试验可以确定获得较小接触电阻 MEA 的压深率 f_M 和密封件压缩率 f_r，密封件压缩率根据密封结构与材料可在一定范围内调整（如 30% ~ 60%）。

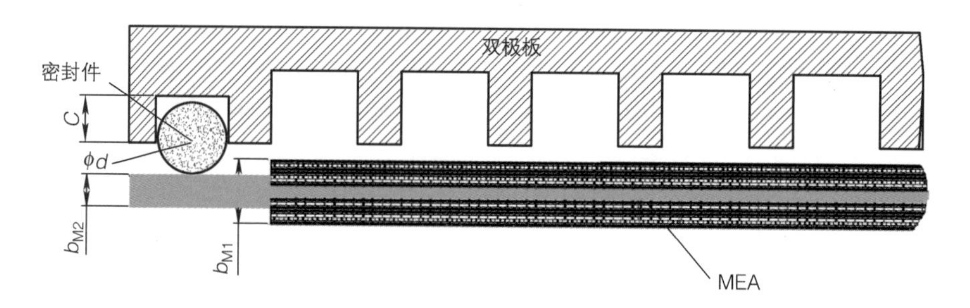

图 3-3　电堆组装过程密封件、双极板与 MEA 相对位置

C—双极板密封槽深度　d—密封件直径　b_{M1}—M_1 对应密封部分的厚度
b_{M2}—M_2 对应密封部分的厚度

$$h_1 = n\left[b_{M1}(1-f_M)+b_b\right]n+K \tag{3-27}$$

$$h_2 = \left[2d(1-f_r)+(b_b-2C)+b_{M2}\right]n+K \tag{3-28}$$

式中，f_r 是密封件压缩率；f_M 是双极板对 MEA 压深率；b_b 是双极板的厚度；n 是电堆中单电池节数；K 是其他硬件如集流板、端板等的厚度。

除了用高度控制来获得电堆最佳组装匹配外，还可以采用组装力控制法确定电堆部件之间的良好匹配关系。组装力可以通过组装机械如油压机实施，随着组装力加大，双极板与 MEA 间的接触逐渐减少，当达到平缓区即最佳的组装力控

制区，如图 3-4 所示。通常接触电阻与组装力的关系可以在电堆组装前通过单电池试验离线获得，并且可以确定接触电阻达到较小状态对应的组装力。

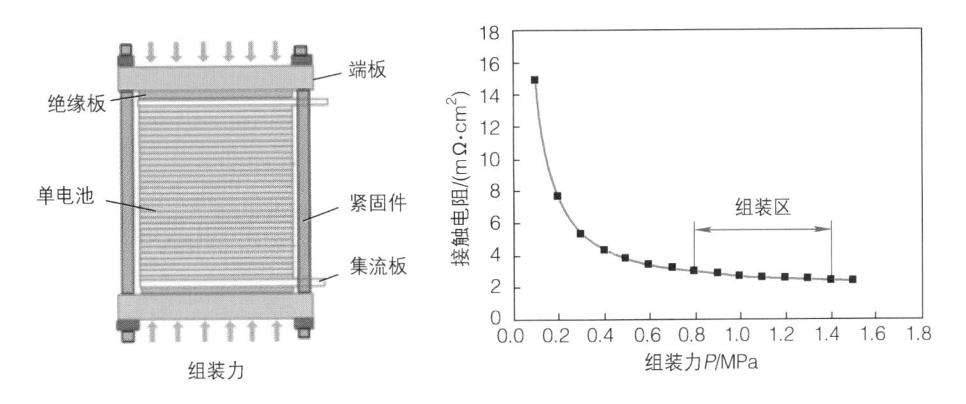

图 3-4 电堆组装力控制与接触电阻随着组装力变化示意图

电堆一致性与电堆设计、制造、操作等因素密切相关。在设计方面，要考虑降低其结构对可能产生几何误差的敏感度，保证流体分配的均一性；在制造方面，要考虑材料均一性、控制加工精度，保证初始性能一致性；在操作方面，要避免局部水淹、欠气、局部热点的发生，保证操作性能一致性；此外，要注意电堆边缘可能产生的温度不均、流体分配不均问题，避免产生边缘单节过低现象。

电堆的体积优化可以从结构设计和优化材料等方面展开。仿真和实验结果表明，长条形的电堆更有利于实现压力的均匀分布，增大长宽比也有助于减小电流密度的趋肤效应作用。减小封装力矩可以减小承压端板的厚度进而降低电堆长度。在考虑气体、液体均匀分配的基础上，长进气口有利于达到更好的气体均一性。降低体积最为有效的方式即采用更薄的双极板，实现电堆整体长度的降低。通过更紧凑地设计密封件和膜电极的结构，也可以减小整体体积。

3.3 单元电池导流区的设计

双极板是燃料电池的一种核心零部件，主要作用是支撑 MEA、提供氢气、氧气和冷却液流体通道并分隔氢气和氧气、收集电子、传导热量。以捷氢科技的主打产品“PROME M3H”电堆的金属双极板为例，如图 3-5 所示，其结构为

“一片两极三场”。PROME M3H 电堆采用的金属双极板为薄层金属板冲压成型，形成了阳极板外侧的氢气流场、阴极板外侧的空气流场。将“两极”阳极板和阴极板通过焊接方式连接，阳极板和阴极板拼合后内部形成冷却液流场，这样“一片”金属双极板就拥有了“三场”（氢气流场、空气流场、冷却液流场）。

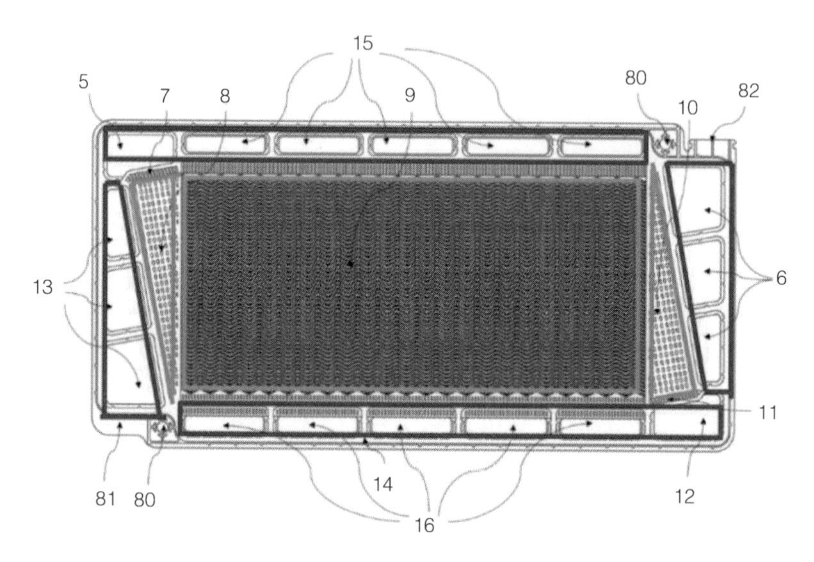

图 3-5　双极板功能区示意图

常规双极板主要可以分为四个功能区：公用管道区、导流区、流场区、密封区。如图 3-5 所示，红色线框内为公用管道区，橙色线框内为流场区，绿色线框内为流场区，公用管道区及流场区的外围为密封区。其中导流区是反应气体由公用管道区进入流场区的过渡区域，其主要作用为通过导流使反应气体进入流场区时在各流道内分配均匀，从而使 MEA 活性区电化学反应均匀。同时，水腔分配区对冷却液导流，使冷却液进入冷却流场各流道的流量均匀，达到散热均匀。

3.4　单元电池流场区的设计

流场的基本功能是引导反应剂流动方向，确保反应剂均匀分配到电极各处，同时能及时排出电池运行过程中的生成物。而双极板表面流场形式决定了反应气体与生成物在流场内的流动状况，因此双极板表面流场形式对燃料电池性能及运

行效率均有重大影响，合适的流场设计能使燃料电池功率密度提高50%左右。

除了催化剂的性能、工作条件之外，双极板流场的尺寸因素也是燃料电池性能重要的影响因素。在合理范围内增大开孔率有利于双极板的轻量化设计，对燃料电池的商业化和民用推广至关重要。经过20多年的研究，人们越发了解双极板流场尺寸因素对电池性能的影响。当单独增大脊宽度时，接触电阻减小，从而使电池性能提高。然而由于宽脊的原因，脊下保水性能比流道区域好，宽脊下气体含量低，导致脊下面电化学反应产生的水不易排出，可能出现堵水情况且宽脊可能影响气体传质，导致气体浓度低，局部地区出现“缺气”现象，从而影响电池的性能。因此，相比电池的接触电阻来说，气体传质是电池的主要影响因素。

常规流场形式主要有：点状流场、平行直流场、蛇形流场、交指流场、网状流场、螺旋流场等，但各种流场形式均有不足之处，其主要优、缺点见表3-2[3-4]。对于平行直流场而言，可以通过改变沟与脊的宽度比和通道的长度来改变流经沟槽的反应气体的线速度，从而排出液态水。变截面直通道流场是平行直流场的一种改进流场。由于流场截面的变化，气体沿流道方向的速度和浓度均会发生变化，从而提高了反应气体的利用率。

表3-2 基本流场的主要优缺点

流场形式	优点	缺点
点状流场	结构简单，适于气态排水	易发生短路，使流体分布不均匀，反应气体线速度不高，难以排出液态水
平行直流场	可实现各流道流量相等，电流密度分布较均匀	流道数目过多和气流流速不大导致水不易排出，造成部分水淹
单通道蛇形流场	气体流速大，反应速率快，能迅速排出反应生成的水	气体压降较大，流道过长和大量转折导致气体传输中消耗过多的功
多通道蛇形流场	涵盖了蛇形流道和平行直流道的设计，可以灵活设计出满足不同需要的流道形式	相邻流道由于气流方向相反而具有一定的压力差，易导致气体在部分流道内短路或走旁路
交指流场	由于流道不连续，气体被迫流经扩散层，强化了扩散层的传质能，从而提高了气体利用率	扩散层阻力较大，使气体压降很大，易破坏催化层而影响电池性能，导致反应物和电极的利用率降低
螺旋流场	排水能力强，靠近进出口的流道交错安排，使得反应气与水浓度分布更均匀	易产生二次流，流道数目较少，而造成流道间产生较大的压力差

燃料电池发展至今，蛇形流道燃料电池是最为普遍的，它设计简单、成型性好，十分适合大规模的批量生产。对于蛇形流场而言，可通过改变槽与脊的宽度比、槽道的数目和槽道的总长度来调整反应气体流动的线速度，从而排出液态水。因此槽与脊的尺寸大小和比例对电池的性能起着举足轻重的作用[5-6]。

燃料电池的流道设计策略的焦点就在于提高极限电流密度，极限电流密度i_L

方程如下：

$$i_L = nFD_i^{2/3} v^{-1/6} y^{-1/2} u_0^{1/2} c_i^0 \quad (3\text{-}29)$$

式中，n 是转移电子数；F 是法拉第常数；D_i 是反应气体的扩散系数；v 是黏度；y 是水力半径；u_0 是反应气体流速；c_i 是反应气体浓度。

极限电流密度与气体流速成正比关系，当流道采取窄小的沟槽设计时，在流量及流道深度一定的前提下，流道内气体流速会增加，极限电流密度也会增大。

如图 3-6 所示，流道内的气体往脊下传递时，由脊的两侧往中间传递，脊中间的气体浓度必然会低于两侧。减小脊的尺寸，能降低这种浓度差异，使得脊下的气体分布更均匀。从微观层面来看，反应物分布更均匀时，反应产生的电流也会更加均匀。所以流道精细化能使电流密度分布更加均匀。同样地，更窄的脊尺寸使得产物水更难附着在脊下，改善了水管理。

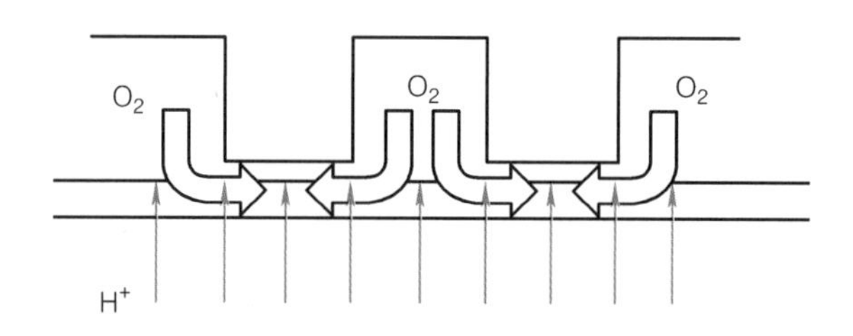

图 3-6　流道横截面示意图

另外，车用燃料电池在工作时有低温冷启动的需求，低温冷启动需要更多的热量。当电池保持低电压状态时，电转化效率很低，此时消耗的化学能是固定的，那么其他能量就会转换成热能。所以燃料电池需要在高电流低电压区保持稳定。

如图 3-7 所示，L_2 的极限电流密度大于 L_1，L_2 在浓差极化区更为平缓，当电池需要在大电流密度（点 1、点 2）下放电时，L_1 电流密度只有轻微改变时，电池电压就会有很大波动；L_2 电流密度轻微改变时，电池电压能较好地稳定在低电压。流场的细密化后的极化曲线可以达到由 L_1 优化至 L_2 的效果。

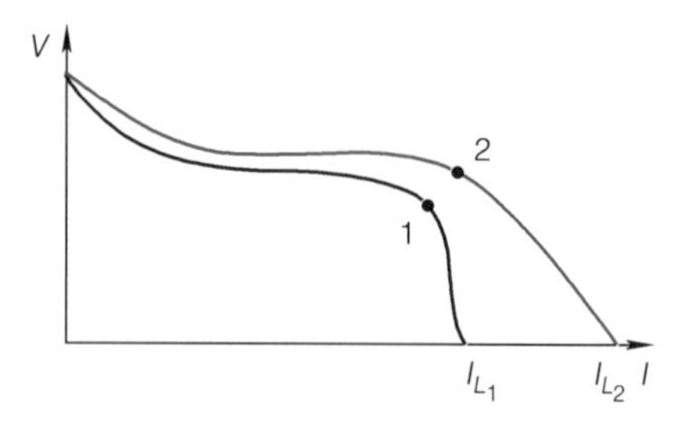

图 3-7　*I-V* 曲线

为考察流场细密化对电池性能的影响，建立 PEMFC 三维直流道 CFD 仿真模型。在稳态工作时，各直流道的流场流动情况基本相同，仿真时只选取一个流道和相关的 MEA 便可说明整个电池内的工作状况。选取的流道宽度分别为 0.2mm、0.4mm、0.6mm 和 0.8mm，槽宽 / 脊

宽/深度比为1∶1∶1。仿真流道长度应能使其中的流动充分发展，一般流道长度是宽度10倍以上就可达到充分发展的要求。在本书中流道选取实际实验单电池阴极入口处前20mm，相应的MEA长度也是20mm。仿真与实验采用相同的工作条件：工作温度80℃，阳/阴极进气计量比为1.5∶2.5，阴极和阳极相对湿度均为80%，操作压力为0.1MPa。通过仿真比较不同尺寸的PEMFC的极化曲线，并将仿真结果与实验结果相比较。上述研究为今后的金属板流场设计打下基础。图3-8为电池剖面示意图，表3-3为4个不同编号电池对应的尺寸。

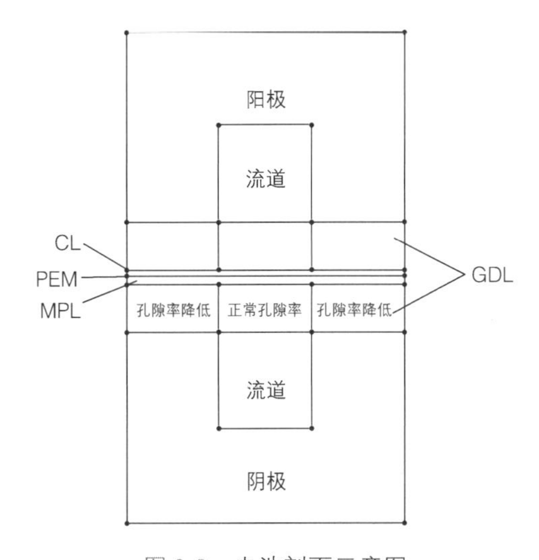

图3-8　电池剖面示意图

表3-3　不同编号电池对应的尺寸

电池编号	流道宽度/mm	槽宽：脊宽：深度	MEA厚度/mm	流道长度/mm
①	0.2	1∶1∶1	0.465	20
②	0.4	1∶1∶1	0.465	20
③	0.6	1∶1∶1	0.465	20
④	0.8	1∶1∶1	0.465	20

电池模型如图3-9所示，其主要由气体流道、扩散层、催化层及质子交换膜组成。利用GAMBIT软件对气体流道、扩散层、催化层和质子交换膜进行网格划分。

图3-9　电池模型

计算中考虑三种气态物质：氢气、氧气和水蒸气。对模型的假设如下：①气体混合物为理想气体，氢气和空气进气湿度均为 80%；②忽略电池部件的热胀冷缩；③流道内为不可压缩流与层流；④模型内只存在气态水；⑤多孔介质各向同性；⑥重力的影响忽略不计；⑦ Stefan-Maxwell 方程描述多种反应物的扩散；⑧ Butler-Volmer 方程描述 MEA 内的电化学反应。

在燃料电池的装配过程中，封装力会影响到 GDL 的孔隙率。碳纸材料往往会受到双极板流道脊部的较大压力，导致孔径减小，使对应脊部的气体扩散层的平均孔隙率相比初始孔隙率会有较大变化。通过研究发现，随着封装力的不断增大，孔隙率的减小幅度越来越小，最终将会趋于 50% 这一定值。在本书中，GDL 孔隙率选择实验所使用到的碳纸相同的孔隙率为 80%，从而对应脊部的 GDL 孔隙率应为 40%。因此需要将 GDL 的模型划分成对应脊和槽的两部分。

利用 FLUENT 这一商业流体计算软件进行数值模拟计算，对于不同的计算区域，应用不同的边界条件、源项和材料参数，通过分块模型来实现不同区域的 GDL 的孔隙率变化。方程全部由 FLUENT 进行离散化，使用全隐格式以尽量放大时间步长，从而减少计算时间，并采用 36 核并行计算。使用 SIMPLE 算法来求解控制方程。在处理收敛问题时，使用了带 BCGSTAB 的 F-cycle 方法进行稳定，并适当调小松弛因子，以保证收敛并加快收敛速度，迭代步数约 700 步，迭代精度 10^{-5}。

为了验证该模型的准确性及其仿真结果的可靠性，本书对在 80% 相对湿度、温度为 80℃、阳极与阴极的化学计量比分别为 1.5 和 2.5 条件下测得的流道宽度为 0.8mm 的石墨板单电池极化曲线与仿真计算 0.8mm 流道宽度的电池模型的极化曲线进行了对比。如图 3-10 所示，仿真结果的性能略好于实验结果，因为仿真的单电池模型为阴极入口处的一小段流道，这段流道在整块电池中是阴极供气最充足的一段，所以极化曲线表现出来的性能比整块电池更好属于正常现象。

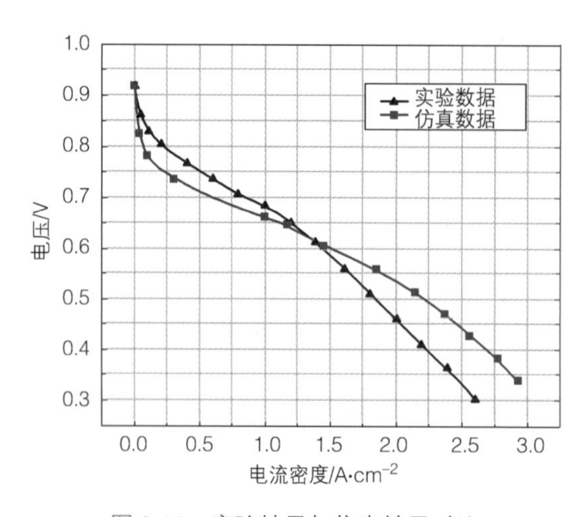

图 3-10　实验结果与仿真结果对比

3.5　电堆总孔、恒温与节间分配设计

测试流场流道宽度不变，脊宽减小，调节单电池阳极/阴极进气计量比为1.7∶3，工作温度为80℃，阴极和阳极相对湿度为80%，并且在测试实验进行到电池电压稳定后，测得单电池的极化曲线结果如图3-11所示。

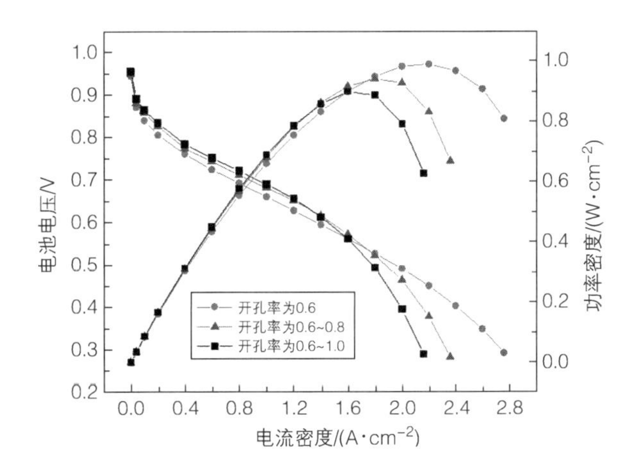

图3-11　单电池的极化曲线结果

由图3-11可知，在活化极化区域，曲线几乎重合，各组性能接近；在进入欧姆极化区域后，随着脊宽的减小，同一电流密度下的电压逐渐下降。脊宽减小，会导致流场板和MEA的接触面积减小，电子传递能力下降。在欧姆极化区，电子的传递对电池性能影响占主导，电子传递能力下降会导致电压下降。

当电流密度大于1.6A·cm^{-2}时，脊宽减小，对应精细流场的极限电流密度和最大功率密度都上升。这是因为大电流工作条件下，气体传质相比电子传递对燃料电池的影响更为重要。由于脊宽的减小，相邻两通道之间的距离变短，改善了气体在扩散层内的传递，改善了反应气体和水在脊以下扩散层区域内的分布，减轻了脊下水的积累程度；脊宽减小也有利于MEA利用率的提高，避免宽脊下局部“缺气”，减轻浓差极化带来的影响。这两方面共同作用，使得电池极限电流密度上升，浓差极化导致的电压下降也减少，进而最大功率密度也增大。

3.6 电堆密封结构与夹紧设计

大型质子交换膜燃料电池（PEMFC）堆的夹紧载荷设计是影响电堆使用寿命和性能的重要因素之一。过大的夹紧载荷可能导致组件内部的结构应力高到足以引起塑性变形、裂纹甚至断裂。同时，载荷过小，在 GDL-BP 界面处可能引起较高的欧姆阻抗，也可能引起密封界面气体的泄漏[7]。此外，在正常的环境条件下，在组装过程中，即使最初对电堆施加了合理的夹紧载荷，但热变形、湿度引起的膨胀、结构件在各种使用条件下的黏弹/塑性松弛也会导致夹紧载荷发生较大变化，最终导致欧姆阻抗、密封压力或结构应力偏离原设计达到不可接受的水平[8]。

想要设计高性能的单电池，可以使用有限元分析或其他仿真工具来实现。然而，对于商业化应用的大功率质子交换膜燃料电池（PEMFC）堆，其结构优化是一个复杂的协同优化问题，涉及许多多尺度分析和多学科问题。在大型燃料电池堆的结构优化设计中，仍有一些具有挑战性的问题有待解决：

1）如何找到最优夹紧载荷，包括夹紧力的幅值和布置。

2）如何选择堆叠组件所用材料的刚度和强度，例如双极板、MEA、端板和密封件等。

3）如何设计极板，包括结构形状、尺寸和流道布置。

4）如何设计极板、MEA 和密封结构之间的几何关系，特别是厚度。

5）如何设计夹紧元件，即螺栓或钢带的刚度。

严格地说，对于一个大型燃料电池堆的每个结构部件，要找到最优夹紧载荷和设计最优刚度是不可能使用任何理论解析解或简单的数值分析的，即通用的有限元法或差分法。对于这种涉及多尺度、多场耦合的复杂叠加结构，需要建立一种特殊的、简化的理论模型和分析方法。例如，采用有限元方法进行 MEA 结构分析时，为了保证较高的计算精度，应按微米量级设计单元尺寸；对于 GDL-B 界面的接触问题分析，接触元件的尺寸应设计在 10μm 量级；极板结构分析中，元素尺寸一般在 10~100μm 之间；端板和装配螺栓的元件尺寸可在 0.1~10mm 之间。除了多尺度问题外，大型质子交换膜燃料电池堆中存在大量的接触界面，这又包含非线性计算力学问题。

大型燃料电池堆可以简化为许多简单结构并联连接（如 MEA、密封结构和夹紧结构等）和串联连接（如 MEA、极板、集流板、绝缘板和端板等）并存。

在这样一个复杂的燃料电池堆中，很难控制所有相同类型的子结构，以保证统一的力学性能和相同的几何精度。只要某个子结构的力学性能或几何精度出现异常，就会影响其他子结构的力学变形，从而影响整个电堆的性能和寿命。因此，控制各层结构的力学、几何、物理和化学性质的均匀性是非常重要的。

1 MEA 的力学行为

MEA 由 PEM、CL 和 GDL（MPL）组成，各层间界面的结合对 MEA 的力学性能、热性能、物理性能和化学性能都有很大的影响[9]。影响 MEA 耐久性的机械应力主要有四个来源：装配应力、热应力、湿度应力和振动应力[10-11]。装配应力是由紧固螺栓或夹紧钢带施加的装配载荷引起的静态应力。紧固螺栓不仅提供了燃料电池堆叠的制造和支撑功能，而且还控制了接触结构之间的接触电阻大小和密封性能。由于燃料电池组件之间的热膨胀系数不匹配，在燃料电池运行过程中会产生热应力[12]。据研究，MEA 中的湿度梯度产生的膨胀被双极板阻挡，湿度应力和热应力也可能超过 MEA 的屈服强度，导致 MEA 的塑性变形。另外，机械振动引起的动态应力是影响 PEMFC 耐久性的另一个重要因素。上述应力均为压力应力，因此压力应力的压缩力学性能受到了广泛的关注。

用于 MEA 的所有结构材料在高压缩条件下不仅表现出明显的黏弹性甚至黏塑性，而且具有较低的屈服应力。这种材料在长时间的工况循环（包括机械应力循环、热循环和湿度循环等）后发生一定的降解，从而导致 MEA 的化学和物理性能下降，最终导致 PEMFC 堆性能下降[13]。

2 PEM 的力学行为

PEM 材料具有黏弹性甚至黏塑性，几乎没有明显的弹性变形阶段。从理论上讲，具有这种力学性能的材料不适合堆叠结构。虽然由于 PEM 的厚度很小，其黏弹性变形对堆芯性能的影响有限，但这仍是 PEMFC 发展中尚未解决的问题[14]。

通过黏弹性和黏塑性应变 – 应力模型来研究 PEM 在湿度循环作用下力学性能的时间依赖性特征。利用有限元分析（FEA），有关研究人员研究了恒湿保持时间、加湿空气进料速率和膜的吸水速率对应变 – 应力关系和弛豫行为的影响。与常规黏弹性 / 黏塑性材料一样，在高湿度、加湿空气进料速率和吸水速率下，膜在保持时间内表现出相当的应力 / 应变松弛行为。这主要是因为水化作用下黏弹性松弛变形所引起的应力大小的重新分布和减小，最终导致了脱水后膜内的残余拉应力。因此，膜的力学性能退化主要是受燃料电池运行过程中湿度变化的影响。膜内应力的不均匀分布及其在湿度、温度和机械载荷变化下的循环作用可能是膜潜在的损伤起始源[15]。

以往的研究表明，膜的力学行为降解可导致膜的三种失效：蠕变、疲劳裂纹甚至断裂。膜蠕变发生在周期性应力作用下。以抗裂性和针孔作为评价膜疲劳寿命的标准。膜结构中发生的裂纹生长或界面分层是由各种循环应力的耦合作用引起的。在实际的 PEMFC 操作中，机械和化学性能降解强耦合在一起。

由于膜的黏弹性和黏塑性特性，压力、温度和湿度通常是影响膜性能的耦合因素，从而影响大型质子交换膜燃料电池（PEMFC）堆的性能。除化学降解外，已有研究表明，膜性能降解可能是其黏弹性和黏塑性性质所致。机械应力、热应力和湿度应力引起的高应力 / 应变，特别是各种循环载荷引起的应力变化是膜性能退化的主要机制。因此，具有良好弹性和高屈服应力的膜是开发高性能、长寿命质子交换膜燃料电池（PEMFC）堆的理想材料。

3 GDL 的力学行为

内应力对质子交换膜燃料电池（PEMFC）堆性能的显著影响已为人所知。然而，由于 GDL 的多孔结构，其压缩应力可能诱发的衰减仍然是一个关键问题。GDL 的结构和力学性能决定了催化剂的利用率和电池的整体性能。它允许气体向催化层输送，同时为催化层提供机械支撑。GDL 还帮助水蒸气到达 PEM，以增加其离子电导率。GDL 的压缩应力影响 GDL 的孔隙率分布，最终影响燃料电池堆的性能[16]。因此，近年来 GDL 材料和结构的力学性能受到了广泛的关注。

三种工业 GDL 在循环压缩下的应力 – 应变关系如图 3-12 所示。这三种 GDL 由 SGL CARBON 公司提供，PTFE 含量（质量分数）分布为 0 ~5%。在 5 个加载 – 卸载循环后，出现了加载和卸载之间的明显滞后和稳定行为。从图 3-12 中观察到不可逆应变现象，在加载 – 卸载循环中，不可逆应变随最大载荷的增加而增加。这表明，在相当大的循环压缩载荷下，GDL 不能保持不变的力学性能，而是表现出黏弹性甚至明显的黏塑性行为，因此 PEMFC 堆性能的退化是不可避免的。与薄膜类似，目前由碳纤维制成的 GDL 不能提供足够好的力学性能，以满足

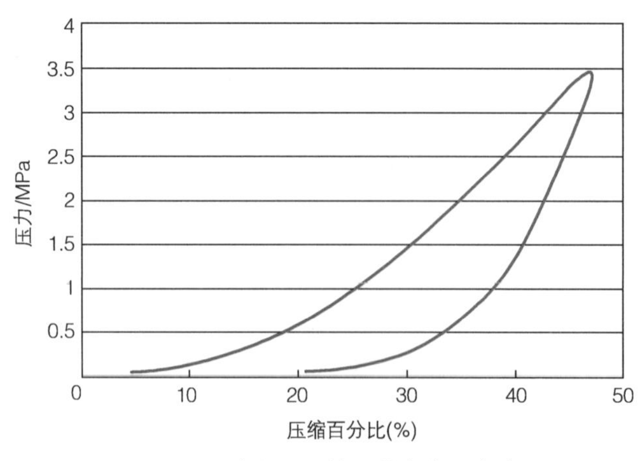

图 3-12　GDL 在循环压缩下的应力 – 应变关系

PEMFC 堆叠设计。例如，当一个燃料电池堆被拆卸时，一般可以清楚地看到由于 BP 流场的压缩而在 MEA 表面留下的塑性变形的痕迹，因此具有线弹性压缩和高屈服应力的 GDL 材料仍然备受期待。

4　活性区受力均匀性案例分析

活性区域的接触压力分布对燃料电池的性能有重要影响。以 10kW 的 PEMFC 堆为例，电堆单体数量为 30 节，为了研究 30 节电堆不同位置单体的受力情况，本节取两端的 1 号和 30 号单电池及中间的 15 号单电池，分别采用压力分布测试仪测试其活性区的压力分布情况。这三个 MEA 样品的接触压力分布图如图 3-13 所示。如图 3-13b 所示，15 号 MEA 位于电堆的中间位置，其最小压力、最大压力和平均压力分别为 0.27、0.83 和 0.57 MPa，它比两端的单电池均匀性好得多。如图 3-13c 所示，30 号 MEA 在电堆末端位置，其最大压力已经超过 0.95MPa。

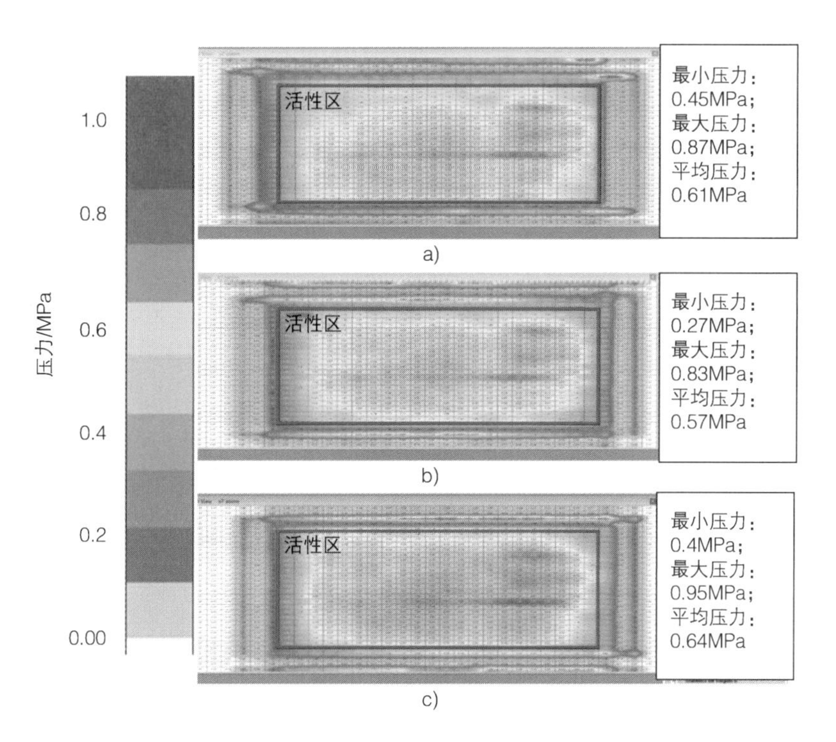

图 3-13　接触压力分布图

这种局部超压对燃料电池有几个负面影响。首先，超压会使扩散层过度嵌入流道，直接导致流道阻力增大，传质能力降低。这种情况又会导致单体出现局部饥饿甚至整体饥饿的情况，直接影响单电池的性能和电堆的电压一致性。其次，超压会加速扩散层和 MPL 结构的坍塌，导致传质能力受损，疏水性减弱，从而影响水管理，导致该单体长期工作后性能出现持续下降。

3.7 电堆导电结构与绝缘措施

3.7.1 电堆导电结构

双极板是燃料电池中的重要部件，一般具有复杂的微细流场结构，发挥分配水气、支撑其他部件、收集电流等功能，其质量直接影响电堆的输出功率和使用寿命。石墨具有优异的导电性和抗腐蚀能力，因而是制造双极板的理想材料，但天然石墨疏松多孔，并且脆性较大，所以石墨通常被压制成几毫米的厚板来抵抗机械破坏和提高致密性，这必然会大幅提高制造成本和增加整个电池组件的质量[17-18]。金属的高导电、高导热特性也使其成为双极板的优良材料。然而金属双极板也存在问题，比较突出的是其耐腐蚀性较差，因此需要对金属双极板表面进行改性处理，以保证其寿命。综合来看，金属双极板已成为燃料电池汽车电堆材料的不二之选。

阴、阳极侧集流板负责收集电子并由输电端子对外送电。集流板是将燃料电池的电能输送到外部负载的关键部分，安装在电堆两端，是电堆的电力输出端，如图 3-14 所示。因为燃料电池的输出电流较大，所以都采用导电率较高的金属材料制成的金属板（如铜板、镍板或镀金的金属板）作为燃料电池的集流板。

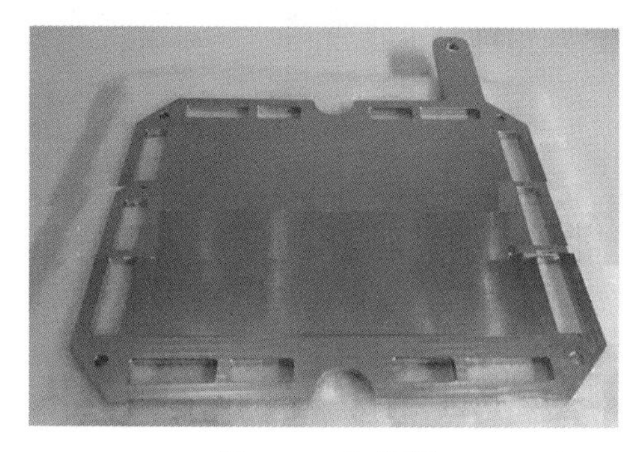

图 3-14　集流板

3.7.2 电堆绝缘措施

燃料电池堆主要由端板、绝缘板、集流板、双极板、膜电极、紧固件、密封件这七个部分组成。为了保证电堆使用安全，良好的绝缘保护不可或缺。绝缘板放置于两侧端板和两端承压板之间，其确保电堆使用中外壳绝缘，保证使用安全性，要求其具有良好的绝缘性，其材质可为硅胶等绝缘材料。绝缘垫片安装在集电极板与端盖之间，防止端盖带电。其绝缘性好，由具有一定弹性的合成材料制成。绝缘结构如图 3-15 所示。

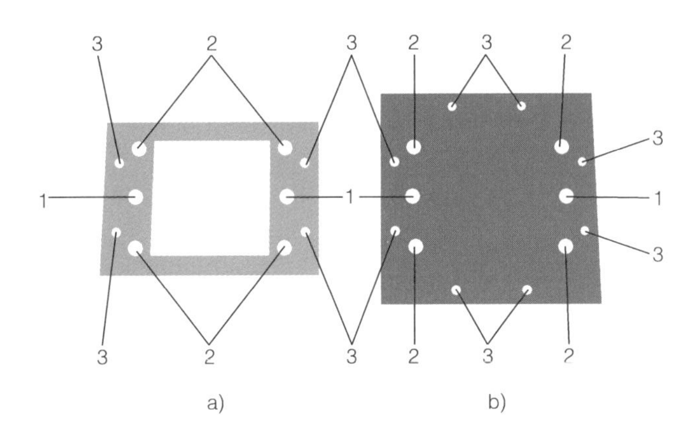

图 3-15　绝缘结构

a) 密封垫片　b) 绝缘垫片

1—冷却液通道孔　2—工作气体通道孔　3—压紧螺栓孔

根据前述内容可知，在传统绝缘结构设计中，容易造成绝缘性能降低。针对该现象，丰田 Mirai 在阴极侧集流板和后端板间设置绝缘板。该绝缘板由第一绝缘板和第二绝缘板构成，厚度均为 0.3mm 左右，如图 3-16 所示。

传统方法中，绝缘板通常用切削或注射成型加工，对绝缘板材料厚度要求较高，无法制备超薄绝缘板以满足高功率密度需求。因此，丰田第一代 Mirai 的第一、第二绝缘板采用热塑性树脂 PET 真空成型（吹塑），减薄绝缘板。

图 3-16　Mirai 电堆拆解

相对于传统燃油汽车（电源电压一般为 12V 或 24V），氢燃料电池汽车电源电压范围为 300 ~ 600V，因此氢燃料电池堆的绝缘电阻设计显得至关重要。对于高压电而言，其触电防护直接关系到人身安全，主要的防护措施包括基本防护和单点失效防护。基本防护主要是零部件的防护设计，通过绝缘、遮拦或外壳设计，防止人员与带电部分直接接触。单点失效防护主要是电位均衡和绝缘电阻防护。

就高压电而言，国标 GB /T 18384.3—2015《电动汽车　安全要求　第 3 部分：人员触电防护》对最小瞬间绝缘电阻做了明确规定：在最大工作电压下，直流电路绝缘电阻最小值应至少大于 100Ω/V，交流电路应至少大于 500Ω/V。如图 3-17 所示，设定 U 为氢燃料电池电堆母线高压，$R_{负载}$为高压负载，$R_{正地}$为高压正极对地绝缘电阻，$R_{负地}$为高压负极对地绝缘电阻，$R_{人员}$为人员等效电阻。若人员一手接触高压正极，一手接触电堆外壳，$R_{人员}$与 $R_{正地}$并联，电流从高压正极流出，经电阻 $R_{人员}$、

$R_{负地}$回到高压负极，则此时流经人体的电流 $I = U/(R_{人员} + R_{负地})$；$R_{负地}$参照直流最小阈值 100Ω/V，流过人体的电流值小于 10mA，可有效避免人员触电[19]。

为直观阐述电堆绝缘电阻的影响因素，建立图 3-18 所示的电堆绝缘电阻简化模型。模型中：R_1 表示正极端板对地绝缘电阻；R_2 与 R_3 表示冷却液对地绝缘电阻；R_4 表示负极端板对地绝缘电阻。

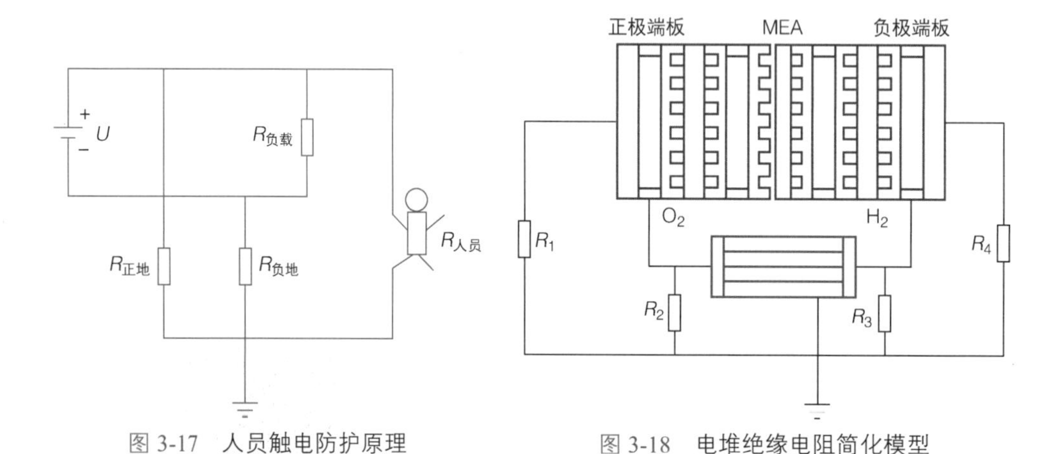

图 3-17　人员触电防护原理

图 3-18　电堆绝缘电阻简化模型

基于电堆结构，R_1 和 R_4 由高压母线与电堆框架的爬电距离和绝缘材料决定；导电的双极板与冷却液直接导通，冷却液又经过冷却管路和散热器等直接与整车车身相连，由此可见，冷却液的电导率决定了 $R_{正地2}$（R_1 与 R_2 并联后的等效电阻）和 $R_{负地2}$（R_3 与 R_4 并联后的等效电阻）的大小[20]。

在设计冷却系统时，要考虑将零部件与车身进行隔离，并使用非金属材料，采用去离子水，增加去离子树脂来降低冷却水的电导率，从而提高绝缘电阻值。双极板直接与冷却液导通，冷却液经过硅胶管路进入水泵及散热器，铝制散热器安装在车身上，绝缘电阻会大幅降低，一般要求冷却液的电导率小于 5μS/cm。实验表明，当冷却液电导率为 1μS/cm 时，系统绝缘电阻在 600kΩ，当冷却液电导率大于 5μS/cm 时，绝缘电阻值下降至 100kΩ，当冷却液电导率接近 20μS/cm 时，绝缘电阻值为 20kΩ。

分配头由非金属加铝合金制成，与电堆连接的端板采用铝合金材料，保证足够的支撑强度，在铝合金材料中间内嵌的三腔流道，分别对应空气、氢气、水，冷却液与塑料分配头接触，提高了冷却回路的绝缘电阻值。在空气和氢气管路中，高湿气体也会对绝缘电阻产生影响，塑料材质的分配头会提高电堆的绝缘性能。温度对绝缘电阻值也有影响，随着温度的升高，绝缘体中的原子、分子活动增加，原来的分子结构变得相对松散，离子不断增加。带电的离子在电场作用下产生移动而传递电子，绝缘性能下降，绝缘电阻降低。实验表明，温度 40℃时，绝缘电阻大约为600kΩ，当温度升高到70℃，电阻值下降至450kΩ。

燃料电池系统绝缘电阻取决于零部件的绝缘电阻并联后的值，其中关键的因素是电堆。在绝缘设计中，要考虑电堆与框架之间的绝缘防护、高压连接部分的绝缘防护。另外，冷却回路的设计对系统的绝缘电阻值影响很大，要单独对冷却回路进行防护设计，以提高系统的绝缘电阻值。电堆用固定支架安装在铝合金框架内，电堆的单片是可导电的，为了提高电堆的绝缘等级，在电堆上增加绝缘防护层。绝缘层在可导电部分与金属框架之间增加防护，又可以起到密封的作用，防止氢气泄漏到框架中。电堆底部与框架间隙最小的地方，爬电距离大于40mm。电堆单片电压采集需要安装电压采样线，为避免可导电部分外露，在电压采样点外部设计了护板，护板采用PA66材料，通过隔离的方式增加绝缘电阻值，防止高压部分与框架直接接触。电堆的正负极端子为镀金材料的导电柱，导电柱选用塑料外壳的高压连接器来进行防护，通过高压线束将电堆的正负极连接到框架本体的连接器上。连接器防护等级为IP67，高压导线耐压等级为AC2500V。框架本体连接器正负极之间距离为60mm，同时在连接器的连接处增加塑料材料的防护套，保证连接器与框架支架的绝缘防护效果。

在电堆设计上，其内部多采用空气吹扫。水对电池的绝缘电阻影响较大，含水量较多的物体或部位，燃料电池的绝缘电阻较低，因此燃料电池堆运行中应使用纯度较高的去离子水作为冷却液和增湿液，同时应保持燃料电池在比较干燥的环境中运行。如果电堆拉紧螺杆、冷却液与端板接触，则会造成漏电，因此三者之间应当做好绝缘处理，防止腐蚀环境下绝缘失效。电堆集流板（正负极）与端板之间有绝缘板，绝缘板厚度有要求，爬电距离有要求。电池温度升高会导致绝缘能力降低。金属端板的燃料电池堆容易通过螺杆对外漏电，应对螺杆进行绝缘处理，或采用绝缘材料作为燃料电池的端板，提高燃料电池堆的绝缘性能。

为防止和减少离子析出，进行零部件清洗，并采用去离子装置。未使用去离子装置前，系统内冷却液电导率上升；当开启去离子装置后，冷却液电导率迅速下降；若关闭去离子装置，冷却液的电导率又开始上升。由于系统的运行可以控制冷却液电导率的高低，因此采用去离子装置定期维护是现阶段保证车辆冷却系统绝缘的常规手段。

参考文献

[1] WEBER A Z, BORUP R L, DARLING R M, et al. A critical review of modeling transport phenomena in polymer-electrolyte fuel cells[J]. Journal of The Electrochemical Society, 2014, 161(12): F1254-F1299.

[2] WANG Q, LI B, YANG D, et al. Research progress of heat transfer inside proton exchange

membrane fuel cells[J]. Journal of Power Sources, 2021, 492(23): 229613.1-229613.19.
[3] SCHOLTA J, HÄUSSLER F, ZHANG W, et al. Development of a stack having an optimized flow field structure with low cross transport effects[J]. Journal of Power Sources, 2006, 155(1): 60-65.
[4] VALIÑO L, MUSTATA R, GIL M I, et al. Effect of the relative position of oxygen-hydrogen plate channels and inlets on a PEMFC[J]. International Journal of Hydrogen Energy, 2010, 35(20): 11425-11436.
[5] YAN W M, LI H Y, CHIU P C, et al. Effects of serpentine flow field with outlet channel contraction on cell performance of proton exchange membrane fuel cells[J]. Journal of Power Sources, 2008, 178(1): 174-180.
[6] CHOI K S, KIM H M, MOON S M. Numerical studies on the geometrical characterization of serpentine flow-field for efficient PEMFC[J]. International Journal of Hydrogen Energy, 2011, 36(2): 1613-1627.
[7] YE D H, ZHAN Z G. A review on the sealing structures of membrane electrode assembly of proton exchange membrane fuel cells[J]. Journal of Power Sources, 2013, 231: 285-292.
[8] ATYABI S A, AFSHARI E, WONGWISES S, et al. Effects of assembly pressure on PEM fuel cell performance by taking into accounts electrical and thermal contact resistances[J]. Energy, 2019, 179: 490-501.
[9] YU R J, GUO H, CHEN H, et al. Heat and mass transfer at the interface between cathode catalyst layer and gas diffusion layer of a proton exchange membrane fuel cell[J]. International Communications in Heat and Mass Transfer, 2023, 140: 106548.1-106548.18.
[10] MEYER Q, LIU S, CHING K, et al. Operando monitoring of the evolution of triple-phase boundaries in proton exchange membrane fuel cells[J]. Journal of Power Sources, 2023, 557: 232539.1-232539.11.
[11] FERREIRA R B, FALCãO D S, PINTO A M F R. Simulation of membrane chemical degradation in a proton exchange membrane fuel cell by computational fluid dynamics[J]. International Journal of Hydrogen Energy, 2021, 46(1): 1106-1120.
[12] WANG Q, TANG F, LI B, et al. Numerical analysis of static and dynamic heat transfer behaviors inside proton exchange membrane fuel cell[J]. Journal of Power Sources, 2021, 488: 229419.1-229419.15.
[13] QIU D, PENG L, LIANG P, et al. Mechanical degradation of proton exchange membrane along the MEA frame in proton exchange membrane fuel cells[J]. Energy, 2018, 165: 210-222.
[14] SHI D, CAI L, ZHANG C, et al. Fabrication methods, structure design and durability analysis of advanced sealing materials in proton exchange membrane fuel cells[J]. Chemical Engineering Journal, 2023, 454: 139995.1-139995.14.
[15] WU C W, ZHANG W, HAN X, et al. A systematic review for structure optimization and clamping load design of large proton exchange membrane fuel cell stack[J]. Journal of Power Sources, 2020, 476: 228724.1-228724.28.
[16] YANG Y, ZHOU X, LI B, et al. Failure of cathode gas diffusion layer in 1 kW fuel cell stack under new European driving cycle[J]. Applied Energy, 2021, 303: 117688.1-117688.9.
[17] BAR-ON I, KIRCHAIN R, ROTH R. Technical cost analysis for PEM fuel cells[J]. Journal of Power Sources, 2002, 109(1): 71-75.
[18] BESMANN T M, KLETT J W, HENRY J J, et al. Carbon/carbon composite bipolar plate for proton exchange membrane fuel cells[J]. Journal of the Electrochemical Society, 2000, 147(11): 4083-4086.
[19] 柯小军 . 燃料电池系统绝缘电阻设计及分析 [J]. 机电信息 , 2020, (20): 128-129.
[20] 杨胜兵 , 范文涛 . 纯电动汽车动力电池绝缘检测系统设计 [J]. 电源技术 , 2018, 42(9): 1369-1371.

电堆的使用特性与系统匹配

4.1 电堆的电容特性与电路匹配

电力电子子系统由电力调节、电力转化、监控系统和电力供给管理系统等部分组成。燃料电池的电力调控通常包括两个任务：电力调节和电力转化。电力调节需要在载荷变动的情况下长时间稳定保持一个确定的电压。电力转化需要将燃料电池提供的直流电转化为多数电子设备使用的交流电。在固定系统中，需要给周围的交流电网提供电力。车载系统则需要将直流电力转化为交流电力以供给比直流电机效率更高的交流电机。一些便携式燃料电池的应用可以不需要转化过程，如一个燃料电池型便携电脑可以直接使用直流电力。电力调节将使成本上升约 10% ~ 15%，而电力调节会使燃料电池系统的效率降低 5% ~ 15%。所以针对实际的应用，需要根据实际情况选择适宜的电力调节方式[1]。

4.1.1 电力调节

实际应用通常需要一个稳定的电压。然而由燃料电池提供的电力并不是十分稳定；燃料电池的电压取决于温度、压力、湿度和气体流速等。另外，电池的电压也会随着电流负载的变化而变化。燃料电池的开路电压约为每块电池 1V。额定功率下的电池电势是一个设计变量，通常为 0.6 ~ 0.7V。因此，燃料电池组电压将在 0.6∶1 和 0.7∶1 之间电压波动，几乎没有负载能够承受这样的电压波动。燃料电池的 *I-V* 曲线如图 4-1 所示，可以看出电压随着电流密度的增大明显降低。此外，即使将多个燃料电池仔细地堆叠串联起来，系统的电压通常也较难达到特定应用的准确要求。故燃料电池动力通常使用 DC/DC 变换器调节。DC/DC 变换器将燃料电

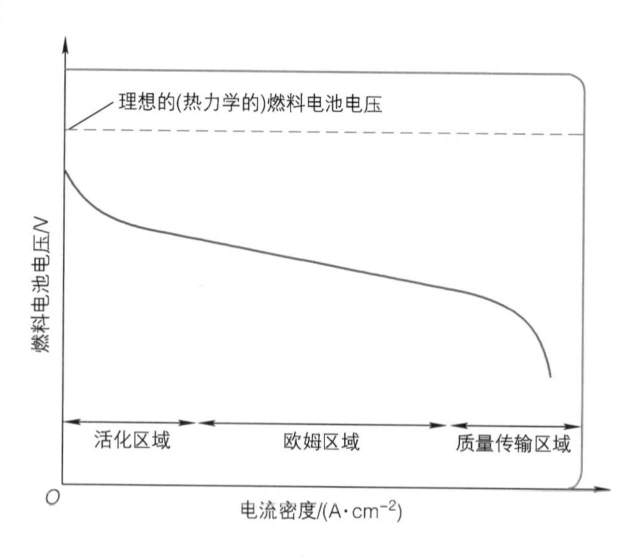

图 4-1 燃料电池的 *I-V* 曲线

池直流电压作为输入，然后将它转化为所需的直流电压输出。

目前主要有两种类型的 DC/DC 变换器：升压变换器和降压变换器。不论输入电压的大小，DC/DC 变换器都会在一定范围内转化为设定的输出电压。在任何一种情况下，总能量必须是守恒的。例如，一个典型的升压变换器能够将燃料电池堆输入从 10V 和 20A 转化为 20V 和 9A 的输出。电压增大了 2 倍，但是电流减小到比原来的一半更少。通过输出功率与输入功率的比值可以计算出变换器的效率：

$$效率=\frac{输出功率}{输入功率}\times100\%=\frac{20\text{V}\times9\text{A}}{10\text{V}\times20\text{A}}\times100\%=90\% \tag{4-1}$$

上述升压变换器的效率是 90%。一般的 DC/DC 变换器的效率是 85% ~ 98%。降压变换器的效率更高，且变换效率随着输入电压的增大而增大。出于效率的考虑，燃料电池的堆叠结构十分重要。由于效率是流经电路中不同单元的电流的函数，因此其在整个功率范围内并不是一个常数。图 4-2 举例说明了在升压变换器和降压变换器中电流、电压和功率之间关系。在燃料电池中，升压变换器能够用来得到一个稳定的电压。升压变换器将燃料电池可变化的 I-V 曲线转换为一恒定的电压输出，如图 4-3 所示。增大了电压会同时减小输出电流。如图中箭头所示，燃料电池 I-V 曲线上的点 X 与升压变换曲线上的点 X' 相对应，而燃料电池 I-V 曲线上的点 Y 对应升压变换曲线上的点 Y'。

电压调节可通过开关电路或斩波电路来实现，如用于低压系统的金属氧化物半导体场效应晶体管（MOSFET），用于大电流场合（>50A）的绝缘栅双极型晶体管（IGBT）等。

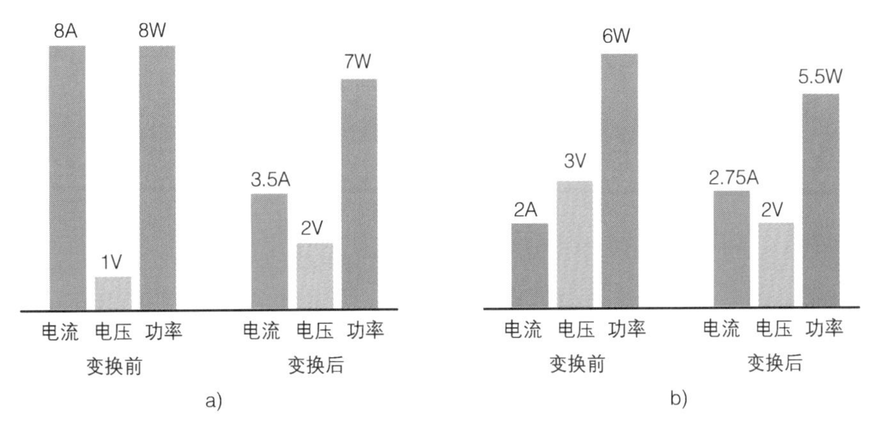

图 4-2　升压变换器和降压变换器中电流、电压和功率之间关系

a）升压变换器　b）降压变换器

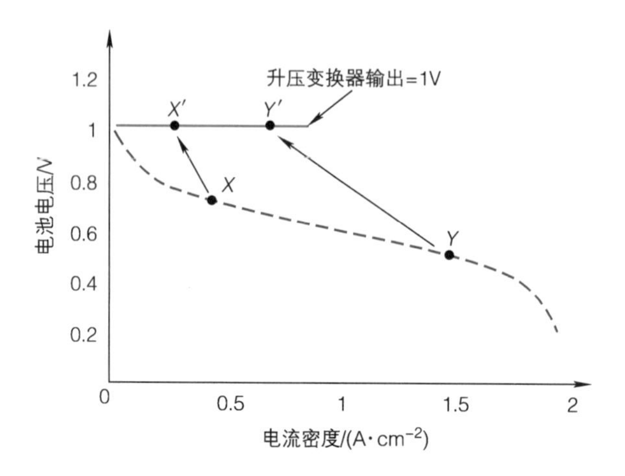

图 4-3　升压变换器将燃料电池的可变化的 *I-V* 曲线转换为一恒定的电压输出

4.1.2　电力转化

在绝大多数固定式应用中，如居民用电，燃料电池会与周边的电网相连。这时，需要将直流电转换为交流电。大型的工业设备需要三相动力，多数民用和商用产品为单相交流动力。单相与三相的电力转化技术现在已经较为成熟高效。与 DC/DC 变换器相似，DC/AC 变换器的效率通常为 85% ~ 97%。

图 4-4 介绍了一种单相转换方式，即脉冲 – 宽度调制。在脉冲 – 宽度调制中，通过一个调制电路触发周期性的直流电压脉冲，通过变化脉冲的宽度（先是少量的短脉冲信号，接着增加脉冲的宽度，然后再减少），可以近似得到一个正弦波电流响应。

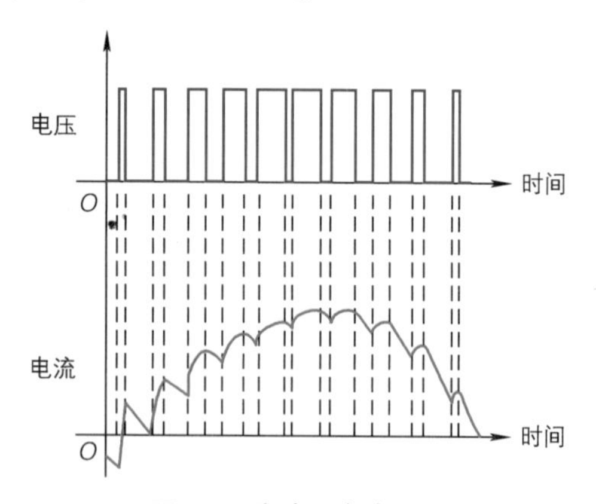

图 4-4　脉冲 – 宽度调制

一种常见的直流交流转换结构为 AC 逆变器，其产生的电流为方波波形。然而对于并网应用等情况，无法接受方波输出波形，因此需要调制来产生接近于理想正弦波的输出。通常采用脉宽调制（PWM）法，或最新的耐弯曲脉冲法。现有商用 DC/AC 逆变器的效率在 70% ~ 90%。

4.1.3 监控系统

燃料电池系统在运行过程中，许多可变参数如堆内温度、气体流速、输出功率、冷却过程和转化过程都需要监控。燃料电池的监制系统通常由 3 个独立的部分组成：系统监测部分、系统驱动部分、中心控制单元。大部分监制系统是采用反馈运算来维持燃料电池的稳定运行。例如，在燃料电池堆内温度感应器和热量管理子系统之间加一个反馈回路。在反馈回路中，如果中心控制单元探测到燃料电池堆的温度在上升，可通过增大电池堆的冷却气体的流速来进行调控。图 4-5 是一种燃料电池监控系统的示意图。

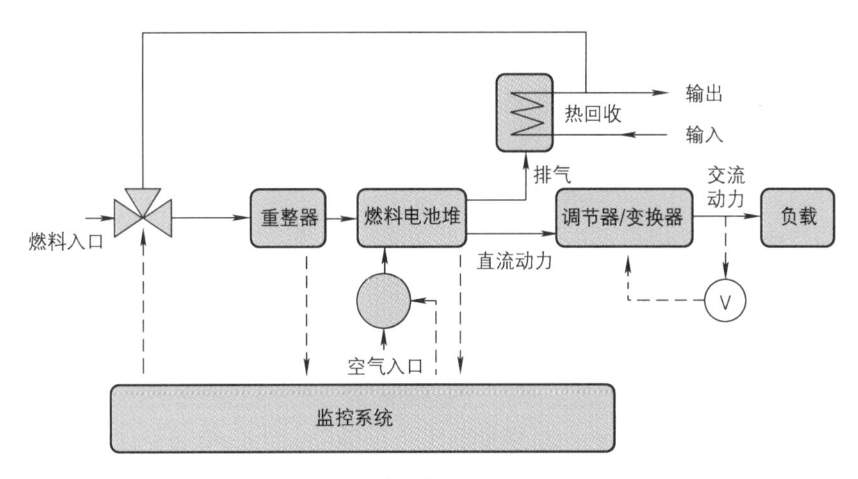

图 4-5 燃料电池监控系统示意图

监控系统不仅可以控制燃料电池的工作参数（流量、温度、湿度等），还可以控制与负载和其他系统电气组件之间的通信，这对于燃料电池在集成电网中的应用尤为重要。电气和控制子系统的功能取决于具体应用（如独立应用、集成电网、与另一电源相结合、备用电源），包括在一定电压下产生直流电的燃料电池组、根据负载需求降低或增大燃料电池产生电压的变换器、在需求超出燃料电池容量期间提供能量的调峰元件，如超级电容器、在 DC/DC 变换器之前滤除纹波的电容、对燃料电池辅助设备（风扇、鼓风机、泵、电磁阀仪表等）供电的电源（DC）等 [2]。

4.1.4 电力供给管理系统

电力供给管理系统是电力电子子系统的一部分，用来使燃料电池的电力输出满足负载的要求。由于泵、压缩机和燃料重整器等响应相对较慢，因此燃料电池动态响应时间也相对较长。燃料电池系统在有无能量缓冲装置条件下均可运行，在没有能量缓冲装置时，燃料电池系统的响应时间为几秒到几百秒量级；有能量缓冲装置时，系统的响应时间能减少到几毫秒。电力供给管理系统也可以处理变化的负载。中型轿车平均每百公里消耗 25kW · h 的电能，但峰值可达到 120kW · h/100km。燃料电池需要在大负载波动下提供动力。在分布式供电应用中，电力供给管理系统也包含针对燃料电池系统与本地电网间相互作用的目标。

一个燃料电池系统具有多个电力驱动组件，如泵、风扇、鼓风机、电磁阀、仪表等。燃料电池系统也必须能够在特定电压和电流下为这些组件供电。

在功率显著变化的应用场合，燃料电池的功率介于平均功率和峰值功率之间。在此功率水平上继续增大将进一步降低燃料电池电势，此时需要接入辅助能量源如锂电池等来弥补功率差。辅助能量源要满足当功率需求超出燃料电池额定功率时的能量需求。当负载功率低于燃料电池的额定功率时，燃料电池可对辅助能量源充电。

4.1.5 电容特性

电化学电容器是一种性能介于电池和传统电容器之间的新型储能器件，兼有电容器高功率密度与电池高能量密度的特点，近年越发得到业界青睐，广泛用于移动电话、录像机、计算机、照相机等电子电器产品中，其稳定性好、循环寿命长、充放电效率高、对环境无污染，已经成为一种极具潜力的绿色新型能源。电化学电容器的权威人士 Conway B.E. 根据储能机理不同将其分为两种：一种是基于溶液和碳材料间界面上双电层储能的双电层电容器；另一种是充放电过程发生氧化还原反应而具有法拉第赝电容的赝电容器。随着研究的逐步深入，出现了新成员—电化学混合电容器[3]。

常见的电容器包括双电层电容器和法拉第赝电容器。在双电层电容器中，德国人 Helmoholtz 最早提出了双电层模型。双电层电容器由插入电解液中的两个极化电极组成，在电极两侧施加低于电解液分解电压的外加电场，电子经外加电场由正极流向负极而进行充电，同时，溶液中阴、阳离子分离并移动至电极表面；随后，电子经负载由负极流向正极而放电，电极表面的阴、阳离子被释放而进入电解液中。其工作过程可用下式表示：

$$\text{总电极反应为：} ES+ES+A^-+C^+ \longrightarrow ES^+//A^-+ES^-//C^+ \tag{4-2}$$

$$\text{正极：} ES+A^- \longrightarrow ES^+//A^-+e^- \tag{4-3}$$

$$负极：ES+C^{+}+e^{-} \longrightarrow ES^{-}//C^{+} \tag{4-4}$$

式中，ES 为电极表面；// 为累积电荷形成的双电层；A^{-}、C^{+} 分别为电解液中的阴、阳离子。

依据双电层电容器的储能机理，往往选择比表面积大的导电材料（如活性炭）作为电极来获得较大的电容量。法拉第赝电容器也称法拉第准电容器，是电极表面或者内部二维、准二维空间内电活性物质进行欠电位沉积，同时发生快速、可逆的氧化还原反应而储存能量，与双电层电容器的主要差异在于：该电容器在整个充放电过程中，电解液的浓度基本保持稳定。其主要分为金属氧化物电容器和导电聚合物电容器两类。

在燃料电池中，丰田公司的研究表明，燃料电池的电容特性在性能提升方面具备一定的优势，如在动力响应控制中，快速降低空气压缩机转速需要增加制动机构，或增加额外的二次电池或电容器，这将导致成本的增加和可靠性的下降，此外，在燃料电池发动机中，增加的安装空间也将造成负面影响。由于燃料电池具备电容器的特性，增加电极电位将导致电流减少，可通过上扫电势给燃料电池电容器充电来平衡剩余功率。燃料电池电容器可以作为对抗剩余功率的对策，而不需要额外的组件或成本，也不影响包装空间。

在电力控制中，建立了含电容的燃料电池等效电路模型，研究表明法拉第赝电容器和双电层电容器具有与电容相似的特性，因此引入了一种利用燃料电池电容来吸收车辆剩余功率的控制方法。在电路模型中模拟了燃料电池的电容特性[4]。

4.2　电堆的供气系统与压力匹配

4.2.1　氢气供给子系统

PEM 燃料电池的燃料是氢。氢是宇宙中最轻且最丰富的元素，然而在地球上，氢并非以分子形式存在，而是存在于许多化合物中，如水或碳氢化合物。对于燃料电池系统，氢可随处产生，并作为系统的一部分存储，氢的生成也可以是燃料电池系统的一部分。包含氢存储的系统通常更加简单且高效，但氢存储需要大量空间，即使氢被压缩到极高的压力时也需要很大空间。氢存储的最常用方式是存储于高压气瓶，存储压力通常为 20～40MPa。表 4-1 给出了 20℃时在不同压力下存储 1kg 氢所需的体积。多数情况下，由于质量过大，氢存储在传统气瓶不可行。目前已经研发出由复合纤维和环氧树脂包裹的由铝制成的轻质复合罐，用于汽车上氢的存储，由此可允许存储密度高达 5% 的氢。然而当考虑罐支撑、阀及压力调节器时，实际的存储密度按重量介于氢的 3%～4%。通常 30～40L 可存储 35MPa 下 1.3～1.5kg 的氢。

表 4-1　20℃时在不同压力下存储 1kg 氢所需的体积

压力 /MPa	体积 /L
0.1013	11934.0
100	128.7
200	68.4
300	48.4
350	42.7
450	34.9
700	25.7

此外，还有一种方式是液化后存储氢。氢在 20.3K（−252.78℃）时为液态。这是一种存储相对大量的氢的常见方式。按重量能够达到 14.2% 的存储效率且需要大约 22L 来存储 1kg 的氢。这些液罐必须加装额外装置来避免氢蒸发，可利用一个蒸发装置来转化所需的气态氢。

目前存储氢的化学方法已经有很多，一些方法已经过实践验证，如肼、氨、甲醇、乙醇、氢化锂、氢化钠、硼氢化钠、硼氢化锂、乙硼烷、氢化钙等。由于大多数为液态形式，因此可提供相对较高的氢存储效率，但这些形式需要某种反应器来释放氢。除此之外，其中一些成分存在毒性和腐蚀问题 [5]。

在储氢瓶供氢模式下，最简单的方法是盲端阳极方式，如图 4-6a 所示。这种系统仅需要一个预设的压力调节器来降低从电池组到燃料电池的压力。在该模式中，阳极气体中的杂质会发生积聚。惰性气体和杂质如氮气等也可能从空气侧扩散至阳极。为消除惰性气体和杂质的积聚，可能需要净化装置，如图 4-6b 所示，或定期对其进行吹扫，把杂质气体等排出 [6]。

对盲端阳极模式，研究发现供氢压力增大时，短期内电池性能有所改善，但氮气和水积累更多，性能更易恶化 [7]。为解决盲端阳极模式下电池电压下降过快的问题，有研究指出，利用氢气脉动效应可在较低吹扫频率下降低通道内水分压，借此可以提高燃料电池的效率 [8]。BONGGU 等 [9] 在对氢氧的吹扫压力和吹扫时间的研究中，分析了最佳吹扫策略，随着吹扫时间增加，初始平均电压与吹扫前的平均电压之间的电压差呈现减小的趋势。

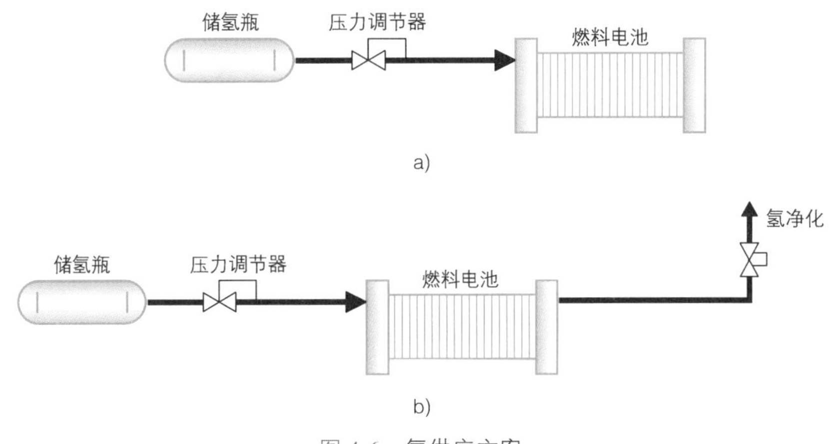

图 4-6　氢供应方案

a）盲端阳极　b）间歇排放的盲端阳极

出于系统效率的要求，往往会采用氢气再循环模式，可通过被动（引射器）或主动（氢气循环泵或压缩机）装置使得过量的氢流过电池组，而未用的氢返回到入口。通常会将存在于阳极出口处的所有液态水收集并分离出去。

氢气再循环模式利用氢气循环装置将电堆阳极出口过量的氢气循环输送回电堆阳极进口继续参与化学反应，借此提高氢气利用率。氢气再循环模式是目前燃料电池汽车中应用最广泛的氢气供应模式，其中氢气循环泵和引射器是较为重要的组成部件。

氢气循环泵是氢气再循环模式中重要的循环设备，具有氢气利用效率高、工作范围广、响应速度快等优点。氢气循环泵从结构形式上来分，主要有旋涡式、涡旋式、凸轮式和爪式等。目前在大功率、大流量的需求下，循环泵主要面临的问题是如何降低消耗功率、降低噪声、减小振动等。M. Badami[10] 等利用动量交换理论，通过侧通道和叶片流道的离心力来确定循环流速，建立了循环泵的理论模型，并利用实验数据进行了验证。丰田研发的一款凸轮式循环泵，旋转轴内含有氢气供应通道，可利用氢气来对电机和驱动器进行冷却，并降低了轴的摩擦热从而提高了氢气循环泵的耐久性[11]。Pengtai Gu[12] 等研究了循环泵工作时的气体压力、质量流量等，研究了进口压力、升压比、转速、转子与壳体之间的径向间隙、转子间径向间隙和轴向间隙等参数对性能的影响。

引射器是一种利用高压一次气体经过渐缩式喷嘴，在吸入室形成低压区，从而引射电堆阳极出口低压氢气，与之混合后将氢气送回电堆阳极入口的结构，其不存在运动部件，因此有运行可靠、结构简单和无额外功耗的优点。目前引射器的主要问题在于如何高效控制气体压力和在低功率运行时正常工作。其主要包括以下几种类型。

一种类型为被动控制引射器，其包含一个压力传感器，通过检测出口气体压力，将信号传输给控制阀，从而利用控制阀来调节引射器入口的高压气体，借此满足燃料电池所需要的气体流量。另一种类型为主动控制引射器，对于低功率运行时难以形成有效低压区来引流造成效率较低的问题，采用主动控制的方法来解决[13]。瑞士 Belenos Clean Power Holding AG 公司[14]开发的一款脉冲式引射器，通过在阳极进口设置氢气压力传感器，将氢气进电堆的压力信号实时传递给控制电路，控制电磁阀交替打开和关闭形成脉冲流。当电堆功率升高时，增加频率和脉冲宽度，当电堆功率降低，减小频率和脉冲宽度，以此来拓宽引射器的工作范围。此外还有一种结构为可变流量引射器，通过改进活动结构，增加一个可以改变主喷嘴流量面积的针头来调节流量，但在长期使用时存在耐久性不足的问题[15]。Dirk Jenssen[16]在此基础上设计了一款相似的可变几何引射器，并提出了将可变几何引射器和级联电堆相结合的氢循环系统，通过提高引射器在低功率工况下的引射性能来拓宽其工作范围。

4.2.2 空气供给子系统

空气供给子系统包括空气压缩机、进排气管道、阴极等部分。空气压缩机（空压机）将空气鼓入供应管腔，空气流入阴极，氧气参与反应后生成水，而剩余的空气则经排气管排出[17]。

对于大多数系统，通常不会提供纯氧，利用空气中的氧来参与反应，空气中的含氧量按体积约为 20. 95%。这种稀释会造成燃料电池电压一定损耗（约为 50mV）。空气由鼓风机或空气压缩机提供。对于前者，燃料电池的排气管直接接入环境，如图 4-7a 所示，而对于空气压缩机，则需要通过一个压力调节器来维持压力，如图 4-7b 所示。

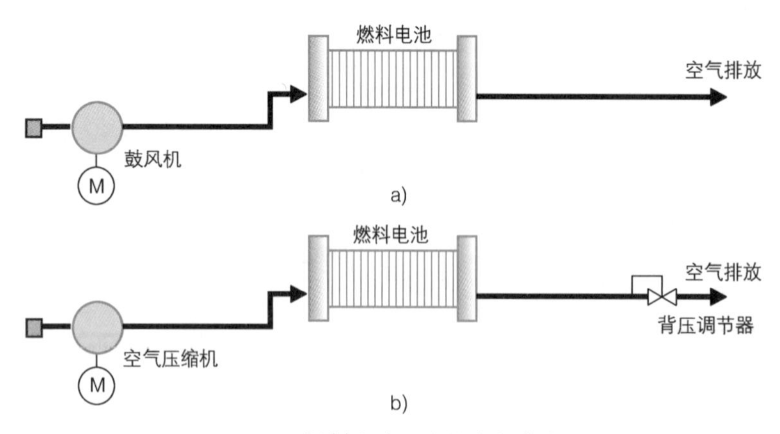

图 4-7　燃料电池系统的空气供应

a）鼓风机　b）空气压缩机

空气压缩机等辅助部件的存在会产生一定的寄生功率，因此需要对空气压缩机进行合理设计和选型，燃料电池工作在较高压力下的主要原因之一是能够从中获取更多功率。然而，当考虑压缩功率时，在较高压力下工作未必会产生更多净功率。通过控制压缩机的速度，可维持理想流量对于压缩机吸收功率微不足道的低压系统，便于工作在恒定流量下，即压缩机速度恒定。对于高压工作系统，以恒定流量工作将对部分载荷的系统效率产生不利影响。

空压机具有多种类型，如活塞式、隔膜式、涡旋式、螺旋式等旋转叶片式压缩机和离心式压缩机，对于除离心式压缩机以外的类型，改变质量流量的方式比较简单，仅需改变转速即可在不改变压力的情况下改变流量，如图 4-8 所示。但离心式压缩机则需要考虑到效率并非与工作曲线的变动一致，需要单独考虑空压机的效率。

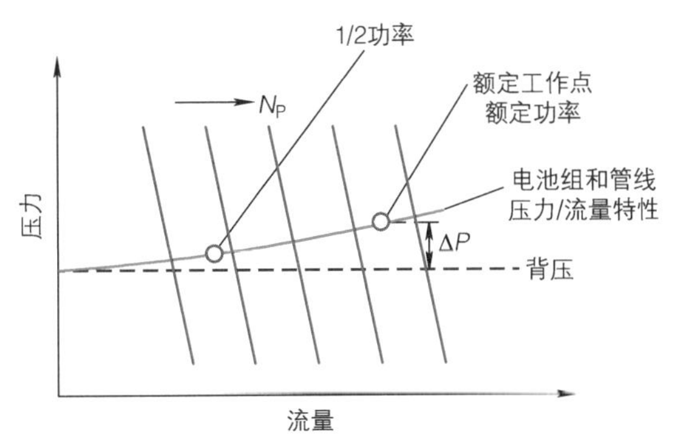

图 4-8 对于正位移压缩机，流量降低不需要改变背压

离心式压缩机则具有不同的流量特性，考虑到喘振现象的存在，该型空压机不能在喘振线左侧的低流量区域运行。因此流量调节和压力调节需要同步进行，这可以有效提高压缩机效率，且能使得其在较大范围内工作。

在增湿方面，原则上，空气和氢气流都必须在燃料电池入口处增湿，氢增湿是为确保电渗迁移不会使得膜的阳极侧干燥。尽管阴极侧会产生水，但空气还是必须增湿，以确保过量的干燥气体，尤其是在入口区域处，不会以高于电化学反应生成水的速度来去除水。多种增湿方法和方案可用于空气等气体的增湿，包括通过水让气体冒泡、水或水蒸气直接注入、通过透水性介质进行水（热）交换、在吸附剂表面（焓轮）进行水（热）交换。

冒泡法常用于流速相对较低的实验室环境，在这种方法中，空气通过浸在加热液态水中的多孔管扩散。由此，水中的空气气泡在蒸发过程的气体和液态水之间有较大的接触面积，这种方法的缺点是所需泵的功率较大，整个系统的净功率相对较低，因此在实际系统中很少使用。

直接注水是一个更简单紧凑且易于控制的方法。在工作条件任意组合下（温度、压力、气流量和理想相对湿度），可很容易地计算出所需注入的水量$\dot{m}_{H_2O}$：

$$\dot{m}_{H_2O}=\dot{m}_{Air}\frac{M_{H_2O}}{M_{H_2O}}\left(\frac{\varphi P_{sat}(T)}{P-\varphi P_{sat}(T)}-\frac{\varphi_{amb}P_{sat}(T_{amb})}{P_{amb}-\varphi_{amb}P_{sat}(T_{amb})}\right) \tag{4-5}$$

式中，φ、T、P 分别是燃料电池入口处的相对湿度、温度和压力；φ_{amb}、T_{amb}、P_{sat} 分别是环境空气的相对湿度、温度和压力；$\dot{m}_{Air}$是空气所需注入量；M_{H_2O}是水的摩尔质量。

通过计量泵可确定确切水量，这对于以薄雾形式注入水使得水和空气之间的接触面积较大而利于蒸发十分重要。然而，在气流中简单注入液态水不足以使得气体真正增湿，因为增湿过程也需要蒸发所需的热。即使是热水，水的焓通常也不够，而需要额外的热量。其热源可以是空气压缩机和燃料电池组本身。在大多数工作条件下，燃料电池组可产生足够的热量。具体是通过系统对增湿过程传输一部分热实现的。

对于空气供给子系统的模型，主要包括机理模型、数据驱动模型和混合模型等类型。机理模型是从内部机理出发，根据基本物料守恒定律推导得到的数学模型[18]。Pukrushpan 等[19]通过选取空气流量、氮气流量、空压机转速、供应管腔压力和流量等 9 个变量，建立了 PEMFC 空气供给子系统 9 阶状态空间模型。此模型很好地反映了空气供给子系统内部机理，但该模型较为复杂，不适合精密控制。很多研究人员对此进行了简化，将之缩减为六阶、四阶或三阶模型[20]。经过多年发展，PEMFC 空气供给子系统机理模型体系已经较为完善，对控制系统的研究多基于该体系。目前的研究表明，各部分之间存在变量的耦合，如何将之解耦再分别设计控制器是当前的研究方向[21]。

对于数据驱动模型，随着人工智能技术的发展，不关心其内部反应机理，通过大量实测输入输出数据，经过训练得到系统模型的方法发展迅速。张新义[22]应用新型神经网络结构，建立了以空气流量和温度为输入，空气压力为输出的数据驱动模型。Damour 等[23]将电池电流和空气流量作为输入，氧气过量比（OER）作为输出，建立了空气控制系统，达到了所需的精度要求。数据驱动模型的缺点是无法反映内部的工作机制，且对数据量需求大，相对机理模型还存在一定的缺点。

混合模型则综合了机理模型和数据驱动模型，如参数辨识模型是在机理模型的基础上，运用智能优化算法，对未知参数进行寻优建立的系统模型。如 Zhao 等[24]基于简化三阶系统模型，利用内点优化算法，对组成空气供给子系统的超高速离心空压机进行参数辨识。结果表明，该模型能较好地拟合各种工况下的系统运行曲线。混合模型不仅可以分析模型中单个参数对系统运行的影响，还能对系统进行优化。

4.2.3　压力控制与匹配

燃料电池系统的工作压力会显著影响燃料电池的性能。电极中反应气体浓度增大，导致交换电流密度增大。已知交换电流密度与表面浓度成正比，而表面浓度又与压力直接成正比，实际压力 P 不同于参考 / 环境压力 P_0 时的交换电流密度 i_0 为

$$i_0 = i_{0,v}\left(\frac{P}{P_0}\right)^{\gamma} \tag{4-6}$$

式中，$i_{0,v}$ 是参考电流密度；γ 是压力相关系数。

压力升高时，预期的电池电位增量 ΔV 为

$$\Delta V = \frac{RT}{nF}\ln\left[\left(\frac{P_{H_2}}{P_0}\right)\left(\frac{P_{O_2}}{P_0}\right)^{0.5}\right] + \frac{RT}{\alpha F}\ln\left(\frac{P}{P_0}\right)^{\gamma} \tag{4-7}$$

式中，P_{H_2}是 H_2 压力；P_{O_2}是 O_2 压力。

在给定条件下，压力从大气压增加到 200kPa 时所得的电位预期增量为 34mV，而压力从大气压增加到 300kPa 时，电位增量为 55mV（假定 $\gamma = 1$）。该增量作用于任何电流密度都会导致压力增大时极化曲线相应升高，除此之外，通过提高气态组分的质量转移，压力增大可对极限电流密度产生影响。然而，氢 / 空气燃料电池在压力增大下工作会导致空气压缩机工作需要额外能量，这会抵消电位增量。当氢和氧均由加压容器供应时，则不需要额外能量，且在高压下工作可能还更有利，唯一的限制是燃料电池的结构 [25]。

氢燃料电池的普及和应用需要保障其稳定性和安全性，由于负载变化或者操作条件变化，氢燃料电池质子交换膜两侧会产生较大的压力波动，为避免剧烈的压力波动损坏质子交换膜，因此对燃料电池系统的瞬态响应和稳态性能有着较高的要求。燃料电池氢气子系统采用闭端循环的设计结构以提高氢气利用率，同时阳极氢气的氧化反应速度比阴极氧气的还原反应更快，当氧气流量满足电堆反应条件时，提供稳定的氢气压力后便能满足电堆反应所需的氢气流量，通常通过控制阳极氢气压力跟随阴极压力。而空气子系统连通外界大气，内部流量和压力互相耦合，空压机转速和背压阀开度与压力和流量呈非线性关系，因此需要重点研究燃料电池堆阴极空气压力和流量的控制，最终才能实现阴阳极压力的平衡控制。为实现这一目的，目前已有多种控制策略，考虑到温度和湿度在变化速率上远小于压力和流量，故反应气体的压力和流量可以看作是独立系统的控制参数而与其他参数互不干扰 [26]。

供气系统的控制目标是提供给燃料电池堆正常反应的空气进堆压力和流量，并保证其稳定性。传统的 PID 方法因为结构简单、参数易调整、可靠性高而被广泛应用在工业领域各个控制环节，但容易出现超调。在氧气过量比控制上，可通

过静态前馈控制、动态前馈控制加PI反馈控制方案、基于静态前馈加带观测器积分的反馈控制3种不同的控制策略来实现对过量比的控制[27]。利用模糊控制、模糊PID混合控制器来调节，则动态性能优于纯PID控制。考虑到燃料电池系统模型具有非线性特性，目前许多学者希望通过非线性控制器来获得更好的控制效果，因此针对空气系统的压力和流量非线性和耦合特性，提出了各种控制算法，如神经网络算法、模型预测控制算法、滑模控制算法等[28]。与传统的PI控制相比，这些控制算法具有更好的动态性能和更快的空气流量响应速度。非线性模型预测控制（NMPC）算法目的是维持氧气过量比在所需值，与线性模型预测控制（MPC）相比，NMPC用更平滑的信号来减少补偿过氧比误差的时间，具有更好的性能。在阳极侧控制上，虽然氢气压力控制已经很成熟，但仍存在一些关键挑战，尾排阀的吹扫作用和负载电流的变化等扰动过程将导致氢气压力波动，因此，阳极压力控制器应该对复杂扰动条件拥有良好的鲁棒性[29]。

燃料电池动力系统在商业化应用过程中，其高效性、运行过程的稳定性能是用户关注的核心。根据能斯特方程，阴阳极压力提高可以提升燃料电池的输出性能，但质子交换膜无法承受过大的压差波动，因此阴阳两极的压力差必须得到控制。阴阳极压差的控制策略通常为：根据阴极压力和流量的耦合和非线性关系设计阴极的控制策略，阳极侧的控制策略为跟随阴极，从而得到阴阳极压力平衡的结果。对空气侧，由于常用空压机的特性，压力和流量具有高度耦合关系，可以利用局部线性化模型来表征阴极系统压力和流量，根据多种已有方法如参数辨识等，对线性化模型进行辨识，从而对压力和流量进行控制。在系统中，阴阳极子系统在结构上是相对独立的，仅就压力而言互相不直接影响。因此阳极侧的控制主要需要做到和阴极侧的压力保持一致，通过建立阳极氢气系统关键部件的物理模型，建立对压力的控制策略后将阴阳极控制策略结合，以压力跟随来实现两侧压力平衡[30]。

4.3 电堆的测试系统与条件模拟

为了系统研究质子交换膜燃料电池在不同氢气流量、氧气流量和负载等情况下的电池性能及其规律，需要设计并搭建用于测试质子交换膜燃料电池性能的实验系统。测试系统包含多个部分，通过改变部分组件可以达到灵活进行各项测试的目的。在测试方面，目前已经出台或计划出台多项相关国家标准，包括 GB/T 38914—2020《车用质子交换膜燃料电池堆使用寿命测试评价方法》、GB/T 33979—2017《质子交换膜燃料电池发电系统低温特性测试方法》、GB/T 31886.1—2015《反应气中杂质对质子交换膜燃料电池性能影响的测试方法 第 1 部分：空气中杂质》、GB/T 31886.2—2015《反应气中杂质对质子交换膜燃料电池性能影响的测试方法 第 2 部分：氢气中杂质》等多项国家标准，对燃料电池的系统测试进行规范。

4.3.1　测试系统的构成

燃料电池实验系统主要分为单电池和电堆测试系统，燃料电池的输出性能不仅受到本身制作选材和制作工艺的影响，还受到工作压力、进气湿度、气体过量系数、电池温度和负载等工作参数的密切影响。而开展这一系列工作参数变化实验操作依赖于一个具有控制和监测不同工作参数变化功能，实时显示、采集和记录电池运行相关参数，还能在应对电池测试异常状态时，采集、分析异常数据并做出相应的反应，实现自我保护等功能的可靠、高效、安全的燃料电池测试系统[31]。

对单电池测试系统，在燃料供给系统方面，PEMFC 单电池发电一般需要提供氢气和空气，要求 PEMFC 单电池的燃料供给系统拥有独立的氢气供给系统和空气供给系统。该燃料供给系统通过开启或关闭一系列的减压阀、电磁阀、传感器、加热器、供水器、控制器等，将接入的反应气体进行变压、变温、加湿、定流等操作达到实验所需的气体参数要求。实验过程中，除了能达到改变进气参数的效果，还需要具有一定的可靠性。燃料电池之所以可持续发电，是因为有持续不断的燃料输入到电池内进行反应，燃料供给系统提供稳定、不间断的进气参数，可以提高实验精确性。

对吹扫系统，PEMFC 单电池接入测试系统时，电池阴阳极流道内存在空气等气体，特别是阳极流道内的空气与通入的氢气直接反应可能损坏膜电极，因此需要在实验中对电池内部采取惰性气体吹扫排除杂质气体。而实验停机后亦需要使用吹扫系统排除阳极剩余的氢气和阴极的水，保护电池。通常吹扫气体选用氮气。

对于水热管理系统，电池内部反应湿度和温度是影响 PEMFC 输出特性的关键因素，低湿度会导致燃料电池内部电阻增大。而较高的反应温度会使质子交换膜脱水加速膜电极老化，缩短燃料电池使用寿命，较低的反应温度则会使电池内部反应不充分，无法发挥其性能。PEMFC 内温度的变化主要受外部热管理措施和内部反应产热的影响。

对于电子负载系统，其作用是消耗 PEMFC 测试过程中产生的电能，在控制系统的调节下，可以控制电池的输出电流值大小，同时可以改变负载模式，如恒电流模式、恒电压模式、恒功率模式。

就操作软件来说，其要求是可以实时控制和显示各子系统参数变化。针对不同测试范围内的单电池类型，在实验之前，可将电池活化面积、最大或最小安全电流、电压等原始参数录入系统。进行测试时，操作人员在主界面可实时输入和改变工作温度、湿度、压力、气体流量等参数。同时软件具有记录可变频率和保存实验数据功能，在软件内可直接将实验数据导出。当电池测试过程出现异常时，警报系统可直接迫使软件进行停机、氮气吹扫安全操作，防止实验发生危险，使实验测试高效、快捷、安全地进行。

对于电堆测试系统，与单电池相比，电堆由多个单电池组成，具有远大于PEMFC 单电池的输出功率值和燃料供给量，在水热管理和安全方面更加复杂，使得单电池测试系统无法满足电堆测试。因此，电堆测试系统拥有更丰富、更安全的功能配置来应对电堆复杂输出特性。电堆测试过程反应所需燃料由测试系统的燃料供给系统提供，反应所需氢气经由氢气供给系统进行一系列参数变化进入电堆，反应所需氧气由空压机提供，经过氧气供给系统进行一系列参数变化进入电堆。氮气管路分支成多条管路，分别进入阴阳极管路和测试设备阀件。PEMFC 堆反应产生的电能经由电子负载系统在一定的恒定电压或电流值条件下消耗，PEMFC 堆内部反应产生的热被冷却系统中的冷却介质以一定的换热量持续散去。通过数据采集系统和控制系统的实时显示和控制电堆工作参数，电堆测试系统具备更安全的报警系统来应对电堆发生的危险。

与单电池测试系统相比，电堆测试系统还包含各系统，其中吹扫系统的氮气供给系统除提供吹扫气体外，还用于推动管路中的部分气动阀体运行。电堆运行放出的热量远多于单电池放出的热量，因此必须要使用额外的冷却装置，此外，在测试前通入循环水也可以使电堆增温达到反应所需温度。相应的电子负载系统也需要具备较大的电流、电压、功率承载范围。

在电压巡检系统中，PEMFC 堆总输出电压是各单电池电压之和，单电池的性能可以影响整个电堆的性能，因此需要单电池电压巡检系统对每片单电池的电压进行监控。也可视实际节数来确定巡检节数间隔，来实时监控和采集电堆单电池电压值，便于在电堆输出异常时，快速发现问题电池单元。

安全毫无疑问是最根本的要求，在安全报警系统中，氢气作为 PEMFC 堆的燃料，具有无色无味和易燃易爆炸的特点，使得实验过程中氢气发生泄漏时，操作人员可能无法及时发现，从而造成安全事故。为了保证测试过程安全，需在氢气室、各测试系统装置和电堆区域内安装氢气报警仪。本实验的安全报警系统在检测到气体泄漏时，会启动蜂鸣器提醒操作人员，且自动关闭气源管路，切断氢

气供应。安全报警系统还可以应对电堆运行过程出现的电压、压力、温度异常以及燃料不足、电导率低等参数异常现象，进行自动停机保护电堆。

4.3.2　测试系统的调试

实验系统搭建完成后，首先要进行调试，调试包括热敏电阻温控仪的标定，电压表、电流表的标定，气密性检测及实验安全性检验等一系列过程。调试完成后需要试运行一段时间，经调试系统运行稳定可靠后，才能进行实验研究测试。

对采用热敏电阻的温度传感器，可将其置于阳极质子交换膜上。热敏电阻输入信号很大，只要使用分辨率为 1Ω 的数字欧姆表，就能达到较高的测量精度。试验前应对热敏电阻进行标定，获得所使用的温度传感器中温度和电阻的关系，以便在控制系统中实时显示温度。

在进行电压、电流传感器的测试时，如采用数字电压表、电流表，则在其接入电路前，须先进行标定，使其处在合适的测量区间内，使误差满足要求[32]。

对于气密性检测，考虑到测试系统在搭建过程中，可能会由于密封措施不当等原因，使气路中在管道、快接口、电磁阀、气阀等部位发生泄漏，因此，气密性检测必不可少。气密性检测可先采用局部检测法，将整个系统分成若干部分，逐个检查。在管路上接入压力表，并封闭管路，通入一定气体后使其保持一定压力。一段时间后，若压力不发生变化，则该段管路气密性良好；若压力变小，则这段管路中有漏气点，可通过涂抹肥皂水的方法进一步找出漏气点具体位置。局部检测完毕后将管路连接好，进行整个系统的气密性实验，检测方法与局部检测相同，一段时间后整个系统管路的压力值若不发生变化，则可认为测试系统完全密封。

对安全性检测，必须实时进行气体泄漏检测，加入氢气检测传感器，放置于合适位置。若氢气浓度超过设定值时，该报警器会发出警报声，并发出一个电信号到氢气入口的电磁阀，切断氢气，以确保实验安全。此外，PEMFC 必须工作在合适的温度下，因此需要利用温控仪对温度进行检测，当测量的温度不在这个区间中时会发出警报，并给出电信号，由电磁阀切断氢气，同时切断电子负载，以保护燃料电池。在测试开始前需要对其进行测试，制造泄漏和高温环境，测试其能否切断气路和电子负载[33]。

4.3.3　测试工况

燃料电池的性能测试需要在多种工况下进行，如对耐久性测试，不同的标准化组织和机构给出了不同的实验工况，例如 GB/T 38914—2020 主要规定了车用质子交换膜燃料电池的使用寿命测试和计算方法。国际电工委员会（IEC）参考新欧洲驾驶循环周期（New European Driving Circle，NEDC）工况，将车辆的车速－时间关系曲线转变为燃料电池电堆输出功率－时间的关系曲线。美国能源部采用动态压力测试方法，使用的工况参考美国 SC03 行驶工况，将车速曲线转变为电堆电流曲线。美国车辆效率和能源可持续性研究创新技术团队（U.S.Driving Research and Innovation for Vehicle Efficiency and Energy Sustainability Fuel Cell Technical Team）提出采用干、湿两种循环进行耐久性测试，可用于氢燃料电池堆和单电池测试。欧盟燃料电池测试和标准化网络（FCTestNet）提出两种循环工况，分别对应单电池测试和电堆测试，目的是在耐久工况中引入不同程度的气体压力。同济大学参考 NEDC 工况，将车速－时间关系曲线转换为电堆输出功率－时间的关系曲线。其与 IEC 的工况类似，但同济大学的工况包含了过载工况，功率分布更广泛。清华大学基于我国城市公交循环工况，将车速－时间曲线转变为电堆输出电流－时间曲线。武汉理工大学采用的工况基于两个原则：一是参考实车道路典型工况，二是选择对电堆寿命有显著影响的工况，在不同运行步骤下改变气体湿度。中国科学院大连化学物理研究所采用的工况由燃料电池发动机试验规程转化而来，主要为稳态工况。实际测试时采用哪项工况，可根据需求来确定 [34]。

参考文献

[1] 奥海尔，车硕源．燃料电池基础 [M]. 王晓红，译．北京：电子工业出版社，2007.

[2] 巴尔伯.PEM 燃料电池理论与实践 [M]. 李东红，连晓峰，译．2 版．北京：机械工业出版社，2016.

[3] 常九健，王晓林，方建平，等．质子交换膜燃料电池阴阳极压力控制策略研究 [J]. 汽车工程，2021, 43(10): 1466-1471.

[4] 池训逞，侯中军，魏伟，等．基于模型的质子交换膜燃料电池系统阳极气体浓度估计技术综述 [J]. 吉林大学学报（工学版），2022, 52(9): 1957-1970.

[5] 郭温文，李剑铮．氢燃料电池发动机耐久试验方法研究 [J]. 汽车技术，2021, 552(9): 33-37.

[6] 张立新，李建，李瑞懿，等．车用燃料电池氢气供应系统研究综述 [J]. 工程热物理学报，2022, 43(6): 1444-1459.

[7] AHLUWALIA R K, WANG X. Fuel cell systems for transportation: Status and trends[J]. Journal of Power Sources, 2008, 177(1): 167-176.

[8] BESAGNI G, MEREU R, INZOLI F, et al. Application of an integrated lumped parameter-CFD approach to evaluate the ejector-driven anode recirculation in a PEM fuel cell system[J]. Applied Thermal Engineering, 2017, 121: 628-651.

[9] 이봉구，손영준．Experimental analysis for optimization of PEM fuel cell dead-end operation[J]. Transactions of the Korean Hydrogen and New Energy Society, 2015, 26(2): 136-147.

[10] BRUNNER D A, MARCKS S, BAJPAI M, et al. Design and characterization of an electroni-

cally controlled variable flow rate ejector for fuel cell applications[J]. International Journal of Hydrogen Energy, 2012, 37(5): 4457-4466.

[11] CHOI J W, HWANG Y-S, CHA S W, et al. Experimental study on enhancing the fuel efficiency of an anodic dead-end mode polymer electrolyte membrane fuel cell by oscillating the hydrogen[J]. International Journal of Hydrogen Energy, 2010, 35(22): 12469-12479.

[12] HWANG J-J. Passive hydrogen recovery schemes using a vacuum ejector in a proton exchange membrane fuel cell system[J]. Journal of Power Sources, 2014, 247: 256-263.

[13] JENSSEN D, BERGER O, KREWER U. Improved PEM fuel cell system operation with cascaded stack and ejector-based recirculation[J]. Applied Energy, 2017, 195: 324-333.

[14] MCKAY D A, SIEGEL J B, OTT W, et al. Parameterization and prediction of temporal fuel cell voltage behavior during flooding and drying conditions[J]. Journal of Power Sources, 2008, 178(1): 207-222.

[15] 张立新，李健，李瑞懿，等．车用燃料电池氢气供应系统研究综述 [J]. 工程热物理学报，2022, 43(6): 1444-1459.

[16] ZHOU S, JIA X, YAN H, et al. A novel profile with high efficiency for hydrogen-circulating Roots pumps used in FCVs[J]. International Journal of Hydrogen Energy, 2021, 46(42): 22122-22133.

[17] DAMOUR C, BENNE M, LEBRETON C, et al. Real-time implementation of a neural model-based self-tuning PID strategy for oxygen stoichiometry control in PEM fuel cell[J]. International Journal of Hydrogen Energy, 2014, 39(24): 12819-12825.

[18] 汪依宁，夏泽韬，马龙华，等．质子交换膜燃料电池空气供应系统管理与控制研究综述 [C]// 中国自动化学会．2021 中国自动化大会论文集，2021.

[19] DENG H, LI Q, CUI Y, et al. Nonlinear controller design based on cascade adaptive sliding mode control for PEM fuel cell air supply systems[J]. International Journal of Hydrogen Energy, 2019, 44(35): 19357-19369.

[20] FONTALVO V M, NELSON G J, GOMEZ H A, et al. An enhanced fuel cell dynamic model with electrochemical phenomena parameterization as test bed for control system analysis[J]. Journal of Electrochemical Energy Conversion and Storage, 2019, 16(3): 031007.1-031007.14.

[21] LIYAN Z, MU P A N, SHUHAI Q. Modeling and dynamic simulation of air supply system in proton exchange membrane fuel cell[J]. Journal of System Simulation, 2008, 20(4): 850-854.

[22] OU K, WANG Y-X, LI Z-Z, et al. Feedforward fuzzy-PID control for air flow regulation of PEM fuel cell system[J]. International Journal of Hydrogen Energy, 2015, 40(35): 11686-11695.

[23] RAKHTALA S M, NOEI A R, GHADERI R, et al. Design of finite-time high-order sliding mode state observer: A practical insight to PEM fuel cell system[J]. Journal of Process Control, 2014, 24(1): 203-224.

[24] ZHAO D, XU L, HUANGFU Y, et al. Semi-physical modeling and control of a centrifugal compressor for the air feeding of a PEM fuel cell[J]. Energy Conversion and Management, 2017, 154: 380-386.

[25] HWANG J J. Effect of hydrogen delivery schemes on fuel cell efficiency[J]. Journal of Power Sources, 2013, 239: 54-63.

[26] IMANISHI H, MANABE K, OGAWA T, et al. Development of Electric Power Control using the Capacitance Characteristics of the Fuel Cell[J]. SAE International Journal of Engines, 2011, 4(1): 1879-1887.

[27] MAJLAN E H, ROHENDI D, DAUD W R W, et al. Electrode for proton exchange membrane

fuel cells: A review[J]. Renewable & Sustainable Energy Reviews, 2018, 89: 117-134.

[28] NIYA S M R, HOORFAR M. Study of proton exchange membrane fuel cells using electrochemical impedance spectroscopy technique - A review[J]. Journal of Power Sources, 2013, 240: 281-293.

[29] QIN Y Z, DU Q, FAN M Z, et al. Study on the operating pressure effect on the performance of a proton exchange membrane fuel cell power system[J]. Energy Conversion and Management, 2017, 142: 357-365.

[30] 周炳杰 . 燃料电池动力系统阴阳极压力平衡控制策略研究 [D]. 成都 : 电子科技大学 , 2022.

[31] WANG G J, YU Y, LIU H, et al. Progress on design and development of polymer electrolyte membrane fuel cell systems for vehicle applications: A review[J]. Fuel Processing Technology, 2018, 179: 203-228.

[32] 张佩 , 王志伟 , 杜常清 , 等 . 车用质子交换膜燃料电池空气系统过氧比控制方法 [J]. 吉林大学学报 (工学版), 2022, 52(9): 1996-2003.

[33] 泮国荣 , 胡桂林 , 项忠晓 , 等 . 质子交换膜燃料电池测试系统的设计与搭建 [J]. 电源技术 , 2014, 38(8): 1469-1471.

[34] ZHAO Y Y, LIU Y X, LIU G B, et al. Air and hydrogen supply systems and equipment for PEM fuel cells: a review[J]. International Journal of Green Energy, 2022, 19(4): 331-348.

电堆的寿命与可靠性保障

5.1 反应剂杂质引起的失效与应对措施

质子交换膜燃料电池的多场景应用和大规模商业化对电堆寿命提出了更高的要求。随着质子交换膜燃料电池研究的深入，电池耐久性和性能退化问题得到了研究领域的广泛关注和重视，目前已成为质子交换膜燃料电池技术发展最为关键的挑战之一。影响质子交换膜燃料电池寿命的因素有很多，由电堆系统运行过程中反应气体混含杂质而引起的电堆失效行为是其中较为关键的退化因素，电堆对阳极侧燃料气体纯度和阴极侧氧化剂质量的敏感性成为影响燃料电池系统经济性、耐久性和可靠性的关键问题。现有的大量研究表明，反应剂杂质引起的失效主要来自于阴阳极反应气体中所含有的气体杂质及各种离子杂质，气体杂质和离子杂质的存在将对催化层产生强烈的毒化作用而导致电堆失效，从而严重降低电池性能，缩短其使用寿命。

氢气作为阳极侧进气的燃料气体，主要来自天然气、煤、石油等传统燃料的重整及电解水，氢气燃料不可避免地包含各种杂质气体，目前虽已实现阳极侧氢气的高纯度供给，但电堆对燃料气体中杂质的敏感度极高，微量的气体杂质也能够迅速毒化催化层。因此，探究经济型高纯度燃料气体生产策略与方法及开发高耐久的阳极催化剂具有十分重要的意义。此外，进入阴极侧的气体污染物也将极大程度地导致电堆的降解，阴极侧通常将环境空气作为反应气体，空气中污染物的种类较多且具有明显的地域差异性，尽管通过空气过滤器能够吸收一定种类的空气污染物，但过滤器的寿命远低于电堆的目标运行寿命，并且目前最先进的阴极催化剂也不能耐受所有杂质的毒化作用。因此，空气污染物成为质子交换膜燃料电池电堆降解最为严重问题之一。除此之外，反应气体中微量的离子杂质也可能毒化催化剂反应位点，干预催化层电化学反应及堵塞气体扩散层孔隙结构等，离子污染物引起的电堆失效成为电池寿命的重大威胁。

$$O_2 + 4H^+ + 4e^- \longrightarrow 2H_2O \tag{5-1}$$

$$H_2 \longrightarrow 2H^+ + 2e^- \tag{5-2}$$

在这里，将对燃料电池基本反应没有贡献的所有物质定义为反应剂杂质，因此，阴极室中的 O_2、H^+、e^- 和 H_2O 及阳极室中的 H_2、H^+ 和 e^- 是唯一不被视为杂质的物质。本节将重点介绍反应剂杂质引起的电池失效问题，并总结提出相对应的衰退缓解策略。将分别从阴极侧空气杂质引起的失效问题，阳极侧氢气杂质引起的失效问题及冷却剂杂质引起的失效问题三方面展开阐述。根据现有研究结果，综述各种杂质对电堆性能的影响情况和影响程度，总结各部分中可能存在的杂质类型和污染物种类，分析各种杂质引起电堆失效的机理，并针对各种失效问题提出有效的应对措施。

5.1.1　空气杂质引起的失效与应对

为了降低系统运行成本，质子交换膜燃料电池通常将环境空气直接作为阴极反应气体，电堆耐久性易受到通过阴极侧进入的空气污染物的影响，因此环境空气的质量对燃料电池的运行性能具有重要的影响。空气中的污染物大多来自机动车辆排放的尾气及工业制造中产生的废气，主要是硫化物、氮化物和碳化物等。大量研究表明，空气中的这些气体杂质可能会在电极上发生吸附，微量的单种气体杂质或气体杂质组合进入阴极催化层便足以使催化层发生严重的降解，从而致使电池性能发生明显衰退而影响其寿命。由于空气中污染物的种类繁多且具有明显的地域差异性，因此必须分析各种污染物引起的失效问题，以理解各种空气杂质导致的失效机制和影响。

1　失效现象

目前，针对空气杂质引起的失效问题，已对 NO_x、SO_x、CO_x 等杂质进行了大量的探究，Franco 等人[1] 监测阴极进气掺杂 NO_2 杂质的电池电压，发现在 1×10^{-6}（1ppm）浓度下毒化 20h 将导致 15% 的电压损耗；相关的研究进一步表明，NO_2 杂质引起的失效与其毒化时间相关，但不线性依赖于 NO_2 杂质的浓度。Talke 等人[2] 发现阴极进气掺杂 10ppm 浓度的 NO 将出现高达 70% 的电压潜在损耗，尽管性能衰退不会受到温度的影响，但在高温条件下，催化剂再生恢复更快。Prithi 等人[3] 发现阴极进气掺杂 SO_2 会造成催化剂中毒导致电池性能下降，10 ppm 浓度的 SO_2 将导致电堆功率发生 30% ~ 40% 的衰退，且即使在恢复后也将出现 10% 不可逆的永久性退化；相关的研究进一步表明，电堆毒化率与 SO_2 的浓度有很大关系，随着浓度增加，毒化率更高，电池性能下降越明显，通过通入纯净空气能够一定程度恢复电堆性能，而通过循环伏安扫描后能基本恢复电堆性能。Yuan 等人[4] 研究了空气中 NH_3 杂质的影响，发现 NH_3 杂质与电池性能的影响与其浓度和通入时间有关：浓度越低，影响越小，且短时间内通入含 NH_3 杂质的空气对电池性能影响很小，而长时间通入对膜电极的损害较大；被

NH_3 杂质毒化后，电堆功率出现不可逆的衰退，且在高电流密度下电堆功率衰退更加严重。Misz 等人[5]针对气体杂质进行了一系列实验，发现 15ppm NO_2 杂质、15ppm NO 杂质、4ppm SO_2 杂质及 8ppm NH_3 将分别导致 69%、72%、85%、51% 的平均电流损耗。Jing 等人[6]通过一系列实验研究了低浓度下单种 NO_2 杂质、NO 杂质、SO_2 杂质及其混合物的影响，发现电堆出现不同程度的电位损耗，且单独引入 SO_2 杂质的电位损失大于杂质混合物。

一些研究针对空气中掺杂有机化学物质杂质进行了探究，Angelo 等人[7]研究了 CO、环己烷、甲苯混合物杂质对电堆性能的影响，发现催化层的电化学表面积出现 15% ~ 20% 的损失。Zhai 等人[8]研究了溴甲烷和氯苯空气污染物对质子交换膜燃料电池性能的影响，发现溴甲烷毒化时间越长，造成的电位损失越大，而氯苯将在短时间内造成不可逆的电堆衰退。此外，他们还研究乙腈杂质的影响，研究表明，催化层受到乙腈杂质的毒化会加剧阴极反应阻力和传质阻力，引入 40ppm 浓度的乙腈杂质连续运行 25h 会导致超过 40% 的电压损失。另外，还有一些研究[9]针对空气进气中掺杂烷烃、烯烃、炔烃等有机物杂质进行了电堆失效分析，发现有机物杂质的引入均会导致不同程度的电堆性能退化，且出现不可逆的功率衰退。

2 主要空气污染物

根据现有文献中的研究，表 5-1 总结了可能存在的空气污染物清单及各种空气杂质对阴极侧性能的影响情况。

表 5-1 文献中研究的空气污染物清单及各种空气杂质对阴极侧性能的影响情况

杂质	浓度（1×10^{-6}）	电流 / 电压	温度 /℃	催化剂类型	铂载量 /（mg/cm^2）	有效面积 / cm^2	恢复情况	文献
硫氧化物	0.1、1、4	0.7V	43、87、70	Pt、C	0.4	45.15	部分	[5]
	1、2、10	$0.6A\cdot cm^{-2}$	80	Pt、C	0.4	50	部分	[10]
	1	0.6V	60	Pt、C	0.4	50	部分	[11]
	2	$0.6A/cm^2$	80	Pt、C	0.4	50	部分	[12]
	1	0.6V	80	Pt、VC，Pt_3Co、VC	0.4	50	部分	[13]
	5 ~ 500	—	80	Pt、C	0.28	5	部分	[14]
氮氧化物	10	—	80	Pt、C	0.5	5.5	部分	[15]
	1 ~ 4	$0.2\sim1A\cdot cm^2$	60、70、80	Pt、C	0.5	25	部分	[1]
	1、10	0.7V	70	Pt、C	0.4	48.5	部分	[2]
	1、10、15	0.7V	43、70、87	Pt、C	0.4	45.15	部分	[5]
碳氧化物	0.2	$1A\cdot cm^2$	10、60	Pt、C	0.4	50	部分	[7]

（续）

杂质	浓度（1×10^{-6}）	电流 / 电压	温度 /℃	催化剂类型	铂载量 /（mg/cm^2）	有效面积 / cm^2	恢复情况	文献
丙烯	2.3	$1A\cdot cm^2$	80	Pt、C	0.4	100	完全	[9]
	2、20、100	$1A\cdot cm^2$	80	Pt、C	0.4	50	完全	[16]
	20	$1A\cdot cm^2$	80	Pt、C	0.4	50	部分	[17]
萘	20	$1A\cdot cm^2$	80	Pt、C	0.4	50	部分	[18]
	2.3	$1A\cdot cm^2$	80	Pt、C	0.4	100	完全	[17]
	0.5、1.4、2.3	$1A\cdot cm^2$	45	Pt、C	0.4	50	—	[19]
乙炔	2.3	$1A\cdot cm^2$	80	Pt、C	0.4	100	完全	[18]
	0.5、1.4、2.3	$1A\cdot cm^2$	45	Pt、C	0.4	50	—	[17]
	300	0.5 ~ 0.9V	80	Pt、C	0.4	50	部分	[20]
	0 ~ 500	$1A\cdot cm^2$	45 ~ 80	Pt、C	0.4	50	完全	[21]
溴甲烷	50	$1A\cdot cm^2$	45	Pt、C	0.4	50	部分	[18]
	50	$1A\cdot cm^2$	45	Pt、C	0.4	50	部分	[17]
	5	$1A\cdot cm^2$	80	Pt、C	0.4	76	完全	[22]
甲苯	2	$1A\cdot cm^2$	60	Pt、C	0.4	50	完全	[7]
	0.1、1、3	0.7V	70	Pt、C	0.4	45.15	—	[5]
	1、5、10、50	$1A\cdot cm^2$	80	Pt、C	0.4	50	完全	[23]
乙腈	2、20、100	$1A\cdot cm^2$	80	Pt、C	0.4	50	完全	[16]
	20	$1A\cdot cm^2$	45	Pt、C	0.4	50	完全	[18]
甲基丙烯酸甲酯	20	$1A\cdot cm^2$	45	Pt、C	0.4	50	部分	[17]
二氯甲烷	20	$1A\cdot cm^2$	45	Pt、C	0.4	50	完全	[17]
三氯氟甲烷	20	$1A\cdot cm^2$	45	Pt、C	0.4	50	完全	[17]
丁烷	100	$1A\cdot cm^2$	45	Pt、C	0.4	50	部分	[17]
乙酸甲酯	20	$1A\cdot cm^2$	45	Pt、C	0.4	50	部分	[17]
醋酸乙烯酯	20	$1A\cdot cm^2$	45	Pt、C	0.4	50	部分	[17]
氯苯	20	$1A\cdot cm^2$	45	Pt、C	0.4	50	部分	[17]
乙醛	20	$1A\cdot cm^2$	45	Pt、C	0.4	50	部分	[17]
异丙醇	20	$1A\cdot cm^2$	45	Pt、C	0.4	50	部分	[17]
乙烷	1、3、8	0.7V	70	Pt、C	0.4	45.15	完全	[17]
臭氧	83、95	$1A\cdot cm^2$	45	Pt、C	0.4	50	部分	[17]
氨	0.5、3、8	0.7V	70	Pt、C	0.4	45.15	完全	[5]
	1/2	0.5、0.75、$1A\cdot cm^2$	40、60、80	Pt、C	0.4	50	—	[24]
丙酮	20	$1A\cdot cm^2$	45	Pt、C	0.4	50	部分	[17]

3 失效机理

在大量研究的基础上，文献中理论与实验相互验证得到了质子交换膜燃料电池阴极侧的一般反应机理，见式（5-3）~ 式（5-7）[25]。

$$Pt + O_2 \longleftrightarrow Pt - O_2 \quad (5\text{-}3)$$

$$Pt - O_2 + H^+ + e^- \longleftrightarrow Pt - O_2H \quad (5\text{-}4)$$

$$Pt - O_2H + e^- + H^+ \longleftrightarrow H_2O - Pt - O \quad (5\text{-}5)$$

$$Pt - O + H^+ + e^- \longleftrightarrow Pt - OH \quad (5\text{-}6)$$

$$Pt - OH + H^+ + e^- \longleftrightarrow Pt - H_2O \quad (5\text{-}7)$$

而当空气杂质存在时，空气污染物将与电极发生一系列表面反应，见式（5-8）~式（5-12）。

$$nPt - P \longleftrightarrow Pt_n - P \quad (5\text{-}8)$$

$$P + nPt - O_2 \longleftrightarrow Pt_n - P + nO_2 \quad (5\text{-}9)$$

$$P + nPt - O_2H + 3ne^- + 3nH^+ \longleftrightarrow 2H_2O + Pt \quad (5\text{-}10)$$

$$Pt_n - P + mH_2O \longleftrightarrow Pt_n - P' + qH^+ + qe^- \quad (5\text{-}11)$$

$$Pt_n - P + lH_2O \longleftrightarrow nPt_n - P' + zH^+ + ze^- \quad (5\text{-}12)$$

式中，P 是空气污染物；Pt_n 是 P 在 Pt 上的吸附位点；P′ 是 P 的氧化态。

根据以上吸附作用、氧还原反应及杂质污染机理，在存在空气杂质的情况下，催化剂表面将被 Pt、$Pt-O_2$、$Pt-O_2H$、Pt_n-P、Pt_n-P' 等物质所占据。污染物在催化剂表面的吸附作用使得氧的吸附和反应位点减少，同时污染物还可能将吸附在催化剂位点上的氧等反应物质置换出来，此外还可能发生污染物与催化剂位点上的物质的反应。以上过程衍生的污染物与反应物的竞争机制导致电堆失效问题。

4 缓解策略

根据上述污染物毒化机理可知，阴极空气中混杂的污染物被化学吸附在电堆中铂催化层的表面上，使得催化剂位点被占用而导致氧还原反应可用活性位点减少。针对阴极侧空气污染物的毒化作用，目前主要提出和采用三种策略以缓解电堆的失效问题：①污染物耐受性催化剂的研发和应用；②空气过滤器的应用以捕获污染物；③添加臭氧以快速恢复毒化后的电堆性能。下面将具体阐述以上三种缓解策略的应用及各自的优缺点。

污染物耐受性催化剂是指当通入的空气中混杂污染物（如 NO_x、SO_x、CO_x）时，催化剂对氧气具有高活性和高选择性。通过催化剂改性，耐污染电催化剂不吸附污染物或极少吸附污染物，同时优先吸附氧分子，即使在存在污染物的情况

下，也将氧还原反应（ORR）作为主要反应。一些研究指出，采用石墨烯作为催化剂载体比 Vulcan XC 碳载体具有更好的硫氧化物杂质耐受性，且硫化物中毒后的催化层更容易回收[26]。有些研究人员[3]比较了微孔催化剂和介孔催化剂的耐受性能，发现介孔催化剂具有更好的硫化物耐受性且有利于毒化后催化剂的回收。一些研究[27]通过引入其他非贵金属（CN_x、CeO_2、Mo 等）以改性铂基金属催化剂形成铂合金催化剂，显著提高了催化剂的污染物耐受性。尽管铂基和铂合金催化剂被认为是最有效的电催化剂，但由于其高成本和抗毒化能力不足，一些高活性、高耐久性和低成本的铂基催化剂替代品被提出，如非热解和热解碳支持的过渡金属大环络合物、导电聚合物基络合物、杂原子（如 N、S、P 和 B）掺杂碳材料、过渡金属硫族化合物、金属氧化物 / 碳化物 / 氮化物材料和酶化合物已引入。近年来，杂原子掺杂碳和非贵金属催化剂因其成本低、与传统 Pt/C 电催化剂相比具有高催化活性、高耐久性和优异的抗中毒性而受到广泛关注[28]。目前的污染物耐受性催化剂的研发主要集中在耐硫和耐碳氧化物的催化剂上，因为硫和碳被认为是质子交换膜燃料电池阴阳极中毒化作用最为严重的污染物。然而空气污染物种类繁多且来源广泛，催化剂仅具备耐受硫和碳的能力是远远不够的，开发能够在广泛操作条件（浓度、温度、流速、电流密度等）范围内具备同时耐受不同种类污染物能力的催化剂具有重要的实际应用意义。

第二种缓解策略是使用空气过滤器来减少进气中的污染物成分。空气过滤器通过化学吸附或物理吸附以捕捉过滤阴极进气中的空气污染物，防止污染物到达催化层中催化剂反应位点，具有更好的电堆抗毒化实用性和经济性。耐久性、单程去除效率、吸附剂饱和容量和过滤器压降是评估空气过滤器的主要参数。一些研究通过选择和制备不同的吸附剂材料，来优化和实现对单种污染物或多种杂质混合物在不同浓度下的高效过滤。Phalle 等人通过以 $MnSO_4$ 为前驱体的沉积沉淀法制备了 MnO_x/Al_2O_3，其在较宽的相对湿度（RH）和 SO_2 浓度范围内，具有极高的 SO_2 杂质过滤能力和饱和容量，进一步的研究指出，通过在空气过滤器中同时添加 MnO_x/Al_2O_3、$KMnO_4/Al_2O_3$ 及 PICA 活性炭能够分别实现对 SO_2、NO 及 NO_2 的高效过滤。Wang 等人[29]采用基于聚乙二醇（PEG）负载介孔分子筛 SBA-15 的纳米孔分子篮吸附剂（MBS）来捕获室温下空气中的 SO_2 和 NO_2，实现了超过 99.6% 的过滤效率。一些研究学者[30]通过混合活性炭和纳米颗粒实现对挥发性有机物的高效吸附，Rezaei 等人[30]通过混合活性炭和纳米颗粒实现了高效的氨吸附，结果还表明较高的流速和温度会导致氨吸附效果下降。静电纺丝纳米纤维由于其显著的比面积、高开孔率和相互连接的多孔结构，具有高气溶胶颗粒过滤效率和低压降的优势，被认为是最有前途的空气污染物过滤器之一，一些研究学者[31]基于静电纺丝方法，通过制备静电纺丝纳米纤维过滤器，实现了

93%～96%的空气污染物过滤效率。

空气污染物对于电堆的毒化作用往往是部分可逆的，甚至是不可逆的。研究表明，严重的SO_2毒化不能通过外极化完全恢复，在连续电位循环9h后也只能恢复到原始性能的80%。一些研究提出在气体中添加臭氧（O_3）来恢复和缓解电堆的毒化情况，Kakati等人[32]在纯净空气中添加4×10^{-6}浓度的臭氧，实现了对SO_2毒化电堆性能的完全恢复，他们将臭氧回收机制归为直接和间接的化学过程。在直接过程中，O_3与吸附硫反应形成SO_3，当反应表面存在水时，该反应产物经历快速水解而产生H_2SO_4。在间接过程中，O_3的水解产生OH自由基，OH自由基与吸附硫反应生成多种S和O元素含量不同的中间产物。然而，St-Pierre等人[17]研究指出，短时间和低浓度的臭氧添加可以吸附催化层表面吸附的硫化物，但高浓度的臭氧掺杂和长时间的臭氧注入可能导致电堆电位的衰退，使得臭氧成为具有负面作用的气体污染物。总之，臭氧添加作为一种可行的电堆毒化恢复和缓解策略，具备恢复过程迅速（10～20min即可）的特点，可在室温下进行，并且无须对燃料电池系统进行修改或者添加额外的特殊附属设备。

5.1.2 氢气杂质引起的失效与应对

氢气作为阳极侧进气的燃料气体，目前的来源主要包括碳氢化合物的重整及电解水，虽然电解水被认为是生产相对纯氢的最佳方法，但碳氢化合物的重整在经济性上具有更大的优势，是目前最为主要的氢气来源。在各种制氢方法中，蒸汽甲烷重整具有低成本、高效率和操作方便等优点，被称为最常用的制氢方法，全球生产的大部分氢气是通过蒸气甲烷重整制备的[33]。该工艺过程通过天然气与蒸气反应产生氢气和一氧化碳的混合物，并通过水气变换反应使一氧化碳进一步与蒸气反应。蒸气甲烷重整制备的氢气并不纯净，含有一系列杂质，其产生的气体组分见表5-2。

表5-2　蒸气甲烷重整产生的气体组分[33]

成分	H_2	CO	CO_2	N_2	CH_4
占比（%）	94.3	0.1	2.5	0.2	2.9

尽管通过吸附剂技术进行变压吸附等工艺可将氢气纯度提升至99%，甚至可达99.999%，但研究发现，随着污染时间的增加，ppb（十亿分之一）量级的杂质气体也将引起电堆的性能衰退和失效。目前，为了确保用于燃料电池的氢燃料足够纯净，已经建立相关标准，以确保氢气燃料能够应用于燃料电池，燃料质量标准要求氢气具有极低的杂质。ISO 14687-2：2012（E）标准下的燃料气体质量要求和杂质浓度限制见表5-3。

表 5-3　ISO 14687-2：2012（E）标准下的燃料气体质量要求和杂质浓度限制 [34]

序号	成分	化学式	限值	单位
1	氢气（最小值）	H_2	99.97	%
2	杂质总量	—	300	1×10^{-6}
3	氩气	Ar	100	1×10^{-6}
4	二氧化碳	CO_2	2	1×10^{-6}
5	一氧化碳	CO	0.2	1×10^{-6}
6	氦气	He	300	1×10^{-6}
7	甲酸	HCOOH	0.2	1×10^{-6}
8	甲醛	HCHO	0.01	1×10^{-6}
9	氨气	NH_3	0.1	1×10^{-6}
10	氮气	N_2	100	1×10^{-6}
11	氧气	O_2	5	1×10^{-6}
12	水	H_2O	5	1×10^{-6}
13	微粒	—	1	mg/kg
14	硫化物总量	H_2S、COS、CS_2 等	0.004	1×10^{-6}
15	卤代化合物总量	—	0.05	1×10^{-6}
16	碳氢化合物总量（不包括甲烷）	—	2	1×10^{-6}
17	甲烷、氮气、氩气总量	CH_4、N_2、Ar	100	1×10^{-6}

氢气作为燃料在阳极发生的反应可分解为两个步骤：①氢的解离吸附，见式（5-13），称为 Tafel 反应；②氢的电化学氧化，见式（5-14），称为 Volmer 反应。然而，单种或多种杂质混合物的存在将是阳极反应偏离主要反应路径，导致阳极性能的衰退和催化层失效的主要原因。下面将针对几种主要的杂质，阐述其对电堆的毒化影响，并分析其毒化机理。

$$H_2-2Pt\longleftrightarrow 2(H-Pt) \tag{5-13}$$

$$2(H-Pt)\longleftrightarrow 2Pt+2H^++2e^- \tag{5-14}$$

1 CO

ISO 14687-2：2012（E）标准中对 CO 的浓度限值（即 0.2ppm）是较为严格的，而即使经过几次纯化，氢气燃料中总是会存在微量的 CO 气体。数据表明，当 CO 含量为 $0.2\times10^{-6}\sim0.9\times10^{-6}$ 时，将会导致超过 1% 的电堆稳态性能损失 [35]。Matsuda 等人 [36] 研究发现，即使在 0.2×10^{-6} 浓度值下，CO 杂质气体的存在也将导致电堆稳态性能出现 29mV 的电位衰退，而在更高浓度下将导致催化位点的显著降解，从而显著降低电堆的输出功率。一些在更高浓度 CO 气体杂质下的研究验证了 CO 浓度的增加将迅速加剧电堆性能的衰退，甚至可能导致其完全失效 [37]。一些研究人员在不同的电流密度下进行 CO 杂质气体的失效分析，研究表明，当电流密度保持在较低水平时，燃料电池仍然可以正常运行，而电流密度增大至 $1A \cdot cm^{-2}$ 时，其过电位损耗相较于 $0.2A \cdot cm^{-2}$ 电密工况下增加了十几倍[38]。一些研究学者考虑到燃料电池实际运行过程中电流密度将随着负载的变化而变化，研究了动态工况下由 CO 杂质气体引起的电堆毒化过程，结果表明低电压可以帮助吸附污染物自氧化和脱键，而较高的电流密度会加速催化剂毒化[39]。除了电流密度和杂质浓度外，工作温度和压力也会影响污染物对电堆的毒化作用。Das 等人[40]研究了燃料电池在温度范围为 120 ~ 180℃的 CO 杂质气体耐受性，发现随着温度的升高，CO 杂质耐受性提高，这主要归因于 CO 在 Pt 活性位点上的吸附是放热反应，因此在高温条件下 CO 的吸附率将减小，使得 CO 耐受性有所提高。Bender 等人[38]的 CO 杂质耐受性实验研究结果证实了工作温度在电堆毒化行为中起着至关重要的作用，较低的温度将导致更大的过电位损耗。Zhang 等人[40]研究了 CO 杂质气体作用下阳极压力对电堆失效行为的影响，其实验结果表明压力增加将提高 CO 污染物在催化层位点上的吸附能力，从而加剧 CO 杂质毒化作用的影响。

当氢气燃料混杂 CO 杂质作为阳极进气进入催化层时，催化层中催化剂活性位点上除了发生 H_2 吸附和 H_2 电氧化外，还将发生 CO 吸附和 CO 电氧化，从而使阳极氢反应发生偏离。当 CO 气体存在时，CO 气体分子将吸附在 Pt 活性位点上并发生反应，见式（5-15）、式（5-16）。由于 CO 在 Pt 表面的吸附能力强于 H_2，因此进入阳极的 CO 分子在纯铂表面活性位点的优先吸附将阻止 H_2 发生吸附，从而毒化催化层并使电堆性能显著下降[41]。

$$CO + Pt \longleftrightarrow CO - Pt \tag{5-15}$$

$$CO - Pt + H_2O \longleftrightarrow Pt + CO_2 + 2H^+ + 2e^- \tag{5-16}$$

2 硫化氢

根据 ISO 14687-2：2012（E）标准，阳极进气燃料中所有硫化合物的容差极限为 4ppb，这表明即使微量硫化物也将对质子交换膜燃料电池阳极产生毒化作用。研究表明，从天然气中提取的氢气可能混含几个体积百分比的 H_2S 气体，此外，其他硫化物在 H_2 富集环境中也可能转化为 H_2S[42]。而 H_2S 气体对金属具有很强的亲和力（尤其是金属氧化物），因此 H_2S 气体在 Pt 氧化物表面具有很强的吸附力，使得 H_2S 气体成为导致质子交换阳极中毒的潜在污染物[43]。文献证实，即使是非常低浓度的 H_2S 气体也会导致燃料电池性能急剧下降。Urdampilleta 等人[44]研究表明，燃料电池堆在 2×10^{-6}（ppm）H_2S 浓度下毒化 2.5h 将发生 47% 的性能衰退。Garzon 等人[45]研究发现，即使在 500ppb 超低浓度下，短期受到 H_2S 的毒化也将产生严重的阳极过电位损失。Mohtadi 等人[46]研究了温度对 H_2S

气体毒化作用的影响，得到了与CO污染物同样的结论，即较高的温度将加剧电堆的中毒率和杂质气体覆盖率，导致更加快速的电堆退化。

目前，通过研究已基本清晰 H_2S 的毒化机理，H_2S 气体在催化层Pt活性位点上的反应路径见式（5-17）~式（5-20）。

$$Pt + H_2S \longleftrightarrow Pt - H_2S \tag{5-17}$$

$$Pt - H_2S \longrightarrow Pt - HS + H^+ + e^- \tag{5-18}$$

$$Pt - HS \longrightarrow Pt - S + H^+ + e^- \tag{5-19}$$

$$Pt - S + 2H_2O \longrightarrow SO_2 + 4H^+ + 4e^- + Pt \tag{5-20}$$

其中，式（5-17）表示 H_2S 气体在Pt活性位点上的吸附和解吸过程，式（5-18）、式（5-19）表示吸附在活性位点上的 H_2S 的两步氧化过程，式（5-20）表示吸附在活性位点上的S氧化形成 SO_2 的过程。以上反应阐述了 H_2S 的毒化机理，杂质气体占据催化层Pt活性位点，从而阻隔 H_2 在Pt表面的吸附。

3 CO_2

由碳氢化合物重整生产并由水气变换反应净化得到的氢气包含大量的非氢杂质，其中包括大量的 CO_2，Papadias等人[47]研究了水气反应转换器出口的气体混合物组成，见表5-4。有相对数量的 CO_2 存在于产生的 H_2 中，且随着蒸气与碳的摩尔比S/C的增加，CO_2 杂质比例有所增加。

表5-4　水气反应转换器出口的气体混合物组成[47]

序号	成分	S/C=3	S/C=4	S/C=6
1	H_2	74.6	76.4	78.1
2	CH_4	4.9	2.8	1.1
3	CO_2	16.5	17.5	18.6
4	CO	3.7	2.8	1.9
5	N_2	0.4	0.4	0.3

现有的研究指出，阳极侧 CO_2 的存在，可通过两种途径影响电堆性能。一方面，CO_2 与预吸附在催化层Pt活性位点上氢发生反水气转换反应，见式（5-21）。因此，所有影响氢气吸附在Pt活性位点上的参数均会影响 CO_2 对催化层的毒化行为，如催化剂性质、操作温度、电流密度和相对湿度等。另一方面，CO_2 通过电化学反应转化形成CO，见式（5-22）。上述反应证实了阳极侧 CO_2 的存在并不仅仅只是稀释 H_2，在高浓度和/或特定的操作条件下，它会导致电堆中毒和性能损失。

$$CO_2 + 2Pt - H \longrightarrow Pt - CO + H_2O + Pt \tag{5-21}$$

$$2Pt + CO_2 + H^+ + e^- \longrightarrow Pt - CO + Pt + OH \tag{5-22}$$

Diaz 等人[48]对 CO_2 的影响进行了全面的研究，他们发现在温度为 60℃电流密度为 $0.6A \cdot cm^{-2}$ 的工作条件下，H_2 进气中混含 25% 的 CO_2 气体会导致高达 12% 的峰值输出功率损失，且在 10%、25% 和 50% 的不同比例 CO_2 气体下，分别会出现 22 mV、38 mV 和 110 mV 的过电位损失。此外，他们进一步探究了不同温度和湿度下，CO_2 气体对阳极侧的毒化影响，发现在较高温度下毒化作用更为严重，并会导致更大的过电位，通过对阳极侧燃料进行完全加湿能够有效缓解 CO_2 杂质的毒化作用。Ukaszewski 等人[49]及 Nachiappan 等人[50]的研究也证实了 CO_2 杂质气体的存在将对质子交换膜燃料电池的性能产生负面的影响。一些研究对新型催化剂进行了 CO_2 杂质气体的耐受性分析，Tingelof 等人[51]研究了 CO_2 杂质对 PtRu/C 催化剂和 Pt/C 催化剂的影响，发现 PtRu/C 催化剂具有更高的 CO_2 耐受性。Shironita 等人[52]的研究证实了以上观点，并提出通过在催化剂中添加 Ru 能够调控 CO_2 还原及其再氧化过程，从而缓解 CO_2 杂质的毒化作用影响。

众所周知，商用质子交换膜燃料电池是在被惰性气体稀释的燃料进气条件下运行的，一些研究已经将稀释的影响考虑在内。在实际情况下，氢气燃料含有惰性气体（通常是 N_2 或 CO_2），这可能会影响燃料电池的性能。随着反应的发生，电堆中氢气不断被消耗，而惰性气体浓度随之提高。文献表明，氢气燃料越稀释，CO 中毒产生的破坏性越大，性能恶化将加速，但目前仍然缺乏明确的标准来规定氢气的稀释程度以使电堆免受杂质气体的毒化。

4 氨气

ISO 14687-2：2012（E）标准中对氨气杂质的浓度限值为 0.1×10^{-6}。制氢工艺中氨气杂质的来源有多种途径，当氮气和氢气在蒸气甲烷重整、水气转换反应共存时容易产生氨气，特别是在高温条件下更加容易产生[53]。大量研究已表明，无论氨气杂质的产生于何种途径，其对质子交换膜燃料电池堆性能的有害影响已被证实。Zhang 等人[54]研究了 25×10^{-6} 浓度下的氨气杂质对电堆性能的影响，35% 的电堆电位损耗发生，且在中断氨杂质注入并在供应纯氢气 30h 后，电堆性能也只恢复到初始电压的 91%。他们进一步研究了不同电流密度工况的影响，发现氨气杂质的存在使得电堆在大电流密度下发生更严重的损耗，但通入纯净的氢气能够实现电堆性能的完全恢复。Halseid 等人[55]将混杂 1ppm 浓度氨气的燃料气体持续通入电堆，发现氨气杂质的毒化影响与时间成正比，毒化作用随着时间的增加而不断恶化，且在之后通过长时间纯净氢气供给也只能恢复至原始性能的 89%，这表明氨中毒的质子交换膜燃料电池仅能实现较为性能的部分恢复，且这种恢复速率是较为缓慢的。Gomez 等人[45]探讨了不同浓度下的氨气杂质（0～200×10^{-6} 浓度范围）对阳极和阴极侧的电化学表面积（ECSA）及电堆综合性能的影响，他们的研究结果表明，更高浓度的氨气将导致更高的电池电阻和更低的输出功率。Imamura 等人[56] 将混含 50×10^{-6} 浓度氨气的燃料气体作为阳极进气，并同时监测阳极和阴极出口处的电位及氮化合物的成分，研究发现存在于阳极侧的 NH_3 杂质会向阴极侧迁移，并以 NH_4^+、N_2、N_2O 和 NO 的形式释放。Jung 等人[57] 研究发现阳极侧氨气污染物只有在高湿度环境下才会透过质子膜迁移到阴极，氨气通过溶解在膜内的水中，并与酸位点交换生成 NH_4^+ 离子的形式到达阴极侧。一些研究指出，铵离子的存在会降低 Nafion 膜的质子电导率，从而降低电池的输出功率。Hongsirikarn 等人[58] 测量了在含有铵离子的水溶液和气相中的 Nafion 膜电导率，发现液相和气相环境中的电导率均发生一定程度的衰退，且气相中的衰退更为严重。此外，他们的进一步研究结果指出，铵离子对质子膜的毒化作用受到湿度参数的影响，电池在高湿度环境中的氨气耐受性更强。

5 缓解策略

为阳极侧生产和供给高纯度的氢气燃料将会显著增加整个产业链的成本，这需要昂贵的附加设备和复杂的提纯处理工艺。大量的研究针对质子交换膜燃料电池在较低纯度氢气工况下的运行可能性进行了探究和验证，研究目的主要可以概括为两类：一是通过工艺处理，使阳极进气杂质在达到催化层之前被捕捉过滤，以防止催化层被毒化；二是基于大量的研究数据总结阳极对杂质气体的耐受性，确保电堆在可控的污染物浓度范围内运行而不被毒化。

（1）添加氧气　通过在进气燃料中添加几个百分比的氧气，能够使得 CO 杂质气体在 Pt 表面发生异质氧化反应，由于具有成本低、效率高、易于实施等优点，添加氧气成为提高质子交换膜燃料电池 CO 耐受性的关键技术之一，其内在机理见式（5-23）~ 式（5-25）。

$$O_2+2Pt\longleftrightarrow O_2-Pt+Pt\longrightarrow 2(O-Pt) \tag{5-23}$$

$$CO+Pt\longleftrightarrow CO-Pt \tag{5-24}$$

$$CO-Pt+O-Pt\longleftrightarrow CO_2+2Pt \tag{5-25}$$

虽然添加的氧气能够与吸附在 Pt 表面的 CO 发生反应并减少催化层的中毒，但氧气也会与氢气燃料发生反应，这将导致可用于反应的总氢气量减少，从而间接地影响电池性能。其过程见式（5-26）~ 式（5-28）。

$$H_2+2Pt\longleftrightarrow 2(H-Pt) \tag{5-26}$$

$$O_2+2Pt\longleftrightarrow O_2-Pt+Pt\longrightarrow 2(O-Pt) \tag{5-27}$$

$$O-Pt+2(H-Pt)\longleftrightarrow H_2O+3Pt \tag{5-28}$$

大量的研究证实了添加氧气以缓解 CO 污染物中毒的可行性，Zamel 等人[59]将毒化后电流损耗为 88% 的电堆进行 0.5% 和 1% 浓度的填氧恢复，恢复后的电流损耗分别为 31% 和 25%。Karimi 等人[60]在 CO 毒化的电堆中通入 0.5% 的氧气，发现对于减轻 CO 杂质气体的中毒，添加氧气策略是有效的，其可实现整个电堆的性能恢复。Perez 等人[61]开发了一种基于气体成分摩尔流量优化的添加氧气策略，通过注入比例逐渐增加的氧气，实现了原始性能 80% ~ 90% 的恢复。一些研究发现，添加氧气的中毒缓解策略受催化剂 Pt 载量的影响，较高的 Pt 载量明显提高了毒化缓解效率。此外，催化剂种类也将影响该策略的中毒缓解效果，与使用 Pt 催化剂相比，Pt-Ru 催化剂在添加氧气缓解策略中具有更高的缓解效率[62]。尽管目前添加氧气缓解策略的可行性已被充分证实，但该策略也存在一些缺点，且可能给电池性能带来不利的影响。通过减少所需氧气的百分比可以显著降低该策略带来的不利影响并提高整体缓解效率。Hafttananian 等人[63]提出了三种新的添加氧气的技术，通过脉动、正弦和指数方法能够显著减少氧气的消耗并有效提高电堆性能恢复效率。

（2）净化膜　此外还有一种能够有效提高质子交换膜燃料电池 CO 耐受性的策略是使用净化膜以防止氢气燃料中混杂的 CO 杂质进入催化层。这种捕获 CO 气体污染物的技术被认为是保护燃料电池堆免受气体杂质毒害的实用解决方案。Liu 等人[64]采用一种新型的、低成本选择性气体分离材料作为净化膜进行了测试，从原料燃料气中去除 CO 分子，他们使用 Nafion 膜作为聚合物无电解质膜，通过化学吸附和物理吸附双重功能，获得了从气体混合物中分离 CO 的明显效果，从而大大提高了燃料电池性能和耐久性。Durbin 等人[65]从理论上分别研究了将石墨烯 / 金属（镍、铂）、未掺杂的铱 / 金及掺杂硼、氮或氧的石墨烯作为净化膜的缓解效果。结果表明，在氧掺杂石墨烯上添加镍能够最有效地在燃料气体到达催化层中催化剂反应位点之前捕获 CO 杂质气体。基于 H_2 分子具有比 CH_4、CO_2、CO 分子更小的动力学直径的特点，Li 等人[66]提出将二维聚苯作为氢纯化膜。研究发现，由于氢分子的动力学直径大约等于聚苯的孔径，因此能够穿过孔隙，而甲烷、二氧化碳和一氧化碳等杂质由于其相对较大的动力学直径而被过滤，在一定程度上实现了气体污染物毒化影响的缓解。

（3）新型催化剂　设计合成比商业 Pt/C 催化剂更具气体杂质污染物耐受性的新型催化剂是缓解电堆失效的重要策略之一。目前，在减轻 CO 杂质气体毒化作用方面，PtRu/C 催化剂被认为是最有应用潜力的催化剂，但 PtRu/C 催化剂的活性还有待进一步提高。一些研究结果显示，具有核壳结构的催化剂具有更好的稳定性和催化活性。Zhang 等人[67]开发了一种热解微波法用于合成 $Ru@Pt/Ti_4O_7$ 核壳催化剂，研究表明，该催化剂在不同的 CO 杂质浓度下具有比 Ru@Pt/C 催

化剂更好的整体性能。Wang 等人[68]采用电位移和退火处理构建了表面有 PtRu，核心有 PtNi 的 PtRu/C 催化剂，该催化剂有效地减弱了 CO 杂质的毒化影响。他们将其高 CO 气体耐受性归因于 PtRu 表面和 PtNi 核心之间的协同效应，该效应诱导低电位下在表面 Ru 位点上产生的含氧物质，使得金属位点上 CO 的吸附减弱并提高 PtRu 利用率。Kheradmandinia 等人[69]制备并评估了 Ni/C、CoO/C 和 SnO_2/C 三种非贵金属氧化物催化剂，性能对比后发现 CoO/C 和 SnO_2/C 两种催化剂在低电位下表现出相当强的氧化 CO 杂质的能力。

为了提高 Pt 催化剂的质量活性和电化学稳定性，一种实用的方法是使用 Pt 双金属纳米颗粒代替纯 Pt 纳米颗粒。Hu 等人[70]制备了 $Pt_{0.8}Mo_{0.2}$ 合金和 MoO_x@Pt 核壳催化剂，并评估了它们的 CO 耐久性和短时间稳定性。结果表明，合金催化剂具有优异的 CO 杂质耐受性。Hassan 等人[71]研究了将 Mo 添加到商业 Pt/C、PtRu/C 和 PtFe/C 催化剂中的影响，研究表明，PtMo/C 催化剂表现出更好的 CO 耐受性，而添加 Ru 和 Fe 则显著提高了所制备电催化剂的稳定性。然而，由于 Mo 的跨膜迁移行为，含 Mo 阳极催化剂的稳定性仍然是个问题，其将直接影响质子交换膜燃料电池的 CO 耐受性。

一些研究提出许多新型的催化剂。Pinto 等人[72]研究发现，因为 Sn 具有将电子贡献给 Pt 吸附位点的显著能力，因此 PtSn/C 对 CO 中毒的敏感性较低，且 PtSn 催化剂对氢氧化反应（HOR）的活性与商业 Pt/C 催化剂相当。Kwon 等人[73]制备了 Pt-BeO/C 催化剂并研究了它的 CO 杂质耐受性，发现 BeO 的存在可以促进 CO 气体的解析，从而具有更高的 CO 耐受性。Isseroff 等人[74]制备了可以耐受 1000ppm 高浓度 CO 杂质的 Au/Pt-PrGo 催化剂，与使用商用 Pt/C 催化剂相比，使用该催化剂的电极具有更高的输出功率。

催化剂载体的选择对于电极的耐受性具有关键的影响，碳化物在阳极电位下酸性溶液中的高稳定性、良好的导电性和更高的电催化活性，使之成为质子交换膜燃料电池催化剂理想载体。一些研究显示，经过 WC 浸渍的 Pt/C 表现出更强的 CO 耐受性和稳定性。据报道，Pt 和 PtMo 催化剂在 Mo_2C/C 载体中具有更高的催化活性、CO 杂质气体耐受性和稳定性。Hassan 等人评估了 Pt/C、Pt/Mo_2C/C、PtMo/Mo_2C/C 及 PtMo/C 四种催化剂的 CO 耐受性和稳定性，发现以碳化物为载体的 Pt/Mo_2C/C 和 PtMo/Mo_2C/C 催化剂具有更高的初始氢氧化活性，相应的电极可以获得更高的输出功率。

催化剂载体的结构也会影响催化剂的 CO 杂质气体耐受性和稳定性。Narischat 等人[75]研究了碳载体的中孔比例对 PtRu 催化剂 CO 耐受性的影响，发现中孔体积较大的催化剂表现出更高的 CO 耐受性，中孔比例的增加有助于提高 CO 气体的扩散率和加速被氧化过程。还有一些研究[76]提出了多样的载体结构，如含有二氧化钛掺杂物的多壁碳纳米管（CNTs）、石墨烯纳米片（GNS）载体等。这些新型载体结构有助于催化剂上的CO吸附和将CO氧化为CO_2，从而获得更高的CO杂质气体耐受性。

（4）臭氧通入　通入臭氧能够有效恢复被H_2S杂质污染的电堆性能，臭氧的瞬态短脉冲能够通过电化学反应或直接化学氧化污染物实现对被H_2S杂质污染的电堆性能的恢复。Kakati等人[77]将2%的臭氧通入被100 ppm浓度H_2S杂质毒化后的电堆阳极中，10min便使得电堆性能恢复至原始性能的95%。他们的研究进一步指出，臭氧通入时间将影响电堆性能的恢复效果，长时间的臭氧输入可能导致电堆性能的下降。这说明在长时间的输入下，臭氧本身成为毒化电堆的杂质气体，因此臭氧通入时间的控制是该缓解策略的关键。Lacaze等人[78]的研究结果证实了这一结论，长时间的臭氧输入将会导致质子交换膜燃料电池组件的不可逆损坏。此外，他们的研究还表明，超浓度的臭氧也可能导致电堆性能的下降，使得臭氧输入带来负面影响。臭氧可能是污染物毒化缓解气体，也可能自身便是污染物杂质，而臭氧通入策略对于燃料电池催化层有害或有益，还需要更多的研究来论证。

（5）电堆进气前净化处理　为了提高燃料电池堆的杂质气体耐受性，很多研究致力于在燃料气体进入电堆之前对其进行纯净度水平的提升。天然气的蒸气重整与水气变换反应相结合是目前最常见的制氢工艺，其能够生产纯度为70%～80%的富氢气体混合物，其中包括大量杂质气体（含有H_2S、H_2O、CO、CO_2、N_2、CH_4等）。为了使氢气纯度达到能够供气的标准，必须通过附加工艺去除上述杂质，目前通过变压吸附工艺能够获得高达99.99%纯度的氢气。Lopes等人[79]研究了通过真空变压吸附工艺获得纯度高达99%的氢气。一些研究关注杂质吸附剂的选择，许多学者进行了大量探究以获得最佳的吸附剂材料。Silva等人[80]研究了将CuBTC（铜二聚体与苯-1，3，5-三羧酸酯（BTC）接头的氧原子配位）作为PSA吸附剂的净化效应，针对混含H_2、CO、CO_2、CH_4杂质的燃料气体进行氢气提取，实现了高达99.9%的纯度水平。Delgado等人[81]将活性炭和沸石作为变压吸附的吸附剂，获得了99.99%纯度的氢气。

另外，CO气体优先氧化工艺也是实用的CO杂质去除工艺，其能够有效地氧化燃料气流中的CO杂质，并将氢气纯度提高到燃料电池需要的水平。此工艺的关键是选择和研发具有高活性和选择性的CO优先氧化催化剂，Qiao等人[82]研究了CeO_2负载金单原子（Au_1/CeO_2）作CO杂质转化催化剂的有效性，该催化剂具有高活性和稳定的气体选择性，在燃料电池运行工况下能够将99.5%的CO气体转化为CO_2气体。Saavedra等人[83]提出采用Au/Al_2O_3催化剂能够将CO杂质的浓度降低为10ppm以下。Wu等人[84]合成的CuO/CeO_2催化剂表现出显著的性能，在混合气流中包含H_2O和CO_2时，其能够实现CO杂质气体的100%

转化。为了提高 Pt/Al_2O_3 催化剂的催化活性和选择性，Kumar 等人[85]将质量分数为 1% 的铈和 1% 的镍添加在其中，在含有 CO、O_2、H_2 和 N_2 的气流中实现了 CO 气体的完全转化。

5.1.3　冷却剂杂质引起的失效与应对

质子交换膜燃料电池将氢能转化为电能的效率约为 50%，剩余的能量将以废热的形式消耗，为了使燃料电池系统在最佳温度下（60 ~ 80℃）运行，必须去除废热。常见的排热方式包括空气冷却及具有高比表面积散热器的冷却剂回路循环系统散热。冷却剂散热是在广泛体积、重量及功率水平范围内最为有效的散热方法。在燃料电池堆中，冷却剂通常流经每个单电池并最终流向散热器以保持均匀的温度，每个冷却剂流场与单电池的电化学室隔离。如果冷却剂（通常为乙二醇）进入电池的电化学室，则可能会使燃料电池铂催化剂中毒，并导致燃料电池性能下降。如果电池隔室密封不当，或者多孔材料泄漏，冷却剂可能会与 Pt 接触。电催化剂与乙二醇的接触不会对燃料电池构成风险，因为此类有机化合物会在铂电极处氧化。然而冷却剂中常常含有某些添加剂及杂质，杂质的存在可能会导致催化剂中毒从而影响燃料电池性能。

一些研究表明，冷却剂的杂质主要包括 Cl、Si、Al、S、K、Fe 和 Cu 等元素。Ahn 等人[86]通过 XRF 技术检查了暴露于冷却剂中的膜电极中毒可能性，冷却剂持续运行后，在膜电极中检测到冷却剂杂质，见表 5-5，并且杂质存在于膜电极大部分区域，从而可能导致电堆中毒。他们指出，来自冷却剂的杂质将通过 Nafion 膜进行渗透，从而污染整个膜电极，并且这些杂质可能会抑制 Nafion 膜的质子传导。

表 5-5　冷却剂持续运行后检测到冷却剂杂质[86]

杂质	位置（距离膜电极外侧）	质量分数
Al	0	10^{-2}
	1/3	10^{-2}
	2/3	—
	3/3（中心）	10^{-2}
Si	0	10^{0}
	1/3	10^{-1} ~ 10^{0}
	2/3	10^{-1} ~ 10^{0}
	3/3（中心）	10^{-1} ~ 10^{0}
S	0	10^{0}
	1/3	10^{0}
	2/3	10^{0}
	3/3（中心）	10^{0}

（续）

杂质	位置（距离膜电极外侧）	质量分数
K	0	10^{-2}
	1/3	10^{-2}
	2/3	10^{-2}
	3/3（中心）	10^{-2}
Fe	0	10^{-2}
	1/3	10^{-2}
	2/3	10^{-2}
	3/3（中心）	10^{-2}
Cu	0	10^{0}
	1/3	10^{0}
	2/3	10^{0}
	3/3（中心）	$10^{-1}\sim10^{0}$
Ni	0	10^{-2}
	1/3	10^{-2}
	2/3	10^{-2}
	3/3（中心）	10^{-2}
Zi	0	$10^{0}\sim10^{1}$
	1/3	$10^{0}\sim10^{1}$
	2/3	$10^{0}\sim10^{1}$
	3/3（中心）	$10^{0}\sim10^{1}$

Matsuoka 等人[87]研究了 Cl^- 和 SO_4^{2-} 对 Pt/C 电催化剂的降解行为，结果显示，3×10^{-3}mol/L 氯化物的连续污染将降解高达 25% 的初始电化学有效面积，并导致电堆出现约 12% 的电压损耗。Steinbach 等人[88]研究了冷却剂杂质中的氯化物和硫化物对质子交换膜燃料电池的毒化影响，发现 Cl 离子和 S 离子的存在在短时间内将导致电堆严重的性能损失。Nishikawa 等人[89]研究了杂质中 SO_4^{2-} 对电堆性能的影响，发现在低浓度下 SO_4^{2-} 不会影响电池的氧还原反应（ORR）速率，而在高浓度下将一定程度地影响催化层 ORR 活性。Uddin 等人[90]分别分析了含有 18.5mM 的 Cl^- 与 H^+、Cl^- 与 Al^{3+}、Cl^- 与 Fe^{3+}、Cl^- 与 Cr^{3+}、Cl^- 与 Ni^{2+} 对燃料电池性能的影响。他们发现，Cl^- 与 Ni^{2+} 不会导致电池显著的性能损失，而其他则会明显导致电池中不同程度的性能损失。这些离子导致降解的主要原因是盐沉淀的发生，从而堵塞了 GDL 孔隙和流道。Li 等人[91]进行了一系列实验以了解杂质中 Fe 与 Al 元素对质子交换膜燃料电池性能的不利影响。研究表明，相同浓度下，Fe^{3+} 产生比 Al^{3+} 更加严重的电位衰退，且 Fe^{3+} 导致膜上形成针孔，这是因为 Fe 元素有助于过氧化氢自由基的产生，而过氧化氢自由基能够附着在膜上并损坏 Nafion 膜。Sulek 等人[92]研究了燃料电池在 Al^{3+}、Ni^{2+}、Fe^{3+}、Cr^{3+} 存在下的行为。研究表明，10ppm Fe^{3+}、Al^{3+}、Cr^{3+}、Ni^{2+} 分别导致 70%、90%、65%、69% 的电池性能衰退。Qi 等人[93]发现 Al^{3+}、K^+ 杂质具有高迁移行为，此类离子污染物的

存在将导致电压的严重损耗，K^+ 杂质的毒化效应要强于 Al^{3+}，且所有中毒的电堆仅能恢复部分性能。

由于冷却液杂质的存在将导致燃料电池性能的严重衰退，因此需要采取适当的缓解策略来防止杂质离子进入电堆以减小离子污染物的危害。Uddin 等人[94] 研究了 GDL 的疏水特性对阳离子污染的影响，结果表明，由于疏水性 GDL 和 MPL 充当阳离子的屏障，GDL 和 MPL 的疏水性能够有效阻止阳离子到达催化剂涂层膜（CCM），因此可以使用类似的结构来过滤阳离子溶液并阻碍液相阳离子在燃料电池中的扩散。Yano 等人[95] 进行了一系列实验以研究硫酸根离子在不同温度条件下对电池的毒化行为，根据实验结果提出了通过控制较高温度以降低硫酸根离子毒化效应的缓解策略。这种缓解策略利用了硫酸根离子在较高温度下吸附力显著减弱的特性。此外，他们提出短时间高电流密度操作可以考虑作为一种缓解策略以恢复因吸附硫酸盐而损失的性能。一些研究[96] 提出通过低电池电压下操作有助于 Cl^- 的去除从而减弱其毒化的影响。尽管特定的操作条件可以减轻离子杂质毒化的不利影响，但它们可能会产生副作用并对燃料电池的其他方面产生负面影响。

5.2　低温环境导致的“结冰”损伤与自启动技术

5.2.1　停机残存水结冰引起的损伤

质子交换膜燃料电池的低温启动能力是其作为车载动力必备的一项基本能力，目前实现电池低温下快速启动同时保持电池的性能依然难以做到，这是急需解决的一大问题。由于 PEMFC 中有产物水和增湿水的存在，在低于冰点温度的环境中，电池中的水都具有结冰的本性。水和冰在 0 ℃时的密度分别是 $0.9998g \cdot cm^{-3}$ 和 $0.9168g \cdot cm^{-3}$，水结冰时会产生约 9% 的体积膨胀，若环境温度在 0 ℃以下，产生的冰晶会阻塞传质通道，阻碍反应的进行，降低化学反应速率。同时反复的水、冰相变引起的体积变化会对电池组件的结构与材料产生不可逆损伤，降低电池的耐久性，也增加电池的安全隐患。PEMFC 中容易产生损伤的部件主要有质子交换膜（PEM）、催化层（CL）和气体扩散层（GDL）。本节将对这些损伤及其研究进展进行介绍。

1 质子交换膜的损伤

质子交换膜是燃料电池极其关键的部件之一，它起着分离反应气体、传输质子的作用。因此，它应具有良好的质子导电性、电子绝缘体、低气体渗透性、机械强度和化学稳定性，以获得更好的性能和较长的耐久性[97]。目前市面上常用的膜是具有长侧链的全氟磺酸（PSFA）系列，如Nafion®、Gore Select®，以及短侧链的Dow®、Hyflon®和Aquvion®。在这些材料中，杜邦公司开发的Nafion膜因其超强的稳定性、较低的制造成本，在工程中得到广泛应用。Nafion膜由疏水聚四氟乙烯（PTFE）骨架、柔性全氟侧链和含$H^+SO_3^-$的亲水簇组成。含H^+ SO_3^-的亲水团簇吸收大量水分，可形成显著的亲水区域，其中H^+与SO_3^-[98]结合较弱，易于移动。因此，在燃料电池系统中，质子交换膜应充分地水合以获得较高的质子导电率[99]。因此，当环境温度降低到0℃以下时，冰的存在可能会对膜产生重大影响。

在低温条件下，一般采用差示扫描量热法（DSC）和核磁共振（NMR）等检测方法来探测膜中水的状态[100]。即使温度低于冰点，膜内残留的水也不会完全冻结，提高燃料电池冷启动能力需要膜具有较高的水合程度以得到较高的质子导电率。Jiao等人将膜内水的状态分为非冻结水和冻结水[101]。具体来说，根据水分子与磺酸（$H^+SO_3^-$）的键合强度，可以将非冻结水分为不可冻结水、可冻结水和自由水[102]。当温度降到0℃以下时，只有无界的自由水分子会结冰，而当温度降低时，可冻结的水会趋于冻结[103]。Morihiro的研究表明，与磺酸基弱结合的水在−20℃左右转变为冰，而强相互作用的水不结冰[104]。Luo从理论上推断存在一些即使低于−30℃也不会结冰的水。此外，由于冰的形成，水含量的减少显著降低了氢离子的迁移率，从而降低了离子电导率。Siu发现当温度从23℃下降到−3℃时[105]，Nafion 117膜的质子电导率从$0.093S \cdot cm^{-1}$下降到了$0.049S \cdot cm^{-1}$，当温度下降到−20℃的时候，质子电导率降为$0.012S \cdot cm^{-1}$。Hou检测到Nafion 212膜的质子电导率在25℃时为$0.0865S \cdot cm^{-1}$，在10℃时下降到$0.01S \cdot cm^{-1}$。温度进一步降低至−20℃，电导率变为$0.0058S \cdot cm^{-1}$[106]。质子交换膜的衰退一般分为三种模式，分别为机械衰退、化学衰退和热衰退[97]。同样，由于F/T的反复循环，其衰退模式也可归纳为上述三种类型。机械导致的衰退模式包括膜－电极界面的针孔、裂纹和分层。Yan[107]使燃料电池在低温下工作，并使用扫描电镜（SEM）观察到了膜的明显损伤，特别是膜表面变得粗糙、开裂并形成针孔。裂纹和针孔形成的根源可能不是膜内的水，而是表面水的存在。当燃料电池在0℃以下的温度下工作时，或者在关机前没有进行吹扫时，残留在膜和催化层之间的液态水会变成冰晶，冻结后产生局部应力，导致出现小凹陷，应力集中发生在尖端，然后导致微裂纹的形成[108]。Oszcipok 利用电化学阻抗谱和循环伏安法研究了等温恒压条件下单电池的冷启动行为[109]。结果表明，每冷启动一次，膜的接触电阻以 5.4% 的速度增加，电化学活性表面积以 2.4% 的速度下降，在显微镜下可观察到阴极扩散层和催化层结构发生了变化。此外，Hwang 观察到水优先在裂缝或孔隙中凝结，随着冻融循环（F/T 循环）次数的增加，微裂纹不断增大会形成大规模缺陷或裂纹[110]。此外，一旦水结冰，在膜表面就会形成大而凸出的冰晶，刺穿膜，造成针孔。局部膨胀和应力集中及冰边和冰晶针孔可能是引起机械衰退的主要原因。

膜的另一个关键衰退机理是低温下材料分解引起的降解。Mcdonald 等人发现了膜的伸长率、极限强度、抗拉强度各向异性及水膨胀行为在 F/T 循环之后的衰退[111]，他们发现在分子水平上排列的磺酸基团在 385 次 F/T 循环后会重新组合。电堆降温之后，Plazanet 观察到膜的收缩和脱水导致膜中离子浓度增加[108]。PEMFC 中，F/T 循环导致的化学和电化学衰退包括 Pt 向膜的迁移及催化反应引起的膜材料分解。Gavello 等人[112]观察到催化层中的 Pt 颗粒在 30 次 F/T 循环后迁移到了 Nafion 112 膜中，液态水的存在不仅有利于杂质在膜中的运输，而且由于大量的磺酸基团的附着，可能会降低水的扩散能力和膜的质子电导率。机械衰退导致的针孔、裂纹的形成会使氢交叉和反应气体渗透量增加，反应气体会直接反应，导致催化层表面局部高温。另外，在氢 / 空气催化反应中形成过氧化氢和过氧化氢自由基，可进一步分解膜材料[97]。此外，在 F/T 循环过程中，碳腐蚀释放的铂也可能迁移到膜中，催化产生的自由基会加速质子交换膜化学结构的衰退，最终导致 MEA 性能的下降。

2　催化层的损伤

虽然科学家们对于燃料电池在 0℃以下的产物水结冰的位置仍有争议，但大多数研究发现冰一定在阴极催化层中存在[113]。Oszcipok 认为由于过冷效应，虽然催化剂表面的初始水珠并没有冻结，但是这些水珠会逐渐汇聚成大水珠，并重新冻结[114]。Yan 等人发现在燃料电池工作时阴极侧有大量积水，停机后也存在残余液态水[115]。Mishler 通过高分辨中子射线照相技术研究了冰的存在位置，并得到了同样的结论，即大多数冰存在于阴极催化层中[116]。此外，Ge[117] 的研究表明，在电压下降期间，阴极催化层中有大量的冰积聚，根据非原位冷冻电镜和 X 射线衍射结果，冰可以几乎充满整个催化层[118]。Table 等研究了催化层中的凝固机理[119]，结果表明阴极催化层在温度降低到 −20℃时会发生显著的凝结。

F/T 循环对催化层衰退的影响形式包括分层、催化剂内部结构变形、电化学活性表面积和催化层厚度的衰退。当液态水变成冰时，电池中的水的膨胀率约为 9%[120]，这种膨胀可能导致催化层从膜或气体扩散层（GDL）中分层[121]，这会显著增加膜/催化层的接触电阻。催化剂层中的这些损伤几乎只发生在流场下方，而不是在脊的下方[122]。Park 等[63]观察到在 F/T 循环 300 次后，电极与膜界面的附着力减弱，从而导致电池的性能逐渐下降，随着循环次数的增加，在电流密度为 1A・cm^{-2} 时，衰退速率约为 0.4 mV/循环。另外，反复 F/T 循环后会导致催化层内部结构发生变形和孔隙率的畸变[123]。Hou[124] 的研究表明，在 −20 ~ 60℃ 4 次 F/T 循环后，特征孔径变大，大孔数量明显增加。随着孔隙率的增加，电极内水相变时的体积膨胀会产生微裂纹和孔洞。

3 气体扩散层的损伤

根据以往实验结果和模型分析[109]，如果燃料电池在低温下运行或关闭前未进行吹扫，GDL 中也会存在一部分液态水。通过扫描电镜分析发现，在低温条件下，多孔碳材料的形貌因水、冰相变的体积变化而发生变化。Lee[125] 的研究表明，在反复 F/T 循环后，气体扩散层透气性会增加，这主要是因 F/T 循环而导致的材料损失。在没有液态水存在时，气体扩散层对碳损失的抵御能力明显增强。Zhan[126] 等观察到几次燃料电池冷启动后，结冰膨胀会导致部分碳纤维断裂，PTFE 颗粒脱离碳纤维表面，导致气体扩散层的排水和导气能力下降。Adnans 等人的研究表明[127]，在 −40 ~ 30℃之间完成 30 个 F/T 循环后，大量的碳和疏水剂开始从 GDL 表面脱落，出现裂纹，特别是在靠近碳纤维的区域，在 45 次 F/T 循环后结构发生显著的变化。詹志刚[128] 等验证了碳纸表面 PTFE 颗粒发生了脱离构成空隙，骨架的碳纤维变得光洁，碳纤维在冰的冻胀应力的作用下被折断，从而影响扩散层中气体传输通道的疏水性，导致扩散层的排水能力和气体扩散能力降低，电池性能下降。

上述对 GDL 结构的影响将直接改变其亲疏水性。Oszcipok 等人[109] 的疏水性测试结果表明，阳极一侧疏水性分布均匀，接触角为 136°，而阴极 GDL 上的接触角由于冷启动时结冰，不同区域接触角分别为 133° 和 136°。Song 等也得到了同样的结果，在 F/T 循环后，PTFE 的损伤伴随着扩散层疏水性的变化，原始碳纸的水接触角由 152° 变为 118°[129]。Luo 等人[130] 认为 GDL 中的传质及 CCM 与 GDL 界面处的气体耦合特性是高电流密度区域电池性能下降的主要原因。MPL 是 GDL 的重要部件，在低温下受损也比较严重。Adnan 等人[127] 发现 MPL 在 60 个 F/T 循环后发生显著的物理变形。MPL 表面形成了大规模的裂纹，碳材料和疏水剂开始从表面分离，使 MPL 表面孔隙率提高，残余水逐渐增加，冻结体积逐渐增加，这些衰退导致宏观孔隙体积、孔隙率和平均孔径不断增大。

尽管燃料电池堆的密封垫片、集流器、端板、加湿器、风扇、泵等燃料电池系统附件设备也是燃料电池正常运行的关键部件，但它们的退化速度和耐久性实验研究是非常有限的，对低温或者重复 F/T 循环引起的衰退研究较少。在双极板的

MEA 侧和冷却剂侧存在密封垫片，以防止气体和冷却剂的泄漏，但这些部分的故障会降低系统的可靠性并引起安全隐患。Zeng 等人[131]在 −40℃低温环境下进行 3 次 F/T 循环实验后发现，即使电堆气密性良好，满足使用要求，但经过多次冷启动后，电堆气密性也有较大程度的下降，空气、氢气和冷却剂流场的气密性分别下降了 16%、11.3% 和 4%。上述组件及燃料电池系统辅助组件研究资料较少，进一步研究它们在低温下的降解机理对于延长 PEMFC 的使用寿命具有重要意义。

5.2.2　排水结构改进与停机操作对策

1　排水结构的设计

目前在质子交换膜燃料电池中广泛使用的双极板是由石墨或金属制成的，流场结构为微米级。如果流场中的水结冰，反应气体就会减少甚至堵塞，使 PEMFC 处于“饥饿”状态，导致燃料电池性能衰退。因此，改善其疏水性及结构，防止水在通道内结冰是非常重要的。Santamaria 等人[132]通过断层扫描技术的研究发现，由于 GDL 的排水和重力作用，冰主要在流场下方形成。阴极侧流场出口区域冰较多，流场下部有较厚的冰层。因此，需要进行流场结构优化以促进流场中的水排出，减少冰的累积和 F/T 循环下流场的损伤[133]。He 等人[133]研究表明，较高的流场宽度 / 脊宽比有利于产物水的排出。此外，脊与扩散层之间的接触界面对脊下水的排出起着至关重要的作用。采用表面涂层技术可提高排水效果，以减少残留水。

基于一维模型仿真和理论计算[134]，双极板的热容是冷启动的关键因素，在燃料电池总热容中所占比例最大，因此降低双极板热容有利于燃料电池冷启动性能提升。Ko 等人[135]证明，使用金属双极板可以提高 PEMFC 的冷启动性能，因为它的热容更低，废热的产生促使电池温度迅速上升至冰点。Lin 等人[136]研究表明，反应气体的分布和排水性能由流场决定，这对提高冷启动能力和耐久性具有重要意义。采用印制电路板（PCB）技术，采用单蛇形流场的电堆在冷启动失败时性能衰退最小。

2　关机策略调整

在燃料电池停堆时清除燃料电池中残留的水是有效提升冷启动能力的策略之一，这是已被证明的可以减小燃料电池不可逆冻结损伤和提高燃料电池耐久性的一项措施[137]。EunAe 等人[137]指出吹扫除湿是防止水冻结，避免性能衰退的有效方法。Huang[138]和 Luo 等人[130]认为，只要选择适当的参数，“冷吹扫（电池温度低于 30 ℃时吹扫）”和“热吹扫（关机时吹扫）”都可以有效预防冻伤。单电池循环伏安特性表明，经过 20 次 F/T 循环，冷吹扫下 CCM 的电化学活性表面积由 $44.5m^2 \cdot g^{-1}$ 减小到 $42.8m^2 \cdot g^{-1}$，衰退了 3.8%；热吹扫的电化学活性比表面积从 $42.7m^2 \cdot g^{-1}$ 下降到 $40.5m^2 \cdot g^{-1}$，衰退了 5.2%。然而，不吹扫时电化学活性表面积从 $45.2m^2 \cdot g^{-1}$ 下降到 $39.4m^2 \cdot g^{-1}$，下降了 12.8%。Lin 等人 [139] 在重复 F/T 循环后，使用分区测试手段测试了燃料电池的性能，发现气体吹扫对燃料电池的电流密度和分布均匀性具有明显的提高作用。若在停机后不进行气体吹扫，将会导致 PEMFC 中残余水分布不均匀，降温后电堆内部的冰分布不均匀，将会使局部电流分布不均，各分区单元电流密度衰退不一致。

电堆关机吹扫策略会产生额外的寄生电耗，因此需要平衡吹扫时间、能量消耗和吹扫效果之间的关系。目前燃料电池冷启动的吹扫还没有相关的标准，为了提高燃料电池内部除湿的有效性和经济性，在实验室和实际工程中一般采用不同的吹扫策略，如真空辅助吹扫 [140]、温度梯度吹扫 [141]、平衡吹扫 [142]、气体吹扫 [143]。

PEMFC 的一般工作温度通常为 80℃左右，接近常压下水的沸点。真空辅助吹扫会降低燃料电池内部气体压力，从而降低水的沸点，提高内部水的蒸发速率，有利于燃料电池内残余水的排出。Tang 等人 [140] 将真空辅助吹扫与传统的干式氮气吹扫工艺进行了比较，结果表明真空辅助吹扫更有利于燃料电池内残余水的排出。干式氮气吹扫后出现了水分残留现象，而真空辅助吹扫后几乎没有水分残留。然而这样就导致燃料电池系统还需要加装另一个真空泵，这增加了系统的复杂性。在燃料电池内部的每一层都或多或少地会出现温度梯度，一般催化层的温度会高于流场的温度，因此催化层的相对水蒸气浓度大于流道的相对水蒸气浓度，水蒸气沿温度梯度向流道移动，排出燃料电池 [141]。Kim 等人 [144] 通过在阴极中加入氢气或在阳极中加入空气，在催化层中进行氢氧混合催化反应，释放了大量的热量，这会增大催化层与流场之间的温度梯度。实验结果表明，在阴极吹扫气体中加入少量氢气可以有效提高排出效率，并通过可视化技术观察到阴极气体扩散层排出的残余水。经过 3000 次 F/T 循环退化试验，功率衰退率约为 5%，阻抗值提高约 9.3%，满足燃料电池全周期性能衰退的要求。Tajiri 等人 [142] 采用平衡吹扫法，通过监测燃料电池阴极出口水蒸气相对湿度，有效控制膜内含水量。同时，通过控制燃料电池内部初始水分布和含水量可以使每次冷启动实验保持一致性和可重复性。然而其吹扫时间过长（一般为 2h 以上）且能耗较高。Tajiri 等人 [145] 比较了氦（He）和氮（N_2）在不同温度下的吹扫效果，发现氦由于其较高的水扩散系数，具有更好的性能。Ge 等人 [143] 发现吹扫时间对膜的含水量和燃料电池的冷启动质量有显著影响，即使进行了 30min 的气体吹扫，水在 MEA 中仍然有残留。

5.2.3　低温自启动策略与材料选择

PEMFC 的冷启动过程中的关键因素是液态水的产生与排出，液态水一般有三种排出途径：①被离聚物吸收；②以蒸气的形式排出，这种形式在低温下几乎可以忽略；③变成液态水并冷冻成冰。冰的形成和溶解是 PEMFC 冷启动的关键。典型的燃料电池冷启动过程可分为三个阶段[146]。第一阶段，电池开始发电并在阴极产生水，直到饱和之前不结冰，产生的热量使温度上升。第二阶段，催化层中的水逐渐积累到饱和之后开始结冰，电池温度也继续提升。此后的状态取决于结冰速度和温度上升之间的竞争关系，若催化层温度在被完全覆盖之前达到 0℃以上，冰开始融化，反应速度加快；反之，则催化层被完全覆盖，反应停止。第三阶段，冰完全融化，温度继续上升，反应速率加快，直到电池正常工作。

詹志刚等人的研究证实 PEMFC 在低温环境下进行冷启动时，空压机工作使空气升温对电池的冷启动操作作用不大，换言之，仅仅通过空压机压缩空气对电池进行预热在较低温度下启动发动机难以成功。他们通过实验证明冷启动操作条件对电池自启动有较大影响，加大进气流量、降低启动负载电流密度可以提高电池启动能力。

许多出版物、专利和报告都非常关注缓解由冷启动或 F/T 循环引起的性能衰退的策略的发展。这些策略主要分为三类：停机吹扫、使用防冻液、优化燃料电池结构和材料。

1　自启动策略

自启动是无须外部提供热量，完全依靠燃料电池启动过程产生的废热使电池升温的一类启动策略。自启动过程的产热速率大致与电流呈线性关系，与工作点密切相关。因此，自启动策略是通过控制电池工作点来提高启动过程中产热量。常见的自启动策略主要包括控制输出和反应物饥饿两类。

控制输出最简单有效的方式是控制电流，电流直接决定了电池的工作状态，并且与产热和产水密切相关。Tajiri 等人的[142]研究表明，低电流启动有利于充分发挥催化层和膜的储水能力，可以延长低温启动的持续时间。然而较大的电流是启动速度的保证。为了同时发挥低电流下结冰速率慢和高电流下产热速率快的特点[147]，Jiang 等[148]开发了一种电流线性增加的加载策略。启动初期，电流较低，允许膜有足够长的时间吸收产生的水，从而避免冰的形成；随着启动的进行，电流线性增加，产生的热量逐渐增加。此外，为了保证较快的启动速度，同时防止电池电压过低，控制电流时应尽可能使单节电池的电压介于 0.3 ~ 0.5V[149]。RIOS 等[150]采用单节电池 0.4V 的电压在 30s 内将 4kW 电堆从 −15℃启动并达到额定功率的 50%。

Amamou 等[151]开发了一种实时自适应低温启动策略，做法是将在线参数识别方法集成到半经验模型中，以应对 PEMFC 冷启动过程中的性能漂移。他们在此基础上提出了一种优化算法，从优化后的模型中寻找最佳操作点，将确定的工作点即最大功率对应的电流设定到 PEMFC 上。采用 500W 电堆进行实验，结果表明，该策略可以在 54s 内将电池温度从 −20℃升高到 0℃。然而这种控制策略过于复杂，且缺乏普适性。

反应物饥饿法通过降低反应物的化学计量比，或在恒定化学计量比下连接一个瞬态负载，一般是以间歇的形式，使电堆形成短暂的饥饿状态而产生更大的过电位，使工作点下移，从而增加废热产量。丰田 Mirai 可以实现 −30℃快速启动燃料电池，并在 30s 内输出功率，在 70s 内达到额定功率。其启动策略为首先根据启动温度计算出所需加热功率；然后根据所需加热功率计算出启动所需的电流和电压；再根据启动温度和计算得到的电流找到对应的标准电压并得到所需过电位；最后根据过电位与空气计量比的关系得到所需空气计量比，并将信号传递给空压机控制器，向电堆供应相应量的空气。整个过程实时监测电堆温度，每隔一定温度重新运行一次上述策略，直至启动成功。

2 材料选择

优化质子交换膜的材料和结构也可以增强燃料电池的冷启动能力，从而降低低温对其性能的影响。Morihiro 等人[152]验证了膜中的部分水在 −20℃左右会结冰，但也存在未结冰的水，这部分水也具有扩散性质。部分强结合水不会冻结，但为了提升质子电导率，建议膜具有较低当量重量。Yao 等人[153]通过引入结冰概率函数，建立了三维瞬态多相流单通道模型来描述过冷水结冰过程的随机性，研究了膜厚度对低温启动性能的影响，发现减小质子交换膜厚度可以促进质子交换膜中离聚物中的水向阳极催化层扩散，能有效缓解阳极脱水现象。尽管如此，Park 等人[123]也认为膜越厚，阻抗越高，水扩散速率越低，但储水能力越强，越难开裂。即使含水率低的膜进行燃料电池冷启动，膜中水分的严重流失也会产生强烈的机械应力，导致膜的退化。因此 Tang 等[154]提出了缓解因相对湿度变化而产生应力的方法，该方法首先将 Nafion 离聚体转化为 Na^+ 形式，将其固定在 PTFE 框架上，然后在 270 ℃下对聚合物进行热处理。该复合膜具有优异的物理稳定性，RH=25%、90 ℃时，湿度变化产生的应力为 0.6MPa，明显小于相同条件下纯 Nafion 膜的 3.1MPa。

许多研究人员倾向于设计先进的催化层和 MEA 来提升电堆的耐低温性能。Yao 等人[153]的研究表明，提高阴极催化层中离聚物的体积分数可以有效地促进阴极催化层中的水向质子交换膜扩散，从而充分利用膜中的储水空间。Miao 等人[155]在阴极催化层中加入亲水纳米氧化物以提高其储水能力。通过对比试验发现，添加 5% SiO_2 的燃料电池在 −8℃进行 F/T 循环后无显著性差异。Hwanget 等人[110]研究了传统 Pt/C 和纳米 Pt/C 在 F/T 循环下的耐久性。结果表明，在低温条件下传统催化层中裂纹的数量和大小呈指数级增长，而纳米结构催化层中产生的裂纹非常小，形成的冰在催化层的结构中没有导致明显的开裂和分层。Ko 等人[156]利用三维瞬态模型研究了催化层关键设计参数对燃料电池冷启动的影响。将燃料电池阴极催化层中的离聚体含量从 0.1 提高到 0.3，可显著提高电池在 −30℃时的启动能力。

Kim 等人[157]从概念上认为，使用增强膜加上无裂纹的催化层是减轻冻害的最佳材料。Wang 等人[158]引入多壁碳纳米管以增强 Nafion 树脂的强度，提高燃料电池的 F/T 循环耐久性。增强膜由于其力学性能和尺寸稳定性的提高，能够承受循环膨胀，与相同厚度的 Nafion 112 膜相比，催化层与膜之间的分层程度大大降低。Lee 等人[159]设计了一种更能抵抗水、冰相变引起的体积变化的 MEA，以减少燃料电池的衰退。结果表明，MEA 的制备方法和制备条件决定了初始 MEA 的微观结构。在 F/T 循环过程中，影响燃料电池性能的主要因素是膜 / 催化层界面间隙的形成，虽然三相界面逐渐减少，但催化剂活性没有明显降低，120 次 F/T 循环后，活化损失和浓差损失均没有明显增加。

在影响扩散层性能的各项参数中，材料刚度是提高 F/T 耐久性的最重要指标。高刚度的 GDL 可以更均匀地将压缩力分布在纤维上，缓解结冰引起的体积变形[160]。Lim 等人[122]认为，与碳布和碳纸型 GDL 相比，较高刚度的碳毡 GDL 具有较好的 F/T 耐久性，这主要是因为碳毡 GDL 与 MEA 界面间隙小。Kim 等人[160]发现 F/T 循环并不能对高刚度扩散层造成明显损伤，另外，流道与脊的比值也是 GDL 损伤的重要影响因素。改变 GDL 的孔径[161]、亲水层[162]及 PTFE 载量[116]也可以增强电堆的冷启动能力，从而进一步延缓电堆的衰退。Hirakata 等人[161]发现 GDL 的气孔对冷启动时的性能输出有显著影响。由于接触角较大，因此小孔有利于过冷水小液滴的形成，液滴容易挥发排出，这将明显提升电堆的冷启动能力。亲水的 GDL 可以从催化层中吸收大量的水，燃料电池在 −10℃下启动时，性能明显提升，这主要由于这种设计缓解了 F/T 循环对催化层的破坏[162]。除上述参数外，MPL 的存在对燃料电池的耐久性也具有重要影响，因为它在管理燃料电池的水平衡方面具有重要意义。Yutaka 等人[119]发现在无 MPL 的电堆中，大部分冰会覆盖在催化层表面而降低电堆的性能，因此 MPL 的存在可以减少催化层表面冰的积累，提高燃料电池的性能，抑制燃料电池低温启动后的衰退。材料界面间的机械支撑也可以影响燃料电池的低温启动性能。Ko 等人[163]改进了传统的 MPL 制备方法，提出了一种新的多功能 MPL 制备方法，可以增强 Pt/C 的电子传输能力。即使阴极催化层完全被冰填充，多功能 MPL 也能延长燃料电池的工作时间。

5.3 流体工况引起的衰退与损伤

5.3.1 膜两侧压差引起的形变与剪切损伤

运行中的燃料电池膜内应力状态主要由温度、湿度、压力波动产生的膜的膨胀和收缩决定。由于 MEA 机械强度较弱，当阴极和阳极采用不同的进口压力时，MEA 会变形。研究表明，由组装压力引起的 MEA 变形会影响电池性能。由于膜被夹在双极板的扩散层之间，一般约束在几乎恒定的面内应变状态。由于平面约束，膜内诱导的机械应变和应力是双轴的。Li 等人[164]提出，由于组装压力降低了脊下区域的渗透性，因此脊区域的反应物运输减弱；然而，电流密度分布变得均匀，这是因为装配压力改善了双极板和 MEA 之间的接触。Zhang 等人[165]提出，由装配压力引起的气体扩散层（GDL）压缩降低了 PEMFC 的温度，并提供了更均匀的温度分布。Zhou 等人[166]发现较厚的膜对装配压力的敏感性较低，而薄 GDL 和膜的组合对装配压力具有合理的敏感性。同时，阴极和阳极之间的气体压力差以几十千帕施加在薄膜上，因此两侧压差会导致不同程度电堆寿命下降。对膜来说，膜失效不在于膜的整体机械分离，而在于膜上出现小泄漏。损伤和失效检测应与渗透性变化相关，而不是标准拉伸试样中发生的大规模变形和撕裂，近年来，人们对加压膜结构进行了广泛的研究，且一般针对 MEA 的黏附性行为及用于研究膜本身的性质。压力实验中，压力加载泡罩试验已用于测量膜的力学性能及残余应力和破裂强度。在圆形压力加载泡罩的中心，径向和周向应力相等。随着远离压力加载泡罩中心，两个方向上的应力以稍微不同的速率逐渐减小。根据 Hencky 给出的压力加载泡罩内应力的幂级数解[167]，得到的径向力（σ_r）和切向力（σ_θ）表达式为

$$\sigma_r = \frac{1}{4}\left(\frac{EP^2a^2}{t^2}\right)^{\frac{1}{3}} \sum_{k=0}^{\infty} B_{2k}\left(\frac{r}{a}\right)^{2k} \quad (5\text{-}29)$$

$$\sigma_\theta = \frac{1}{4}\left(\frac{EP^2a^2}{t^2}\right)^{\frac{1}{3}} \sum_{k=0}^{\infty} (2k+1)B_{2k}\left(\frac{r}{a}\right)^{2k} \quad (5\text{-}30)$$

式中，E 是膜的杨氏模量；P 是施加的压力；a 是泡罩的半径；t 是膜的厚度；B_{2k} 是在已知初始 B_0 系数后通过递归关系确定的系数。

图 5-1 为压力圆形泡罩的径向和切向应力因子与径向位置的关系曲线，说明整个膜上的径向应力相对恒定，但切向应力随着接近试样的约束边缘而显著减小，其中切向应变必须为零，膜从玻璃态 $v = 0.3$ 到橡胶态 $v = 0.5$ 三个特定泊松比下的应力关系如图 5-1 所示。在测试许多试样结构失效时的一个常见问题是夹具失效的可能性。尽管图 5-1 中所示的不均匀性对于诱导理想的均匀应力状态可能是不可取的，但边缘附近应力的减少可以有利于最大限度地减少握力失效的可能性。

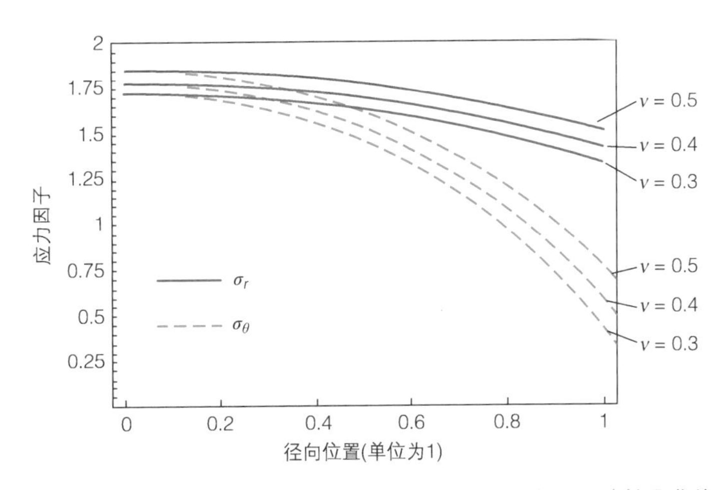

图 5-1　压力圆形泡罩径向和切向应力因子与径向位置 v 的关系曲线

图 5-2 为压力圆形泡罩内的应力状态比例曲线，提供了径向位置函数的切向应力与径向应力之比，以及径向位置函数的径向应力与最大径向应力的比值。该方法对样品在表征燃料电池膜的结构特性和泄漏现象方面具有相当大的潜力。

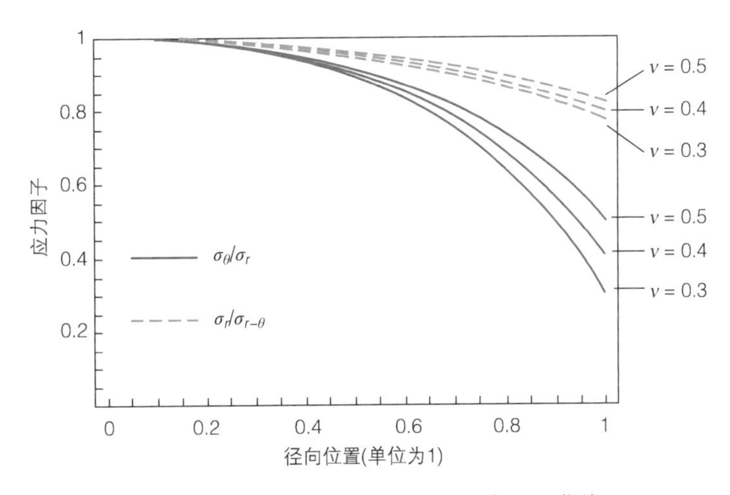

图 5-2　压力圆形泡罩内的应力状态比例曲线

Ding[168] 等人针对质子交换膜燃料电池（PEMFC）的膜电极组件（MEA）膜两侧压差引起的变形展开研究。研究采用基于二维 MEA 变形模型的三维 PEMFC 模型，研究了弯曲 MEA 对氧转运、液态水去除、压降及电池整体性能的影响。其首先建立了基于有限元分析法的二维 MEA 模型，模拟 MEA 的变形，模型如下。

平衡方程：

$$\begin{cases}\dfrac{\partial \sigma_x}{\partial x}+\dfrac{\partial \tau_{yx}}{\partial y}+X=0\\[2ex]\dfrac{\partial \sigma_y}{\partial y}+\dfrac{\partial \tau_{xy}}{\partial x}+Y=0\end{cases} \tag{5-31}$$

式中，σ_x 和 σ_y 是 x 和 y 方向上的法向应力；τ_{xy} 和 τ_{yx} 是剪切应力；X 和 Y 分别是 x 和 y 方向上的应力分量。

弹性方程：

$$\begin{cases}\sigma_x=\dfrac{E\left(1-\mu_p\right)}{\left(1+\mu_p\right)\left(1-\mu_p\right)}\left(\varepsilon_x+\dfrac{\mu_p}{1-\mu_p}\varepsilon_y\right)\\[2ex]\sigma_y=\dfrac{E\left(1-\mu_p\right)}{\left(1+\mu_p\right)\left(1-\mu_p\right)}\left(\dfrac{\mu_p}{1-\mu_p}\varepsilon_x+\varepsilon_y\right)\\[2ex]\tau_{xy}=\dfrac{\gamma_{xy}}{G}\end{cases} \tag{5-32}$$

式中，E 是杨氏模量；ε_x 和 ε_y 是 x 和 y 方向的应变；μ_p 是泊松比；γ_{xy} 是剪切应变；G 是应力弹性模量。

几何方程：

$$\begin{cases}\varepsilon_x=\dfrac{\partial l_x}{\partial x}\\[2ex]\varepsilon_y=\dfrac{\partial l_y}{\partial y}\\[2ex]\gamma_{xy}=\dfrac{\partial l_x}{\partial x}+\dfrac{\partial l_y}{\partial y}\end{cases} \tag{5-33}$$

式中，l_x 和 l_y 分别是 x 方向和 y 方向的位移。

通过将均匀的非零压力施加到与通道接触的上侧和下侧，如图 5-3 所示。考虑到阴阳极之间的压差较大可能导致膜的损坏，在计算中采用了三个相对较小的压差，即上侧 100kPa，下侧 110kPa；上侧 100kPa，下侧 120kPa；上侧 100kPa，下侧 130kPa。图 5-3 显示了 GDL 在阴极和阳极之间 10kPa、20kPa 和 30kPa 的三个压差下的变形。当不施加压差时，GDL 保持其原始形状，厚度为

0.2mm。当氧分压施加在阴极通道和 GDL 之间的界面上时，GDL 被压缩并发生变形，远离通道。相反，由于零压力条件，GDL 在与脊接触的区域变形非常弱。GDL 的变形导致阴极沟道的高度和横截面积增加。例如，在 30kPa 的压差下，通道高度从 2.00mm 增加到 2.07mm，增加了 3.5%；通道的横截面积从 1.00mm^2 扩大到 1.0743mm^2，增长了 7.43%。此外，仿真结果表明，GDL 的变形在脊和 GDL 之间产生间隙，压差越大，间隙越大。

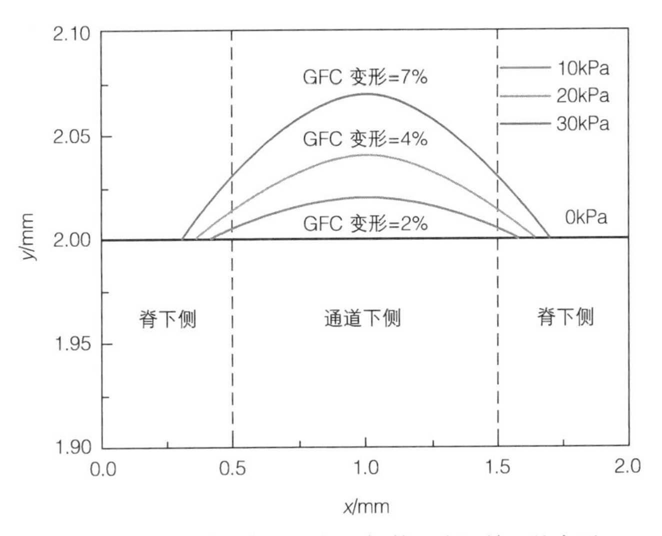

图 5-3　GDL 在阴极和阳极之间的三个压差下的变形

Bender 等人 [169] 在原位 AST 实验中应用了三组不同的阳极 / 阴极压力（0psi、2psi、4psi，1psi=0.00689MPa），发现 OCV 退化在最初 18h 内对 4psi 的压力差不敏感，而在随后的时间内观察到更快的压降。因此，增加阳极和阴极之间气流的压力差可以加速膜的降解，尤其是在有缺陷的膜中。氢气和空气的流速对电池中的相对湿度、热量和电流的分布很重要。较高的流速会迅速去除产生的水，并使膜变干，然而，较低的流速会导致膜中的水浓度增加。非均匀的电流密度可能会产生热点，对膜造成不可修复的损伤 [170]。此外，更高频率的电流变化已被证明可增加氟化物释放并加速 PEM 降解 [171]。因此，必须控制氢气和空气的流速，以及气流中的相对湿度，以防止膜过干或溢流。

在燃料电池内部，膜的降解速率和早期失效位置取决于反应物的流动方向。Lai 等人 [172] 通过原位短路 / 交叉诊断方法，比较了 Ion Power™ N111-IP 膜分别应用气体逆流和顺流时的减薄率和氢气泄漏率。如图 5-4 所示，在强电流（80 ~ 800mA · cm^{-2}）和水合循环条件下，最大减薄和氢渗位置分别位于逆流配置的中间区域和合流配置的气体出口区域。8000min 逆流实验后，多个位置的显著泄漏率超过 50×10^{-3}sccm/cm^2，而 11900min 顺流实验后，大部分区域的泄漏率低于

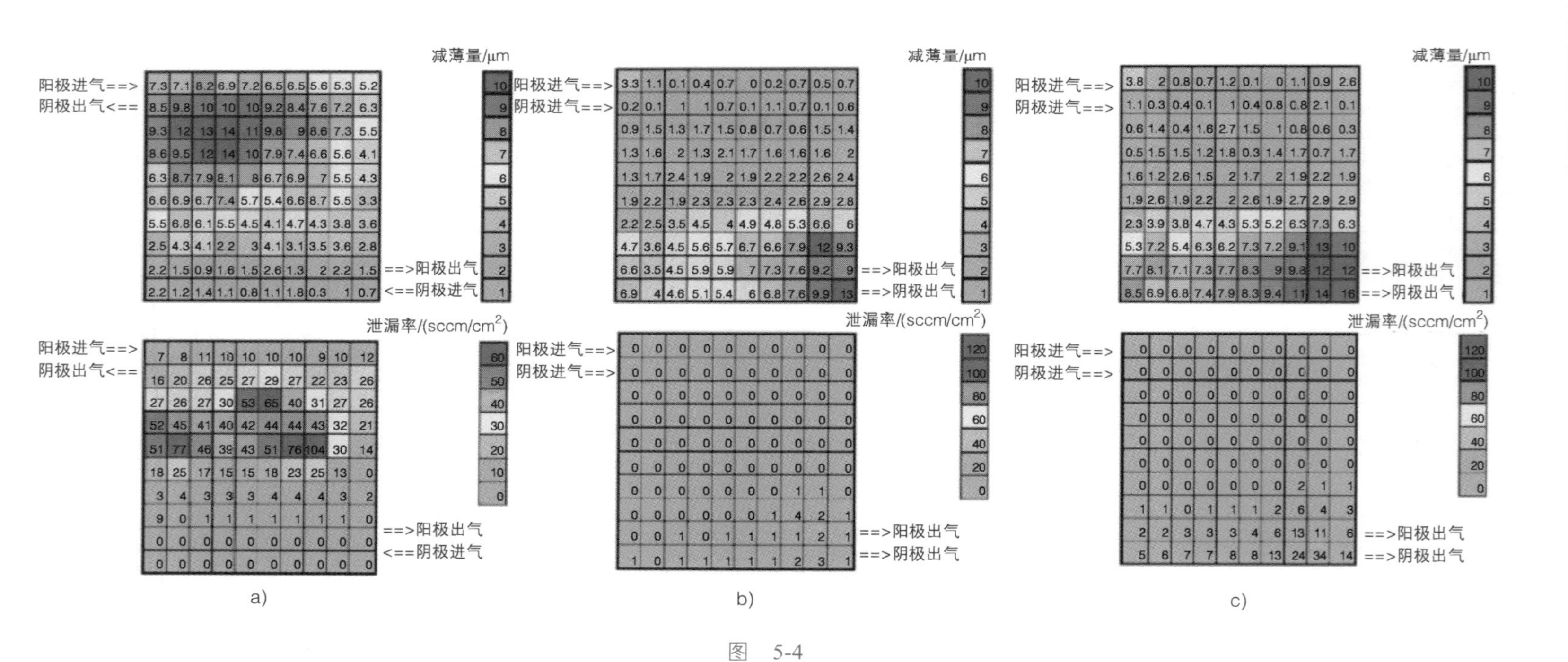

图 5-4

a）t=8000min 时逆流实验的减薄率和泄漏率　b）在 t=11200min 时，从共流实验得出的减薄率和泄漏率

c）t=11900min 时的减薄率和泄漏率

30×10^{-3}sccm/cm^2。从实现较低的膜降解速率的角度来看，燃料电池中的共流配置是优选的。Vengatesan 等人[173]也发现了 H_2 出口区域更高的降解位置，尽管没有说明反应气体的配置。基于红外热成像技术，Moor 等人检测了燃料电池运行 1500h 后膜中的缺陷尺寸和分布。与随机分布的小尺寸缺陷相比，大尺寸缺陷均位于出口区域。他们注意到，在膜（空气出口）中形成的裂缝的方向沿着气体路径是相同的。他们的测量结果表明，由于 RH 的变化（有时是水淹）、高气体速度和高电流，气体出口区域是膜的薄弱区域。

5.3.2 进气干湿及其交变引起的氢渗

水不仅是 PEFC 反应的产物，其对于稳定运行也是至关重要的。在电化学反应过程中，水被亲水膜吸收以电离酸基，并用于传输质子[173-174]，因为它们存在于聚合物内的水团簇中，其迁移率取决于水性网络的特性，膜的水化程度越高，离子电导率越高，性能也越高。在分子水平上，阳极中产生的质子传输由两种主要机制描述：从水解的离子位点（$SO_3^-H_3O^+$）跳到下一个位点，或通过电渗透阻力和膜上的浓度梯度以水合质子（H_3O^+）的方式扩散，分别为“质子跳跃”和“扩散机制”[175]。然而，过多的水会导致水淹和气体输送受阻。高于 80℃的高燃料电池温度会增加蒸气压力，导致水损失和高质子电阻率，而过低的温度会导致水凝结和电极水淹[176]。据研究，当 RH 在 0 ~ 60% 的范围内增加时，催化活性变得更高，而 RH 超过 60% 后进一步增强对催化活性没有贡献。此外，在电池运行期间，不利的湿热条件加剧了膜失效。Chen[177]表明，湿度的降低加速了侧链断裂过程，产生了大量的弱端基并导致降解。在 Ballard Power Systems 对不同湿度条件下的燃料电池运行进行的比较中，在不足 200h 的寿命试验下出现氢渗（>10cm^3/min，0.2MPa），原因是使用干燥反应气体导致膜上出现针孔，这比任何其他条件都快得多（耐久运行 3200h：阳极湿度 100%，阴极湿度 70%；耐久运行 1100h：阳极湿度 0%，阴极湿度 100%；耐久运行 550h：阳极湿度 0%，阴极湿度 100%）。此外，过量液态水的存在会限制反应气体进入电极，并导致显著的性能损失。基于全氟磺酸（PFSA）的 PEMFC 的最佳操作条件是完全饱和的反应物，没有过量的液态水，但在燃料电池实际运行条件下，湿度循环对于真实的工作环境是不可避免的。膜的机械强度和耐久性对于膜在湿热循环应力下保持完整至关重要。改变加湿条件可能导致力学性能下降。随着膜材料因重复的湿度循环而膨胀和收缩，出现应力断裂和热点的可能性增加，从而缩短寿命[178-179]。在没有化学降解的情况下，由于离聚物的动态水合作用和尺寸变化，当材料受到湿热循环和压力波动时，燃料电池膜的断裂发展通常由潜在的机械疲劳现象驱动[180]。已知这些循环载荷会导致膜内微裂纹的萌生和扩展[181]，这可能会发展为宏观断裂。现场模拟结果表明，在典型的湿度波动期间，应力和应变在拉伸和压缩状态之间交替。此外，相对湿度升高时，薄膜中会产生大量塑性应变，这会影响疲劳断裂过程。因此，质子传导需要适当的相对湿度。据研究，干膜的电导率显著低于完全饱和膜的电导率[182]。因此，适当的湿度对质子电导率和燃料电池的高性能至关重要。

燃料电池运行期间湿度的变化会在膜和 MEA 中引起循环应力和应变（机械载荷）。黄豪[183]采用相对湿度循环工况，研究了 MEA 中质子交换膜的机械疲劳机理。分析结果表明，湿度循环后质子交换膜电导率下降。他们猜想是进气的相对湿度循环变化，使得 MEA 中质子交换膜产生吸水－脱水现象，导致发生溶胀－收缩变形，从而使得质子交换膜发生了机械疲劳：发生了蠕变，厚度局部变薄，导致 MEA 氢气渗透通量增加。Wu 等人[184]通过通入 H_2/N_2 下的干湿循环和负载循环相结合的加速实验对 MEA 的性能降解研究发现，经过 AST 6 次循环试验，氢渗电流 i_{H_2} 突然从 7.3mA・cm^{-2} 增加至 20mA・cm^{-2}，根据 DOE 标准，使用非增强膜的电池仅持续约 300h 就将失效，对于非增强膜（均质膜，PFSA），氢渗电流 i_{H_2} 中的突然、剧烈跳跃现象与其他研究[185-186]中的结果相似。氢渗电流 i_{H_2} 的急剧增加及循环中电池性能的轻微下降表明，MEA 的某些区域出现针孔或微裂纹，而不是化学官能团的严重损失。Alavijeh 等人[187]在湿度循环后观察到薄膜中出现明显裂缝。Mukundan 等人[188]通过燃料电池干湿循环实验发现机械疲劳能够通过 PEM 裂纹造成机械失效，但是它的降解速度相比化学降解要慢很多，这使得它不能在合理的时间尺度上区分具有不同力学性能的 PEM。Stefan Kreitmeier 等人[189]通过 OCV 加速应力试验、相对湿度循环试验的对比，研究了化学降解和机械疲劳对气体分离的影响，目的是确定膜非均匀降解的触发过程。通过对全氟磺酸膜（Nafion 膜）中的气体渗透进行局部和在线分析，发现局部现象，如湿度波动、微孔层和碳纤维中的裂纹，会导致气体分离的退化。化学降解和机械降解共同加速针孔生长，这是 Nafion 膜中气体渗透增加的主要原因。

为了进一步给出氢渗评估标准，DOE 标准（2017 年 5 月更新）中基于湿度（RH）循环的膜老化与测试方案见表 5-6。直到氢渗电流 >15mA・cm^{-2} 或 20000 次循环测试停止。这些标准通常作为 MEA 联合降解的基础。根据 DOE 标准，Bender[169]等人在 OCV 条件下每 2min 将 MEA 暴露于露点为 90℃和 20℃的交替 H_2/ 空气中。有缺陷的 MEA 显示显著的降解速率。Ballard Power System 的循环 OCV 和 AST 方案的湿度（RH）循环也用于测试 Kjeang 等人的燃料电池。在试验中，采用低稳态 RH/ 高温 OCV 阶段来增加化学降解，然后在 N_2 中进行一系列干 / 湿循环，以诱导机械降解。为了在公共汽车相关条件下为重型燃料电池提供更接近实际的应用，在他们的研究中，通过增加干循环的相对湿度，使用了更温

和的 AST 方法，将膜失效时间从 131h 增加到 300h[190]。为了建立真实电池寿命与 AST 之间的关系，Rodgers 等人[191] 将性能评估测试（PET）方案中的降解膜与一些衰退模式（如氟化物排放、膜变薄和电压衰退）的关系进行了研究，发现该关系是电极催化剂和电极离聚物的函数。

表 5-6　膜的老化与测试

循环	0%RH（2min）和露点温度 90℃（2min），单电池活性面积：25 ~ 50cm^{-2}
总时间	氢渗 >10sccm 或 20000 次循环时停止
温度	80℃
相对湿度	0%RH（2min）和 100%RH（2min）
燃料 / 氧化物	空气 / 空气，阴阳极流量均为 2L/min
压力	无背压
指标	氢渗
测试时间间隔	24h
目标	≤ 10sccm

高的相对湿度会导致膜的面内压缩和膨胀，而湿度降低和干燥条件会在相邻密封和组件轴向载荷的约束下产生面内张力和收缩。因此，随着湿度的变化，PEM 经历交替膨胀和收缩。对于湿度循环条件，力学性能在循环老化后也会发生很大变化。Xiao 和 Cho[192] 分别对 Nafion®N117 膜进行 12 次湿度循环（RH=30% ~ 80%）。他们发现，在室温条件下，12.1MPa 的初始屈服应力和 320.1MPa 的弹性模量在湿度老化后分别降低至 9.3 MPa 和 265.0 MPa。这些发现与 Alavijeh 等人[193] 的原位湿热疲劳试验一致，其中 UTS、应变和断裂韧性随着湿度循环的增加而显著降低。如图 5-5 所示，在通用汽车公司[187] 进行的试验表明，由于材料软化，Gore Select®57 膜的疲劳随着相对温度从 70℃增加到 90℃而恶化。当湿

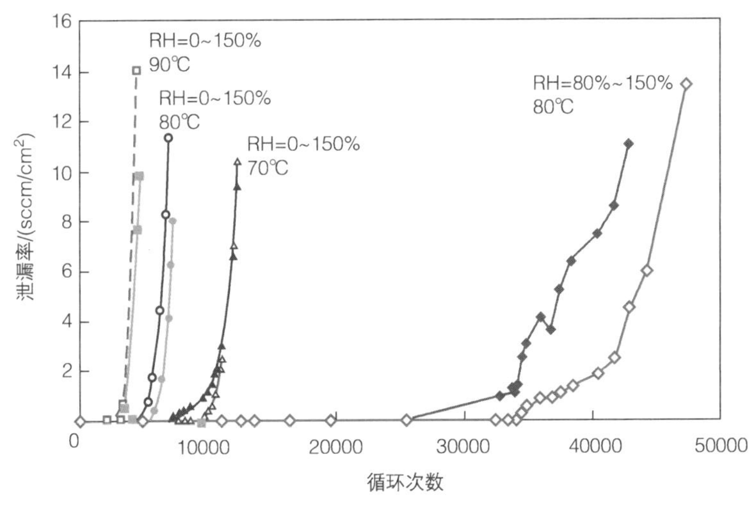

图 5-5　Gore Select® 系列膜湿度循环试验结果

度幅度从 80℃时的 80%～150% 增加到 0～150% 时，膜的疲劳循环显著下降。因此，湿度波动范围被视为疲劳寿命的最关键参数。由于时间依赖性，疲劳率也与循环频率有关。降低湿度的幅度和频率是提高膜耐久性的有效途径。

5.3.3 压力与温度控制失效引起的损伤

1 力学性能损伤

在燃料电池运行期间，除湿度对 PEM 造成损伤外，压力和温度也对 PEM 的机械变形有着重要作用。实际在运行过程中，较高的压力和温度水平会导致膜的力学性能变化，以及膜的面内压缩和膨胀。Tang 等人[194] 通过模拟发现面内应力是膜中的主要应力因素，其次是剪切应力和面外应力，其中假设膜为线性弹性材料。测得的最大面内应力位于沿中间通道的膜部分。随后，Kusoglu 等人[195] 将塑性材料行为纳入了有限元模型，并发现在燃料电池运行期间，膜可能会发生塑性变形，从而导致卸载后的残余拉伸应力。残余面内应力的累积可以解释短期操作后裂纹或针孔通过膜缺陷的萌生和扩展。Khorasany 等人[196] 和 Verma[197] 等人对电池模拟发现，膜中的实质性面内塑性应变超过 0.1。事实上，在真实的燃料电池中，压力和温度的分布并不均匀，并被证明对膜的耐久性有负面影响。Maher 等人[198] 研究发现，温度梯度会导致应变不均匀分布，从而导致膜的局部弯曲，这种弯曲行为会因水分变化而加剧，并有助于 PEM 和 CL 之间及 CCM 和 GDL 之间的分层。这种现象与 Kusoglu 等人[199] 的膜在阳极（RH=30%）和阴极（RH=95%）之间的湿度梯度的研究结果一致。他们发现，梯度加载将导致阴极侧的应力水平高于均匀湿度的应力，而阳极侧应力非常小。此外，材料膨胀特性的各向异性有助于减小面内应力幅度。对于完全各向异性膨胀，膜的面内应力保持压缩。这些结果表明，根据膜的溶胀各向异性优化膜是提高膜耐久性的一种可能方法。

2 褶皱

流道下方的膜膨胀引起的褶皱变形在初始降解阶段产生，加速了反复湿度、温度循环后的膜失效[200]。如图 5-6a 所示，即使燃料电池组装良好，通道内的 GDL/CCM 之间实际也会存在几百微米的间隙。吸水和热膨胀迫使膨胀的膜进入间隙，从而使膜屈曲。GDL 和 BP 之间的压缩不足也导致了这个问题，随着间隙的扩大和压缩力的不足，褶皱变形变得更加严重。如图 5-6b 所示，在屈曲试验中，直径为 400μm 的间隙下发生了更明显的屈曲变形。图 5-6c 中，由于 CCM 和 GDL/MPL 之间的各种摩擦，在较小和较大的接触压力下分别产生严重褶皱和轻微隆起变形。此外，膜上的压缩可能会降低含水量[201]。因此，CCM 和 MPL/

GDL 之间较小的间隙和较高的接触压力（静摩擦力）可以减少褶皱变形，尤其是对于较厚且平面内膨胀较小的 CCM。

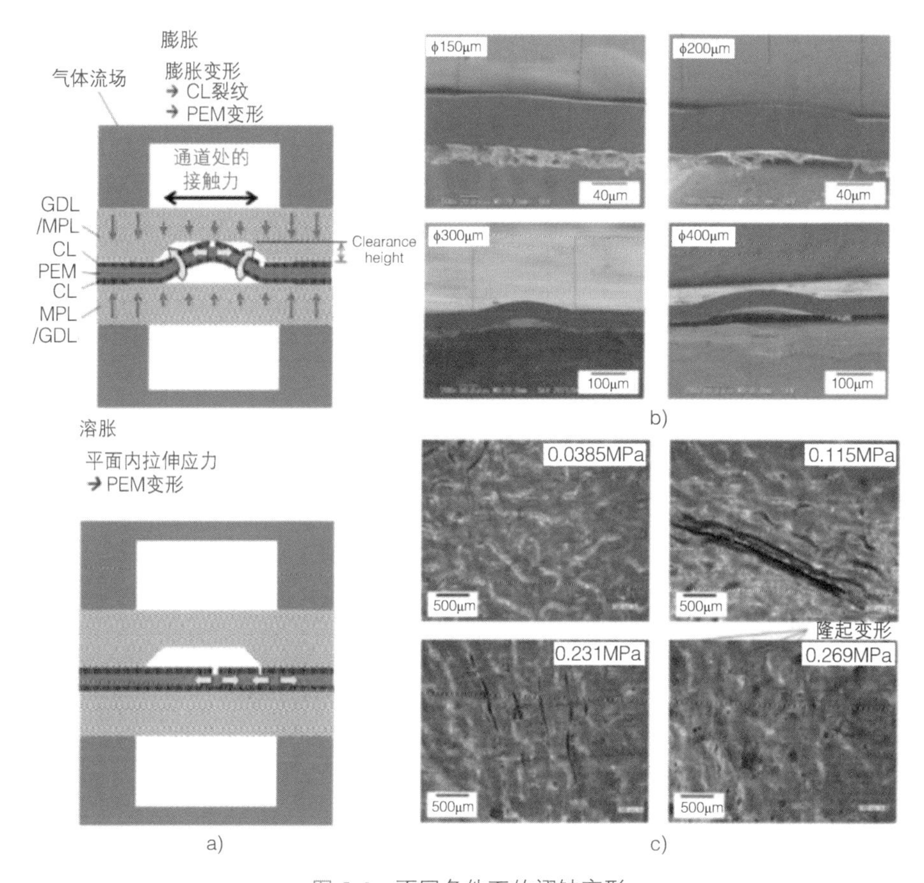

图 5-6　不同条件下的褶皱变形

a）在多个湿度循环下的褶皱变形　b）在不同直径的间隙（150μm、200μm、300μm 和 400μm）下，NR211-CL 在湿度循环后的褶皱变形　c）在 0.0385MPa、0.115MPa、0.231MPa 和 0.269MPa 的多个接触压力下，NR211-CL 在湿度循环后的变形（图片中的箭头表示褶皱宽度）

3 蠕变

聚合物链滑动到更紧凑的结构和更低的熵状态，膜会表现出黏性特性。蠕变，即应变响应于恒定应力的时间依赖性增加，即使在室温下也是不可避免的。在电池的操作过程中，当在恒定的膨胀力和反应气体的压力差下时间足够长时，膜可能会逐渐拉长，直到最终破裂。在 Li 等人[202]的研究中，在 90℃和 RH=2% 的条件下，使用压力加载水泡对三种膜（Nafion®NRE-211、Gore Select®57 和 Ion Power®N111-IP）进行了疲劳（循环气压 18kPa）和蠕变（恒定气压 18kPa）实验。在这些实验中，疲劳和蠕变结果之间没有明显差异。这意味着这种材料的黏性行为在膜的寿命中起主要作用，而不是循环加载。Solasi 等人[203]认为，蠕变导致膜以两种模式失效：过度变形导致膜起皱和变薄；形成针孔和裂纹等。蠕变失效是由于聚合物链不能再承受施加的应力。在蠕变过程中，膜在最初几分钟内迅速拉伸，然后以慢得多的速度增加拉伸程度。

当恒定应力被释放时，在瞬时松弛和逐渐恢复之后，膜内将保留一定量的永久蠕变应变。在 Kjeang 等人[204]的研究中，在不同湿度（50% 和 90%）和温度（23℃和 70℃）条件下，在 2.5MPa 的压力下持续 120min 后，PFSA 膜中永久保留了至少 30% 的总蠕变应变。永久蠕变应变也会随着多个操作步骤逐渐累积，直到膜最终断裂。Benziger 等人[205]在 Nafion®N110 的蠕变试验中，在温度为 25 ~ 110℃、水活度为 0% ~ 95% 的条件下，观察到了异常的蠕变行为。对于恒定湿度，蠕变应变随着温度的增加而变大，与其他研究[204]结果一致。蠕变变形随温度的增加是由于分子运动的增强，特别是当其高于玻璃化转变温度时[42]。然而，对于每一个恒定的温度，并不总是获得蠕变应变随湿度单调增加的结果。当温度低于 40℃时，蠕变应变随含水量的增加而增加，而在 80℃以上，湿度越高，蠕变阻力越大，应变越小。在 40 ~ 80℃范围内，蠕变应变随湿度的升高而降低，然后增加。

5.4 负载工况引起的衰退与抑制技术

5.4.1 催化剂、载体及质子导体电化学衰退机理

质子交换膜燃料电池的商业化应用面临着成本过高、耐久性较低和配套设施不足等方面的问题，而作为燃料电池的重要组成部分，催化剂的成本和性能一直是制约其商业化应用的一个重要因素。质子交换膜燃料电池主要涉及的两个半反应中，阳极氧化反应表现出一个快速的动力学过程，而阴极氧还原反应（ORR）则比较复杂，包括多步电子的得失和耦合质子的转移，是一个缓慢的动力学过程。因此，氧还原反应是限制步骤，需要消耗比氢氧化反应更多的催化剂材料。为此，开发具有成本效益的高性能电催化剂来改善 ORR 动力学对于降低质子交换膜燃料电池的成本至关重要。

Pt 以其优异的活性和稳定性被广泛应用于 PEMFC 的催化剂，特别是阴极催化剂。燃料电池中催化剂的催化性能与其吸附能力和化学键的特性密切相关。然而

Pt 催化剂仍存在一些缺点。例如，Pt 的稀有性和用量提高了燃料电池的成本；在酸性介质中，ORR 缓慢，阴极过电位过高；燃料中存在微量杂质，如 CO，会吸附在 Pt 表面，阻碍活性位点，造成 Pt 催化剂中毒；酸性介质会腐蚀碳载体，使负载的 Pt 发生溶解、团聚、烧结，降低催化剂的耐久性等。为了实现低成本、高活性和耐久性的电催化剂，成功地制备了各种无 Pt 催化剂，如非贵金属过渡金属、金属氮化物、硫化合物和纳米碳基无金属电催化剂，与 Pt 催化剂相比，这些无 Pt 催化剂稳定性和性能差，且成本较高，仍不能满足电动汽车的性能要求。因此，在不影响 ORR 性能的情况下，开发低 Pt 负载的催化剂是当前的迫切需要，而且对于降低质子交换膜燃料电池的成本至关重要。这一目标实现的方法是降低 Pt 载量或改变 Pt 催化剂的形态。在这种情况下，制备了不同类型的 Pt 基催化剂，如核壳纳米颗粒、空心纳米材料、超薄纳米薄片催化剂等。此外，可以通过调整催化剂的形貌来提高催化剂的催化活性，比如选择性地控制各种晶面的暴露程度。

通常来说，金属的电化学活性主要依赖于金属不同晶面的性质，每个晶面都有其独特的电化学活性。几十年来，这种表面结构－活性关系一直用于开发活性 Pt 基催化剂。Pt 具有面心立方（FCC）晶体结构，通常在体相结构的单晶表面上有（111）、（100）和（110）晶面。具有多面体形状的纳米晶体通常由（111）和（100）晶面围成。方体由（100）晶面包围，而四面体、八面体、十面体和二十面体被（111）晶面包围。立方八面体和截角八面体纳米结构则同时具有（100）和（111）晶面。商用的 Pt/C 催化剂一般是由低指数的（100）、（111）等晶面围成。一般来说，ORR 活性在弱吸附的电解质中顺序为 Pt（100）< Pt（111）≈ Pt（110），而在强吸附的电解质中，ORR 活性为 Pt（111）< Pt（110）< Pt（100）。与低指数晶面相比，高指数晶面拥有较高密度的台阶原子及扭结位原子，这些原子易于与反应物分子相互作用，促使反应物分子化学键断裂，因此其催化活性普遍高于低指数晶面。以这一发现为基础，以高指数晶面为表面的 Pt 基催化剂研究成果相继涌现。尽管具有高指数晶面的 Pt 基催化剂在 ORR 上催化性能表现良好，但也存在一些缺点。高指数纳米晶面往往倾向于大尺寸生长，从而会降低反应的质量活性。此外，在燃料电池的工作条件下，高指数晶面和不饱和台阶原子和扭结位原子可能不稳定。高指数晶面具有高溶解速率，容易失活，导致催化活性降低，从而阻碍了其实际应用。

将 Pt 与其他过渡金属形成二元或多元合金，不仅能通过过渡金属与 Pt 的协同和锚定作用来减少 Pt 的迁移团聚，提高催化剂的催化活性和耐久性等性能，同时还是有效降低 Pt 载量的一种有效途径。在作者的一项研究工作中，采用石墨化碳（Graphitized Carbon，GC）制备了 PtNi/GC 八面体纳米晶催化剂，所制备的催化剂具有结晶良好的八面体形貌、石墨层结构和高耐腐蚀性，该催化剂的质量活性（催化剂每单位质量的活性）和比活性（催化剂每单位实际表面积的活性）分别是商用 Pt/C 催化剂的 5 倍和 7 倍。合金化可以通过配体效应和应变效应来改变金属的电子属性，从而提高催化性能。配体效应是由不同表面金属原子的原子邻近性引入的，涉及金属原子之间的电子转移，使 Pt 的电子性质发生变化，从而进一步改变了与反应中间体的相互作用。应变效应一般是由表面和近表面原子之间的尺寸不匹配而导致的，通常包括表面原子的压缩或扩展排列，这反过来又在表层产生压缩或拉伸应变。压缩应变使 *d* 带中心下移，造成了反应中间体的弱吸附，从而提高了催化效率，而拉伸应变使 *d* 带变窄，并使 *d* 带中心移近费米能级，从而导致中间体的强烈吸附。配体效应和应变效应是密切相关的，通常其中一种效应支配另一种效应。

Pt 基合金催化剂 ORR 活性优异，然而非 Pt 金属溶解到酸性溶液中或从合金表面浸出会导致 Pt 基合金的不稳定，从而导致催化剂和电池性能衰退。因此除了 Pt 和金属直接简单结合的 Pt 合金催化剂外，形貌可控的 Pt 合金催化剂，包括核壳结构 Pt 合金催化剂、空心纳米催化剂、纳米片或纳米线催化剂、单原子催化剂等，以其高 ORR 催化活性而成为近几年质子交换膜燃料电池催化剂的研究重点。核壳结构的 Pt 基催化剂是在非 Pt 金属核周围沉积薄的 Pt 基壳来提高 Pt 原子的利用率，从而在核原子上形成可调控的壳层。除了核壳的组成、形貌和载体材料和氧还原催化活性有密切关系外，核壳结构的 Pt 基催化剂合成路径也是催化剂活性的重要影响因素。空心纳米结构也可以极大地减少 Pt 的载量，从而提高催化剂活性。例如，近年来，空心结构的 Pt_3Ni 是研究热点之一。Pt_3Ni 纳米框架的高比活性是由纳米框架上两个单层厚 Pt-Skin 表面的形成，以及 Pt_3Ni 纳米框架的开放结构导致的，该结构允许分子进入内部和外部表面原子，从而允许反应物进入。此外，其他的形貌可控的纳米催化剂在过去几十年也得到了广泛的关注，如超薄金属纳米片、纳米线、纳米管和纳米棒催化剂等。这些催化剂由于具有独特的各向异性结构、低缺陷密度和较少的 Pt 团聚等特点，因此能够提升 Pt 的利用率。

催化剂中纳米颗粒的尺寸对催化反应有非常重要的作用。越小的纳米颗粒具有越高的表面体积，并且具有更多的低配位位点，如边、角、顶点等。在纳米尺度上，Pt 或 Pt 合金颗粒不仅均匀地分布在导电载体上，还提供了更多的几何表面积，从而可能有助于降低 Pt 基金属的负载[36]。总的来说，Pt 或 Pt 合金在电解液中的电化学活性面积与总几何表面积成正比地增加。然而，存在一个临界粒径，低于这个粒径，催化活性会由于活性反应位点的可用性降低而降低。此外，金属－绝缘体转变和库仑阻塞效应也会降低催化剂的电化学活性。Pt 基金属纳米颗粒的尺寸并不是越小越好，因为尺寸小到某一个极限值，纳米颗粒并不再显示金属的性质，而是表现为分子簇。该催化剂具有比活性随其粒径的增大而增大的

尺寸效应，且在 2 ~ 4nm 粒径范围内达到最大的质量活性[46]。然而，随着催化剂的老化，尺寸效应开始不再适用，因为由不可逆表面氧化物的形成引发的 Pt 溶解会导致溶解 / 沉积和颗粒尺寸分布变宽。

催化剂的颗粒大小、分散程度和形态特性直接影响催化剂的电化学活性，因此，催化剂的大小、形状和组成必须通过特定的制备条件加以严格控制。典型的燃料电池催化剂制备技术包括浸渍法、保护剂法、模板法、固相还原法、微乳液法、有机溶胶法、微波法等。保护剂法通常使用表面活性剂或其他有机分子作为保护剂。采用这种方法可以使催化剂纳米晶体更具有分散性。因此保护剂法常用于制备分散度高的形貌可控的催化剂。保护剂与金属表面相互作用，改变自由能并降低特定晶面的生长速率，这会影响纳米晶体的形态，并最终形成具有（111）晶面的纳米晶体。无表面活性剂的有机溶胶法是将传统的有机溶胶法应用于 Pt 基催化剂的制备方法。在这种方法中，金属溶胶是通过还原多金属盐或酸制备的，无须在有机介质中使用任何保护剂，然后经洗涤和干燥得到 Pt 或 Pt 合金催化剂。例如有机溶胶法制备 Pt 基八面体纳米晶体时，一般采用较高的加热速率和较低的反应温度，而由于 N,N- 二甲基甲酰胺（DMF）具有较高的沸点和温和的还原性，故其可作为溶剂和还原剂。DMF 还与（111）晶面相互作用，从而促进八面体纳米晶体的形成。微波法特别适用于合成尺寸分布窄的比典型纳米晶体更小的纳米晶体。顾名思义，这种方法使用均匀的微波加热方法来加快化学反应速度，缩短合成纳米晶体所需的时间。微波能在水介质中瞬间成核，且反应时间短，阻止了纳米晶体的进一步生长。此外，微波加热能够产生均匀的温度和反应物浓度，可促进快速反应速率。固相还原法具有还原过程可控、易于添加添加剂、溶剂价格低廉、纳米晶体分散性好及颗粒大小和组成可控等优点。

炭黑材料作为使用最广泛的催化剂载体之一，尽管有很多的优点，但它仍然存在一些问题：

① 存在有机硫杂质；② 一部分催化剂纳米颗粒位于炭黑深微孔或凹处，使其无法与反应物接触，从而降低催化活性。孔径和孔径分布也影响离子聚合物 Nafion 与催化剂纳米粒子的相互作用。由于 Nafion 胶束的尺寸（孔径 > 40nm）大于炭黑中的孔隙，任何直径小于胶束尺寸的孔隙中的金属纳米粒子都无法和 Nafion 接触，因此其对电化学活性没有贡献。此外，炭黑在热力学上是不稳定的，并且容易发生电化学腐蚀，还会因为 Pt 的存在而加速腐蚀，最终导致 Pt 从炭黑上脱离并降低催化剂的活性和稳定性。因此为了解决这些问题并实现催化剂性能的不断提高，越来越多的研究人员已经开始探索以其他材料为 Pt 催化剂的载体，如导电氧化物、碳化物、氮化物、导电聚合物和介孔硅等，然而碳材料在质子交换膜燃料电池催化剂载体上的地位仍然不可取代。为了实现膜电极上阴极的低 Pt 负载量，先进的

碳基载体材料是开发高性能 Pt 催化剂所必需的。为了实现这一具有挑战性的目标，尺寸在 2～3nm（约）的 Pt 或 PtM 纳米粒子需要均匀分散在最佳的碳基载体中，并具有较强的金属－碳相互作用，以增强其稳定性。高性能、低铂族金属催化剂对先进碳载体的催化剂活性和稳定性提出了很高的要求。

由于比表面积比较高，无定形碳材料（例如活性炭）近年来一直是质子交换膜燃料电池中 Pt 催化剂的载体。然而，无定形碳的化学稳定性比较差，特别是在氧化的燃料电池工作条件下。碳的结构变化对确定其氧化动力学至关重要，如层间间距、晶面内和垂直于准晶层的晶粒尺寸、孔隙体积、比表面积和表面化学。高石墨化有利于碳载体的稳定性。此外，高石墨化可通过 π 键增加烧结阻力，从而阻止催化剂制备阶段的 Pt 颗粒生长。因此，石墨碳材料是具有巨大潜力的燃料电池催化剂载体。碳纳米管作为石墨化碳载体家族的一员，通常是由六边形排列的单片碳原子卷起来形成的管状结构，有开孔的，也有闭口的，根据石墨烯片的层数，碳纳米管分为单壁碳纳米管和多壁碳纳米管两种。碳纳米管具有化学稳定性和热稳定性比较高、ORR 催化性能可掺杂调控及综合力学性能优异等特点。与 XC-72 上的 Pt 相比，碳纳米管负载的 Pt 催化剂能够抑制电化学面积的损失。然而，由于其物理结构独特，未经处理的碳纳米管负载的 Pt 催化剂电化学面积较小，会限制催化性能。此外，没有官能化的碳纳米管具有光滑的表面和化学惰性，导致结合或锚定 Pt 纳米颗粒困难，这导致金属纳米颗粒的分散性比较差和难聚集，特别是高负载催化剂。因此可以调整碳纳米管的纳米结构，例如用含氧基团对碳纳米管进行适当的官能化，与 Vulcan XC-72 相比，碳纳米管负载的 Pt 催化剂对燃料电池反应的催化活性具有增强效果。由于增强了金属－载体相互作用，官能化碳纳米管中的结构缺陷有助于改善催化活性。然而，碳纳米管中产生的结构缺陷可能又会造成碳载体氧化。因此，同时实现碳纳米管负载 Pt 催化剂的良好催化活性和稳定性仍然是一个挑战，碳纳米管作为催化剂的载体，在质子交换膜燃料电池领域的实际应用仍有一段路要走。

由于碳与杂原子的电负性差异，杂原子掺杂可以调节碳原子之间的电荷再分配，从而大大提高碳载体材料的比表面积和电子导电性。碳载体催化剂的活性可以通过掺杂氮、硫、硼等杂原子得到大幅提高，同时耐久性增强。Pt 向碳载体的电子转移是杂原子掺杂后 Pt/C 相互作用增强的根本原因。通常，缺电子 Pt 纳米粒子可以通过促进从 Pt 原子到 O_2 的电荷转移来促进 O_2 离解，同时减少 OH 物种的吸附，这样会减少活性位点的堵塞，从而提高催化活性。此外，这些官能团可以改变金属催化剂纳米颗粒分散过程中的成核和动力学生长，使催化剂纳米粒子分布更均匀，粒径更小。由于氮原子的原子半径与碳原子的最为接近，且氮的电负性值（3.04）比碳（2.55）大，因此在各种杂原子中氮原子是碳材料掺杂中使用最广泛的杂原子。氮掺杂的碳负载 Pt 或 PtM 催化剂表现出更强的 ORR 活性和耐久性，并促进 Pt 催化剂纳米粒子的分散。由于未经处理的碳纳米管与 Pt 催化剂纳米粒子之间的相互作用较弱，氮掺杂可以调节碳纳米管的物理和化学性质，因此掺杂后的碳纳米管为 Pt/C 催化剂的载体往往表现出更高的催化活性和稳定性。将氮掺杂到碳纳米管中有两种方法，分别为原位掺杂和后处理掺杂。原位掺杂法是合成氮掺杂碳纳米管最常用的方法，就是将含氮前躯体直接热解或将含氮化合物进行化学气相沉积。后处理掺杂法则通过含氮前驱体（如氮气、氨气等）对合成的碳材料进行后处理。氮掺杂石墨烯也是质子交换膜燃料电池中常用的一种掺杂氮原子的碳载体材料。氮掺杂后，不仅可以使化学反应位点增多，还可以使催化剂颗粒分散更均匀。

碳还可以和其他材料结合，如金属氧化物和碳化物等，形成杂化纳米复合材料，这些材料可用于增强其稳定性和提高固有活性。一些金属氧化物比碳更稳定，可以保护碳材料不受腐蚀。其中，二氧化钛（TiO_2）具有高稳定性和亲水性，因此是极具潜力的质子交换膜燃料电池中 Pt 纳米粒子的载体。然而，TiO_2 导电性较差，限制了其在燃料电池中的应用。使用碳与 TiO_2 相结合的纳米复合材料可以克服这些导电限制。除 TiO_2 外，其他几种具有较高耐腐蚀性的金属氧化物也被认为是与碳复合的候选材料。例如，氮掺杂钽氧化物（N-Ta_2O_5）通过层状结构连接将 Pt 纳米粒子固定在碳载体上，从而成为更稳定的电催化剂，这独特的结构在增强载体 - 金属相互作用、防止 Pt 纳米粒子脱离、迁移和聚集方面起着重要作用。过渡金属碳化物，特别是碳化钨（WC），具有类 Pt 催化性能，这使过渡金属碳化物本身可以作为催化剂或催化剂载体，例如，使用改性聚合物辅助沉积法合成碳化钨用作燃料电池催化剂。过渡金属碳化物的化学灵活性使其能够在合成或后处理过程中改变化学成分和催化性能。尽管目前已有大量关于纳米复合材料载体在质子交换膜燃料电池中应用的研究，但目前最先进的燃料电池仍依赖于纯碳载体，这就需要进一步研究燃料电池环境下的复合载体行为，同时发展针对复合载体的膜电极的集成技术。

在质子交换膜燃料电池催化层上，催化剂颗粒上会覆盖厚度为 4 ~ 10nm 的离子聚合物薄膜，从而形成质子导电性。由于这层薄膜中的离子聚合物结构和体相膜中的不同，因此离子聚合物薄膜中质子导电率比体相膜中的要低一个数量级以上。离子聚合物对催化剂颗粒的覆盖直接影响催化剂的利用率，而催化剂纳米颗粒上离子聚合物层的厚度决定了催化剂的传质性能。电化学反应发生在催化层中的催化剂纳米颗粒和离子聚合物的界面上。离子聚合物含量低可能会导致电阻过大，这可归因于离子聚合物与 Pt 粒子之间的接触不足。相反，离子聚合物含量高，离子聚合物在催化剂上覆盖范围越广；然而，离子聚合物薄层过厚会增加氧传输阻力。因此，必须调控催化层上离子聚合物的分布和形态。催化层上离子聚合物的分布是不均匀的，既有离子聚合物在Pt/C颗粒团聚体上形成超薄膜，也有离子聚合物团聚区，因此Pt可能与超薄离子膜结合，也可能与离子聚合物团聚体接触，或者完全与团聚体没有接触。催化层中的离子聚合物与离子聚合物膜作用不完全相同，其不仅能起到黏合剂的作用，还能起到质子、气体和水传递的作用，除此之外还决定了催化剂的利用率，因此催化层中的离子聚合物必须满足以下几点：① 优异的质子传导性和离子选择性；② 优异的气体/水渗透性；③ 优良的力学性能，保证催化层的完整性；④ 与质子交换膜具有较好的物理相容性；⑤ 对电化学氧化还原反应和自由基的化学腐蚀具有高稳定性；⑥ 原料来源广泛和价格低廉，制备工艺可行，适用于大规模生产，以适应PEMFC商业化的要求。

目前催化层中的离子聚合物一般都是全氟磺酸离子聚合物，全氟磺酸离子聚合物是离子导电聚合物的一种。PFSA由聚四氟乙烯骨架和带有磺酸基团端基的全氟乙烯基侧链组成。由于PFSA的主链和官能团的亲水部分不同，该聚合物呈现由疏水域和连接的亲水域（簇）组成的相分离结构，其形态受分散介质的影响很大。PFSA的物理和化学性质很大程度上取决于当量重量（EW）及侧链的长度和结构，当量重量是指当物质呈酸性时，每摩尔磺酸基的干离子的克数。最常见的商业化的全氟磺酸离子聚合物有目前Du Pont公司生产的Nafion系列，Asalli Glass公司生产的Flemion系列，Asahi Chemical公司生产的Aciplex系列，3M公司生产的3M系列等，其中Nafion最为常见。Nafion是由电中性的半结晶聚合物主链[聚四氟乙烯（PTFE）]和端基带有亲水性磺酸离子（$-SO_3H$）的全氟侧链组成的随机共聚物，属于长侧链共聚物。有短侧链（Short Side Chain，SSC）和低当量重量（Equivalent Weight，EW）的PFSA离子因比长侧链（Long Side Chain，LSC）PFSA具有更高的结晶度和更高的热转变温度，在功能优化方面受到了相当大的关注。

由于催化层通常是将含有Pt/C催化剂和离子聚合物的催化剂浆料涂布干燥后制备的，因此离子聚合物在催化剂浆料中的结构特征对其在催化层上的结构性质和性能起着重要的作用。一般认为浆料中离子聚合物的形态和结构与离子聚合物、颗粒和溶剂间的相互作用有关。20世纪80年代开始，Nafion的胶体形态对分散铸造膜性能的重要影响开始受到关注，从而学者们对溶剂中Nafion的状态进行了广泛的研究。利用小角度中子散射（Small-Angle Neutron Scattering，SANS）和小角度X射线散射（Small-Angle X-ray Scattering，SAXS）等技术发现Nafion在溶剂中呈棒状结构，粒径约为几纳米，长度约为几十纳米[48-54]。而另一些研究发现Nafion溶液呈现出微米级聚集体。这些离子聚合物粒径大小不同是由两种聚合过程造成的：一种是主要聚集过程，由于氟碳主链的疏水相互作用而形成的较小的聚合体；另一种是次要聚集过程，一些聚合体可以分解成初级聚集体颗粒的侧链离子对，具有静电作用，从而可以形成较大的二次聚合体。

不同的溶剂介电常数 ε 可以导致不同的聚合物构象，从而改变聚合物在溶剂和催化层中的结构形态，PFSA 可以溶解在介电常数 $\varepsilon > 10$ 的有机溶剂中，而在介电常数为 3 ~ 10 的溶剂中则形成胶体，当 $\varepsilon < 3$ 时，PFSA 会在分散介质中沉淀。一些研究表明，胶体形式的 PFSA 能够改善催化层上离子聚合物的连续性和孔隙率，从而获得更高的质子电导率、更少的传质阻力和更高的燃料电池性能，但另外一些研究发现，在高介电常数的溶剂中，溶液形式的 Nafion 能够改善催化层上离子聚合物的均匀分散，从而表现出更高的电池性能。除了分散介质的介电常数，溶解度参数 δ 也影响 Nafion 离子在稀溶液和铸膜中的形态。溶解度参数 δ 是由溶剂的内聚力密度的平方根定义的。它常被用来区分两种溶剂或聚合物和溶剂之间的偿付能力。研究表明 Nafion 具有双溶解度参数 δ，即疏水全氟化主链 δ_1=9.7cal$^{0.5}$ · cm$^{-1.5}$，亲水磺化乙烯基侧链 δ_2=17.3cal$^{0.5}$ · cm$^{-1.5}$。由于溶液中 Nafion 主链和侧链的不相容性，Nafion 初级聚集颗粒的形成主要取决于溶剂和 Nafion 氟碳主链的相容性，而二次聚集体的形成主要由溶剂与乙烯基磺酸侧链的相容性控制。不同溶剂中 Nafion 的迁移率对其形态有很大的影响，从而影响催化剂油墨的团聚程度和分散状态，在高迁移率的溶剂中分散的 Nafion 离子，由于相分离程度较高，因此其团聚行为较弱，团聚结构较小。

由于全氟磺酸离子聚合物不耐高温、环境相容性差，成本高，因此开发非氟代烃离子聚合物的研究越来越多。例如磺化聚芳醚砜，磺化聚醚酮，磺化聚酰亚胺。然而，这些烃类聚合物大多是用在质子交换膜上，当用于催化层时，烃类离子的透氧性较低，会使催化层性能不佳。

5.4.2　启停工况衰退诱因与应对策略

启停工况对于燃料电池来说，属于非常特殊的情况。阴阳极会因为阳极气体的替换而产生氢气空气界面（简称氢空界面），阴极电势会显著提高到 1.5V，造成碳载体的腐蚀。界面在启动时朝出口移动，停止时远离出口移动。不欠气区域，正常发生阳极 HOR 和阴极 ORR 反应，欠气区域因双极板良好的导电性，阴阳极间电势差保持一致，同时阴极发生氧析出反应 OER 和碳载体氧化反应，产生反向电流，增加阴阳极界面电势差。大的界面电势差导致阴极碳载体腐蚀，释放出 CO_2 或 CO，使催化层的形貌发生改变，加速催化剂的衰退。碳的腐蚀在较小的电势下即可发生，比如 0.207V（CO_2），0.518V（CO），但因为其较低的反应动力学，所以在正常电势范围一般可以忽略（1V 以下）。一般认为，电势超过

1.2V 才会导致严重的碳腐蚀。

在启停工况时，在氢空界面的影响下，进出口、流场板脊和槽下的催化层腐蚀都有差别，这对催化层的稳定性有较大的影响。启动时，随着氢气的注入，氢空界面从进口处向出口处移动，此时出口处仍暴露在空气中，直至氢气充满流道，因此氢气出口处会发生严重的碳腐蚀。同样，如果停机使用空气吹扫，则氢气进口处暴露时间较长。所以在不同位置碳腐蚀的程度是有区别的。在启停过程中，电堆内部空气传递和局部压力条件等有差别，会造成流场板脊和槽下的催化层碳腐蚀程度发生变化，导致催化层不同位置碳腐蚀程度不同。碳腐蚀会造成催化剂 Pt 颗粒的脱落、团聚、溶解长大及催化层空隙结构变化甚至坍塌的情况，造成三相反应活性点位减少，降低催化剂的活性。

针对启停工况导致的衰退的应对策略主要包括：惰性气体吹扫、自钝化处理、降低阴极电位及强制对流处理。

1）惰性气体吹扫：针对启停过程中出现阴极高电位，从而造成碳载体腐蚀分解、催化剂脱落、失去活性的问题，可通过在阴极通氮气和氧气的混合气（氮气体积分数占 99.5%，氧气占 0.5%），阳极通氮气，并将阴极电位控制在 0.3 ~ 0.7V 之间的方法处理。

2）自钝化处理：出于移动应用考虑，PEMFC 作为汽车的动力电源，不合适惰性气体吹扫策略，有研究人员提出，可以在流场板外加一层冷却板（内部充满冷却液 - 水），当 PEMFC 停机后，流场板内气体不断被消耗，导致压力减小，从而使水流入流场板内，实现自钝化过程。

3）降低阴极电位：在燃料电池启停过程中阴极会产生较高的电位，从而造成催化层载体腐蚀、催化剂脱落等老化现象。因此，大量专利聚焦在如何降低阴极电位上。一些研究人员提出通过在电堆中的每个单电池之间设置一个分路器，从而提高每个单电池承受阴极高电位的能力，或者通过部分关闭阳极排气回收系统，切断外部电路的主要负载，停止阴极的空气供给，用外加负载减少或限制电池电压，从而降低阴极电位。当停止燃料供应时，继续阳极气体循环，利用存在的氧气将氢气转化为水，一直持续到将所有氢气移除。

4）强制对流处理：从消除氢空界面入手，强制对流是较为有效的缓解策略，一些研究人员提出在关闭电堆的时候采用空气清除阳极残留的氢气；或者先断开主要用电设备，然后停止阳极含氢燃料供应，向阳极燃料流场鼓入空气迅速地将剩余氢气排出。有研究人员提出电堆在启动时先用氢气吹扫阴极和阳极，然后用氧气吹扫阴极，以缓解电堆衰退。此外，在电堆关闭时，先关掉氧气进气阀门，在阴极流场消耗氧气。然后打开氢气阀门，让氢气进入阴极流场。当阴极和阳极流场充满约 100% 氢气时，关闭氢气和氧气排气阀，在关闭期间，大气中的氧气会渗透进入燃料电池，当氢气浓度下降时，再次打开氢气阀补充燃料。通过以上强制对流的方法能够实现启停工况衰退行为的缓解。

5.4.3　变载工况衰退诱因与应对策略

车辆正常行驶时，时常遇到加速 - 减速、爬升 - 下坡等情况，这就需要发动机系统频繁调整其对外输出功率以满足车辆驾驶的需求。对燃料电池来说，负载的频繁变动对其寿命是个严峻的挑战。虽然变载过程很短，但电堆内部电极电势、反应气体的计量比、压力、温度、水气流动过程都相应发生变化。变载过程会加速电堆衰退，主要有以下方面的影响：电堆内部电化学反应输出的水和热，会随着输出功率的变化而变化，这会产生湿热循环的内部环境；电堆动态工况需要反应气体输入量的配合，工况的变化特别是快速变化，容易造成电堆内部欠气，造成反应气体饥饿，产生氢空界面，造成碳载体腐蚀；工况变化伴随着电势的变化，这会加速催化剂的衰退。局部电流密度波动较大，产生的水和热量会对 PEM 带来类似于干湿循环的效果，显著影响膜的耐久性，有研究发现在干湿循环后膜出现开裂。同时，因为膜与催化层组成材料自身性质有区别，所以负载的快速变化带来的干湿循环会对 PEM 和催化层产生不同的应力和应变，膨胀收缩的过程会造成催化层和 PEM、GDL 逐步分层，影响催化层和 GDL 之间的电子传递及催化层和 PEM 之间的质子传递，大大增加接触电阻，影响燃料电池输出性能。同样，Pt/C 和离聚物材料性质有差别，在干湿循环中离聚物会不断地膨胀收缩，这会造成催化层三相界面处离聚物从碳载体上剥离，减少三相界面的数量，严重时会造成局部催化层结构的破坏或坍塌。另外，均匀分散的离聚物在干湿循环后趋于形成团簇，使得部分 Pt 颗粒完全暴露，而部分 Pt 颗粒则被离聚物过度覆盖，这都会造成因缺少质子传递通道或阻碍气体扩散到 Pt 颗粒表面而降低化学活性面积（ECSA）。在燃料电池系统中，反应气体响应速度要滞后于电流的响应速度。因此，在负载变化过程中，尤其是快速升载过程，容易出现反应气体局部缺失的现象，引起反应气体饥饿。对于燃料电池堆来说，由于歧道和流场板的分配，本身就存在反应气体分布不均的情况，活性面积越大，局部气体分配不均就越严重，比如第一片极板和最后一片极板、流场板的脊和槽的部位气体分配是有差别的。反应气体的多少与阴阳极计量比和供气时间节点有很大关系。在阴极反应气体不足时，传递到阴极的氢质子会发生析氢反应（Hydrogen Evolution Reaction，HER），会造成阴极电势的突然降低。阳极反应气体不足时，会产生氢空界面，造成阴极反应缺少质子和电子，使阴极碳载体发生腐蚀。

$$2H^+ + 2e^- \longrightarrow H_2 \tag{5-34}$$

$$C + H_2O \longrightarrow CO + 2H^+ + 4e^- \tag{5-35}$$

$$C + H_2O \longrightarrow CO_2 + 4H^+ + 4e^- \tag{5-36}$$

$$2H_2O \longrightarrow O_2 + 4H^+ + 4e^- \tag{5-37}$$

在动态负载工况下，Pt 催化剂因运行条件和其他材料的变化，也会发生衰退。比如，上面提到的离聚物（ionomer）的剥离或过度覆盖会导致 ECSA 的降低；催化层如果产生裂纹，反应产生的水更多通过催化层裂缝排出，对裂纹周边的催化剂经常性地冲刷容易使 Pt 颗粒从碳载体上脱离。欠气导致碳载体发生腐蚀，会使 Pt 颗粒脱落，产生 Pt 团聚，降低 ECSA，从而降低催化剂的活性。

车辆频繁变载工况运行是引起燃料电池寿命降低的最主要原因。从物理角度看，车辆在动态运行过程中，电流载荷的瞬态变化会引起反应气体压力、温度、湿度等频繁波动，导致材料本身或部件结构的机械性损伤。从化学角度看，动态过程载荷的变化会引起电压波动，导致材料化学衰退，尤其在起动、停车、怠速及带有高电位的动态循环过程中，材料性能会加速衰退，如催化剂的溶解与聚集、聚合物膜降解等。因此，实现商业化燃料电池的寿命指标，可从两个层次逐步进行：一方面，通过对系统与控制策略的优化，使之避开不利条件或减少不利条件存在的时间，达到延缓衰退的目的，但系统会相对复杂，需要加入必要的传感、执行元件与相应的控制单元等；另一方面，还要持续支持新材料的发展，当能抵抗车用苛刻工况的新材料技术成熟时，系统可以进一步简化，在新材料基础上实现车用燃料电池的寿命指标。采用二次电池、超级电容器等储能装置与燃料电池构建电 – 电混合动力，既可减小燃料电池输出功率变化速率，又可以避免燃料电池载荷的大幅度波动。这样可以使燃料电池在相对稳定工况下工作，避免加载瞬间由空气饥饿引起的电压波动，减缓由运行过程中的频繁变载引起的电位扫描从而导致的催化剂加速衰退。为了防止动态加载时的空气饥饿现象发生，还可采用“前馈”控制策略，即在加载前预置一定量的反应气体，此外，在电堆的设计、加工、组装过程中保证各单电池阻力分配均匀，避免电池个别节在动态加载时出现过早的饥饿，也是预防衰退的重要控制因素。在动态加载时除了会发生空气饥饿外，氢气供应不足还会发生燃料饥饿现象。瞬间的燃料饥饿会使阳极电位升高，导致碳氧化反应的发生；系统上采用氢气回流泵或喷射泵等部件实现尾部氢气循环，是避免燃料饥饿的最有效途径。通过燃料氢气的循环，可提高气体流速，改善水管理；同时燃料循环也相当于提高了反应界面处燃料的化学计量比，有利于减少局部或个别节发生燃料饥饿的可能。

5.4.4 怠速工况衰退诱因与应对策略

在车辆怠速时，无须对外输出功率，但为了维持燃料电池系统的正常运转，仍要在较低的电流密度下运行，此时，阴极过电势接近开路电压（OCV）。怠速工况下阴极高电势和两侧气体的渗透，会导致膜的化学降解，并且明显加速催化剂的衰退。在开路情况下，阴极高的过电位，会抑制燃料电池中 H_2O_2 的产生，但阳极环境适合 H_2O_2 的产生，阴极渗透的氧气和阳极的氢气是主要的反应物。气体的渗透是影响质子交换膜化学稳定性的重要因素。燃料电池堆在制造过程中，双极板、管道、系统部件中不可避免地会释放出 Fe^{2+}、Cu^{2+} 等金属离子，H_2O_2 和金属离子会发生类似于 Fenton 反应，产生自由基：

$$M^{2+}+H_2O_2 = M^{3+}+\cdot OH+OH^- \tag{5-38}$$

$$M^{3+}+H_2O_2 = M^{2+}+\cdot OOH+H^+ \tag{5-39}$$

$$H_2+\cdot OH = \cdot H+H_2O \tag{5-40}$$

$$O_2+\cdot H = \cdot OOH \tag{5-41}$$

这些自由基会攻击 PFSA 膜，使膜变薄，表面粗糙化，严重时会导致膜裂纹或穿孔，而这些形貌的变化会影响 PEM 的质子传递能力、气体渗透性和膜整体的稳定性。

除了对 PEM 产生影响，阴极高电势还会严重影响催化层中的 Pt 颗粒，导致其 ECSA 明显降低。其主要原因是在 Pt 颗粒表面能的驱动下，小的 Pt 颗粒趋于溶解，沉积在大的 Pt 颗粒上，使得整个体系更稳定，即出现 Ostwald 熟化效应。在阴极高电势的情况下，Pt 催化剂颗粒会发生明显的溶解。

$$Pt-2e^- \longrightarrow Pt^{2+} \quad E_0=1.188V \text{ vs. SHE} \tag{5-42}$$

$$Pt+H_2O-2e^- \longrightarrow PtO+2H^+ \quad E_0=0.98V \text{ vs. SHE} \tag{5-43}$$

$$PtO+2H^+ \longrightarrow Pt^{2+}+H_2O \tag{5-44}$$

式中，vs.SHE 是相对于标准氢电极的电位值。

缺少碳载体的 Pt 颗粒因为缺少电子传递通道而失去了催化的作用。在 OCV 测试后，阴极中的 Pt 会迁移到膜上。对应两侧电极上的 Pt 含量降低，ECSA 降低，影响电池的性能；膜中 Pt 含量的增加会使膜发生降解，影响膜的耐久性。

在整个车辆使用寿命周期内，怠速时间可达 1000h，因此怠速状态引起的材料衰退同样不可忽视。研究表明，工作温度、相对湿度、空气过量系数和进气压力的变化对质子交换膜燃料电池在怠速工况下的工作性能均产生不同程度的影响，而它们对于电池性能影响的主次顺序为：工作温度 > 相对湿度 > 进气压力 > 空气过量系数。增加质子交换膜燃料电池的进气压力、相对湿度和工作温度能显著改善电池的怠速性能。确定合适的空气过量系数，可使质子交换膜燃料电池在怠速工况下保持良好的性能。过小或过大的空气过量系数，均会使质子交换膜燃料电池性能下降。大量应用数据表明：采用“电－电”混合动力应对策略是应对这一问题的有效途径，利用混合动力控制策略，既可保证在车辆需求功率变小或车辆短暂停止时，燃料电池仍然继续工作，通过将输出的能量给二次电池充电，提高电池的总功率输出，也可起到降低电位的目的。美国 UTC 公司在一专利中阐述了怠速限电位的方法，他们提出通过采用调小空气量同时循环尾排空气、降低氧浓度的办法，达到抑制电位过高目的。此外，怠速工况通常伴随启停循环，其衰退机理相似，因此启停循环的部分缓解策略也适用于怠速状态，例如氮气吹扫或引入辅助负载，这些方法均可以有效地抑制气体渗透并降低阴极电位。同时，基于膜降解与氢氧渗透率的关系，电池 OCV 与渗氢电流可以作为判断膜降解情况的重要指标，无论是在生产过程中的质检阶段还是运行过程中的在线诊断阶段，都可以及时发现受损膜电极，从而有效地提高整体电堆的寿命。

5.5 电堆材料衰变产物引起的失效与诊断

5.5.1 金属离子渗出与离子导体污染

由于 PEM 燃料的污染和合金催化剂的分解，阳离子可以通过迁移进入电堆。它们被怀疑污染了流道、MEA 和催化层，阻碍了 PEM 燃料电池的运行。值得注意的是，一些阳离子会毒害燃料电池的催化层和质子交换膜等，从而使电堆的性能下降并缩短其使用寿命。

Li 等人[206]研究了 Co^{2+} 的存在对燃料电池阴极的污染。他们测试了活性面积为 $50cm^2$ 的单电池，其在温度为 80℃、相对湿度为 100%、电流密度为 $1.0A\cdot cm^{-2}$、Pt 负载为 $0.4mg\cdot cm^{-2}$ 的条件下，当有 5ppm 的 Co^{2+} 存在时，电池工作 230h 后电压损失了 15%，在 300ppm Co^{2+} 污染条件下工作 120h 后，电压损失 55%。测试结果还表明，Co^{2+} 的存在对 PEM 燃料电池的性能影响机制为 ORR 电荷传递电阻增大，膜导电性降低，ORR 传质能力降低。此外，他们还进行了一系列实验研究 Fe^{3+} 和 Al^{3+} 对 PEM 燃料电池性能的不利影响。结果显示，5ppm Fe^{3+} 存在的条件下，工作 191h 之后电池的电压衰退了 174mV，相同浓度的 Al^{3+} 存在时，电池的电压在 282 h 内衰退了 65mV。阳离子的存在主要影响电池的动力学和传质能力，另外，Fe^{3+} 还会导致膜微孔的形成，这主要源于铁元素的催化效果导致的过氧化氢自由基的产生 [207]。Li 等人 [208] 研究了 10ppm 和 100ppm 的 Mg^{2+} 对 PEM 燃料电池性能的影响。他们的研究表明，引入 10ppm 的 Mg^{2+} 后，在 11h 后电池功率的损失可以忽略不计，继续测试 8h 后最大功率密度降低了约 9%。然而，将 Mg^{2+} 浓度增加到 100ppm，10h 测试后，电池的性能衰退到峰值功率密度的 30%。此后，他们中断了镁离子的注入，通过补充高纯 H_2 进行了恢复试验。结果表明，即使较长时间的高纯氢气注入，也不能恢复电池的性能。Sulek 等人 [92] 研究了 PEM 燃料电池在 Fe^{2+}、Al^{3+}、Cr^{3+}、Ni^{2+} 存在时的衰退行为。Nafion* NRE212CS 膜在 0.6V 恒定电压下的极化数据显示，10ppm 的 Fe^{2+}、Al^{3+}、Cr^{3+} 和 Ni^{2+} 分别导致大约 70%、90%、65% 和 69% 的电池性能损失。Qi 等人 [209] 在电堆中注入 $Ba(ClO_4)_2$、$Ca(ClO_4)_2$、$Al(ClO_4)_3$ 和 $KClO_4$ 稀阳离子盐溶液，研究了 Ba^{2+}、Ca^{2+}、Al^{3+} 和 K^+ 阳离子污染对 PEM 燃料电池性能的影响。实验测试了电堆在 $1.0A \cdot cm^{-2}$ 电流密度、80 ℃工作温度和过饱和空气输入下的瞬态行为，结果表明，175 ppm 的 Ba^{2+} 和 Ca^{2+} 存在会导致非常轻微的电压衰退（约 $1.74mV \cdot h^{-1}$），Al^{3+} 和 K^+ 会导致电压突降。他们将这种显著的性能衰退归因于 Al^{3+} 和 K^+ 的价态较高和迁移率较高。在这些中毒实验之后，他们通过中断阳离子注入并切换回未污染的过饱和空气，研究了燃料电池的性能恢复行为，发现电池的性能可以部分恢复。Wang 等人 [210] 进行了一项深入的研究，以阐明 Ca^{2+} 对 PEM 燃料电池性能的影响。他们将测试设备置于三种浓度的 Ca^{2+} 中，浓度分别为 2ppm、5ppm 和 10ppm，在三种电流密度（$0.2A \cdot cm^{-2}$，$0.6A \cdot cm^{-2}$ 和 $1.0A \cdot cm^{-2}$）下进行实验。结果表明，2ppm 的 Ca^{2+} 对电池性能的影响可以忽略，在 230h 的工作之后，电池性能几乎不变，而 5ppm 和 10ppm 的 Ca^{2+} 存在会导致 11% 和 15% 的电压损失。Pasaogullari 等人 [211] 也针对 Ca^{2+} 污染对 PEM 燃料电池性能的影响进行了多项研究，研究表明，GDL 和微孔层上的盐沉积对反应物的迁移会产生负面影响，并显著增加了传质阻力 [212]，Ca^{2+} 还可以使阴极催化层变薄，并促进 Pt 颗粒的团聚 [213]。他们提出的另一个有趣的观点是当电池暴露于 Ca^{2+} 污染环境的时候，中断阳离子注入并供应洁净空气后，电池不仅不能恢复失去的性能，而且还会发生进一步的衰退。Jia 等人 [214] 研究了外来阳离子和氯化物污染对催化层和膜力学性能的影响。他们推断，由于阳离子与催化层中全覆磺酸聚合物基质分子结构的相互作用，污染膜后电极的抗断裂性显著降低。

总体来说，离子污染的不利影响可以总结如下：① 盐的沉积和流道的阻塞增加了传质阻力；② 改变 ORR 机制并产生 H_2O_2，从而导致膜上针孔的形成；③ 阳离子的存在导致聚合物衰退和中毒现象；④ 反应机制由 4 电子路径转变为 2 电子路径；⑤ 阳离子与膜内质子交换，降低了聚合物膜的导电性；⑥ 阴极催化层变薄，导致抗断裂性降低。

5.5.2 有机碎片溶出与催化剂污染

为了了解阴离子对 PEM 燃料电池性能和电化学特性的影响，科学家们进行了各项研究。其中一些重要的研究如下：Matsuoka 等人[87] 研究了四种阴离子（Cl^-、F^-、SO_4^{2-}、NO_3^-）对 Pt/C 电催化剂衰退的影响。结果表明，3×10^{-3}mol/L 的氯化物存在的情况下，在连续工作 50h 后，电池电压衰退了约 12%，而注射相同浓度的 F^-、SO_4^{2-}、NO_3^- 阴离子没有观察到电池电压的下降。他们还测试了在温度为 70℃，电流密度为 $0.3A\cdot cm^{-2}$ 条件下，在单电池中注入污染物 50h 后催化剂的电化学性质。结果显示，在单电池中注入 3×10^{-3}mol/L 的 Cl^- 可以使电池的 ECS 衰退降解高达 25%，其他离子对电池的性能几乎没有影响。Steinbach 等人[88] 对外部进入的氯化物和硫化物污染物对 PEM 燃料电池性能的影响进行了全面研究。他们在加湿灌中注射 20×10^{-6}mol/L 的 HCl、H_2SO_4、H_3PO_4、Na_2SO_4、K_2SO_4、Na_2S，研究了 PEM 燃料电池的性能衰退和恢复行为，结果显示 H_2SO_4、H_3PO_4、HF、Na_2SO_4 和 K_2SO_4 在浓度为 10×10^{-6}mol/L 时，对电池性能没有明显的不良影响。然而，当注入 20×10^{-6}mol/L HCl 和 Na_2S 时，电池的性能在 20h 内分别衰退了 70% 和 97%。他们还研究了这些阴离子对三种不同电催化剂的影响，发现面密度为 $0.2mg_{Pt}\cdot cm^{-2}$ 的 PtCoMn/NSTF 催化剂的性能衰退最明显，面密度为 $0.4mgPt\cdot cm^{-2}$ 的 Pt/C 次之。Nishikawa 等人[89] 研究了 H_2SO_4（膜降解的主要产物）在 30 ~ 80℃温度范围内对 Pt_{xAL}-PtCo/C 性能的影响。他们发现，当 H_2SO_4 浓度为 $1\times10^{-6}\sim5\times10^{-2}$mol/L 时，ORR 速率没有明显的损失。

氯化物是化学工业如氯碱工业产生的氢的副产物，它也存在于空气中。因此，它被认为是一个比较重要的阴离子，它可以严重毒化 PEM 燃料电池的催化层。Unnikrishnan 等人[96] 研究了 100ppm 和 200ppm 氯污染对 PEM 燃料电池性能衰退和恢复行为的影响。在这项研究中，他们使用了单电池测试装置，电极活性面积为 $30cm^2$，20% Pt/C 电催化剂阴极负载量为 $0.5mg\cdot cm^{-2}$，阳极负载量为 $0.25mg\cdot cm^{-2}$。结果表明，在阴极中引入 100ppm 的 Cl_2 会导致电池的峰值功率密度下降约 50%，此外，他们的研究还证明了毒化之后电池性能的恢复需要 3 ~ 4h。同样的实验表明，PEM 燃料电池阳极更容易发生氯中毒，100ppm 和 200ppm 的 Cl_2 分别导致电堆最大功率密度下降 67.5% 和 75%。此外，他们还证实了 2h 和 3h 的性能恢复时间足以使电池恢复正常工作。Li 等人 [215] 在活性面积为 50cm^2 的单电池上进行了类似的测试，他们认为燃料侧加入 20ppm HCl 会导致电池的电压衰退显著，在中毒条件下运行 200h，电池电压从 0.68V 下降到 0.35V，而供纯氢气 120h 后，结果只有 0.05V 的电压恢复。他们还研究了氯中毒电池在低浓度污染物（4ppm HCI）中的恢复行为，发现电池的性能在微量 Cl^- 杂质中部分可恢复，此外详细研究了操作条件的影响，即污染物浓度、相对湿度、电池温度和电流密度对氯化物中毒强度的影响 [216]。结果表明，在较高的电流密度和较低的湿度下，较高的 HCl 浓度会导致 PEM 燃料电池性能的衰退加速。尽管在运行 170h 后，所有测试温度下的稳态电压大致相同，但 40℃时的电压突降远低于 60℃和 80℃条件下的电压突降。Baturina 等人 [217] 的研究表明，电池电压的波动是氯化物中毒现象的一个特征。他们在单电池测试装置上进行了实验，电极活性面积为 25cm^2，碳负载的 Pt 催化剂负载为 0.4mg_{Pt} · cm^{-2}。在 0.4V、0.5V 和 0.6V 电池电压的恒电位条件下，向空气中引入 4ppm 的 HCl，持续 20h，结果表明，在氯化物中毒条件下，瞬态电流密度和稳态电流密度都与电池的电压息息相关。当电池电压分别保持在 0.4V、0.5V 和 0.6V 时，稳态电流密度分别下降 17%、45% 和 90%。此外，在 0.6V 时达到稳态条件所需的时间是在 0.4V 时的 2 倍。换句话说，在氯化中毒条件下，电池电压越高，电流密度损失越大，达到稳态电流密度所需的时间也就越长。Uddin 等人 [218] 进行了一系列实验，研究了不同氯化物对电池中毒现象的影响。在 PEM 燃料电池的阴极侧注射 HCl、$AlCl_3$、$FeCl_3$、$CrCl_3$、$NiCl_2$ 和 $MgCl_2$ 至 28.5×10^{-3}mol/L，他们发现 $NiCl_2$ 和 $MgCl_2$ 没有造成明显的电池性能损失，而其他几种明显导致电池不同程度的性能损失，造成性能损失程度的顺序为 HCl > $AlCl_3$ > $FeCl_3$> $CrCl_3$。根据以往研究结果，这种衰退的主要原因是盐沉淀，堵塞了 GDL 孔隙和流道。他们还研究了相对湿度对 PEM 燃料电池在氯化物污染下性能的影响，并推断较低的湿度会导致更多的盐沉积和更严重的性能衰退。然而，不仅要考虑相对湿度这一单一因素，许多其他操作和设计条件都应该考虑在内 [219]。Yan 等人 [220] 还研究了 NaCl 和 $CaCl_2$ 对 600W PEM 燃料电池系统性能的影响，发现这些氯化物对 PEM 燃料电池短时间运行的性能没有显著影响。虽然在电流密度为 1A · cm^{-2} 的条件下，1mol/L NaCl 和 0.5mol/L $CaCl_2$ 的电压衰退率分别为 1.082mV · h^{-1} 和 3.446mV · h^{-1}，但是在长时间的暴露下，特别是在较高的电流密度下，它们仍然会对燃料电池的性能造成影响。

参考文献

[1] FRANCO A A, BARTHE B, ROUILLON L, et al. Mechanistic investigations of NO_2 iMPact on ORR in PEM fuel cells: a coupled experimental and multi-scale modeling approach[J]. ECS Transactions, 2009, 25(1): 1330-1344.

[2] TALKE A, MISZ U, KONRAD G, et al. IMPact of Air Contaminants on Subscale Single Fuel Cells and an Automotive Short Stack[J]. Journal of Electrical Engineering, 2015, 2(3): 70-79.

[3] PRITHI J A, RAJALAKSHMI N, DHATHATHEREYAN K S. Mesoporous platinum as sulfur-tolerant catalyst for PEMFC cathodes[J]. Journal of Solid State Electrochemistry, 2017, 21(12): 3479-3485.

[4] YUAN X Z, LI H, YU Y, et al. Diagnosis of contamination introduced by ammonia at the cathode in a polymer electrolyte membrane fuel cell[J]. International Journal of Hydrogen Energy, 2012, 37(17): 12464-12473.

[5] MISZ U, TALKE A, HEINZEL A, et al. Sensitivity analyses on the impact of air contaminants on automotive fuel cells[J]. Fuel Cells, 2016, 16(4): 444-462.

[6] JING F N, HOU M, SHI W Y, et al. The effect of ambient contamination on PEMFC performance[J]. Journal of Power Sources, 2007, 166(1): 172-176.

[7] ANGELO M S, BETHUNE K P, ROCHELEAU R E. The impact of sub ppm carbon monoxide and ppm level CO/toluene and methyl cyclohexane/CO mixtures on PEMFC performance and durability[J]. ECS Transactions, 2010: 169-181.

[8] ZHAI Y F, GE J J, QI J, et al. Effect of acetonitrile contamination on long-term degradation of proton exchange membrane fuel cells[J]. Journal of the Electrochemical Society, 2018, 165(6): F3191-F3199.

[9] LI H, ZHANG J L, FATIH K, et al. Polymer electrolyte membrane fuel cell contamination: Testing and diagnosis of toluene-induced cathode degradation[J]. Journal of Power Sources, 2008, 185(1): 272-279.

[10] ZHAI Y, BENDER G, DORN S, et al. The multiprocess degradation of PEMFC performance due to sulfur dioxide contamination and its recovery[J]. Journal of the Electrochemical Society, 2010, 157(1): B20-B26.

[11] GOULD B D, BENDER G, BETHUNE K, et al. Operational performance recovery of SO_2-contaminated proton exchange membrane fuel cells[J]. Journal of the Electrochemical Society, 2010, 157(11): B1569-B1577.

[12] ZHAI J X, HOU M, LIANG D, et al. Investigation on the electrochemical removal of SO_2 in ambient air for proton exchange membrane fuel cells[J]. Electrochemistry Communications, 2012, 18: 131-144.

[13] BATURINA O A, GOULD B D, GARSANY Y, et al. Insights on the SO_2 poisoning of Pt_3Co/VC and Pt/VC fuel cell catalysts[J]. Electrochimica Acta, 2010, 55(22): 6676-6686.

[14] TSUSHIMA S, KANEKO K, MORIOKA H, et al. Influence of SO_2 concentration and relative humidity on electrode poisoning in polymer electrolyte membrane fuel cells[J]. Journal of Thermal Science and Technology, 2012, 7(4): 619-632.

[15] FABER P, DREWNICK F, PISKE J, et al. Effects of atmospheric aerosol on the performance of environmentally sustainable passive air-breathing PEM fuel cells[J]. International Journal of Hydrogen Energy, 2012, 37(22): 17203-17208.

[16] ZHAI Y, ST-PIERRE J, ANGELO M S. The impact of operating conditions on the performance

effect of selected airborne PEMFC contaminants[J]. ECS Transactions, 2013, 50(2): 635-647.

[17] ST-PIERRE J, ZHAI Y F, ANGELO M S. Effect of selected airborne contaminants on PEMFC performance[J]. Journal of the Electrochemical Society, 2015, 161(3): F280.

[18] ST-PIERRE J, ANGELO M S, ZHAI Y. Focusing research by developing performance related selection criteria for PEMFC contaminants[J]. ECS Transactions, 2011, 41(1): 279-286.

[19] RESHETENKO T V, ST-PIERRE J. Study of the aromatic hydrocarbons poisoning of platinum cathodes on proton exchange membrane fuel cell spatial performance using a segmented cell system[J]. Journal of Power Sources, 2016, 333: 237-246.

[20] ZHAI Y F, ST-PIERRE J, GE J J. PEMFC cathode contamination with acetylene - potential dependency[J]. ECS Transactions, 2013, 58(1): 507-517.

[21] ZHAI Y F, ST-PIERRE J. Tolerance and mitigation strategies of proton exchange membrane fuel cells subject to acetylene contamination[J]. International Journal of Hydrogen Energy, 2018, 43(36): 17475-17479.

[22] RESHETENKO T V, ARTYUSHKOVA K, ST-PIERRE J. Spatial proton exchange membrane fuel cell performance under bromomethane poisoning[J]. Journal of Power Sources, 2017, 342: 135-147.

[23] LI H, ZHANG J L, SHI Z, et al. PEM fuel cell contamination: Effects of operating conditions on toluene-induced cathode degradation[J]. Journal of the Electrochemical Society, 2009, 156(2): B252-B257.

[24] YUAN X Z, LI H, YU Y, et al. Diagnosis of contamination introduced by ammonia at the cathode in a polymer electrolyte membrane fuel cell[J]. International Journal of Hydrogen Energy, 2012, 37(17): 12464-12473.

[25] SHI Z, SONG D T, LI H, et al. A general model for air-side proton exchange membrane fuel cell contamination[J]. Journal of Power Sources, 2009, 186(2): 435-445.

[26] JAYARAJ P, KARTHIKA P, RAJALAKSHMI N, et al. Mitigation studies of sulfur contaminated electrodes for PEMFC[J]. International Journal of Hydrogen Energy, 2014, 39(23): 12045-12051.

[27] VON DEAK D, SINGH D, BIDDINGER E J, et al. Investigation of sulfur poisoning of CNx oxygen reduction catalysts for PEM fuel cells[J]. Journal of Catalysis, 2012, 285(1): 145-151.

[28] WANG S G, CUI Z T, CAO M H. A reactive-template strategy for high yield synthesis of N-doped graphene and its modification by introduction of cobalt species for significantly enhanced oxygen reduction reaction[J]. Electrochimica Acta, 2016, 210: 328-336.

[29] WANG X X, MA X L, ZHAO S Q, et al. Nanoporous molecular basket sorbent for NO_2 and SO_2 capture based on a polyethylene glycol-loaded mesoporous molecular sieve[J]. Energy & Environmental Science, 2009, 2(8): 878-882.

[30] REZAEI E, SCHLAGETER B, NEMATI M, et al. Evaluation of metal oxide nanoparticles for adsorption of gas phase ammonia[J]. Journal of Environmental Chemical Engineering, 2017, 5(1): 422-431.

[31] DING B, SI Y. Electrospun Nanofibers for Energy and Environmental Applications[M]. Berlin: Springer, 2014.

[32] KAKATI B K, UNNIKRISHNAN A, RAJALAKSHMI N, et al. Recovery of Polymer Electrolyte Fuel Cell exposed to sulphur dioxide[J]. International Journal of Hydrogen Energy, 2016, 41(12): 5598-5604.

[33] BESANCON B M, HASANOV V, IMBAULT-LASTAPIS R, et al. Hydrogen quality from decarbonized fossil fuels to fuel cells[J]. International Journal of Hydrogen Energy, 2009, 34(5):

2350-2360.
[34] TERLIP D, AINSCOUGH C, BUTTNER W, et al. H2FIRST hydrogen contaminant detector task: Requirements document and market survey[R/OL]. (2015-04-20)[2023-02-20]. osti.gov/biblio/1215206.
[35] ST-PIERRE J. PEMFC contaminant tolerance limit—CO in H_2[J]. Electrochimica Acta, 2010, 55(13): 4208-4211.
[36] MATSUDA Y, SHIMIZU T, MITSUSHIMA S. Adsorption behavior of low concentration carbon monoxide on polymer electrolyte fuel cell anodes for automotive applications[J]. Journal of Power Sources, 2016, 318: 1-8.
[37] CHEN C Y, CHEN C C, HSU S W, et al. Behavior of a proton exchange membrane fuel cell in reformate gas[J]. Energy Procedia, 2012, 29: 64-71.
[38] BENDER G, ANGELO M, BETHUNE K, et al. Quantitative analysis of the performance impact of low-level carbon monoxide exposure in proton exchange membrane fuel cells[J]. Journal of Power Sources, 2013, 228: 159-169.
[39] DAS S K, REIS A, BERRY K J. Experimental evaluation of CO poisoning on the performance of a high temperature proton exchange membrane fuel cell[J]. Journal of Power Sources, 2009, 193(2): 691-698.
[40] ZHANG J X, DATTA R. Electrochemical preferential oxidation of CO in reformate[J]. Journal of the Electrochemical Society, 2005, 152(6): A1180-A1187.
[41] RAMANI, VIJAY, KUNZ, et al. The pdymer electrolyte fuel cell[J]. Interface, 2004, 13(3): 17-45.
[42] BORUP R, MEYERS J, PIVOVAR B, et al. Scientific aspects of polymer electrolyte fuel cell durability and degradation[J]. Chemical Reviews, 2007, 107(10): 3904-3951.
[43] LOPES T, PAGANIN V A, GONZALEZ E R. Hydrogen sulfide tolerance of palladium-copper catalysts for PEM fuel cell anode applications[J]. International Journal of Hydrogen Energy, 2011, 36(21): 13703-13707.
[44] URDAMPILLETA I, URIBE F, ROCKWARD T, et al. PEMFC poisoning with H_2S: Dependence on operating conditions[J]. ECS Transactions, 2007, 11(1): 831-842.
[45] GARZON F H, LOPES T, ROCKWARD T, et al. The impact of impurities on long term PEMFC performance[J]. ECS Transactions, 2009, 25(1): 1575-1583.
[46] MOHTADI R, LEE W K, VAN ZEE J W. The effect of temperature on the adsorption rate of hydrogen sulfide on Pt anodes in a PEMFC[J]. Applied Catalysis B Environmental, 2005, 56(1): 37-42.
[47] PAPADIAS D D, AHMEDA S, KUMAR R, et al. Hydrogen quality for fuel cell vehicles - A modeling study of the sensitivity of impurity content in hydrogen to the process variables in the SMR-PSA pathway[J]. International Journal of Hydrogen Energy, 2009, 34(15): 6021-6035.
[48] DIAZ M A, IRANZO A, ROSA F, et al. Effect of carbon dioxide on the contamination of low temperature and high temperature PEM (polymer electrolyte membrane) fuel cells. Influence of temperature, relative humidity and analysis of regeneration processes[J]. Energy, 2015, 90: 299-309.
[49] LUKASZEWSKI M, SIWEK H, CZERWINSKI A. Electrosorption of carbon dioxide on platinum group metals and alloys-a review[J]. Journal of Solid State Electrochemistry, 2009, 13(6): 813-827.
[50] NACHIAPPAN N, KALAIGNAN G P, SASIKUMAR G. Effect of nitrogen and carbon dioxide as fuel impurities on PEM fuel cell performances[J]. Ionics, 2013, 19(2): 351-354.

[51] AUVINEN S, TINGELÖF T, IHOHEN J K. Stainless steel in-situ corrosion testing in a PEFC multisingle cell[J]. Proton Exchange Membrane Fuel Cells, 2009, 25(1): 1811-1821.

[52] SHIRONITA S, SATO K, YOSHITAKE K, et al. Pt-Ru/C anode performance of polymer electrolyte fuel cell under carbon dioxide atmosphere[J]. Electrochimica Acta, 2016, 206: 254-258.

[53] WATANABE F, KABURAKI I, SHIMODA N, et al. Influence of nitrogen impurity for steam methane reforming over noble metal catalysts[J]. Fuel Processing Technology, 2016, 152: 15-21.

[54] ZHANG X Y, SERINCAN M F, PASAOGULLARI U, et al. Contamination of membrane-electrode assemblies by ammonia in polymer electrolyte fuel cells[J].ECS Transactions, 2009, 25(1): 1565-1574.

[55] HALSEID R, VIE P J S, TUNOLD R. Effect of ammonia on the performance of polymer electrolyte membrane fuel cells[J]. Journal of Power Sources, 2006, 154(2): 343-350.

[56] IMAMURA D, MATSUDA Y, HASHIMASA Y, et al. Effect of ammonia contained in hydrogen fuel on PEMFC performance[J]. ECS Transactions, 2011, 41(1): 2083-2089.

[57] JUNG R M, CHO H S, PARK S, et al. An experimental approach to investigate the transport of ammonia as a fuel contaminant in proton exchange membrane fuel cells[J]. Journal of Power Sources, 2015, 275: 14-21.

[58] HONGSIRIKARN K, GOODWIN J G, GREENWAY S. Influence of ammonia on the conductivity of Nafion (R) membranes[J]. Journal of Power Sources, 2010, 195(1): 30-38.

[59] KITAHARA T, NAKAJIMA H, INAMOTOM, et al. Triple micro porous layer coated gas diffusion layer for performance enhancement of polymer electrolyte fuel cells under both low and high humidity conditions[J]. Journal of Power Sources, 2014, 248: 1256-1263.

[60] KARIMI G, LI X G. Analysis and modeling of PEM fuel cell stack performance: Effect of in situ reverse water gas shift reaction and oxygen bleeding[J]. Journal of Power Sources, 2006, 159(2): 943-950.

[61] PEREZ L C, RAJALA T, IHONEN J, et al. Development of a methodology to optimize the air bleed in PEMFC systems operating with low quality hydrogen[J]. International Journal of Hydrogen Energy, 2013, 38(36): 16286-16299.

[62] ZAMEL N, LI X G. Transient analysis of carbon monoxide poisoning and oxygen bleeding in a PEM fuel cell anode catalyst layer[J]. International Journal of Hydrogen Energy, 2008, 33(4): 1335-1344.

[63] HAFTTANANIAN M, RAMIAR A, RANJBAR A A. Novel techniques of oxygen bleeding for polymer electrolyte fuel cells under impure anode feeding and poisoning condition: A computational study using OpenFOAM (R)[J]. Energy Conversion and Management, 2016, 122: 564-579.

[64] LIU X, CHRISTENSEN P A, KELLY S M, et al. Al_2O_3 disk supported Si_3N_4 hydrogen purification membrane for low temperature polymer electrolyte membrane fuel cells[J]. Membranes, 2013, 3(4): 406-414.

[65] DURBIN D J, MALARDIER-JUGROOT C. Theoretical investigation of the use of doped graphene as a membrane support for effective CO removal in hydrogen fuel cells[J]. Molecular Simulation, 2012, 38(13): 1061-1071.

[66] LI Y F, ZHOU Z, SHEN P W, et al. Two-dimensional polyphenylene: experimentally available porous graphene as a hydrogen purification membrane[J]. Chemical Communications, 2010, 46(21): 3672-3674.

[67] ZHANG L, KIM J, ZHANG J J, et al. Ti_4O_7 supported Ru@Pt core-shell catalyst for CO-toler-

ance in PEM fuel cell hydrogen oxidation reaction[J]. Applied Energy, 2013, 103: 507-513.

[68] WANG Q, WANG G X, TAO H L, et al. Highly CO tolerant PtRu/PtNi/C catalyst for polymer electrolyte membrane fuel cell[J]. RSC Advances, 2017, 7(14): 8453-8459.

[69] KHERADMANDINIA S, KHANDAN N, EIKANI M H. Synthesis and evaluation of CO electro-oxidation activity of carbon supported SnO_2, CoO and Ni nano catalysts for a PEM fuel cell anode[J]. International Journal of Hydrogen Energy, 2016, 41(42): 19070-19080.

[70] HU J E, LIU Z F, EICHHORN B W, et al. CO tolerance of nano-architectured Pt-Mo anode electrocatalysts for PEM fuel cells[J]. International Journal of Hydrogen Energy, 2012, 37(15): 11268-11275.

[71] HASSAN A, IEZZI R C, TICIANELLI E A. Activity and stability of molybdenum-containing dispersed Pt catalysts for CO tolerance in proton exchange membrane fuel cell anodes[J]. ECS Transactions, 2015, 69(17): 45-56.

[72] PINTO L M C, JUAREZ M F, ANGELO A C D, et al. Some properties of intermetallic compounds of Sn with noble metals relevant for hydrogen electrocatalysis[J]. Electrochimica Acta, 2014, 116: 39-43.

[73] KWON K, JUNG Y, KU H, et al. CO-tolerant Pt-BeO as a novel anode electrocatalyst in proton exchange membrane fuel cells[J]. Catalysts, 2016, 6(5): 1-7.

[74] ISSEROFF R, BLACKBURN L, KANG J, et al. Incorporation of platinum and gold partially reduced graphene oxide into polymer electrolyte membrane fuel cells for increased output power and carbon monoxide tolerance[J]. MRS Advances, 2016, 1(20): 1477-1486.

[75] NARISCHAT N, TAKEGUCHI T, MORI T, et al. Effect of the mesopores of carbon supports on the CO tolerance of Pt2Ru3 polymer electrolyte fuel cell anode catalyst[J]. International Journal of Hydrogen Energy, 2016, 41(31): 13697-13704.

[76] RIGDON W A, HUANG X Y. Carbon monoxide tolerant platinum electrocatalysts on niobium doped titania and carbon nanotube composite supports[J]. Journal of Power Sources, 2014, 272: 845-859.

[77] KAKATI B K, KUCERNAK A R J. Gas phase recovery of hydrogen sulfide contaminated polymer electrolyte membrane fuel cells[J]. Journal of Power Sources, 2014, 252: 317-326.

[78] FRANCK-LACAZE L, BONNET C, BESSE S, et al. Effects of ozone on the performance of a polymer electrolyte membrane fuel cell[J]. Fuel Cells, 2009, 9(5): 562-569.

[79] LOPES F V S, GRANDE C A, RODRIGUES A E. Activated carbon for hydrogen purification by pressure swing adsorption: Multicomponent breakthrough curves and PSA performance[J]. Chemical Engineering Science, 2011, 66(3): 303-317.

[80] SILVA B, SOLOMON I, RIBEIRO A M, et al. H2 purification by pressure swing adsorption using CuBTC[J]. Separation and Purification Technology, 2013, 118: 744-756.

[81] AGUEDA V I, DELGADO J A, UGUINA M A, et al. Adsorption and diffusion of H_2, N_2, CO, CH_4 and CO_2 in UTSA-16 metal-organic framework extrudates[J]. Chemical Engineering Science, 2015, 124: 159-169.

[82] QIAO B, LIU J, WANG Y-G, et al. Highly efficient catalysis of preferential oxidation of CO in H_2-rich stream by gold single-atom catalysts[J]. ACS Catalysis, 2015, 5(11): 6249-6254.

[83] SAAVEDRA J, WHITTAKER T, CHEN Z F, et al. Controlling activity and selectivity using water in the Au-catalysed preferential oxidation of CO in H_2[J]. Nature Chemistry, 2016, 8(6): 585-590.

[84] WU Z, ZHU H, QIN Z, et al. CO preferential oxidation in H_2-rich stream over a CuO/CeO_2 catalyst with high H_2O and CO_2 tolerance[J]. Fuel, 2013, 104: 41-45.

[85] KUMAR J, DEO G, KUNZRU D. Preferential oxidation of carbon monoxide on Pt/γ-Al_2O_3 catalyst: Effect of adding ceria and nickel[J]. International Journal of Hydrogen Energy, 2016, 41(41): 18494-18501.

[86] AHN S Y, SHIN S J, HA H Y, et al. Performance and lifetime analysis of the kW-class PEMFC stack[J]. Journal of Power Sources, 2002, 106(1-2): 295-303.

[87] MATSUOKA K, SAKAMOTO S, NAKATO K, et al. Degradation of polymer electrolyte fuel cells under the existence of anion species[J]. Journal of Power Sources, 2008, 179(2): 560-565.

[88] STEINBACH A J, HAMILTON C V, DEBE M K. Impact of micromolar concentrations of externally-provided chloride and sulfide contaminants on PEMFC reversible stability[J]. ECS Transactions, 2007, 11(1): 889-902.

[89] NISHIKAWA H, YANO H, INUKAI J, et al. Effects of sulfate on the oxygen reduction reaction activity on stabilized Pt skin/PtCo alloy catalysts from 30 to 80℃ [J]. Langmuir, 2018, 34(45): 13558-13564.

[90] UDDIN M A, WANG X F, QI J, et al. Effects of chloride contamination on PEFCs[J]. ECS Transactions, 2013, 58(1): 543-553.

[91] LI H, GAZZARRI J, TSAY K, et al. PEM fuel cell cathode contamination in the presence of cobalt ion (Co^{2+})[J]. Electrochimica Acta, 2010, 55(20): 5823-5830.

[92] SULEK M, ADAMS J, KABERLINE S, et al. In situ metal ion contamination and the effects on proton exchange membrane fuel cell performance[J]. Journal of Power Sources, 2011, 196(21): 8967-8972.

[93] QI J, WANG X F, OZDEMIR M O, et al. Effect of cationic contaminants on polymer electrolyte fuel cell performance[J]. Journal of Power Sources, 2015, 286: 18-24.

[94] UDDIN M A, PARK J, BONVILLE L, et al. Effect of hydrophobicity of gas diffusion layer in calcium cation contamination in polymer electrolyte fuel cells[J]. International Journal of Hydrogen Energy, 2016, 41(33): 14909-14916.

[95] YANO H, UEMATSU T, OMURA J, et al. Effect of adsorption of sulfate anions on the activities for oxygen reduction reaction on Nafion®-coated Pt/carbon black catalysts at practical temperatures[J]. Journal of Electroanalytical Chemistry, 2015, 747: 91-96.

[96] UNNIKRISHNAN A, JANARDHANAN V M, RAJALAKSHMI N, et al. Chlorine-contaminated anode and cathode PEMFC-recovery perspective[J]. Journal of Solid State Electrochemistry, 2018, 22(7): 2107-2113.

[97] ZHAO J, LI X. A review of polymer electrolyte membrane fuel cell durability for vehicular applications: Degradation modes and experimental techniques[J]. Energy Convers Manage, 2019, 199: 112022.1-112022.22.

[98] JIAO K, LI X. Water transport in polymer electrolyte membrane fuel cells[J]. Progress in Energy Combust Science, 2011, 37(3): 221-291.

[99] WAN Z M, WAN J H, LIU J, et al. Water recovery and air humidification by condensing the moisture in the outlet gas of a proton exchange membrane fuel cell stack[J]. Applied Thermal Engineering, 2012, 42: 173-178.

[100] THOMPSON E L, CAPEHART T W, FULLER T J, et al. Investigation of low-temperature proton transport in Nafion using direct current conductivity and differential scanning calorimetry[J]. Journal of Electrochem socources, 2006, 153(12): 3445-3455.

[101] JIAO K, LI X. Three-dimensional multiphase modeling of cold start processes in polymer electrolyte membrane fuel cells[J]. Electrochim Acta, 2009, 54(27): 6876-6891.

[102] KIM Y S, DONG L, HICKNER M A, et al. State of water in disulfonated poly(arylene ether

sulfone) copolymers and a perfluorosulfonic acid copolymer (Nafion) and its effect on physical and electrochemical properties[J]. Macromolecules, 2003, 36(17): 6281-6285.

[103] OUS T, ARCOUMANIS C. Degradation aspects of water formation and transport in proton exchange membrane fuel cell: A review[J]. Journal of Power Sources, 2013, 240: 558-582.

[104] LAPICQUE F, BELHADJ M, BONNET C, et al. A critical review on gas diffusion micro and macroporous layers degradations for improved membrane fuel cell durability[J]. Journal of Power Sources, 2016, 336: 40-53.

[105] SIU A, SCHMEISSER J, HOLDCROFT S. Effect of water on the low temperature conductivity of polymer electrolytes[J]. Journal of Physical Chemistry B, 2006, 110(12): 6072-6080.

[106] HOU J, YU H, WANG L, et al. Conductivity of aromatic-based proton exchange membranes at subzero temperatures[J]. Journal of Power Sources, 2008, 180(1): 232-237.

[107] YAN Q, TOGHIANI H, LEE Y W, et al. Effect of sub-freezing temperatures on a PEM fuel cell performance, startup and fuel cell components[J]. Journal of Power Sources, 2006, 160(2): 1242-1250.

[108] PLAZANET M, SACCHETTI F, PETRILLO C, et al. Water in a polymeric electrolyte membrane: Sorption/desorption and freezing phenomena[J]. Journal of Membr Sci, 2014, 453: 419-424.

[109] OSZCIPOK M, RIEMANN D, KRONENWETT U, et al. Statistic analysis of operational influences on the cold start behaviour of PEM fuel cells[J]. Journal of Power Sources, 2005, 145(2): 407-415.

[110] HWANG G S, KIM H, LUJAN R, et al. Phase-change-related degradation of catalyst layers in proton-exchange-membrane fuel cells[J]. Electrochim Acta, 2013, 95: 29-37.

[111] MCDONALD R C, MITTELSTEADT C K, THOMPSON E L. Effects of deep temperature cycling on Nafion® 112 membranes and membrane electrode assemblies[J]. Fuel Cells, 2004, 4(3): 208-213.

[112] GAVELLO G, ZENG J, FRANCIA C, et al. Experimental studies on Nafion® 112 single PEMFCs exposed to freezing conditions[J]. International Journal of Hydrogen Energy, 2011, 36(13): 8070-8081.

[113] THOMPSON E L, JORNE J, GASTEIGER H A. Oxygen Reduction Reaction Kinetics in Subfreezing PEM Fuel Cells[J]. Journal of Electrochem Society, 2007, 154(8): B783-B792.

[114] OSZCIPOK M, ZEDDA M, RIEMANN D, et al. Low temperature operation and influence parameters on the cold start ability of portable PEMFCs[J]. Journal of Power Sources, 2006, 154(2): 404-411.

[115] YAN Q, TOGHIANI H, LEE Y W, et al. Effect of sub-freezing temperatures on a PEM fuel cell performance, startup and fuel cell components[J]. J Power Sources, 2006, 160(2): 1242-1250.

[116] ISHLER J, WANG Y, MUKHERJEE P P, et al. Subfreezing operation of polymer electrolyte fuel cells: Ice formation and cell performance loss[J]. Electrochim Acta, 2012, 65: 127-133.

[117] GE S, WANG C-Y. Cyclic voltammetry study of ice formation in the PEFC catalyst layer during cold start[J]. Journal of Electrochem Society, 2007, 154(12): B1339-B1406.

[118] YANG X G, TABUCHI Y, KAGAMI F, et al. Durability of membrane electrode assemblies under polymer electrolyte fuel cell cold-start cycling[J]. Journal of Electrochem Society, 2008, 155(7): B752-B761.

[119] TABE Y, SAITO M, FUKUI K, et al. Cold start characteristics and freezing mechanism dependence on start-up temperature in a polymer electrolyte membrane fuel cell[J]. J Power Sources, 2012, 208: 366-373.

[120] CHO E, KO J-J, HA H Y, et al. Characteristics of the PEMFC Repetitively Brought to Temperatures below 0℃ [J]. Journal of Electrochem Society, 2003, 150(12): A1667-A1670.
[121] YUE L, WANG S, ZHU Y, et al. Experimental study on cold start performance of PEMFC based on parallel flow channels[J]. International Journal of Hydrogen Energy, 2022, 47(1): 540-550.
[122] LIM S-J, PARK G-G, PARK J-S, et al. Investigation of freeze/thaw durability in polymer electrolyte fuel cells[J]. International Journal of Hydrogen Energy, 2010, 35(23): 13111-13117.
[123] PARK G G, LIM S J, PARK J S, et al. Analysis on the freeze/thaw cycled polymer electrolyte fuel cells[J]. Current Applied Physics, 2010, 10(2): S62-S65.
[124] PENG L, WAN Y, QIU D, et al. Dimensional tolerance analysis of proton exchange membrane fuel cells with metallic bipolar plates[J]. Journal of Power Sources, 2021, 481: 228927.1-228927.10.
[125] LEE C, MéRIDA W. Gas diffusion layer durability under steady-state and freezing conditions[J]. Journal of Power Sources, 2007, 164(1): 141-153.
[126] 詹志刚，吕志勇，黄永．质子交换膜燃料电池冷启动及性能衰减研究 [J]. 武汉理工大学学报，2011, 33(1): 151-155.
[127] OZDEN A, SHAHGALDI S, ZHAO J, et al. Degradations in porous components of a proton exchange membrane fuel cell under freeze-thaw cycles: Morphology and microstructure effects[J]. International Journal of Hydrogen Energy, 2020, 45(5): 3618-3631.
[128] 张迪，吴凯，陈中楠，等．PEM 燃料电池冷启动热平衡研究 [J]. 电源技术，2019, 43(7): 4.
[129] SONG K-Y, KIM H-T. Effect of air purging and dry operation on durability of PEMFC under freeze/thaw cycles[J]. International Journal of Hydrogen Energy, 2011, 36(19): 12417-12426.
[130] LUO M, HUANG C, LIU W, et al. Degradation behaviors of polymer electrolyte membrane fuel cell under freeze/thaw cycles[J]. International Journal of Hydrogen Energy, 2010, 35(7): 2986-2993.
[131] HU K, CHU T, LI F, et al. Effect of different control strategies on rapid cold start-up of a 30-cell proton exchange membrane fuel cell stack[J]. International Journal of Hydrogen Energy, 2021, 46(62): 31788-31797.
[132] SANTAMARIA A, TANG H-Y, PARK J W, et al. 3D neutron tomography of a polymer electrolyte membrane fuel cell under sub-zero conditions[J]. International Journal of Hydrogen Energy, 2012, 37(14): 10836-10843.
[133] HE S, MENCH M M. One-dimensional transient model for frost heave in polymer electrolyte fuel cells[J]. Journal of Electrochem society, 2006, 153(9): A1724-A1731.
[134] ZHAN Z, YUAN C, HU Z, et al. Experimental study on different preheating methods for the cold-start of PEMFC stacks[J]. Energy, 2018, 162: 1029-1040.
[135] KO J, KIM W, HONG T, et al. IMPact of metallic bipolar plates on cold-start behaviors of Polymer Electrolyte Fuel Cells (PEFCs)[J]. Solid State Ionics, 2012, 225: 260-267.
[136] LIN R, REN Y S, LIN X W, et al. Investigation of the internal behavior in segmented PEMFCs of different flow fields during cold start process[J]. Energy, 2017, 123: 367-377.
[137] CHO E, KO J-J, HA H Y, et al. Effects of water removal on the performance degradation of PEMFCs repetitively brought to <0℃ [J]. Journal of Electrochem Society, 2004, 151(5): A661-A665.
[138] 黄成勇．质子交换膜燃料电池 CCM 冰点以下低温特性的研究 [D]. 武汉理工大学，2007.
[139] LIN R, JIANG Z, REN Y, et al. Performance degradation and strategy optimization of PEMFCs under subfreezing temperature[J]. Journal of Tongji University, 2018, 46(5): 658-666.

[140] TANG H Y, SANTAMARIA A D, BACHMAN J, et al. Vacuum-assisted drying of polymer electrolyte membrane fuel cell[J]. Applied Energy, 2013, 107: 264-270.
[141] LEE N W, KIM S I, KIM Y S, et al. An effective discharge method for condensed water inside the GDL using pressure gradient of a PEM fuel cell[J]. International Journal of Heat Mass Transfer, 2015, 85: 703-710.
[142] TAJIRI K, TABUCHI Y, WANG C-Y. Isothermal cold start of polymer electrolyte fuel cells[J]. Journal of Electrochem Society, 2007, 154(2): B147-B152.
[143] GE S, WANG C Y. Characteristics of subzero startup and water/ice formation on the catalyst layer in a polymer electrolyte fuel cell[J]. Electrochim Acta, 2007, 52(14): 4825-4835.
[144] KIM S I, LEE N W, KIM Y S, et al. Effective purge method with addition of hydrogen on the cathode side for cold start in PEM fuel cell[J]. International Journal of Hydrogen Energy, 2013, 38(26): 11357-11369.
[145] TAJIRI K, WANG C-Y, TABUCHI Y. Water removal from a PEFC during gas purge[J]. Electrochim Acta, 2008, 53(22): 6337-6343.
[146] JIAO K, LI X. Cold start analysis of polymer electrolyte membrane fuel cells[J]. International Journal of Hydrogen Energy, 2010, 35(10): 5077-5094.
[147] LIN R, WENG Y, LI Y, et al. Internal behavior of segmented fuel cell during cold start[J]. International Journal of Hydrogen Energy, 2014, 39(28): 16025-16035.
[148] JIANG F, WANG C Y, CHEN K S. Current ramping: A strategy for rapid start-up of PEMFCs from subfreezing environment[J]. Journal of Electrochem Society, 2010, 157(3): B342-B347.
[149] PINTON E, FOURNERON Y, ROSINI S, et al. Experimental and theoretical investigations on a proton exchange membrane fuel cell starting up at subzero temperatures[J]. Journal of Power Sources, 2009, 186(1): 80-88.
[150] MONTANER RíOS G, SCHIRMER J, GENTNER C, et al. Efficient thermal management strategies for cold starts of a proton exchange membrane fuel cell system[J]. Applied Energy, 2020, 279: 115813.1-115813.10.
[151] AMAMOU A, KANDIDAYENI M, BOULON L, et al. Real time adaptive efficient cold start strategy for proton exchange membrane fuel cells[J]. Applied Energy, 2018, 216: 21-30.
[152] SAITO M, HAYAMIZU K, OKADA T. Temperature dependence of ion and water transport in perfluorinated ionomer membranes for fuel cells[J]. Journal of Physical chemistry B, 2005, 109(8): 3112-3119.
[153] 尧磊，彭杰，张剑波，等．质子交换膜燃料电池冷启动的数值模拟[J]. 化工进展，2019, 38(9): 4029-4035.
[154] TANG H, PAN M, WANG F, et al. Highly durable proton exchange membranes for low temperature fuel cells[J]. Journal of Physical chemistry B, 2007, 111(30): 8684-8690.
[155] MIAO Z, YU H, SONG W, et al. Characteristics of proton exchange membrane fuel cells cold start with silica in cathode catalyst layers[J]. International of Hydrogen Energy, 2010, 35(11): 5552-5557.
[156] KO J, JU H. Effects of cathode catalyst layer design parameters on cold start behavior of polymer electrolyte fuel cells (PEFCs)[J]. International Journal of Hydrogen Energy, 2013, 38(1): 682-691.
[157] KIM S, MENCH M M. Physical degradation of membrane electrode assemblies undergoing freeze/thaw cycling: Micro-structure effects[J]. Journal of Power Sources, 2007, 174(1): 206-220.
[158] WANG L, PRASAD A K, ADVANI S G. Freeze/Thaw durability study of MWCNT-reinforced

nafion membranes[J]. Journal of Electrochem Society, 2011, 158(12): B1499-B1503.

[159] LEE S-Y, KIM H-J, CHO E, et al. Performance degradation and microstructure changes in freeze–thaw cycling for PEMFC MEAs with various initial microstructures[J]. International Journal of Hydrogen Energy, 2010, 35(23): 12888-12896.

[160] KIM S, AHN B K, MENCH M M. Physical degradation of membrane electrode assemblies undergoing freeze/thaw cycling: Diffusion media effects[J]. Journal of Power Sources, 2008, 179(1): 140-146.

[161] HIRAKATA S, HARA M, KAKINUMA K, et al. Investigation of the effect of a hydrophilic layer in the gas diffusion layer of a polymer electrolyte membrane fuel cell on the cell performance and cold start behaviour[J]. Electrochim Acta, 2014, 120: 240-247.

[162] PARK J, OH H, HA T, et al. A review of the gas diffusion layer in proton exchange membrane fuel cells: Durability and degradation[J]. Applied Energy, 2015, 155: 866-880.

[163] KO J, KIM W-G, LIM Y-D, et al. Improving the cold-start capability of polymer electrolyte fuel cells (PEFCs) by using a dual-function micro-porous layer (MPL): Numerical simulations[J]. Internaltional Journal of Hydrogen Energy, 2013, 38(1): 652-659.

[164] LI W Z, YANG W W, ZHANG W Y, et al. Three-dimensional modeling of a PEMFC with serpentine flow field incorporating the iMPacts of electrode inhomogeneous compression deformation[J]. International Journal of Hydrogen Energy, 2019, 44(39): 22194-22209.

[165] ZHANG H, XIAO L, CHUANG P-Y A, et al. Coupled stress–strain and transport in proton exchange membrane fuel cell with metallic bipolar plates[J]. Applied Energy, 2019, 251(1): 113316.1-113316.13.

[166] ZHOU Y, JIAO K, DU Q, et al. Gas diffusion layer deformation and its effect on the transport characteristics and performance of proton exchange membrane fuel cell[J]. International Journal of Hydrogen Energy, 2013, 38(29): 12891-12903.

[167] HENCKY H. On the theory of plastic deformations and the residual stresses caused by them in the material[J]. Zeitschrift für Angewandte Mathematik und Mechanik, 2020, 100(3): e202002019.1-e202002019.13.

[168] DING Q, ZHU K-Q, YANG C, et al. Performance investigation of proton exchange membrane fuel cells with curved membrane electrode assemblies caused by pressure differences between cathode and anode[J]. International Journal of Hydrogen Energy, 2021, 46(75): 37393-37405.

[169] BENDER G, FELT W, ULSH M. Detecting and localizing failure points in proton exchange membrane fuel cells using IR thermography[J]. Journal of Power Sources, 2014, 253: 224-229.

[170] GUVELIOGLU G H, STENGER H G. Flow rate and humidification effects on a PEM fuel cell performance and operation[J]. Journal of Power Sources, 2007, 163(2): 882-891.

[171] JUNG M J, WILLIAMS K A. Effect of dynamic operation on chemical degradation of a polymer electrolyte membrane fuel cell[J]. Journal of Power Sources, 2011, 196(5): 2717-2724.

[172] LAI Y H, FLY G W. In-situ diagnostics and degradation mapping of a mixed-mode accelerated stress test for proton exchange membranes[J]. Journal of Power Sources, 2015, 274: 1162-1172.

[173] VENGATESAN S, PANHA K, FOWLER M W, et al. Membrane electrode assembly degradation under idle conditions via unsymmetrical reactant relative humidity cycling[J]. Journal of Power Sources, 2012, 207: 101-110.

[174] THURSFIELD A, MURUGAN A, FRANCA R, et al. Chemical looping and oxygen permeable ceramic membranes for hydrogen production-a review[J]. Energy & Environmental Science, 2012, 5(6): 7421-7459.

[175] PEIGHAMBARDOUST S J, ROWSHANZAMIR S, AMJADI M. Review of the proton ex-

change membranes for fuel cell applications[J]. International Journal of Hydrogen Energy, 2010, 35(17): 9349-9384.

[176] SUN H, ZHANG G S, GUO L J, et al. Effects of humidification temperatures on local current characteristics in a PEM fuel cell[J]. Journal of Power Sources, 2007, 168(2): 400-407.

[177] CHEN C, FULLER T F. The effect of humidity on the degradation of Nafion (R) membrane[J]. Polymer Degradation and Stability, 2009, 94(9): 1436-1347.

[178] OHMA A, SUGA S, YAMAMOTO S, et al. Membrane degradation behavior during open-circuit voltage hold test[J]. Journal of the Electrochemical Society, 2007, 154(8): B757-B760.

[179] SHIMPALEE S, GREENWAY S, VAN ZEE J W. The iMPact of channel path length on PEMFC flow-field design[J]. Journal of Power Sources, 2006, 160(1): 398-406.

[180] KHATTRA N S, KARLSSON A M, SANTARE M H, et al. Effect of time-dependent material properties on the mechanical behavior of PFSA membranes subjected to humidity cycling[J]. Journal of Power Sources, 2012, 214: 365-376.

[181] AINDOW T T, O' NEILL J. Use of mechanical tests to predict durability of polymer fuel cell membranes under humidity cycling[J]. Journal of Power Sources, 2011, 196(8): 3851-3854.

[182] SATTERFIELD M B, MAJSZTRIK P W, OTA H, et al. Mechanical properties of Nafion and titania/Nafion composite membranes for polymer electrolyte membrane fuel cells[J]. Journal of Polymer Science Part B-Polymer Physics, 2006, 44(16): 2327-2345.

[183] 黄豪 . 质子交换膜燃料电池膜电极耐久性研究 [D]. 上海 : 华东理工大学 , 2018.

[184] WU B B, ZHAO M, SHI W Y, et al. The degradation study of Nafion/PTFE composite membrane in PEM fuel cell under accelerated stress tests[J]. International Journal of Hydrogen Energy, 2014, 39(26): 14381-14390.

[185] LIU W, RUTH K, RUSCH G. Membrane durability in PEM fuel cells[J]. Journal of New Materials for Electrochemical Systems, 2001, 4(4): 227-232.

[186] LI B, KIM Y S, MUKUNDAN R, et al. Mixed hydrocarbon/fluoropolymer membrane/ionomer MEAs for durablity studies[J]. Polymer Electrolyte Fuel Cells, 2010, 10(1): 913-924.

[187] ALAVIJEH A S, KHORASANY R M H, NUNN Z, et al. Microstructural and mechanical characterization of catalyst coated membranes subjected to in situ hygrothermal fatigue[J]. Journal of the Electrochemical Society, 2015, 162(14): F1461-F1469.

[188] MUKUNDAN R, BAKER A M, KUSOGLU A, et al. Membrane accelerated stress test development for polymer electrolyte fuel cell durability validated using field and drive cycle testing[J]. Journal of the Electrochemical Society, 2018, 165(6): F3085-F3093.

[189] KREITMEIER S, SCHULER G A, WOKAUN A, et al. Investigation of membrane degradation in polymer electrolyte fuel cells using local gas permeation analysis[J]. Journal of Power Sources, 2012, 212: 139-147.

[190] MACAULEY N, ALAVIJEH A S, WATSON M, et al. Accelerated membrane durability testing of heavy duty fuel cells[J]. Journal of the Electrochemical Society, 2015, 162(1): F98-F107.

[191] RODGERS M P, BROOKER R P, MOHAJERI N, et al. Comparison of proton exchange membranes degradation rates between accelerated and performance tests[J]. Journal of the Electrochemical Society, 2012, 159(7): F338-F352.

[192] XIAO Y, CHO C. Experimental investigation and discussion on the mechanical endurance limit of Nafion membrane used in proton exchange membrane fuel cell[J]. Energies, 2014, 7(10): 6401-6411.

[193] ALAVIJEH A S, VENKATESAN S V, KHORASANY R M H, et al. Ex-situ tensile fatigue-creep testing: A powerful tool to simulate in-situ mechanical degradation in fuel cells[J]. Jour-

nal of Power Sources, 2016, 312: 123-127.
[194] TANG Y L, SANTARE M H, KARLSSON A M, et al. Stresses in proton exchange membranes due to hygro-thermal loading[J]. Journal of Fuel Cell Science Technology, 2006, 3(2): 119-124.
[195] KUSOGLU A, KARLSSON A M, SANTARE M H, et al. Mechanical response of fuel cell membranes subjected to a hygro-thermal cycle[J]. Journal of Power Sources, 2006, 161(2): 987-996.
[196] KHORASANY R M H, GOULET M A, ALAVIJEH A S, et al. On the constitutive relations for catalyst coated membrane applied to in-situ fuel cell modeling[J]. Journal of Power Sources, 2014, 252: 176-188.
[197] VERMA A, PITCHUMANI R. Investigation of mechanical behavior of membrane in polymer electrolyte fuel cells subject to dynamic load changes[J]. Journal of Fuel Cell Science Technology, 2014, 11(3): 031009.
[198] AL-BAGHDADI M, AL-JANABI H. Influence of the design parameters in a proton exchange membrane (PEM) fuel cell on the mechanical behavior of the polymer membrane[J]. Energy Fuels, 2007, 21(4): 2258-2267.
[199] KUSOGLU A, KARLSSON A M, SANTARE M H, et al. Mechanical behavior of fuel cell membranes under humidity cycles and effect of swelling anisotropy on the fatigue stresses[J]. Journal of Power Sources, 2007, 170(2): 345-358.
[200] UCHIYAMA T, KUMEI H, YOSHIDA T, et al. Static friction force between catalyst layer and micro porous layer and its effect on deformations of membrane electrode assemblies under swelling[J]. Journal of Power Sources, 2014, 272: 522-530.
[201] KUSOGLU A, KIENITZ B L, WEBER A Z. Understanding the effects of compression and constraints on water uptake of fuel-cell membranes[J]. Journal of the Electrochemical Society, 2011, 158(12): B1504-B1514.
[202] LI Y Q, DILLARD D A, CASE S W, et al. Fatigue and creep to leak tests of proton exchange membranes using pressure-loaded blisters[J]. Journal of Power Sources, 2009, 194(2): 873-879.
[203] SOLASI R, HUANG X Y, REIFSNIDER K. Creep and stress-rupture of Nafion (R) membranes under controlled environment[J]. Mechanics of Materials, 2010, 42(7): 678-685.
[204] ALAVIJEH A S, KHORASANY R M H, HABISCH A, et al. Creep properties of catalyst coated membranes for polymer electrolyte fuel cells[J]. Journal of Power Sources, 2015, 285: 16-28.
[205] MAJSZTRIK P W, BOCARSLY A B, BENZIGER J B. Viscoelastic response of Nafion. effects of temperature and hydration on tensile creep[J]. Macromolecules, 2008, 41(24): 9849-9862.
[206] LI H, GAZZARRI J, TSAY K, et al. PEM fuel cell cathode contamination in the presence of cobalt ion (Co_2^+)[J]. Electrochim Acta, 2010, 55(20): 5823-5830.
[207] LI H, TSAY K, WANG H, et al. Durability of PEM fuel cell cathode in the presence of Fe^{3+} and Al^{3+}[J]. Journal of Power Sources, 2010, 195(24): 8089-8093.
[208] LI G, TAN J, GONG J, et al. Performance of proton exchange membrane in the presence of Mg^{2+}[J]. Journal of Fuel Cell Science and Technology, 2014, 11(4): 044501.1-044501.4.
[209] QI J, WANG X, OZDEMIR M O, et al. Effect of cationic contaminants on polymer electrolyte fuel cell performance[J]. Journal of Power Sources, 2015, 286: 18-24.
[210] WANG X, QI J, OZDEMIR O, et al. Effect of Ca_2^+ as an air impurity in polymer electrolyte membrane fuel cells[J]. Journal of Electrochemical Society, 2014, 161(10): F1006-F1014.
[211] UDDIN M A, WANG X, PARK J, et al. Distributed effects of calcium ion contaminant on polymer electrolyte fuel cell performance[J]. Journal of Power Sources, 2015, 296: 64-69.
[212] BANAS C J, BONVILLE L, PASAOGULLARI U. Linking Foreign Cationic Contamination

of PEM Fuel Cells to the Local Water Distribution[J]. Journal of Electrochem Society, 2017, 164(12): F1100-F1109.

[213] BANAS C J, UDDIN M A, PARK J, et al. Thinning of cathode catalyst layer in polymer electrolyte fuel cells due to foreign cation contamination[J]. Journal of Electrochem Society, 2018, 165(6): F3015-F3023.

[214] JIA R, DONG S, HASEGAWA T, et al. Contamination and moisture absorption effects on the mechanical properties of catalyst coated membranes in PEM fuel cells[J]. International Journal of Hydrogen Energy, 2012, 37(8): 6790-6797.

[215] LI H, WANG H, QIAN W, et al. Chloride contamination effects on proton exchange membrane fuel cell performance and durability[J]. Journal Power Sources, 2011, 196(15): 6249-6255.

[216] LI H, ZHANG S, QIAN W, et al. Impacts of operating conditions on the effects of chloride contamination on PEM fuel cell performance and durability[J]. Journal Power Sources, 2012, 218: 375-382.

[217] BATURINA O A, EPSHTEYN A, NORTHRUP P, et al. The influence of cell voltage on the performance of a PEM fuel cell in the presence of HCl in air[J]. Journal of Electrochemical Society, 2014, 161(4): F365-F372.

[218] UDDIN M A, WANG X, QI J, et al. Effects of Chloride Contamination on PEFCs[J]. ECS Transactions, 2013, 58(1): 543-553.

[219] OMRANI R, SHABANI B. Gas diffusion layer modifications and treatments for improving the performance of proton exchange membrane fuel cells and electrolysers: A review[J]. International Journal of Hydrogen Energy, 2017, 42(47): 28515-28536.

[220] YAN W M, CHU H S, LIU Y L, et al. Effects of chlorides on the performance of proton exchange membrane fuel cells[J]. International Journal of Hydrogen Energy, 2011, 36(9): 5435-5441.

电堆典型故障成因及纠正预防措施

固定式 PEMFC 和运输式 PEMFC 在使用寿命上的巨大差异是由于它们的操作条件有显著差异，而不是这两种应用的设计有本质上的不同。在车辆实际应用中，PEMFC 面临着开路 / 怠速、启停、变载、大功率、低温冷启动等运行工况[1]。在 PEMFC 的寿命评估研究中，由于不同的衰退机理，每种运行工况条件都有各自不同的影响电池寿命的方式。理解这些运行工况引起的电堆内部物理和化学参数的变化，以及电池性能的变化是十分有必要的[2]。

6.1 高电位

6.1.1 怠速点的高电位

怠速状态是车辆运行状态的重要组成部分，通常指 PEMFC 堆运行在无对外功率输出条件下，即小电流密度运行以驱动系统附件正常工作。由于怠速工况会出现阴极高电位，与开路状态（OCV）较为相近，并且两者对 PEMFC 耐久性的影响相同，因此可用开路工况等效代替怠速工况。开路 / 怠速工况通常伴随 PEM 化学降解（自由基攻击 PEM 的主链和侧链）、催化层衰退等现象[3]。

在开路 / 怠速工况下，阳极和阴极两侧反应气体的浓度和压力比较高，反应气体通过膜渗透到另一侧的通量较大。一般来说，阴极的还原电位会高于阳极的氧化电位，可以达到 0.9V 甚至更高，高电位的客观因素会阻碍过氧化氢（H_2O_2）的大量产生[4]。在阳极低电位条件下，阳极侧的 H_2 容易与从阴极扩散来的空气反应生成 H_2O_2[5]。而 H_2O_2 与来自电堆组件（双极板、密封件、催化剂等）降解所释放的一些金属离子杂质发生类似芬顿反应（H_2O_2/Fe^{2+}）产生自由基[6]，其中金属离子（以 M^{2+} 表示）参与一系列反应，见下式。

$$O_2 + 2H^+ + 2e^- \longrightarrow 2H_2O_2,\ E_0 = 0.695\text{V vs.SHE}$$

$$M^{2+} + H_2O_2 \longrightarrow M^{3+} + \cdot OH + OH^-$$

$$M^{3+} + H_2O_2 \longrightarrow M^{2+} + \cdot OOH + H^+$$

$$H_2O_2 + \cdot OH \longrightarrow \cdot OOH + H_2O$$

$$H_2 + \cdot OH \longrightarrow \cdot H + H_2O$$

$$O_2 + \cdot H \longrightarrow \cdot OOH$$

自由基具有很高的反应活性和很强的氧化性，容易对膜的薄弱位置进行攻击，主要通过主链解链和侧链断裂机制造成膜降解。主链决定机械特性，侧链通过末端磺酸基团决定质子电导率。自由基攻击膜将引起膜变薄、表面粗糙、裂痕和针孔等现象，这些形貌变化将引起气体渗透性增加、质子电导率降低和膜稳定性降低。Kinumoto 等人 [7] 分析了 Nafion 膜在含金属离子（Li^{+}、Na^{+}，K+、Ca^{2+}、Cr^{3+}、Fe^{2+}、Co^{2+} 和 Cu^{2+}）的 H_2O_2 溶液中的耐久性。他们发现，过渡金属 Fe^{2+} 和 Cu^{2+} 的存在加快了 PEM 的降解速度，尤其是 Fe^{2+} 的降解作用更为显著。浸泡 216h 后，C-F 键和磺酸基的分解率分别达到 68% 和 33%。此外，他们还发现 Fe^{2+} 和 Cu^{2+} 在 C-F 键上的分解速率高于磺酸基。Nafion 膜上磺酸基团的分解和损失会降低 PEM 的质子电导率，C-F 键的分解会导致膜变薄并形成针孔，从而增加透气性。因此，膜的降解将严重降低 PEMFC 的性能。Sun 等人 [8] 分析了在 Fenton 溶液中不同程度化学降解后 Nafion 212 膜的力学性能。他们发现，随着化学降解程度的增加，氟离子的释放几乎呈线性增加，而薄膜的拉伸力学性能和抗裂纹扩展性能则下降。此外，由于磺酸基团的减少，膜的溶胀行为和吸水率降低。Nation 膜在 Fenton 溶液浸泡 72 h 后，质子电导率下降 50%。

催化层的衰退主要源自于高电位下 Pt 纳米颗粒的溶解和生长。Ostwald 熟化效应是引起催化剂 Pt 颗粒生长的主要机制，该效应主要是由 Pt 催化剂颗粒大小不均匀引起的 [9]。尺寸小的颗粒表面自由能较高，溶解成 Pt^{2+}，迁移到大颗粒表面并沉积生长，使得能量更稳定。Pt 颗粒的生长显著降低了电化学活性表面积（ECSA）。Ferreira 等人 [10] 认为在 OCV 状态下，Ostwald 熟化效应明显造成了 ECSA 的损失。此外，阳极侧的 H_2 向阴极渗透引发的阴极热点效应（O_2 和 H_2 直接反应生成水放出大量热）也会加速 Pt 纳米颗粒的团聚和烧结。

6.1.2　启停过程的氢空界面

启动和停止过程是 PEMFC 在汽车应用中不可避免的两个最重要的动态过程 [11]。与稳态过程相比，PEMFC 在启动和关闭过程中会经历不同的运行条件，如温度、气体湿度、气体混合等。Park 等人 [12] 在两种标准加速试验方案下研究了碳载体启停过程中的腐蚀情况：方波周期（电压 = 0.9 ~ 1.3V vs. RHE，即可逆氢电极电势，每个电压保持 30s）和三角波周期（电压 = 1.0 ~ 1.5V vs. RHE，扫描速率为 $0.5V \cdot s^{-1}$）。研究发现，启停循环首先引起碳载体表面的腐蚀，然后反复的启停循环将碳支架中的晶体碳转化为非晶碳，进而导致非晶碳的腐蚀。碳载体的持续腐蚀过程导致阴极催化层厚度显著减小，Pt 颗粒与碳载体分离严重，尤其是在方波周期下。结果表明，较慢的方波周期导致表面和内部的碳腐蚀明显，而三角波周期导致不稳定表面缺陷发生碳腐蚀。Lin 等人[13]通过分析启动和停止周期的电流密度分布，发现在氢气出口会发生电压反转。扫描电镜分析表明，H_2 出口阴极催化层厚度严重退化。Ishigami 等人[14]使用透射电镜研究了 500 次 H_2/O_2 交换循环后阴极催化层的催化剂降解情况，结果表明，PEMFC 的性能随着气体交换循环次数的增加而下降，并且在没有碳载体的情况下，进出气口附近有明显的孔洞，表明碳的严重腐蚀。通用汽车研究人员估计，PEMFC 在汽车应用中将经历大约 3 万个启停循环。假设每次启动或停止时间为 10s，这要求催化剂载体在 1.2V 电压下的耐久性约为 100h，在 $1.5A \cdot cm^{-2}$ 时的输出压降小于 30mV[15]。因此，启停过程对 PEMFC 寿命非常重要。了解 PEMFC 在启停过程条件下的退化机制，可以有效提高 PEMFC 的耐久性。

2005 年，Reiser 提出 PEMFC 内部形成的氢空界面会在阴极产生高电位，导致碳载体腐蚀[16]。由氢空界面产生的反向电流机制被广泛认为是 PEMFC 在启停过程中降解的基础，该机制解释了碳载体在启动和关闭过程中的降解过程。PEMFC 系统启动前，阳极流道内充满空气，当氢气通过阳极时，在阳极中会形成一个漂浮的氢空界面[17]。当氢气和空气供应中断时，由于阴极和阳极之间的浓度梯度及密封，阴极的剩余氧气会通过膜扩散到阳极，形成氢空界面。同时，外部空气也会通过缓慢的气体扩散到阳极。因此，与启动过程相比，停机过程中阳极氢空界面存在的时间更长。

氢空界面将电池阳极分为两个区域，如图 6-1 所示[18]。在左侧区域内发生正常的燃料电池反应，即阳极发生氢氧化反应（HOR）、阴极催化层发生氧还原反应（ORR）；右侧发生不正常的化学反应，即阳极发生 ORR 反应、阴极催化层发生碳氧化反应（COR）和析氧反应（OER）。COR 和 OER 反应产生的 H^+ 从阴极传递至阳极，即产生反向电流，造成阴极产生高电位，远高于碳腐蚀反应的可逆电位，碳载体的腐蚀速率远高于稳态条件下的腐蚀速率。碳载体的腐蚀减弱了 Pt 颗粒与碳载体之间的相互作用，导致 Pt 颗粒从碳载体上脱离，加速了 Pt 颗粒的生长和其在电解质中的溶解，降低了催化剂 Pt 担载量。阴极催化层结构产生变化甚至塌陷，电化学活性表面积降低，欧姆阻抗和气体传输阻力上升。因此，高电位下碳载体的腐蚀是 PEMFC 阴极催化层在启停过程中衰变的主要原因。Kim 等人[19]使用红外光谱仪对阴极侧启停过程中的气体产物进行了识别和分析。研究发现，当电位高于 1.0V 时，CO_2 析出量与阴极电位成正比，高于 1.2V 时，产生 CO 和 SO_2，这对 PEMFC 的性能有非常糟糕的影响。

目前，工业界和学术界提出了许多可行的方法来缓解启停过程造成的 PEMFC 性能下降[20]。UTC、通用、福特、丰田、日产、戴姆勒克莱斯勒等多家汽车公司针对 PEMFC 系统在启停过程中的性能下降提出了合理的系统策略，主

要包括启动时的气体净化和停堆时的辅助负载等，主要目的是避免阳极氢空界面的产生，降低阴极的高电位[21]。

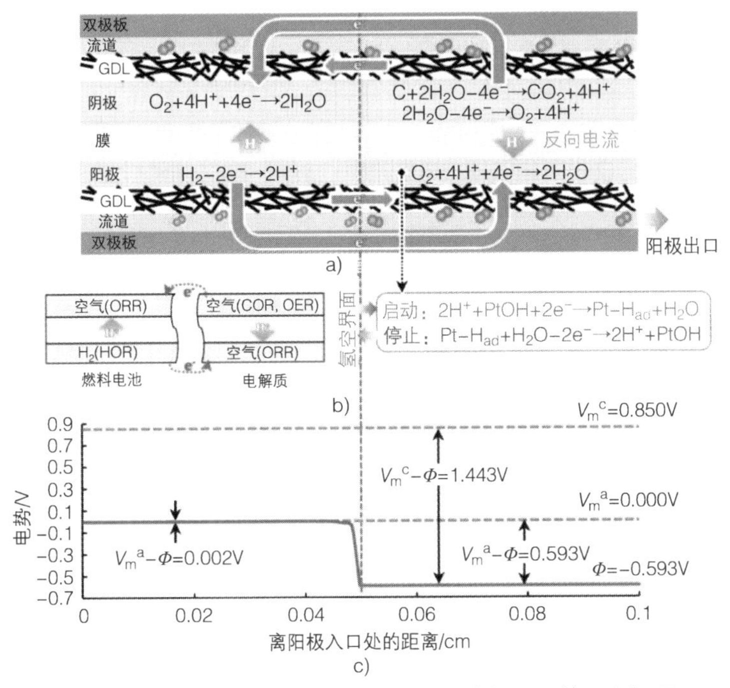

图6-1 PEMFC中氢空界面下的反向电流机制及其反应机理

a）反向电流机制 b）启停条件下对应的双电池机制 c）PEMFC中沿气体通道的电压

6.1.3 高电位的纠正预防措施——吹扫策略的研究

为了探究大于0.8V的高电势对燃料电池的衰退速率的影响，通过设置不同的吹扫策略，设计了怠速+启停工况，其中启停/怠速（9min）+吹扫（10min），一个循环约20min，总共运行500h（含1500次启停）。怠速点设定为200mA·cm^{-2}，对应工作电压约为0.8V。此外设计了两套不同的吹扫策略，工况01为常规氮气吹扫，其中电压大于0.8V的单工况内时间为14min，在500h内合计大于368h。吹扫工况02为小电流负载吹扫，其中电压大于0.8V的单工况内时间小于1min，在500h内合计小于30h。两个工况谱如图6-2所示。

通过对比工况运行过程中规定时间后的极化曲线测试数据，分析不同的衰退行为。另外通过CV、LSV和EIS电化学表征手段，分析其衰退机理。

1 极化性能测试结果及衰退率对比

为了准确评估电池性能衰退的情况，作者在变载循环工况运行过程中，进行了极化曲线测试，如图6-3a～b所示，两种工况下，整体极化曲线有着不同的变化，工况 01 随着运行时间的增加，整体极化曲线都有向下的偏移，而工况 02，极化曲线明显重合度更高，甚至后期的极化曲线在前期之上，代表后期衰退较小甚至无衰退。

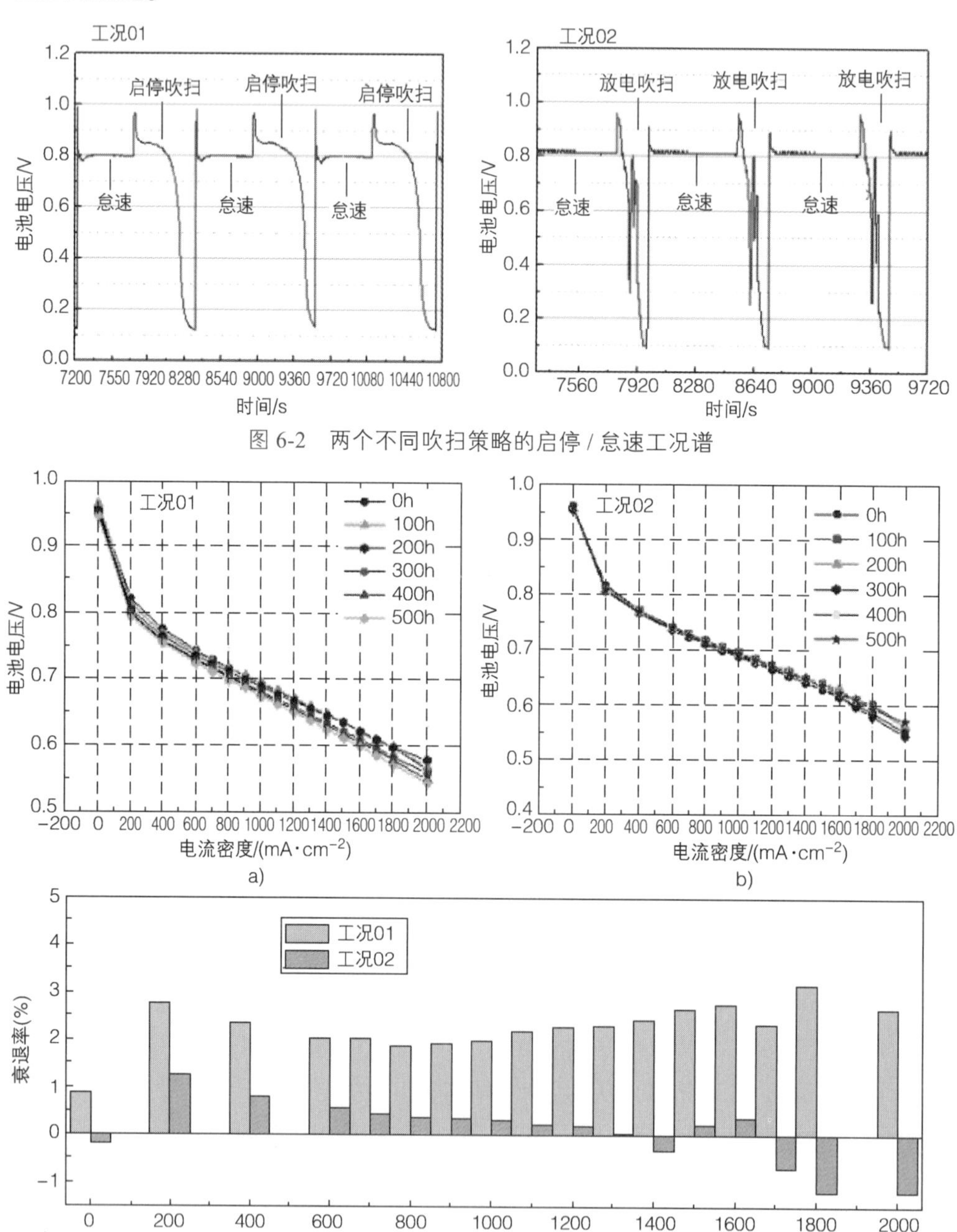

图 6-2 两个不同吹扫策略的启停 / 怠速工况谱

图 6-3 两种工况下的极化曲线及衰退率对比

a）工况 01 运行过程中极化曲线 b）工况 02 运行过程中极化曲线

c）两个工况运行后各个电流密度下的电压衰退率对比

为了对比燃料电池在两个工况下的性能衰退率差异，本节计算了每个电流密度下的电压衰退率，如图 6-3c 所示。橙色柱状图代表运行了 500h 工况 01 各电流密度下的电压衰退率，可以明显看出两边偏高，中间偏低。低电流密度区主要受活化极化控制，衰退率接近 3%，高电流密度区主要受浓差极化控制，衰退率最高超过 3%，而中电流密度区为欧姆极化控制区，衰退率在 2% 左右。造成这种结果的可能原因是，高于 0.8V 的电位，造成了碳腐蚀的加速，一方面碳腐蚀促进了 Pt 的降解，导致催化剂活性降低；另一方面，碳腐蚀导致燃料电池内部催化层及扩散层内整个传质网络的坍塌，造成浓差极化的加剧。作为对比，当将 0.8V 以上的电压尽可能减少之后，绿色柱状图代表工况 02 运行 500h 后的电压衰退率，很明显，整体衰退率要低于工况 01。在低电流密度区，工况 02 也造成了 1% 左右的电压衰退，这是由于怠速工况 0.8V 的运行及启 / 停带来的电压循环导致的基础衰退无法避免。但是在中高电流密度区，电压衰退率几乎低于 0.5%，甚至在高电流密度处衰退率为负值。这说明，燃料电池内部传质能力几乎没有衰退，避免高电位可以有效抑制碳腐蚀的发生。

2　电化学测试结果

为了进一步研究电池性能衰退的原因和机理，本节在极化曲线测试后还进行了电化学测试，首先是电化学阻抗谱（EIS），阻抗谱分别在 $400mA \cdot cm^{-2}$ 和 $1600mA \cdot cm^{-2}$ 的电流密度下测试，工况 01 的奈奎斯特阻抗谱测试结果如图 6-4a ~ b 所示，工况 02 的奈奎斯特阻抗谱测试结果如图 6-4c ~ d 所示。从图 6-4 可以看出，随着工况的运行，半圆的半径有着不同程度的增大，为了准确分析阻抗变化的程度，采用等效电路拟合的方法对其进行计算，结果如图 6-4e ~ f 所示。首先，选用 $400mA \cdot cm^{-2}$ 电流密度下的拟合数据来对比分析活化阻抗 R_{ct} 的变化差异，图中红色曲线代表工况 01 的 R_{ct} 随着工况时间的增长趋势，明显要比绿色曲线工况 02 的快。工况 01 在前 300h 还有下降的趋势，说明催化剂被活化的效果高于衰退，而工况 01 下，催化剂发生了持续的衰退。

同理，选用 $1600mA \cdot cm^{-2}$ 电流密度下的拟合数据来对比分析传质阻抗，如图 6-4f 所示，两个工况下电池的传质阻抗 R_{mt} 在前 400h 还基本保持平稳，而最后的 100h，工况 01 的 R_{mt} 发生了一个非常明显的提升，这代表着电池传质能力的下降，其可能原因为，碳腐蚀积累到一定程度，催化层传质网络结构发生坍塌，对应高电流密度的传质极化损失将大幅增加，电压衰退率大幅提升。

为了进一步研究电池性能衰退的原因和机理，作者在 EIS 测试后还进行了伏安法的电化学测试。图 6-5a~d 分别为工况 01 和工况 02 下的线性扫描伏安测试（LSV）和循环扫描伏安测试（CV）的结果，图 6-5e ~ f 分别为计算出的渗氢电流密度和 ECSA 的演变趋势对比。工况 01 的渗氢电流密度在 500h 的启停 /

怠速工况运行过程中，基本保持在 1.5mA · cm^{-2} 以下，代表质子交换膜基本保持在一个良好的状态，没有发生明显的衰退。工况 02 的渗氢电流密度初始值在 1.7mA · cm^{-2} 左右，但是趋势平稳，没有明显增长，说明两个工况下，质子交换膜基本都没有衰退。

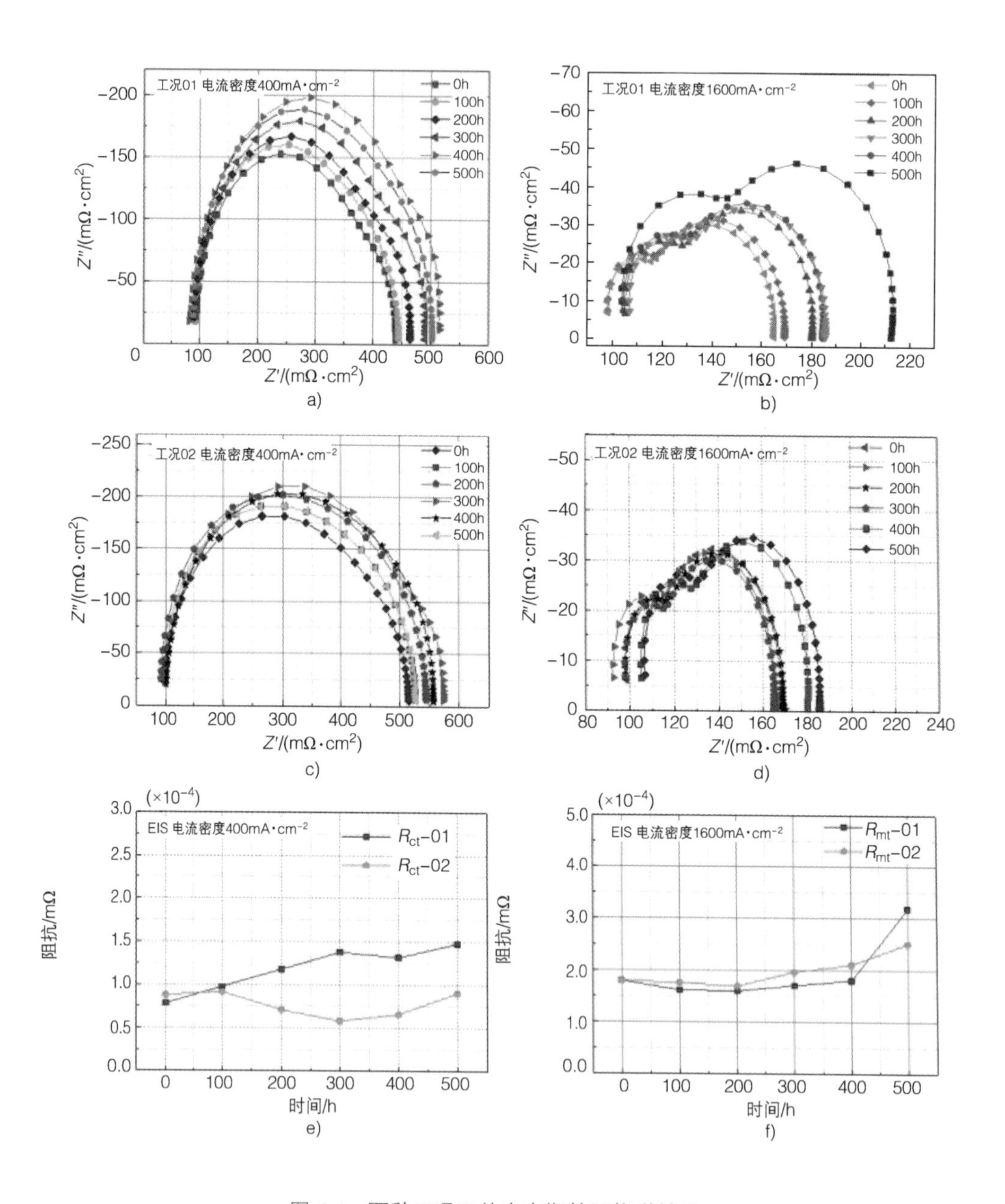

图 6-4　两种工况下的奈奎斯特阻抗谱结果

两个工况下的ECSA衰退对比发现，工况02的ECSA基本保持在$48m^2 \cdot g_{pt}^{-1}$左右，没有明显衰退，而工况01的ECSA从$51m^2 \cdot g_{pt}^{-1}$下降到$47m^2 \cdot g_{pt}^{-1}$，衰退率要高于工况02。这个结果说明，工况02通过负载吹扫，将0.8V以上高电位时间缩短后，有效地抑制了可能发生的Pt颗粒团聚、流失，以及碳载体的腐蚀等，保护了催化层内催化剂活性。

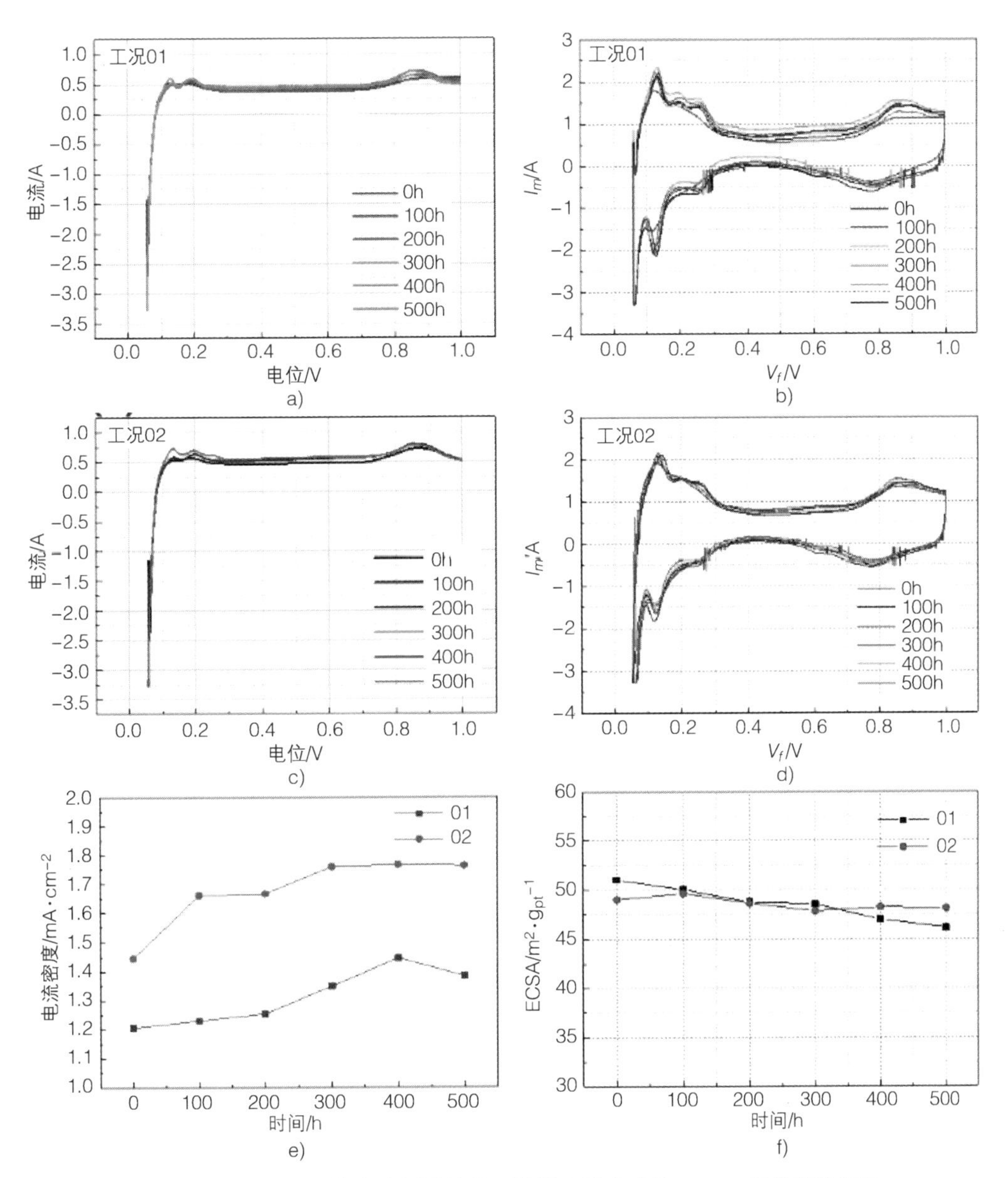

图6-5 两种工况的伏安法测试结果及渗氢电流密度和ECSA变化趋势对比

a）工况01渗氢电流密度曲线 b）工况01循环伏安曲线 c）工况02渗氢电流密度曲线
d）工况02循环伏安曲线 e）渗氢电流密度演变趋势对比曲线 f）ECSA演变趋势对比曲线

6.1.4 小结

本节研究燃料电池在不同的变载速率循环工况下运行后，电池性能的衰退情况，以及采用电化学方法对衰退原因和机理进行了进一步的分析。主要结论如下：

1）极化性能与衰退率对比结果说明，启停/怠速工况造成了明显的低、高电流密度衰退率偏高，中间电流密度衰退率偏低的现象。工况02运行500h后的电压衰退率整体要低于工况01，尤其在中高电流密度区，电压衰退率几乎低于0.5%，甚至在高电流密度处衰退率为负值。

2）工况01的R_{ct}随着工况时间的增长趋势明显，要比工况02的快，两个工况下电池的传质阻抗R_{mt}在前400h还基本保持平稳，而最后的100h，工况01的R_{mt}发生了非常明显的提升，这代表电池传质能力的下降，其可能原因为，碳腐蚀积累到一定程度，催化层传质网络结构发生坍塌，对应高电流密度的传质极化损失将大幅增加，电压衰退率大幅提升。

3）伏安法测试结果中，两个工况下的渗氢电流密度都趋势平稳，没有明显增长，说明两个工况下，质子交换膜基本都没有衰退。两个工况下的ECSA衰退对比发现，工况02的ECSA基本保持在$48m^2 \cdot g_{pt}^{-1}$左右，没有明显衰退，而工况01的ECSA从$51m^2 \cdot g_{pt}^{-1}$下降到$47m^2 \cdot g_{pt}^{-1}$，衰退率要高于工况02。

综合来看，工况02通过负载吹扫，将0.8V以上高电势时间缩短后，有效地抑制了可能发生的Pt颗粒团聚、流失，碳载体的腐蚀等，保护了催化层内催化剂活性。

6.2 反应物饥饿

充足的气体供应是PEMFC运行的理想条件，根据反应物种类，欠气可以分为阴极空气欠气和阳极氢气欠气[22]。根据欠气的范围和程度，又可以分为局部欠气和整体欠气。整体欠气是指反应气体供应不能满足燃料电池正常工作时反应所需的化学计量要求，控制器失效和负载幅值/速度变化，导致外部特性不能跟随负载变化。局部欠气是由电极表面气体分布不均匀引起的，具体原因是气体传输速度滞后于电流变化速度。负载变化过程中频繁发生的局部欠气是寿命衰退的主要原因。

对于阴极空气欠气，一方面容易与阳极扩散来的氢气直接反应产生热点，容易造成催化层衰退；另一方面由阳极传输过来的质子在阴极侧发生质子电还原反应，因反应电位低不足以对电堆造成衰退[23]。对于阳极氢气欠气，根据欠气的程度，会对 PEMFC 造成不同的损害。局部欠气造成阳极出现氢空界面，导致欠气区域对应的阴极局部碳腐蚀。整体欠气迫使正常的反应无法进行，导致阳极电势逐渐高于阴极电势，出现反极现象。阳极发生碳腐蚀以补充质子，使得整个 PEMFC 转变为电解槽。碳载体的腐蚀则是不可逆的，会导致阳极催化层结构塌陷、Pt 颗粒脱落团聚，从而导致 ECSA 下降、电极憎水性和孔隙率改变，碳腐蚀反应产生的 CO 会毒化 Pt，进一步降低催化剂的性能。如果反极持续时间较长，相邻的微孔层也会发生氧化反应而流失。同时，反极发生时产生的大量热会形成局部高温点，加速膜的降解，形成孔洞。气体饥饿对电极结构和组件有严重的破坏作用，因此欠气的电堆自然存在一致性下降和单电池失效的风险。Kang 等人[24]评价了 PEMFC 在氢气供应不足情况下的性能和耐久性，结果表明，PEMFC 的性能会迅速下降。Taniguchi 等人[25]和 Liang 等人[26]研究了阳极氢气饥饿时阳极和阴极电位的变化，发现当氢气缺乏时，阳极电位迅速增加，碳载体的腐蚀和电池反转现象发生。他们也测量了 H_2 饥饿时的电流密度，发现电流密度在上游区域增大，在下游区域减小，分布不均匀，导致上游区温度升高，影响催化剂的稳定性。Baumgartner 等人[27]对 PEMFC 在低的氢气化学计量比下的运行进行了测试，通过对阴极排气中 CO_2 的检测，发现碳腐蚀是电极降解的主要原因。Huang 等人[28]结合车辆工况进行了低氢气供气率对电池性能影响的实验研究，通过 TEM 图像对比可以看出，阳极和阴极催化剂颗粒都有不同程度的增大：阳极催化剂颗粒的平均直径从 2.170nm 增大到 3.315nm，阴极催化剂颗粒的平均直径从 2.576nm 增大到 3.458nm。催化剂颗粒的团聚、溶解和损失是由碳载体的腐蚀引起的。Carter 等人[29]研究表明，局部缺氢引起的碳腐蚀是从内到外发生的，以碳聚集体为基本腐蚀单元，最终出现整个电极多孔结构的坍塌。Young 等人[30]研究表明，多孔结构的坍塌阻止了气体和水进入催化层，从而会导致更高的浓度极化和欧姆极化。

PEMFC 堆内欠气受多种因素的影响，包括动态循环响应不迅速[31]、单电池设计和制造不良[32]、进气歧管设计不佳[33]、水管理不良[34]、冷启动时热管理不当、杂质气体的存在等。因此需要及时诊断是否出现欠气现象，避免出现欠气的电极发生不可逆的衰变。诊断方法包括检测 CO_2 排放量、出口气体流量、温度分布、电流分布、电流密度差、气体压力等[22]。通过安装在车用燃料电池上的单电池 CVM 系统可以监测动态过程中的电压变化、电流变化和反应物气体的化学计量比，从而判断电池是否欠气[35]。

对于反应物饥饿，可以通过净化策略、进气系统控制、氮气调节、结构设计、GDL 孔隙率优化等方法缓解[36]。

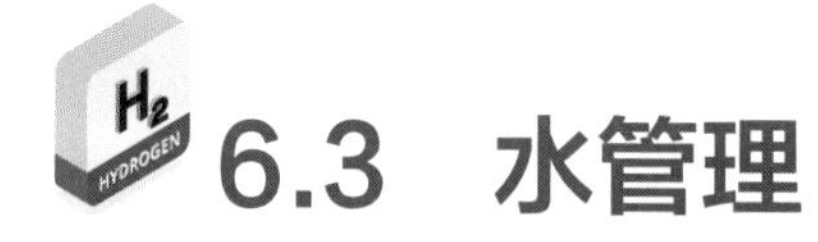

6.3 水管理

6.3.1 水管理的影响

健康的水管理在 PEMFC 运行中是非常重要的，是电堆性能提高和寿命延长的关键。在 PEMFC 的运行过程中，H^+ 从阳极催化层穿过膜到达阴极。质子在膜中以水合氢离子（H_3O^+）的形式传递。通过膜的质子越多，从阳极到阴极的水就越多。膜中的含水量在很大程度上决定了燃料电池的电导率和发电效率。Yan 等人[37]描述了 PEMFC 中水传输的七种模式，如图 6-6 所示，分别是阴极反应生成水、随空气移动、反扩散、空气加湿、氢气加湿、氢循环排出。在七种模式下，气液两相流动增加了水管理的难度。核心问题是保持催化层和质子交换膜内水分的平衡。

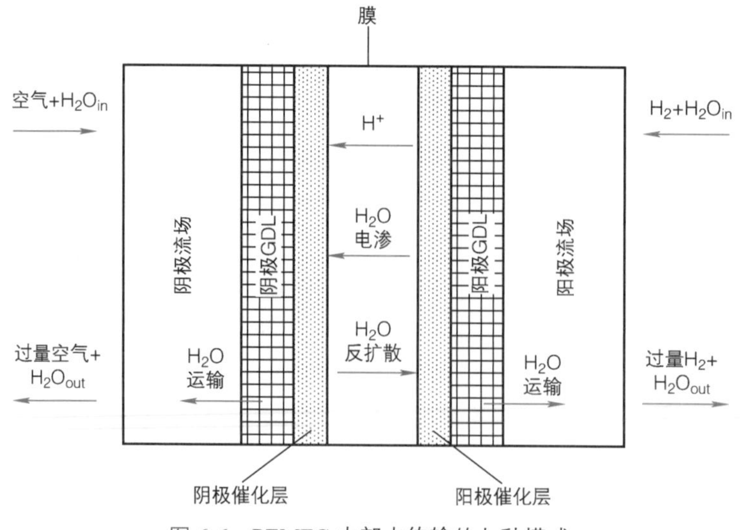

图 6-6 PEMFC 内部水传输的七种模式

各种运行参数都会影响 PEMFC 内部的水分布，为了达到 PEMFC 的高性能，需要适当平衡水、热和电化学反应[38]。Ijaodola 等人[39]总结了水运输机制和水管理策略，指出了运行过程中适当的水平衡对缓解膜脱水和水淹的重要性。Yang 等人[40]指出膜的含水量会影响 PEMFC 的性能，通过改变入口空气的加湿温度可以缓解膜的脱水。Zhang 等人[41]发现适当的相对湿度（RH = 70%）可以提高 PEFMC 性能和电流密度的均匀性。相对湿度过高或过低都会降低 PEFMC 性能。此外，背压可以提高 PEMFC 的相对湿度，加快反应速率，从而提高整体性能。Wang 等人[42]采用正交试验方法研究了正极相对湿度对 PEFMC 性能的影响。空气化学计量比和相对湿度对性能影响较大，而氢气相对湿度对性能影响较小。Najmi 等人[43]研究了相对湿度对 PEMFC 不同流场设计的影响，结果表明，在不同流场下，较高的相对湿度都能提高 PEMFC 的性能。Hasheminasab 等人[44]研究了温度和化学计量比对 PEMFC 水分管理和性能的影响，并提出了一种基于水覆盖率的水分管理测量方法。

PEMFC 运行过程中生成的多余水可能通过流道到达阴极和阳极，过多的水（水淹）覆盖阴极或阳极，堵塞 GDL 的流道和孔隙，阻止反应物到达催化层，从而导致反应物饥饿和电位的下降，这会加速催化剂 Pt 的溶解和碳腐蚀，持续的水淹会对 PEMFC 的耐久性产生严重的负面影响[45]。燃料电池的阴极反应生成水的速率会随着电流密度的增大而增大，而水在燃料电池内部的传输速率有限，气体的湿度也一般维持在正常水平，因此阴极在高电流密度下非常容易发生“水淹”。阴极处过量的水一旦不能及时排出，将破坏阴极催化层的活性和扩散层碳载体的结构，使阴极电位发生衰退。如图 6-7 所示，阴极气体压降随着电流密度的增加而增大，当电流密度超过 $0.5A \cdot cm^2$ 时，阴极气体压降的增长速率也随着电流密度的增加而增加[46]。电流密度的增加使得阴极生成水的速率变大，从而堵塞了更大面积的气体扩散层，导致阴极气体压降也逐渐增大。同时，阳极的气体压降几乎无变化，这间接证明了阳极发生水淹的可能性较低。

流道水淹是相对容易理解的。试想一下，阴极扩散层生成的水被阴极气体吹走，在流道末端就会造成水的积累。图 6-8 是阴极流道及扩散层的含水量分布[47]，结果表明：①在气体流动方向上，含水量呈现逐渐增大的趋势；②在阴极流道和扩散层的截面上，含水量随着流道高度的增加而减少；③气体的吹动会影响扩散层的含水量分布，可能是气体流动形成的负压造成的。

水过少（膜干）使得质子交换膜脱水，不利于质子转移，大大降低了膜携带质子的能力，增加了欧姆电阻，降低了发电效率，内部的电压损失会更加严重。膜干也会使得膜中产生机械应力，从而导致膜体撕裂，并加速其化学降解。不当的水管理已经成为 PEMFC 成功商业化的主要障碍，降低了使用寿命，使整体性能不稳定[48]。由于水管理会显著影响PEMFC的寿命，因此需要有效的管理策略。实验已经证明，当发生脱水时，膜的内阻较高。为了诊断膜是否脱水，膜电阻被用来表示脱水水平。诊断是否膜干或水淹最简单的方法是监测电压是否下降[49]。在开始诊断前，应测试正常压力，与压力下降曲线进行比较，这可以作为诊断的基线。如果电压下降严重大于正常值，则认为已经发生了水淹。

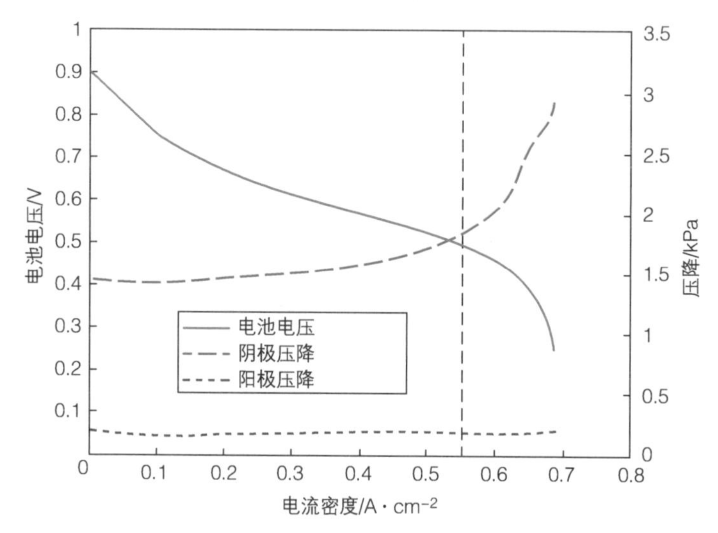

图6-7　燃料电池电压和阴阳极气体压力降随时间的变化曲线[46]

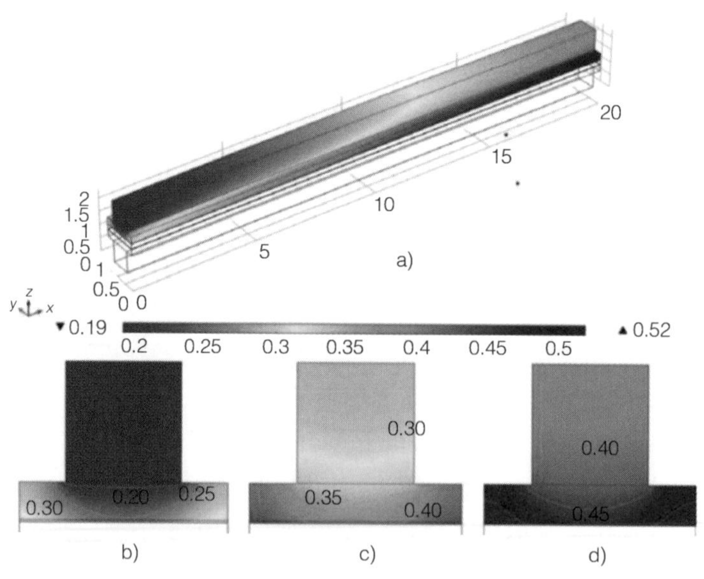

图6-8　阴极流道及扩散层的含水量分布[47]

a）全部　b）入口　c）中间　d）出口

膜的湿度轻微下降会造成电堆的性能有所衰退，膜的湿度重度下降会对电堆性能有很大程度的影响。文献 [50] 研究了轻度膜干和重度膜干对电堆性能的影响，轻度膜干对 PEMFC 电堆的性能影响如图 6-9 所示。结果表明：随着电流的增大，轻度膜干的电堆电压会逐渐下降，当电流接近于 180A 时，轻度膜干的电堆电压是正常电压的一半。重度膜干对 PEMFC 电堆的性能影响如图 6-10 所示[50]，可以发现电堆电压出现了两个跳跃式下降，这种现象出现的原因是电堆内部的一些单电池发生了反极，而阳极催化层的失活更会加速电堆电压的衰退。

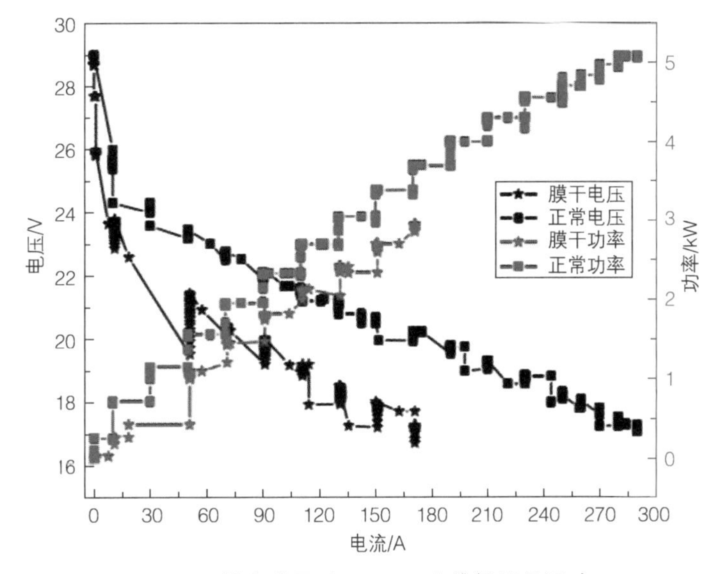

图 6-9　轻度膜干对 PEMFC 电堆性能的影响

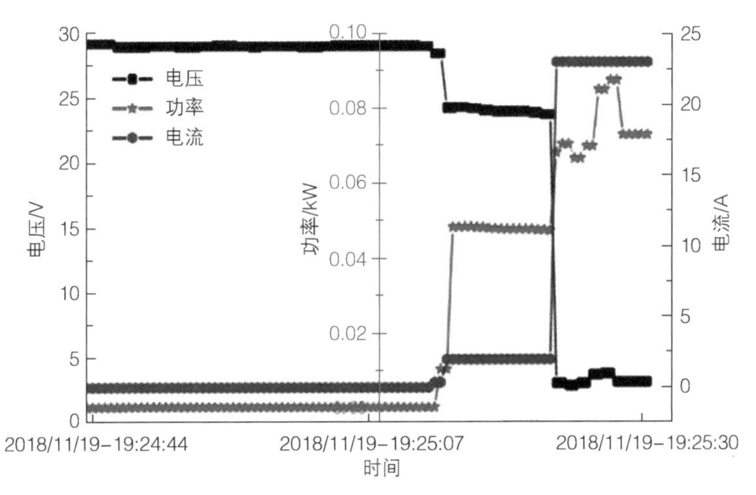

图 6-10　重度膜干对 PEMFC 电堆性能的影响

文献 [51] 采用了电池分区间的方法研究了质子交换膜燃料电池在严重脱水条件下的运行情况。如图 6-11 所示，搭配蛇形流场板的燃料电池在横轴上被划分为了 7 个均匀的区间，该燃料电池的输出电压会随着时间发生衰退。为了维持一个稳定的电流输出电流，蛇形流场板的区间电流密度分布会逐渐改变。当电压的衰退还很轻微时，蛇形流场板的区间电流密度分布还很均匀。当电压的衰退较为严重时，蛇形流场板的区间电流密度分布变得很不均匀，按照 A 至 G 的顺序呈现一个类似于高斯曲线的右侧分布。E、F 和 G 区间的电流密度变得很小，可能是催化层活性衰退的缘故。

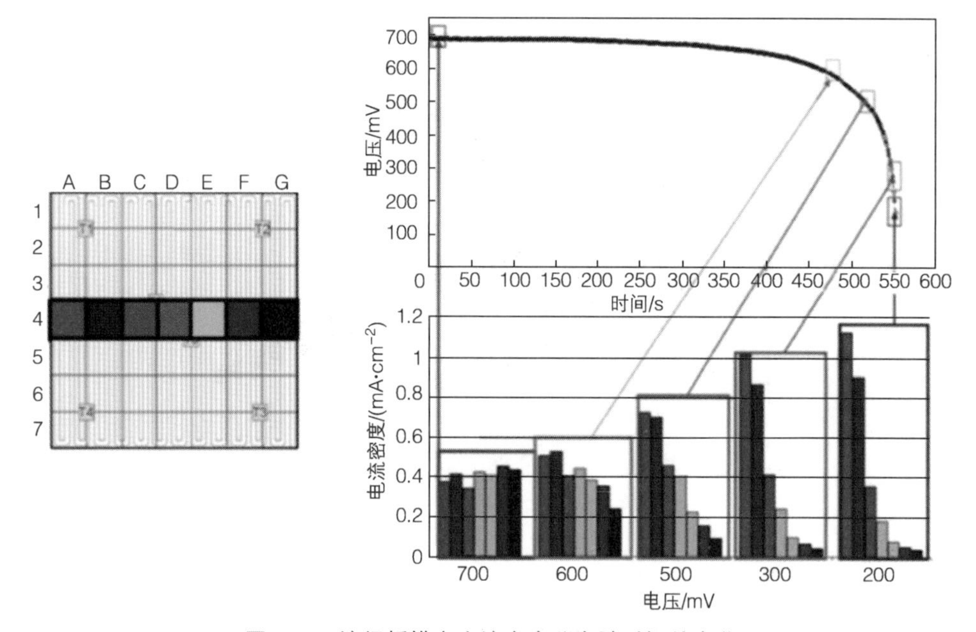

图 6-11　流场板横向电流密度分布随时间的变化

6.3.2　水管理的策略

许多学者都提出了许多水管理措施，包括通过控制适当的反应物湿度 / 温度、合适的阴阳极压力、控制反应物气体流量、合适的电堆设计 / 工作电流密度、洁净的反应气体，从而降低水管理不善对 PEMFC 寿命的影响 [52]。改善水淹的技术包括过量气体排水技术、重力排水技术和扩散层的结构设计等 [53]。

过量气体排水技术是防止阴极水淹的常用办法之一。氢气和氧气按照 2∶1 进行反应，而若在阴极中掺入过量的氧气，便可将阴极反应产生的过量水通过吹扫而排出流道，所以阴阳两极气体计量比在实际运行中通常会大于 2∶1。文献

[54] 研究了不同时间的吹扫对膜内平均含水量的变化的影响，如图 6-12 所示，可以发现膜内平均含水量只要经过吹扫后都会减少，而且膜内平均含水量减少的程度会随着吹扫时间的增加而增加。

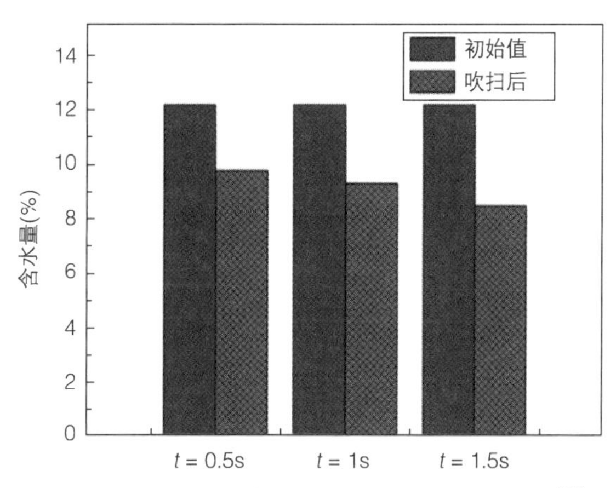

图 6-12　膜内平均含水量随吹扫时间 t 的变化 [54]

重力排水技术是借助液滴重力将水排出流道的技术。扩散层的水滴会聚集在一起形成较大的尾状水珠，当尾状水珠的重力大于其与扩散层的接触力时，尾状水珠会随着重力的方向进行滑动，从而达到排水的目的。文献 [55] 研究了重力对质子交换膜燃料电池的水淹的影响，结果发现，若是重力有助于液态水在扩散层中的毛细作用，便利于液态水排出扩散层。

扩散层的结构设计也影响着水在扩散层中的分布，结构参数包括扩散层厚度、孔径分布、孔径大小和孔隙率等。文献 [56] 研究了孔隙率、厚度、接触角、渗透率对阴极水淹的影响，结果表明，提高扩散层的憎水性可减缓水淹。

6.4　热管理

PEMFC 在发电时不可避免地会散发出一定的热量，只有在合适的温度范围内，燃料电池才能发挥出最佳的性能。同时，产生的热量不能自发地保持其温度均匀稳定，需要对温度进行控制 [57]。这部分热量可分为两类：一类是，反应过程产生的反应热；另一类是，电流流过电池内部受到阻力，从而产生热量。与反应物供应策略相关的电流密度直接影响电堆内的温度分布，而温度通过控制电化学反应速率来影响电堆性能[57]。PEMFC 产生的热量需要通过冷却系统或双极板表面排出到环境中，确保 PEMFC 温度保持在一个理想的水平，这是 PEMFC 系统设计的一个重要目标。因此有必要采取适当的管理策略来控制温度，以避免燃料电池过热或产生高温梯度。一般情况下，对于规则结构的 PEMFC 堆，最高温度位于电堆的中心位置。较高的温度往往会导致膜脱水干燥和电压下降，造成不可逆损失[58]。阴极提供的反应气体是压缩空气，大大提高了空气的温度，对反应有一定的不利影响。在严重的情况下，膜可能被破坏。当温度过高时，膜会脱水干燥；低温会导致阴极流道泛滥，使 O_2 无法通过 GDL。此外，O_2 本身的扩散速率较低，浓度降低，过电位迅速增大，降低了电堆输出性能。当温度分布不均匀时，局部区域的电化学反应速率加快，导致产物堆积，影响电池的整体性能[59]。在选择冷却方式时，主要考虑 PEMFC 的功率。小型 PEMFC（< 2kW）多采用风冷。在输出功率相同的情况下，液体冷却策略可以放出更多的热量，因此广泛应用于大功率（> 5kW）PEMFC 堆。在 2 ~ 5kW 功率范围内，可根据需求选择[60]。对于燃料电池，风冷和液冷各有优点和特点。许多研究者对 PEMFC 系统的温度控制进行了研究。Liso 等人[61]提出了液冷 PEMFC 系统面向控制的动态模型，研究负载快速变化下的温度变化。结果表明，该方法可以帮助选择所需的冷却剂流量和散热器尺寸，以使电堆温度梯度最小。Keefe 等人[62]开发了基于 5kW PEMFC 的 PI 控制器，通过控制冷却水流量来调节电堆温度，但只能将电堆温度梯度控制在 5℃以内。

除了利用冷却系统散热对电堆进行热管理外，有必要设计和优化电池材料结构，采用高导热材料和合理的结构设计也是使电堆温度均匀分布的重要手段。

6.5 CO 中毒

6.5.1 CO 中毒的影响

当阳极气体中含有 CO 时，CO 会占据催化层的一部分活性位点，由此会导致氢气氧化反应的可用活性面积减少，造成质子交换膜燃料电池的性能衰退。CO 在阳极低电位下吸附在 Pt 颗粒表面的化学反应方程式为：$CO + Pt \rightarrow Pt\text{-}CO$，CO

在高电位下吸附在 Pt 颗粒表面的化学反应方程式为：$2CO + 2Pt\text{-}H \rightarrow 2Pt\text{-}CO + H_2$。图 6-13 显示了质子交换膜燃料电池的反应机理[63]，阳极流道中的 H_2 和 CO 穿越扩散层在催化层中发生反应，可以发现 CO 与 Pt 颗粒有三种连接，分别是线性键合、桥式键合和三位点键合。

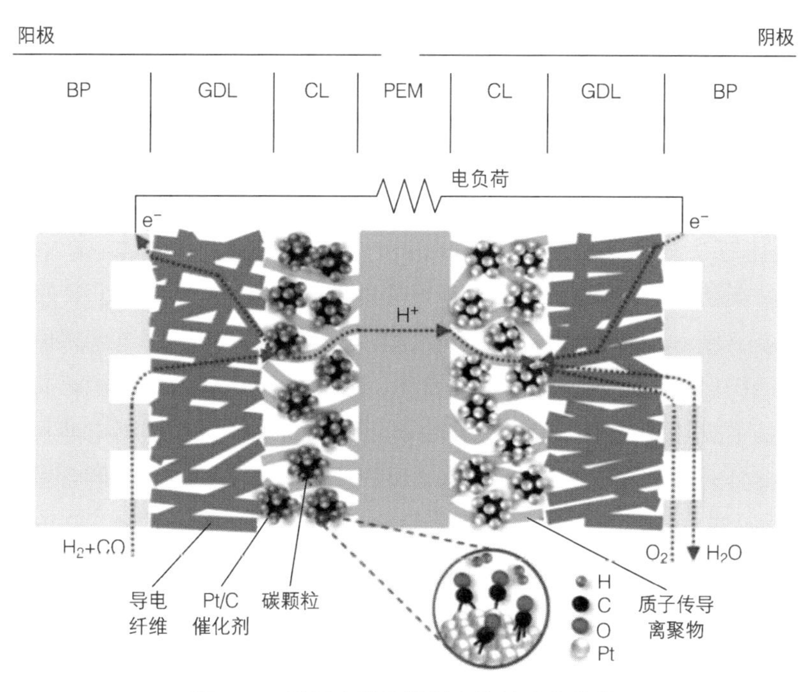

图 6-13　质子交换膜燃料电池的反应机理

王薇等人[64]利用 CO 对燃料电池性能的影响机理进行了数学建模，研究了 CO 对质子交换膜燃料电池性能的影响。他们分析了 CO 进入阳极后可能存在的电化学反应，将阳极电化学活化损失转化为了有关氢原子覆盖度的函数。他们分析了燃料电池在 CO 影响前后的阻抗变化，发现欧姆阻抗在 CO 影响前后几乎保持不变。他们认为阳极的极限电流密度会受到 CO 覆盖率的影响，将极限电流密度转化为关于 Pt 颗粒覆盖度的函数，由此得到了在 CO 影响下的传质损失过电位。最后他们用实验数据验证了所搭建模型的准确度，发现模型能够较好地拟合实验数据。

陈慕寒[65]研究了 CO 浓度、操作温度、增湿操作对燃料电池性能的影响，结果表明：①燃料电池对 CO 非常敏感，少量的 CO 便可使燃料电池的性能发生大幅度下降；②对燃料电池加湿可显著提高燃料电池的性能；③提高温度能改善燃料电池的性能，这是因为温度的升高有利于 CO 在 Pt 表面得到氧化脱附。

6.5.2 CO 中毒的改善

为了减少 CO 对燃料电池的影响，研究人员提出了几种改善 CO 中毒的方法，例如阳极注氧、重整气预处理和抗 CO 中毒催化剂等，其中抗 CO 中毒催化剂是改善 CO 中毒的重点研究领域[66]。抗 CO 催化剂以 Pt 合金催化剂为主，Pt 合金可以用于改善中毒现象主要有两种解释，分别是电子效应和双功能效应，电子效应指的是附属金属的加入可以降低 Pt 与 CO 之间的相互作用，双功能效应指的是附属金属的加入有利于 M-OH 的形成，而 M-OH 可以促进 CO 与 Pt 的脱附。Pt 合金催化剂包括二元合金催化剂和三元合金催化剂，主要由 Pt 与过渡金属组合而成。

文献 [67] 研究了 PdPt/C 和 PdPtRu/C 催化剂的 CO 耐久性。这篇文献的作者用甲酸还原法制备了各种配比的 PdPt/C 和 PdPtRu/C，然后采用 X 射线能谱（EDX）、X 射线（XRD）和原位 X 射线吸收近边结构（XANES）对催化剂进行了物理表征，图 6-14 是各种催化剂的 XRD 衍射结果，相比于单金属催化剂，合金催化剂的衍射峰向更小的角度发生偏移。图 6-15 是各种催化剂的极化曲线，可以发现和纯金属催化剂相比，搭配合金催化剂的质子交换膜燃料电池损失了少量的性能。此外，他们发现 PdPt/C 在化学反应中并未产生 CO_2，表明合金催化剂中用于 H_2 反应的活性位点数量充足，或者是合金催化剂有利于 Pt-CO 的解离。而 PdPtRu/C 在化学反应中产生了 CO_2，说明双功能机制让 PdPtRu/ 催化剂有了 CO 耐久性。

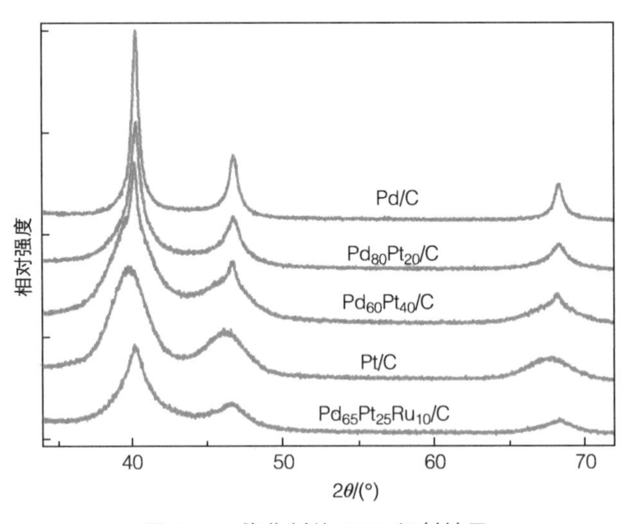

图 6-14　催化剂的 XRD 衍射结果

文献 [68] 研究了一种超低金属负载量的新型双金属 Pt-Fe 催化剂的制备方法，该催化剂是以石墨烯为金属载体，然后在石墨烯上将 Pt 与多个 Fe 原子复合形成

Pt 簇复合物，这种催化剂消除 CO 的效率可达 100%，而且具有较高的稳定性。图 6-16 显示了 Pt-Fe 催化剂的活性随着 Fe 含量的增加而发生改变。当 Fe 的质量分数为 0.1% 时，Pt-Fe 催化剂的活性比纯 Pt 催化剂的要高，当 Fe 的质量分数升高至 0.2% 时，Pt-Fe 催化剂的活性继续升高。然而当 Fe 的质量分数升高至 0.3% 时，催化剂的活性反而下降。Fe 的加入引起了催化剂的活性改变，这说明 Pt-Fe 界面位可能是催化剂的活性中心。

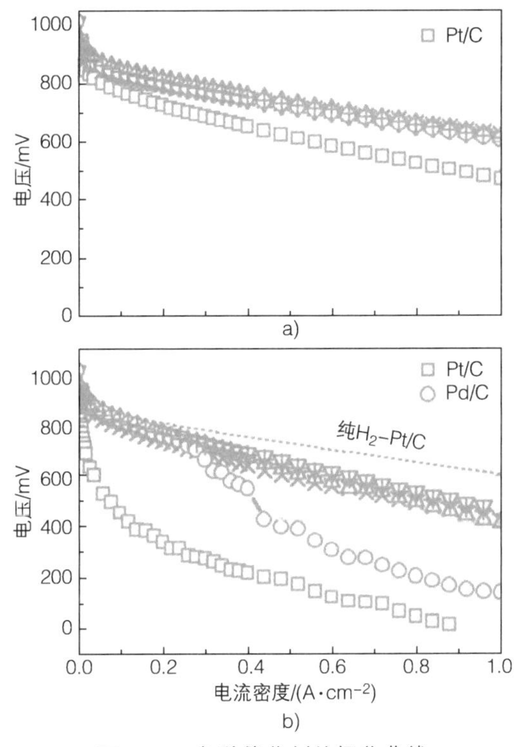

图 6-15　各种催化剂的极化曲线

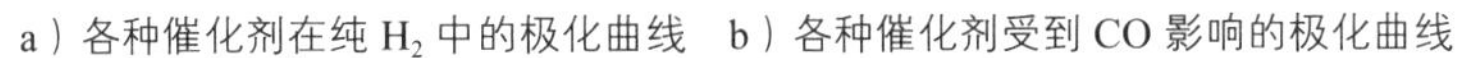
a）各种催化剂在纯 H_2 中的极化曲线　b）各种催化剂受到 CO 影响的极化曲线

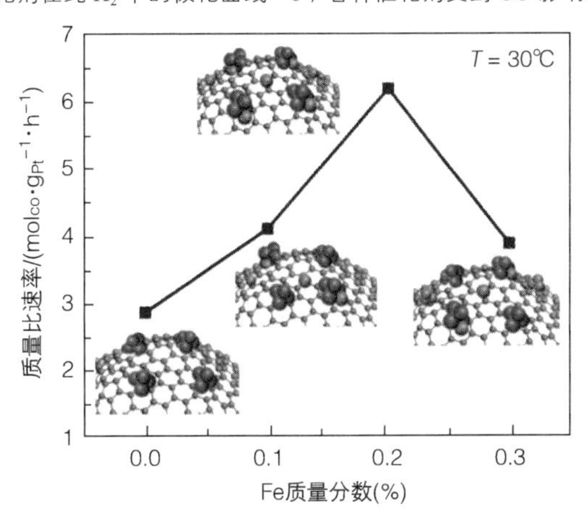

图 6-16　Pt-Fe 催化剂的活性与 Fe 质量分数的关系

6.6 低温冷启动

6.6.1 低温冷启动的影响

低温冷启动也是 PEMFC 温度控制领域的一个重要方面。采用辅助设备或内部策略对电堆进行预热，使 PEMFC 在极端情况下可以稳定运行[69]。低温冷启动是一个复杂的过程，涉及电堆内部的气 – 液 – 固相变[70]。PEMFC 的工作原理表明其性能与水管理密切相关。阴极 ORR 反应产生的水在 0℃以下直接结冰[71]。此外，ORR 反应过程中会将反应物的化学能部分转化为热能，逐渐解冻材料内部的冰，包括阳极和阴极 CL、GDL、PEM 等[72]。因此，低温冷启动是一个阴极 CL 中的水在外部低温形成冰，并通过电化学放热反应使冰解冻的过程[73]。低温冷启动过程受电堆内部材料和结构设计，以及控制策略的影响[74]。比如，端板和双极板的厚度和热容量、残余含水量及启动负载速度都会影响冷启动速率[75]。不正确的冷启动策略会对电堆内部冷冻 / 解冻过程产生影响，导致电堆组件或材料产生不可逆衰退[76]。

0℃时水和冰的体积差约为 9%。它们的相变过程影响 MEA 内部界面的接触，包括 CL 与 PEM 和 CL 与 MPL[77]。反复冻融循环会使界面处出现分层，导致欧姆电阻显著增加。此外，这一过程会影响 GDL 中碳纤维和疏水剂的孔隙结构，导致碳纤维和疏水剂分离，降低了 GDL 的疏水性，增加了传质阻抗和水淹风险。另外，相变导致催化层中离聚物和 Pt 颗粒发生分离，进而降低 ECSA。此外，CL 和 PEM 界面处的相变过程还会影响 PEM 的表面粗糙度，引起裂缝和针孔，严重时会出现反应气体交叉，导致局部高温热点，促使 PEM 发生降解[78]。

6.6.2 快速低温冷启动策略的研究

在本节研究中，开发不同温度下 30 节金属板 PEMFC 堆的快速冷启动控制策略。在确保电堆耐久性和安全性的前提下，分析不同工况和加载策略对冷启动过程的影响。在 −20℃以下的温度下，研究端板加热器对单节低电压的影响。最后，检验电堆的性能和电池电压一致性是否变化，验证启动策略是否具有无损特性。

1 实验设备及装置

PEMFC 堆冷启动实验设备主要包括电堆测试台、低温环境仓、氢气循环系统、冷却液循环系统、电堆和端板加热器。其主要设备及其结构如图 6-17 所示。

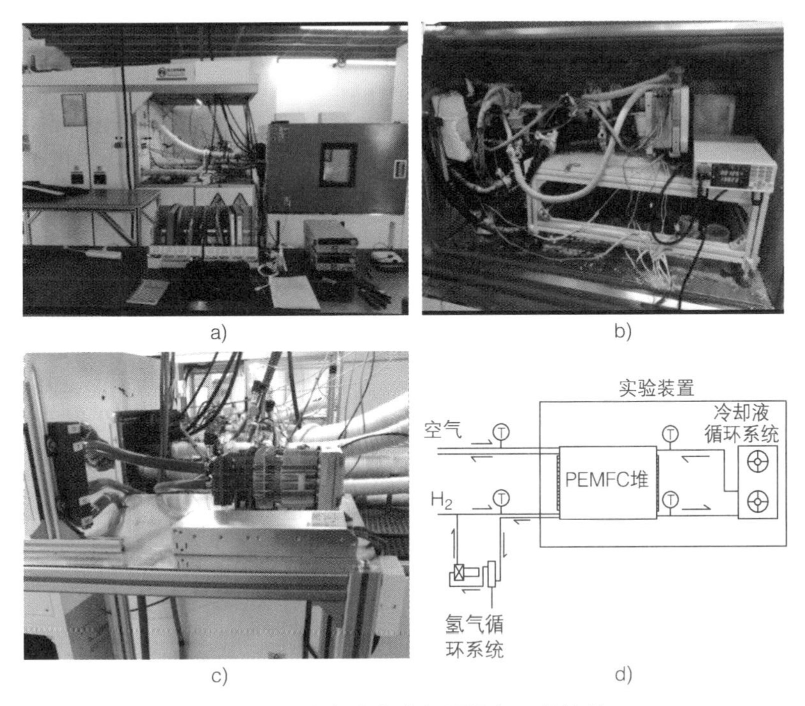

a)　b)　c)　d)

图 6-17　冷启动实验主要设备及其结构

a）电堆测试台 GL-600 和低温环境仓　b）电堆 / 管路传感器和冷却液循环系统位于环境仓内　c）氢气循环系统位于仓外　d）实验装置结构

（1）电堆测试台　电堆测试台采用加拿大绿光公司（Greenlight）提供的 GL-600，测试台主要由供气系统、冷却系统、负载系统、控制系统、数据采集系统和安全监测系统组成。它用于反应物供应、负载控制及相应测试参数的控制和采集。

（2）低温环境仓　在冷启动实验期间，将电堆和冷却液循环系统放置在从上海智舟自动化设备有限公司购买的 ZH/GDJS-760L 环境仓内。工作温度在 −60 ~ 150℃之间，温度下降时变化率为 0.7 ~ 1.2℃ /min。温度波动为 ±0.5℃，温度均匀性为 ±2℃。

（3）冷却液循环系统　冷却液循环系统包括散热器、水泵、PTC 加热器、转子流量计、压力传感器和温度传感器。冷却液为 50% 乙二醇水溶液，温度传感器置于冷却液箱中。

（4）氢气循环系统　氢气循环系统主要包括氢循环泵、气水分离器、浮球排水器、电流传感器和 24V 直流电源。根据电流传感器检测到的电堆电流控制氢气循环泵的速度。

（5）电堆　本节研究中使用的 30 节金属板质子交换膜燃料电堆由豫氢动力有限公司提供。电堆的额定功率为 7kW，MEA 的有效工作面积为 340cm^2，双极板采用蚀刻工艺的不锈钢基材加陶瓷防腐镀层制备。电堆堆芯的长度、宽度和高度分别为 385mm、137mm 和 145mm。

（6）端板加热器　小型端板加热器（0～300W，可调）用于加热电堆的两端端板，安装在绝缘板和集流板之间。

2 实验流程与方法

（1）气密性检测　外漏气密性测试：将表压为 210kPag[㊀] 的氮气同时通入电堆的阳极、阴极和冷却液腔。关闭所有阀门，记录压力下降趋势，以评估电堆的密封状态。

渗氢流量测试：将表压为 50kPag 的氮气持续通入电堆的阳极侧。关闭空气入口阀门，记录空气出口处的气体流速，以评估氢－空腔气体渗漏速率。

（2）极化曲线测试　在最佳操作条件下测试电堆的极化曲线（电堆出厂报告提供）。其中，入口气体表压为 100/80kPag（阳极 / 阴极），冷却液入口表压为 70kPag，气体相对湿度为 50%/50%（阳极 / 阴极），化学计量比为 1.7/2.5（阳极 / 阴极），电堆冷却液入口温度为 76℃，流量为 15L/min。

（3）电堆吹扫和高频阻抗监控　每次冷启动实验后，需要按照一定的流程对电堆进行吹扫，清除极板流道及膜电极气体扩散层内的液态水，并控制膜电极内部离聚物内的模态含水量，以便下次启动。模态含水量通过高频阻抗仪监测的内阻值来评估。停机吹扫条件见表 6-1。

表 6-1　停机吹扫条件

吹扫用的气体	气体流量 /（L/min）	气体表压 / kPag	电堆温度 /℃	时间 /min
阳极：干燥 N_2	85	30	50～65	15
阴极：干燥空气	330	0		

（4）电堆冷却过程　吹扫完成后，将电堆和冷却剂循环系统存放在环境舱中 12～14h，并根据实验目的设定相应的温度。

（5）冷启动实验　冷却过程完成后，对 30 节金属板燃料电堆进行冷启动测试。在实验过程中对控制策略进行了优化，包括加载策略、运行条件、冷却剂控制和端板预热。

下面将讨论 7 种温度下的冷启动实验探索，分析不同温度下启动过程中电堆

㊀ kPag 是压强单位，表示表显压强。

的电流、电压和温度变化，并研究不同控制策略的效果。不同温度下的冷启动实验见表6-2。

3 结果和讨论

（1）实验1和2　环境温度分别为0℃和−5℃。

操作条件设置：气体入口表压设置为60/40kPag（阳极/阴极），氢气的脉冲排放时间间隔为3s/0.1s（闭/开时间），氢气循环泵的转速为800r/min，空气化学计量比为2.5，冷却剂流量为16L/min，并在加载前开启冷却循环。加载速率在1-120A的范围内为20A/s，在120-231A的范围中为10A/s。实验1启动期间电压和冷却剂温度变化如图6-18a所示。启动程序开始时，冷却剂入口温度为7℃。电堆在18s内加载至238A（700mA · cm^{-2}），输出功率达到3.5kW（额定功率的50%），如图6-18b所示，这意味着启动完成。在整个快速启动过程中，电堆温度变化很小，没有出现单节电池低电压，并且启动过程中30节电池电压的标准差（SD）很小，表明燃料电池堆具有良好的一致性。

表6-2　不同温度下的冷启动实验

实验	温度/℃
实验1	0
实验2	−5
实验3	−10
实验4	−15
实验5	−20
实验6	−25
实验7	−30

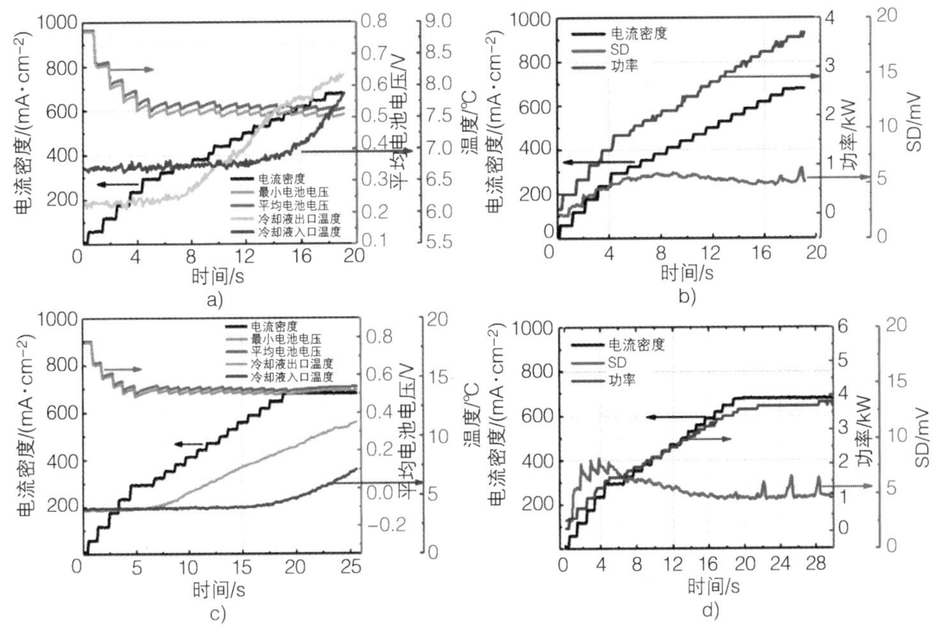

图6-18　实验1和实验2启动期间结果

基于实验 1 的经验，将环境温度降低至 −5℃，进行了实验 2 的测试，如图 6-18c 所示。尽管环境温度降至 −5℃，但电堆的水实际起始温度高于 0℃，所以启动过程不涉及水的冻结和冰的融化。然后使用相同的操作条件和加载策略，同样地，输出功率在第 18s 时达到额定功率的 50%，如图 6-18d 所示。然而，在启动过程的最初几秒，由于温度较低，电压一致性较差，但随着温度的升高，电压一致性逐渐改善。

（2）实验 3　环境温度为 −10℃。

在实验 3 中，为了减轻由燃料不足和温度下降引起的电压下降，氢循环泵转速增加到 900r/min，冷却液流量减少到 14L/min，其他运行参数与实验 1 和 2 相同。实验 3 测试的启动结果如图 6-19 所示。初始冷却液入口温度为 −5℃，意味着启动涉及冻融阶段。然而，电化学反应由于负载的快速增加而释放大量热量，电堆变暖，冰逐渐融化成液态水并被排出。同样，输出功率在 18s 时达到额定功率的 50%。在整个冷启动过程中，最低的电池电压出现在电堆流体入口（30 号）端。这可归因于堆入口处的流体温度低于内部温度，并且堆两端的电池与其他中间电池相比与环境具有更强的热交换。

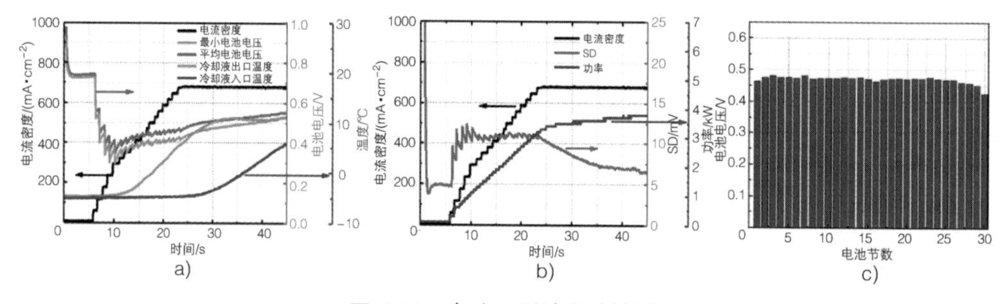

图 6-19　实验 3 测试启动结果

a）启动过程中电压和冷却液温度的变化　b）启动过程中 SD 和功率的变化
c）成功启动前瞬间电堆单个电池的电压

（3）实验 4　环境温度为 −15℃。

在实验 4 试验中，冷却液流量降低至 12L/min。此外，为了减轻在实验 2 中由端板的过冷引起的两端的单节电池低电压，在端板的每一侧（绝缘板和端板之间）添加 1 片 100W 电加热片。加载速率在 1 ~ 100A 的范围内为 15A/s，在 100 ~ 231A 的范围内为 10A/s。加载在 231A 保持 2s，然后降低到 200A 保持 1s，然后以 10A/s 的速度增加到 231A。其他操作参数与实验 3 相同。启动结果如图 6-20 所示。

冷却液的出口温度从开始到 20s 都低于 0℃，这个时期包括水和冰的冻 / 融。催化层中的大量孔隙被冰堵塞，可利用的催化反应界面减少。这些变化使得氧还

原反应变得困难，并导致电堆中多节电池的电压剧烈波动。20s 后，冷却液出口的温度可在 0℃以上，大部分冰开始融化，电堆的性能和电压一致性逐渐提高。在第 20s 时，冷却液出口的温度达到 0℃以上，大部分冰开始融化，电堆的性能和电压一致性也逐渐恢复正常。在第 30s 时电堆输出功率达到 3.5kW。然而，在成功启动后，电池 1 和 30 节的电压明显低于其他节，这可归因于不锈钢端板和环境之间的热交换较快，导致端部温度过低。

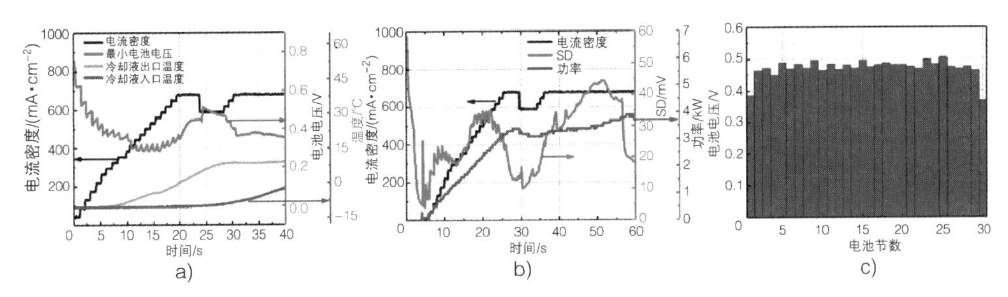

图 6-20 实验 4 启动结果

a）启动期间电压和冷却液温度的变化 b）启动期间 SD 和功率的变化
c）在成功启动之前的时刻电堆单个电池的电压

（4）实验 5 环境温度为 −20℃。

在实验 5 中，由于较低温度的负面影响，气体入口表压力设置为 100/80kPag（阳极 / 阴极），氢气的脉冲排放时间间隔增加到 1s/0.1s（闭 / 开时间），氢气循环泵的转速增加到 1800 r/min。加载速率在 1 ~ 100A 范围内为 15A/s，在 100 ~ 264A 范围内为 10A/s，在 264 ~ 297A 范围内为 5A/s。其他操作参数与实验 3 相同。启动结果如图 6-21 所示。

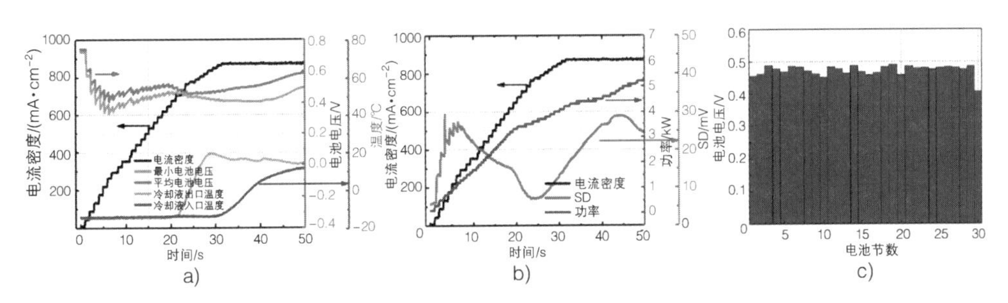

图 6-21 实验 5 启动结果

a）启动过程中电压和冷却液温度的变化 b）启动过程中 SD 和功率的变化
c）成功启动前瞬间电堆单个电池的电压

此实验大幅提高了氢气循环速度和脉冲排放时间间隔，改善了水管理，有效缓解了单节电池低电压的问题。此外，通过增加气体入口表压以提高电堆的发电效率，从而保持快速加载。由于冷却剂温度过低，在启动 20s 后再开启冷却液循环，可以有效减少催化层的冻结。电堆在第 27s 时输出功率达到额定功率的 50%。单节 1 和 30 电池的电压依然低于其他节的电压。

（5）实验 6　环境温度为 −25℃。

在实验 6 中，为了缓解端部两节电池温度过低的问题，将端板加热片功率增加到 300W。加载速率在 1 ~ 100A 的范围内设定为 20A/s，在 100 ~ 230A 的范围内设定为 13A/s，在 230 ~ 286A 的范围内设定为 8A/s，然后保持在 286A。冷却剂循环延迟到第 30s 开启，其他操作参数与实验 5 相同。启动结果如图 6-22 所示。

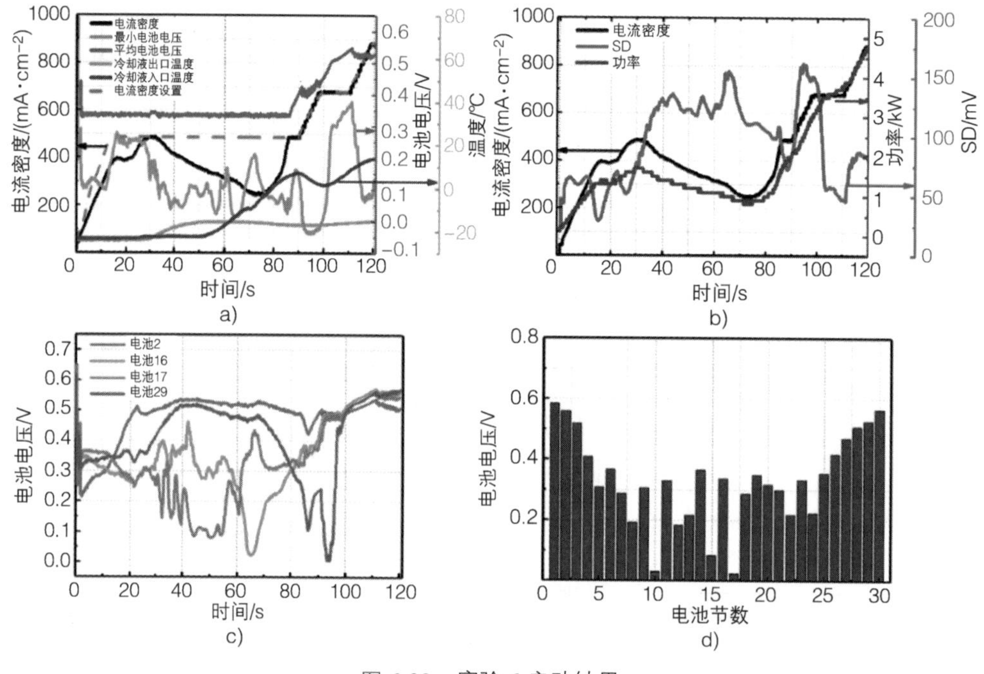

图 6-22　实验 6 启动结果

a）启动过程中电压和冷却液温度的变化　b）启动过程中 CV SD 和功率的变化
c）启动过程中电堆单个电池电压的变化　d）成功启动前电堆单个电池的电压

在冷启动过程的前 10s，随着电流增加，各个单体电压迅速下降，并且在一些电池中显著下降。由于加热片的功率提升，两端单体的电压迅速上升不再出现单电池低电压问题。然而，在冷却剂开始通入后，电堆内部温度的突然下降，导致中间区域的电池处于冻结 / 融化阶段，电压也随之迅速波动，整体电压一致性恶化，最小电压低于 0V。电流在第 50s 时降低至 240A，并保持在该点。低电压可以保证高的发热效率，随着冷却液出口温度的持续升高，电堆的功率不断增加，电压一致性逐渐恢复正常，如图 6-22c 所示。最终在第 60s 时输出功率达到

额定功率的 50%。

（6）实验 7　环境温度为 −30℃。

在实验 7 中，负载控制策略被切换到 1 ~ 170A 范围内的 10V 的恒定电压模式，并且负载速率被设置为 170 ~ 297A 范围内的 5A/s，以最大化电堆的加热效率并避免电压反极。其他操作参数与实验 6 相同。启动结果如图 6-23 所示。

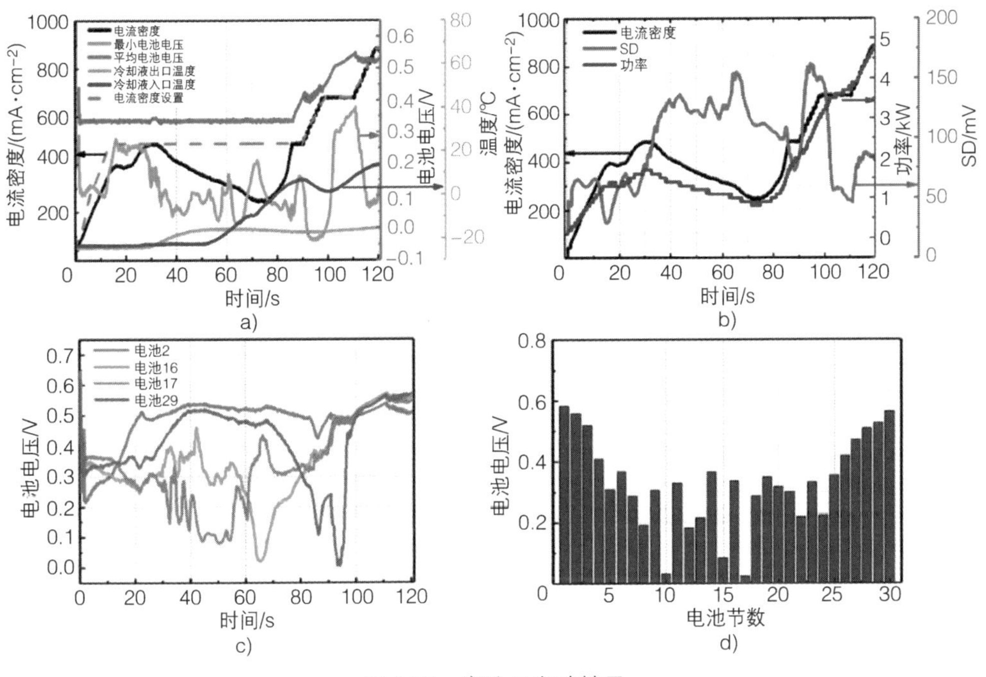

图 6-23　实验 7 启动结果

a）启动期间电压和冷却液温度的变化　b）启动期间 SD 和功率的变化
c）启动期间电堆单个电池电压的变化　d）成功启动前电堆单个电池的电压

在冷启动过程开始时，现象与实验 6 相似。当打开冷却液循环时，电压一致性立即恶化，并且与实验 6 相比，电堆中间区域的电池电压波动更剧烈。电堆产热融冰和结冰之间的竞争持续了较长时间。低电压的保持也让电堆维持了较高的加热效率，冷却液出口温度慢慢升高，电堆负载不断增加，电压一致性也逐渐恢复正常。最终，电堆输出功率在 113s 时达到额定功率的 50%。

（7）冷启动实验过程中的电堆性能变化　在总共进行的 20 次冷启动实验中，有成功也有失败。每完成 5 次冷启动实验，进行一次极化性能测试并绘制极化曲线，如图 6-24 所示。电堆的性能和电压一致性没有显著降低。这表明，控制策略有效地避免了由冻融过程引起的堆芯材料的不可逆损坏。

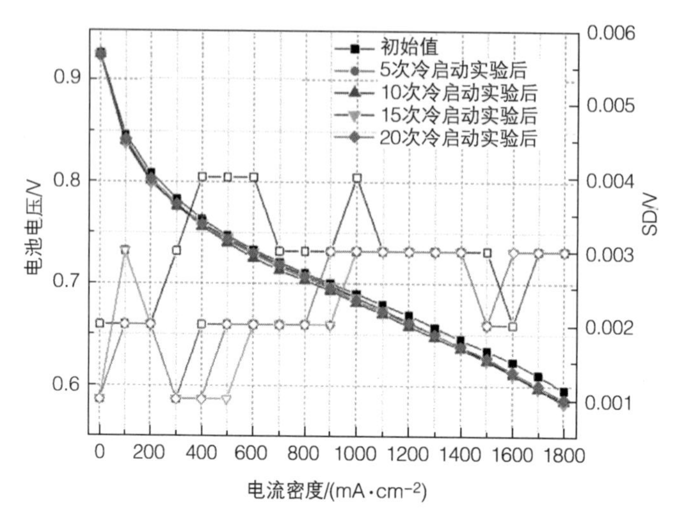

图 6-24　冷启动实验期间燃料电池堆的极化曲线和电池电压标准偏差

6.7　可逆性衰退与性能恢复方法研究

6.7.1　可逆性衰退的影响

PEMFC 在苛刻的操作条件下，除了核心材料和电堆组件发生不可逆衰退外，其性能损失还包括由内部状态的可逆变化导致的可逆性衰退，而且可逆性能损失率甚至高于不可逆退化率[79]。不可逆的性能损失只能通过特定的操作策略和材料改进来避免，而可逆的性能损失可以通过特定的程序来恢复。目前已经开发了测试程序来评估运行过程中可逆和不可逆降解对燃料电池行为的影响[80]。可逆性能损失的特征是恢复和重新启动后最初几个小时内的非线性电压衰退[81]。近年来，许多研究探讨了可逆性衰退的机理[82]，主要有三个方面：

1）反应气体中的杂质或污染物吸附在催化层上。

2）由在碳载体材料上形成的亲水氧化物而引起的水管理变化。

3）催化剂中铂的氧化。

Decoopman 等人[83]通过循环伏安法在阳极处发现一氧化碳的存在，一个原

因是二氧化碳从阴极渗入阳极后发生了逆水煤气变换，另一个原因是阳极处发生了碳腐蚀。一氧化碳的存在使阳极催化剂中毒，并产生 25mV 的可逆性能损失，可通过在阳极侧添加空气或电压扫描来恢复性能。Du 等人[84]长期研究了 PEMFC 在干燥条件下的性能衰退和 CL 活性退化，通过表征结果发现，催化剂 Pt 颗粒上的有效离聚物覆盖率不可逆转地降低。因此，由干燥条件引起的离聚物结构变化、再分布和迁移是导致性能损失的一种机制，但是通过潮湿条件可以恢复电堆性能。

Lin 等人[85]设计了分区电流原位测试装置，以观察反极和恢复过程中内部电流密度和局部温度的实时变化。结果表明，由于反极过程，阳极出口区域的碳腐蚀最为严重，而剩余 H_2 消耗导致入口区域的温度最高。性能恢复过程可以使 PEMFC 中的电流密度再次均匀分布，并且对出口区域的影响大于对入口区域的影响。此外，恢复过程也使得工作电压允许发生水电解和碳腐蚀反应。Pivac 等人[86]基于加速老化试验，研究了停机程序对 PEMFC 性能恢复的影响。结果表明，电池内水的积聚或 CL 内 O_2 的存在导致在催化剂表面上形成氧化铂是可逆降解的原因。浸泡时间越长，恢复效果越差，水的温度越低，恢复效果就越差。采用无氮气吹扫的停机程序被证明是恢复性能的最有效方法。Zhan 等人[87]用高频脉冲方法在 40000h 耐久性测试后恢复 63 节电堆的性能，经过恢复程序后，有效平均降解率从最初的 $309\mu V \cdot h^{-1}$ 降至 $170\mu V \cdot h^{-1}$。通过 EIS 测试和等效电路模拟，发现膜电阻的增加是燃料电池性能下降的主要原因。

Qi 等人[88]研究了 PEMFC 在关闭和重启循环期间电压的“锯齿”行为，在对单个燃料电池和燃料电池系统进行研究后，他们发现“锯齿”电压与水管理密切相关。铂氧化物有四种形式：Pt-O、Pt-O_2、Pt-OH 和 Pt-OOH，其形成通常有两种来源。第一种是以水为氧源的电化学反应，第二种是以氧为氧源进行的化学和电化学反应。Paik 等人[89]发现，在 Pt 被水氧化的电位值以上，氧浓度对 Pt 的氧化程度没有影响，水可以用作铂氧化的额外氧源。在 Pt 被水氧化的电位值以下，氧化程度与氧浓度成比例。

通常，通过营造阴极低电位的还原环境可以去除氧化铂，阴极处 H_2 的存在可以帮助还原。Zago 等人[90]研究发现在正常工作条件下，保持电堆 $1200mA \cdot cm^{-2}$ 电流密度和 0.3V 的电压下短期运行 1 min，可以恢复 85% 的性能损失。还有人将 H_2 通过单电池的阳极排出，将氮气通过阴极排出，持续 20min 至 4h。H_2 通过阳极侧的膜穿透进入阴极，最后，所有可逆性能损失都已恢复。低电化学电位（$< 0.3V$）和使用 H_2 的阴极还原环境的组合是实验室和系统中最合适的程序。张等人[91]引入了一种短路程序，可以有效地恢复由铂催化剂在其电极上氧化造成的可逆性能损失，并且仔细研究了不同运行参数对电堆性能恢复

效果的影响和机理。此外，Zhang 等人[92]引用了三种恢复程序，包括 JRC 程序、DOE 程序和停机隔夜休息。三种程序的操作步骤和恢复效果不同。极化曲线和 EIS 结果表明，三种方法在高电流密度下恢复了大部分损失的性能。JRC 程序和停机隔夜休息比 DOE 程序更有优势，因为 DOE 程序必须长时间运行并频繁停止。此外，当电流密度小于 1700mA · cm^{-2} 时，恢复效果最佳。

6.7.2 电堆可逆性衰退及加速衰退拐点的研究

燃料电池除了核心材料和组件的不可逆衰退外，PEMFC 性能损失还包括由内部状态的可逆变化导致的可逆性衰退。近年来，许多研究分析了可逆性衰退的机理主要有三个方面：①反应气体中的杂质或污染物在催化层上的吸附；②水管理；③ Pt 催化剂的氧化。

在本节中，开展了动态工况条件下 1kW 电堆的 3000h 耐久性试验，并使用数据监测和测试分析了电堆在运行过程中的性能衰退行为。基于三种不同的恢复方法，将测试过程分为三个阶段，研究每个阶段下不同恢复方法的组合对电堆性能恢复的作用机理，以及对电堆耐久性的影响。测试后期，电堆的性能出现了加速衰退的“拐点”，通过极化计算及阻抗分析对拐点出现的时机、原因做了深入分析，并结合物理表征，对“拐点”出现的机理做出判断。

1 实验部分

本节对 3 节石墨板电堆采用动态工况并评估其耐久性，测试时长 3000h，期间通过各类测试手段监测其性能衰退情况，并通过原位电化学方法表征其机理。耐久性测试完成后通过对电堆的拆解测试，以及对部件和材料的物理表征，分析性能衰退机理。

（1）测试对象　3 节石墨板电堆额定功率 1kW，由豫氢动力有限公司提供，石墨双极板采用同济大学设计的多通道蛇形流场机械雕刻工艺制备。MEA 购买自 SinoHyKey 有限公司，具有 320cm^2 的活性面积，阴极和阳极的 Pt 载量总共为 0.5mg · cm^{-2}。

（2）测试平台及氢气循环系统　本研究使用的 HTS-2000 质子交换膜燃料电池测试平台由台湾 Hephas 公司生产，由供气系统、冷却系统、负载系统、控制系统、数据采集系统和安全监测系统组成。测试功率范围为 0 ~ 2000W，并提供 HFR 和 EIS 测试功能。氢气循环系统主要由氢循环泵（Boxer）和气水分离器（Parker Balston）等组成，在实验室中组装并连接到测试平台上，电堆和测试平台之间的连接如图 6-25a 所示。

（3）耐久性测试工况 本节采用DLC-02动态循环工况，工况下的电流－电压谱如图6-25b所示。

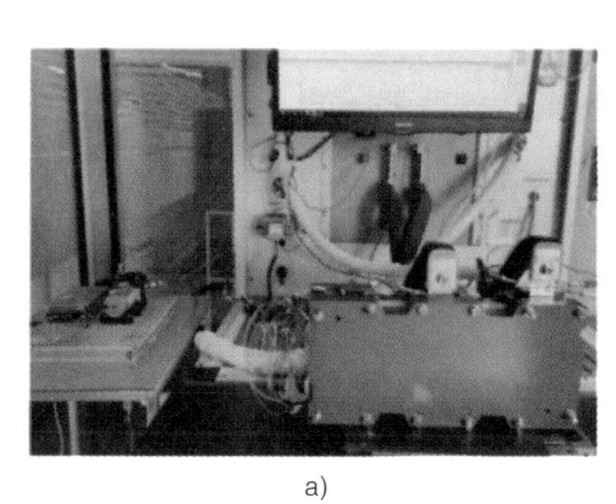

a)

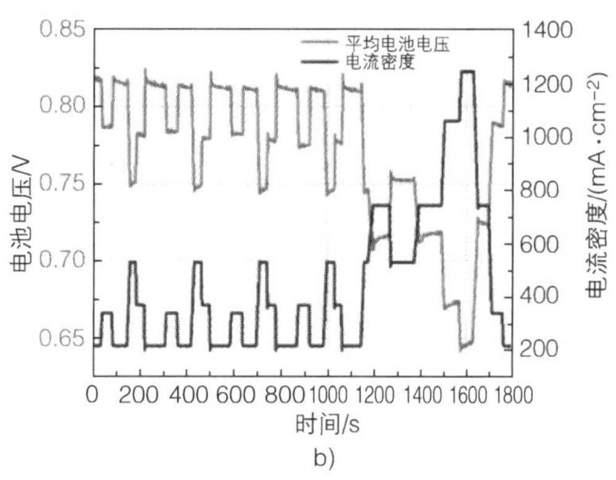

b)

图6-25 测试平台及测试工况

a）燃料电池耐久性测试平台 b）DLC-02动态循环工况下的电流-电压谱

（4）电化学测试方法

1）极化曲线测试，极化曲线测试是评价PEMFC性能最可靠和最常用的方法。在3000h耐久性测试之前，膜电极经过充分的活化后测试其初始极化曲线。在3000h耐久性测试期间，每100h进行极化曲线测试，以评估电堆的性能衰退情况。测试条件见表6-3，包括计量比、压力、温度和湿度等，待条件稳定后启动负载开始极化测试。记录每个电流下稳定运行3min后的燃料电池输出电压，完成极化曲线的数据采集。

表6-3 极化曲线测试的测试条件

阳极反应气体	氢质量分数（%）	99.999
	湿度（%）	50
	λ_{H_2}	1.5～3.7
阴极反应气体	空气	—
	湿度（%）	50
	λ_{Air}	2～5.9
背压/kPa	阳极	100
	阴极	80
电池温度/℃	—	76
冷却液入口温度 t/℃	—	大约76

2）渗氢流量测试，在实际操作期间，随着PEM或膜电极边框密封件的退化，H_2可能从阳极侧泄漏到阴极侧，导致燃料效率降低和阴极电位降低。在每次极化曲线测试后，对电堆进行渗氢流量测试，步骤如下：①将质量流量计的入口侧与电堆的阴极出口连接，并将空气入口封闭；②对电堆的阳极持续通入50kPa

的 N_2；③流量计显示稳定后，记录该值。

3）EIS 测试，EIS 反映了 MEA 的内部情况，包括欧姆阻抗、氧还原过程中的电荷转移阻抗、催化层中的氧传质阻抗和催化层之间的电容。EIS 测试在 $500mA \cdot cm^{-2}$ 下使用测试平台提供的电化学工作站进行，频率范围为 0.1 ~ 1000Hz。干扰电流为负载的 4%，其他测试条件与极化曲线测试相同。

4）循环伏安法（CV）和线性扫描伏安法（LSV）测试，电堆拆解后，将膜电极拆解成 $25cm^2$ 的标准单池，对其进行 CV 和 LSV 测试，获得 ECSA 和渗氢密度大小。伏安法是在 100% 湿度的 H_2/N_2 气体中进行的，阴极通入 N_2 作为工作电极，阳极通入 H_2 作为对电极和参比电极，阳极、阴极的流量分别为 $500sccm \cdot cm^{-2}$、$800sccm \cdot cm^{-2}$，无背压。电堆温度为 76℃。电位扫描范围为 0.05 ~ 1.0V，CV 的扫描速率为 $50mV \cdot s^{-1}$，电化学活性比表面积（ECSA）与氢吸附 - 脱附过程相关，可通过时间积分法计算得到。LSV 测试扫描速率为 $2mV \cdot s^{-1}$，渗氢电流密度为 0.4V 电位对应的电流密度值。

（5）物理表征测试方法　针对扩散层、催化层及催化剂开展的物理表征有：载体石墨化程度，采用显微共聚焦拉曼光谱分析系统（Microconfocal Laser Raman Spectrometer），厂家型号：Thermo Scientific Fisher DXR 2xi；铂组分化合价态，采用 X 射线光电子能谱仪（X-ray Photoelectron Spectroscopy），仪器型号：Thermo Fisher Scientific EscaLab 250Xi；膜电极断面形貌分析，采用冷场场发射扫描电镜（Cold Field-Emission Scanning Electron Microscope），厂家型号：Japan Hitachi，Regulus 8100；GDL 整体支撑强度，采用微机控制电子万能试验机（Microcomputer Controlled Electronic Universal Testing Machine），厂家型号：SANS CMT6500；GDL 透气度，采用 Gurley 透气度仪，将试样置于试样夹上，内圆筒克服锭子油的浮力而下降，迫使空气通过纸面而泄漏。测定出泄漏一定体积的空气所需要的时间来表示试样的透气度，单位是 min/mL。

（6）性能恢复方法　在耐久性试验中，燃料电池堆的性能衰减可分为可逆和不可逆两部分。可逆退化引起的电压损失可以通过适当的恢复方法来恢复。本书涉及的恢复方法如下：

1）停机隔夜休息（SOR）：当电堆完成既定的动态工况运行时间后，执行正常停机过程，关闭负载执行吹扫程序，在电压降为 0.1V 以下后关闭电源，并保持过夜停机 12h 以上。

2）饱和润湿和空气饥饿操作（SWASO）：根据极化曲线测试条件，将氢气和空气的相对湿度调整为 100%，将电堆在 $500mA \cdot cm^{-2}$ 和 $1000mA \cdot cm^{-2}$ 下运行 15min。将负载降低到 2A 的小电流，并将阴极气体切换为氮气。停止负载，直到电压降为 0.2V 以下，将阴极切换回空气，并再次将负载升至 $1000mA \cdot cm^{-2}$。重

复上述过程 3 次，最后让电堆在 $1200mA \cdot cm^{-2}$ 下运行 15min。SWASO 操作流程如图 6-26a 所示。

3）快速加载操作（FLO）：在 SWASO 过程后，将气体的相对湿度降至正常值，阳极切换至脉冲排放模式，然后在 $1200mA \cdot cm^{-2}$ 下运行电堆 30min，直到条件稳定。保持所有操作参数恒定，首先将负载降低至 OCV，然后以 30A/s 的速度再次将负载增加至 $1200mA \cdot cm^{-2}$。在稳定运行约 3min 后，分别以 50A/s 和 70A/s 重复首先降低然后升高负载的操作。操作流程如图 6-26b 所示。

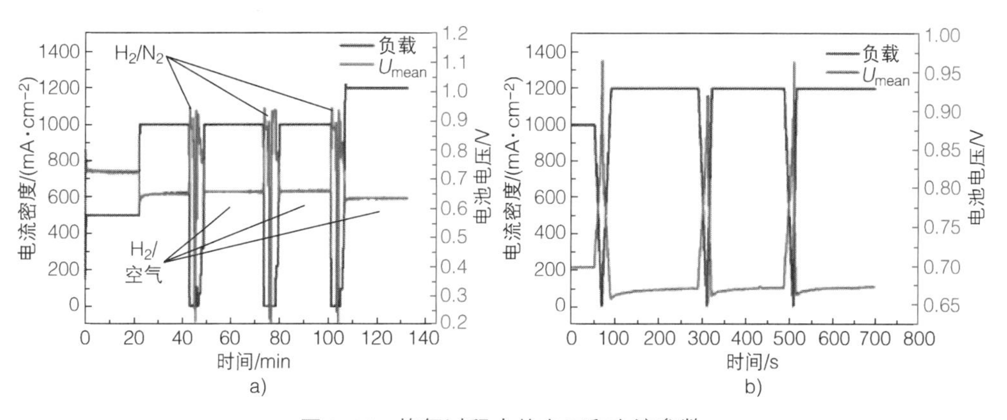

图 6-26　恢复过程中的电压和电流参数

a）SWASO　b）FLO

2 结果和讨论

（1）电堆的初始性能及缺陷分析　电堆的初始性能如图 6-27 所示。额定点 $1000mA \cdot cm^{-2}$ 的电压为 0.697V，功率密度在 $2000mA \cdot cm^{-2}$ 时达到 $1.1W \cdot cm^{-2}$ 的峰值。三节单体在不同的电流密度下的电压一致性如图 6-27b 所示，在高电流密度区 2 号电池的电压略高，3 号电池的电压略低。

为了研究电堆在动态条件下的一致性，在 $1800mA \cdot cm^{-2}$ 下对空气计量进行敏感性测试。如图 6-27c 所示，当阴极化学计量比为 2.5 时，电池堆的平均电压为 0.560V，3 号电池（靠近流体入口）为 0.550V，$U_{mean} - U_{min}$ 为 10mV。随着空气化学计量比下降到 2.2，中间的 2 号单体电压保持稳定，但 1 号和 3 号单体电压有不同程度的下降，$U_{mean} - U_{min}$ 达到 15mV。进一步降低阴极计量比至 1.5，第 3 号单体电压再次下降，$U_{mean} - U_{min}$ 达到 25mV。当阴极计量比再次上升回到 2.5 时，三个电池的电压恢复到相同的水平。因此，当阴极化学计量比减少时，第 3 号单体的性能显著降低，表明在该位置的膜电极更易发生空气饥饿，这可能是由“端板效应”引起的气体分配不均。

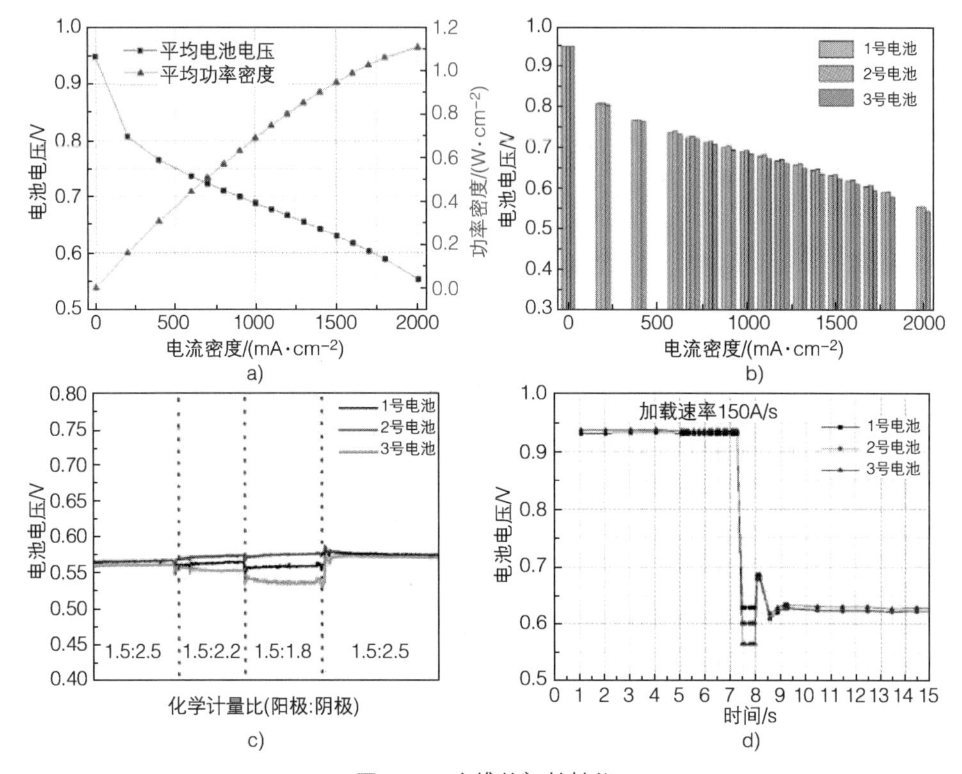

图 6-27　电堆的初始性能

a）极化曲线和功率密度曲线　b）不同电流密度下的电压一致性

c）$1800mA \cdot cm^{-2}$ 下不同空气化学计量下的电压敏感性　d）快速加载期间的动态响应差异

为了进一步探索气体分布不均匀的问题，进行快速加载试验，加载范围为 OCV 至 $1000mA \cdot cm^{-2}$，加载速度为 150A/s。三个电池的电压响应如图 6-27d 所示，表现出了明显不同的负向脉冲，随后返回正常电压运行。这反映了燃料电池内部的气体饥饿和恢复过程，饥饿程度可以通过最低和最高电压之间的差异来衡量。结果很明显，第 3 号单体最严重，其次是第 2 号单体和第 1 号单体。

（2）稳态和动态条件的确认及优化　电堆在一定的负载电流下运行时，输出电压和内阻的稳定性代表了其内部反应状态和发电能力的稳定性。在不同的负载电流下，对电堆运行条件的要求通常是不同的。在本次耐久性实验之前，本节已经通过一个 5cm × 5cm 的单体电池和另一个相同规格的样品电堆进行了全面的实验。目的是获得每个电流密度的最佳操作条件。然后，如图 6-28a ~ f 所示，本节在负载 68A、106A、166A、233A、333A 和 391A 下验证了该耐久性测试中使用的电堆的电压稳定性。每个负载下的电压降在 2h 内小于 1mV。

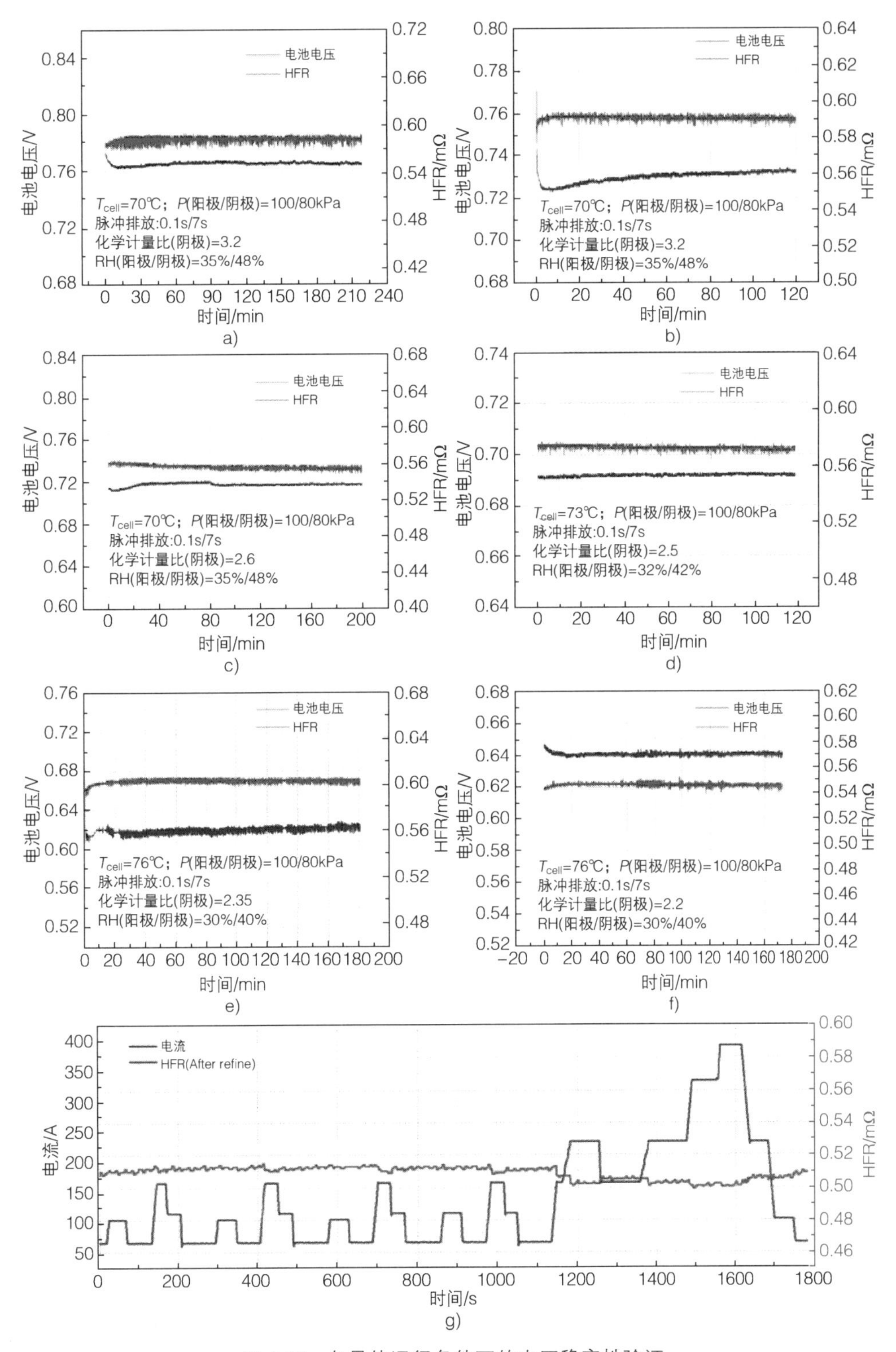

图 6-28　各最佳运行条件下的电压稳定性验证

a）68A　b）106A　c）166A　d）233A　e）333A　f）391A　g）动态循环期间 HFR 的演变

从第 2 章关于动态响应的研究结果可知，质量传输的响应速度要比电子慢很多，所以在动态拉载实验中，随着负载的变化，反应物供给和其他条件的响应肯定会有延迟。使电堆内部反应环境在动态变化中具有相对稳定的状态，是提高其耐久性的重要方法之一。用 HFR 作为评价指标来间接评价电堆内部的水热状态。如图 6-28g 所示，在一个完整的负载电流循环中，通过对操作参数的进一步调整，实现不同密度下电堆的 HFR 在 0.02mΩ 内波动，以保证电堆内部 PEM 的含水量变化不大，可以防止质子交换膜处于频繁干湿循环的状态，减少其机械降解。最后，获得的最佳动态操作参数见表 6-4。

表 6-4 最佳动态操作参数

I/A	脉冲排放时间间隔 /s（闭 / 开）	λ_{Air}	P_A/kPa	P_C/kPa	冷却液入口温度 /℃	RH（Au）（%）	RH（Ca）（%）
68	7/0.1	3.2	100	80	70	35	40 ~ 48
106		3			70		
166		2.6			70		
233		2.5			73		
333		2.35			75		
391		2.2			75		

（3）电压和 HFR 的原位监测和分析　图 6-29 显示了整个 3000h 动态工况耐久性实验期间，391A 对应的电压打点监测曲线。根据不同恢复方法的应用，将整个耐久性试验过程分为三个阶段：

第 1 阶段：0 ~ 600h，仅采用 SOR 恢复。从图 6-29 可以看出，耐久性试验期间电堆可逆性衰退造成的电压损失在停机和隔夜重启后，可以在一定程度上恢复。这可能是由于自平衡过程提高了 PEM 和催化层内离聚物的含水量。在此阶段，三节电池电压一致性良好，表现出相同的衰退趋势，平均电压的线性拟合衰减率为 41.6μV・h^{-1}。

第 2 阶段：600 ~ 1600h，采用的恢复方法为 SOR+SWASO。在饱和湿度气体加湿和空气饥饿操作过程之后，3 号电池的性能得到了大幅度的提升，600h 后的性能几乎恢复到了初始水平。然而，1 号和 2 号电池的电压仅发生了小幅度的提升。该结果表明，在 0 ~ 600h 的时间段内，流体入口附近的 3 号电池的性能衰退几乎是可逆的，SOR + SWASO 方法可以有效地恢复其性能，并且不确定膜电极 1 号和 2 号电池的性能退化是否可逆。在 600 ~ 1600h 的测试中，三个单体的电压相差巨大，一致性较差。在此阶段，线性拟合的电堆平均性能衰退率为 20μV・h^{-1}。

第 3 阶段：在 1600 ~ 3000h 期间，采用的恢复程序是 SOR + SWASO + FLO。

图 6-29 中 1600h 后 3 节单体电压出现非常明显的重叠，这表明 3 号电池的性能均发生了大幅度恢复。首先，这表明 1600h 之前 1 号和 2 号电池的性能衰退同样是大部分可逆的。其次，由于端板效应的存在，普通的空气饥饿操作并不能有效还原 1 号和 2 号电池的电压损失。但是，在执行 FLO 操作过程中，第 3 号电池被迫使在短时间内遭受严重的空气饥饿到几乎相同的程度，这才使得 1 号和 2 号电池的性能得以恢复。

随着耐久性测试的继续，大约 2000h 后，3 节电池电压的演变开始出现分化，电压一致性开始恶化。其中，中间的膜电极 2 号电池的性能相对稳定，直到 3000h 结束。最明显的电压降发生在 3 号电池，其次是 1 号电池。在这一阶段，考虑到前面已经对电堆进行了充分的性能恢复操作，电堆性能的衰退几乎可以认为是不可逆的。

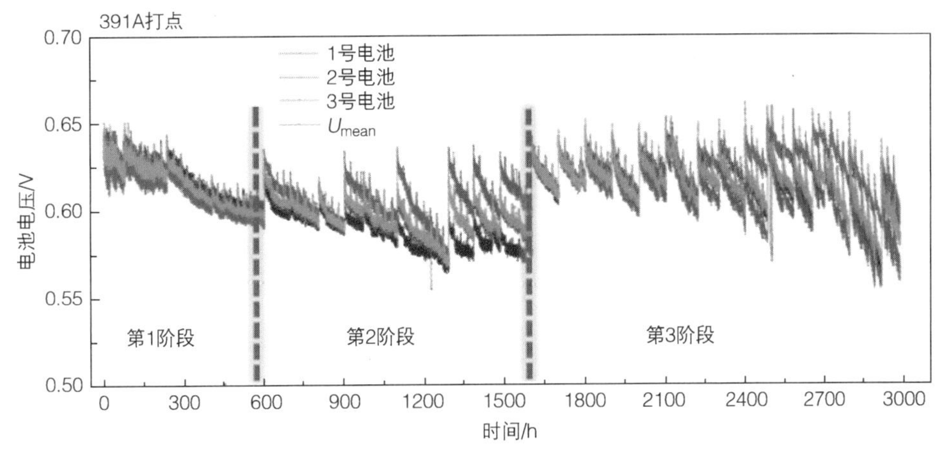

图 6-29　电压打点监测曲线

图 6-30 是在 391A 电流下的 HFR 电压打点监测曲线。在前 300h，HFR 出现不规则的上下波动，幅度较大且呈现下降趋势。这意味着电堆的活化尚未充分完成。随着动态负载操作，膜电极内部的质子转移通道逐渐建立并固化。在 600h 左右，SOR + SWASO 操作后，电堆的 HFR 大幅下降，相应地，电压大幅上升。这表明高湿度气体完全润湿了 CL 和 PEM，并大大降低了质子转移阻力。此外，在恢复正常状态后继续运行动态负载循环的前 20h 内，HFR 保持在较低值。正常停机和吹扫后，内阻再次升高。该过程涉及一些可逆的性能退化，其中 PEM 的含水量不足可能是主要因素。

在 3000h 的耐久性测试后期，HFR 呈下降趋势。电堆各个部件的体电阻通常不会改变，因此，HFR 的改变一般跟层间的接触电阻有关。首先，接触电阻的降低可以直接降低欧姆极化损耗，这有利于电堆的性能提升。然而，在电堆的长期运行期间，接触电阻的逐渐降低意味着各层被压缩得越来越紧密，这可能导致原始松散多孔结构坍塌并影响 MEA 内部的传质。

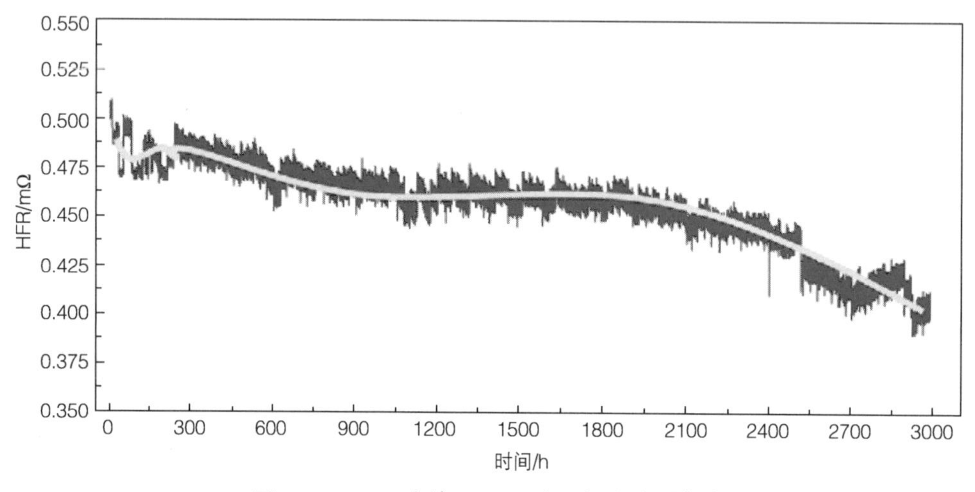

图 6-30　391A 电流下 HFR 电压打点监测曲线

（4）极化曲线性能退化分析　图 6-31a 是根据极化曲线测试结果，在 3000h 耐久性测试期间，电堆在 0、400、1000 和 1600mA · cm^{-2} 下的平均电压的演变曲线。详细的电压衰退率数据见表 6-5。可以看出，在仅使用 SOR 恢复操作的前 500h 内，每个电流密度下电压衰退率都非常高，其中额定点 1000mA · cm^{-2} 的电压衰退率达到 81.45μV · h^{-1}。600 ~ 1500h，随着 SWASO 恢复操作的引入，衰退率显著降低，在 1500h 时，额定点 1000mA · cm^{-2} 的电压衰退率降至 24.64μV · h^{-1}。然而，如图 6-31b 所示，三节电池在此期间的性能差异很大。电压从高到低依次为 3 号、2 号和 1 号。这一结果与动态响应测试结果一致，三节电池具有不同程度的空气饥饿，所以有着不同的恢复效果。

在第 3 阶段，随着 FLO 恢复操作的引入，电堆在各电流密度下的性能均大幅恢复，并在之后保持稳定。在表 6-5 中，额定点 1000mA · cm^{-2} 的电压在 2000h 的平均衰退率降至 0.65μV · h^{-1}，接近初始性能。在 3000h 耐久性实验结束之前，衰退率都保持在非常低的水平。在此期间，电堆电压的一致性也得到了显著恢复，特别是在 1600h 首次使用 FLO 时，1 号单体和 2 号单体的电压显著提升，如图 6-31b 所示，几乎恢复到初始水平。这证实了在之前的耐久性实验中，三节电池的性能衰退都是可逆的；此外，性能恢复与空气饥饿的程度直接相关，而 FLO 操作可以确保三节电池具有相似的空气饥饿程度。

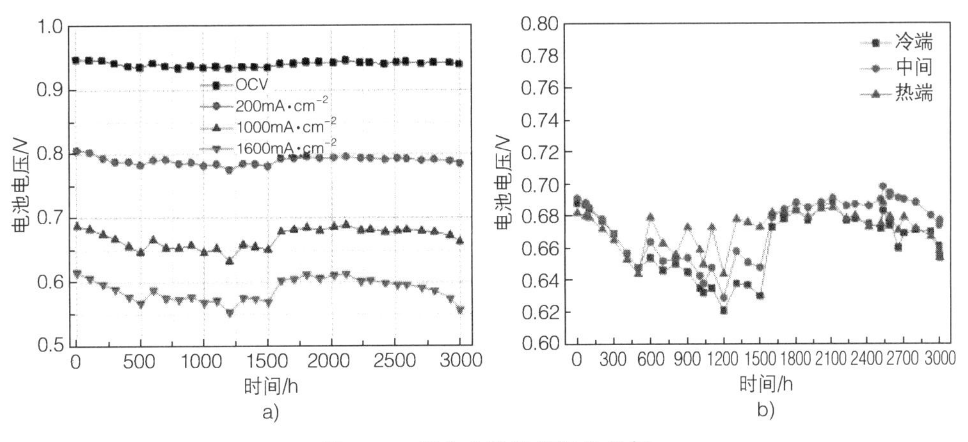

图 6-31　极化曲线性能退化分析

a）在不同电流密度下，平均电池电压随时间的变化

b）在 $1000mA \cdot cm^{-2}$ 下，每个电池的电压随时间变化

表 6-5　不同电流密度下的电压衰退率数据　（单位：$\mu V \cdot h^{-1}$）

电流密度	500h	1000h	1500h	2000h	3000h
0	24.48	13.18	8.56	2.62	1.98
$400mA \cdot cm^{-2}$	47.92	26.14	15.82	1.2	2.4
$1000mA \cdot cm^{-2}$	81.45	41.28	24.64	0.65	3.08
$1600mA \cdot cm^{-2}$	95.96	47.30	30.59	2.28	7.81

（5）恢复方法的比较和 EIS 分析　为了比较不同恢复方法的效果和机理，在执行完不同恢复操作后，对电堆分别进行了极化曲线和 EIS 测试。图 6-32 显示了不同恢复操作后电堆平均电压极化曲线的对比。经过三次恢复程序后，电堆在 $1000mA \cdot cm^{-2}$ 下的平均电压恢复值分别为 3mV、12mV 和 12mV。图 6-32b 显示了三个恢复程序后，$1000mA \cdot cm^{-2}$ 下 3 个单体的电压恢复的不一致性。SOR 后，3 节电压都恢复了很小的幅度，SWASO 后，1 号和 2 号电池电压恢复了约 10mV，而 3 号电池电压恢复了 22mV。如前所述，这是由 3 个单体的空气饥饿程度差异引起的，并且 1 号和 2 号电池的性能恢复得并不充分。在 FLO 之后，1 号和 2 号电池的电压再次恢复约 10mV，3 号电池的电压保持不变。可以看出，SWASO 仅对 3 号单体具有充分的恢复效果，而 FLO 可以确保 3 节单体的空气饥饿程度相似，从而实现膜 1 号和 2 号电池的充分恢复。

燃料电池阻抗可分为电荷转移阻抗、欧姆阻抗和质量转移阻抗。分别在三个恢复程序之前和之后，在 $500mA \cdot cm^{-2}$ 下对电堆进行 EIS 了测试，奈奎斯特谱如图 6-32c 所示。然后将图 6-32d 的等效电路拟合 EIS 数据，拟合结果如图 6-32e 所示。R_{ct} 是可用于评估催化层 ORR 活性的电荷转移阻抗的量度。在动态条件下运行期间，一些污染物会随着时间积累在催化剂 Pt 表面上，并在电极电位高于

0.7V 的空气中趋于氧化，这将导致催化剂的活性降低。在 SOR 和重启期间，电堆将经历一段 OCV 时间，阴极电位可能接近 1V，这足以氧化 Pt 表面上的许多吸附剂，这就是所谓的“催化剂表面清洁”。然而，在 SWASO 之后，可以看到 R_{ct} 显著降低，这主要是由于 3 号单体内催化层中 PtO 的充分分解，以及 1 号和 2 号单体中 PtO 的部分分解，这提高了整个电堆催化层的平均活性。经历过 FLO 操作之后，R_{ct} 再次急剧下降，主要是因为 1 号和 2 号单体中 PtO 的充分分解，电堆的催化层活性再次增加。PtO 的有效分解可以解释为低阴极电位和空气饥饿引起的“H_2 泵”效应的共同作用。

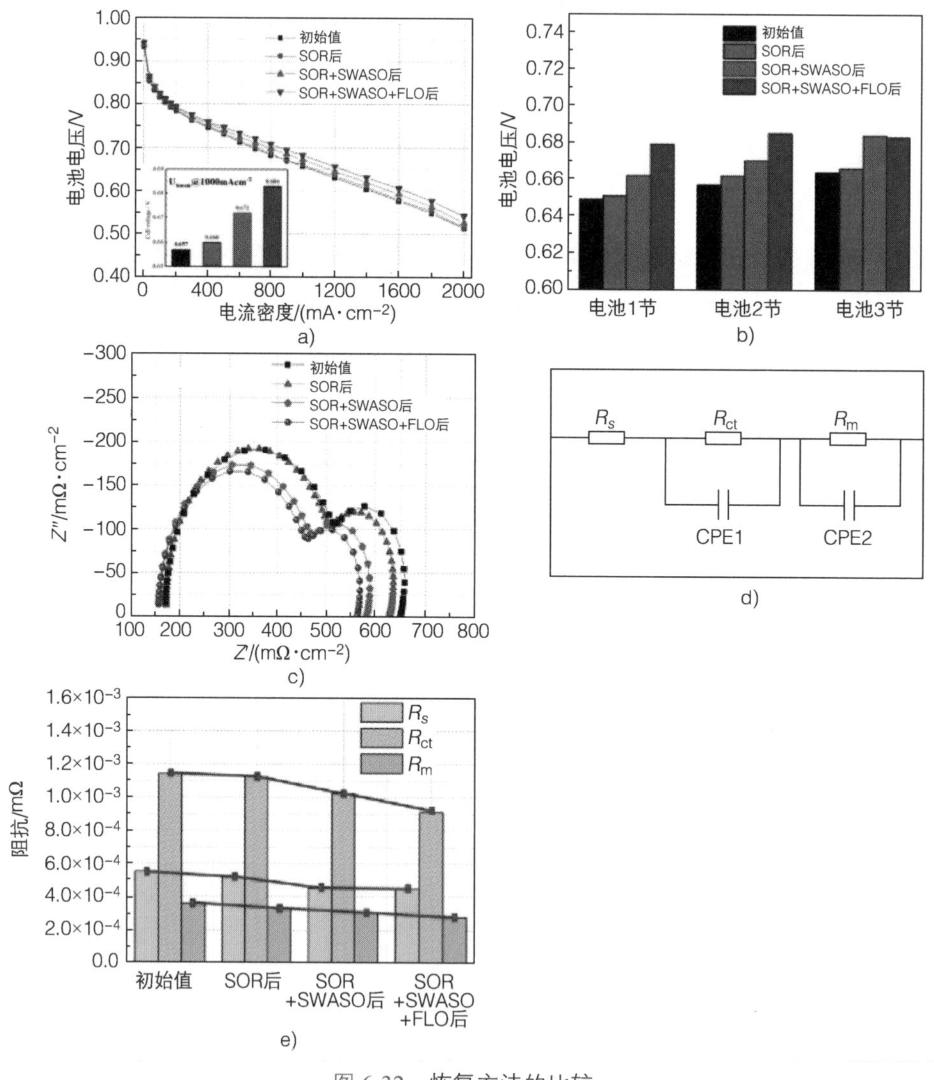

图 6-32 恢复方法的比较

a）电堆性能恢复程度的比较 b）各节单体的电压恢复差异 c）不同恢复操作后的 EIS 谱 d）等效电路图 e）拟合结果

R_s 代表电池的总欧姆阻抗，可以表示为电堆组件的体欧姆电阻和它们之间的接触电阻与 H^+ 转移电阻的贡献之和。其中，H^+ 转移电阻占主导地位，主要受离聚物的含水量影响。在 SOR 过程中，由于每次停机后低温下的水自然冷凝及离聚物的再生 / 水合作用，R_s 略有降低。在 SWASO 过程中，饱和湿度气体充分润湿了质子交换膜（PEM）和 CL 中的离聚物，离聚物的含水量进一步恢复，H^+ 转移阻力明显降低，所以 R_s 大幅降低。

R_{mt} 主要代表 O_2 的质量传输阻抗。在三种不同的恢复条件下，每次都有小幅度的下降。这主要是由于在每次启动 – 停止吹扫过程中流道、扩散层和催化层的残留液态水被去除，有利于气体传输。

（6）活化阻抗的全周期 EIS 分析　根据前面的分析，我们知道，电堆性能衰退的主要原因是催化层中 PtO 的形成引起的电荷转移阻抗（R_{ct}）的增加，并且发现该过程是可逆的。为了探索整个 3000h 耐久性实验期间燃料电池内部电荷转移阻抗的演变，基于每 100h 测量一次的 EIS 进行了拟合分析，图 6-33a 是几个关键时间点的奈奎斯特谱，等效电路与图 6-32d 保持一致。图 6-33b 是拟合结果，显示了 R_{ct} 在三个不同阶段的演变规律。

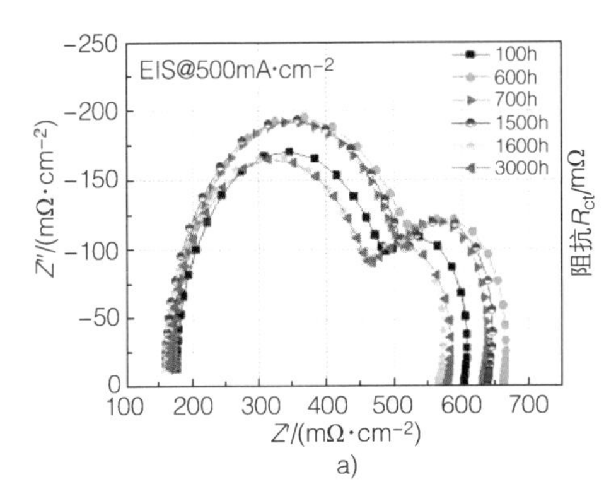

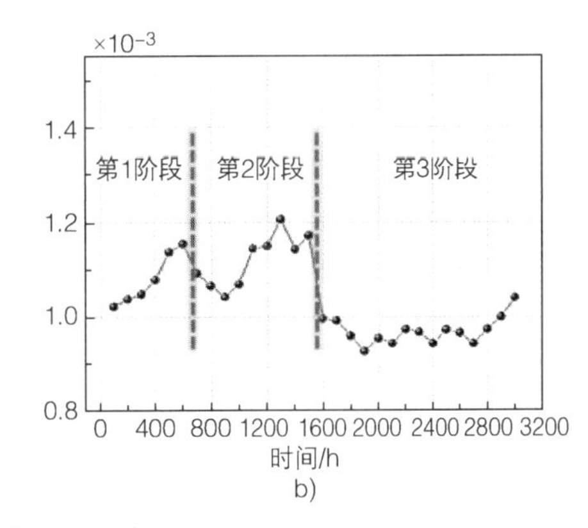

图 6-33　全周期 EIS 分析

a）奈奎斯特谱　b）R_{ct} 拟合结果

在第 1 阶段，SOR 是唯一的恢复策略。随着动态工况的运行，电堆的 R_{ct} 持续增加，这证明了 PtO 在催化层中的持续积累导致电堆性能的持续退化。接下来是第 2 阶段，随着 SWASO 恢复策略的引入，电堆的 R_{ct} 开始显著降低。然而，根据先前的分析，由于三个电池之间气体分布的差异，只有 3 号电池可以完全恢复，另外两个单体中的 PtO 只能部分去除，总量仍在累积。因此，大约 900 h 后，电堆的 R_{ct} 开始再次连续增加。在第 3 阶段，随着 FLO 恢复策略的引入，三个电池都被充分恢复，电堆 PtO 总量有效降低，R_{ct} 大幅下降，电堆性能也得到了极大改善。在随后的测试期间，R_{ct} 保持在低水平，电堆性能保持稳定，没有快速衰退的趋势。这些结果表明，本实验中使用的组合恢复操作可以有效地恢复电堆的可逆降解，并降低性能衰退率。

6.7.3 小结

本节开展了 3 节石墨板质子交换膜燃料电池堆在动态工况下 3000h 的耐久性测试。根据不同恢复方法的应用，整个测试过程可分为三个阶段，阶段一，仅使用停机隔夜休息（SOR）恢复；阶段二，增加饱和润湿和空气饥饿操作（SWA-SO）；阶段三，增加快速加载操作（FLO）。基于实时电压、HFR 和极化曲线，评估每个操作周期内不同恢复方法对电堆性能的影响，以及基于 EIS 表征分析了不同的恢复机理，得到的主要结论如下：

1）前期电堆性能下降的主要原因是 Pt 的氧化，这部分性能衰退是可逆的。空气饥饿操作可以将单体电压降至 0.2V 以下，由电堆的缺陷导致的配气不均使得 3 节单体的恢复率不同，整体看只有部分 PtO 被还原，电堆性能损失部分恢复。饱和润湿和空气饥饿操作缓解了长期操作导致的膜和催化层内离聚物局部干燥的问题，可以显著降低质子传输电阻，恢复欧姆损失。另外在每次执行恢复操作时，吹扫过程有助于液态水的去除，传质损失也得到了恢复。而快速加载操作使 3 节单体在短时间内发生严重的空气饥饿，并且达到一定水平后，整体剩余的 PtO 被充分还原，电堆性能也可以再次提高，3 节单体的电压一致性也显著恢复。

2）通过优化操作参数和使用组合的恢复方法，电堆电压的衰退率在前 3000h 内为 $1\mu V \cdot h^{-1}$。证明组合策略对于缓解可逆性能退化和显著延长 PEMFC 堆的使用寿命具有重要意义。

6.8 电堆节间和节内非一致性衰退的研究

目前阻碍 PEMFC 大规模商业化的主要问题依旧是成本的高昂和耐久性的不足。重复的启停、快速加载、高功率运行等复杂工况都对车用燃料电池系统的性能和耐久性带来了挑战。有研究表明，电堆部件的衰退 90% 发生在局部，局部恶

化造成的单电池低电压更是大功率电堆的噩梦，单电池低电压意味着整个电堆可用性的终结，必须对相应单电池进行维修或更换。虽然目前研究者们对燃料电池单一部件或材料的衰退行为研究比较多，对衰退机理也相对明晰。然而，电堆性能衰退往往是多部件衰退共同造成的结果，并且衰退的原因也经常耦合不清。另外，同一电堆内不同位置的单节及同一节的不同区域往往有着不同的衰退率，这不仅与电堆的结构设计有关，还与水热管理有关。因此，燃料电池性能衰退依然是一个复杂的问题，还需要更多更深入的研究。

本节首先针对 1kW 的 3 节金属板燃料电池堆，开展了 1000h 动态工况耐久性测试。通过实时电压和内阻监测，观察电堆性能的衰退趋势，并通过定期极化曲线测试对电堆的性能做表征，计算各个电流密度下的衰退率。在完成既定的 1000h 耐久性测试后，将电堆拆解，先进行了膜电极和极板的隔离测试：将耐久测试后的膜电极和极板分别与新鲜样品组合，进行了极化性能和 EIS、CV 等电化学测试。然后，对极板进行了接触电阻和接触角等物理表征，分析极板衰退程度。最后，进一步将 MEA 拆解分割成不同区域，分别进行性能和电化学分析，并对材料进行了深入的物理表征，解析节内不同位置衰退的非一致性。

其次，针对 30 节 10kW 金属板燃料电池堆，开展了 600h 动态工况耐久性测试。通过极化数据对电堆性能和一致性的衰退程度进行详细分析，然后将电堆拆解，选取具有最高、中等和最低衰退率的三节单体，研究电堆节间非一致性衰退的原因。采用压力分布测试仪，分析了电堆不同位置的 MEA 活性区域上的压力分布差异。先通过电化学方法对不同位置 MEA 进行表征，接着对 MEA 进一步拆解，分析不同接触面的亲疏水性变化，并通过扫描电子显微镜（SEM）成像分析催化剂涂层膜（CCM）截面形貌变化，最后通过其他物理表征分析了催化剂的衰退情况。

6.8.1　测试对象、设备及方法

1　电堆的组装、测试及工况介绍

1kW 的 3 节金属板电堆由前后端板、集流板、金属双极板和膜电极组成，结构图如图 6-34a 所示。其中，端板为铝合金材料，双极板为 316 不锈钢材料加防腐蚀镀层。膜电极表面积为 340cm^2，采用 15μm Gore select® M820 膜，使用自制 Pt/C 催化剂制备催化层，总催化剂载量约为 0.5mg · cm^{-2}。碳纸采用 Toray TGP-H-060，厚度为 190μm。电堆组装由豫氢动力有限公司支持。

本次实验采用 2kW 燃料电池测试平台（台湾群羿能源，HTS-2000），测试平台连接如图 6-34b 所示。为了考察燃料电池在真实驾驶条件下的耐久性，采用 DLC-02 动态循环工况进行模拟实验。通过分析燃料电池在较长时间工况循环后的衰退情况，来评估其耐久性。工况每个周期持续时间为 1400s，耐久性实验总共持续了 1000h。DLC-02 工况谱如图 6-34c 所示。

为了研究电堆节间衰退的不一致性，电堆拆解后将膜电极按照图 6-34d 划分，拆解为 5 个不同位置的标准单池，用来做进一步的分析表征。

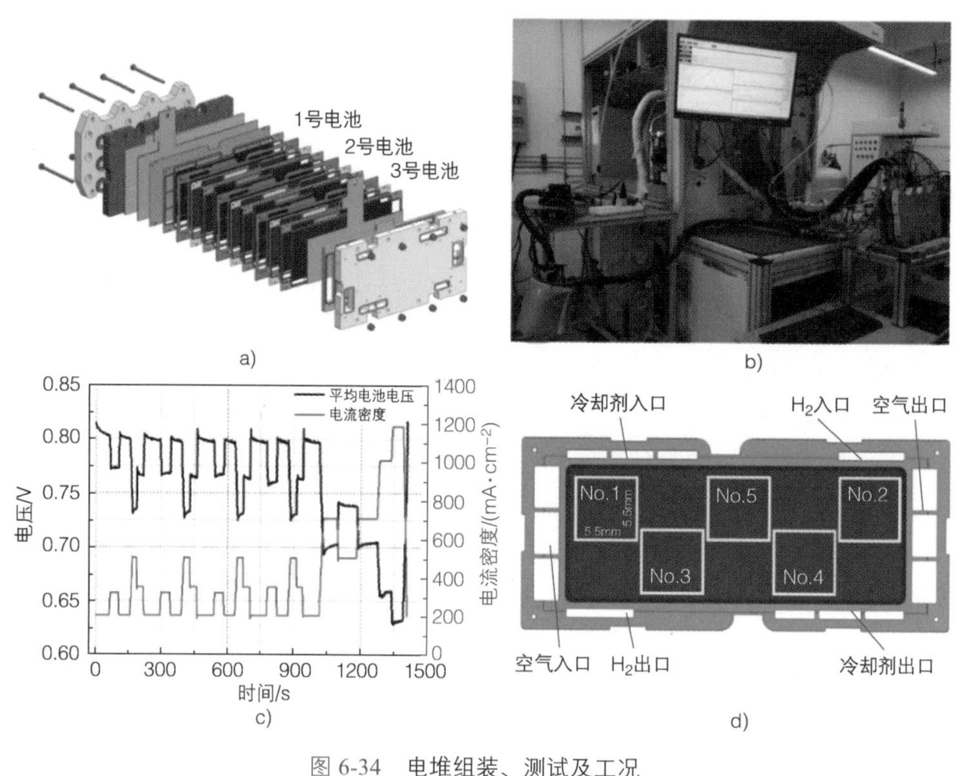

图 6-34　电堆组装、测试及工况

a）电堆结构　b）测试平台连接　c）DLC-02 工况谱　d）膜电极拆解位置示意图

2 电化学测试方法

（1）极化曲线测试　极化曲线测试是评价 PEMFC 性能最可靠和最常用的方法。在 1000h 耐久性测试之前，膜电极经过充分的活化后测试其初始极化曲线。在 1000h 耐久性测试期间，每 100h 进行极化曲线测试，以评估电堆的性能衰退情况。极化测试条件见表 6-6。包括计量比、压力、温度和湿度等，待条件稳定后启动负载开始极化测试。记录每个电流密度下稳定运行 3min 后的燃料电池输出电压，完成极化曲线的数据采集。

表 6-6　极化测试条件

电流密度 / (mA·cm^{-2})	氢气计量比	空气计量比	氢入表压 / kPag	空入表压 / kPag	电堆温度 / ℃	氢气湿度 (%)	空气湿度 (%)
100	5.3	8.8	100	80	75	45 ~ 50	45 ~ 50
200	2.7	4.4					
300	1.8	2.9					
400	1.7	2.9					
500	1.6	2.7					
600 ~ 2000	1.5	2.5					

（2）循环伏安（CV）测试　在 PEM 燃料电池的单电池 CV 测试中，阴极通入 N_2 作为工作电极，阳极通入 H_2 作为对电极和参比电极。循环伏安法是在湿度为 100% 的 H_2/N_2 气体中进行的，阳极 / 阴极的流量为 500sccm·cm^{-2}/800sccm·cm^{-2}，无背压。电堆温度为 76℃。电位扫描范围为 0.05 ~ 1.0V，扫描速率为 50mV·s^{-1}。电化学活性比表面积（ECSA）与氢吸附 – 脱附过程相关，可通过时间积分法计算得到。

（3）电化学阻抗谱（EIS）测试　利用 EIS 结合等效电路模型可原位测量燃料电池的内部阻抗。EIS 测量分别在电流密度为 500mA·cm^{-2} 和 1000mA·cm^{-2} 的恒流模式下进行，操作条件与极化曲线测试条件一致，使用的交流扰动电流为工作电流值的 2.5%，在 0.1 ~ 1000Hz 的频率范围内进行。

3　物理表征方法

（1）接触电阻测试：区域 / 整体　金属双极板区域接触电阻测试，采用 Toray TGP-H-060 碳纸模拟扩散层，将测试的样件放置在绝缘电木上，在连接好的涂覆金属板和镀金头之间放置裁剪尺寸为 5mm × 5mm 的正方形碳纸，压实力由接触电阻测试系统程序控制并计算出不同压实力下的接触电阻值。

整体接触电阻测试，将两片碳纸夹在涂覆金属板和两片镀金铜板之间并施加一定的压力，在铜板上施加电流（1.0A），接触电阻值是通过施加不同的压实力测量得到的。

（2）接触角测试　使用瑞典百欧林公司的接触角测试仪进行极板表面的亲疏水性表征。将待测极板样品水平固定在样品台上，往样品表面滴加一滴 8μL 的水滴，然后用仪器自带的摄像仪拍摄，对水滴形态轮廓进行拟合，得到表面接触角大小。

4 其他物理表征

使用 JSM-5600LV-SEM 获得催化剂涂层膜（CCM）横截面（在液氮中切断）的扫描电子显微镜（SEM）显微照片，以研究动态驱动循环对电极微观结构的影响。通过将耐久性测试后的 MEA 与新鲜 MEA 进行比较，可以检测微观结构的变化。从 CCM 刮取催化剂粉末以研究催化剂降解情况，使用透射电子显微镜（TEM，JEM-2100 EX）对样品的形态和微观结构进行了表征。使用具有 100mA 和 40kV 的 Cu-Ka 辐射（0.15406nm）的 Bruker D8 Advance 衍射仪记录了在接触角为 20° 和 90° 之间的 2θ 范围内的 XRD 图谱，扫描速率为 5°/min。使用 XPS（Kratos AXIS ULTRA DLD，Al Kα）分析了阴极催化剂的电子状态和表面组成。载体石墨化程度采用显微共聚焦拉曼光谱分析系统（Microconfocal Laser Raman Spectrometer）进行分析。

6.8.2 结果与讨论

1 实时监测数据分析

为了研究电堆电压实时状态下的性能变化情况，调取测试平台的实时数据进行分析。图 6.35a 记录了工况内 1200mA · cm^{-2} 电流密度下对应 3 节单体电压的演变情况，由图中曲线可以看出，在测试的 0 ~ 200h 内，电堆 3 节单体电压稳定，基本无衰减，在 200 ~ 500h，电堆性能开始衰退并且 1 号电池性能相比另外两节衰减较快。运行 500h 后，2 号电池和 3 号电池单体性能相对比较稳定，但 1 号电池持续快速衰退。该结果与极化测试的数据基本一致。图 6.35b 为工况内 1200mA · cm^{-2} 对应的电堆 HFR 随时间演变的曲线，1000h 寿命测试过程中 HFR 在单个运行周期内保持稳定，但每次启停后呈阶梯上升趋势。此现象可能原因是燃料电池堆启停过程带来的温度高低循环，引起膜电极各层材料的热胀冷缩，导致层间接触变差，接触电阻上升。

图 6.35c 是将 EIS 数据根据等效电路拟合计算的结果。其中欧姆阻抗 R_s 与 HFR 测试结果一致，呈整体上升趋势。电荷转移阻抗 R_{ct} 整体有波动，但相比初始值没有明显增长，与前面低电流密度衰退率较低结果分析一致。然而，传质阻抗 R_{mt} 从 200h 后便开始持续增长，这是电堆高电流密度性能衰退率较高的直接原因。

图 6.35d 是 100h 时间间隔下对电堆渗氢流量的监测结果。可见随着时间的增加，电堆的渗氢流量一直保持在较低的状态，证明质子交换膜和膜电极边框密封结构没有发生明显的衰退。

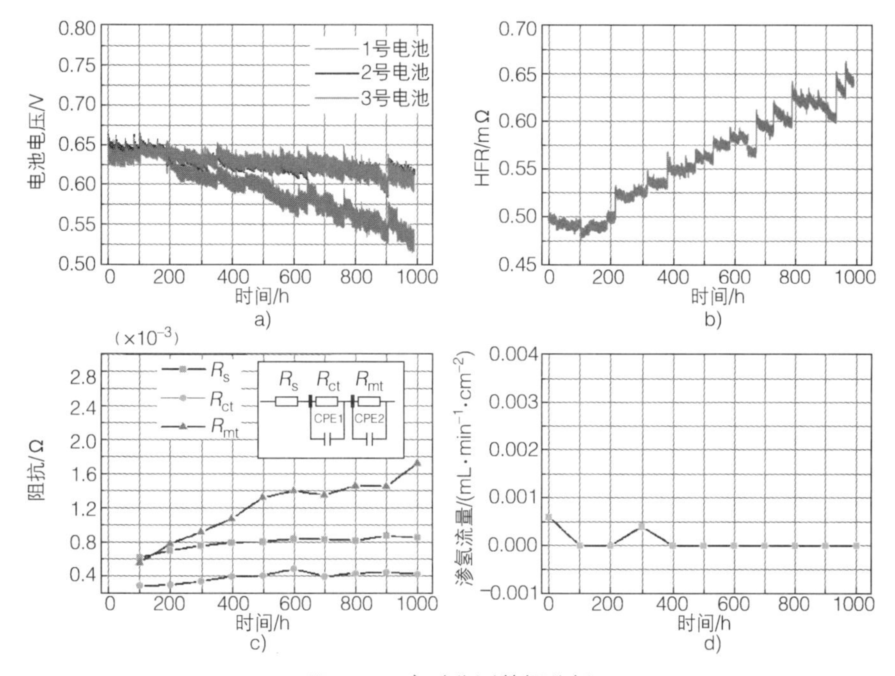

图 6-35　实时监测数据分析

a）工况内 3 节电压随时间变化　　b）工况内电堆 HFR 随时间变化
c）根据等效电路拟合计算各个阻抗的变化　d）渗氢流量随时间的变化

2 极化性能衰退分析

在 1000h 耐久测试过程中，每 100h 对电堆进行一次极化曲线测试，图 6-36a 为不同时段下的电堆极化曲线，可以看出，在不同的电流密度下，电堆的性能有着不同程度的衰退，并且电流密度越大衰退越显著，具体衰退比例统计如图 6-36b 所示。很明显，0 ~ 800mA · cm^{-2} 之间的电压衰退率较小，均在 5% 以内；而 1000mA · cm^{-2} 以后，随着电流密度的增加，电压衰退率显著增加，在 2000mA · cm^{-2} 下电堆整体衰退率达到了 22.61%。图 6-36c 为不同电流密度下电堆的平均电压随时间的变化。可以看出，在较低电流密度下（OCV 和 200mA · cm^{-2}）平均电压较为稳定，波动不大，在 300 ~ 500h 之间平均电压略有下降，后期又基本持平。而在 1000mA · cm^{-2} 和 1600mA · cm^{-2} 高电流密度情况下，在前 600h 平均电压有小幅下降的趋势，600h 后平均电压下降速率明显增大。图 6-36d 为 1000mA · cm^{-2} 下 3 节单体的电压随时间的变化曲线。可以看出在前 400h 内，3 节单体性能比较接近，衰退趋势基本一致；但在 400 ~ 600h 内，1 号电池的衰退率超过另外两节；而到 600h 后，2 号电池和 3 号电池两节性能相对平稳，1 号电池的衰退进一步加剧。最终在 1000h 时，1000mA · cm^{-2} 下，1 号电池的电压衰退率超过 10% 的寿命终点，而 2 号电池和 3 号电池衰退率仅为 3.28% 和 1.97%。

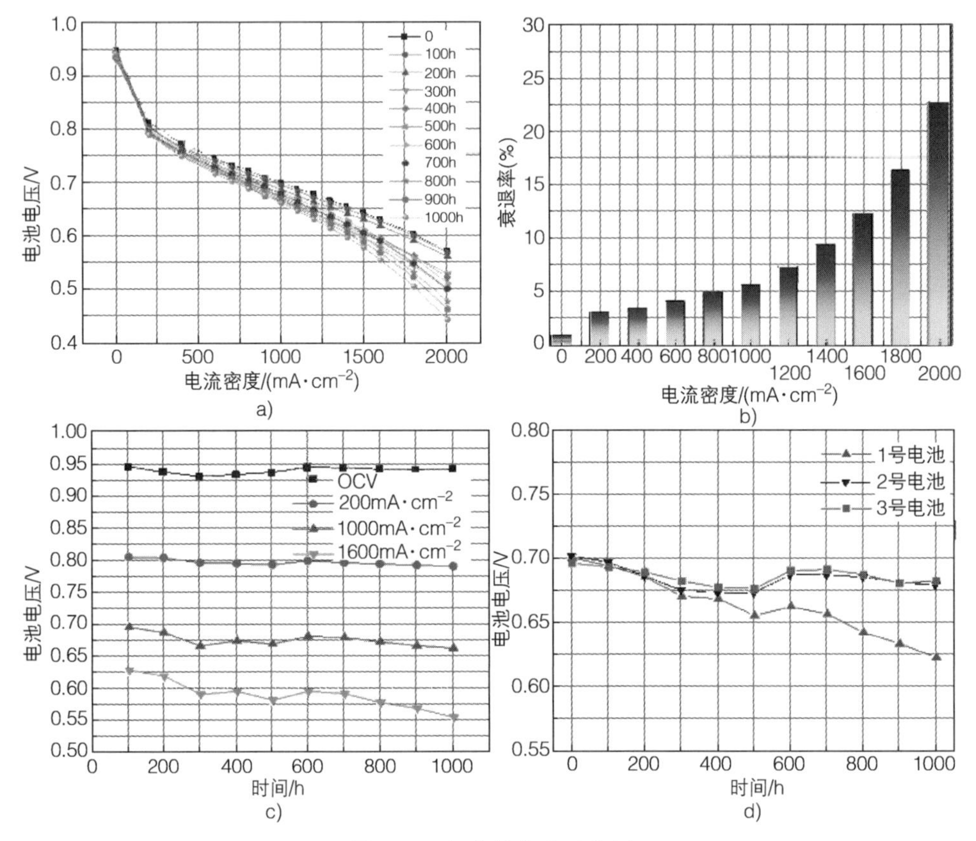

图 6-36 极化性能衰退分析

a）耐久过程中每 100h 极化曲线 b）1000h 后各电流密度下电压衰退率

c）不同电流密度下电堆平均电压随时间的变化曲线

d）$1000mA \cdot cm^{-2}$ 电流密度下单体电压随时间变化曲线

结合极化测试的数据，可以初步判断，低电流密度情况下电堆衰退率较低，证明电堆内催化层活性衰退较小，而高电流密度衰退率较高原因之一是欧姆阻抗的持续上升。电堆 3 节单体一致性随时间持续恶化，电堆性能的衰退主要来源是 1 号电池单体。

3 单节性能隔离表征

使用新极板，对耐久性测试后的 3 张 MEA 和新 MEA 进行隔离性能验证，结果如图 6-37a、b 所示。由相同极板不同 MEA 测试结果可知，新 MEA 性能最高，内阻最低；3 号电池和 2 号电池极化曲线与 HFR 曲线基本重合。1 号电池 MEA 的性能最差，且最高只能拉载到 $1000mA \cdot cm^{-2}$，内阻也是最高的。这说明电堆内阻的增加有一大部分是由 1 号电池的 MEA 内阻增加造成的。

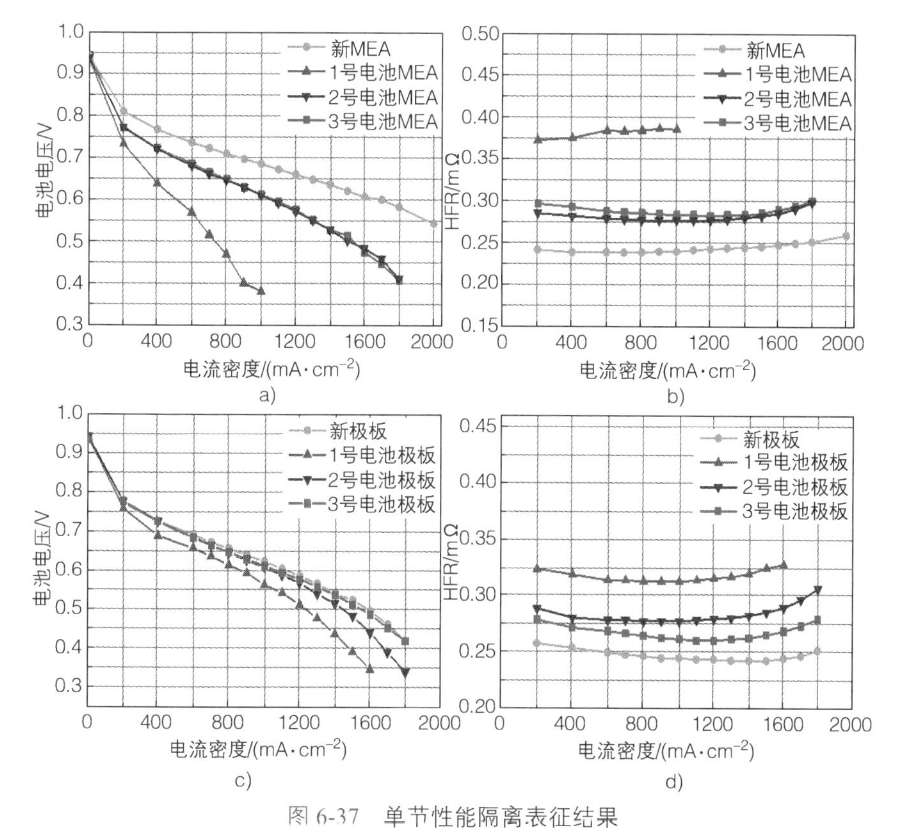

图 6-37　单节性能隔离表征结果

a）使用新极板对耐久性测试后对 3 张 MEA 和新 MEA 验证的极化性能对比

b）使用新极板对耐久性测试后对 3 张 MEA 和新 MEA 验证的 HFR 对比

c）采用耐久测试后 2 号电池 MEA 对 1 对新极板和 3 对耐久性测试后极板验证的极化性能对比

d）采用耐久测试后 2 号电池 MEA 对 1 对新极板和 3 对耐久性测试后极板验证的 HFR 对比

图 6-37c、d 是采用耐久测试后 2 号电池的 MEA，对 1 对新极板和 3 对耐久性测试后的极板组成单电池进行隔离性能验证结果。测试结果表明：2 号电池的 MEA 与新极板组合测得的性能最好，内阻也是最低的；与 3 号电池结合的性能与新极板结合的性能相似，但内阻要高于新极板；与 2 号电池的极板组合的性能要略次之，内阻也要高于新极板；很明显，与 1 号电池的极板组合后，极化性能最差，内阻远高于其他组合。

综合以上结果分析可知电堆中，1 号电池单体的性能衰退过快是由于膜电极和双极板均发生了不同程度的衰退，电堆整体性能的衰退和内阻的上升主要也是由 1 号电池单电池造成的。

4　单节电化学隔离分析：CV、EIS

为了进一步探究 3 节单体性能衰退差异化的原因，采取三种方式对 3 个单体做 EIS 测试，分别是：①在电堆内部接入导线，分别给 3 节单体做测试；②电堆拆解后，采用新极板分别对 3 节 MEA 和新 MEA 作对比；③采用同一张 MEA 与 3 对耐久测试后的极板对比。每组 EIS 测试分别在 $600mA \cdot cm^{-2}$ 和 $1000mA \cdot cm^{-2}$ 电流密度下进行，测试结果和拟合结果如图 6-38 所示。

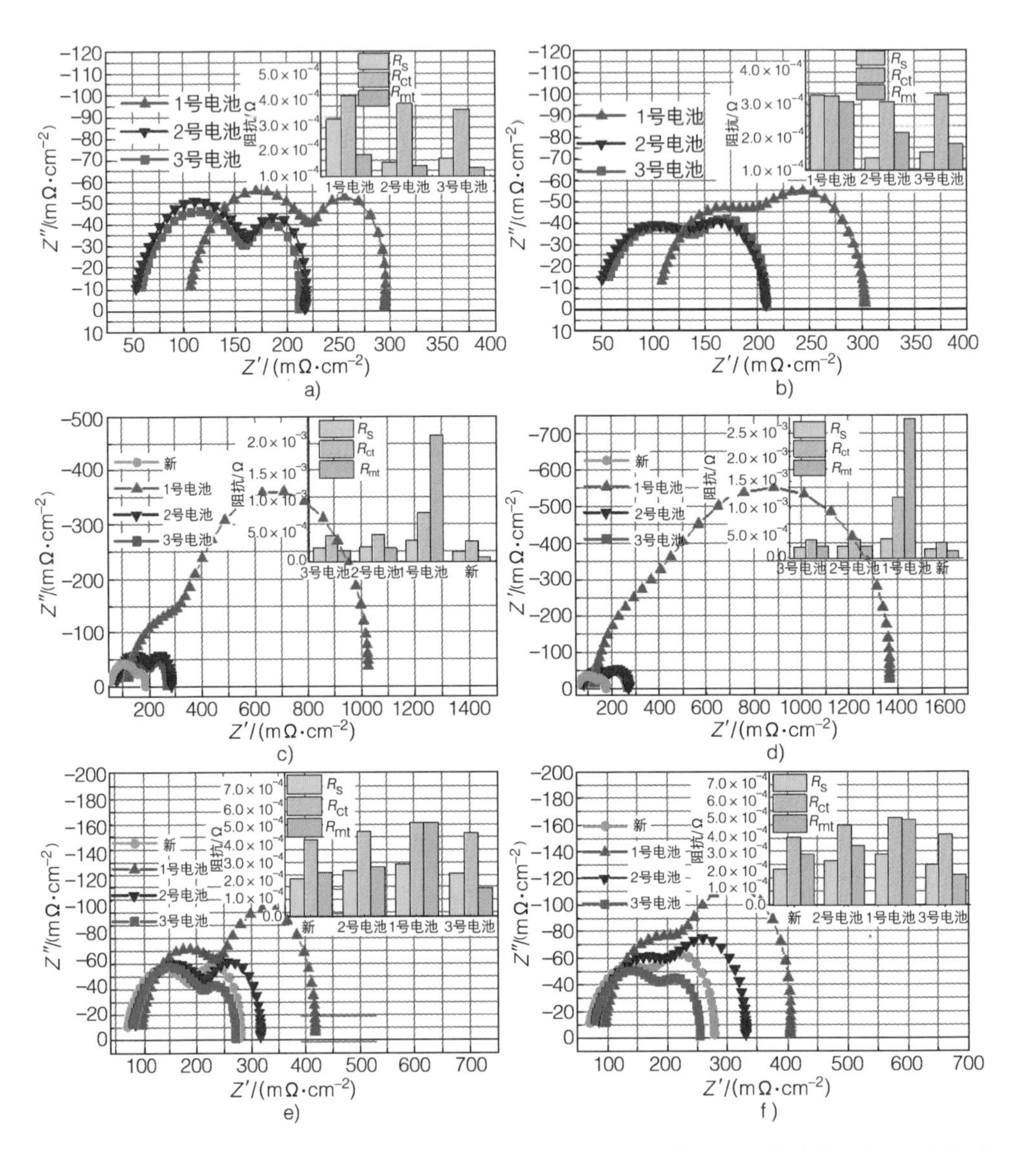

图 6-38　电化学阻抗谱（EIS）与等效电路拟合计算的欧姆阻抗 R_s、电荷转移阻抗 R_{ct} 和传质阻抗 R_{mt} 结果

a）$600mA \cdot cm^{-2}$ 下的方式 1 测试结果　b）$1000mA \cdot cm^{-2}$ 下的方式 1 测试结果
c）$600mA \cdot cm^{-2}$ 下的方式 2 测试结果　d）$1000mA \cdot cm^{-2}$ 下的方式 2 测试结果
e）$600mA \cdot cm^{-2}$ 下的方式 3 测试结果　f）$1000mA \cdot cm^{-2}$ 下的方式 3 测试结果

从图 6-38a ~ b 可以看出，在低、高两个电流密度下测得的 EIS 数据中，1 号电池的欧姆阻抗明显高于其他两节，低电流密度下其电荷转移阻抗也要略高于另

外两节，但高电流密度下其质量传输阻抗明显高于其他两节。这个结果可以说明，1 号电池的性能衰退过快，是欧姆阻抗、电荷转移阻抗和传质阻抗三个方面共同作用的结果，其中欧姆阻抗和传质阻抗占比较高。

图 6-38c、d 为隔离极板的影响后不同 MEA 的阻抗测试结果。可以看出，2 号电池和 3 号电池的 MEA 整体阻抗与新 MEA 接近，传质阻抗略微偏高。而 1 号电池的整体阻抗则明显高于其他，其中 R_s 高出 2 倍左右，而 R_{mt} 高出 10 倍左右，这表明 1 号电池的 MEA 的内部结构已经发生了严重衰退，传质通道被破坏，这是高电流密度情况下电压衰退率较高的主要原因。

图 6-38e、f 为隔离 MEA 的影响后，不同极板的阻抗测试结果。可以看出，采用 1 号电池极板的 R_{mt} 是明显高于其他的。这表明 1 号电池极板可能发生了腐蚀，或者是表面疏水性变差，导致液态水在流道内难以被排出而引发水淹。这也是导致 1 号电池性能衰退过大的一个原因。另外，其 R_s 也略高于其他节，说明极板表面接触电阻有所升高。

为了进一步探究催化层活性的衰退程度，对耐久测试后 3 节 MEA 的阴阳极都分别进行了 CV 表征。表 6-7 是耐久性测试后 MEA 的电化学活性面积（ECSA）测试结果。其中，3 节耐久性测试后的膜电极阳极 ECSA 都有一定程度的衰退，1 号电池的衰退率偏高，达到 14.4%，3 号电池的衰退率最低，为 6.7%。另外，3 节耐久性测试后的膜电极阴极 ECSA 的衰退有着明显的不同，1 号电池的衰退率最高达到了 17.9%，而另外两节相比新 MEA 几乎没有衰退。这些结果说明，相比 2 号电池和 3 号电池，1 号电池 MEA 阴阳极催化层的衰退更严重，有效三相界面减少，催化活性降低，这是其性能衰退最快的重要原因。

表 6-7　耐久性测试后 MEA 的阴阳极 ECSA 测试结果

	阳极		阴极	
	ECSA / ($m^2 \cdot g_{pt}^{-1}$)	衰减率（%）	ECSA / $m^2 \cdot g_{pt}^{-1}$	衰减率（%）
新 MEA	50.47	—	53.35	—
1 号电池 MEA	43.22	14.4	43.77	17.9
2 号电池 MEA	45.32	10.2	52.95	0.7
3 号电池 MEA	47.08	6.7	54.07	-1.3

5　极板物理表征

（1）接触电阻　采取四探针法和整体法两种测试方法，探究耐久测试后金属极板接触电阻的变化情况。图 6-39a ~ b 为阳极和阴极极板表面接触电阻测量位置，图 6-39c ~ d 为四探针法测得接触电阻的结果。从图 6-39 中可以看出，相比于新极板，各单节耐久测试后的阴、阳极极板的接触电阻都增大了。其中阳极侧，1 号电池的极板中间位置增大比较明显，其余两节增大不明显。阴极侧各单节接触电阻的增大趋势基本相似，即都集中于空气进口区域。图 6-39e ~ f 为各极板在不同压力条件下整体法测得接触电阻的结果，可以看出阴阳极极板都是 1 号电池的最大，不过还是处于较低的水平（0.6mΩ，11kN 处）。综上，阳极板 1 号电池的部分区域的接触电阻相比其他两节和新极板有小幅度的增大，阴极板的接触电阻增加趋势 3 节基本一致，这将导致电堆 HFR 的升高；不过整体接触电阻还处于良好的水平，极板还有着良好的导电性。

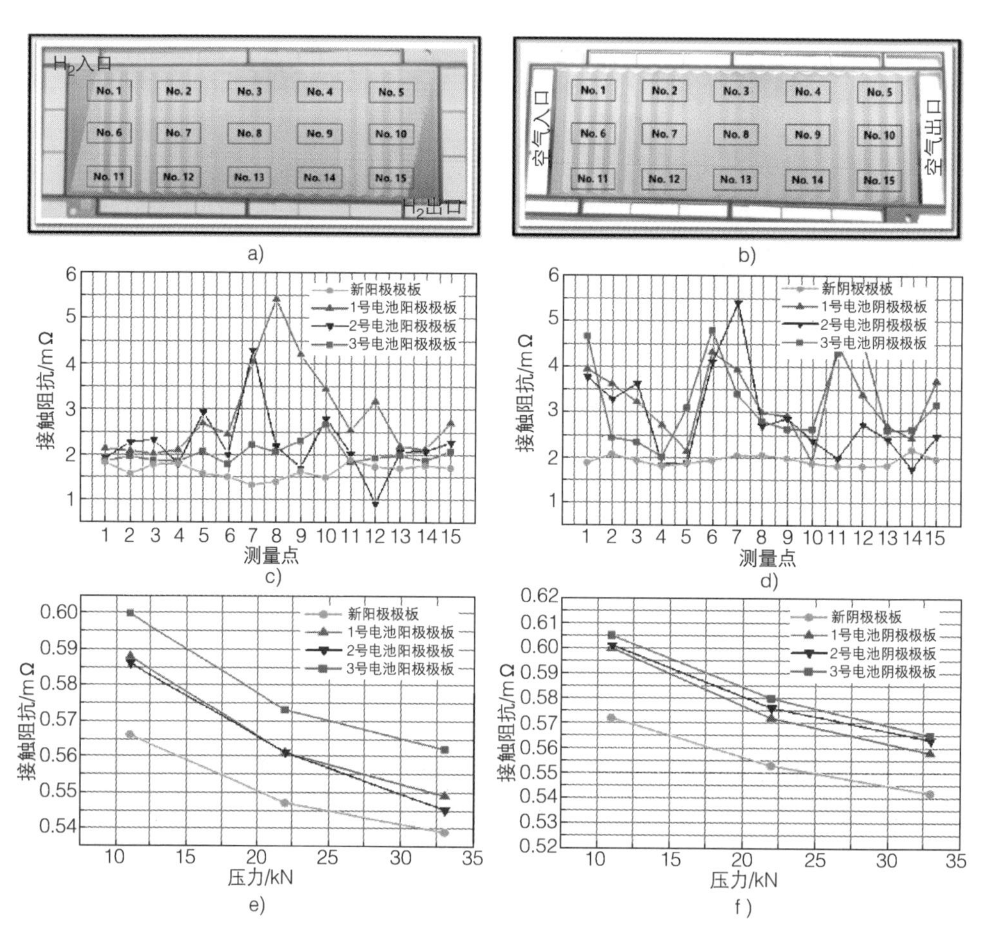

图 6-39　耐久测试后金属极板接触电阻变化情况

a）阳极极板表面接触电阻测量位置　b）阴极极板表面接触电阻测量位置
c）不同阳极极板四探针法测得接触电阻结果对比　d）不同阴极极板四探针法测得接触电阻结果对比
e）不同阳极极板整体法测得接触电阻结果对比　f）不同阴极极板整体法测得接触电阻结果对比

（2）接触角　为了探究极板表面亲疏水性的变化，对 3 节耐久性测试后的极板的阴、阳极分 6 个位置测量其接触角，并与新极板进行对比，具体数据见表 6-8。新极板阳极 6 个位置接触角平均值为 106°，阴极 6 个位置接触角平均值为 107°。而耐久测试后 1 号电池、2 号电池、3 号电池的阳极板接触角平均值分别为 93°、95° 和 96°，阴极板接触角分别为 90°、92° 和 95°。可见，经过 1000h 动态工况耐久性测试后，极板表面的接触角变小，表明其疏水性变差，这将导致流道内液态水更加难以排出，导致电堆高电流密度性能变差，并且增加了电堆水淹的风险。这也印证了前面的阻抗测试结果。其中 1 号电池极板的疏水性变化最大，这也是其性能衰退最严重的原因之一。

表 6-8　耐久性测试后极板与新极板接触角对比

编号	接触角 / (°)						
	位置 1	位置 2	位置 3	位置 4	位置 5	位置 6	平均
新阳极	105	109	105	107	109	103	106
1 号电池阳极	78	100	97	94	85	105	93
2 号电池阳极	99	93	96	93	98	92	95
3 号电池阳极	95	100	97	93	90	101	96
新阴极	96	98	109	108	118	118	107
1 号电池阴极	90	82	85	87	93	103	90
2 号电池阴极	92	86	96	94	95	90	92
3 号电池阴极	93	92	97	91	96	102	95

（3）极板表面形貌解析　电堆拆解后，可以目视发现耐久性测试后的阳极极板和新阳极极板没有明显区别。但耐久性测试后的阴极极板则完全不同。图 6-40a 是表面有明显腐蚀的耐用阴极极板的图像。为了进一步探索腐蚀的成分，选择 1 号电池阴极极板几个具有代表性的区域进行微观观察。如图 6-40b 所示，在位置（1）选择了一个清洁区域，呈现出均匀的金相组织。图 6-40c ~ e 对应于位置（2）~（4），可以清楚地看到腐蚀是碳纤维和有机聚合物的混合物，说明是一部分是膜电极逸出的成分附着在极板的表面。在图 6-40f ~ g 中，对应的位置为（5）~（6）。黄色边框中的区域意味着用除锈剂对其进行了清洁，但只有小部分腐蚀可以被清除，金相外观得以恢复。这些有机物质附着在阴极极板的流道上，会直接形成堵塞，导致传质失败。同时，它也会影响极板的导电性，导致接触电阻增加。

（4）极板表面元素衰减全反射红外光谱（ATR-FTIR）分析　为了探索表面杂质的具体成分，进行了 ATR-FTIR 测试。结果如图 6-41 所示。极板表面杂质的红外光谱的主峰为（1011）/（1022）/（1038）/（1153）/（1207）。根据参考文献，（1011）/（1022）/（1038）峰对应于磺化聚砜（SPSF），（1153）和（1207）峰分别对应于 −CF2 结构的对称和不对称结构，该成分主要可能从 MEA 中降解沉积到极板表面，这个结果也表明金属板本身并没有退化。

图 6-40　极板表面的 SEM 图像

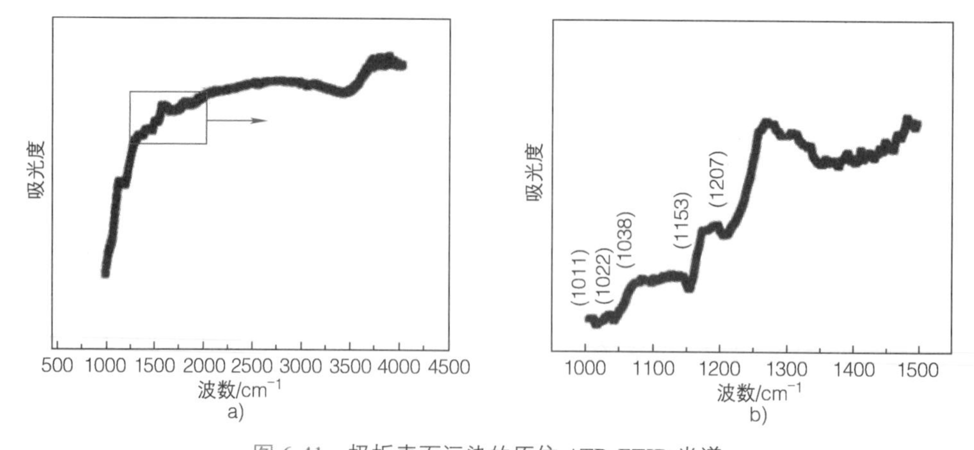

图 6-41　极板表面污染的原位 ATR-FTIR 光谱

6 电池1节膜电极衰退的区域不一致性分析

（1）分区电化学表征　将电池1节膜电极按照图6-34d的标注，在对应的位置裁剪出5个小样，制备成单电池进行性能和电化学测试。如图6-42a所示，5个位置的极化性能出现了显著的差异，MEA-4和MEA-5性能较好，MEA-2和MEA-1次之，MEA-3的性能最差。HFR对比结果如图6-42b所示，HFR也展现了不一致的状态，MEA-3最高。

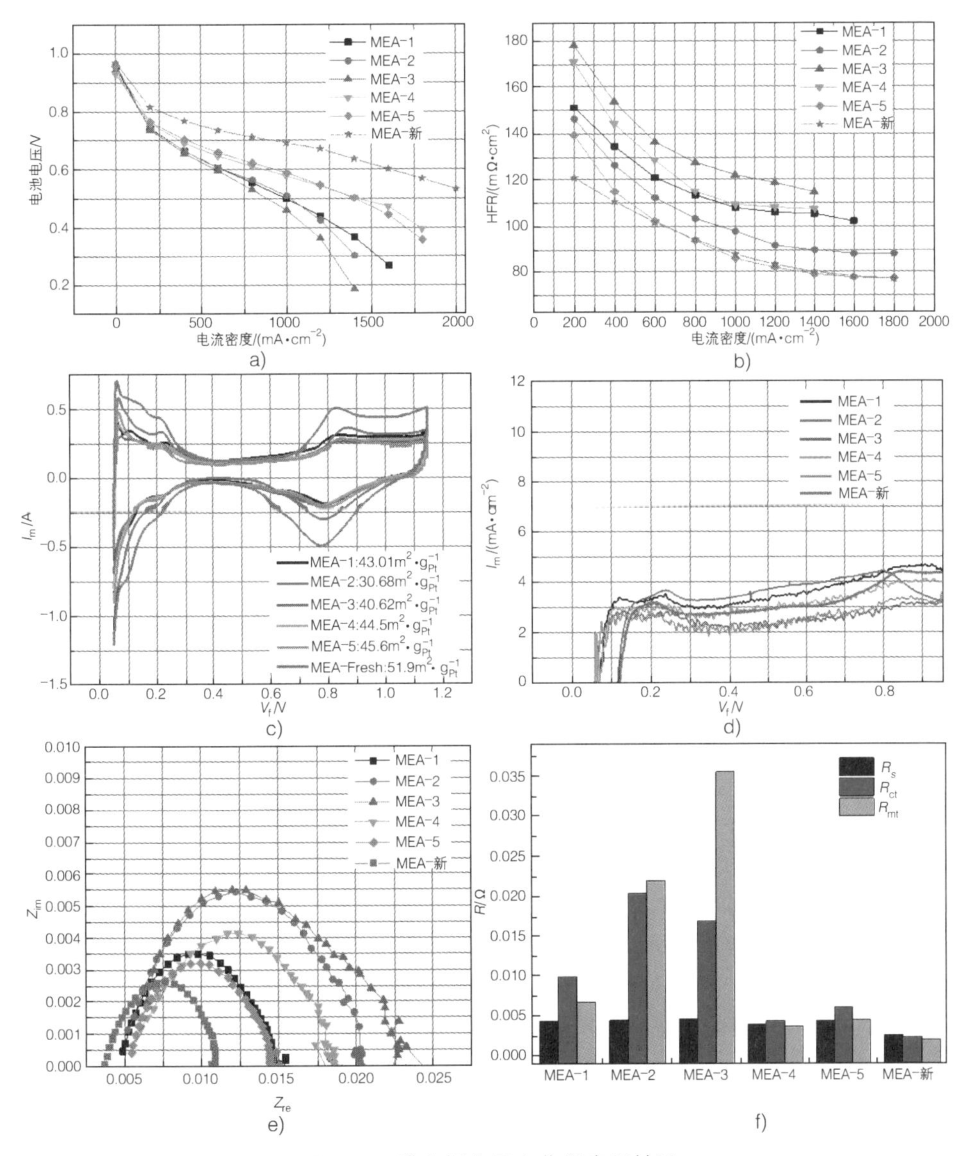

图6-42　膜电极分区电化学表征结果

a）极化性能　b）HFR　c）CV　d）LSV　e）EIS　f）拟合结果

在图 6-42c 的 CV 结果中发现，位于空气出口的 MEA-2 的 ECSA 仅有 $30.68\ m^2 \cdot g_{Pt}^{-1}$，相比新样品的 $51.9\ m^2 \cdot g_{Pt}^{-1}$，衰退率达到 40%。这可能是由于空气出口位置的水管理要比其他位置更差，水淹问题导致碳腐蚀加快，加速了催化层活性的降解，而靠近空气入口和氢气出口的 MEA-3 的 ECSA 衰退仅次于 MEA-2。图 6-29d 为 LSV 结果，可以看出，不同位置的渗氢电流密度大小没有显著差异，衰退较小，这个结果与电堆渗氢流量稳定吻合。

图 6-42e ~ f 是 EIS 和拟合结果，很明显，MEA-2 和 MEA-3 的活化阻抗要明显高于其他位置，与 CV 结果一致。另外，MEA-3 的浓差阻抗最高，代表该位置的浓差极化损失最高，可能是碳腐蚀引起的传质网络坍塌造成的。

（2）CCM 界面形貌分析　为了进一步探索 MEA 的内部降解导致的结构变化，使用 SEM 分析新样品和耐久性测试后的 CCM 样品的横截面，结果如图 6-43 所示。图 6-43a 和 b 显示了取自新 CCM 不同位置的两个横截面。新 CCM 的结构清晰且对称，PEM 的表面光滑，厚度约为 15μm。阳极和阴极 CL 分别以约 3μm 和 12μm 的均匀厚度与 PEM 紧密结合。图 6-43c ~ f 是取自 1 号电池的 4 个不同位置的横截面形貌。从所有图像中可以明显看出，PEM 已严重变薄，最薄位置的厚度仅为 3.4μm（图 6-43c）。与新鲜 CCM 相比，PEM 如此严重的减薄将导致整个膜的阻气性能降低。另一个明显的现象是，CL 和 PEM 之间存在许多裂缝，在一些最严重的部分，CL 甚至已经脱落。裂纹和分层的出现一方面是由压力差的循环力引起的，另一方面是 CL 和 PEM 的化学降解，或两者的共同作用。裂纹和分层的后果是 MEA 内部各层之间接触电阻的增加，以及质子传输通道的中断，这直接影响反应效率并导致电堆性能的退化。

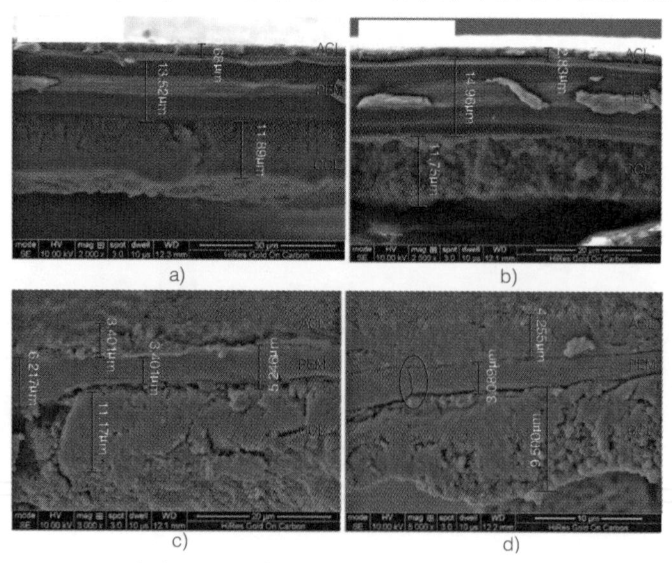

图 6-43　新样品和电池 1 节的 CCM 横截面 SEM 图像分析

a）新样品横截面 1　b）新样品横截面 2　c）1 号电池位置 1　d）1 号电池位置 2

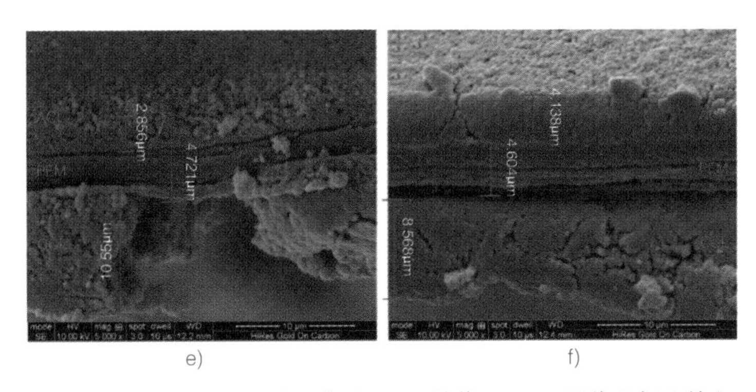

图 6-43　新样品和电池 1 节的 CCM 横截面 SEM 图像分析（续）

e）1 号电池位置 3　f）1 号电池位置 4

（3）催化剂物理表征　为了探究 1 号电池膜电极内不同区域下的催化剂颗粒的衰退差异，完成分区电化学测试后，将催化剂刮下来做 TEM 表征，如图 6-44 所示。整体来看，催化剂粒径增长并不明显，但是有部分区域团聚相对比较严重。由图 6-44 可以看出，新催化剂均匀分布，平均颗粒尺寸为 3.6nm。而耐久性测试后的催化剂样品，粒径尺寸有一定的增长，其中，1 和 3 位置的粒径最高达到 5.5nm，超过其他位置，并且从 TEM 图像上看，其分布也出现了比较明显的局部团聚。而 2、4 和 5 位置的粒径相对并没有增长太多，分布上也比较均匀，没有发生明显的团聚。这个结果说明，1 号电池性能衰退严重，是由局部衰退引发的。

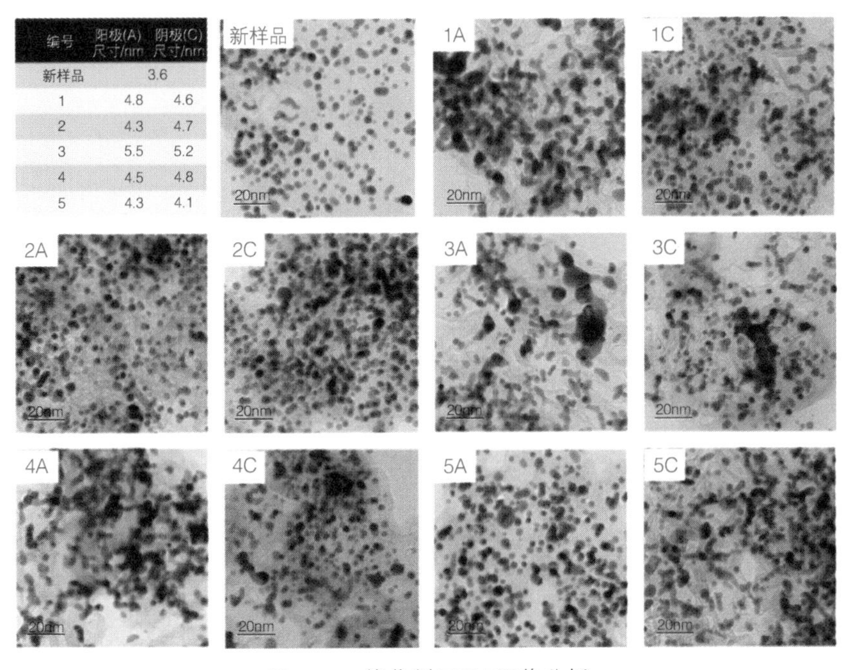

编号	阳极(A)尺寸/nm	阴极(C)尺寸/nm
新样品	3.6	
1	4.8	4.6
2	4.3	4.7
3	5.5	5.2
4	4.5	4.8
5	4.3	4.1

图 6-44　催化剂 TEM 图像分析

6.8.3 小结

本节主要研究燃料电池堆非一致性衰退及衰退机理。首先针对 1kW 的 3 节金属板燃料电池堆，开展了 1000h 的动态工况耐久性测试，并通过数据分析、原位电化学表征及拆堆后的关键部件隔离电化学测试、物理表征，获得以下结论：

1）通过极化测试发现，电堆性能在 0 ~ 800mA · cm^{-2} 电流密度以内的电压衰退率较小，不超过 5%；而电流密度达到 1000mA · cm^{-2} 以后，随着电流密度的增加，衰退率逐渐增加，在 2000mA · cm^{-2} 电流密度下衰退率达到 22.61%；并且中高电流密度下的电压在前 600h 有小幅下降的趋势，而 600h 后电压下降速率明显增大。

2）电堆的 3 节单体衰退表现出明显的不一致性，在 600h 后，2 号电池和 3 号电池两节性能相对平稳，1 号电池的衰退进一步加速。最终在 1000h 时，1000mA · cm^{-2} 的电流密度情况下，1 号电池的电压衰退率首先超过 10% 的寿命终点。

3）通过原位 EIS 测试发现，1 号电池的阻抗明显高于其他两节。将电堆拆解后采用新极板与耐久性测试后的 MEA 组合单电池的 EIS 结果表明，1 号电池 MEA 的整体阻抗，尤其是传质阻抗显著高于其他两节，表明 1 号电池 MEA 的内部结构已经发生了严重衰退，传质通道被破坏。CV 表征结果表明，1 号电池的阴极 ECSA 衰退率最高，达到了 17.9%，而另外两节相比新 MEA 几乎没有衰退。阳极 ECSA 衰退率也是另外两节的 2 倍左右。1 号电池 MEA 的阴阳极的催化层均发生了更严重的衰退，有效三相界面减少，催化活性降低，这也是其性能衰退最快的重要原因。

4）新 MEA 与耐久性测试后的极板组合单电池的测试结果表明，1 号电池的极化性能最差，内阻偏高，EIS 结果表明其欧姆阻抗和传质阻抗高于其他两节。这说明极板表面镀层的特性发生了衰退。接触电阻结果表明，1 号电池的阳极板表面接触电阻高于其他两节。接触角测试结果表明，1 号电池的阴阳极表面接触角降低最为明显，说明极板表面的疏水性变差，这将导致流道内液态水更加难以排出，导致高电流密度性能变差，并且增加了电堆水淹的风险。

5）区域不一致性分析：将 1 号电池膜电极不同的位置裁剪出 5 个小样，制备成单电池进行性能和电化学测试。发现 5 个位置的极化性能出现了显著的差异，MEA-4 和 MEA-5 性能较好，MEA-2 和 MEA-1 次之，MEA-3 的性能最差。从 CV 结果中发现，位于空气出口的 MEA-2 的 ECSA 仅有 30.68 $m^2 \cdot g_{Pt}^{-1}$，相比新样品的 51.9 $m^2 \cdot g_{Pt}^{-1}$，衰退率达到 40%。这可能是由于空气出口位置的水管理要比其他位置更差，水淹问题导致碳腐蚀加快，加速了催化层活性的降解，而靠近空气入口和氢气出口的 MEA-3 的 ECSA 衰退仅次于 MEA-2。EIS 拟合结果也显示 MEA-2 和 MEA-3 的活化阻抗要明显高于其他位置，与 CV 结果一致。另外，MEA-3 的浓差阻抗最高，代表该位置的浓差极化损失最高，可能是碳腐蚀引起的传质网络坍塌造成的。由物理表征结果可以清晰地看到，MEA-3 的催化剂粒径最高。

参考文献

[1] PEI P, CHEN D, WU Z. Nonlinear methods for evaluating and online predicting the lifetime of fuel cells[J]. Applied Energy, 2019, 254: 113730.1-113730.10.

[2] CHEN H, SONG Z, ZHAO X. A review of durability test protocols of the proton exchange membrane fuel cells for vehicle[J]. Applied Energy, 2018, 224: 289-299.

[3] PEI P, CHEN H. Main factors affecting the lifetime of proton exchange membrane fuel cells in vehicle applications: A review[J]. Applied Energy, 2014, 125: 60-75.

[4] WONG K H, KJEANG E. Macroscopic in-situ modeling of chemical membrane degradation in polymer electrolyte fuel cells[J]. Journal of the Electrochemical Society, 2014, 161(9): F823-F832.

[5] CHEN C, FULLER T F. Modeling of H_2O_2 formation in PEMFCs[J]. Electrochimica Acta, 2008, 54(16): 3984-3995.

[6] LI H, TSAY K, WANG H. Durability of PEM fuel cell cathode in the presence of Fe^{3+} and Al^{3+}[J]. Journal of Power Sources, 2010, 195(24): 8089-8093.

[7] KINUMOTO T, INABA M, NAKAYAMA Y. Durability of perfluorinated ionomer membrane against hydrogen peroxide[J]. Journal of Power Sources, 2006, 158(2): 1222-1228.

[8] SUN X, SHI S, FU Y. Embrittlement induced fracture behavior and mechanisms of perfluoro-sulfonic-acid membranes after chemical degradation[J]. Journal of Power Sources, 2020, 453: 227893.1-227893.10.

[9] IOROI T, SIROMA Z, YAMAZAKI SI. Electrocatalysts for PEM fuel cells[J]. Advanced Energy Materials, 2019, 9(23): 1801284.1-1801284.20.

[10] FERREIRA RB, FALCÃO DS, OLIVEIRA VB. Experimental study on the membrane electrode assembly of a proton exchange membrane fuel cell: effects of microporous layer, membrane thickness and gas diffusion layer hydrophobic treatment[J]. Electrochimica Acta, 2017, 224: 337-345.

[11] YOUSFI-STEINER N, MOÇOTÉGUY P, CANDUSSO D. A review on polymer electrolyte membrane fuel cell catalyst degradation and starvation issues: Causes, consequences and diagnostic for mitigation[J]. Journal of Power Sources, 2009, 194(1): 130-145.

[12] PARK Y C, KAKINUMA K, UCHIDA M. Investigation of the corrosion of carbon supports in polymer electrolyte fuel cells using simulated start-up/shutdown cycling[J]. Electrochimica Acta, 2013, 91: 195-207.

[13] LIN R, CUI X, SHAN J. Investigating the effect of start-up and shut-down cycles on the performance of the proton exchange membrane fuel cell by segmented cell technology[J]. International Journal of Hydrogen Energy, 2015, 40(43): 14952-14962.

[14] ISHIGAMI Y, TAKADA K, YANO H. Corrosion of carbon supports at cathode during hydro-

gen/air replacement at anode studied by visualization of oxygen partial pressures in a PEFC - start-up/shut-down simulation[J]. Journal of Power Sources, 2011, 196(6): 3003-3008.
[15] WANG Y, CHEN K S, MISHLER J. A review of polymer electrolyte membrane fuel cells: Technology, applications, and needs on fundamental research[J]. Applied Energy, 2011, 88(4): 981-1007.
[16] REISER C A, BREGOLI L, PATTERSON T W. A reverse-current decay mechanism for fuel cells[J]. Electrochemical and Solid-State Letters, 2005, 8(6): A273-A276.
[17] ZHANG T, WANG P, CHEN H. A review of automotive proton exchange membrane fuel cell degradation under start-stop operating condition[J]. Applied Energy, 2018, 223: 249-262.
[18] LIU Z, CHEN H, ZHANG T. Review on system mitigation strategies for start-stop degradation of automotive proton exchange membrane fuel cell[J]. Applied Energy, 2022, 327: 120058.1-120058.13.
[19] KIM J, LEE J, TAK Y. Relationship between carbon corrosion and positive electrode potential in a proton-exchange membrane fuel cell during start/stop operation[J]. Journal of Power Sources, 2009, 192(2):391-395.
[20] OYARCE A, ZAKRISSON E, IVITY M. Comparing shut-down strategies for proton exchange membrane fuel cells[J]. Journal of Power Sources, 2014, 254: 232-240.
[21] WANG G, YU Y, LIU H. Progress on design and development of polymer electrolyte membrane fuel cell systems for vehicle applications: A review[J]. Fuel Processing Technology, 2018, 179: 203-228.
[22] CHEN H, ZHAO X, ZHANG T. The reactant starvation of the proton exchange membrane fuel cells for vehicular applications: A review[J]. Energy Conversion and Management, 2019, 182: 282-298.
[23] REN P, PEI P, LI Y. In-situ characterization of gas distribution in proton exchange membrane fuel cell stacks[J]. Energy Conversion and Management, 2022, 269: 116143.1-116143.12.
[24] KANG J, JUNG DW, PARK S. Accelerated test analysis of reversal potential caused by fuel starvation during PEMFCs operation[J]. International Journal of Hydrogen Energy, 2010, 35(8): 3727-3736.
[25] TANIGUCHI A, AKITA T, YASUDA K. Analysis of electrocatalyst degradation in PEMFC caused by cell reversal during fuel starvation[J]. Journal of Power Sources, 2004, 130(1): 42-49.
[26] LIANG D, SHEN Q, HOU M. Study of the cell reversal process of large area proton exchange membrane fuel cells under fuel starvation[J]. Journal of Power Sources, 2009, 194(2): 588-600.
[27] BAUMGARTNER W R, WALLNÖFER E,SCHAFFER T. Electrocatalytic Corrosion of Carbon Support in PEMFC at Fuel Starvation[J]. ECS Transactions, 2006, 3: 811-825.
[28] HUANG J B, YANG D J, CHANG F R. Durability of a fuel cell stack with low hydrogen stoichiometry under driving cycle conditions[J]. Journal of Chemical Engineering of Chinese Universities, 2015 (29): 1364.
[29] CARTER R, BRADY B, GOEBEL S. Diagnosing spatial variation of electrode corrosion from local anode starvation in fuel cell applications[J]. ECS Meeting Abstracts, 2007,1 (2): 560-565.
[30] YOUNG A P, STUMPER J, GYENGE E. Characterizing the structural degradation in a pemfc cathode catalyst layer: Carbon corrosion[J]. Journal of The Electrochemical Society, 2009, 156(8): 913-922.
[31] CHEN B, WANG J, YANG T. Carbon corrosion and performance degradation mechanism in a proton exchange membrane fuel cell with dead-ended anode and cathode[J]. Energy, 2016, 106:

54-62.
[32] ZHOU F, ANDREASEN S J, KOER S K. Analysis of accelerated degradation of a HT-PEM fuel cell caused by cell reversal in fuel starvation condition[J]. International Journal of Hydrogen Energy, 2015, 40(6): 2833-2839.
[33] PERRY M L, PATTERSON T, REISER C. Systems strategies to mitigate carbon corrosion in fuel cells[J]. ECS Transactions, 2006, 3(1): 783-795.
[34] ZHANG S, YUAN X, WANG H. A review of accelerated stress tests of MEA durability in PEM fuel cells[J]. International Journal of Hydrogen Energy, 2009, 34(1): 388-404.
[35] LI P, PEI P, HE Y. A starvation diagnosis method for a PEM fuel cell during dynamic loading[J]. Chinese High Technology Letters, 2013, 23(2): 189-195.
[36] ALIZADEH E, KHORSHIDIAN M, SAADAT SHM. The experimental analysis of a dead-end H_2/O_2 PEM fuel cell stack with cascade type design[J]. International Journal of Hydrogen Energy, 2017, 42(16): 11662-11672.
[37] YAN Q, TOGHIANI H, WU J. Investigation of water transport through membrane in a PEM fuel cell by water balance experiments[J]. Journal of Power Sources, 2006, 158(1): 316-325.
[38] LI Y, PEI P, WU Z. Approaches to avoid flooding in association with pressure drop in proton exchange membrane fuel cells[J]. Applied Energy, 2018, 224: 42-51.
[39] IJAODOLA O S, EI- HASSAN Z, OGUNGBEMI E. Energy efficiency improvements by investigating the water flooding management on proton exchange membrane fuel cell (PEMFC)[J]. Energy, 2019, 179:246-267.
[40] YANG Z, DU Q, JIA Z. Effects of operating conditions on water and heat management by a transient multi-dimensional PEMFC system model[J]. Energy, 2019, 183:462-476.
[41] ZHANG Q, LIN R, TÉCHER L. Experimental study of variable operating parameters effects on overall PEMFC performance and spatial performance distribution[J]. Energy, 2016, 115: 550-560.
[42] WANG B, LIN R, LIU D. Investigation of the effect of humidity at both electrode on the performance of PEMFC using orthogonal test method[J]. International Journal of Hydrogen Energy, 2019, 44(26): 13737-13743.
[43] NAJMI A, ANYANWU I S, XIE X. Experimental investigation and optimization of proton exchange membrane fuel cell using different flow fields[J]. Energy, 2021, 217: 119313.1-119313.9.
[44] HASHEMINASAB M, KERMANI M J, NOURAZAR S S. A novel experimental based statistical study for water management in proton exchange membrane fuel cells[J]. Applied Energy, 2020, 264: 114713.1-114713.16.
[45] CHEN X, YANG C, SUN Y. Water management and structure optimization study of nickel metal foam as flow distributors in proton exchange membrane fuel cell[J]. Applied Energy, 2022, 309: 118448.1-118448.14.
[46] HE W S, LIN G Y, NGUYEN T V. Diagnostic tool to detect electrode flooding in proton-exchange-membrane fuel cells[J]. Aiche Journal, 2003, 49(12): 3221-3228.
[47] PAULINO A, CUNHA E F, ROBALINHO E, et al. CFD analysis of PEMFC flow channel cross section[J]. Fuel Cells, 2017,17 (1): 27-36.
[48] CHEN X, XU J, FANG Y. Temperature and humidity management of PEM fuel cell power system using multi-input and multi-output fuzzy method[J]. Applied Thermal Engineering, 2022, (203): 117865.1-117865.10.
[49] ZHAO J, TU Z, CHAN S H. In-situ measurement of humidity distribution and its effect on

the performance of a proton exchange membrane fuel cell[J]. Energy, 2022, (239): 122270.1-122270.13.

[50] 孙腾飞 . 质子交换膜燃料电池水淹 / 膜干研究 [D]. 成都 : 西南交通大学 , 2016.

[51] SANCHEZ D G, GARCIA-YBARRA P L. PEMFC operation failure under severe dehydration[J]. International Journal of Hydrogen Energy, 2012, 37(8): 7279-7288.

[52] WANG X R, MA Y, GAO J. Review on water management methods for proton exchange membrane fuel cells[J]. International Journal of Hydrogen Energy, 2021, 46(22): 12206-12229.

[53] 韩亚伟 , 姜挥 . 质子交换膜燃料电池水管理技术的现状研究 [J]. 上海节能 . 2022 (2): 170-174.

[54] JUN S, ZHENG K T, SIEW H C. Effect of gas purging on the performance of a proton exchange membrane fuel cell with dead-ended anode and cathode[J]. International Journal of Energy Research, 2021, 45(10): 14813-14823.

[55] CARLOS E C, MAY J C, IOANNIS G K, et al. Droplet and slug formation in polymer electrolyte membrane fuel cell flow channels: The role of interfacial forces[J]. Journal of Power Sources, 2011, 196(23):10057-10068.

[56] 李英 , 周勤文 , 周晓慧 . PEMFC 阴极扩散层结构特性对水淹影响的数值分析 [J]. 化工学报 , 2013, 64(4): 1424-1430.

[57] LI Q, LIU Z, SUN Y. A review on temperature control of proton exchange membrane fuel cells[J]. Processes, 2021, 9(2): 235.

[58] XU J, ZHANG C, FAN R. Modelling and control of vehicle integrated thermal management system of PEM fuel cell vehicle[J]. Energy, 2020, 199(4): 117495.1-117495.16.

[59] PENGA Ž, PIVAC I, BARBIR F. Experimental validation of variable temperature flow field concept for proton exchange membrane fuel cells[J]. International Journal of Hydrogen Energy, 2017, (42): 26084-26093.

[60] MANDI R,NAZARI AN, AHMADI H A. A review on the approaches applied for cooling fuel cells[J]. International Journal of Heat and Mass Transfer, 2019, 139: 517-525.

[61] LISO V, NIELSEN M P, KOER S K. Thermal modeling and temperature control of a PEM fuel cell system for forklift applications[J]. International Journal of Hydrogen Energy, 2014, 39(16): 8410-8420.

[62] O' KEEFE D, EI-SHARKH M Y, TELOTTE J C. Temperature dynamics and control of a water-cooled fuel cell stack[J]. Journal of Power Sources, 2014, 256: 470-478.

[63] VELIA F V, TOM M, PAUL R S, et al. Carbon monoxide poisoning and mitigation strategies for polymer electrolyte membrane fuel cells-A review[J]. Progress in Energy and Combustion Science, 2020,79: 100842.1-100842.37.

[64] 王薇 , 杨代军 , 沈猛 , 等 . 氢气杂质 CO 对质子交换膜燃料电池性能影响建模 [J]. 电源技术 , 2009, 33(4):329-332.

[65] 陈慕寒 . CO 对 PEMFC 性能影响研究 [J]. 电源技术 , 2017, 41(3): 382-386.

[66] 杨长幸 , 胡鸣若 . PEMFC 阳极抗 CO 性能研究进展 [J]. 电源技术 ,2011, 35(11): 1451-1455.

[67] AMANDA C G, VALDECIR A P, EDSON A T. CO tolerance of PdPt/C and PdPtRu/C anodes for PEMFC[J]. Electrochimica Acta, 2008, 53 (12):4309-4315.

[68] JIA Z M, QIN X T, CHEN Y L, et al. Fully-exposed Pt-Fe cluster for efficient preferential oxidation of CO towards hydrogen purification[J]. Nature Communications, 2022, 13 (1):2176-2185.

[69] LUO Y, JIAO K. Cold start of proton exchange membrane fuel cell[J]. Progress in Energy and Combustion Science, 2018, 64: 29-61.

[70] YAN Q, TOGHIANI H, LEE Y W. Effect of sub-freezing temperatures on a PEM fuel cell performance, startup and fuel cell components[J]. Journal of Power Sources, 2006, 160(2): 1242-1250.
[71] JIAO K, LI X. Water transport in polymer electrolyte membrane fuel cells[J]. Progress in Energy and Combustion Science, 2011, 37(3): 221-291.
[72] XIE X, WANG R, JIAO K. Investigation of the effect of micro-porous layer on PEM fuel cell cold start operation[J]. Renewable Energy, 2018, 117: 125-134.
[73] AMAMOU A, KANDIDAYENI M, BOULON L. Real time adaptive efficient cold start strategy for proton exchange membrane fuel cells[J]. Applied Energy, 2018, 216: 21-30.
[74] HUO S, COOPER N J, SMITH T L. Experimental investigation on PEM fuel cell cold start behavior containing porous metal foam as cathode flow distributor[J]. Applied Energy, 2017, 203: 101-114.
[75] TABE Y, SAITO M, FUKUI K. Cold start characteristics and freezing mechanism dependence on start-up temperature in a polymer electrolyte membrane fuel cell[J]. Journal of Power Sources, 2012, 208(2): 366-373.
[76] ZHONG D, LIN R, JIANG Z. Low temperature durability and consistency analysis of proton exchange membrane fuel cell stack based on comprehensive characterizations[J]. Applied Energy, 2020, 264: 114626.1-114626.13.
[77] TABE Y, WAKATAKE N, ISHIMA Y. Ice formation from a supercooled state and water transport through ionomers during PEFC cold startup[J]. Journal of The Electrochemical Society, 2021, 168(6): 1-9.
[78] LEE S Y, KIM H J, CHO E. Performance degradation and microstructure changes in freeze–thaw cycling for PEMFC MEAs with various initial microstructures[J]. International Journal of Hydrogen Energy, 2010, 35(23): 12888-12896.
[79] CHU T, WANG Q, XIE M. Investigation of the reversible performance degradation mechanism of the PEMFC stack during long-term durability test[J]. Energy, 2022, 258: 192-203.
[80] GAZDZICKI P, MITZEL J, DREIZLER A M. Impact of platinum loading on performance and degradation of polymer electrolyte fuel cell electrodes studied in a rainbow stack[J]. Fuel Cells, 2018, 18(3): 270-278.
[81] KUNDU S, FOWLER M, SIMON L C. Reversible and irreversible degradation in fuel cells during Open Circuit Voltage durability testing[J]. Journal of Power Sources, 2008, 182(1): 254-258.
[82] MITZEL J, ZHANG Q, GAZDZICKI P. Review on mechanisms and recovery procedures for reversible performance losses in polymer electrolyte membrane fuel cells[J]. Journal of Power Sources, 2021, 488: 229375.1-229375.21.
[83] DECOOPMAN B, VINCENT R, ROSINI S. Proton exchange membrane fuel cell reversible performance loss induced by carbon monoxide produced during operation[J]. Journal of Power Sources, 2016, 324: 492-498.
[84] DU F, DAO T A, PEITL P. Effects of PEMFC operational history under dry/wet conditions on additional voltage losses due to ionomer migration[J]. Journal of The Electrochemical Society, 2020, 167(14): 1-14.
[85] LIN R, YU H, ZHONG D. Investigation of real-time changes and recovery of proton exchange membrane fuel cell in voltage reversal[J]. Energy Conversion and Management, 2021, 236: 114037.1-114037.13.
[86] PIVAC I, BARBIR F. Impact of shutdown procedures on recovery phenomena of proton ex-

change membrane fuel cells[J]. Fuel Cells, 2020, 20(2): 185-195.

[87] ZHAN Y, GUO Y, ZHU J. Natural degradation and stimulated recovery of a proton exchange membrane fuel cell[J]. International Journal of Hydrogen Energy, 2014, 39 (24): 12849-12858.

[88] QI Z, TANG H, GUO Q. Investigation on "saw-tooth" behavior of PEM fuel cell performance during shutdown and restart cycles[J]. Journal of Power Sources, 2006, 161 (2): 864-871.

[89] PAIK C H, JARVI T D, WEO'G. Extent of PEMFC cathode surface oxidation by oxygen and water measured by CV[J]. Electrochemical and Solid-State Letters, 2004, 7(4): A82-A84.

[90] ZAGO M, BARICCI A, BISELLO A. Experimental analysis of recoverable performance loss induced by platinum oxide formation at the polymer electrolyte membrane fuel cell cathode[J]. Journal of Power Sources, 2020, 455: 227990.1-227990.10.

[91] ZHANG C, LIU H, ZENG T. Systematic study of short circuit activation on the performance of PEM fuel cell[J]. International Journal of Hydrogen Energy, 2021, 46(45): 23489-23497.

[92] ZHANG Q, SCHULZE M, GAZDZICKI P. Comparison of different performance recovery procedures for polymer electrolyte membrane fuel cells[J]. Applied Energy, 2021, 302: 117490.1-117490.13.

电堆的制造工艺与质量监测

7.1 电堆制造的总流程

7.1.1 电堆制造工艺概述

1 电堆制造工艺的基本概念和必要性

目前，影响燃料电池推广应用的因素除了加氢站等基础设施和法规外，还包括燃料电池的成本、耐久性、低温性能及功率密度等[1]。电堆作为燃料电池核心部件，是对外功率输出的核心，其成本约占燃料电池系统总成本的 42% ~ 62%，所以电堆的开发对燃料电池的推广应用至关重要。燃料电池已经成为固定和备用电力系统、物料搬运设备（MHE）和燃料电池电动车（FCEV）等领域的可行性解决方案。燃料电池堆面临的持续挑战包括高昂的初始成本和 FCEV 对氢能源的可用性需求。与其他发电系统相比，燃料电池的成本仍然很高。这主要与两个事实有关：首先是产量普遍偏低，其次是新兴制造业目前正在研发的技术需要扩大到工厂产量。当前应该特别关注如何做到在规模上实现比现有技术更庞大，以及降低先进制造技术的成本。燃料电池堆主要由液压串联和电气并联的重复单电池组成，如图 7-1 所示。两端的厚金属板（称为端板）在结构上将这些电池固定在电堆内。每个模块的核心都是涂有阴极和阳极催化层的聚合物膜。气体扩散层为扩散增强层，促进膜表面氢气和氧气的反应（促进电解池中膜表面的水扩散和水裂解反应）。双极板，顾名思义，有一面阴极和一面阳极。这些极板用于分离电堆中的重复单电池，并具有通道，便于水 / 氢 / 氧等物质在燃料电池堆内的运输[2-4]。

燃料电池的广泛应用面临的一个关键挑战是它们的成本[1]。技术经济模型中提出的低成本预测与制造商在其设施中看到的情况不一致，因为目前的需求和制造能力不足以证明其大批量生产是合理的。预计高产量将在降低燃料电池的制造成本方面发挥重要作用。规模经济带来的成本降低包括两个方面：首先是固定成本在更大数量的生产单位上的分布，其次是学习率（或边做边学）[5]。燃料电池堆关键组件制造面临的其他挑战包括制造成熟度低、相关的单个组件产量低，以及当前生产线处理新材料和新制造工艺的灵活性。与此同时，燃料电池各组件和系统制造成本的降低，预计将增加氢和燃料电池技术的市场吸引力。

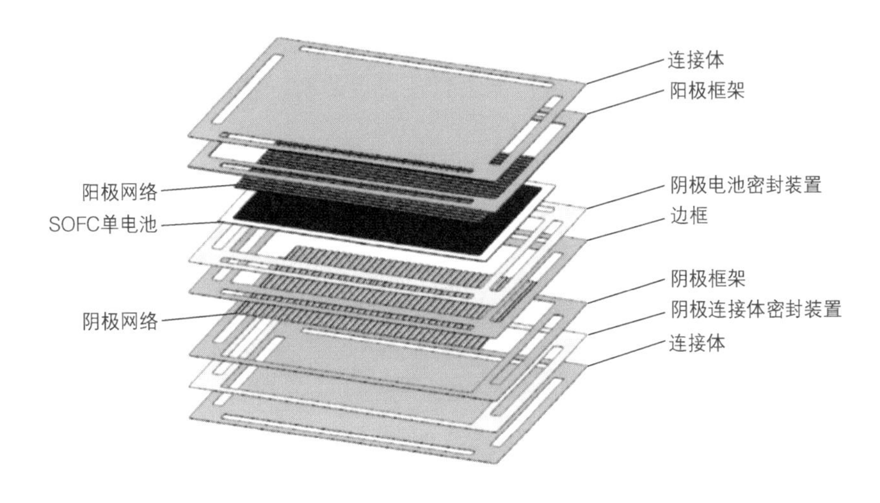

图 7-1　燃料电池堆的基本组成结构

在过去的 20 年里，研发人员一直致力于降低燃料电池的成本，使燃料电池比其他发电系统更具竞争力[6]。目前大多数研发工作都集中在发现和改进燃料电池堆中使用的材料上，在开发新的制造工艺上投入的精力较少，这些工艺可以降低成本并提高燃料电池组件的质量，这可能是因为材料成本仍然是燃料电池堆成本的主要部分。然而制造也很重要，通常会影响燃料电池的成本。根据几种燃料电池的技术经济分析，这些研究大多集中在制造和单电池设计的变化对整个电堆和系统设计的影响[2, 4, 7]。部分研究讨论了平衡装置设计和可能的技术改进对整个系统成本的影响。对于 PEM 和固体氧化物燃料电池（SOFC），预计成本将随着生产率的提高而降低。目前，现有的制造工艺预计无法实现成本的显著降低，这些研究都假设某种形式的先进制造技术（例如，卷对卷制造、板冲压和在线质量检查）在更大的产量上用于证明其成本降低估计是合理的。

目前，燃料电池制造过程缓慢，成本高且自动化水平低。这一事实不应与更高水平的自动化通常伴随着更大的需求并需要更大的投资这一事实孤立开来。这两项在今天的燃料电池行业都没有得到满足。表 7-1 总结了燃料电池关键组件生产中使用的主要制造工艺。在过去的几年里，辊对辊涂层已经被广泛研究，并被作为当前催化剂沉积工艺（如喷涂）的可行替代方案。喷雾沉积工艺首先将膜切割成一定尺寸，沉积阴极层并干燥；然后，将相同的膜翻转并返回喷涂站，沉积阳极层（反之亦然）。这种沉积适用于低产量，往往有较长的周期时间。先进的涂层技术，如卷对卷，不仅代表了更高的产量，而且通过提供生产更厚的均匀催化层的工艺，有望降低催化剂涂层膜（CCM）的成本。连续式卷对卷生产线的另一个优点是可以配备连续式质量检测系统（如红外或光学系统），这将节省离线质量检查所需的时间和成本[7]。卷对卷在约 20MW 当量或 $1500m^2$CCM 面积时开始更加经济。从长远来看，当产量达到规模经济时，卷对卷涂层有望成为首选技术[7]。

表 7-1 燃料电池关键组件生产中使用的主要制造工艺

工艺过程	典型的制造工艺	新兴的制造技术	新兴的制造技术的优势	新兴的制造技术的局限性
催化剂沉积	喷涂和转印	流延成型 选择槽模涂层贴花转移 纳米结构薄膜	更优质的产品 高吞吐量，低成本 （以规模经济计算）	低产量的成本 机械设备的资本成本
气体扩散层	碳纸 / 布多孔钛层	金属层压缩成型，增材制造	可控属性（例如，孔隙率和厚度）	成本高，制造过程慢
双极板形成	复合板的压缩成型和金属板的冲压喷涂	金属板材液压成型 增材制造（复合材料和金属板） 机械加工（复合板和金属板）	高质量的产品 高吞吐量，低成本 （以规模经济计算）	低产量的成本 机械设备的资本成本
MEA 形成	塑料片材的切割	注塑 丝网印刷 塑料板材激光切割	高质量的产品 高吞吐量，低成本 （以规模经济计算）	低产量的成本 机械设备的资本成本
垫片 / 密封形成	注塑成型	丝网印刷	较低的成本（以规模经济计算）	精度限制
端板形成	砂型铸造及机械加工	冲压及焊接	高质量的产品 高吞吐量，低成本 （以规模经济计算）	机械设备的资本成本

近年来世界各国已经纷纷加大对燃料电池的开发和推广应用[8-9]。而作为燃料电池核心部件，电堆是燃料电池对外输出功率的核心，燃料电池堆的成本和性能对于燃料电池的推广应用极其重要[8, 10-11]。完善和优化燃料电池堆的开发流程是降低其成本及提升电堆性能和品质的重要环节[11]。燃料电池的生产制造过程通常包括膜电极和双极板制备、密封及组装过程和下线检测。由于其涉及核心部件及对于电堆制造技术的高要求，通常采用专用的设备进行燃料电池的生产制造，保证其整体性能的良好一致性。电堆的整个设计生产流程主要包括产品需求

定义、设计目标确定、参数化设计、仿真计算、电堆制备及优化、测试验证 6 个方面。

2 电堆制造的基本需求定义

与传统内燃机类似，车辆的功率要求、寿命、空间大小和成本通常是燃料电池堆的初始设计输入参数。目前，燃料电池堆的设计和改进方向是追赶并超越传统内燃机，力求在各方面缩小与内燃机之间的差距，从而突破阻碍其广泛推广应用的难题。

通常，不同车型及不同工况的燃料电池堆设计存在一定的差异。根据美国能源部预测，到 2025 年，重型车辆主要由三个并联而成的 391kW 燃料电池系统组成，中型车辆主要由两个燃料电池堆组成的 202kW 燃料电池新系统构成。根据美国、欧洲、日本、韩国和我国燃料电池规划的内容，商用车燃料电池堆规划中相关性能指标见表 7-2。

表 7-2　商用车燃料电池堆规划中相关性能指标

指标	中国			日本		
参数	2020 年	2025 年	2030 年	2020 年	2025 年	2030 年
效率（%）	60	65	65	—	—	—
比功率 /（kW/L）	2.0	2.5	3.0	4.0	5.0	6.0
材料成本	1000 元 /kW	500 元 /kW	150 元 /kW	5000 日元 /kW	3000 日元 /kW	2000 日元 /kW
耐久性	10000h	20000h	30000h	—	—	15 年
冷启动性能 /℃	−30	−40	40	−30	—	—

根据各种车型对燃料电池堆的实际使用需求，结合供气系统的空气压缩机、供油系统的氢循环泵、冷却系统的散热器、电控系统的 DC/DC 变换器等关键部件的性能参数，并考虑与所提燃料电池堆的匹配，锁定燃料电池堆的边界设计条件。

3 电堆整体尺寸参数设计

通过确定燃料电池堆的设计边界条件，对燃料电池堆继续详细设计，包括燃料电池堆各关键部件的材料、尺寸、性能指标及电堆的密封方式等。燃料电池堆由双极板、膜电极、气体扩散层、密封件、绝缘板、端板及紧固件等组成，燃料电池堆的制造工艺过程为：堆叠和预装配—压缩—张紧—泄漏测试—定型装配—活化和测试—成品。燃料电池堆的设计应该基于对其工作原理的掌握，以及综合考虑各关键部件的性能、成本和工艺制造的可行性。

（1）双极板　双极板的设计首先应基于燃料电池堆的实际使用如耐久性等，确定电堆双极板材料的使用类型。金属板相对更薄，体积功率密度更高，但耐久性相对较差，更适用于乘用车。而石墨板耐久性更高，可应用于具有更大布置空间的商用车。双极板的厚度、流道深度、宽度、倾角和总体长度、脊的宽度及流场形状、压降，是双极板设计的重点和难点。

目前，市售雕刻石墨双极板的厚度为 1.5 ~ 2.5mm。Ballard 宣称其掌握石墨板组装后的厚度降为 1mm 以下。流道的宽度一般为 0.5 ~ 2.5mm，深度为 0.2 ~ 2.5mm，脊的宽度为 0.2 ~ 2.5mm，流道倾角一般为 0° ~ 60°。流场的形状有直流场、交指流场、单蛇形流场、多蛇形流场、仿生流场和三维流场等。其中作者所接触的多以多蛇形流场为基础进行设计改进。流场的沟槽面积与总面积之间的比值为开孔率。考虑到双极板与其他部件之间的接触电阻，开孔率宜为 40% ~ 75%。流场的压降一般为千帕级。考虑阳极采用压差排水，背压一般为 20 ~ 80kPa。

（2）膜电极　膜电极是电化学反应的场所，是电堆的核心，其性能直接决定了燃料电池的性能。市售膜电极的性能一般可达 1.2W/cm^2（对应 0.6V）。膜电极由质子交换膜和阴阳极催化层组成。市售质子交换膜的厚度多为 15 ~ 50μm，其中 Gore 公司开发的 10μm 的薄膜也已经被其他国家的主机厂采用。为了提升电堆的整体性能，现多采用增强型质子交换薄膜。催化剂主要以贵金属 Pt 为主，其中 Pt 载量阳极为 0.02 ~ 0.4mg/cm^2，阴极为 0.2 ~ 0.4mg/cm^2。阳极多采用 PtC 催化剂，阴极采用 PtCo 等合金催化剂。

（3）气体扩散层　气体扩散层一般由多孔碳材料组成，包括碳纸基体和微孔层，是传输电子、反应气体和生成产物的通道，要求其具有良好的亲疏水性平衡、孔隙率、高电导率、低电阻率和良好的力学性能等。市售气体扩散层的厚度为 0.15 ~ 0.4mm，孔隙率为 65% ~ 80%。

（4）密封件　燃料电池的密封与传统内燃机相似，密封件用于密封双极板的冷却流道及双极板和膜电极之间的反应气体通道，可采用的材料包括三元乙丙橡胶、氟橡胶、硅胶及聚异丁烯等。密封件的选择应考虑其在工作期间的温湿度变化、化学物质腐蚀、气体渗漏、绝缘性和吸收冲击振动等性能。

（5）绝缘板　目前燃料电池的工作电压范围为 200 ~ 400V，为了保证电堆使用安全，良好的绝缘保护不可或缺。绝缘板放置于两侧端板和两端承压板之间，其确保电堆使用中外壳绝缘，保证使用安全性，要求其具有良好的绝缘性，其材质可为硅胶等绝缘材料。

（6）端板　端板用于压紧组装后的电堆部件，要求其具有较大的刚度，以抵御应力下的变形，使内部电堆的部件形变更一致，接触更好；具有相对低的密度，

可实现减重。常用的端板材料包括铝合金、不锈钢和酚醛树脂等复合材质。

（7）紧固件　电堆的紧固件根据封装形式的不同而有差异。螺栓紧固由螺杆、螺母和垫片等组成，绑带紧固方式由钢带和弹簧垫圈等组成。

另外，电堆的组件在选择和使用时，还要考虑工作边界条件，如压力、温度、湿度、过量系数比等。温湿度变化对质子交换膜和密封件性能有要求。反应气体工作压力提高，有助于提升电化学性能，但同时对电堆的密封性能会提出更高的要求。目前电堆的工作压力多数在 150kPa 左右。部分厂家的电堆工作压力可达 250kPa。在满足其他条件的情况下，提高过量系数比，也有助于提升电堆整体性能，通常过量系数比为 1.5 ~ 2.5，阴极过量系数比略大于阳极过量系数比。

4　电堆封装结构设计

（1）定压或定容思路　电堆封装现采用的方式包括螺栓紧固式、绑带紧固式。螺栓紧固式是较早采用的方式，其装配简单，设计要点为螺栓数量、分布、预紧力的大小及螺栓预紧力的次序。绑带紧固式的优势在于结构紧凑，可实现相对高的功率密度。其设计要点包括绑带材料、绑带宽度和厚度、绑带分布数量和位置。

无论是螺栓紧固式还是绑带紧固式，主承压部分均为承压板（端板），所以承压板的设计要基于承压板材料的刚度和强度，结合应力及形变，确定适宜的承压板厚度和形状，有利于实现电堆整体压力均匀分配，实现轻量化。

（2）直接密封或间接密封思路　燃料电池的密封形式包括固态垫圈密封和液体密封胶密封。其中，液体密封胶密封可分为就地成型垫圈（FIPG）和 固化装配垫圈（CIPG）。固化装配垫圈因其拆卸方便等优点被广泛采用。固化垫圈密封件在设计时，应综合考虑其密封高度、弹性模量、硬度、使用温度、工作介质因素，以便在电堆装配和使用过程中，提供足够的密封性，传递接触力。

电堆整体封装设计应考虑整堆应力分布、寿命阶段内的振动和冷热冲击耐受性、工艺实现成本因素。在力争体积紧凑、质量尽可能小的情况下，实现电堆的最优封装。

（3）电堆体积优化思路　电堆的体积优化可以从结构设计和优化材料等方面展开。仿真和实验结果表明，长条形的电堆更有利于实现压力的均匀分布，增大长宽比也有助于减小电流密度的趋肤效应作用。减小封装力矩可以减小承压端板的厚度进而降低电堆长度。在考虑气体、液体均匀分配的基础上，通过长进气口有利于达到更好的气体均一性。降低体积最为有效的方式即采用更薄的双极板，实现电堆整体长度的降低。通过密封件和膜电极的结构设计，实现更紧凑的结构，也可以降低整体体积。

（4）仿真计算验证　仿真计算验证是电堆产品开发中不可或缺的重要环节。

燃料电池因其工作原理涉及多学科，如电化学、电催化、热力学、材料学、结构力学、流体力学等，所以不同维度的仿真设计、计算工具和理论模型存在较大差异。燃料电池堆通常是基于二维或三维设计软件，如 Catia、Proe、SolidWorks 和 AutoCAD 等完成外形尺寸结构设计，然后与相关仿真设计软件包括 MATLAB、CFD、AVL Fire、COMSOL、AmeSim 等配合，进行仿真设计工作。

对于已经初步完成的电堆整体设计方案和选定的材料、部件属性和指标，基于仿真计算，可以及时发现设计中存在的缺陷，并为原设计模型提出优化意见，可以节省大量的实际制造时间。

7.1.2 工艺分区与车间条件

1 工艺分区

（1）燃料电池堆制造工艺分区　燃料电池堆生产制造包括膜电极和双极板制备、密封及组装过程和下线检测。考虑到核心部件和电堆的工艺技术要求严格，综合一致性要求高，作为产品级的电堆生产制备必须采用专用的设备。

1）膜电极：膜电极按催化剂初始喷涂载体可分为 GDE 和 CCM 两种模式。GDE 模式是将催化剂喷涂于气体扩散层上，然后热压夹住中间的质子交换膜。CCM 模式是将催化剂直接喷涂在质子交换膜上，然后再覆上气体扩散层。其中 CCM 模式因材料利用率高而成为行业趋势。CCM 模式又可进一步分为转印法、超声波喷涂法和卷对卷狭缝挤压法。目前而言，第一代双面转印 CCM 工艺和第二代阴极直涂阳极转印工艺仍继续被采用，如图 7-2 所示。丰田采用卷对卷狭缝挤压法进行膜电极的生产。双面喷涂法在解决了质子交换膜在膜电极制备中的溶胀、收缩、起皱问题后，其更高的生产效率优势将得以充分显现。膜电极制备中的催化剂材料、溶剂类型和比例、浆料整体黏度、喷涂模具、涂布角度等诸多因素影响着膜电极的产品质量和性能。

2）双极板：石墨双极板的制造主要可分为数控机械加工和模压两种类型，另外少量采用注塑成型。其中模压是将混合粉料加入预热好的模具，固化后得到双极板，因其适合大批量生产，易于降低制造成本，目前应用广泛。近年来，以 Ballard 公司的柔性膨胀石墨板为代表的产品因其较为卓越的性能，也得到了广泛的关注。金属双极板采用冲压、液压、辊压成型等方式生产，生产效率高，但需要解决流道加工和耐腐蚀镀层等问题。其加工工艺流程如图 7-3 所示。

密封过程如前所述，以采用固化装配垫圈为例，主要是将密封材料涂敷于双极板密封槽内，经过固化后形成外形尺寸和高度满足设计目标的密封结构。成

型过程中点胶设备的参数设置及固化温度和时间，对成型的密封件性能有较大影响。

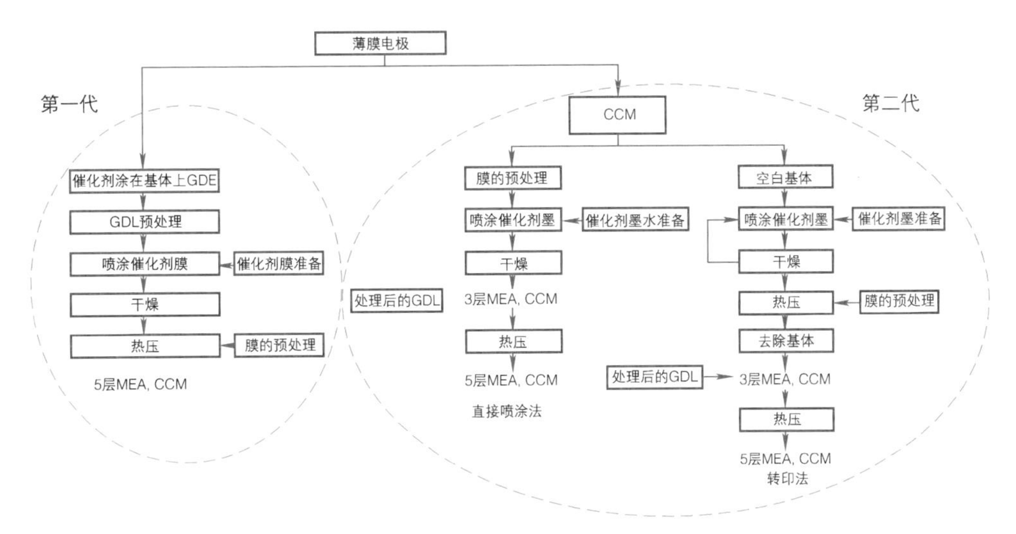

图 7-2　膜电极制备工艺

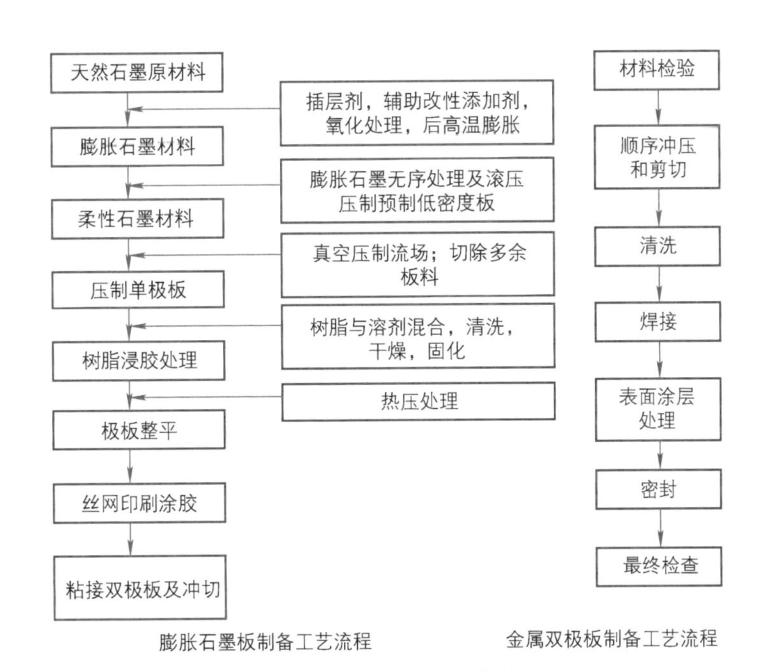

图 7-3　双极板加工工艺流程

3）电堆：目前，燃料电池堆的装配方式主要有手动装配和自动装配两种。

手动装配在实验阶段和工艺验证阶段，其效率低的劣势并不明显。装配人员借助于定位杆等，将端板、绝缘板、集流板、双极板、膜电极等依次叠放在一起。在外部加压装置的压缩作用下，压缩到预定程度或接触力后，用螺栓或绑带紧固在一起。手动装配由于全过程人为操作，在电堆整体尺寸不大的情况下，可满足实验测试要求。然而在电堆整体尺寸较大时，累积效应产生的装配误差及不一致性，会导致电堆的性能无法达到设计要求。

自动装配相较于手动装配，生产效率更高。借助于自动拾取、CCD 成像等技术，自动装配可实现双极板、膜电极的自动抓取、定位和安装，整体装配误差较低，是未来电堆真正走向商品化后的必由之路。

在燃料电池堆量产阶段，为了保证产品的可靠性、一致性和可溯源性，相关的材料、部件等检测、记录手段在电堆制造装配过程中是必不可少的，如热成像、CCD 成像、光学成像、红外光谱；用于质子交换膜、气体扩散层、膜电极的缺陷，如针孔、刮擦、平面不平整度、催化剂团聚等的检测技术；高效智能传感器用于电堆装配中接触压力分布的实时精密测量记录；数字化互联系统用于电堆制造全生命周期的数据采集、记录和汇总。

电堆装配完毕后，需要逐一进行必要的下线测试，包括气密性测试和电阻测试。具体的电堆装配工艺流程如图 7-4 所示。

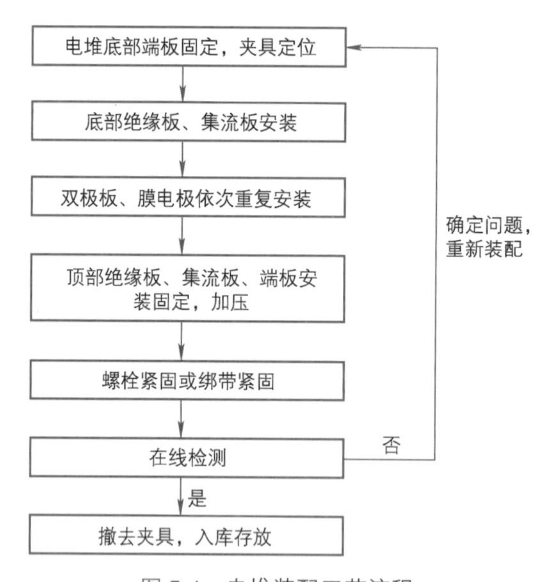

图 7-4　电堆装配工艺流程

对于堆叠工艺，首先将下端板、集流板和绝缘板置于专门的工作台上，并对其进行精准定位；接着，根据需求将所需要的 MEA 和双极板（含密封垫片）依次循环堆叠；最后将有介质接口的端板及集流板、绝缘板堆叠在最上层，并且保持各部件的精准堆叠。

对于压紧工艺，首先需要借用专门的压紧设备，通过施加不同压力的方式，实现各个零部件的压紧工艺，达到良好密封的效果。压紧工艺可以有效调节各零部件之间的接触电阻，且施加合理的压力可以有效避免因过载而导致的各零部件的破坏。压力的合理调节是燃料电池堆功率密度和寿命保证的基本。

对于张紧工艺，通过专门的具有金属或者碳纤维的拉力带或者拉杆可以实现燃料电池堆的有序均匀分布固定及对其进行永久定型。通常情况下，拉力带的连接处设计有连接头和夹具等特殊结构用于固定连接，或者与端板面上的凹槽进行搭配，并被锁住。

对于泄漏测试工艺，通常应用压降法或者流量测试法来检验燃料电池堆的密封情况。其中，压降法主要用于观察测试介质气体输入前后的压力变化来判断燃料电池堆的密封性能。而流量测试法主要用于观察测试介质气体输入后终端流量变化来分析气体泄漏情况。对于燃料电池堆来说，既要保证电堆整体的良好密封性，也要保证单体电池的密封性，这是保证燃料电池堆性能的基本要求。

对于其他附件装配工艺，通常将电池电压输出母线连接到继电器上，用CVM来记录各单体电池的电压，并将电堆装入壳中。

对于电堆活化与测试工艺，首先将组装好的电堆安装到测试平台上，并在测试系统中连接对应的氢气和空气供给，以及独立的电子负载。通常采用横流法对燃料电池堆进行活化，同时也在恒压、变载及不同湿度条件下进行有规律的切换活化。采集相关极化曲线数据，评价燃料电池堆的性能。

（2）燃料电池堆测试　燃料电池测试包括开发测试、耐久测试和产品定型的性能测试。在不同的设计阶段，为了不同的验证目的，电堆的测试也分阶段进行，包括单电池、短堆和整堆3个部分的验证，验证包括气体分布测试、应力分布验证、性能、加速老化、可靠性、振动、冷热冲击和冷启动。电堆产品最终的设计性能是否满足要求，是在工程阶段按照工艺规范将样件组装成全尺寸电堆后，按照相关标准进行测试后确定。

1）性能测试。目前，我国已经颁布了相应的燃料电池测试标准，其中部分标准得到了国际组织的应用和采纳。

2）电阻测试。电堆的电阻测试是通过对膜电极、双极板等部件的接触电阻的测试来考察电堆的装配是否达到预定工艺要求。电堆部件之间的充分接触可以保证较低的电阻值，最大限度降低电堆使用过程中的欧姆极化损失。由于采用的双极板、膜电极等材料和装配控制上的差别，电堆生产企业的内控值多不对外公布。

3）气密性测试。气密性测试包括测试电堆整体的外部和内部窜气、漏液。气体的外漏尤其是氢气的外漏，降低了氢气的利用率，并会给整个电堆带来极大的安全隐患。内部窜气将降低电堆对外功率的输出。此项测试根据电堆设计的不同，控制指标也不尽相同。相对简单的测试方法是通过充气保压测试一定时间的压降，而更为精确的控制方式则是计算单位时间内通过单位面积的气体体积。

4）耐久性测试。耐久性测试用来衡量电堆使用寿命，目前并无统一的测试标准。衡量电堆耐久性的方法包括台架测试与实际路试。台架测试包括工况法和加速耐久法，实际路试作为更可靠的方法也被电堆生产企业和整车企业所采用。台架测试工况可参考 DOE 测试工况，加速耐久法多为电堆开发企业借助于采集的典型工况形成的倍率因子加速测试。随着对设计开发的电堆了解逐渐深入，对相关控制参数与电堆性能相互作用逐渐清晰，电堆生产企业和整车企业越来越需要建立耐久性测试方法和标准，形成核心技术。

2 电堆制造的基本车间条件

通常，氢燃料电池系统的主要部件包括反应堆、发动机控制系统、供氢系统、水热管理系统、送风系统等，能够在连接外部氢源和材料（空气、水）的条件下正常工作。燃料电池的制备车间条件应该满足以下几点：

1）应根据燃料电池生产制备工艺特点、生产性质和安全要求，进一步明确涉氢区域和非涉氢区域的细分。

2）生产线的设计方法通常包括供料区、预装配区、装配区、测试区（非含氢）、测试区（含氢）和维修区。

3）氢气试验区应靠外墙设置，并考虑氢气的到来。

4）工艺设计采用先进技术，遵循“安全适用、技术先进、经济合理、成熟可靠”的原则，有利于提高产品产量、质量水平和降低消耗，有利于提高劳动生产率和资源的综合利用。

在温湿度控制方面，燃料电池堆系统生产车间和储存部件仓库的环境温度设置应控制在 18 ~ 28℃，湿度应控制在 30% ~ 90% 范围内。当系统试验台采用风冷时，应充分考虑散热对环境的影响。采用轮式除湿机进行除湿，不受空气露点影响，除湿量大。轮式除湿机是利用固体吸附剂制成的旋转式除湿设备，其核心结构为一个连续旋转的蜂窝式干燥轮，它是除湿机除湿最关键的部件，是一种特殊的玻璃纤维载体，含有少量金属钛，采用蜂窝结构设计，不仅能极大地黏附吸湿剂，还能增加空气和吸湿剂相的水分。该结构的表面均匀布着许多细微小孔，提高了除湿机的效率，并具有较高的强度，可很好地应用于各种复杂的工作环境。同时，氢燃料电池系统生产车间净化工程应满足安全、产品质量、生产能力、环境保护、职业健康等要求，并具有一定的灵活性、适应性和可扩展性。

7.2　催化层制造工艺

7.2.1　催化剂浆料制备

1　催化剂浆料分散的需求

目前，世界上许多国家都致力于推进人类进入一个低碳或无碳能源的时代。由于水电解具有利用可再生能源产生氢气的潜力，这使质子交换膜燃料电池在许多能源转换应用领域有了重大的应用前景，如住宅热电联供、工业备用电源和汽车行业，其中汽车通常被认为最适合使用质子交换膜燃料电池，其因稳定性和高功率密度已经在商业上得到了应用。作为氢能储存系统的一部分，燃料电池在可再生能源的未来将发挥重要作用，在这个系统中，可以将过量的电能转化为氢气，储存在容器或自然洞穴中，然后在需要时用于燃料电池发电。这需要高效电解槽和可再生能源或生物质提供足够大的可再生氢发电能力，以供应高效燃料电池。这种封闭式绿色氢气经济体系是全球能源格局的必要条件，这种体系的基础是一个稳定、可再生和高效的能源发电和消耗系统。

在典型的燃料电池系统中，成本最高的部分是燃料电池堆，因为催化层中含有大量 Pt 催化剂[12]。因此，从商业上来说，设计低 Pt 含量或不含 Pt 的电极来降低电堆成本是有必要的[13-14]。由于这一需求，人们对催化剂进行了大量的研究，在过去十年中，基于实验室的纳米结构 Pt 和 Pt 合金催化剂的性能得到了显著改善，这在一定程度上导致了 Pt 负载的降低[15]。此外，非铂族金属催化剂的研究得到了很大的发展，并产生了一些有应用前景的材料[16-17]。然而，非铂族金属材料不如 Pt 催化剂成熟，存在耐久性和性能较差问题[18]。考虑到 Pt 和非铂族金属催化剂的成本和性能差异，它们可能都将在未来商业化，但用途不同。Pt 可以在汽车行业等高性能应用中得到更广泛的应用，而非铂族金属材料则更适合固定应用，如热电联供和备用电源。

尽管开发具有高导电性、耐久性和可扩展性的新型载体及高活性催化剂，已经成为改善燃料电池性能、降低成本和提高耐久性研究的主要途径，但催化剂和载体之间的相互作用对燃料电池的性能和耐久性也有显著影响[19]。载体耐久性和催化层性能受载体的化学组成及其功能化的程度和性质的影响。载体材料不仅影响电导率和碳的腐蚀，还影响反应物的质量传输和离聚物的分布，因此需要了解催化层中的结构－性能关系[20]。催化层的形态通常由催化剂的结构、浆料配方、浆料内部相互作用、浆料和催化层的制备方法等决定，这些都在催化层的微观结构和性能的形成中起重要作用[21-23]。气体的质量传输，特别是在高电流状态下，是电池性能的限制因素之一，因此催化层结构对燃料电池的性能有极大的影响。

推进燃料电池技术和商业化应用面临多重挑战。目前在减少催化剂负载、提高催化剂性能和开发新材料方面取得了重大进展。然而，其他限制性能的因素，如高质量传输阻力，低 Pt 利用率和耐久性差，都和催化层组成和结构有关，这涉及多孔介质中催化剂、载体、离聚物和反应物传输相互作用的多长度尺度的结构问题。新型催化剂和载体材料的开发只是推进质子交换膜燃料电池技术进一步发展的一部分。此外，还需要同时提高对催化层结构－性能关系的理解，只有这样，燃料电池才能达到商业化所需的技术成熟度水平。

催化层的可扩展制造是质子交换膜燃料电池的一个重要挑战。通常，催化剂浆料经过溶液沉积技术涂布在基底上，然后经过干燥后得到催化层。因此催化剂浆料的制备分散是催化层可扩展制备的基础。一般实验室使用机械搅拌、超声分散、球磨分散等方法小批量生产具有良好分散性的浆料，但是大批量分散制备催化剂浆料时，存在分散效率低、浆料分散效果不均匀、不稳定、易沉降等问题。分散性差的催化剂浆料内部会团聚形成团聚体，导致其在干燥过程中形成无序的、不可控的催化层。同时，团聚的浆料的流变行为还会导致浆料沉积过程出现问题，比如喷墨过程中喷墨喷嘴堵塞。为了避免喷嘴堵塞，获得有序连续的催化层，催化剂浆料应具有足够的胶体稳定性。此外，催化剂浆料的流变性在催化层的制备中起着至关重要的作用。催化剂浆料的流变性决定了催化层的均匀性、厚度和浆料对基底的渗透性。因此，催化剂浆料的分散状态、稳定性及流变性对催化层的结构和性能都有很大的影响，从而影响燃料电池商业化的进程。因此设计和优化浆料的分散制备过程是微观结构可控的催化层大批量生产的最基础条件之一。

2 催化剂浆料分散制备存在的问题

混合分散在工业加工过程中起着重要作用，通常能够使给定系统达到最大均匀性。固液混合在矿物加工、造纸、制药、食品加工、石化、农业化工、涂料、油墨、废水处理和精细化工等行业普遍存在。固液混合可用于固体颗粒分散、吸附和解吸、活性污泥过程、溶解和浸出、固体催化反应、离子交换、悬浮聚合、沉淀和结晶等。固液混合不仅能够使体系实现均匀化，更能促进两相间的质量转移。进行固液混合操作的目的就是加强固液两相间的传质、防止固体沉淀及促进固体在混合容器中的均匀分散。

固液混合物的分散状态涉及体系的化学成分、固相在连续相中的混合程度

及团聚体的特征等。分散稳定性可以定义为抵抗团聚、凝聚、絮凝、沉淀、漂浮或乳化的能力。对于复杂的多材料分散体系，分散相内部及分散相与连续相之间存在多种组合相互作用。分散状态和稳定性是密切相关的，两者也都随时间而变化。理解这种多层复杂的相互作用对于控制分散行为至关重要。

燃料电池催化剂浆料一般包括催化剂、离聚物和分散介质，其中催化剂最常见的为 Pt/C，离聚物一般是 Nafion，分散介质一般是醇和水的混合物，这些多组分材料经过固液混合后得到分散均匀、颗粒适合及与涂布方法和涂布基底相适应的流变性的浆料。Pt/C 催化剂中的碳载体一般为炭黑，炭黑有很强的团聚倾向。原生的炭黑颗粒会发生团聚，成为次级团聚体，这些团聚体又会发生团聚形成更大微米级的团聚体[23]。新制备的催化剂纳米颗粒，在制备、分离和放置过程中，往往会发生团聚，形成比较大的团聚体。纳米颗粒产生团聚的内驱力包括范德瓦耳斯力、静电库仑力、氢键和毛细力及纳米颗粒的高表面能等。导致 Pt/C 催化剂纳米颗粒团聚的原因因其团聚方式不同而有所差异，一般有硬团聚和软团聚两种方式[24]。Pt/C 催化剂颗粒的硬团聚的原因有化学键理论、晶桥理论、烧结理论和表面原子扩散键理论等。化学键理论就是由纳米粒子表面的化学键和氢键导致的催化剂纳米颗粒团聚。晶桥理论是纳米颗粒在制备干燥过程中，毛细力使催化剂颗粒相互靠近，从而形成晶桥，使催化剂颗粒间连接更加紧密。烧结理论是在催化剂制备过程中，纳米颗粒经过煅烧后，颗粒与颗粒之间的接触更加紧密，从而使粒子产生团聚。表面原子扩散键理论就是在液相中制备的催化剂需要将有机氧化物、盐、配合物或金属有机物等前驱体分解后才能得到，而分解后的表面断键引起的能量比内部原子的能量要大得多，从而导致纳米颗粒的表面原子扩散到相邻的颗粒表面上并与对应的原子键合成稳固的化学键，最终导致了催化剂颗粒的团聚。催化剂颗粒的软团聚主要原因有尺寸效应、表面能效应、表面电子效应和近距离效应等。尺寸效应是纳米颗粒的一大属性，颗粒粒径越小，颗粒表面的原子或基团的数量会越多，比表面积也随之迅速增加，表面的原子会变得更加活跃，导致颗粒碰撞的概率增加，从而使颗粒发生团聚。表面能效应指催化剂纳米颗粒在制备的过程中，由于吸收了大量的热能和机械能，故而表面原子的活性比较高，相邻颗粒因表面发生原子扩散而键合在一起形成团聚体，另外颗粒表面能高易处于不稳定的状态，为了降低表面能，颗粒往往会发生团聚。表面电子效应和纳米颗粒表面的原子比例增加有关，纳米颗粒表面原子比例增加会造成粒子表面形成很多的缺陷和不饱和键，且颗粒形状不规则，从而导致颗粒表面集聚大量电荷，最终导致颗粒团聚。近距离效应是催化剂纳米粒子间的距离特别短造成的，颗粒间的范德瓦耳斯力比重力大得多，因此颗粒发生团聚。催化剂纳米颗粒的解聚是催化剂浆料分散制备的关键。在介质中，催化剂颗粒的软团聚可以通过外加机械力、超声或化学方法解聚。然而催化剂颗粒的硬团聚除了纳米颗粒间的范德瓦耳斯力和库仑力外，还存在化学键的作用，因此硬团聚使用一般的分散方法比较难以解聚，往往需要施加更多的作用力。除了催化剂纳米颗粒本身的团聚，离聚物的加入可能会使催化剂浆料发生解聚、分散、团聚、沉降等。一般来说，离聚物会吸附在催化剂颗粒上，改变催化剂颗粒之间的范德瓦耳斯力和静电作用，另外离聚物的氟碳主链和碳或 Pt 颗粒之间有很强的疏水相互作用，离聚物吸附在催化剂颗粒上还会造成空间位阻效应。通常，吸附在催化剂上的离聚物的量有最大吸附值，在离聚物含量低时发生单层吸附，在离聚物含量高时发生多层吸附。当离聚物更多时，一部分离聚物可能不会被吸附在催化剂上，而是留在分散介质中。这些情况导致催化剂浆料内部相互作用更加复杂，从而也导致催化剂浆料的固液混合过程更加复杂。

分散均匀性、长期稳定性及适配的流变性是保证催化剂浆料产品品质的理想特性。这些特性会对燃料电池的成本、性能和耐久性有很大的影响。一般可以通过两种方式来调控催化剂浆料的这些特性：催化剂浆料配方和催化剂浆料的固液混合过程，即催化剂浆料制备分散过程。研究人员已经做了很多通过催化剂浆料配方来调控催化剂浆料特性的研究。比如，碳载体类型 [25-26]、离聚物类型 [27-28]、溶剂 [29]、I/C 比（离聚物和催化剂中铂的比例）[30]、固含量 [25，31] 等会影响催化剂浆料的粒径和粒径分布、流变性、团聚体微观结构、离聚物吸附在催化剂上的方式、稳定性等。另外也有一些研究利用胶体稳定性（DLVO）理论 [31]、分子动力学模拟 [32] 和吸附等温线 [28] 等从分子水平上探讨了离聚物与碳的复杂相互作用。在实验室中，由于催化剂浆料的固液混合处理量往往比较小，处理过程也比较简单，一般都是手动或者半自动，效率比较低下，浆料的制备过程对燃料电池性能的影响可能比较小。然而对于卷对卷的膜电极制备，催化剂浆料的处理量急剧增加，催化剂浆料的固液混合分散过程更为复杂，不可控因素增加，这时浆料的制备过程显得尤为重要。因此，除了催化剂浆料配方调控，自动化的、连续的、高效率、适合的催化剂浆料的固液混合过程是保证催化剂浆料产品品质的理想特性基础。

催化剂浆料的固液混合过程一般涉及颗粒的湿润、解聚和稳定三个阶段。催化剂团聚体的解聚是实现颗粒在液相中分散的最重要的因素，催化剂浆料内部的相互作用起到了一定的作用，但更主要的因素是施加的外力的作用，即流体与团聚体间的相互作用，其实质是固 – 液两相流问题。在催化剂浆料制备过程中，浆料受到外部场的影响，比如剪切流场，这和使用的不同的浆料分散制备设备有关。由于催化剂和分散介质的密度差异较大，且催化剂颗粒本身就容易发生团聚，因此浆料中固相颗粒有在容器底部沉降的倾向。浆料中团聚体会受到各种作

用力，比如拖拽力、摩擦力、惯性力、重力等。为了实现浆料中团聚体的均匀悬浮，必须通过浆料分散设备向团聚体施加作用流场，比如机械搅拌设备的剪切流场及超声分散设备的空化作用导致的流场。多年来许多研究人员关注混合容器中涉及的粒子－流体相互作用、粒子－粒子相互作用和粒子壁碰撞的复杂流体动力学行为，还根据理论和实验模型建立了各种经验方程来描述固体悬浮机理。因此，针对质子交换膜燃料电池催化剂浆料特性，需要在考虑成本效益、功率消耗、混合时间、混合量和分散效果等因素的基础上，深入分析催化剂浆料的固液混合过程的机理，设计催化剂浆料专用分散设备，并优化设置操作参数。另外，目前催化剂浆料制备自动化程度低，且多为间歇式制备方式，这些不仅会导致催化剂浆料制备的不可控因素增加，还会导致浆料产量不足，从而严重影响膜电极的产品质量和产量。

3 催化剂浆料的制备方法

（1）机械搅拌　固液混合设备中常用的三种基本形式是液压搅拌、气动搅拌和机械搅拌。对于质子交换膜燃料电池催化剂浆料，机械搅拌混合设备是常见的混合设备之一，它可以在容器中产生强制流动，通过机械力将纳米颗粒分散。强烈的机械搅拌能够使液流运动，从而使催化剂颗粒团聚体解聚形成均匀的悬浮液。这一过程的原理复杂，包括传质、传热、流体力学等多种反应过程，通过动量、质量或热量的传递方式和过程来实现颗粒在液相中的均匀分散[33]。

利用机械搅拌进行固液混合是一个流体力学过程，其中流体力学对提高最终产品的质量和生产速度至关重要。搅拌装置的设计主要是直接涉及速度场的形成及湍流和对流传递的特性，这些特性直接影响搅拌效率。对于质子交换膜燃料电池的非均相体系，搅拌装置不仅决定了非均相体系的形成，而且还决定了混合过程中传热传质速率。搅拌器的内部结构和附件的特性也对水动力特性有显著的影响。挡板、冷却管、导流管等内部设计元素的安装，极大地影响了设备中的流动结构和速度场，这不仅影响工艺过程，还影响传递特性，从而影响混合效率[34]。

催化剂浆料搅拌混合的主要目的是使催化剂颗粒和离聚物在分散介质中均匀悬浮分布。由于催化剂颗粒的密度比较大，并且和分散介质的密度相差也比较大，因此催化剂颗粒在分散介质中沉降速度比较快，并且在沉降过程中可能会同时发生团聚。为了防止催化剂团聚及沉积在容器的底部，充分合理搅拌是催化剂颗粒和离聚物能够达到完全离底的均匀悬浮状态的必要条件。而若使催化剂颗粒和离聚物完全离底悬浮，搅拌器叶轮的转速必须大于临界悬浮转速[34]。

在固液悬浮体中，对有挡板搅拌时的临界悬浮转速一般是采用 Zwietering 公式计算得出，计算出的值与实验测得的值很接近。Zwietering 公式涉及颗粒性质、工艺条件、设备结构等，以固体颗粒在容器底部沉积的时间范围为 1 ~ 2s 为完全离底悬浮的判据。

$$N_{js}=Sv^{0.1}d_s^{0.2}\left(g\frac{\rho_s-\rho_l}{\rho_l}\right)^{0.45}\left[100\times\frac{\rho_s\varphi_s}{\rho_l(1-\varphi_s)}\right]^{-0.13}D^{-0.85} \tag{7-1}$$

式中，N_{js}是临界悬浮转速（s^{-1}）；S是Zwietering常数，无量纲；v是流体的运动黏度（m^2/s）；d_s是颗粒直径（m）；g是重力加速度（m/s^2）；ρ_s是固体颗粒密度（kg/m^3）；ρ_l是流体密度（kg/m^3）；φ_s是体积分数（%）；D是叶轮（搅拌器）直径（m）。

无挡板搅拌时临界悬浮转速比有挡板时小，并且具有节能的功效。然而，目前尚无通用的临界悬浮转速公式，只是针对特定的搅拌体系有经验公式。

高剪切混合器，又称转子－定子混合器、高剪切均质器等，如图7-5所示，广泛用于固液混合、颗粒在溶剂中的分散、乳化等，也是目前用于催化剂浆料的混合分散比较常见的设备，可以获得均匀、可控和稳定的催化剂浆料，且具有良好的流变性。高剪切混合器由转子和定子组成，转子和定子零件的间隙在100～3000μm之间，剪切速率为20000～100000s^{-1}，转子末端线速度为10～50m/s，其剪切速率是传统搅拌槽式反应器的剪切速率的3倍。转子和定子之间的间隙导致连续介质在高剪切应力下产生强烈的横向混合。在高剪切混合器中，转子的旋转提供了一个压力梯度，因此转子的行为类似于离心泵。转子在轴向上向中心吸入流体，并根据设计在轴向、径向和切向上通过定子孔排出流体[35]。

图7-5　高剪切混合器

定子和转子是高剪切混合器的关键部件，高剪切混合器类型不同时，定子和转子的形式也会有所不同；不同类型的定子和转子可以根据实际需求进行拆换和搭配组合，以更好地降低产品运行成本，同时还能获得更好的分散和混合效果。高剪切混合器的类型多样，主要可以分为间歇式和连续式两大类。连续式高剪切混合器的优点比较多，如处理量大、能够连续运行、操作相对简单方便等，相比于间歇式高剪切混合器，在实际生产中发展前景比较好。高剪切混合器具有灵活方便的工作模式，可以是单程工作模式，也可以循环操作。间歇式和连续式高剪切混合器同时使用能够降低运行成本和能源消耗，还能优化产品质量。

（2）超声分散　超声波通常是指是人耳基本听不见的频率大于20kHz的声波，其空化作用能够破坏颗粒团聚体，促进颗粒的分散[36]。与其他常规分散技术

相比，超声分散更节能，在恒定比能量下可实现更高程度的颗粒分散。超声波同时还是一种方便、相对便宜、操作和维护简单的技术。因此，超声波技术在微纳米颗粒分散研究中得到了广泛的应用，在质子交换膜燃料电池中，超声波技术用于催化剂浆料的分散，将催化剂颗粒分散至纳米级别。

超声的原理就是在超声分散过程中，声波在液体介质中以高、低压强交替循环传播，频率通常在 20 ~ 40kHz 范围内。在低压循环中，微小的蒸气气泡在空化的过程中形成。然后气泡在高压循环中坍塌，产生局部冲击波，释放巨大的机械能和热能 [36-37]，如图 7-6 所示。超声波可以通过将超声探头（喇叭式换能器）浸入到悬浮液中（直接超声）或将样品容器引入传播超声波的悬浮液中（间接超声）来产生。在超声波浴或杯形喇叭超声波发生器（间接超声）中，声波必须在到达悬浮液之前穿过浴或杯液（通常是水）和样品容器壁。在直接超声中，探头与悬浮液接触，减少了声波传播的物理障碍，因此能给悬浮液提供了更高的有效能量输出。与使用探头或杯形喇叭超声波发生器可获得的能量相比，超声波浴的能量水平通常要低得多。超声波浴是将换能器元件直接附着在金属槽的外表面，将超声波直接传输到槽表面，然后进入浴液中。在杯形喇叭超声波发生器中，喇叭的辐射面倒置并密封在一个透明塑料杯的底部，样品容器浸入其中。

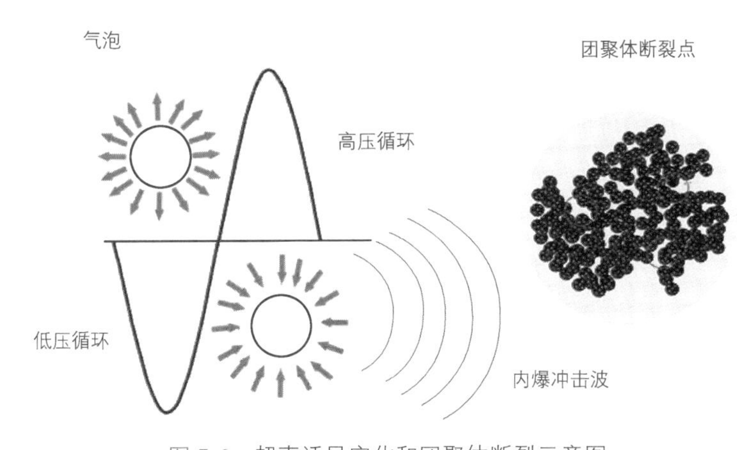

图 7-6　超声诱导空化和团聚体断裂示意图

在超声波频率下，气泡的周期振荡，特别是气泡坍塌过程中，会产生瞬间的局部高温，可达 10000K，压力可突破 MPa 量级，且液体射流速度达到 $400km \cdot h^{-1}$ [36]。如此巨大的局部能量输出是超声分散的基础。这些巨大的压力差和温差是空化效应导致的，并且发生在爆炸气泡的局部界面上，因此，空化效应是超声过程固有的，无论超声容器是否冷却，或使用何种类型的超声设备，空化效应都会发生。

通常，超声装置通过压电换能器将电能转换为振动能，压电换能器的尺寸随外加的交流电场而改变。在直接超声中，超声探头用于将超声波传输和聚焦到目标液体样品中。对于直接超声，声振动能量与探头和介质参数有关[38]。

$$P=\frac{1}{2}\rho cA^2\left(2\pi f\right)^2 a \tag{7-2}$$

式中，P 是超声源的声功率（W）；a 是发射面积（m^2）；ρ 是液体密度（$kg \cdot m^{-3}$）；A 是超声探头的振荡幅度（m）；c 是声波在液体介质中的速度（$m \cdot s^{-1}$）；f 是振动频率（Hz）。

单位时间的振荡幅度决定了空化稀疏和压缩循环之间的压力差[38]。振幅越大，产生的压力梯度越大，从而产生的能量输出也越大。探头的振幅由仪器发生器传输至超声探头的能量多少决定，可通过超声探头功率设置进行调节。

传统的直接超声通过自调节电源的功率消耗来使换能器（如石英晶体）的振动频率保持在一个恒定值（通常为 20kHz）。当振动时，连接到振动传感器的超声探头将受到来自声波介质的阻力，该阻力将被传回振动元件，并被仪器的内部控制单元检测到。仪器的控制单元将依次调整仪器的功耗，以保持恒定的振动频率。高黏性介质将会对振荡探头施加更大的阻力，因此需要消耗更大的功率来保持恒定的振荡频率。

对于给定的仪器，振荡频率值通常是固定的，不能改变。改变仪器功率设置意味着振动振幅的改变，而不是探头频率的改变，也就是说，增加功率会增加探头振荡幅度。为了保持恒定的振荡频率，振荡幅度越大，介质电阻越高，对电源的功率消耗就越大。

超声仪的最大功率是指其能够消耗的最大的理论功率，它不能反映传递到悬浮液中的实际超声能量[36]。也就是说，对于相同的频率和振幅（也就是相同的超声仪设置），超声仪处理高黏度悬浮液需要消耗比处理低黏度悬浮液更多的功率。因此，选择最高仪器设定值就会将仪器的最大额定功率传递给悬浮液的这种认知是错误的。对于低黏度介质，即使在仪器最高设定值下，输出功率也将大大低于仪器的最大额定功率。同样地，通常在仪器显示器上显示的功率值反映了仪器在声波介质中为产生所期望的振荡幅度所消耗的电源功率。然而，消耗的功率并不一定反映实际传递到超声悬浮液的功率，该功率受探头在介质中的振荡幅度的影响。

将超声能量应用于悬浮液的颗粒分散取决于传递到超声介质的总能量。然而，并非所有产生的空化能量都能有效地用于分散颗粒团聚体。传递的能量通过多种机制消耗或耗散，包括热损失、超声波脱气和化学反应，如自由基的形成等。实际上，只有一部分传递的能量用于破坏颗粒 – 颗粒键，以产生更小的颗粒团聚体、凝聚体和初级颗粒。此外，过多的能量输入可能会导致团聚体的形成或

者已经破碎的团聚体的重新团聚，并引起材料表面或悬浮液介质成分的各种物理化学变化[39]。

在超声过程中，空化坍塌产生的冲击波是造成颗粒破碎的主要原因。这些颗粒充当了引发空化过程的核心，当超声波能量应用于悬浮液中的颗粒团聚体时，可以通过侵蚀或断裂使其发生分散。侵蚀或剥落是指颗粒从母体团块表面脱落，而断裂或分裂则发生在由表面缺陷引发裂纹扩展而将团聚体分割成更小的团聚体时。这些分散效应可能同时发生，也可能单独发生，具体取决于颗粒性质、环境和所涉及的能级。

对于催化剂颗粒，根据催化剂的物理化学性质及制备方法、颗粒团聚体表面缺陷、催化剂表面韧性和团聚体成键特性等，团聚体的分散必须跨越系统特定的声能阈值。值得注意的是，两种成分相同的催化剂，若制备方法不同，则可能表现出明显不同的断裂行为。催化剂的材料特性还影响断裂发生的速率和将所有催化剂团颗粒减小到最小可实现尺寸所需的时间。

因此，原则上，空化过程可以有效地分散催化剂团聚体。但是，在一定条件下，超声作用反过来会诱导颗粒团聚，甚至导致团聚体的形成[40]。在超声场中，由于碰撞频率的增加及固液界面中自由能的降低，粒子间相互作用增强，从而形成超声场中颗粒的团聚。如前所述，空化效应会引起极端的局部压力和温度梯度，以及每秒数百米量级的冲击波和喷射流。在这样的条件下，坍塌的气泡附近的经受超声处理的粒子相互碰撞，同时经历局部强烈的加热和随后的冷却循环。根据传递给粒子的有效能量及材料和介质的热特性，这些效应会导致粒子间的再团聚甚至受热诱导作用而发生粒子间融合，也就是说，超声作用可以诱导团聚体的形成。

此外，超声作用还可以诱导催化剂浆料产生化学反应。由空化过程产生的极端局部温度和压力梯度可以在超声处理的介质中产生高度活性的物质，这个过程被称为声活化[41]。近年来，由于超声波在液体介质中所引起的物理化学效应的重要性、多样性和复杂性，声化学已经成为一门独特的学科，该学科主要研究在均相和非均相固体和液体体系中广泛存在的超声诱导的化学反应。功率超声可以极大地促进某些聚合物的分解和降解。功率超声现在被认为是一种强大的大分子解聚方法，聚合物分子量的降低主要是由空化效应引起的。在功率超声作用下，聚合物的降解随着超声频率的降低而增加，这是因为超声频率越低，气泡生长和破裂的时间越长；聚合物的降解在存在挥发性溶剂时降低，是由于蒸气压增加从而降低了空化压力；聚合物的降解在除气溶液中增加，这是由于在含有较少气泡的液体中，声幅高，从而使空化作用更强。另外，长时间的超声处理聚合物可使溶液黏度永久性降低，且在大多数情况下是不可逆的。研究表明，功率超声会引起离聚物分散中 Nafion 的降解，同时还会导致 Nafion 分散的黏度发生改变[42]。综上所述，在使用超声技术分散催化剂浆料时，要注意浆料性质和超声仪器的设置参数的匹配，减少催化剂颗粒团聚体的聚合以及离聚物的降解。

（3）球磨分散　近年来，各种工业过程中对细颗粒的需求逐渐增加。球磨是一种低成本、环保的机械粉碎固体材料的方法。球磨机作为生成细颗粒和超细颗粒物料的常见设备之一，具有易于加工、结构简单、粒度降低率高和磨损污染低的特点。在过去的十年中，球磨机已经开始广泛应用于各行各业，包括矿物、煤炭、陶瓷、冶金、油漆、化工、农业、食品、医药和能源等。

在混合分散过程中，球磨分散就是将物料和陶瓷球或金属球等混合在一起的间歇分散过程。球磨分散中催化剂颗粒尺寸的减小主要是由于颗粒与罐体、颗粒与球、颗粒与颗粒等之间不断和反复碰撞，从而发生颗粒的破碎或断裂。当颗粒受到球磨分散过程中施加的应力时，能量以应变能的形式储存，颗粒经历可逆变形，施加的力沿着材料中存在的缺陷和微裂纹传递。如果施加的力超过材料的弹性极限，就会发生颗粒断裂，导致更小的颗粒形成。对于半脆性材料，首先发生的可能是塑性变形，之后才是裂纹扩展和断裂的发生。由于固体材料通常会存在缺陷，以及球磨过程中对固体材料施加的力分布不均匀，因此颗粒断裂形成更小的颗粒，且尺寸分布不均匀，其尺寸和数量取决于研磨过程及材料的性质。从热力学的角度来看，断裂颗粒所需要做的功取决于表面能，而材料的屈服应力或强度取决于变形发生时的应变率和温度。

总的来说，颗粒破碎取决于碰撞的速率和类型，以及由此产生的能量分布、在不同碰撞场景中对材料造成的损伤和研磨时间[43]。能量并非均匀地作用于球磨机内的所有颗粒。这样就会造成一些颗粒受比较大的冲击力而断裂，但另外一些颗粒受到的冲击力则比较小。根据碰撞的作用力及材料的性质，碰撞可能会导致材料本体破损，比如会发生颗粒断裂或表面损伤。球磨分散过程主要由这些低能量、增量损伤事件占主导，这导致了该过程的整体能量效率低下。

颗粒断裂所需能量与起始颗粒的大小成反比。随着球磨分散过程的进行和颗粒尺寸的减小，颗粒中裂纹的数量会减少，需要更大的应力才能导致颗粒断裂。缺陷的减少导致颗粒更倾向于塑性变形而不是弹性变形，这是因为拉应力的大小不足以在没有裂纹的情况下使其产生脆性断裂。在某一时刻，能量消耗的增加并不会导致尺寸的进一步减小。这被称为球磨极限，它取决于材料特性、使用的球磨机类型和球磨机的工作参数。随着颗粒间相互作用的增加，特别是随着球磨时间的延长，颗粒尺寸减小，颗粒聚集也会增加，这可以看作是颗粒破碎的竞争现象[44]。

除了球磨设备类型和工作参数外，材料特性也是颗粒断裂行为的关键因素。

材料的断裂强度和变形行为（弹性或非弹性）会影响颗粒断裂[45]。影响固体颗粒断裂的主要特性是杨氏模量，表示抗弹性变形能力；硬度，表示抗塑性变形能力；断裂韧度（也称为临界应力强度因子），表示抗裂纹扩展能力。

球磨机通常可分为滚筒式、搅拌式、振动式和行星式球磨机。这种分类方式是根据磨球的运动方式来命名的，这些机器一般都有球磨机、研磨室及磨球。

滚筒式球磨机仅利用自然重力对颗粒施加作用力。它有一个水平安装的空心圆柱壳，并绕其纵轴旋转。圆柱形壳体部分加入物料和磨球后旋转。由于与壁面的摩擦，磨球在轨道的上端开始离开壁面，并在重力作用下下落，从而产生冲击作用。当磨球的轨迹运动导致各种碰撞时，会发生多重碰撞和摩擦力。被夹在飞行磨球之间及磨球和圆柱体壁面之间的颗粒遇到了高冲击能量。当容器转速过高时，作用在磨球上的离心力超过重力，磨球将粘在容器内表面上。因此，为了达到所需要的研磨效果和效率，必须确定并设置容器的最佳转速。

搅拌式球磨机由一个立式固定槽及其内装置组成，槽内装有一根转轴，转轴上连接着多个水平臂。该罐装上浆料和磨球后，通过高速旋转的水平臂使混合物进入随机状态运动。磨球在整个罐体内随机翻滚，并实现不规则运动，因此这个过程产生的主要是剪切力和摩擦力。磨球与磨球之间、磨球与器壁之间及磨球与叶轮之间的持续碰撞也会产生冲击力。由于磨球的随机运动，磨球的剪切力和摩擦力呈不同的旋转方向。搅拌式球磨机的比能耗明显低于其他球磨机。磨球的大小和数量、研磨材料性质、研磨速度和温度是影响搅拌式球磨机研磨效果的重要因素。然而搅拌式球磨机在运行过程中球磨机本体的磨损程度非常高，这增加了球磨机运行的总成本，并导致催化剂浆料的污染。

在振动式球磨机中，含有研磨材料和磨球的容器或贮存器以高振动频率上下振动。通常最大振动振幅可达 20mm，这将磨球的轨迹限制在 20 ~ 30mm[46]。与传统球磨机和行星式球磨机相比，振动式球磨机中的磨球对研磨材料的负荷要高得多。影响作用在研磨材料上的冲击力的主要因素是研磨速率、振动频率、振动振幅和磨球质量等。

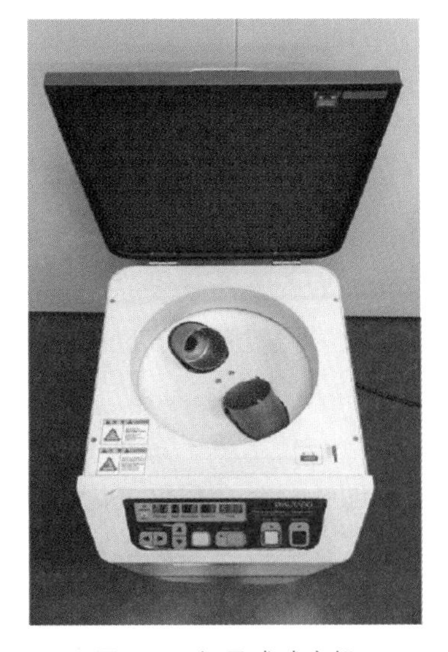

图 7-7　行星式球磨机

行星式球磨机由旋转底座盘和研磨罐组成，如图 7-7 所示。研磨罐位于底盘上。当底盘绕其轴线旋转时，装有磨球的罐会以相反方向进行行星旋转。由于研磨罐围绕两个独立的平行轴旋转，因此磨球受到叠加旋转运动的影响。行星式球磨机受两个离心力场的联合作用，从而导致研磨罐内的加速度不均匀。科氏力和离心力的产生将磨球的动能增加到重力的 100 倍，从而在磨球之间及磨球与罐壁之间产生更高的冲击能量[46]。冲击力、摩擦力和剪切力之间的相互作用对研磨物质产生非常有效的物理化学变化。行星式球磨机比其他球磨机小得多，通常用于实验室将样品催化剂浆料研磨至很小的尺寸。

7.2.2 催化剂浆料涂布与干燥

1 狭缝涂布

（1）狭缝涂布简介　涂布是将聚合物溶液、糊状或熔融聚合物等沉积在塑料膜、纸、布等基材上制备复合材料（薄膜）的一种方法。目前普遍使用的涂布工艺主要包括刀片涂层、丝网印刷、喷墨打印、超声喷涂及狭缝涂布。狭缝涂布技术是狭缝式模具涂布技术（Slot Coating Technology，SCT）的简称，是目前涂布行业中精密涂布加工重要技术之一，代表着湿法涂布未来发展的方向。该技术由柯达公司 Beguin 工程师在 1954 年首创用于生产摄影胶片和相纸等材料。由于其独特的优势，狭缝涂布工艺随后不断被工业生产改进和优化，目前除应用于传统的胶卷及造纸工业制造外，其在柔性电子组件、功能性薄膜、平面显示器及生物医药产业也被广泛应用。随着新能源产业的兴起，狭缝涂布技术在新能源制造领域，特别是锂离子电池极片、太阳能电池、燃料电池膜电极涂布中，发挥着越来越重要的作用。

狭缝涂布技术，是将涂布液在一定压力、一定流量下沿着涂布模具的缝隙挤压喷出而转移到基材上的涂布方法。相比其他涂布方式，其具有以下优点：①涂布速度快，能够应用于较大范围的涂布并可以快速得到优质的涂膜；②涂布面积广，能够根据需要调整涂布的面积，进行大面积连续化加工，提高涂布效率；③精度高，通过控制相对移动速度实现薄膜厚度的精确调控，通过调节涂布头唇口与基底的间隙预设涂膜厚度；④浆料利用率高，能够根据成膜尺寸预估配置浆料总量，通过控制流量精密计量浆料用量；⑤系统封闭，涂布过程能够防止污染物进入；⑥适用范围广，可用于黏度和溶剂种类繁多的浆料，对基材兼容性高。狭缝涂布技术属于涂布工艺而不是印刷工艺，基于其以上的优点，该技术特别适合轻薄均匀的材料层涂布流水线作业和大规模商业化生产，而不适用于印刷或连续堆积复杂的图像和图案。同时，狭缝涂布也不可避免地存在一些缺点，比如涂布系统设备成本高，对操作人员技术水平要求高，设备安装和操作要求高，涂布头维护成本高等。

（2）狭缝涂布原理及浆料要求

1）基本原理。狭缝涂布系统主要包括供料模块、涂布单元、传动模块及烘干单元等，如图 7-8a 所示。其中供料模块一般包括储料罐、输送泵、过滤装置等，配置好的浆料存储在储料罐中，通过输送泵转移至涂布单元的涂布头中，期间需经过过滤装置对浆料进行过滤，以保证浆料的粒度和纯净度符合涂布要求，避免涂布头发生堵塞问题等，如图 7-8b 所示。涂布单元主要由控制涂布间隙的阀门系统、压力控制系统和涂布头组成。进入涂布头储料罐的浆液流量可通过阀门系统的控制进行调节。进入涂布头的浆料流量可通过压力控制系统进行调节，从而确保浆料涂布准确地按照预置程序进行。涂布头主要包括三部分：上模、下模和装配在上下模中间的垫片，如图 7-8c 所示。涂布头根据其调整方式的不同分为两种：固定式和可调式。上模和下模之间的唇口间隙固定的涂布头为固定式涂布头，上模和下模之间的唇口间隙能够调节从而控制浆料流量的涂布头称为可调式涂布头。另外，通过改变垫片形状可实现和得到条纹涂布。浆料在挤出涂布头出口之后，浆料小液滴的形成是浆料在基底成膜的关键，浆料液滴的关键参数主要包括：上、下弯月面的形成情况及其所在位置、静态接触线的所在位置及动态接触线的所在位置，如图 7-8d 所示。传动模块一般是恒速旋转的转轴，通过传动单元将基底材料匀速平整地传送至涂布单元下方，以实现涂布。烘干单元一般为烘干箱，通过基底加热或干燥空气对流吹送结合的方式对湿膜进行干燥蒸发成型。目前实验室一般用到的涂布机有两种：一种是滚轴式；另一种是类似刮刀涂布的平板式。其中，滚轴式仅适合柔性基底材料，平板式涂布机适合刚性或者柔性器件基底，但二者的工作原理基本相同。

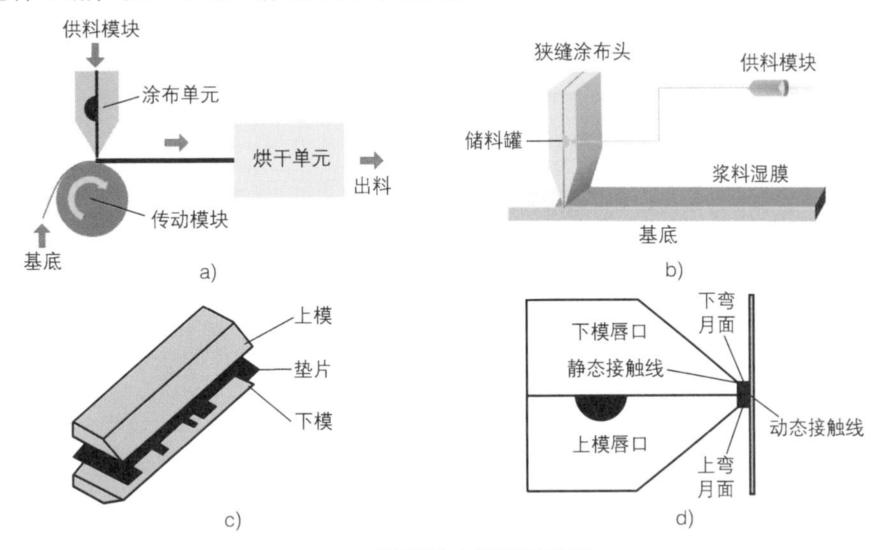

图 7-8 狭缝涂布原理示意图

a）狭缝涂布系统 b）供料模块工作过程 c）涂布头组成 d）浆料液滴的关键参数

狭缝涂布过程中，经过过滤装置后得到的浆料在一定压力作用下，从上模和下模之间的狭缝中挤出，与传动装置上移动的基材之间形成浆料液滴并转移到基材表面，在基底上形成平铺的带状湿膜。涂布得到的带状湿膜理论上可以无限长，并随着传动装置送入烘干单元中，干燥蒸发后得到催化层薄膜。由于制膜过程中浆料能够连续地注入涂布头的储料罐中实现不间断涂布，因此狭缝涂布是目前涂布工艺中最适合大面积涂膜的技术。涂布湿膜厚度可以通过调节浆料流量、涂布头与基材间隙及浆料的浓度来控制。狭缝式涂布制备干燥的薄膜厚度可以通过式（7-3）计算得出。

$$d=\frac{f}{sw}\times\frac{c}{\rho} \tag{7-3}$$

式中，f是浆料从涂布头狭缝中挤压出的速率，即单位时间内挤出的浆料量（$m^3 \cdot s^{-1}$）；s是涂布头和传动装置上基底的相对移动速度（$m \cdot s^{-1}$）；w是狭缝长度（m）；c是浆料浓度（$mol \cdot m^{-3}$）；ρ是催化剂颗粒的密度（$kg \cdot m^{-3}$）。

由式（7-3）可知，涂布得到的湿膜厚度可以通过调节浆料挤出速率、基底相对移动速度、浆料浓度及狭缝长度等来控制。此外，上述参数同时也会影响涂布湿膜的形态，因此需要通过实验来了解这些参数对狭缝涂布的影响规律，以确定最佳的参数。此外，在涂布头狭缝和基底表面之间形成稳定的弯月面是得到均匀且无缺陷浆料湿膜的关键。在狭缝涂布过程中，若狭缝和基底之间的弯月面破裂，则将出现厚度不均匀、湿膜带棱、湿膜带条纹及湿膜表面和内部存在气泡等各种薄膜缺陷。以上的大多数缺陷主要是由浆料流速和涂布速度的不匹配所引起，因此通过调整和匹配涂布速度和浆料流速，可以获得均匀优质的浆料湿膜，避免薄膜缺陷的出现。

狭缝涂布工艺可以高效地利用催化剂浆料进行大面积连续化成膜，能够减小大量的时间成本，且没有高真空环境的限制，通过调节工艺上的参数可以相对精确地控制薄膜的厚度。此外，其在基材兼容性上程度很高，能够在柔性和刚性基底上涂布以制备薄膜，是目前最具有产业化生产潜力的一种加工工艺。

2）技术对浆料的要求。在浆料的制作过程中，需要对浆料进行合理的设计，以匹配和满足不同浆料沉积技术对浆料性质的要求。狭缝涂布作为一种精密的湿式涂布技术，其能够获得较高精度的涂层，同时对浆料的一些重要性质具有较强的兼容性，可用于较高黏度和固含量的浆料流体涂布，具有较广的适用范围。为了沉积得到性能良好的催化层薄膜，狭缝涂布工艺中，不仅要保证浆料的基本性质（温度、浓度等）满足标准要求，浆料的分散性、稳定性及流变性质也应有利于狭缝涂布制膜过程的顺利和高质量完成。以下将重点介绍狭缝涂布工艺在浆料温度与固含量、分散性、流变性质及稳定性方面对浆料性质的要求。

3）浆料基本性质要求。在浆料制作过程中，需要满足其温度与固含量的要求。

温度是影响浆料涂布的一个重要因素。在配置浆料的过程中，原材料组分按照一定的比例，经过混合及高速分散之后，形成流动性良好的浆料。在组分高转速的分散阶段，催化剂浆料组分之间的摩擦会产生大量热量，浆料浓稠度较高，热量较难释放并在浆料内部积累留存，从而引起浆料的温度变化，因此浆料内部温度存在分布不均匀的特点。

浆料温度会影响狭缝涂布工艺中涂膜面密度状况，因为温度与浆料的其他性质具有关联性，温度的差异会影响浆料内部黏度和密度等的分布，所以在涂布前和涂布过程中需要对浆料的温度进行测量，尽量保持浆料内部温度的一致性，并与环境温度大致相同，以确保浆料涂布过程中整体的一致性和稳定性。如果进入涂布头的浆料温度存在差异，则对浆料黏度的整体一致性具有严重的影响，在涂布过程中涂膜可能出现厚度不均匀和缺陷。另外，如果浆料温度与涂布头唇口温度不同，涂布头唇口将变成热交换器并与到达涂布口的浆料发生热交换作用，将会使得涂布浆料从涂布头的分配腔进口流动到狭缝出口过程中，温度发生较大变化，从而导致涂布后得到的湿膜出现面密度不一致。因此，如果浆料内部温度一致性较差且与环境温度存在较大不同，则需要通过浆料控制系统来使得浆料涂布前内部温度达成一致，只有这样才不会影响涂布的稳定性和均一性；或者通过自然降温使浆料温度与环境温度达成一致，但是这种方法需要耗费较长的时间来使浆料冷却，而且在静置等候过程中，浆料的分散性和稳定性可能发生变化，影响涂覆过程和催化层的形成。

催化剂浆料的固含量是浆料的一个关键参数，在实际生产过程中，浆料的固含量对狭缝涂布的过程具有重要的影响。浆料的固含量是指催化剂颗粒在浆料中的比例，浆料的固含量和浆料黏度与稳定性息息相关，浆料固含量越高，黏度越大，反之亦然。在一定范围内，黏度越大，浆料稳定性越高。狭缝涂布工艺所需的浆料固含量相对较大，虽然其对浆料固含量的适用范围较大，但对浆料固含量进行测定仍然对狭缝涂布过程十分重要，这关系到涂布口与基底接触之后形成的涂布湿膜的形态。一般地，过大的固含量在导致高黏度的同时，可能引起涂布湿膜表面不光滑和其他薄膜缺陷问题。因此，在具体的涂布生产中需要根据浆料的特性和涂布设备的性能，对浆料的固含量进行分析和调整。

4）浆料的流变性要求。催化剂浆料的流变性主要指在外力作用下，浆料的流动状况和变形状况的变化，其主要表现在浆料的稳定黏度、剪切性质、触变性质及黏弹特性。流体根据其剪切性质的不同一般可分为牛顿流体和非牛顿流体，具有恒定黏度而不受剪切速率影响的流体被定义为牛顿液体；反之，随着剪切速率的变化，流体的黏度发生变化的流体称为非牛顿流体。非牛顿流体根据流体黏度随剪切速率和剪切时间变化而具有的不同表现，又可分为震凝性流体、胀流性流体、假塑性流体、触变性流体，如图 7-9 所示。震凝性流体和胀流性流体具有流体黏度随着剪切速率提高而增大的特点，即发生剪切变稠现象。其中，震凝性流体具有流体黏度随着剪切力的逐渐减小逐步恢复原始较低状态的能力。假塑性流体和触变性流体具有流体黏度随着剪切速率提高而减小的特点，即发生剪切变稀现象。其中，触变性流体具有流体黏度随着剪切速率的逐渐减小而逐步恢复原始较高状态的能力，而假塑性流体在剪切力撤出后将立即恢复流体黏度。因此触变性流体表现出更好的抗流挂性，而同时兼具较好的流变性和流平性能。

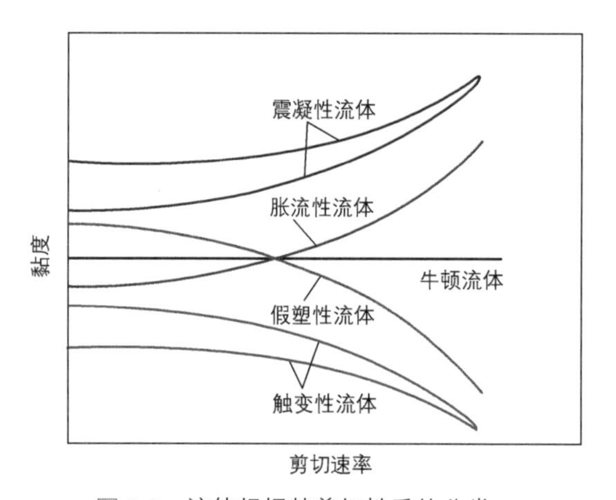

图 7-9　流体根据其剪切性质的分类

催化剂浆料黏度是流体黏滞性的一种量度，是剪切力和剪切速率的比值，表示在受外力作用时，由于浆料内部摩擦产生的流体流动阻力，反映了流体流动力对其内部的摩擦程度。Pt/C 颗粒、离子聚合物及溶剂等组分的种类和配比不同会影响催化剂浆料的黏度。浆料黏度较高时，内部组分作用较为强烈，浆料内部的分散状态可以长久维持，使得浆料稳定性较好；但是流动性差，在基底上的流平表现及浸润效果都不好，不利于涂布成膜，并且容易出现湿膜拉丝和紧缩等外观异常问题。浆料黏度较低时，浆料虽然流动性较好，但是稳定性较差，导致浆料分散性受时间影响，在长时间静置的状况下容易发生固体颗粒沉降，且容易出现边缘效应等导致膜厚度不一致。低黏度的催化剂浆料湿膜在烘干过程中需要更多的时间成本和经济成本，容易造成烘干困难而形成湿片，这极大地降低了干燥效率，从而影响膜电极的大规模生产。不同的沉积工艺对浆料黏度有着不同的要求，其中狭缝涂布对浆料黏度的适用范围较广，能够满足大部分催化剂浆料的涂布。

剪切性质是指随着剪切速率变化，流体的黏度会发生变化的性质。剪切速率、剪切应力及流体黏度之间的关系见式（7-4）。

$$\frac{F}{A}=\eta\frac{\mathrm{d}u}{\mathrm{d}r} \tag{7-4}$$

式中，$\frac{F}{A}$是剪切应力（Pa）；$\frac{\mathrm{d}u}{\mathrm{d}r}$是流体在剪切作用下的速度梯度，称为剪切速率（$s^{-1}$）；$\eta$ 是流体的黏度（Pa·s）。

如前所述，流体的剪切性质一般分三种，一是随着剪切速率的变化，流体的黏度不发生变化，属于典型的牛顿流体；二是随着剪切速率提高，流体的黏度发生增大的现象，如胀流性流体；三是随着剪切速率提高，流体的黏度发生降低的现象，如假塑性流体。

狭缝涂布工艺要求催化剂浆料具有剪切变稀的性质：随着剪切速率的增大，浆料的黏度逐渐降低，达到一定的剪切速率之后，黏度降低速度逐渐缓慢，最后达到一定的稳定状态。实际上催化剂浆料都具备剪切变稀的特征，这是由于浆体中的颗粒易发生局部团聚，颗粒团聚程度与浆料的黏度相关，团聚块越大，浆料黏度越高，团聚块越小，表观黏度越小。因此，当浆料随剪切作用流动时，团聚块被剪切力打开，而剪切速率越大，团聚块的解聚程度越大，从而使浆料的表观黏度不断降低，呈现出剪切稀化的现象。催化剂浆料在满足剪切变稀性质的同时，另一个重要的实用特征是：如果浆料能够在较小的剪切速率下达到黏度稳定或者趋于稳定的状态，说明浆料剪切性质较好，则其更适合狭缝涂布工艺。这是因为在挤出压力的作用下，浆料从涂布头唇口喷出的过程将受到较大的剪切速率，如果催化剂浆料能够在较小的剪切速率下迅速达到稳定，则能够保证浆料在此期间黏度的变化率较小，则浆料的稳定性和分散性将保持较好，得到的涂布湿膜厚度均一性也将更高。

浆料的黏弹性是浆料黏性和弹性的综合表征，黏性是当流体受到外力时产生形变，应力松弛后能量消耗，等外力撤除时产生永久性形变，服从牛顿黏性定律；弹性则正好相反，当流体受到外力产生形变后，流体储存能量，等外力撤除时能量释放恢复形变，用胡克定律来表征。根据弹性是否存在，一般可将流体分为黏弹性流体和纯黏性流体。仅存在黏性的流体称为黏性流体，而既存在黏性又具有弹性特征的流体称为黏弹性流体。通常，真实的流体都具有黏性特征，对于催化剂浆料而言，若浆料仅是黏性流体而不具备弹性的特征，则在狭缝涂布的过程中，浆料的流变性能恢复较差，在基底上容易出现流变失控，难以得到可观的薄膜涂层。因此工艺要求催化剂浆料保证一定的黏弹性，从而保证涂布口挤压而出的浆料在经历一定的拉应力之后能够物迅速回弹，保持浆料的稳定性和均匀性，得到结构优良的催化剂浆料湿膜。

催化剂浆料黏弹性的特征是弹性模量（储存模量，G'）和黏性模量（损耗模量，G''），G'和G''之间的关系在一定程度上反映了浆料中的P/C颗粒网络和微观结构。浆料的黏弹性一般具有浓度依赖性：在低浓度下，G'和G''都随着频率的增加而增加，表明浆料内部发生了凝胶化转变；随着浓度的增加，G'逐渐变得与频率无关，表明浆料从凝胶化过渡到有序填充的网络结构。浆料的黏弹性对狭缝涂布过程中浆料的稳定性和内部微观形状的保持具有十分重要的意义。应用于狭缝涂布的浆料在受到剪切力作用之前应满足弹性模量大于黏性模量，即浆料具有类固性。浆料的这种固相行为有利于狭缝涂布过程中浆料在涂布头储料罐内的稳定维持。在狭缝挤出时的高剪切应力作用过程中，浆料应表现出弹性模量小于黏性模量的关系，即浆料表现为类液性，浆料的这种液相行为将使得催化剂浆料在挤出过程中以黏性特性为主，使得浆料能够连续挤出，完成基底涂覆。催化剂浆料平铺于基底上，剪切应力去除，浆料应恢复弹性模量大于黏性模量的关系，即浆料重新表现出类固性，浆料的这种固相行为表明催化剂浆料在基底上以弹性特性为主，浆料内组分保持原有形态和分散度，从而保证浆料在基底上稳定沉积和快速成膜。

5）浆料的分散性要求。催化剂浆料在流变性能（黏度、剪切性质、黏弹性等）满足狭缝涂布工艺的要求之后，还需要考虑浆料的均一性质，即浆料的分散程度。催化剂浆料不是单一的由一种固相和一种液相混合的产物，而是由多组分（Pt/C颗粒、离子聚合物、溶剂等）相互混合的多元固液悬浮体系，因此需要考虑固相Pt/C颗粒在液相介质中的分散状况和黏附状态。催化剂浆料必须具有良好的分散性，对分散性的要求不仅包括浆料体内部的空间分散状态的均匀性，也包括在涂布过程中浆料均匀分散状态的长久维持，这将在浆料稳定性要求中主要阐述。

粒度和粒度分布是影响催化剂浆料分散性的重要参数，在狭缝涂布沉积过程中，需要对这两个参数进行测定。虽然狭缝涂布工艺相对于其他涂布技术具有更强的兼容性，对浆料粒度的适应性也更强，但浆料的粒度和粒度分布对于狭缝涂布工序及膜电极性能有重要影响。理论上来说，浆料粒度分布范围应相对集中且粒度应足够小，以保证涂布头不发生堵塞，但是当浆料粒度过小时，也将更加容易发生团聚，造成涂布面密度不稳、涂层裂纹等问题。当颗粒粒径过大时，浆料的稳定性会受到影响，容易出现沉降、浆料一致性不良等，在狭缝涂布过程中会发生出浆料堵塞、涂层表面不平滑、涂层干燥后出现裂纹等情况。阴阳极催化剂浆料组分材料粒径大小不一，密度不同，在搅拌过程中会出现混合、挤压、摩擦、团聚等多种不同的接触方式。在催化剂颗粒被逐渐混合均匀、被溶剂润湿分散、大块Pt/C颗粒破裂和浆料逐渐趋于稳定这几个阶段中，会出现组分混合不匀、离子聚合物分布不均、细催化剂颗粒发生团聚等情况，将会导致粒度较大的催化剂颗粒产生。通过改变和调控制浆过程中各阶段的固含量、分散时间、转速等参数可以提高浆料的分散程度，避免浆料中大颗粒团聚的产生。

催化剂浆料的分散程度也与溶剂类型与用量、离子聚合物用量及混合方式与时间相关，在浆料配置过程中，通过对浆料规律的掌握并采取一定的手段能够保证浆料具有优异的分散性能。比如，采用低疏水性的溶剂，能够使离子聚合物在 Pt/C 表面吸附，从而减小 Pt/C 颗粒团聚概率，提高浆料均一性；又如，防止分散剂在组分混合过程中发生额外的化学反应生成疏水性更高的组分，能够减小 Pt/C 颗粒团聚概率，提高 Pt/C 颗粒的分散性和浆料均一性。此外，通过加入沸点较高的溶剂，能够使得在蒸发干燥后期，浆料湿膜中并非只剩下水，而仍然存在溶剂成分，从而可以延缓干燥后期 Pt/C 颗粒发生快速团聚的时间和降低团聚概率，保持浆料湿膜中 Pt/C 颗粒分散状态和均一性，减少催化层中裂纹的形成。在实际生产中，一批催化剂浆料的制备需要满足成百上千个膜电极的制作，如果催化剂浆料分散度和均一性很差，一方面会促使催化剂浆料湿膜在干燥蒸发过程中的裂纹产生，影响催化层性能；另一方面将导致单电池之间的性能存在较大差异。因此，浆料的分散程度不仅影响涂布过程，也对燃料电池的制造和使用过程影响深远。

6）浆料的稳定性要求。通过狭缝涂布工艺进行催化剂浆料的涂布，由于工艺能够连续且大面积成膜，涂布过程一般会持续较长一段时间，涂布时间的长短是由涂布的面密度所决定的。如果涂布速度足够快，将能够快速消耗完制备所需的浆料；如果涂布速度很慢，将造成催化剂浆料一直处于静置状态，此时便需要考虑浆料的稳定性。浆料稳定性表征浆料内部分散性在时间维度上维持的能力，需要考虑浆料宏观上的稳定性和微观上的稳定性。宏观上的稳定性要保证浆料在初始分散度较好的情况下，能够在足够长的时间内不会发生沉降，或者在再加工后能够快速恢复到之前的分散均匀状态。如果浆料快速发生沉降，则说明浆料的固液悬浮体系稳定性较差，没有达到良好的分散状态，或未能在时间维度上保持浆料较好的分散状态。浆料在微观上的稳定性是指在微观尺度内，浆料 Pt/C 颗粒之间不发生团聚。催化剂浆料宏观和微观的稳定性是相互关联的，微观上的催化剂颗粒严重团聚将会造成宏观上固体颗粒粒径的增大而发生沉降。狭缝涂布持续时间较长，因此需要浆料具有较好的稳定性，保证浆料在时间维度上的分散性。

（3）沉积过程中浆料结构演变　狭缝涂布之后，在基底上形成了催化剂浆料湿膜，一般通过在大环境下或真空环境中基底加热的方式使催化剂浆料湿膜涂层逐渐蒸发干燥。催化剂浆料的蒸发干燥过程中湿膜将经历一系列变化最终得到有效的催化层，为后续的膜电极装配做准备。在干燥过程中，湿膜通常需要经历三个阶段，包括涂层预热阶段、恒速干燥阶段、减速干燥阶段，如图 7-10 所示。

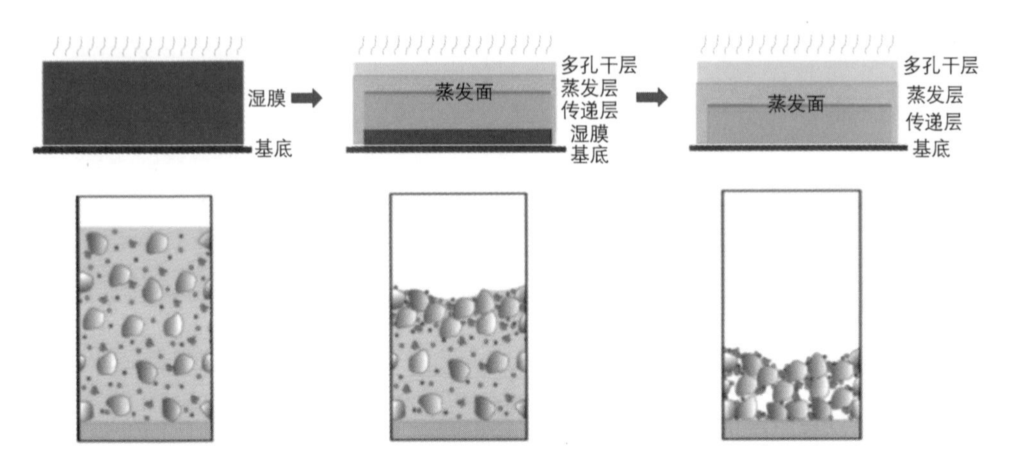

图 7-10　沉积过程中浆料结构演变

涂层预热阶段：在湿膜涂层预热阶段，基底作为热源为涂层提供热量输入，热量通过热传导的方式使涂层逐渐升温，并在涂层内部形成温度梯度。热量传导至涂层表面后，表层溶剂的压力超过饱和蒸气压后开始蒸发，溶剂分子进入大气环境或真空环境中。随着溶剂分子的不断蒸发，涂层中的溶剂质量分数逐渐减小，湿膜层的液面也逐渐下降，并在表层开始形成半月形液面。随着溶剂蒸发的持续进行，半月形液面逐渐向下扩展，与此同时，Pt/C 固体颗粒逐渐裸露出来，由于毛细力的作用，表层固体颗粒逐渐收缩形成多孔干层，近表面层的溶剂也将由于毛细力的作用发生流变。

恒速干燥阶段：随着溶剂的不断蒸发，当基底热源的热量输入等于湿膜表层溶剂蒸发吸热带走的热量时，蒸发干燥过程进入恒速干燥阶段。此时，涂层温度稳定，并达到相对平衡状态，在涂层中形成稳定的温度梯度和湿度梯度。基底的热量通过固定的温度梯度为驱动力传递至蒸发表面，到达蒸发表面的热量等于表面溶剂蒸发吸热带走的热量。湿膜中的溶剂通过固定的湿度梯度为驱动力传递至蒸发表面并蒸发至大气环境中，蒸发层溶剂蒸发速率等于湿膜层溶剂扩散至蒸发表面的速率。在恒速干燥阶段，溶剂逐渐蒸发，半月形液面逐渐向下扩展，直至溶剂完全被蒸发消耗，多孔干层的裸露区域也逐渐向湿膜区扩展。

减速干燥阶段：当涂层中湿膜层溶剂通过湿度梯度扩散，最终完全被表面蒸发消耗后，原有的平衡状态被破坏，稳定的温度梯度和湿度梯度发生变化。此过程中，剩余在传递层的溶剂被逐渐蒸发，但蒸发速率逐渐降低，表面溶剂蒸发吸热带走的热量逐渐减小，此时基底热量输入将逐渐大于热量消耗。由基底输入的过剩热量将被存储在涂层中，使得涂层温度逐渐上升。在减速干燥阶段，湿膜

层消失，蒸发面随着溶剂的蒸发逐渐下移，传递层和蒸发层也将逐渐下移直至消失，最后仅剩多孔干层，并得到有效的催化层结构。

蒸发干燥过程中主要涉及的过程包括：溶剂蒸发、空隙间半月形液面的形成、固体颗粒收缩成多孔干层、蒸发表面下流体的流动行为等。溶剂蒸发过程主要涉及多组分相变及相律的问题，需要气体热力学和动力学方面的知识来解释。空隙间半月形液面的形成是一种毛细现象，表面的液体受到毛细力的作用使得液面出现半月形凹陷。固体颗粒收缩成多孔干层是由于蒸发过程中形成的半月形液面的表面张力，固体颗粒发生了位移上的改变和相对运动。同样地，蒸发表面下流体的流动行为也是随着蒸发的进行，由于表面张力的变化和作用，流体发生一定程度的流动。下面对浆料表面的表面张力和毛细作用进行解释，胶体的表面张力和毛细原理可参见胶体或涂料界面原理相关书籍等。

众所周知，在分子之间存在着相互吸引的作用力，处于表面层的分子与内部分子的受力状况存在差异。对于液体内部的分子，它们受到来自其邻近四周其他分子不同方向的作用力，这些作用力总体是对称的，使得内部分子受力相对平衡；而对于表面层的分子，它所存在的环境与内部分子不同，由于其一面相邻的是气体，气体对液体表面层分子的引力极小，可忽略不计，因此液体表面层的液体分子的受力主要来自于液体内部分子的吸引力。反之，如果液体表面受到意图扩展拉伸表面的力，则液体会产生一个反抗的力，这个力便是表面张力。由于表面张力的作用，在弯曲表面下的液体与在平面下的情况不同，表面张力会对弯曲表面产生一个指向曲率中心的附加压力，如图 7-11 所示。因此随着溶剂的蒸发，在形成的多孔干层中的狭小孔隙内，将产生毛细现象，形成半月形液面，以及催化剂固体颗粒收缩移动和蒸发表面下流体的流动行为。

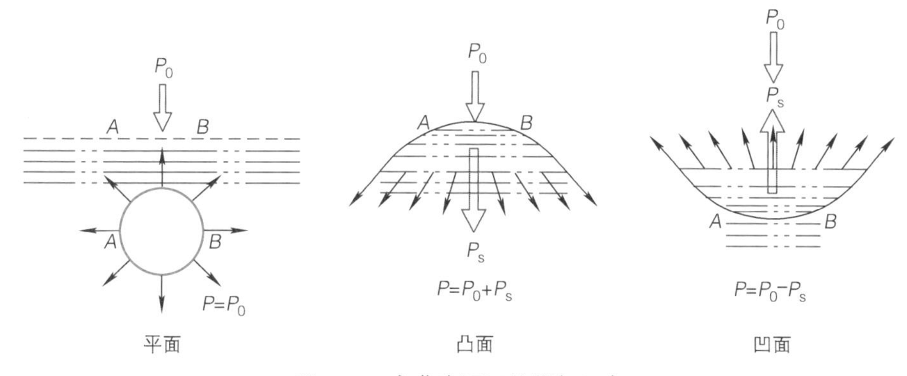

图 7-11　弯曲表面下的附加压力

（4）狭缝涂布的影响因素　狭缝涂布工艺可以高效地利用催化剂浆料进行大面积连续化成膜，对柔性和刚性基底材料具有极为广泛的兼容性，能够减小大量的时间成本，且没有高真空环境的限制。随着狭缝涂布技术和工艺的不断优化，调节该工艺上的参数可以更加精确地控制薄膜的厚度，目前该工艺越来越多地被应用到质子交换膜燃料电池催化剂浆料涂膜工艺中，是最具有产业化生产潜力的一种加工工艺。

1）狭缝涂布过程。狭缝涂布过程中，许多因素将影响狭缝涂布工艺的进行。狭缝涂布装置的开机过程对整个涂布能否顺利进行十分关键，所谓的开机过程，主要包括设备开机至能够达到稳态涂布这段时期。许多学者对开机过程进行了实验和软件仿真的研究，研究了浆料性质、操作条件等对其的影响，探究了开机过程浆料从涂布口挤出后在基底上的扩展行为等。Yang 等 [47] 的研究结果表明，在狭缝涂布设备能够进行稳态涂布时，通过迅速提高浆料的流速能够明显减弱狭缝涂布的边缘效应，得到厚度一致、表面均匀的优质薄膜涂层。Yi-Rong Chang 等 [48] 对狭缝涂布过程进行了监测，他们使用显微镜实时观察了狭缝涂布在开机过程催化剂浆料在基底上的形态变化和成膜过程。研究发现，通过预润湿基底材料，提高浆料黏度，增加涂布头缝隙及涂布头与基底之间的间隙，减小涂布头唇口宽度等方法，能够有效地缩短狭缝涂布装置的开机时间，提高狭缝涂布的效率和质量。

由于狭缝涂布装置的原因，在狭缝涂布过程中经常会出现涂布间隙波动，涂布间隙的波动将对涂布薄膜的厚度均一性和平整性产生较大的影响。许多学者对狭缝涂布过程进行了数值仿真计算，从涂布间隙周期振动的角度探究了其对涂布形成的湿膜厚度的影响。他们的研究结果表明：湿膜厚度与涂布间隙周期振动幅度的比值（即放大因子）和波数（与涂布速度满足 $k = 2\pi f/u$ 的关系）具有一定的相关性；当波数小于 1 时，涂布间隙具有较大的调整范围以得到合适的膜厚，而且呈现波数取值越接近 1，涂布间隙的最佳调整范围越向低值靠拢的趋势；当波数大于 1 时，涂布的间隙固定，则能够在比原来更小的数值范围内调整真空压力的值。

在狭缝涂布成膜效果较为可观的前提下，一般将能够调节的工艺参数范围定义为狭缝涂布工艺的涂布窗口，保证涂布成膜的品质是确定涂布窗口的关键因素。一旦超过可调节的工艺参数范围，湿膜将很大概率出现裂纹等缺陷。Schmitt 等 [49] 对狭缝涂布过程中阳极侧浆料的涂布窗口进行了分析，研究了催化剂浆料中固体颗粒含量对涂布成膜的影响，分析总结了可能导致成膜缺陷的工艺条件。Hyunkyoo 等 [50] 采用统计与实验相结合的研究方法，分析了狭缝涂布过程中操作条件与涂布薄膜厚度和薄膜条纹宽度之间的关系。他们的研究发现，浆料涂布厚度和薄膜条纹宽度最显著的影响因子是涂布头唇口与基底的相对移动速度，此外，研究还指出催化剂浆料的供料流量比和涂布间隙，与薄膜的条纹宽度不存在

影响关系，但有时会影响成膜厚度。Yu-Rong Chang 等[51]研究了狭缝涂布过程最小湿膜厚度，他们观测到了明显的可涂布区域，并计算出了相应可涂布区域的临界雷诺数，他们的研究结果表明，涂布区域的类型取决于涂布过程中下弯月面的位置，而涂布缺陷的类型则取决于涂布过程中上弯月面的位置，这对涂布工艺的优化具有十分重要的意义。

2）涂布头结构和安装角度。除了涂布过程中流体的变化、涂布间隙波动及涂布窗口对涂布有影响外，涂布头的几何结构及安装角度对涂布过程和成膜效果也具有显著的影响。Soonil Hong 等[52]针对伸出型垫片的狭缝涂布，探究了垫片长度、基底温度和涂布速度对涂布湿膜样貌的影响，他们的研究得到了能够计算具有伸出型垫片的狭缝涂布厚度的公式。涂布头角曲率半径与静态接触线稳定性及流体稳定性存在一定的相关性，且静态接触线的最小曲率半径也可计算。另外，一些研究也关注双层狭缝涂布过程中涂布头结构设计及工作环境和运行参数对涂膜的影响，研究发现外部的周期性扰动因素对涂布头的结构设计有一定的影响，可以通过优化对涂布头的结构设计从而避免周期性外部扰动对涂布的影响。Romero 等[53]建立了狭缝涂布过程的数值仿真模型，通过仿真研究了涂布头结构设计对狭缝涂布过程的影响，并提出了定性和定量的优化建议。Ahn 等[54]采用 VC 模型和频率响应分析法，研究了不同的涂布头上唇口结构和不同的催化剂浆料流量对狭缝涂布过程的影响，他们的研究结果显示：上弯月面的位置随着涂布头上唇口结构的不同而变化，并对狭缝涂布过程具有显著的影响，当涂布头上唇口角度增大时，涂布系统的外部周期性扰动敏感度会降低。Jaewook 等[55]研究了涂布头结构对张力调控的影响，他们通过数值仿真方法得出：通过改良和优化涂布头结构能够有效地扩大涂布窗口，从而更加容易得到高性能的催化剂薄膜。

3）涂布头安装角度。涂布头安装角度也对涂布过程和涂布效果存在一定的影响。一般地，涂布的安装角度是 6 点钟方向或者是 12 点钟方向，目前较多采用 4 点钟方向或者 5 点钟方向的安装角度，其本质目的是能够对涂布过程进行更加便利的操作，与此同时，可以有效地防止浆料的流出。此外，涂布头唇口的外轮廓、涂布头与基底之间的间隙尺度及催化剂浆料自身的性质也会影响涂布头安装角度的选择，因此需要理解它们相互的影响关系。Chang 等[56]研究了涂布头安装角度的影响，他们的研究结果表明：狭缝涂布工艺的最大涂布速度与涂布头的安装角度和方式密切相关，涂布头垂直安装时的最大涂布速度远大于涂布头水平安装时。涂布头的不同安装角度和方式在涂布时产生不同影响的主要区别在于，涂布头出口形成的液滴长度的差异。此外，涂布头的安装方式和角度还将影响涂布的最小湿膜厚度。最小湿膜厚度与涂布时雷诺数存在相关性，根据雷诺数，当涂布头水平安装时，最小湿膜厚度呈现先逐渐增加随后逐渐趋向于平坦的趋势，而当涂布头垂直安装时，最小湿膜厚度则呈现出先趋向于平坦而后再急剧下降的趋势。

4）涂布缺陷。在涂布过程中，应尽可能地消除涂布缺陷，从而得到高质量的薄膜，减少浆料浪费，从而降低成本，这是涂布工艺中必须考虑和解决的重要问题。虽然狭缝涂布出现的缺陷具有不确定性和随机性，并且导致缺陷出现的机制相对较为复杂，但经过大量的研究和总结，产生缺陷的主要原因可以概括为以下几个方面：①浆料组分原料被污染；②基底材料存在缺陷；③浆料在涂布前未根据涂布设备进行优化；④涂布工艺或设备的不稳定，周边硬件配置不足；⑤湿膜涂布之后，干燥程序设定不合适；⑥操作不规范及人员培训欠缺；⑦随着机器使用时间的变长，硬件损耗导致涂布缺陷等。狭缝涂布形成的缺陷种类繁多，以燃料电池催化剂浆料涂膜为例，在涂布过程中常见的涂布缺陷主要包括点状缺陷、边缘效应等，下面针对以上两种缺陷进行讨论。

点状缺陷。很多因素会引起涂布薄膜的点状缺陷，其形成的原因总结概括为以下两个方面：一方面是在搅拌过程、输运过程和涂布过程中气泡产生，引起薄膜出现针孔点状缺陷；另外一方面是灰尘、胶团及油污等颗粒对浆料产生污染导致点状缺陷的出现。气泡的存在导致针孔点状缺陷的现象较为容易解释，其本质是在涂布和干燥过程中浆料湿膜里的气泡会从内部逐渐向湿膜的蒸发表面转移，气泡在到达蒸发表面后将会破裂从而容易在湿膜表面产生针孔形的点状缺陷。而由于浆料被外来颗粒污染而产生的点状缺陷，其本质是外来颗粒的存在使得浆料湿膜内部颗粒周围出现低表面张力的区域，湿膜内部的浆料流体将围绕颗粒呈发射状流平移动，从而形成点状缺陷。

边缘效应。在狭缝涂布过程中经常出现厚边的缺陷，所谓厚边，是指涂布后的浆料薄膜经常会出现中间薄边缘厚的现象。狭缝涂布得到的湿膜出现中间薄边缘厚的原因是浆料薄膜表面张力差异的存在，使得浆料内部的组分和流体发生物质迁移行为。其本质是：起初，浆料在基底形成的薄膜具有边缘处较中间略薄的特点，随着溶剂的不断蒸发，浆料薄膜上溶剂挥发过程具有边缘蒸发速度略大于中间蒸发速度的特点，从而使得湿膜边缘处的催化剂颗粒固含量率先升高，导致浆料薄膜中间的表面张力远小于边缘表面张力，在表面张力差异的作用下，浆料湿膜表面张力小的中间流体向表面张力大的边缘处迁移，在薄膜被送至烘干单元烘干处理后便出现厚边的问题。在燃料电池催化剂浆料狭缝涂布的实际工业生产中也常常出现厚边缺陷，研究学者也一直尝试减缓和消除狭缝涂布过程中边缘效应的产生。Schmitt 等[57]通过监测涂膜截面的初始位置轮廓，探究了水基阳极催化剂浆料狭缝涂布过程的边缘效应，他们研究发现，调节狭缝涂布的速度不能减缓薄膜的边缘效应，而通过减小涂布间隙与膜层厚度之间的比值，可以有效地缓

解边缘效应导致的中间薄边缘厚的情况。之后他们又通过实验测试探讨了狭缝涂布过程的边缘效应，他们的研究发现通过预调整压力改变浆料挤出的状况，能够显著地减缓边缘效应[58]。

（5）狭缝涂布制备催化剂涂布膜　根据催化剂支撑体的不同，传统膜电极制备方法可以分为两类：气体扩散电极（Gas Diffusion Electrode，GDE）制备法和催化剂涂布膜（Catalyst Coated Membrane，CCM）制备法。GDE 制备法即利用喷涂、刀片涂层、丝网印刷等方法将催化剂浆料涂布到气体扩散层表面，然后将搭载催化剂的气体扩散层与质子交换膜热压完成膜电极制备，如图 7-12a 所示。CCM 制备法利用沉积、转印、喷涂等方法分别将正负极催化剂浆料涂布搭载到质子交换膜两侧，再将气体扩散层通过热压的方法粘接到正负极催化层外侧制备得到膜电极，如图 7-12b 所示。CCM 制备法制备出的膜电极相较于 GDE 制备法，其催化剂利用率更高，催化层与质子交换膜之间的黏附力更大，催化层中催化剂更不易发生脱落，机械稳定性更好，从而能够大幅度降低质子交换膜与催化层之间的质子传递阻力。使用 CCM 制备法制得的膜电极循环寿命较长，耐久性明显提高，因此 CCM 制备法是当今主流的燃料电池膜电极商业制备方法。

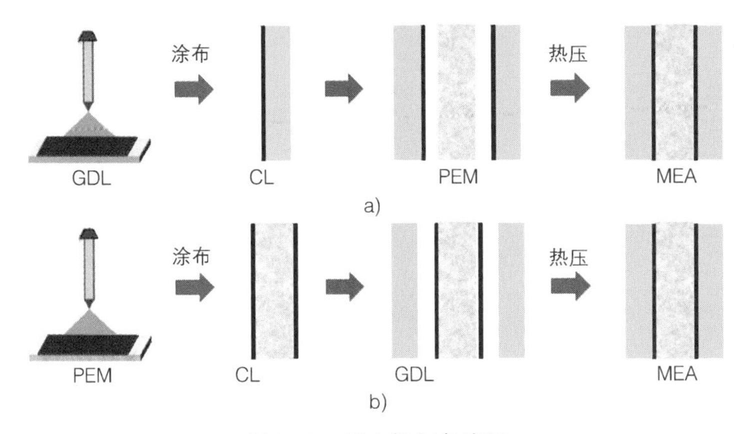

图 7-12　膜电极制备流程

a）GDE 制备法　b）CCM 制备法

CCM 制备方法的基本原理是将正负极催化剂浆料分别搭载到质子交换膜两侧表面，然后通过热压等工艺将正负极气体扩散层、正负极催化层、边框及质子交换膜组合成一个整体，完成膜电极的制备。CCM 技术发源于 20 世纪 90 年代初，随着技术后期的不断推广和优化，主要朝着两个方向发展：一是先制备催化剂浆料，将催化剂与溶剂、离子聚合物一起分散加工好后，再使用工具或者通过转移介质涂布到质子交换膜上，通常把这种先在转移介质上成膜，再通过转移介质将催化层转移到质子交换膜上的方法叫作间接法；二是直接法，顾名思义是将催化剂浆料直接涂布到质子交换膜上或直接在膜上制备催化剂，把催化剂的制备和膜电极的制备联系起来。目前，已被用来进行 CCM 制备的方法有狭缝涂布法、超声喷涂法、丝网印刷法、喷墨打印法、电化学沉积法等，下面针对常用的狭缝涂布制备 CCM 进行介绍。

由上所述，CCM 制备方法主要有两种方式，而狭缝涂布制备 CCM 主要通过间接法实现。因为狭缝涂布直接在质子交换膜上沉积，难以得到较好的三相界面催化层结构，将极大地影响膜电极性能，所以直接法难以实现 CCM 制备。狭缝涂布的间接法制备 CCM 是先将催化剂浆料涂布于转印基底上，然后经过烘干形成催化层三相界面，再通过机械热压的方式涂布至质子交换膜支撑体两侧，实现催化层由转印基底向质子交换膜表面的转印，随后通过一定的方法将转印基底移除得到高性能的膜电极结构，如图 7-13 所示。

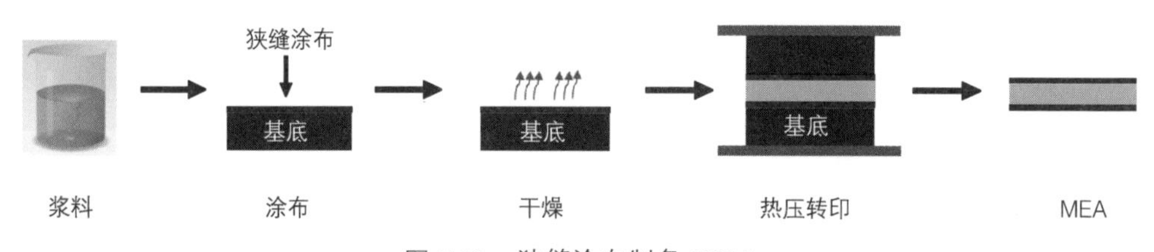

图 7-13 狭缝涂布制备 CCM

狭缝涂布制备 CCM 的方法能够有效提高膜电极的生产质量和效率，显著提升产品性能。Staehler 等 [59] 采用狭缝涂布技术，通过使用槽模工具依次将阳极催化剂、Nafion 电解质溶液、阴极催化剂涂布于聚对苯二甲酸乙二醇酯底膜上，他们通过调整槽模挤出浆料的组成，控制每一层的涂布，实现了多层同时涂布，从而有效地降低了正负极催化层与交换膜之间的界面电阻，制备得到了厚度和尺寸可控的燃料电池膜电极，研究简化了膜电极的生产工艺流程，极大地提高了生产效率和生产推广性。Steenberg 等 [60] 结合刮涂和狭缝涂布两种技术，采用卷对卷方法制备了厚度为 40mm 的膜，并采用直接狭缝涂布的方式将薄膜从二甲基乙酰胺溶液涂布至塑料载体基底上，在经过长度为 1m 的 140℃热风炉蒸发干燥后得到膜电极结构。结果表明，制备的聚合物薄膜与传统薄膜具有相同的性能，而生产速度相较于传统薄膜则提高了近 100 倍，极大地提升了制膜效率。Bodner 等 [61] 通过使用狭缝涂布技术制备 CCM 的方法，实现了膜电极的工业化批量生产，他们从膜电极性能、薄膜均匀性、再现性和耐久性方面评估对比了狭缝涂布、喷墨打印及刮刀刮涂法三种膜电极制造工艺，研究发现狭缝涂布制备 CCM 的方法具有最大的产业化生产潜力，能够减少浆料的浪费，并且可以多层、连续涂布成膜。

2 超声喷涂

（1）超声喷涂简介　在喷涂工艺中，液体的雾化过程十分关键，雾化的程度和效果也是评判喷涂工艺优劣性的重要指标。液体的雾化过程是指在外部压力和流体内部湍流扰动的作用下，流体的连续状态被破坏并变成一系列雾状小液滴。外部压力和内部湍流带来的扰动将破坏液流的连续性和完整性，当作用力超过液体的表面张力时，液体将会破裂并碎裂成无数微小液滴，该过程将显著地扩大原始液体的表面积。当给定的外部压力或者内部湍流初始能量不够，连续的液体或者液膜将不能直接变成雾状小液滴，而是先碎裂成液膜片、液线或者破裂成众多颗粒尺度较大的液滴；当给定的外部压力或者内部湍流初始能量足够大时，液体会直接破裂雾化成微小液滴，达到良好的雾化效果。雾化液流的传统方式是让液流以足够大的流速经过孔径尺度足够小的喷嘴，在此过程中液流由于高压环境从而被撕裂成微小液滴，并同时具备一定的初始速度。足够高的喷射速度是液流雾化成小液滴的关键，而雾化液滴的尺寸则取决于喷嘴的孔径尺寸。如果喷嘴的孔径尺寸过小，在液流中存在杂质或者固体颗粒时，喷嘴极易发生堵塞的问题，因此喷嘴的孔尺寸不能太小，因而使用传统的雾化方式很难产生粒径均匀且尺度足够小的液滴，雾化效果受到较大的限制，阻碍了对雾化工艺的进一步改良和推广使用。

随着科技的发展，许多领域都涉及快速且大面积制备功能性薄膜。因此，超声喷涂（Ultrasonic Spray Coating，USC）是一种利用超声雾化技术进行的新兴喷涂工艺技术。超声雾化技术的液滴尺寸主要由超声频率决定，可以在流体流速很低时得到极佳的雾化效果，雾化得到的小液滴尺寸可低至几微米。超声雾化技术对流体的供给流速要求较低，且液体喷涂时带来的动能更小，雾化后的小液滴尺寸小、粒径均匀、一致性高、粒径分布集中，超声雾化还具有喷嘴结构相对简单、使用方便、雾化过程不易发生堵塞等优点，因此在功能性薄膜制备领域具有广泛的应用前景。目前，超声喷涂技术广泛应用于工业和研发领域，在薄膜喷涂领域，如太阳能电池、锂电池、触摸屏等；医疗领域，如心血管支架、真空采血管等都大量应用超声喷涂技术。拓展超声喷涂技术在新能源燃料电池催化剂浆料喷涂领域的应用，有利于超声喷涂技术的发展和燃料电池催化层制备领域技术的革新。

（2）超声喷涂原理及浆料的要求和结构演变

1）基本原理。与气流或压力喷涂等其他传统喷涂技术相比，超声喷涂技术的优势在于能够显著提高雾化尺寸的均匀性，且有助于促进溶质溶解，保持分散体系的稳定性，从而提高喷涂和成膜的均匀性。超声喷涂技术的薄膜制备工艺流程如图 7-14 所示。该流程包括液体雾化、小液滴喷射至基底、小液滴在基底聚合成膜、湿膜溶剂挥发及多孔薄膜形成等过程。

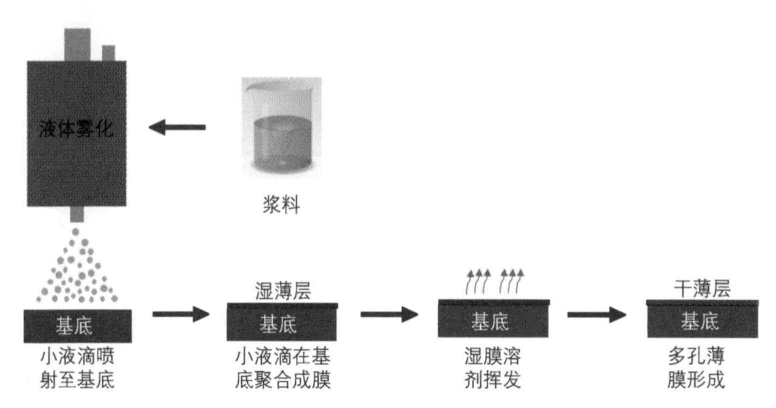

图 7-14　超声喷涂技术的薄膜制备工艺流程

在超声喷涂的工艺流程中，催化剂浆料在超声波振动的作用下雾化成尺寸为微米级别的小液滴，随后被赋予一定的动能，并从喷嘴喷射而出，被均匀地喷涂到基底表面，一系列的雾状小液滴在到达基底表面后会自发地进行聚合以降低小液滴的表面能，从而会自发地形成连续的液膜，在液膜稳定后通过基底的加热作用及表面的对流蒸发作用，湿膜中的溶剂逐渐挥发，湿膜逐渐干燥并析出溶质形成多孔薄膜。

雾化过程是超声喷涂技术的关键步骤，超声雾化的实质是通过超声波换能器产生的高频超声波在液体介质中传播，在气液体的交界处形成一定的表面张力波，使液体物质在超声波的作用下破碎成雾状小颗粒，达到雾化的效果。喷嘴处的雾化过程如图 7-15 所示。超声波喷嘴内的压电换能器将施加的高频电信号转换为相同频率的机械振动，从而形成矩形网格结构，当液体进入雾化表面时产生驻波。随着振幅的增加，这些波的波峰和波谷变得越来越高和越来越深，从而达到毛细作用无法保持稳定的临界点，这使得在较为集中的液滴尺寸分布内出现低速和超细的喷雾，随后这些雾化的小液滴从波峰的顶端喷射出来。

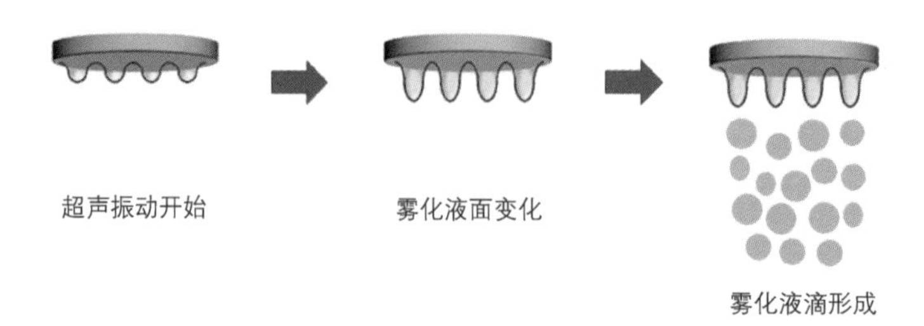

图 7-15　喷嘴处的雾化过程

2）技术对浆料的要求。超声喷涂技术是一种可控精准的喷涂技术，其能够获得高精度和高稳定性的涂层。超声喷涂工艺通过精确的超声控制将催化剂浆料雾化成浆料小液滴并将其喷涂到相应基板上。该技术不仅对催化剂浆料浓度、固含量、分散性、稳定性及润湿性等具有较高的要求，由于小液滴在基底上的聚合从而形成连续液膜是实现薄膜沉积的必要条件，因此超声喷涂工艺对浆料的流变性质也具有很高的要求。浆料温度与浆料的其他性质密切相关，因此在超声喷涂中至关重要，其对工艺过程有与狭缝涂布工艺相同的要求，即需要保证浆料内部温度的一致性，并与环境温度保持大致相同，以保证浆料雾化和喷涂过程中的一致性和稳定性。下面将重点介绍超声喷涂过程在浆料分散性、流变性及润湿性方面的要求。

浆料的分散性要求。尽管浆料在进入超声雾化器后能够进一步地对催化剂浆料进行分散和均一化，但对于配置好的催化剂浆料，应尽量保证初始催化剂浆料的分散性和均匀性，这样能够保证进入超声雾化器的浆料具有相同的高分散性和均一性。从时间维度上，浆料还应具有一定的稳定性，以保证在较长的时间内，原始催化剂浆料在进入超声雾化器之前维持其高分散性。除浆料组分配比及分散方法以外，催化剂浆料的粒度和粒度分布也是影响浆料分散程度的重要参数。超声喷涂工艺理论上要求浆料粒度分布集中且足够小，以保证雾化效果并能够匹配喷嘴尺寸，防止喷嘴堵塞。当颗粒粒度普遍过大时，浆料的稳定性会受到影响，催化剂固体颗粒在分散完全之后容易出现沉降，这表现为较差的浆料稳定性，此外也会导致浆料在喷涂之后形成一致性较差的湿膜。浆料的浓度和固含量也将在一定程度上对浆料分散度产生影响，超声喷涂工艺要求浆料具有较低的浓度和固含量。固含量和浓度较高的浆料一般不适合采用超声喷涂的成膜工艺，这主要考虑到雾化效果和喷涂的顺利进行。在实际生产过程中，超声喷涂的浆料一般为较稀的流体，其固含量一般不会很高：一方面低固含量能够保证浆料较低的黏度，使得超声雾化效果更佳，提高浆料在涂膜过程中的分散性和均一性；另一方面，较低的固含量能够防止浆料在喷嘴处拉丝和黏附，使得雾化后的催化剂小液滴能够符合喷嘴的尺寸，避免喷涂过程发生喷嘴堵塞。

浆料流变性要求。浆料流变性要求包括黏度、触变性和黏弹性质要求。

黏度是流体黏滞性的一种量度，反映了流体流动力对其内部的摩擦程度。相较于狭缝涂布工艺对浆料黏度的高适用性，超声喷涂工艺对催化剂浆料的黏度具有较高的要求，使用超声喷涂技术的催化剂浆料流体一般要求具有较低的黏度，低黏度的浆料能够在雾化表面形成较好的雾化效果，小液滴的均匀性相对较高。此外，低黏度的浆料能够在基底上表现出较好的流平性，有利于小液滴的聚合成膜，在快速蒸发之后得到厚度均匀、质地均一的催化层薄膜。浆料黏度太高时，虽然稳定性较好，但是不利于超声雾化的产生。为了综合考虑浆料的分散性能，浆料黏度也不能过低，低黏度虽然有利于浆料雾化和小液滴在基底上的聚合，但其储存性能较差，容易发生沉降，在浆料内部可能出现分层的现象。浆料的许多参数会影响悬浮液的黏度，如溶剂种类、颗粒大小和形状、浆料浓度、浆料剪切速率和温度等。一般情况下，随着催化剂浆料固含量和颗粒尺寸的增加，黏度会逐渐增加。不过，目前还没有相关的理论公式可以很好地预测浆料的黏度，因此沉积过程中难以对浆料的黏度进行精确控制。

浆料黏度随剪切力作用而变化的性质称为流体的剪切特性，超声喷涂工艺要求催化剂浆料在受剪切力后，能够尽量维持初始的黏度或具有剪切变稀的特征，即随着剪切速率的增大，浆料的黏度保持不变或呈现略微降低的趋势。这种性质能够匹配和满足喷嘴喷射带来的高剪切力作用要求，使得浆料在经过高剪切力后能够保持初始的低黏度状态以保证在基底上的液滴聚合，这将使浆料的稳定性和分散性保持较好，有利于喷涂后薄膜的成型和干燥。

如前所述，一般的催化剂浆料都具有剪切变稀的特征。因此，超声喷涂工艺要求催化剂浆料具有一定的触变性。触变性是指流体黏度在剪切力作用下发生变化，在剪切力停止作用后又将逐渐恢复至与原来黏度相近的特性，即表现出一种黏度可逆特性。超声喷涂工艺对催化剂浆料触变性要求主要表现在：在液体雾化过程及小液滴喷射过程都将使得浆料表现剪切变稀的特征，从而使得基底上的薄膜黏度降低，如果在经过高剪切力后，基底浆料薄膜黏度无法恢复到最初的适宜黏度水平，则形成的薄膜将由于黏度过低而不利于浸润和流平，可能出现火山效应和边缘效应等，形成均一性极差的催化层薄膜。因此应用于超声喷涂的催化剂浆料必须具备一定的触变性，以保证催化剂浆料在喷涂后恢复原来的黏度特性。综合以上分析，触变性流体符合超声喷涂技术对浆料触变性的要求。

在超声喷涂过程中，催化剂浆料通过喷嘴将受到较高的剪切速率作用，如果催化剂浆料只具备黏性而不具备弹性，则会导致催化剂颗粒在受剪切应力后发生不可逆的结构损坏，因此应用于超声喷涂的催化剂浆料在具备低黏度的同时，还必须具备一定的抵抗变形的弹性。催化剂浆料的黏弹性质包括内部流体的黏性和固体的弹性，催化剂浆料黏弹性的特征通过弹性模量（储存模量，G'）和黏性模量（损耗模量 G''）进行表征。当储存模量远大于损耗模量时，浆料主要发生弹性形变，此时浆料呈现类固性；当损耗模量远大于储存模量时，浆料主要发生黏性形变，此时浆料呈现类液性。在喷嘴高剪切应力作用过程中，浆料应呈现类固性，浆料的这种固相行为能够使得浆料中的固体颗粒在高剪切应力下发生形变，防止内部结构发生不可逆的损坏。基底上的小液滴在聚合成膜过程中，浆料应呈现类液性，浆料的这种液相行为能够满足浆料的流平性能，保证小液滴在基底上聚合和均匀稳定沉积。

浆料润湿性要求。除了浆料的分散性和流变性之外，浆料和所选基底之间的润湿性对超声喷涂工艺也是至关重要的。在超声喷涂工艺中，只有在催化剂浆料具备能够完全润湿基底的条件下，随着干燥蒸发过程中溶剂的不断挥发，喷涂至基底的雾化小液滴才能在基底均匀聚合并形成一致性稳定的液膜，最终才能获得均匀的固态催化层薄膜。因此对于喷涂工艺，需要保证催化剂浆料的表面张力小于基底的表面张力，使得浆料和基底之间具有足够的附着力。通常，当基底的表面能大于浆料的表面张力 7 ~ $10mN\cdot m^{-1}$ 时，认为浆料与基底之间的润湿性是合适的。在这种情况下，浆料可以湿润基底以形成连续的流动。常见的流体表面张力如图 7-16 所示。

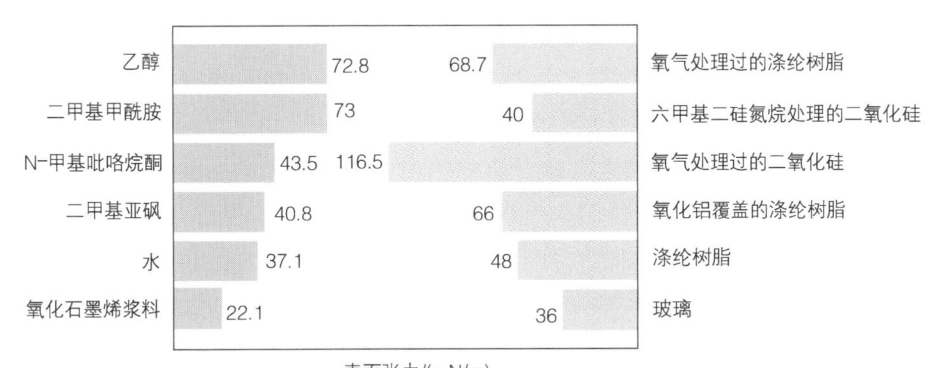

图 7-16　常见流体表面张力

3）沉积过程中浆料结构演变。超声喷涂完成之后，在基底上形成由众多催化剂浆料小液滴铺陈的催化剂浆料涂层，小液滴通过润湿基底逐渐在基底上流平形成催化剂浆料薄层。一般通过自然干燥或在大环境下基底加热的方式使催化剂浆料薄层逐渐蒸发干燥，从而得到有效的催化层薄膜。超声喷涂形成的催化剂浆料薄膜在润湿基底、流平形成薄膜及蒸发干燥等过程中，浆料小液滴会出现咖啡环效应。超声喷涂沉积过程中浆料结构演变如图 7-17 所示。

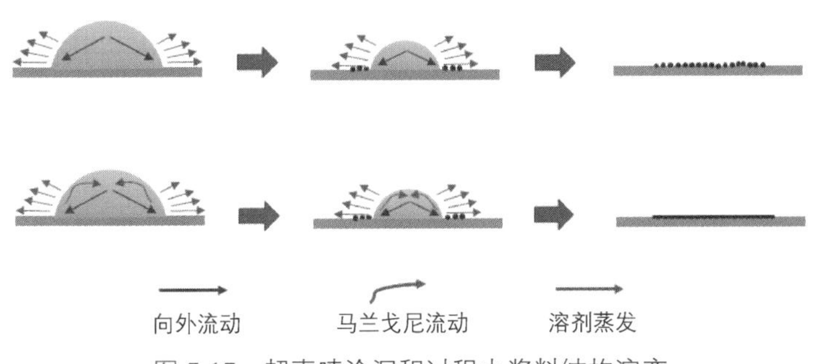

图 7-17　超声喷涂沉积过程中浆料结构演变

催化剂浆料小液滴蒸发过程中，液滴的接触角将保持不变，液滴表层的溶剂将逐渐蒸发，导致液滴的半径逐渐减小。而由于表面张力的存在，液滴的边缘一直固守在接触线上，力图使得催化剂浆料小液滴半径不变，接触角减小。液滴为维持其面积不发生变化，将产生一个中心向外的流动。催化剂浆料小液滴的这种流变行为将会使得液滴中 Pt/C 颗粒向外环流动并沉积在边缘。随着溶剂的不断蒸发，Pt/C 颗粒逐渐沉积在接触边缘，最终形成环状沉积物，得到催化剂分布较为不均匀的催化层。所以在喷涂过程中，喷涂厚度和喷涂均一性十分重要，否则将得到厚度不均匀的催化层薄膜，影响膜电极性能。通过引入马兰戈尼流动的方法，能够在小液滴蒸发干燥过程中一定程度地防止催化剂浆料小液滴的咖啡环现象发生。在干燥过程中，由于马兰戈尼流动的引入，液滴中心表面张力大的液体将对其周围表面张力小的液体产生表面张力梯度，液体从表面张力低向张力高的方向流动，从而表现为较强的拉力，使得液滴中 Pt/C 颗粒向中心流动。因此，通过引入马兰戈尼流动的方法，能够相对抵消咖啡环效应的液滴内部流动，形成催化剂浆料小液滴内部循环的流动行为。随着溶剂的不断蒸发，催化剂颗粒能够均匀地沉积在基底层表面，得到分布均匀、性能优异的催化层结构。此外，如前所述，咖啡环的形成是由于接触线将溶质从液滴内部输送到边缘。因此，通过引入一些聚合物在基底预形成一层可以防止接触线形成的涂层也是一种有效的抑制咖啡环效应的策略。在聚合物层存在的情况下，可以实现高接触角，这种较差的润湿性可导致接触线的脱扣，从而阻止咖啡环效应，但是会在一定程度上影响液滴的流平性能，从而对形成薄的湿膜产生消极的影响，需要在这两种效应之间进行权衡。

3 超声喷涂的影响因素

超声喷涂是利用超声雾化技术实现材料喷涂的涂布工艺，一般可对液相的流体进行喷涂。在超声喷涂过程中，液态的催化剂浆料首先被超声雾化装置雾化成微米尺寸的细小颗粒，然后再经过细小的喷嘴均匀地喷射至基材表面，得到催化剂浆料湿膜涂层，在干燥后形成催化层薄膜。影响超声喷涂工艺的因素主要包括两方面：一是超声喷涂的雾化液滴的尺寸；二是超声喷涂的流量性能。

（1）雾化液滴的尺寸

1）频率对液滴尺寸的影响。雾化液滴的尺寸将随着频率的增加而减小。随着振动频率的增加，波长减小，将使得阻尼节点和波腹产生压缩，这将导致雾化小液滴在循环过程中更多的压缩相暴露，从而导致峰值生长速率和相应的液滴颗粒尺寸减小。同时，随着频率的增加，能够用于雾化小液滴的表面积将减小。覆盖整个表面所需的临界液体流速随频率的增加而增加，因此，低频雾化喷嘴的预滴流量上限会高于高频雾化喷嘴。毛细波的波长随雾化频率的增加而减小。最

终将出现液滴颗粒粒径减小，且每单位时间从表面喷射出的液滴喷射数增加的结果。

2）流量对液滴尺寸的影响。雾化液滴尺寸将随着初始流速的增加而增大。这是因为，在实际雾化之前，随着初始流速的增加，在振动表面上形成的液膜厚度将增加。当流体的供应流量满足略高于使喷嘴口表面完全湿润所需临界流量时，此时的流体按照薄液膜进行扩散。在这种情况下的扩散具有由波峰和波谷组成的多个毛细波。当流体的供应流速明显高于使喷嘴口表面完全湿润的临界流量，同时超声波振动参数维持稳定的条件下，将在振动表面上形成较厚的液膜层，导致均匀毛细波的变形。这种变形毛细波的出现一方面会使得形成的雾化小液滴具有较高液滴尺寸，另一方面也会使得雾化液滴的粒径分布范围更大。同时，由于振动表面上液膜厚度的增加，在极其靠近雾化器表面的位置将出现振荡腔泡或气泡，这些振荡腔泡和气泡在雾化表面迅速生长和塌陷，将使雾化小液滴过早地从峰顶喷射，从而易产生空化效应，而随着供应初始流速的进一步增加，液滴的粒径尺寸分布范围进一步变宽。

3）功率对液滴尺寸的影响。雾化液滴尺寸将随着超声功率的增加而增大。这是因为，随着超声功率的增加，雾化器尖端的振动幅度将增加，同时，空化效应相应增加，从而导致雾化液滴尺寸增大。采用垂直喷涂时，粒径尺寸大于150μm的液滴将受到重力的影响而增加动能。而采用表面喷涂时，一般不在高超声功率条件下进行，这是因为高超声功率下进行的喷涂，其喷射出的雾化小液滴在撞击基底表面后可能发生反弹，导致在基底表面形成不规则的图案和形状，使得得到的液膜涂层出现不均匀的问题。

4）液相黏度对液滴尺寸的影响。雾化液滴尺寸将随着液相黏度的增加呈略微减小的趋势。这是因为，随着液体黏度增加，为使得液膜能够碎裂分解成小液滴，需要雾化器提供更多的能量。在相同的流体速度下，高黏度液体的雾化过程相较于低黏度液体需要更多的能量。在雾化的起始阶段，高黏度的液膜层将在雾化器表面停留一段时间，液膜层在雾化器的表面上振荡而没有出现雾化小液滴，此阶段雾化器的振幅将消耗流体的黏性能量，并且增加流体的温度，一段时间后，由空化效应导致的持续机械能耗散，使得表面上液膜层的温度逐步升高，在超过临界点后，将逐渐出现液膜层的雾化。一般在较低黏度的液体超声雾化过程中不存在以上过程的变化。

5）液相表面张力对液滴尺寸的影响。雾化液滴的颗粒尺寸将随着流体液相表面张力的减小而减小。这是因为，随着液相表面张力的降低，表面毛细波的长度将减小，而每单位振动区域的毛细波数量将增加，且振动幅度将变大，从而使得雾化后的小液滴立即从波峰中喷射而出。因此，在相同的流体速度下，振动表面喷射的液滴数将随着雾化液滴颗粒尺寸的减小而相应增加。此外，根据能量守恒定律，液滴动能的增加将间接地导致雾化后液滴尺寸的减小。另外，由于液膜层十分薄，且几乎贴附在雾化器表面，因此在振动过程中表面张力的降低将导致空化效应，使得蒸气空化气泡的生长速率增加，导致薄液膜中发生气泡破裂，从而在雾化器表面上产生尺寸较小的液滴，同时雾化后的小液滴以较高的速度从雾化器喷射。

（2）流量性能　流量性能的影响因素有四个，分别是雾化面面积、孔口大小、振动频率和液体性质。孔口大小决定了流量的大小，而流量和液体供应到雾化器表面的流速相关。当供应到雾化表面的流速较低时，雾化器中雾化表面和流体之间的黏性力能够使得流体贴附于雾化表面进行雾化。而当供应到雾化表面的流速过大时，雾化表面对流体的吸引力不足以使流体贴附于雾化表面而出现脱附现象，这将影响雾化器的正常工作，从而无法在雾化表面得到雾化小液体。流量和雾化面面积之间的匹配关系对于雾化效果和雾化过程的正常进行具有十分重要的意义，雾化面在雾化过程中需要满足两个条件：一是能够承受足够的流体流量；二是需要保有产生雾化所需薄膜的能力。如果流体流量过大，超过雾化面能保有液体薄膜的能力，雾化过程将难以产生。如前所述，雾化液滴的尺寸将随着振动频率的增加而减小，振动频率对工作流量同样有重要影响。雾化流量将随着超声波振动频率的增大而减小。除以上超声喷涂设备因素之外，液体的本身性质也对喷涂过程和雾化效果有很大影响。通常纯液体只需要考虑液体黏度即可，而对于溶液，除了需要考虑溶液黏度之外，还要考虑聚合物的影响。如果溶液中存在聚合物，则当液体在雾化面经过超声波作用分离形成雾化液滴时，聚合物分子会阻碍液滴雾化的形成。而对于含有固体的混合液的雾化过程，主要需要考虑固体颗粒的含量及其粒径大小。在雾化过程中，固体含量过大将显著增加雾化难度，因此在流体中的固体含量一般不能够超过 40%。在固体颗粒物粒径方面，需要保证固体颗粒的粒径远小于雾化小液滴的尺寸，否则在雾化过程后将出现固液分离的现象。

4 超声喷涂制备 CCM

超声喷涂是催化剂涂布的重要工艺之一，常常用来进行 CCM 制备，通过间接法和直接法均可进行超声喷涂制备 CCM。间接法是指先将制备好的催化剂浆料通过超声喷涂至转印基底上，然后再将其与质子交换膜结合，实现催化层由转印基底向质子交换膜支撑体的转移，之后将转印基底移除从而得到膜电极的方法，其原理如图 7-18a 所示；直接法是指直接将催化剂浆料通过超声喷涂至质子交换膜（PEM）两侧表面上从而得到膜电极的方法，其原理如图 7-18b 所示。

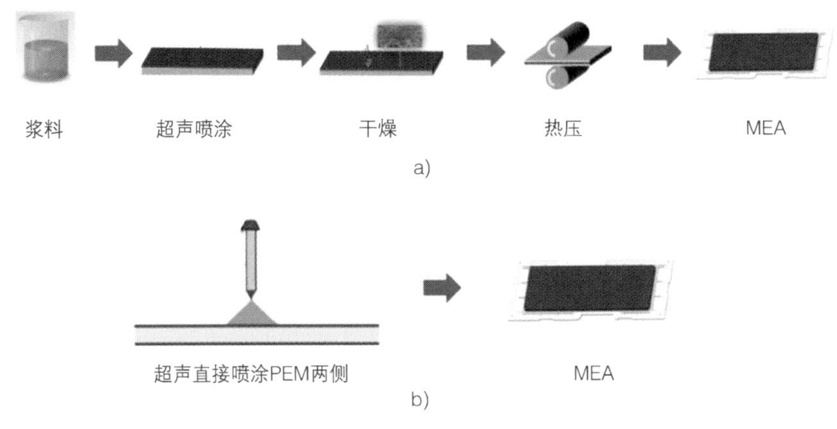

图 7-18 超声喷涂制备 CCM

a）间接法 b）直接法

传统涂膜法是指将催化剂浆料直接涂在质子交换膜的两侧表面，与气体扩散层组装成膜电极。直接涂膜法保持了原有的扩散层空隙结构，得到的催化层在电池运行时能够使膜电极内部的气体扩散阻力更小，并且将催化剂直接喷涂到质子交换膜上能够减轻催化剂颗粒的流失，有效地避免催化剂随溶剂渗透进入气体扩散层。超声喷涂是一种不同于传统工艺的新型制膜技术，其利用超声振动在液体中产生雾化功能，对流经超声波换能器前端的液体进行雾化，产生微米级细雾状小液滴，在载气的带动下，将催化剂浆液喷出，在催化剂浆液喷涂到膜表面过程中通过加热系统将浆液内的溶剂挥发掉，防止质子交换膜溶胀带来的褶皱问题影响膜电极。通过超声波雾化创造特殊喷涂条件，使 Pt/C 颗粒高度分散，并且减少团聚现象，为氧还原反应提供了更高催化活性，此方法制备的催化层均匀性好、浆料利用率高，且可以实现大规模批量生产，大大地降低了成本。此外，超声喷涂工艺的材料利用率极高，能够在预设区域实现精准涂布而使浆料浪费降至最低，这对于贵重原料的喷涂过程十分重要，可极大地降低薄膜制造的成本。此外，超声喷涂工艺具有极高的传递效率，一般可达到 90%，这主要得益于其环境干扰敏感度低、喷涂流量小、喷射速度相对较低的特点。李琳等利用超声喷涂技术制备 CCM，测试了喷涂的重复性、浆料利用率和均匀性，研究表明单层喷涂时单位面积上催化剂平均沉积量为 $0.175mg/cm^2$，标准偏差为 $\pm0.005mg/cm^2$，相对标准偏差为 2.9%，喷涂的催化剂载量重复性很高。浆料的平均利用率为 75.2%，远高于其他喷涂技术的浆料利用率（45% ~ 55%），且超声喷涂制备 CCM 在各喷涂区域负载量很均匀，有利于制备表面均匀的催化层。Millington 等人首次报道了利用超声喷涂法制备 PEMFC 膜电极，研究发现，在低 Pt 载量的情况下，超声喷涂法制备的膜电极相较于手工喷涂法具有更好的性能，在实验中分别选取 Pt 载量为 $0.4mg/cm^2$、$0.15mg/cm^2$ 和 $0.05mg/cm^2$，超声喷涂法的峰值功率分别为 1.7W/mg、4.5W/mg 和 10.9W/mg，手工喷漆法的峰值功率分别为 1.7W/mg、3.5W/mg 和 9.8W/mg。与手工喷涂方法相比，超声喷涂法可以更均匀地分布催化剂，从而更好地利用 Pt，这在较低的 Pt 载量下更为明显。Derim 采用超声喷涂技术制备了离子聚合物 / 纳米二氧化钛复合膜电极，阳极和阴极侧的 Pt 催化剂负载量均为 0.4mg/cm^2，在一个活性面积为 5cm^2 的单电池中测试，结果显示复合膜电极更稳定，性能也优于离子聚合物膜。Huang 等人运用超声喷涂技术生产超低 Pt 负载膜电极，两组 Pt 载量分别为 0.232mg/cm^2 和 0.155mg/cm^2，其测得的阴极功率密度分别为 1.69W/mg$_{Pt}$ 和 2.36W/mg$_{Pt}$。最近，Sassin 等通过自动化超声喷涂法有效并快速地实现了实验室规模的 CCM 膜电极制备，他们的研究结果发现：催化剂成膜的性能与超声喷涂的喷嘴高度存在较强的相关性，采用高度为 3.5cm 的喷嘴制备出的催化层薄膜，其组装得到的燃料电池电流密度明显小于喷嘴高度为 5.0cm 时得到的电池，这主要是因为催化层薄膜的表面裂缝受喷嘴高度的影响，较低的喷嘴高度导致较大的表面裂纹，表面裂纹的存在将不利于催化层中反应产生水的排除。

7.3 扩散介质制造工艺

7.3.1 疏水支撑层制备

纤维碳纸作为燃料电池的重要组成部分，在将反应物输送到催化层的同时，将催化层中的生成水输送到气流通道中。它的性能和耐久性直接关系到整个燃料电池的性能和寿命。

1 传质性能

纤维碳纸对传质性能的影响直接反映了纤维碳纸对反应物和水的输送能力。在不限制催化层功能的情况下，纤维碳纸的传质性能直接关系到燃料电池性能。关于纤维碳纸的传质性能，主要结论如下：

（1）水渗透性　液体渗透率的各向异性导致毛细力作用下液态水的输运发生显著变化，从而通过改变水饱和度在多孔电极中的分布来影响燃料电池性能 [62]。Holzer 等 [63] 研究了纤维碳纸微观结构对压力诱导液体注入过程中水分布的影响。

在激流方向上，弯曲度、收缩度和有效体积分数对液体渗透率的限制作用相似。对于层面之间（TP）方向，相对较低的液相体积分数对弯曲度、收缩度和水力半径的限制更大。三维分析得到的相对渗透率演化曲线形状复杂，有凹段、线性段和凸段。这些曲线的复杂形态可以解释为三种不同微观结构效应的叠加：①无因次微观结构因素主导了总体趋势，包括中等液态水饱和度处的线性部分；②水力半径在高液态水饱和度的凸段占主导地位；③低液态水饱和度时其以凹曲线形式为主，层面之间（TP）方向为连续，面内（IP）方向为不连续。传统的宏观描述无法捕捉所有相关的微观结构效果。

（2）气体渗透性　纤维碳纸的高各向同性、高IP和低TP渗透性的结合导致了较高的燃料电池性能[64]。在湿工况下纤维碳纸的两相输运特性与干工况有很大差异。纤维碳纸内部液态水的存在会显著降低气体渗透性[65]。纤维碳纸中渗透性的各向异性对燃料电池性能的影响非常有限[62]。纤维碳纸的透气性主要受水力半径变化的影响。纤维碳纸在TP方向的渗透率略高于IP方向[66]。

（3）氧气扩散　纤维碳纸的平均纤维碳纸孔隙率[66-67]、平均水饱和度[67-68]、孔径分布、水饱和度分布[67]和弯曲度[66-67]对有效氧扩散率具有显著的影响[66-67]。纤维碳纸在IP方向的气体扩散系数高于TP方向[66-67]。在高电流密度条件下，纤维碳纸气体扩散系数的各向异性作用显著，尤其是在浓度极化区域[62]。

（4）氧传输阻力　气流通道下纤维碳纸衬底区域局部水饱和度对衬底氧传输阻力的影响是脊衬底区域的2.8倍[69]。随着电流密度的增加，纤维碳纸中的液态水饱和度也随之增加。纤维碳纸区域水饱和度增加通常导致氧传输阻力显著增加[69-70]；而脊区域增加水饱和度对传质阻抗的影响相对较小[69]。增加疏水性降低了纤维碳纸中的液态水饱和度，从而降低了氧传输阻力[62, 69, 71]，提高了燃料电池性能[69, 72-73]。对于先进的燃料电池设计和性能来说，针对纤维碳纸区域的设计是控制衬底氧传输阻力最重要和最有效的方法[69]。

（5）导热系数　导热系数的各向异性对燃料电池性能的影响非常有限[62]。当脱水过程以相变为主时，通过适度降低纤维碳纸的导热系数，可使蒸气冷凝集中在脊部以下[74]。随着水饱和度的降低，纤维碳纸的表观导热系数略有降低。即使水饱和度接近于0，样品的导热系数也几乎是干纤维碳纸的两倍[75]。在较大的压力范围内，发现纤维碳纸的导热系数随着其疏水性的增加而增加[76]，并且存在一个最佳导热系数的疏水性值[76-77]。由于不同压力和PTFE含量的共同作用，纤维碳纸材料的导热系数对燃料电池性能有重要影响。当纤维碳纸材料的疏水性较高时，其导热系数随着压力的增加而降低。而当疏水性较低时，纤维碳纸材料的导热系数随压力的增大而增大。此外，对于不同疏水性的纤维碳纸材料，存在对应的最佳压力值，这使得纤维碳纸材料具有最佳的导热性能[77]。

2 特性

纤维碳纸的性质包括纤维碳纸厚度、多孔性、润湿性及其分级分布、孔尺寸分布和纤维各向异性。纤维碳纸的各项特性及其相互作用都会影响其传质性能，使得纤维碳纸特性对燃料电池的影响机制非常复杂。关于纤维碳纸的性质，主要结论如下：

（1）厚度　存在纤维碳纸厚度的最佳值[78]。在达到最优纤维碳纸厚度之前降低纤维碳纸厚度可以减少传质损失[79-81]，显示出更高的极限电流密度[81]，增强燃料电池性能[64, 79]。然而，在达到最优纤维碳纸厚度后，进一步减小纤维碳纸的厚度会降低燃料电池的性能[64, 80]。纤维碳纸厚度和纤维碳纸孔隙率的优化应同时考虑。纤维碳纸厚度的增加可以降低膜电极组件中的温升，但会降低催化层的效率[80]。对于阳极纤维碳纸，较薄的纤维碳纸更有利于增强阳极中水蒸气的扩散，从而提高阴极的水浓度，且这种改善随着湿度的增大而更加显著[78]。尽管较薄的纤维碳纸具有优异的性能，但材料变形的长期影响可能会加剧液态水分布的不均匀，这也可能影响性能[81]。与较薄的纤维碳纸相比，较厚的纤维碳纸保水能力更强[79]，其中的液态水量也更大[81]。纤维碳纸越厚，热输运阻力越大，导致电流密度分布不均匀[79]。

（2）多孔性　分级的纤维碳纸多孔性对燃料电池性能有正向影响[82]。催化层附近较低的纤维碳纸多孔性和双极板附近较高的纤维碳纸多孔性可以防止液态水回侵微孔层－纤维碳纸[82-84]，使脊部孔隙保持干燥，促进反应物向催化层的扩散[74]，提高高电流密度条件下的燃料电池性能[83]。在高电流密度值条件下[83]，沿 IP 方向从气相通道入口到出口纤维碳纸多孔性的增加可以改善气相通道性能。纤维碳纸多孔性对燃料电池性能影响很大[85]。纤维碳纸多孔性越高的纤维碳纸性能越好。水驱会降低纤维碳纸多孔性，导致传质和性能恶化，特别是在高电流密度条件下[85]。在高电流密度条件下，采用纤维碳纸多孔性较低的纤维碳纸可减少水驱[80]。

高纤维密度和低纤维密度的带状区域表现出较好的性能。这种调整后的结构形成了一个高纤维碳纸多孔性区域，水优先流向该区域，有望为脱水提供高渗透率。更重要的是，它也使水滴更容易从纤维碳纸表面被去除到气流通道中[86]。对于阳极纤维碳纸多孔性的梯度分布（纤维碳纸多孔性从催化层－纤维碳纸界面逐渐增加到纤维碳纸－双极板界面），水对阳极的渗透阻力较小，导致阴极水含量较低。在高电流密度条件下，阳极中观察到大量的水积聚[84]。目前基于石墨烯泡沫的气体扩散层的主要缺点是纤维碳纸多孔性不受控制地变化，导致纤维碳纸的微观结构随机。此外，当压缩时，这些材料的纤维碳纸多孔性和渗透性显著降低，导致燃料电池内的水管理问题和传质损失[87]。

（3）润湿性及其分级分布　纤维碳纸材料的疏水性有利于水管理[72-73, 88-89]。在相同压力梯度下，强疏水性有利于燃料电池中液态水的去除[64, 72, 89-90]。存在一种最佳的纤维碳纸疏水性，可实现最佳的燃料电池性能[72, 77]。在达到最佳疏水性之前，提高疏水性可以提高燃料电池性能[64, 77, 91]和最大功率密度[92]。在达到最佳疏水性后，继续增加疏水性会降低燃料电池性能[72]。疏水性对燃料电池性能有重要影响[77]。纤维碳纸在朝 TP 方向递变疏水性，提高了水管理效率[82, 88, 93]。当疏水性从催化层－纤维碳纸界面增加到纤维碳纸－双极板界面时[88, 94]，液态水更容易积聚在催化层－纤维碳纸界面，从而增强了质子交换膜水化作用[71]，提高了高电流密度条件下燃料电池性能[83]，但不利于排水[94]，高相对湿度条件下纤维碳纸的性能不如润湿性均匀分布的纤维碳纸[95]。相反，纤维碳纸的纤维碳纸－双极板界面亲水性越强，纤维碳纸的催化层－纤维碳纸催化层－纤维碳纸界面疏水性越强，越有利于脱水[94, 96]。IP 方向的分级润湿性设计有助于去除附着在纤维碳纸表面的水滴[83, 93, 97]。对于悬浮液滴，从入口到出口增加疏水性可以显著降低气流通道的水覆盖率和功率密度[83, 93, 97]，提高高电流密度条件下燃料电池性能。这种改进后的纤维碳纸表面有助于将堵塞流在弯道下游转化为水膜，从而减少了液态水在气流通道中的不均匀分布[97]。当纤维碳纸采用上述混合分级润湿性时，气流通道中的压力波动和平均压力降低了 66%[97]。纤维碳纸中分级润湿性分布可以提高纤维碳纸的耐久性[93]。

纤维碳纸中的亲水通道为液态水提供了一条专用的水运输路径[62, 94]，从而导致相分离的增强。纤维碳纸中的亲水通道可以使液态水流动更加规律[94]，增强气体扩散[98]，增加峰值功率密度[99]，提高燃料电池性能[98-99]。存在一个最佳的亲水区域比例[98-99]，这使得纤维碳纸具有最佳的扩散－饱和特性，使燃料电池能够在较高的电流密度条件下工作[98]。在达到最佳配比后，随着纤维碳纸中亲水区域比例的增加，燃料电池性能下降，这是因为亲水区域比例越大，水输送路径越多，气体输送路径减少[99]。

随着纤维碳纸材料中 PTFE[77, 100]和氟化乙烯丙烯（FEP）含量的增加，纤维碳纸材料表面液滴的 θ_{ca}（阴极处纤维碳纸材料表面液滴的 θ 角）[76-77, 100]、疏水性[77, 100]和突破压力均有所增加[76]。过量使用疏水剂会堵塞多孔介质表面的孔隙，增加传质阻抗。纤维碳纸的润湿性变化会对其内部液态水饱和度或水分布产生重大影响[101]。阳极纤维碳纸的性能影响水向阳极扩散的程度，高疏水性会阻碍水向阳极扩散。不经疏水处理的纤维碳纸可作为蓄水池，阻碍催化层离聚体和质子交换膜的适当加湿[92]。纤维碳纸内部纤维的疏水性比质子交换膜－催化层界面的水团聚对燃料电池性能的影响更大。纤维碳纸内部纤维表面的润湿性比纤维碳纸外表面的润湿性对水团聚和质子交换膜加湿的影响更大[102]。疏水纤维碳纸材料的 MEA 电化学反应动力学通常较慢。

（4）孔尺寸分布　由于孔隙尺寸越小，界面表面积越大[91]，基体中大孔孔隙较小的纤维碳纸的微孔层和微孔层穿透部分的平均水饱和度比基体中大孔孔隙较大的纤维碳纸的平均水饱和度高 18.8%[88]。由于孔隙较大的纤维碳纸具有更好的渗透性[91]，基质中大孔孔隙较小的纤维碳纸的电池电压比基质中大孔孔隙较大的纤维碳纸低 10.3%[88]。微孔层中裂纹与纤维碳纸中大孔的结合在阻塞气流通道中起着至关重要的作用，会导致反应物供应不足，质子交换膜湿度增加[102]。当纤维碳纸具有适量的微孔、中孔和大孔时，可以降低燃料电池的传质阻抗，通过提高燃料电池的水管理能力来提高燃料电池的性能[73]。对于具有宽孔径分布和较大孔隙（>200μm）的衬底，无论施加多大的 θ_{ca}，这些孔隙都倾向于在较低的液相压力下被填充，导致相分离较差，气体弯曲度较高。孔径分布越窄、平均孔隙越小的基质能更有效地传递润湿性模式[98]。

（5）各向异性　由于碳纤维的空间取向，在研究中必须考虑多孔电极的固有各向异性。Sakaida 等[96]利用格子玻尔兹曼方法（LBM）研究了纤维碳纸中纤维取向的影响。与各向同性纤维碳纸相比，纤维大致沿垂直于脊部方向分布的各向异性纤维碳纸减少了纤维碳纸的积水量。在强各向异性纤维碳纸（纤维沿一个方向排列）下，纤维碳纸中积水量增加，其纤维控制了脊下纤维碳纸中水分的分布，改善了垂直于脊下方向的水分输送。然而，当各向异性纤维向一个方向排列时（强各向异性），由于尖锐和狭窄的孔具有强大的毛细力，从脊下的纤维碳纸输送的水不会排放到气流通道中。因此，具有各向异性纤维碳纸可以有效地促进水的通过。

（6）其他特性　在液态水存在的情况下，纤维碳纸的性能参数对 MEA 性能影响最小。纤维碳纸炭黑用量最佳[99]。低孔隙率、密度高的纤维碳纸力学性能较强，压缩后纤维碳纸厚度和气体渗透性降低较小[103]。通常，毛细力随纤维体积分数和弯曲度的增加而增大，毛细力随水饱和度的增加而减小[103]。

3 纤维碳纸形态

纤维碳纸形态的改变会引起传质性能的变化，进而影响燃料电池的性能。纤维碳纸的形态分为突出纤维碳纸和穿孔纤维碳纸，目前对纤维碳纸表面粗糙度的研究较少。关于纤维碳纸形态，主要结论如下：

（1）突出纤维碳纸　与扁平纤维碳纸相比，纤维碳纸突出部位周围区域具有更好的局部燃料电池性能[64, 104]、液态水去除性能、氧气和热量输送性能[104]。由于突出的纤维碳纸产生了强烈的强制对流[104]，因此其增强了反应气体对催化层的供给，反应气体的接触面积增大，增强了化学反应[64, 104]。在所有几何设计中，

数 $N = 7$、高度 HP = 0.21mm 的突出纤维碳纸可使燃料电池的净功率最佳，可提高 15.07%[104]。利用 Taguchi 设计的实验，通过突出纤维碳纸的最佳布置，找到了运行参数的最佳组合。这种组合的最佳能量转换和节约可以使燃料电池性能提高约 12%，同时使功率密度降低约 35%[105]。

（2）穿孔纤维碳纸　传统纤维碳纸穿孔可显著降低 TP 方向液态水饱和度，并通过纤维碳纸提高水去除率[106]。对于多孔纤维碳纸中液态水的运移，存在一个最佳的穿孔深度和直径。为了更好地去除液态水，纤维碳纸的开口位置应靠近水的切入点。穿孔周围区域的润湿性对水分布有显著影响，穿孔周围亲水区域可进一步降低纤维碳纸中的水饱和度。穿孔纤维碳纸可以显著降低氧传输阻力[106]。

液态水在纤维碳纸中的传输和分布是考察纤维碳纸输水能力的直观标准。纤维碳纸中的液态水饱和度应保持在适当的水平。液态水饱和度过低容易导致质子交换膜干燥，过高会导致水淹，这两种情况都会降低燃料电池的性能和寿命。关于纤维碳纸内部的水传输和分布，主要结论如下：

（1）水蒸发　在相同的风速和温度下，氢流中水的蒸发速率可以是空气中水的 4 倍[107]，蒸发速率的变化与二元扩散系数的变化不成正比[108]。预测氢条件下的垂直蒸发诱导速度比空气条件下的相应速度大一个数量级，并且在高温下，垂直蒸发诱导速度变得足够大，可能会阻碍氢向催化层水的运输[107]。靠近纤维碳纸顶部（热位置）的水比纤维碳纸底部（冷位置）的水蒸发得更快。大的水团比小的水团蒸发得快。初始水粒径分布与孔隙大小分布非常接近。当水团蒸发时，水团的平均半径减小。纤维碳纸的空洞有轻微的拉长（扁平）趋势，而水簇呈扁圆形[75]。

对于纤维碳纸材料在不同温度、气体流量、载气和水饱和度条件下的蒸发速率，纤维碳纸中水分的蒸发速率与纤维碳纸中水分的分布特征有关。温度对蒸汽扩散的影响可以用来预测蒸发速率随温度升高的变化情况。气体流量对蒸发速率的影响较弱。当纤维碳纸孔隙率加倍时，蒸发速率将不遵循纯扩散限制系统所期望的反比关系[108]。另外，LBM 也被使用于模拟二元空气 – 水混合物中的流动和质量扩散[109]。除了单纯的扩散外，蒸发引起的 Stefan 流动对多孔介质的湿度输送起着关键作用，产生的气流将极大地改变纤维碳纸内部的流动模式。纤维碳纸设计和蒸发量预测不能仅依赖于非蒸发系统的有效渗透率和扩散率，在燃料电池设计过程中还必须考虑蒸发气流的影响。对于中等温度和纤维碳纸非常薄的空气 – 水系统，蒸发速率仍然由扩散控制。即使是薄而不均匀的多孔层与相对高速的气流接触，动态阻力仍然可以忽略不计。

（2）液态水饱和度　燃料电池的性能与通过阳极的较高的水去除率有关。在较高温度下，燃料电池性能与阳极水去除率无关，阳极水去除率随温度升高而降低[86]。混合纤维碳纸内部液态水的分布及纤维碳纸表面液态水的控制都是降低浓度过电位时需要考虑的重要因素[110]。纤维碳纸样品内部局部液态水饱和度随着注入位置（包括脊部和气流通道下）的变化而变化，这是由于多孔材料压缩前后孔隙空间、形状和尺寸变化且不规则[111]。由于水团簇可以直接排放到气流通道中，并且保持隔离状态而不生长[112]，再加上脊部与气流通道区域之间流动气体的局部湿度差[113]，在高电流密度条件下，气流通道区域下方液态水饱和度远低于脊部区域[112-114]，且脊部与气流通道之间存在一条尖锐的边界[113]。这种不均匀的水分布仍然观察到在两个相邻的区域和相似的几何形状。初始条件、各向异性材料性质和流场几何形状都在决定局部去饱和行为中起关键作用。随着计算能力的扩大，需要更大的计算域来准确地表示这种薄多孔介质中的多相输运[115]。

基于流体体积法（VOF）的三维两相模型被用于研究纤维碳纸中相邻两个气流通道之间的液－气交叉流动[116]。与其他位置的水滴相比，高压气相色谱角处的水滴更容易被横流去除。较大的压差有助于更快地从高压气流通道中去除水。纤维碳纸的润湿性是决定液滴在高压气相色谱中横向流动的关键参数。高压气相色谱中的液滴很难流过疏水性纤维碳纸。横流去除液态水的量主要取决于出水孔的位置，脊下的水被横流完全去除到低压气流通道中。对于疏水性纤维碳纸（$\theta_{ca}=120°$），由于毛细作用，部分从纤维碳纸底部流出的液态水可以移动到高压气流通道中。从低压气相池附近纤维碳纸底部流出的液态水更容易通过横流进入低压气相池。

质子交换膜燃料电池下游更容易被水淹没。局部水淹对燃料电池发电能力影响不大，但会造成电流密度分布不均匀，影响长期运行。完全注水会导致严重的性能下降。一旦燃料电池内区域被严重水淹，非水淹区域的电流密度高达水淹区域的 4.7 倍，即使增加反应物的化学计量，性能也很难恢复[85]。对于 80℃单电池下液态水的形态，在过饱和条件下，液态水饱和度在纤维碳纸中分布均匀。纤维碳纸－脊界面似乎充当了一个屏障，迫使水簇在 TP 方向连接，可能是由于毛细力驱动其向 IP 方向增长或在脊下凝结。平均水量的 85%（气流通道）~ 95%（棱）在 TP 方向完全连通，帮助液态水从催化层向双极板输送的水簇比例为 3%（棱）~ 15%（气流通道）。在完全 TP 连接的水簇中，催化层与气流通道之间的液体流动引起的压力下降不大于 5Pa[112]。

带有微槽和混合纤维碳纸的质子交换膜燃料电池减小了产生液态水引起的电池波动，提高了电池的稳定性。这是由于液态水通过混合式纤维碳纸运动形成了氧扩散路径，以及液态水从纤维碳纸表面和气流通道排出[117]。在气流通道中足够低的电流密度和足够低的相对湿度条件下，催化层中产生的水可以通过完全干燥的纤维碳纸运输。在气流通道相对湿度足够高和电流密度足够大的条件下，纤维碳纸中水蒸气冷凝形成液态水[103]。液态水的饱和度随着电流密度的增加而增加[118]。纤维碳纸中液态水的积累降低了燃料电池性能[119]。最后，尽管电流密度进一步增大，纤维碳纸中的含水量阈值仍保持不变[118]。在低电流密度条件下，当水开始在脊下区域的纤维碳纸中积累时，脊下对流对水的去除作用比压力下降更重要。

7.3.2　微孔层制备

质子交换膜燃料电池气体扩散层中反应气和液态水的传质过程受其结构和性质的影响显著。引入微孔层可以改善气体扩散层中的传质，并且微孔层的制备方法可以显著影响微孔层和气体扩散层的结构和性质。通常，燃料电池中水的主要影响是：较高的含水量会降低欧姆损失，但由于质子交换膜中较高的离子（质子）电导率，会增加活化和浓度损失，降低催化层中的催化剂活性和气体扩散层中的质量传输速率。在气流通道入口附近提高性能的操作条件可能会降低气流通道出口附近的性能。因此，燃料电池中的水控制主要集中在通过设计更好的流道或优化电极微观结构来减少液态水的不利影响。蛇形和交指形是这种设计改进的典型例子，可以通过缓解流道水淹来获得更好的性能[120-121]。同样，微孔层也被成功地应用于催化层和气体扩散层之间，以减少电极驱水的负面影响[122-126]。

一般认为微孔层改善了催化层和气体扩散层之间的电接触，并有助于避免质子交换膜在低电流密度或低湿度下快速干燥。但是，在高电流密度或水淹条件下，其在水燃料电池管理中的作用 / 机制尚不为人所知。这是通过改变电极的孔隙结构来实现的。对其缺乏清晰的认识源于在电池操作中原位观察催化层、气体扩散层和微孔层内部的水运输现象的困难。一些研究表明，通过改变气体扩散层和微孔层的微观结构（如孔隙率、孔径分布、疏水性、厚度、不均匀性）可以改善电池性能[122-127]。应该注意到微孔层表面孔隙形态的重要性，微孔层孔隙水控制的研究对于燃料电池研究具有一定的参考价值[122]。通常，气体扩散层含水饱和度分布的理论处理主要基于连续两相流模型[120，128-131]。在多层电极的输运处理中，微孔层在控制水分布中的作用已经有许多研究[130-131]。微孔层和气体扩散层的孔隙结构不同，微孔层降低了催化层附近的含水饱和度。同时，多层结构中的孔隙尺寸梯度也改善了阴极中的水运输（运输增强作用）。在目前给出的解释中，普遍认为微孔层通过促进水从阴极向阳极的反扩散（毛细屏障作用）来减少阴极水淹现象[132-133]。也有一些实验研究表明，微孔层对这种反向扩散速率没有显著影响[134-135]。此外，基于连续介质模型预测的微孔层的运输增强作用不能包括重要的孔隙（微观）水运输现象。

微孔层作为连接催化层和纤维碳纸的中间层，可以有效地降低催化层和纤维碳纸之间的接触电阻，提供机械支撑催化层，并可将催化剂损失限制在纤维碳纸，降低催化层与纤维碳纸之间的水驱可能性，从而降低传质在高相对湿度条件下的极限。在低相对湿度条件下，微孔层的存在可以降低欧姆损失，但也提高了传质极限。如何确定微孔层的优化设计是一个有争议的问题。

（1）传质性能　微孔层的存在将改变催化层和纤维碳纸的传质性能，影响燃料电池性能。微孔层可以显著促进湿气体扩散介质（GDM）中 O_2 的转运，但对干气体扩散介质中 O_2 转运的诱导作用略弱[136]。微孔层作为一个热障，增加温度的催化层和纤维碳纸界面是微孔层提高除水性能的有效途径。微孔层的加入使燃料电池内的温度分布均匀，提高了质子交换膜的导热性。当导热系数增大时，MEA 会散发更多的热量，这是由于沿质子交换膜方向温度更加均匀，加湿的液态水更多，液态水饱和度也更高[137]。通常，在 70 ~ 85℃的温度范围内，热管效应甚至可以增加更多的导热系数。热管效应也称为PCIF。水对导热系数的影响类似于超级电容器和燃料电池电极中电解质的影响。在干电极中，导热完全依赖于颗粒之间的接触。而在湿电极中，液体在这些接触点之间起着积极的连接作用。在液态水存在的情况下，纤维碳纸的导热系数显著增加，导致温差显著减小，蒸发速率降低，可能导致驱油和性能下降。微孔层的加入会使电极温度升高，而温度升高导致更多的蒸发（包括更多的局部冷却），并加强热管效应，在气相中输送更多的反应热，可能会降低纤维碳纸的水饱和度，导致纤维碳纸－双极板界面发生冷凝，有助于降低或消除热接触电阻。

微孔层的存在通常可以提高电极的温度，同时提高水的管理能力[138]。界面温度的升高导致蒸发增加，提高了微孔层的除水性能。另外，微孔层的存在也进一步促进了液态水向质子交换膜的反向扩散，提高了质子交换膜和催化层的液态水饱和度，从而提高了导热性。同时，热管效应的存在提高了质子交换膜的温度均匀性[82, 137]。

（2）微孔层特性　微孔层是一种多孔介质，其性质包括：厚度、孔隙率、润湿性及其分级分布、裂纹、孔尺寸分布等。每种性质都会对微孔层的传质性能及其内部水的传输和分布产生不同程度的影响，且各性质之间存在相互作用。

1）厚度。通常，微孔层对液态水通过微孔层的速度没有显著影响。然而通过增加微孔层厚度，液态水穿透纤维碳纸的时间可以缩短，从而加快液态水的输送过程。在气体扩散区厚度固定的情况下，增加微孔层厚度会增加液态水饱和度[137, 139]，而氧气的有效扩散速率会降低[79, 139]，导热阻力会增加[79]，导致燃料电池性能降低[79, 137]，电流密度分布不均匀[79]。在高电流密度（≥ $1.0A\cdot cm^{-2}$）

条件下，使用厚微孔层会导致催化层区局部温度升高，质子交换膜脱水会导致质子交换膜收缩。建议使用薄微孔层，通过减少催化层与纤维碳纸衬底之间形成的热障来降低催化层的局部温度[137]。

2）孔隙率。微孔层孔隙率的最佳分布不仅与微孔层中的体积分数有关，还与孔隙空间的孔径大小有关。在大孔径情况下，微孔层孔隙率从催化层－微孔层界面降低到微孔层－纤维碳纸界面（负梯度）有助于提高燃料电池性能[82-83]。在小孔径的情况下，当微孔层孔隙率存在正梯度时，IP 方向液态水团簇的聚集受到抑制，从而加快了多余水分的去除[83, 140-141]，有利于气体渗透[83, 141]，提高了纤维碳纸的两相传质性能[82, 139]。厚微孔介质涂层的孔隙度分级微孔层提高了从气流通道到脊下区域 IP 方向上的气体渗透性[141]。分级微孔层孔隙率值、微孔层厚度和内部子层数等因素通常与氧扩散系数具有密切的关系[139]。分级微孔层孔隙率增大，对液态水团簇的抑制能力增强，干氧扩散率降低，因此存在一个最佳的分级微孔层孔隙率值。增加微孔层的数量有利于提高分级微孔层孔隙率的正向效应。随着微孔层层数的增加，水饱和度减小，有效氧扩散系数增大。

通过增加微孔层孔隙率，可以降低微孔层区域的液态水饱和度，达到液态水导电性更好的条件，实现更好的氧向反应部位的输送，提高燃料电池性能[137]。增加微孔层孔隙率会增加脊部区域下的积水。这是由于较大孔隙的毛细力较低，水的充盈增加，并且脊区下的水通道也关闭[142]。Xu 等利用虚拟随机生成方法，用不同微孔层孔隙率和微孔层厚度生成微孔层，并比较了它们对水传输的影响。微孔层孔隙率过大会导致纤维碳纸中液态水饱和度过高，从而导致反应物气流通道堵塞。微孔层孔隙率对液态水通过微孔层的速度有显著影响[137]。

利用水和反应物的微孔层孔隙率差异制作微孔层平面图，改善了 MEA 中的水平衡，提高了中、低相对湿度条件下的燃料电池性能[83]。一些研究已经聚焦燃料电池在不同操作条件下的电化学性能，并制备了不同类型的微孔层[140]。含多孔隙率梯度微孔层的 MEA 具有最佳的电化学性能。其不同形态可促进反应物气体在催化层和微孔层界面的扩散。该 MEA 显示反应物气体的再分散得到了改善。微孔层的模式设计是提高催化层和纤维碳纸界面传质效率的一种有前途的策略。

3）润湿性及其分级分布。微孔层中亲水剂的存在已被证明是有效的，其作用模式与裂纹类似（在去除水和提供首选的稳定的水去除通道方面）[82]。微孔层的润湿性分级分布可提高水管理效率[82]。在潮湿条件下，液态水含量很高，增加微孔层的疏水性可以更好地将水从多孔区引导到燃料电池外，从而限制水对纤维碳纸的侵入，降低了氧传输阻力，因此在较高疏水性条件下燃料电池性能会得到改善[136-137, 143]。例如，疏水聚四氟乙烯（PTFE）或亲水 PFSA 离聚物黏结剂的微孔层的孔径分布对燃料电池性能和氧传输阻力有影响。亲水孔隙与疏水孔隙在结构上没有差异。在没有液态水的情况下，燃料电池性能和氧运输没有显著差异。虽然有很多研究表明亲水微孔层可以提供优异的燃料电池性能和较低的氧传输阻力，但对相同孔径分布的疏水微孔层和亲水微孔层的微孔层孔隙率进行比较，结果表明亲水微孔层在考虑干燥操作的条件下性能较差，而考虑潮湿条件的疏水微孔层性能较好[143]。

微孔层的分级润湿性必须沿 TP 和 IP 方向设计。在低湿度条件下，微孔层内部的 PTFE 含量从催化层－微孔层界面增加到微孔层－纤维碳纸界面，可以通过保留催化层中的生成水来水化质子交换膜。在较高相对湿度条件下，这种梯度能更有效地去除电极上的液态水。润湿性分级设计影响水和气的传质、电极活性、导热性、电子和离子电导率，从而影响不同工况下的电势和电流分布，影响电池电压和产生的功率。具有空间梯度聚四氟乙烯的新型微孔层具有减少水渗入燃料电池的阴极纤维碳纸的优势。在高电流密度条件下，微孔层内的聚四氟乙烯能更有效地去除电极中的液态水，降低了氧传输阻力，从而提高了燃料电池电位和功率密度。纤维碳纸底物含水量较低的原因是通过使用分级微孔层增强了毛细力驱动的液态水去除[83]。

4）裂纹。微孔层上裂纹的存在使分级微孔层孔隙率的效果失效[139]。微孔层中存在的裂纹可以作为水管，减小水在 IP 方向的覆盖范围和水路径的曲折度[144]，从而使微孔层中的水通道稳定，减少了纤维碳纸中出现水的地方[145]，去除了多余的液态水[82]，从而增加了纤维碳纸和微孔层中的氧通道数量[136, 145]。当液态水通过微孔层的裂纹渗透到纤维碳纸时，微孔层的深度侵入将导致所有液态水进口覆盖的渗透饱和度从 7% 提高到 80%[144]。纤维碳纸与微孔层界面的任何缺陷都会加剧水的横向扩散，从而阻碍氧气的进入。燃料电池组件之间存在强耦合，这意味着优化应包括系统中不同组件之间的接口条件。微孔层和气流通道及纤维碳纸的微观结构都会影响系统的流体动力学[145]。

5）孔尺寸分布。孔径较大的微孔层提高了小孔隙中氧向电极的平行运移能力，提高了大孔隙中液态水向纤维碳纸衬底的平行运移，降低了氧传输阻力，具有更好的气体扩散率[146]，从而提高了燃料电池性能[143, 146]。微孔层的孔隙体积对 MEA 的性能有显著影响，大孔隙体积的亲水微孔层可以有效减少阴极中催化层的水淹[146]。微孔层结构的改进，包括更大的用于液态水传输的孔隙和更小的用于气体扩散的孔隙，有效地加强了整个纤维碳纸的水管理，从而提高了燃料电池性能。微孔层中大孔的存在有助于催化层生成的许多液态水路径合并形成稳定的主路径，从而容易连接衬底中的水团簇[68]。微孔层中较小的孔隙尺寸可以抑制催化层表面水的积聚，从而使催化层失活面积较小。

6）其他特性。理想的水管理微观结构是在整个 TP 方向上具有大孔尺寸的各

向异性晶格结构。应注意微观结构，各向同性晶格会引起更多水去除[145]。采用正交试验的方法研究了疏水剂、碳粉与疏水剂的配比、碳粉和微孔层负载四种因素的影响[73]。碳粉、微孔层负载和疏水剂对燃料电池性能影响较大，其中碳粉影响最大。这三个因素主要通过影响传质阻抗来影响燃料电池性能。这三个因素也会通过影响纤维碳纸的接触角和孔径分布来影响燃料电池的传质阻抗。

微孔层在 IP 和 TP 两个方向上孔隙率和润湿性的分级分布，为同时提高输运和抽放能力提供了可能。目前可以定性分析孔隙率和润湿性分级分布方向对燃料电池性能的影响。然而，使微孔层达到最佳性能的孔隙率和润湿性分级分布的最佳值尚未得到确定，还需要进一步研究。目前主要通过实验研究微孔层裂纹和孔径分布对微孔层性能的影响。利用孔隙网络模型（Pore Network Model，PNM）并考虑这些因素来模拟微孔层内部的水输运状态，但不能集成到整个燃料电池系统中进行合成。研究需要进一步探索，从而弄清楚各种性质之间的相互作用，从而对各种性质进行统一的协同优化，这是提高微孔层性能的有效方法，但目前仍难以实现。

（3）穿孔微孔层　在气流通道下，穿孔微孔层降低了液态水含量，这表明穿孔对整体水输运的影响只能在气流通道区域确定。Simon 等人[147]介绍了两种不同炭黑的微孔层和一种商用微孔层的燃料电池数据和特性。结果表明，在干燥条件下，所有材料的性能基本相同。在高水饱和度条件下，孔隙较大的微孔层性能有所提高，氧传输阻力降低了约 30%。这是因为较大疏水孔的毛细压力较小，有利于液态水的输送，避免了氧气输送路径的堵塞，而干式纤维碳纸中的氧气输送不受影响。与传统的基于炭黑的微孔层相比，穿孔微孔层为液态水提供了首选的传输路径，降低了潮湿作业条件下的氧传输阻力。氧和水的输送是通过不同尺寸的独立孔进行的，这减少了液态水在微孔层 – 催化层界面的积聚。液态水只能通过这些大孔隙进行运输，而氧气运输则发生在由炭黑结构定义的小孔隙中。

（4）水的传输与分布　微孔层的存在促进了液态水在 TP 方向的传播，但没有在 IP 方向上扩展[148]，从而改变了液态水在纤维碳纸中的分布，降低水驱和液态水簇的大小，从而大大降低纤维碳纸中的液态水饱和度，增加氧气向催化层的输送面积[119, 136, 145]。因此，可以提高电流密度，从而显著提高燃料电池性能[119]。阴极微孔层对阴极产生的水形成压力屏障，迫使其流向阳极一侧，从而增加了质子交换膜的含水量和阳极中的水饱和度，提高了阳极的压力下降程度[92, 100]。无裂纹微孔层的突破压力比有裂纹微孔层的大一个数量级，这表明无裂纹阴极微孔层可能会增强液态水向阳极侧的反扩散[136]。阳极的微孔层孔隙率较低会阻碍水从阴极向阳极的反向扩散[107]。微孔层的存在会导致液态水在脊下积聚，在没有微孔层的气流通道下也观察到大量的水[136]。在中电流密度和低电流密度条件下，添加微孔层可以提高燃料电池性能[119]。使用微孔层时欧姆损失较低，从而改善了传质，这种改善归因于质子交换膜更好的水化状态[92, 137]。然而，在大电流密度条件下，这种现象似乎加剧了阳极气流通道中的水淹，增加了传质损失，降低了燃料电池性能[92]。在纤维碳纸中，液态水的最大数量出现在微孔层－衬底过渡区域[81]。适当的微孔层性质可以使液态水均匀分布[149]。尽管纤维碳纸中的总液态水含量在高电流密度条件下保持稳定，但在微孔层主导区域观察到液态水含量下降，这是由于高电流密度操作预期的高热梯度[118]。多孔层液态水饱和度的增加导致氧扩散阻力的增加，这是由于在更高电流密度条件下纤维碳纸中出现了更多来自微孔层的注水位置，而不是通过每个水团簇的流速增加[145]。

（5）微孔层的制备　微孔层通常由碳粉和聚四氟乙烯（PTFE）制成。常见的制备方法主要分为湿法和干法。对于湿法制备微孔层：首先将水或水与乙醇的混合物作为溶剂，然后以一定比例的碳粉与 PTFE 乳液进行超声搅拌均匀，再通过加热使其变成具有一定黏度的浆料。最后将浆料均匀地涂覆在疏水性碳纸表面，并在一定温度（340 ~ 350℃）下烧结[126, 150]。

干法制备微孔层是将一定比例的碳粉和 PTFE 粉用研磨机均匀混合，然后将混合后的粉末涂覆在疏水性碳纸表面，在一定温度（340 ~ 350℃）下烧结[151-152]。湿法制备微孔层工艺复杂，不易批量生产。干法制备工艺简单，更有利于燃料电池的规模化生产。目前，考虑到各种因素，湿法应用较多。

7.4　膜电极组件制造工艺

在可持续性和可再生能源的背景下，氢技术将在未来几年变得更加突出，特别是在接近环境温度的情况下运行的系统。MEA 是传统燃料电池及单体再生燃料电池中最主要的组成部分。MEA 是 PEMFC 的核心部件，通常分为四个主要组成部分：聚合物电解质膜、催化层、气体扩散层和双极板[153]。聚合物电解质膜（固体酸性聚合物）允许氢质子穿过膜时解离，并在每个电极上反应。催化层与膜和气体扩散层直接接触。气体扩散层由多孔层组成，可以有效地从电极中去除反应物和产物。双极板均匀分布燃料气体和空气，并将电流传导到电池。通常，MEA 一般为七层叠加结构。释放能量的电化学反应通常出现在该组件上，因此其性能、寿命和成本直接关系到燃料电池堆的广泛推广及商业化。

7.4.1　质子交换膜

质子交换膜是燃料电池的核心部件，与其他化学电源的电解质膜有很大不同。质子交换膜的作用是输运质子（高质子导电性）、隔离双极反应物（低气体渗透性）、隔离电子（低电子导电性）。它必须具有一定的化学和机械稳定性，以保证燃料电池的正常运行环境。燃料电池常用的电解质膜材料有聚苯乙烯磺酸、酚醛树脂磺酸、聚三氟苯乙烯磺酸和全氟磺酸（PFSA）等。聚苯乙烯磺酸最初被用于燃料电池，但由于在燃料电池运行过程中容易降解而被放弃。20 世纪 70 年代，杜邦成功研制出 Nafion 膜，即 PFSA 聚合物膜。它不仅具有良好的稳定性，而且具有优异的质子导电性，使用寿命长 [154-157]。目前，它已被证明是燃料电池最理想的电解质。它的出现极大地促进了质子交换膜燃料电池的发展。燃料电池的核心部件是 MEA，而 MEA 的核心部件是质子交换膜，质子交换膜决定了燃料电池的类型和工作特性。

质子交换膜大致可以分为高温质子交换膜和常温质子交换膜两类。高温质子交换膜的突出优点是其工作温度最高可以达到 120℃。由于水在 100℃（1atm㊀）以上的环境中以气体的形式存在，高温质子交换膜完全解决了燃料电池中液态水存在所带来的问题，因此不需要水管理。但目前高温质子交换膜的质子导电性很低，寿命很短，需要进一步改进，目前依旧无法实现商业化。目前可实现商业化的质子交换膜是常温质子交换膜。由于水是由电化学反应产生的，在常温下燃料电池中有大量的液态水，因此水管理成为燃料电池发展的关键问题。

该膜可以被识别为聚四氟乙烯（PTFE）链与侧链，终止在一个磺酸基。当聚合物变湿时，磺酸基上的氢从聚合物中分离出来，然后作为质子释放到溶液中。同时，固定的电解液中的阴离子被认为是聚合物酸的优势。Nafion 膜是一种常见的质子交换膜，是杜邦公司生产的聚合物。在氯碱工业中，这种聚合物被用作分隔剂 [158]。事实上，生产尺寸高达 50mm 的质子交换膜是非常困难的，这类似于厚压缩堆栈。此外，质子交换膜还可以实现高功率密度。

质子交换膜可能是可再生燃料电池的发展动力。Nafion 117 膜有一层薄薄的电解质（20 ~ 80mm），可将质子从阳极传导到阴极。具有高离子电导率的膜材料具有更高的优先权，它可以防止电子传输及阳极氢燃料和阴极氧反应物的交叉。现有的膜材料大多是以全氟磺酸为基础的。通常，性能优异的膜，如 Nafion 膜，其骨干结构为 PTFE。Nafion 膜中的质子运输是通过使用磺酸官能团提供的电荷位进行的。此外，还有一些其他全氟聚合物材料，包括 Neosepta-F™（德山），Asiplex™（朝日化学工业），可用于 PEMFC。高温质子交换膜燃料电池选择的膜材料

㊀ 1atm（标准大气压）=101.325kPa。

可以在高温下运行（100～200℃）。Nafion 112 基膜的复杂合成工艺使其成为昂贵的膜[158-159]。考虑到其成本效益，高性能的电解质材料是燃料电池的一个活跃的研究领域。最近的一些研究集中在开发 Hyflon® 离子离聚体，具有短侧链（SSC）离聚体的膜，在许多情况下表现出比 Nafion 膜更好的耐久性和性能。最初其由陶氏化学公司改进。这种膜材料的主要缺点是降解严重[153, 158-159]。磷酸掺杂聚苯并咪唑（PBI）膜被认为是一种很有前途的高温质子交换膜。这种膜具有很高的质子导电性，温度高达 200℃，甲醇渗透性低，有利于高温应用。PolyFuel 研究了用于燃料电池应用的碳氢基膜[159]。总之，Nafion 117 膜通常被用于燃料电池等技术[160-161]。

PEM 是 PEMFC 的核心基础材料之一，其性能的优劣决定着电池的性能和使用寿命，为实现氢燃料电池的高效、稳定工作，要求质子交换膜具有高质子导电性、良好的热稳定性和化学稳定性、高机械强度和耐久性。质子交换膜的制膜工艺直接影响膜的性能，目前制膜工艺主要有两种：熔融成膜法和溶液成膜法。

1 熔融成膜法

熔融成膜法也叫熔融挤出法，是最早用于制备 PFSA 质子交换膜的方法。制备过程是将树脂熔融后通过挤出流延或压延成膜，经过转型处理后得到最终产品。熔融成膜法由杜邦公司率先完成商业化生产，索尔维的 Aquivion 系列产品也采用类似工艺，使用的原材料为短侧链 PFSA。这种方法制备的薄膜厚度均匀、性能较好、生产效率高，适合用于批量化生产厚膜，且生产过程中无须使用溶剂，环境友好。

其缺点在于，一方面，由于工艺特点，熔融成膜法无法用于生产薄膜，无法有效解决 PFSA 质子膜成本过高的问题，另一方面，经过挤出成型制成的膜还需要进行水解转型才能得到最终产品，在这一过程中较难保持膜的平整。鉴于上述问题无法从根本上得以解决，熔融成膜法在质子交换膜领域的研究和应用呈现下降趋势。

2 溶液成膜法

溶液成膜法是目前科研和商业化产品采用的主流方法。其大致制备过程为：将聚合物和改性剂等溶解在溶剂中后进行浇铸或流延，最后经过干燥脱除溶剂后成膜。溶液成膜法适用于绝大多数树脂体系，易实现杂化改性和微观结构设计，还可用于制备超薄膜，因此备受关注。

溶液成膜法根据后段工艺的差别可以进一步细分为溶液浇铸法、溶液流延法和溶胶 - 凝胶法。

（1）溶液浇铸法　溶液浇铸法是直接将聚合物溶液浇铸在平整模具中，在一定的温度下使溶剂挥发后成膜。这种方法简单易行，主要用于实验室基础研究和商业化前期配方及工艺优化。

（2）溶液流延法　溶液流延法是溶液浇铸法的延伸，可用于大批量连续化生产，因此目前商业化产品（主要是 PFSA 质子交换膜）多采用溶液流延法。

溶液流延法可通过卷对卷工艺实现连续化生产，主要包括树脂溶解转型、溶液流延、干燥成膜等多道工序，相比于熔融成膜法，其工序更长，流程较为复杂，溶剂需要进行回收处理，但优势在于产品性能更佳且膜更薄。

采用此种工艺的主要产品有：美国戈尔 Gore select 系列膜、杜邦第二 / 三代 Nafion 膜、旭化成 Acflex 膜、旭硝子 Flemion 膜等。

（3）溶胶 – 凝胶法　溶胶 – 凝胶法通常用于制备有机 – 无机复合膜，利用溶胶 – 凝胶过程来实现无机填料在聚合物基体中的均匀分散。

简要制备过程如下：将预先制备好的聚合物均质膜溶胀后浸泡在溶解有醇盐（Si、Ti、Zr 等）的小分子溶剂中，通过溶胶 – 凝胶过程将无机氧化物原位掺杂到膜中，得到复合膜。通过这种方式制成的有机 – 无机复合膜性能一般优于直接溶液共混成膜，用这种薄膜制成的氢燃料电池在 130℃高温下仍能保持稳定工作，但无法实现薄膜的大批量连续化生产。

7.4.2　催化层

燃料电池电极由电催化剂和电极离子导体组成，其厚度（催化层）为 5 ~ 30μm，也称为催化层。催化层的作用是加速氢在阳极一侧分解成质子和电子，加速阴极一侧的质子、氧离子和电子反应生成水。燃料电池的催化剂需要具备三个特性：稳定性、高电催化性和导电性。铂（Pt）符合这三个特性要求，是燃料电池电化学反应中常用的氧化还原催化剂。为了保证气体、电子和质子能够参与化学反应，必须保证它们同时与催化剂接触。然而，燃料电池中的 Pt 通常以颗粒形式存在，因此催化剂需要附着在一定的衬底上。研究表明，提高燃料电池性能的关键不是增加 Pt 的含量，而是提高 Pt 的利用率，即增加催化剂的活化面积。因此，通常采用碳作为载体，将纳米级 Pt 颗粒（≤ 4nm）大面积均匀分布，使催化剂与反应物充分接触。催化层的作用是加速燃料电池中的电化学反应，这对燃料电池的性能起着重要作用。而且由于使用贵金属 Pt 作为催化剂，催化层的成本是燃料电池商业化的主要障碍。超低铂或无铂的催化层研究是目前需要攻克的一个难题。而在 Pt 用量相同的情况下，通过调整催化层的性质，可以提高催化层的催化效率，并降低催化层的成本。研究催化层性能对其性能的影响机制是关键。催化层通常由铂负载的 10% Pt/C 炭黑和 30% PTFE（质量分数）组成，是 PEMFC 的重要组成部分[162]。催化层与气体扩散层的膜和层直接相关。此外，指定的层可以直接施加到气体扩散层或膜上，使催化剂更接近质子交换膜。因此，对于可再生燃料电池（URFC）来说，催化层对于开发有效的再生细胞非常重要[163-164]。

有研究使用铂（Pt）作为唯一的催化剂，而其他研究则使用其他合适的催化剂，如铱和铑。有研究人员也考虑降低 URFC 催化层中的高 Pt 密度（通常为 0.3 ~ 0.5mg/cm^2），而其他人则考虑催化剂 Pt 密度为 0.4mg/cm^2，这可以使用负载双功能催化剂实现。氧还原反应（ORR）或氢氧化反应（HOR）发生在非常薄的催化层中（约 10mm）。电化学反应在催化层中可以发生在不同的相中，即：①表面分散有 Pt 催化剂颗粒的碳载体；②离聚体；③空隙空间。使用催化剂可降低反应的活化障碍。氢的氧化反应发生在阳极，而氧的还原反应发生在阴极。催化层是燃料电池成本的主要份额，因为它的成分中含有铂或铂合金。Pt 及其合金（PtCo、PtNi、PtFe 和 PtCr）具有良好的催化动力学[159]。Pt 负载是催化层发展的一个重要参数。此外，由于质量输运的限制，减小催化层厚度对提高其性能至关重要。对于厚度优化，可以使用催化层模型，并考虑所有输运现象和三相界面上的 ORR 或 HOR。该模型阐明了催化层还原对燃料电池性能的影响。此外，薄的催化层（约 1mm）可降低催化剂负载，从而降低催化层成本。在这个领域进行更多的调查是至关重要的。

7.4.3 微孔层

微孔扩散层和气体扩散层都被称为扩散介质（DM）。这些层具有以下多种功能：①双极板和电极之间的电子连接；②提供反应物运输；③为膜电极组装提供机械支撑；④保护催化层免受流动带来的氧化和磨损[165-166]。多孔气体扩散层保证了电极区反应物的均匀分布和消除。此外，它似乎起到了电导体的作用，以确保电子在催化层之间的转移[153]。此外，气体扩散层对质子交换膜水化有重要作用。因此，电极和双极板之间的电子连接关系得到了保证。Yao 等[167]研究了气体扩散电极的制备，在催化层和气体扩散层之间提出了一种以纯钛为集流剂的结构。将 Pt/IrO_2 复合粉末与 15%（质量分数）的高疏水性 PTFE 混合，并以适量异丙醇为分散剂制备沉积催化层。通过超声波法获得高度分散的混合物，将所得的混合物制成所需的尺寸[167-168]。在两级混合方案的基础上，提出了两级通道流动模型。流道设计存在三个问题：水结构问题、流道不协调问题、流道分布不均匀问题。Basu 等[169]建议采用两级设计，以考虑燃料电池流道中分布不均匀的问题。

此外，Wang 等[159]也研究了多孔介质的流动特性、导热特性、物质输运特性和两相输运特性。沿流道的液体分布是用双流体流动模型（气体 / 液体）分析得到的。

7.4.4　双极板

燃料电池的重要组成部分是双极板，它可以传播氢燃料和氧反应物，也可以消除副产物水。

反应物的短缺会导致氢 / 氧的缺乏，从而降低电池的性能和耐久性。双极板在机械上支撑扩散介质，并为热和电子传导提供途径[170-171]。燃料电池可能会发生金属板氧化等，从而降低燃料电池的寿命。气体流动通道很容易变成双极板，这导致在燃料电池[159]的特定化学区域具有高而一致的电子传导性和导热性。

燃料电池堆的每个双极板为两个相邻的电池提供支持。它还提供以下四个特殊性能：①分布燃料和电池腐蚀；②促进电池中的水 / 热管理；③分离电堆中的单个电池；④在电池中传输电流。

7.5　双极板制造工艺

双极板是质子交换膜燃料电池的核心部件，需求量巨大，金属双极板是新兴的双极板形式。为了初步探寻商品化制备金属双极板工艺的方向，本节详细讲解了近年来质子交换膜燃料电池金属双极板的制造工艺。从燃料电池金属双极板的商品化角度对各类制造工艺进行详细分析。此外，本节提出了模压膨胀石墨双极板、石墨 / 金属复合双极板和金属薄板冲压双极板的可行工艺方法。

7.5.1　模压膨胀石墨双极板

膨胀石墨是由天然鳞片石墨制得的一种疏松多孔的蠕虫状物质，已广泛用作各种密封材料，它具有良好的导电与导热性能。石墨在质子交换膜燃料电池运行条件下是稳定的。因此，膨胀石墨特别适合用于批量生产的廉价双极板。

Ballard 公司[172]采用真空浸渍膨胀石墨板材的方法制备了复合双极板，并成功将其应用于Mark9系列发动机上。其主要工艺流程是将膨胀石墨颗粒压制成膨胀石墨板材，再经压制成型为双极板，然后利用低黏度的树脂溶液对板材进行真空浸渍，使得溶液进入膨胀石墨板材的孔隙中，最后再经高温固化。其工艺流程的优点在于：①选用了本身具有导电网络的膨胀石墨板材为原料，因此可以制备导电性能良好的复合双极板；②操作工艺简单，操作温度低。此种方法的不足之处在于为了使树脂的浸渍效果良好，所选用的树脂溶液必须是低黏度溶液，因此在选择树脂的时候就会受到一定的限制。

Ballard公司提出采用冲压（stamping）或滚压浮雕（roller embossing）方法制作带流场的石墨双极板。该双极板是先压成型后灌树脂，胶粘剂主要是聚偏二氟乙烯，侧重点是双极板结构对阻力的影响，双极板采用两层结构，即氢流场板与水腔作为一块板，氧流场板作为一块板，二者黏结到一起构成一块双极板。由于详细的制备工艺没有提及，在制作的过程中发现在先压成型后灌树脂中，会出现浸灌树脂量既少又不均匀，很难达到理想的效果，需要进一步实验与研究。一些研究人员提出了先灌树脂后成型的做法，虽然解决了上述问题，但在成型过程中，树脂本身硬度的变化会导致双极板在成型过程中出现裂纹。虽然膨胀石墨具有良好的导电与导热特点，但在浸灌树脂以后会有一些变化。一些研究采用选定的树脂，并利用不同比例的树脂与膨胀石墨来比较其成型后的导电性、导热性、强度、润湿性及透气量[173-175]。因此在对树脂种类的选择上，必须结合实际情况。由于PEMFC工作温度低于100℃，电池反应生成的水以液态形式存在，一般应依靠反应气体吹扫出反应生成的水。系统中大量液态水的存在会导致阴极扩散层内氧传递速度的降低，降低电池性能。通常MEA采用疏水性较好的材料，如果对膨胀石墨双极板进行表面处理再配合MEA组装，疏水效果将更明显。由以上可见，尽管PEMFC膨胀石墨双极板有很大的发展，但还必须进行进一步的开发研究，如：如何选择合适的树脂及浸灌树脂的工艺、如何改进膨胀石墨双极板的表面性能，以及结合膨胀石墨本身性能进一步探讨透气的机理、浸灌树脂过程中的树脂的流动性能，同时进一步优化膨胀石墨双极板的成型工艺等。

7.5.2 石墨/金属复合双极板

双极板（BP）是PEMFC的重要组成部分，因为它们对燃料电池的重量、体积和成本有重要贡献。传统上，BP是由高密度石墨材料制备的[176]。然而，石墨板具有体积大、重量大、加工困难等缺点，促进了开发BP替代材料的研究。金属和复合材料作为替代材料的研究引起了人们的关注。由于金属板的腐蚀问题和昂贵的涂层要求，复合材料BP更受青睐。本节介绍了目前用于开发聚合物复合材料的研究进展，同时讨论了传统和新开发的热固性或热塑性树脂与膨胀石墨、炭黑、碳纤维、碳纳米管等导电碳基填料和石墨烯增强的聚合物复合材料 BP 的性能，最后提出了复合材料和工艺的挑战和未来的研究趋势。

燃料电池的制造成本是其在燃料电池领域商业化的一个重大挑战。双极板（BP）约占总成本的 37%，燃料电池组件的相对成本如图 7-19 所示[177]。

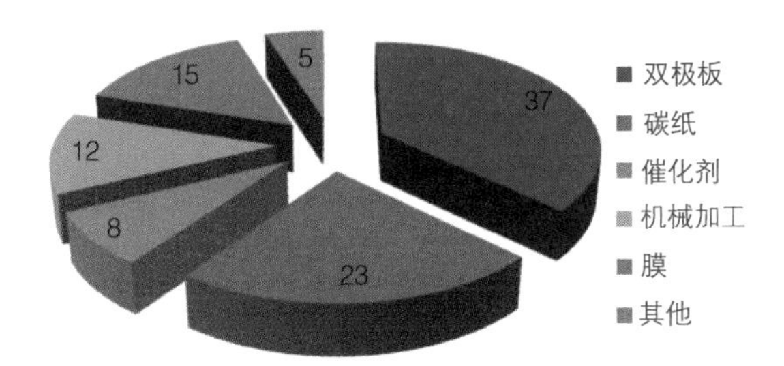

图 7-19　燃料电池组件的相对成本

BP 最常用的材料是石墨，因为其具有优良的导电性和化学稳定性[178]。然而石墨板有孔隙率大、渗透率高、机械困难、制造成本高等缺点。由于其脆性，采用较厚的石墨板增加了电堆的体积和质量[179]。其替代材料是金属和复合材料[180]。同时许多各种非涂层和涂层金属被用作 BP 材料[181]。金属 BP 具有良好的导电性和导热性、低气体渗透性，可以减少厚度和重量，易于批量生产，有更好的机械加工性和强大的机械强度[182]。

金属 BP 的主要缺点是在极端的燃料电池操作条件、如高温和 pH 为 2 ~ 3 的情况下有腐蚀倾向。腐蚀会导致离子污染，从而对功率输出产生负面影响[183]。离子污染会导致以下问题：氧化层的形成（增加接触电阻）、催化剂中毒、金属离子扩散导致的膜降解和质子导电性降低[184]。因此，为了克服腐蚀，研究人员建议的解决方案是应用保护涂层，使用非涂层金属合金和珍贵的非涂层金属。然而，这些是相当昂贵、耗时的，且容易受到损害。金属板和涂层可能有不同的热膨胀系数，因此，在特定的燃料电池操作时间后，有可能形成微孔隙和微裂纹。这种现象将会导致涂层保护能力的减弱，并可能导致额外的欧姆损失[185]。

1 石墨

石墨是 PEMFC 复合 BP 最常用的材料。它具有良好的导热性、耐腐蚀性、低比重和惰性性能。石墨晶格有不同层的二维石墨烯片，sp^2 杂化碳原子紧密结合在一个六边形环中。这种结构使得碳与层（平面内）具有高导电性，并且在垂直方向（通过平面）具有低导电性[186]。天然石墨有较高的结晶度，比合成的更具导电性[187]。电导率也取决于石墨的等级。薄片状的石墨比球形的石墨具有更大的导电性。Heo 等研究了石墨颗粒尺寸和形状对酚醛树脂复合 BP 力学和电学性能的影响。他们得出结论，片形制备的复合 BP 电导率和弯曲强度高于球形。

2 膨胀石墨

通过天然片石墨的化学和热处理制备膨胀石墨。用氧化剂夹层天然石墨薄片，得到石墨夹层化合物（GIC）或可膨胀石墨。然后通过微波照射或消音炉将该化合物加热到 800℃以上，得到膨胀石墨或脱落的石墨 [188]。由此得到的膨胀石墨沿 z 轴方向膨胀了 200 倍。该聚合物可以有效地填充膨胀石墨的孔隙，增加了孔隙率和夹层空间。它提高了导热率和导电率，降低了密度，增加了表面积 [189]。然而，膨胀石墨的高负载降低了机械强度，这应该通过添加像碳纤维这样的二级填料来补偿 [190]。Dhakate 等 [191] 开发了一种填充不同颗粒尺寸的酚醛树脂（PF）复合双极板。研究发现，大颗粒制备的复合材料具有较好的导电性，小颗粒的复合材料具有较高的力学性能。然而，混合尺寸的膨胀石墨粒子，即将较小的膨胀石墨粒子掺入较大的膨胀石墨中，其质量分数为 10%，可以增加 100% 的电导率，而不会降低材料的机械强度。

热塑性树脂基复合材料在可重复使用性范围和自动化批量生产方面具有吸引力。然而，所需的电导率目标只在几个研究中实现。热塑性材料的低导电性是由于其熔融黏度高，不能含有较高的填料含量 [191]。因此，在提高热塑性树脂基 BP 的导电性方面还有进一步的研究空间。一种有前途的研究方向是使用具有三重连续结构的碳材料填充的聚合物共混物。该结构具有二元聚合物共混物（即 A 相和 B 相）和碳填充材料。如果 A 相中的导电碳填料材料的填料含量大于 A 相中的渗滤阈值，则可以在共混物中形成连续的导电路径。在这种三重连续结构中实现电导率所需的填料将较少，因为渗透阈值是在一个相中，而不是整个聚合物共混物 [192]。碳填料将在聚合物两相的界面上均匀分布。注塑成型可用于制造 BP，因此其实现自动化和大规模生产是可能的。尽管该领域已有很多研究，但未来仍有很大的研究空间。

此外，开发复合 BP 面临的挑战还有团聚、黏附失败和基体中填料分布差。因此，对能提高填料分散度和填料与基体界面附着力的偶联剂的研究具有良好的发展前景。同样，填充材料的表面处理和功能化也改善了 BP 的性能。表面处理和功能化填料材料复合材料是未来的研究方向。此外，导电聚合物的范围也必须加以探索。

由于复合双极板需要较长的固化时间，因此它们的处理时间也很长。对于聚合物复合双极板，必须开发出可以减少固化时间的材料或工艺。需要研究聚合物复合双极板的替代方法，如电子束、紫外线（UV）或光子固化，来减少固化时间，以满足不断增长的汽车行业的成本和性能要求。高速成型、密封、固化、胶合和切割工艺有待发展。辊压花和绝热成型可用于高速成型。建模可以提供对可成型性和性能的额外见解。聚合物复合材料 BP 的另一个问题是在高电流密度应用中的低导热系数，因为预混树脂和石墨破坏了连续导电材料的相，所以导热系数需要提高。添加高导电性填料可以提高导热系数。

高导电性的填料也可以减少固化时间。故其在制造、材料和设计方面也需要得到发展，以满足低接触角的表面能要求。目前的腐蚀模型并不能预测腐蚀的速率，因此需要能够提供短期耐久性测试和真实的长期燃料电池运行之间的传递函数或相关性的模型。此外还需要建立模型来描述不同接触压力、电位、接触时间和材料条件下的双极板 -GDL 界面接触电阻。因此，在成型模型、两相流动模型和耐久性模型方面还需要进行改进。

7.5.3　金属薄板冲压双极板

近年来，不同的方法被用于金属双极板的制造，包括橡胶垫成型 [193]、水化成型 [194] 和冲压 [195]，以降低 PEMFC 的总体成本。其中，冲压工艺具有巨大的量产潜力。Chen 和 Ye[196] 利用更新的拉格朗日公式概念，建立了一个在有限元（FE）模拟冲压过程中的弹塑性变形模型。他们比较了传统的材料模型和比例因子修正后的材料模型，并指出修正后的材料模型可以真实反映金属双极板工艺制造。他们在 0.05mm 厚的不锈钢板（SUS 304）上进行了实验，验证了改进后的模型。他们的结果表明，双极板通道的圆角最有可能出现裂纹。Hu 等人 [197] 利用成型极限图（FLD）确定了冲压过程模拟过程中金属双极板的安全极限。他们将流道尺寸、冲孔速度、冲模半径和吃水角作为可变工艺参数。为了验证有限元效应的结果，他们在 0.15mm 厚的 SS 304 薄片上进行了实验。通过优化有限元模拟结果，可以提高片材的冲压性，从而降低金属双极板的生产成本。研究表明，薄片以非常低的速度起皱，以相对较高的速度起裂。半径越大，冲压板就越安全。此外，半径越小，冲压板越薄。通道宽度、深度和脊宽度越大，板材的成型性越好。Smith 等人 [198] 使用基于应变的损伤模型模拟了金属双极板的冲压。他们根据单轴拉伸实验得到了应变强度指数和各向异性系数值，在局部颈缩开始时使用等效应变。他们认为在模拟过程中，在开始局部颈缩之前的最大印记通道深度是成型性的指标。他们评估了不同材料的成型性，包括不锈钢（SUS 316L）、Crofer22 APU、5086-O 铝、1100-O 铝和商用纯钛。在模拟中，薄片的初始厚度为 0.05mm。他们发现 SUS 316L 是最适合制造 BP 的材料。此外，模具间隙是影响板材冲压性的最重要因素，摩擦系数的影响最小，而模具半径的影响较中等。莫丹卢等人 [199] 使用响应面法（RSM）冲压初始厚度为 0.1mm 的钛双极板。他们使用方差分析来确定输入参数的贡献量，包括模具间隙、冲压速度和模具 / 薄片摩擦系数。

此外，他们还使用了一个回归模型来预测平板通道的最大填充深度与上述参数的关系。结果表明，增加模具间隙会导致更多的填充深度，降低摩擦系数会增加冲压板的最大填充深度，冲压速度对最大填充深度没有显著影响。Zhao 和 Peng[200] 采用微观尺度形成的不稳定性准则来估计金属双极板在冲压过程中发生破裂的时间。使用的材料和板材厚度分别为 SS 304 和 0.1mm。它们可以预测最大通道高度是通道特征的函数。根据研究结果，该模型在冲压过程中考虑片材尺寸效应的情况下，比传统模型更能准确地预测成型高度。此外，他们得出结论，当设计更大的通道宽度、间隙和圆角时，可以标记更深的通道。Karacan 等人 [201] 通过数值和实验研究了不同金属双极板的冲压，包括 SS 304、商用纯钛 2 级和铝（Al 6016 和 Al 3104），初始厚度为 0.1mm。他们使用上述替代品的 FLD 曲线来确定重要的影响，如裂纹和褶皱区域。他们利用 Dynaform 软件模拟了金属双极板的冲压效果，并获得了基于不同通道宽度和高度的 16 种不同情况下的可成型性特征。他们指出，SS 304 和商用纯钛都适用于 0.36mm 的流动通道深度，而商用纯钛不适用于更深的流动通道。Neto 等 [202] 采用有限元模拟研究了厚度为 0.15mm 的 SSD 304 片的金属双极板冲压。他们研究了槽 / 脊宽度、冲孔 / 模具圆角半径和槽深度对板材成型性的影响。他们在模拟中用现象学的快速硬化定律描述了薄片成型性。他们评估了两个不同的直线和 U 形弯曲通道段的单个通道和多个通道。他们发现，工具（冲孔和模具）的几何形状影响板材的成型性，细化量随着通道 / 脊宽度的减小和冲孔 / 模具角半径的增加而减小。此外，冲压板的厚度随着通道深度的增加而减小。Khatir 等 [203] 采用了一种改进的冲压工艺，降低了成本，并提高了由 SUS 316L 制成的初始厚度为 0.1mm 的金属双极板的制造速度。他们用数值和实验的方法研究了成型力对通道深度、通道宽度和脊宽的影响。在实验中，他们使用尼龙聚丙烯固体膜作为润滑剂。结果表明，增加冲压力对通道深度影响不大。此外，冲压力的增加克服了导致通道和脊的宽度增加的应变硬化。基于应变分布的有限元计算结果，14kN 的成型力适合于制备金属双极板。

尽管目前有许多有价值的研究，但值得注意的是，它们主要集中在金属双极板冲压过程中的材料建模和工艺参数。根据作者的了解，目前还没有研究分配到金属双极板冲压期间的失败预测。此外，对塑性变形过程中的故障进行预测，可以提高金属双极板制造过程的可靠性和效率，并降低生产成本。先前的研究表明，一些基于应变的标准和韧性断裂标准可以作为可靠的工具来预测在各种加载条件下，如弯曲 [204] 辊形成 [204]、橡胶垫形成、增量成形过程 [205] 的塑性变形。然而，断裂模型应根据加工过程中的主导载荷路径和材料在不同应力状态下的断裂行为进行评估。因此，在金属双极板冲压时，有必要考虑韧性断裂标准的能力。

7.6 密封件制造工艺

在一个大型的 PEMFC 堆中，有许多密封的接口。密封稳定性是影响质子交换膜燃料电池堆性能和安全性的重要因素之一。为了保证大型电堆的高性能和安全性，可靠的密封设计是必要的。质子交换膜燃料电池（PEMFC）堆的密封设计大多采用密封垫包围 MEA，以防止气体或反应物从堆的密封接口泄漏。超弹性聚合物由于成本低、弹性变形性能好，常被作为密封材料。然而，如果密封结构设计不当，在运行甚至组装过程中都会发生密封失效。此外，由于在燃料电池运行中密封材料暴露在酸、湿度、温度和机械负载循环的环境中，垫片材料的性能会发生退化。

PEMFC 堆中的密封结构通常有四种类型：PEM 直接密封、PEM 包裹框架密封、MEA 包裹框架密封、刚性框架密封，既可用于石墨极板，也可用于金属极板。各种密封结构的工作原理都是一样的，即需要一个合适的密封压力来实现可靠的密封。任何工程表面在纳米和微米尺度上都是粗糙的。因此，在两个固体接触面之间总是存在大量复杂且随机的纳米 / 微米通道。为了控制接触固体表面之间的泄漏，需要最小的接触压力 P_{min}，以保证表面粗糙度发生足够的弹性变形，使粗糙表面之间的间隙很小，使泄漏控制在设计标准之内。此外，接触压力不能过高，超过最大接触压力 P_{max}，密封结构材料可能会发生塑性变形，甚至断裂损伤。因此，密封接口的接触压力应设计在 P_{min} 到 P_{max} 的范围内。然而，密封接触压力的设计需要对整个电堆结构进行协同优化，因为密封压力会影响 MEA 和极板的接触压力和载荷，这取决于所有结构材料的温度、湿度和应力－应变本构关系。因此，密封接触压力设计实际上是一种系统化设计，不能脱离电堆结构设计。

7.7 电堆组装过程

1 膜电极批量一致性筛选

大批量制备的膜电极在进行电堆组装前，一般需要进行一致性筛选，随机抽取一定数量的 MEA，采用固定的端板及双极板，按照 3 节、15 节、30 节、130 节、

240 节、370 节的步长依次组装成电堆进行发电测试验证。一致性筛选验证测试的电堆不需要充分活化，拉载至目标电流密度后观察各节电压情况及一致性，如有低电压单电池节数超过标准限值的，应替换新的 MEA 重新完成测试，直到一致性达标。通过统计合格率来判断该批次膜电极生产质量。

以下为某批次膜电极一致性筛选实测案例。正式测试前氮气吹扫燃料电池堆，进行参数设置，参数包括流量参数、压力参数和温度参数。达到热机参数后，连接设备负载，进行加载，分别在 1000mA · cm^{-2}、1400mA · cm^{-2} 和 1700mA · cm^{-2} 电流密度下记录各节电压及一致性数据。测试完成后，自动进行氮气吹扫，吹扫完成后关闭循环水机、去离子水泵，以及氮气、氢气进气管路。

2 堆型“倍增试制”验证

（1）30 ~ 240 节电堆逐级倍增试制与验证　在大功率电堆的试制过程中，一般采用倍增试制的方法对堆型设计进行验证。分别组装 30 节、60 节、120 节和 240 节电堆逐级进行性能验证，每一轮测试达到预期指标后方可进入下一轮。测试现场及倍增试制过程电堆实物如图 7-20 所示。倍增试制电堆极化曲线及功率曲线对比如图 7-21 所示，可以看出，不同节数的试制电堆平均单节电压极化曲线几乎重合。倍增试制电堆极化性能数据见表 7-3。从表 7-3 可以看出，随着节数增多，电堆性能呈倍数增长，并且电堆流体分配、结构设计均满足需求。

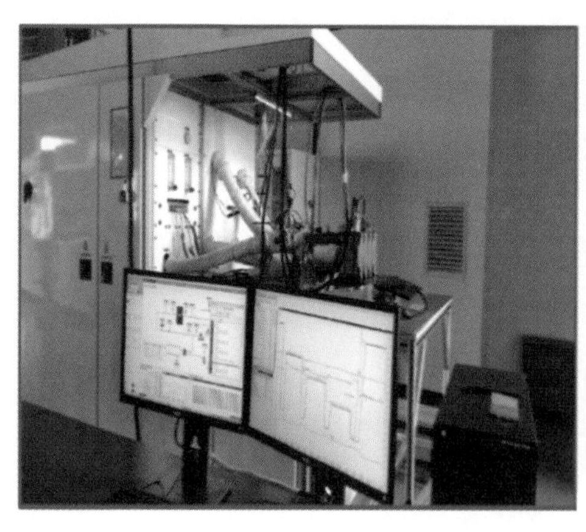

a)

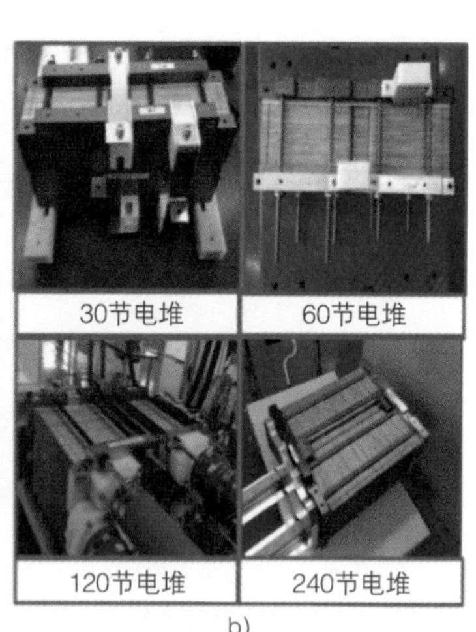

b)

图 7-20　测试现场及倍增试制过程电堆实物

a）30 节电堆耐久性测试现场，测试平台为 Green Light 600　b) 电堆实物

3 燃料电池堆组装标准化流程

燃料电池堆经过验证后，对于所有完成检测的零部件，按照标准化流程进行堆叠组装，然后进行气密性检测及其他出厂检测后方可正式完成出厂交付。标准

化电堆组装流程见表 7-4。

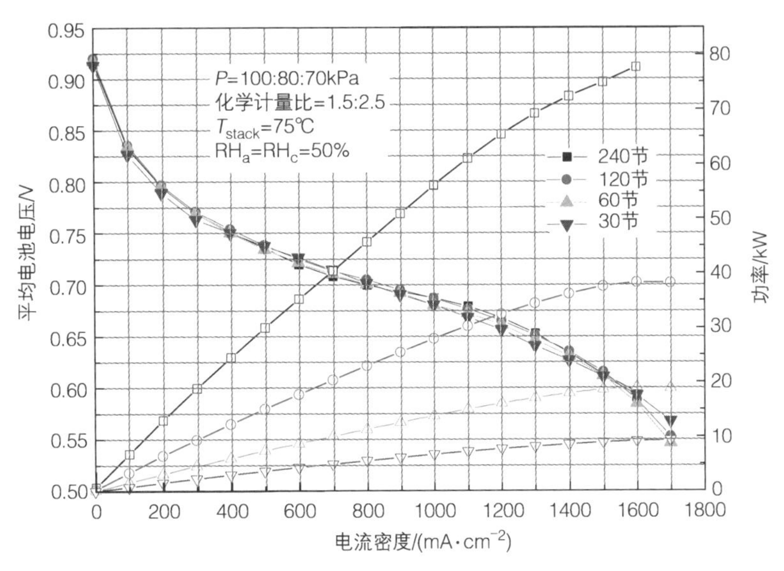

图 7-21　倍增试制电堆极化曲线和功率曲线对比

表 7-3　倍增试制电堆极化性能数据

节数	1200 / mA · cm^{-2} 条件下的平均电压 /V	1200 / mA · cm^{-2} 情况下的功率 /kW
30	0.657	7.8
60	0.662	16.17
120	0.666	32.50
240	0.668	65.38

表 7-4　标准化电堆组装流程

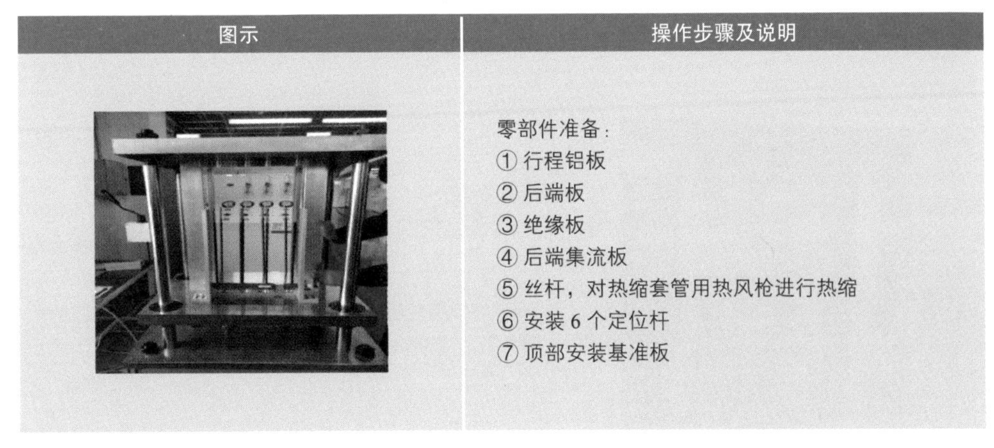

图示	操作步骤及说明
	零部件准备： ① 行程铝板 ② 后端板 ③ 绝缘板 ④ 后端集流板 ⑤ 丝杆，对热缩套管用热风枪进行热缩 ⑥ 安装 6 个定位杆 ⑦ 顶部安装基准板

（续）

图示	操作步骤及说明
	堆叠过程： ① 放置后端特殊板，从下往上顺序依次是：阳极进气口板、阳极板、假电极、阴极板 ② 逐级摆放堆叠整齐的 30 节单体电池组：一人从正面放入，压装台每边站一人用手传递，慢慢降下，摆放整齐后校正位置 ③ 用刚角尺将极板从不同面推整齐
	预装配过程： ① 放置顶部特殊板，从上往下顺序依次是：阴极进气口板、阴极板、石墨假电极、阳极板、阴极板、石墨假电极、阳极板 ② 放置前端集流板，绝缘板，注意铜片要嵌入绝缘板 ③ 放置前端板和保压块 ④ 检查电堆
	压装过程： ① 启动气缸，提升顶升板 ② 准备 2 把扭力扳手，压缩到位后使用扭力扳手将刻度调节至 5N/m，两侧各站一个人，2 人用扭力扳手，对角依次同时拧紧 1、2、3、4 位置螺母 ③ 安装碟簧、法兰螺母
	安装绝缘条： 将 M8×50 内六角螺栓＋弹垫＋平垫，穿过绝缘条和尼龙垫片，固定到电堆前端板、后端板 M8 螺纹孔内 注意：橡胶垫本身带的垫片要去除，因为它中间的孔穿不过六角螺栓

（续）

图示	操作步骤及说明
	安装铜片支撑块： 前端板处为较薄的铜片支撑块，使用 M5×30 内六角螺栓 +M5 弹垫 +M5 平垫固定。较厚的铜片支撑块使用 M5×30 内六角螺栓 +M5 弹垫 +M5 平垫固定
	安装长条铜排： 长条铜排提前套上热缩套管，电堆上方、下方各有一根，圆孔端安装于电堆前端铜片支撑块上，使用 M8×20 内六角螺栓 +M8 弹垫 +M8 平垫固定
	安装电堆后端 Z 字形铜排： 使用 M8×20 内六角螺栓 +M8 弹垫 +M8 平垫固定，Z 字形铜排提前套上热缩套管；测试时固定好电缆线，避免铜排拉扯变形

4　燃料电池堆气密性测试

燃料电池堆的气密性与电堆的输出性能及安全性直接相关，良好的气密性是对电堆运行条件精准控制的基础。一般情况下，我们认为膜电极两侧能够承受的最大压差为 50kPa，阴阳极压力差超过 50kPa 时容易造成膜电极的破裂。电堆气密性测试过程中一般使用氮气进行，电堆气密性的测试根据其参与测试的腔数的不同可以分为以下两种。

（1）三场保压　同时在燃料电池堆氢场、空场及水场中施加 1.5 倍最大工作压力的气压，之后将三个流场进出口全部关闭，维持 5～20min。观察三个流场中气体压力的变化。由于此时三个流场中压力平衡，如果其中某一场的压力降低，则说明其对应的流场发生气体外漏。需要注意的是，测试完毕时由于此时气压过高，因此泄压时需要将三场的压力同时排出，以防膜电极两侧压力超过 50kPa 而对膜电极造成损坏。

（2）单场保压　按照顺序分别在燃料电池堆氢场、空场以及水场中施加 50kPa 压力，之后将进出口关闭，维持 5 ~ 20min。观察三个场中气体压力的变化。气压的变化情况分为以下几种：

1）某一场压力降低，但其他两个腔体压力不变，则对应流场发生外漏。

2）某一场压力降低，同时压力为零的流场中气压上升，则压力降低与压力升高的流场两场之间发生窜漏。但是此时并不能完全排除是否存在气体外漏，因此需要进行三场保压辅助判断。

7.8　电堆活化过程

活化对质子交换膜燃料电池的性能有重要影响。采用自行设计的燃料电池堆活化程序，对 25kW 质子交换膜燃料电池堆的活化过程进行了初步研究，考察了在活化过程中及活化之后电堆的性能。研究表明，采用变流强制活化方法可以较快完成活化过程，此外仍需要进一步探索加快质子交换膜燃料电池堆活化过程的程序和方法。

质子交换膜燃料电池是一种不需要经过燃烧而将燃料中蕴藏的化学能直接连续地转化为电能的发电装置。PEMFC 的核心部件是膜电极（Membrane Electrode Assembly，MEA）或催化剂涂层膜（Catalyst-Coated Membrane，CCM），PEMFC 性能的高低在很大程度上取决于 MEA 或 CCM 性能的发挥。MEA 组成部分（如电催化剂、质子交换膜、气体扩散层等）或 CCM 组成部分（如电催化剂、质子交换膜）的性能及制备工艺对 PEMFC 性能固然具有较大的影响，然而对于给定的 MEA 或 CCM，为了使其在较短的时间内迅速达到和发挥其固有的最优性能，一种方法是对其进行有效的活化，而且活化过程亦能提高 MEA 或 CCM 的性能（包括电催化活性、催化剂的利用率等）。

国内外对 MEA 或 CCM 活化的研究较少[206-207]，对活化机理的研究更为欠缺。天津大学在单体电池上对质子交换膜燃料电池 MEA 三种活化工艺，即恒流自然活化、恒流强制活化和变流强制活化进行了对比研究。结果表明，变流强制活化

是一种比较理想的活化方法，能在较短的时间内使 MEA 的性能得到较大程度的发挥。他们在该研究工作的基础上，采用电化学阻抗谱（EIS）技术对 MEA 活化过程的机理进行了较深入的研究，并指出，活化过程大大增加了膜电极的电极有效面积，有利于电极性能的提高。Qi 等人研究了多种活化方法对 PEMFC 活化过程和电池性能的影响。这些方法包括：MEA 装堆之前在沸水或蒸气中进行高温处理 10min 以上、提高活化过程中电池的操作压力和温度、CO 氧化去除法（CO Oxidative Stripping），以及上述多种方法的结合。研究表明，这些方法对加快质子交换膜燃料电池的活化过程和提高电池活化后的性能都有很好的效果。

PEMFC 堆活化过程和机理非常复杂，可能包括以下过程：质子交换膜的加湿过程和电子、质子、气体及水 4 种物质传输通道的建立过程。

质子交换膜的加湿过程是电极活化的重要过程。当质子交换膜含水率增加时，质子电导率提高，欧姆阻抗降低，使电池效率提高。在 PEMFC 运行过程中，经过加湿的 H_2 和 O_2 携带着水蒸气透过气体扩散层到达催化剂表面，其中水蒸气能用于膜的润湿。经过电极反应在阴极生成的水通过浓差扩散也对膜的加湿起到了重要的作用。在 PEMFC 的 MEA 或 CCM 中，Pt/C 电催化剂和气体扩散层（如碳纸和碳布）是电子的良导体，活化过程中电子通道的建立使电池的综合电阻减小。另外，活化过程改善了气体扩散层的结构，扩展了催化层中的气体通道及三相界面，有利于气体的传递。此外，活化过程还是质子传输通道的建立过程。由于在 PEMFC 的 MEA 或 CCM 中都有一种全氟磺酸离子聚合物，依靠其亲水性的阳离子交换基团 $-SO_3H$ 交换和传递质子。随着活化过程（即电极反应）的进行，质子导体在高度分散的催化剂间得以形成一个连续的三维网络，使质子得到更好的传输。同时，活化过程也是水传输通道的建立过程。电极反应过程伴随着水在气体扩散层、电极催化层及膜内的扩散、传递、生成及排除等过程，使水在 MEA 和 CCM 中逐渐达到平衡并建立了传递通道。

通过活化过程使得 MEA 或 CCM 及扩散层的微观结构发生某种变化，这种变化使得电极中 4 种物质传输通道（电子、质子、气体和水）得以建立，即各种组分的配比达到最佳化。

研究的 PEMFC 为常压氢空燃料电池，采用了 CCM 技术，设计功率为 25kW。整个燃料电池系统由电堆模块、氢气系统、空气系统、水热管理系统、控制系统和单电池电压巡检系统组成。氢气系统主要由氢气减压装置、电磁阀、氢气内循环装置、分 / 排水装置及尾气排放装置构成；空气系统主要由风机构成；水热管理系统由电堆水热管理、加湿水管理系统构成；控制系统主要由控制器、温度及压力传感器、风机及加湿控制电路、冷却风扇控制电路和电磁阀控制电路等构成。

采用变流强制活化方法对 PEMFC 堆进行活化，活化期间环境温度 27～30℃，相对湿度为 85%～95%，冷却水出堆温度控制在 60℃以内。为了在保证电堆安全的前提下，使电堆尽快达到最佳性能，针对测试的 25kW 电堆制定了以下电堆活化程序。

电堆初次组装好以后，为了使质子交换膜充分湿润，在低电流下（<30A）运行 1h。在这个过程中，电堆初次运行电流加载过程如图 7-22 所示，电堆初次运行性能曲线如图 7-23 所示。从图 7-23 可以看到，新电堆初始时就具有比较高的开路电压。

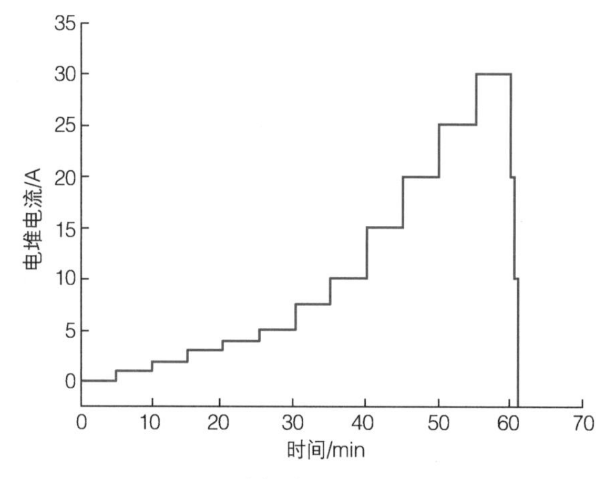

图 7-22　电堆初次运行电流加载过程

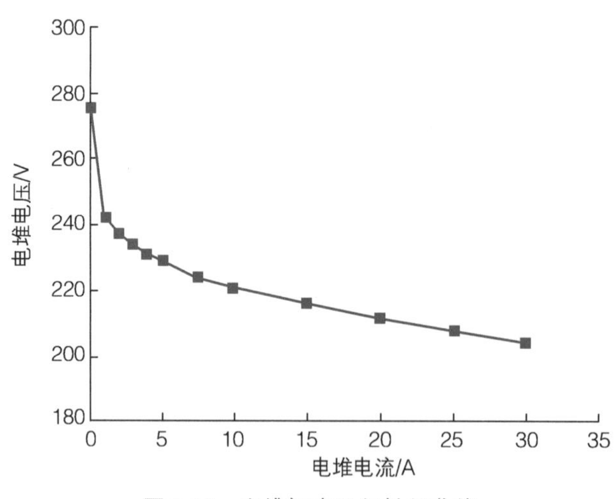

图 7-23　电堆初次运行性能曲线

为了保证电堆安全，采用多次变流强制活化，每次活化过程的最高工作电流逐渐增大；为了比较电堆活化过程对电堆性能的影响，每次活化都从室温开始。

在保证电堆电压不低于某个预定的限值（如 160V）和所有单片电压不低于 0.2V 的情况下，逐渐增大工作电流。第 1 次和第 2 次活化过程的工作电流增量为 5A，每增加一次电流的运行时间为 5min。为了加快活化进程、降低活化过程氢气的消耗量，从第 3 次活化开始，工作电流在 60A 以内电流增量为 10A，每增加一次电流的运行时间为 2min；60 ~ 120A 工作电流下电流增量仍为 10A，运行时间为 3min；120A 以上，电流增量为 5A，运行时间为 3min。在工作电流加载到此次活化过程预定的最大电流后，在该最大工作电流下持续运行至少 0.5h，观察电堆运行的稳定性，然后降载，完成一次活化过程。电堆电压、电堆输出功率与工作电流性能曲线分别如图 7-24 和图 7-25 所示。

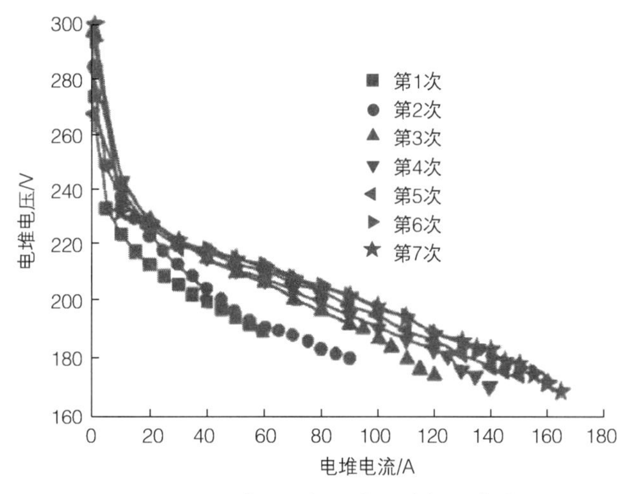

图 7-24　电堆电压与工作电流性能曲线

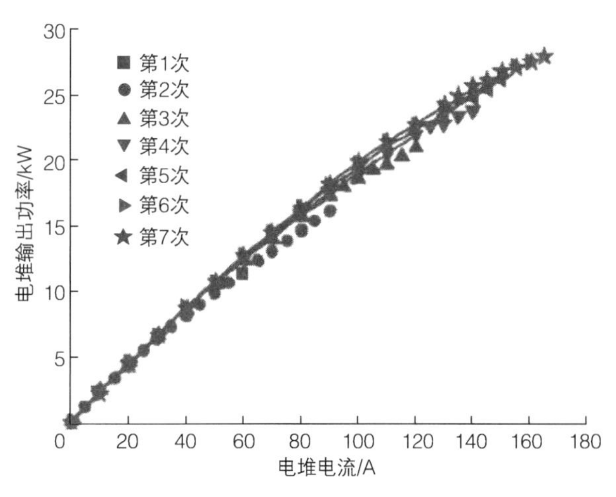

图 7-25　电堆输出功率与工作电流性能曲线

测试结果表明，采用制定的较大功率 PEMFC 堆活化程序对电堆进行活化，能够较快地完成活化过程，但该活化程序只是初步的，还有很多中间环节值得探讨。例如：每次活化过程中工作电流增量大小为多少；每增加一次电流后持续运行时间如何确定；每次活化达到的最大工作电流为多大比较合适；每次活化过程电堆在高工作电流下长时间运行对活化有利，还是采取升载降载过程有利。在活化过程中，既要考虑到不伤害电堆，又要尽量缩短活化时间，以减少燃料电池研发时间和费用。

活化过程对提高燃料电池性能、降低燃料电池研究开发费用和缩短研究开发时间有重要影响。为了研究较大功率质子交换膜燃料电池堆在活化过程中的性能和活化时间，自行设计了一个燃料电池堆活化程序，采用该活化程序初步研究了 25kW 质子交换膜燃料电池堆的活化过程，考察了在活化过程中及活化之后电堆的性能。研究表明，活化过程中电堆性能逐步提高，采用变流强制活化方法可以较快完成活化过程；分段提高电堆工作电流既可以保证电堆安全，又可以在较短时间内使电堆在高工作电流下达到最佳性能；采取的电堆活化过程持续时间仍然较长，需要进一步探索加快质子交换膜燃料电池堆活化过程的程序和方法。

7.9 电堆储存与运输

质子交换膜燃料电池是燃料电池的一种。氢气作为燃料，氧气或空气作为氧化剂。燃料氢气在阳极的催化作用下释放电子产生质子 H^+，在电场作用下，质子交换膜将质子 H^+ 从阳极迁移到阴极。在阴极，氧气在催化剂表面得到阳极通过外电路输送的电子形成 O^{-2}，在阴极，O^{-2} 与迁移过来的质子 H^+ 结合生成水，完成电能转换。

在燃料电池中，质子交换膜既起到隔离氧化剂和燃料气体的作用，同时又起到传导质子的作用。质子交换膜一般使用以 $-CF_2-$ 为主链，以磺酸基（$-SO_3H$）为末端官能团的带有侧链的材料，在含水时可以具备质子传导性电解质的性能。质子交换膜燃料电池一般经过活化工艺实现质子交换膜水合（含水）状态，同时膜电极具有发电活性，但如果长期存放，质子交换膜里的水就会蒸发流失，使得膜电极失去发电活性，因此储存好燃料电池堆可以保障燃料电池的性能。另外，由于燃料电池工作过程中会吸入空气中的霉菌，当电堆储存时，在电池流道内霉

菌会滋生，甚至堵塞流道。

为解决上述技术问题，设计了燃料电池堆的储存系统，如图 7-26 所示。该系统包括电堆、氢气系统、空气系统和氮气自动补压装置，氢气系统和空气系统并联设置在电堆上，氢气系统包括设置在氢气进气口的氢气进气阀和氢气排气口的氢气排气阀，空气系统包括空气进气口和设置在空气排气口的空气排气阀；氮气自动补压装置包括氮气储存罐、减压阀、单向阀、第一电磁阀和第二电磁阀，氮气储存罐的输出端与减压阀的输入端连接，减压阀的输出端连接在氢气进气阀与电堆之间，单向阀设置在空气进气口与电堆之间，第一电磁阀的输入端设置在单向阀与电堆之间，用于排出电堆内的气体，第二电磁阀连接氢气排气口和空气排气口，用于在储存电堆时，氮气由氢气系统进入空气系统进行吹扫。

1）氢气进气阀设置在电堆的负极一侧，氢气排气阀设置在电堆的正极一侧。

2）空气进气口设置在电堆的负极一侧，空气排气阀设置在电堆的正极一侧。

3）单向阀的方向为空气从空气进气口进入电堆的方向。

在电堆内充满氮气而且氮气不流通，保证电堆内湿度不会发生变化，湿度不变，电堆内质子交换膜的活性就不会变化，另外氮气有保险功能，可以有效地保护系统不被霉变及腐蚀，从而有效保证电堆的长期储存。

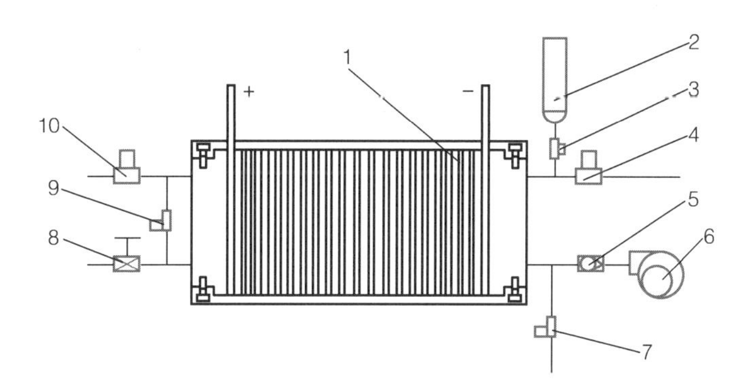

图 7-26　燃料电池堆储存系统结构示意图

1—电堆　2—氮气储存罐　3—减压阀　4—氢气进气阀　5—单向阀　6—空气进气口　7—第一电磁阀　8—空气排气阀　9—第二电磁阀　10—氢气排气阀

参考文献

[1] MA Z, CANO Z P, YU A, et al. Enhancing oxygen reduction activity of Pt-based electrocatalysts: from theoretical mechanisms to practical methods[J]. Angewandte Chemie, 2020, 132(42): 18490-18504.

[2] INSTITUTE B M. Manufacturing cost analysis of 100 and 250 kW fuel cell systems for primary power and combined heat and power applications[Z]. 2016.

[3] RUTH M F, MAYYAS A T, MANN M K. Manufacturing competitiveness analysis for PEM and alkaline water electrolysis systems[R]. National Renewable Energy Lab, 2019.
[4] JAMES B D, DESANTIS D A. Manufacturing cost and installed price analysis of stationary fuel cell systems[Z]. 2015.
[5] WEI M, SMITH S J, SOHN M D. Experience curve development and cost reduction disaggregation for fuel cell markets in Japan and the US[J]. Applied Energy, 2017, 191: 346-357.
[6] THOMPSON S T, JAMES B D, HUYA-KOUADIO J M, et al. Direct hydrogen fuel cell electric vehicle cost analysis: system and high-volume manufacturing description, validation, and outlook[J]. Journal of Power Sources, 2018, 399: 304-313.
[7] WEI M, LIPMAN T, MAYYAS A, et al. A total cost of ownership model for low temperature PEM fuel cells in combined heat and power and backup power applications[R]. Berkeley: Lawrence Berkeley National Lab, 2014.
[8] ACRES G J. Recent advances in fuel cell technology and its applications[J]. Journal of Power Sources, 2001, 100(1-2): 60-66.
[9] HASEGAWA T, IMANISHI H, NADA M, et al. Development of the fuel cell system in the Mirai FCV[J].Toyota Technical Review, 2015, 61(231):15-20.
[10] KONNO N, MIZUNO S, NAKAJI H, et al. Development of compact and high-performance fuel cell stack[J]. SAE International Journal of Alternative Powertrains, 2015, 4(1): 123-129.
[11] LEE S-J, HSU C-D, HUANG C-H. Analyses of the fuel cell stack assembly pressure[J]. Journal of Power Sources, 2005, 145(2): 353-361.
[12] SUTER T A, SMITH K, HACK J, et al. Engineering catalyst layers for Next-Generation polymer electrolyte fuel cells: A review of design, materials, and methods[J]. Advanced Energy Materials, 2021, 11(37): 2101025. 1-2101025.82.
[13] REN X, LV Q, LIU L, et al. Current progress of Pt and Pt-based electrocatalysts used for fuel cells[J]. Sustainable Energy & Fuels, 2020, 4(1): 15-30.
[14] HOU J, YANG M, KE C, et al. Platinum-group-metal catalysts for proton exchange membrane fuel cells: From catalyst design to electrode structure optimization[J]. EnergyChem, 2020, 2(1): 100023.
[15] WU D, SHEN X, PAN Y, et al. Platinum alloy catalysts for oxygen reduction reaction: advances, challenges and perspectives[J]. ChemNanoMat, 2020, 6(1): 32-41.
[16] WANG X X, SWIHART M T, WU G. Achievements, challenges and perspectives on cathode catalysts in proton exchange membrane fuel cells for transportation[J]. Nature Catalysis, 2019, 2(7): 578-589.
[17] SHAO Y, DODELET J P, WU G, et al. PGM-free cathode catalysts for PEM fuel cells: A minireview on stability challenges[J]. Advanced materials, 2019, 31(31): 1807615. 1-1807615.8.
[18] LIU M, ZHAO Z, DUAN X, et al. Nanoscale structure design for high-performance Pt-based ORR catalysts[J]. Advanced Materials, 2019, 31(6): 1802234. 1-1802234.8.
[19] WOO S, LEE S, TANING A Z, et al. Current understanding of catalyst/ionomer interfacial structure and phenomena affecting the oxygen reduction reaction in cathode catalyst layers of proton exchange membrane fuel cells[J]. Current Opinion in Electrochemistry, 2020, 21: 289-296.
[20] SAMAD S, LOH K S, WONG W Y, et al. Carbon and non-carbon support materials for platinum-based catalysts in fuel cells[J]. International Journal of Hydrogen Energy, 2018, 43(16): 7823-7854.
[21] WANG J, XUE Q, LI B, et al. Preparation of a graphitized-carbon-supported PtN_i octahedral

catalyst and application in a proton-exchange membrane fuel cell[J]. ACS Applied Materials & Interfaces, 2020, 12(6): 7047-7056.

[22] WANG R, LI D, MAURYA S, et al. Ultrafine Pt cluster and RuO_2 heterojunction anode catalysts designed for ultra-low Pt-loading anion exchange membrane fuel cells[J]. Nanoscale Horizons, 2020, 5(2): 316-324.

[23] YARLAGADDA V, CARPENTER M K, MOYLAN T E, et al. Boosting fuel cell performance with accessible carbon mesopores[J]. ACS Energy Letters, 2018, 3(3): 618-621.

[24] 刘洪涛 , 葛世荣 . 纳米颗粒团聚双峰分布机制研究 [J]. 润滑与密封 , 2007, 32(12): 1-4.

[25] KHANDAVALLI S, PARK J H, KARIUKI N N, et al. Rheological investigation on the microstructure of fuel cell catalyst inks[J]. ACS Applied Materials & Interfaces, 2018, 10(50): 43610-43622.

[26] PRAMOUNMAT N, LONEY C N, KIM C, et al. Controlling the distribution of perfluorinated sulfonic acid ionomer with elastin-like polypeptide[J]. ACS Applied Materials & Interfaces, 2019, 11(46): 43649-43658.

[27] SHAHGALDI S, ALAEFOUR I, LI X. The impact of short side chain ionomer on polymer electrolyte membrane fuel cell performance and durability[J]. Applied Energy, 2018, 217: 295-302.

[28] THOMA M, LIN W, HOFFMANN E, et al. Simple and reliable method for studying the adsorption behavior of aquivion ionomers on carbon black surfaces[J]. Langmuir, 2018, 34(41): 12324-12334.

[29] VAN CLEVE T, KHANDAVALLI S, CHOWDHURY A, et al. Dictating Pt-based electrocatalyst performance in polymer electrolyte fuel cells, from formulation to application[J]. ACS applied materials & interfaces, 2019, 11(50): 46953-46964.

[30] GUO Y, YANG D, LI B, et al. Effect of dispersion solvents and ionomers on the rheology of catalyst inks and catalyst layer structure for proton exchange membrane fuel cells[J]. ACS Applied Materials & Interfaces, 2021, 13(23): 27119-27128.

[31] KHANDAVALLI S, IYER R, PARK J H, et al. Effect of dispersion medium composition and ionomer concentration on the microstructure and rheology of Fe-N-C platinum group metal-free catalyst inks for polymer electrolyte membrane fuel cells[J]. Langmuir, 2020, 36(41): 12247-12260.

[32] MASHIO T, OHMA A, TOKUMASU T. Molecular dynamics study of ionomer adsorption at a carbon surface in catalyst ink[J]. Electrochimica Acta, 2016, 202: 14-23.

[33] 端木强 . 容器设计中搅拌装置的轴向力分析 [J]. 天津化工 , 2003, 17(1): 50-52.

[34] MISHRA P, EIN M F. Critical review of different aspects of liquid-solid mixing operations[J]. Reviews in Chemical Engineering, 2020, 36(5): 555-592.

[35] VASHISTH V, NIGAM K, KUMAR V. Design and development of high shear mixers: fundamentals, applications and recent progress[J]. Chemical Engineering Science, 2021, 232: 116296. 1-116296.24.

[36] TAUROZZI J S, HACKLEY V A, WIESNER M R. Ultrasonic dispersion of nanoparticles for environmental, health and safety assessment-issues and recommendations[J]. Nanotoxicology, 2011, 5(4): 711-729.

[37] POLLET B G, GOH J T. The importance of ultrasonic parameters in the preparation of fuel cell catalyst inks[J]. Electrochimica Acta, 2014, 128: 292-303.

[38] CONTAMINE R F, WILHELM A, BERLAN J, et al. Power measurement in sonochemistry[J]. Ultrasonics Sonochemistry, 1995, 2(1): S43-S47.

[39] POLLET B G. Let's not ignore the ultrasonic effects on the preparation of fuel cell materials[J]. Electrocatalysis, 2014, 5: 330-343.
[40] MARíN R R, BABICK F, STINTZ M. Ultrasonic dispersion of nanostructured materials with probe sonication-practical aspects of sample preparation[J]. Powder Technology, 2017, 318: 451-458.
[41] 杨锋苓，周慎杰．搅拌固液悬浮研究进展 [J]. 化工学报，2017, 68(6): 2233-2248.
[42] ADAMSKI M, PERESSIN N, HOLDCROFT S, et al. Does power ultrasound affect Nafion® dispersions?[J]. Ultrasonics Sonochemistry, 2020, 60: 104758.1-104758.6.
[43] WEERASEKARA N S, POWELL M S, CLEARY P, et al. The contribution of DEM to the science of comminution[J]. Powder Technology, 2013, 248: 3-24.
[44] ANNAPRAGADA A, ADJEI A. Numerical simulation of milling processes as an aid to process design[J]. International Journal of Pharmaceutics, 1996, 136(1-2): 1-11.
[45] BRUNAUGH A, SMYTH H. Process optimization and particle engineering of micronized drug powders via milling[J]. Drug Delivery and Translational Research, 2018, 8: 1740-1750.
[46] SITOTAW Y W, HABTU N G, GEBREYOHANNES A Y, et al. Ball milling as an important pretreatment technique in lignocellulose biorefineries: A review[J]. Biomass Conversion and Biorefinery, 2022,12(9): 4105-4115.
[47] YANG C, WONG D, LIU T. The effects of polymer additives on the operating windows of slot coating[J]. Polymer Engineering & Science, 2004, 44(10): 1970-1976.
[48] CHANG Y R, LIN C F, LIU T J. Start-up of slot die coating[J]. Polymer Engineering & Science, 2009, 49(6): 1158-1167.
[49] SCHMITT M, BAUNACH M, WENGELER L, et al. Slot-die processing of lithium-ion battery electrodes—coating window characterization[J].Chemical Engineering and Processing: Process Intensification, 2013, 68: 32-37.
[50] KANG H, PARK J, SHIN K. Statistical analysis for the manufacturing of multi-strip patterns by roll-to-roll single slot-die systems[J]. Robotics and Computer-Integrated Manufacturing, 2014, 30(4): 363-368.
[51] CHANG Y R, CHANG H M, LIN C F, et al. Three minimum wet thickness regions of slot die coating[J]. Journal of Colloid and Interface Science, 2007, 308 (1): 222-330.
[52] HONG S, LEE J, KANG H, et al. Slot-die coating parameters of the low-viscosity bulk-heterojunction materials used for polymer solarcells[J]. Solar energy materials and solar cells, 2013, 112: 27-35.
[53] ROMERO O, CARVALHO M. Response of slot coating flows to periodic disturbances[J]. Chemical Engineering Science, 2008, 63 (8): 2161-2173.
[54] AHN W G, LEE S H, NAM J, et al. Effect of flow rate variation on the frequency response in slot coating process with different upstream sloped die geometries[J]. Korean Journal of Chemical Engineering, 2015, 32(7): 1218-1221.
[55] NAM J, CARVALHO M S. Flow in tensioned-web-over-slot die coating: Effect of die lip design[J]. Chemical Engineering Science, 2010, 65(13): 3957-3971.
[56] CHANG H M, CHANG Y R, LIN C F, et al. Comparison of vertical and horizontal slot die coatings[J]. Polymer Engineering & Science, 2007, 47(11): 1927-1936.
[57] SCHMITT M, SCHARFER P, SCHABEL W. Slot die coating of lithium-ion battery electrodes: investigations on edge effect issues for stripe and pattern coatings[J]. Journal of Coatings Technology and Research, 2014, 11(1) 57-63.
[58] SCHMITT M, DIEHM R, SCHARFER P, et al. An experimental and analytical study on inter-

mittent slot die coating of viscoelastic battery slurries[J]. Journal of Coatings Technology and Research, 2015, 12(5): 927-938.

[59] STäHLER M, STäHLER A, SCHEEPERS F, et al. A completely slot die coated membrane electrode assembly[J]. International Journal of Hydrogen Energy, 2019, 44(14): 7053-7058.

[60] STEENBERG T, HJULER H A, TERKELSEN C, et al. Roll-to-roll coated PBI membranes for high temperature PEM fuel cells[J]. Energy & Environmental Science, 2012, 5(3): 6076-6080.

[61] BODNER M, GARCíA H R, STEENBERG T, et al. Enabling industrial production of electrodes by use of slot-die coating for HT-PEM fuel cells[J]. International Journal of Hydrogen Energy, 2019, 44(25): 12793-12801.

[62] XING L, XU Y, DAS P K, et al. Numerical matching of anisotropic transport processes in porous electrodes of proton exchange membrane fuel cells[J]. Chemical Engineering Science, 2019, 195: 127-140.

[63] HOLZER L, PECHO O, SCHUMACHER J, et al. Microstructure-property relationships in a gas diffusion layer (GDL) for polymer electrolyte fuel cells, part Ⅱ: pressure-induced water injection and liquid permeability[J]. Electrochimica Acta, 2017, 241: 414-432.

[64] WU H-W. A review of recent development: Transport and performance modeling of PEM fuel cells[J]. Applied Energy, 2016, 165: 81-106.

[65] CARRèRE P, PRAT M. Impact of non-uniform wettability in the condensation and condensation-liquid water intrusion regimes in the cathode gas diffusion layer of proton exchange membrane fuel cell[J]. International Journal of Thermal Sciences, 2019, 145: 106045.1-106045.9.

[66] HOLZER L, PECHO O, SCHUMACHER J, et al. Microstructure-property relationships in a gas diffusion layer (GDL) for polymer electrolyte fuel cells, part Ⅰ: effect of compression and anisotropy of dry GDL[J]. Electrochimica Acta, 2017, 227: 419-434.

[67] WANG S, WANG Y. Investigation of the through-plane effective oxygen diffusivity in the porous media of PEM fuel cells: Effects of the pore size distribution and water saturation distribution[J]. International Journal of Heat and Mass Transfer, 2016, 98: 541-549.

[68] NAGAI Y, ELLER J, HATANAKA T, et al. Improving water management in fuel cells through microporous layer modifications: Fast operando tomographic imaging of liquid water[J]. Journal of Power Sources, 2019, 435: 226809.1-226809.11.

[69] GE N, SHRESTHA P, BALAKRISHNAN M, et al. Resolving the gas diffusion layer substrate land and channel region contributions to the oxygen transport resistance of a partially-saturated substrate[J]. Electrochimica Acta, 2019, 328: 135001.1-135001.12.

[70] GöBEL M, KIRSCH S, SCHWARZE L, et al. Transient limiting current measurements for characterization of gas diffusion layers[J]. Journal of Power Sources, 2018, 402: 237-245.

[71] CHEVALIER S, LAVIELLE N, HATTON B, et al. Novel electrospun gas diffusion layers for polymer electrolyte membrane fuel cells: Part I. Fabrication, morphological characterization, and in situ performance[J]. Journal of Power Sources, 2017, 352: 272-280.

[72] UNGAN H, BAYRAKçEKEN YURTCAN A. PEMFC catalyst layer modification with the addition of different amounts of PDMS polymer in order to improve water management[J]. International Journal of Energy Research, 2019, 43(11): 5946-5958.

[73] LIN R, DIAO X, MA T, et al. Optimized microporous layer for improving polymer exchange membrane fuel cell performance using orthogonal test design[J]. Applied Energy, 2019, 254: 113714.1-113714.9.

[74] QIN C Z, GUO B, CELIA M, et al. Dynamic pore-network modeling of air-water flow through thin porous layers[J]. Chemical Engineering Science, 2019, 202: 194-207.

[75] SHUM A D, PARKINSON D Y, XIAO X, et al. Investigating phase-change-induced flow in gas diffusion layers in fuel cells with X-ray computed tomography[J]. Electrochimica Acta, 2017, 256: 279-290.
[76] HASANPOUR S, AHADI M, BAHRAMI M, et al. Woven gas diffusion layers for polymer electrolyte membrane fuel cells: Liquid water transport and conductivity trade-offs[J]. Journal of Power Sources, 2018, 403: 192-198.
[77] CHEN T, LIU S, ZHANG J, et al. Study on the characteristics of GDL with different PTFE content and its effect on the performance of PEMFC[J]. International Journal of Heat and Mass Transfer, 2019, 128: 1168-1174.
[78] CHEN Z, INGHAM D, ISMAIL M, et al. Effects of hydrogen relative humidity on the performance of an air-breathing PEM fuel cell: a numerical study[J]. International Journal of Numerical Methods for Heat and Fluid Flow, 2020,30(4):2077-2097.
[79] LEE N, LEE J, LEE S W, et al. Parametric study of passive air-cooled polymer electrolyte membrane fuel cell stacks[J]. International Journal of Heat and Mass Transfer, 2020, 156: 119886.1-119886.12.
[80] XING L, CAI Q, LIU X, et al. Anode partial flooding modelling of proton exchange membrane fuel cells: Optimisation of electrode properties and channel geometries[J]. Chemical Engineering Science, 2016, 146: 88-103.
[81] LEE J, CHEVALIER S, BANERJEE R, et al. Investigating the effects of gas diffusion layer substrate thickness on polymer electrolyte membrane fuel cell performance via synchrotron X-ray radiography[J]. Electrochimica Acta, 2017, 236: 161-170.
[82] OMRANI R, SHABANI B. Gas diffusion layer modifications and treatments for improving the performance of proton exchange membrane fuel cells and electrolysers: A review[J]. International Journal of Hydrogen Energy, 2017, 42(47): 28515-28536.
[83] XING L, SHI W, SU H, et al. Membrane electrode assemblies for PEM fuel cells: A review of functional graded design and optimization[J]. Energy, 2019, 177: 445-464.
[84] MEYER Q, ASHTON S, BOILLAT P, et al. Effect of gas diffusion layer properties on water distribution across air-cooled, open-cathode polymer electrolyte fuel cells: a combined ex-situ X-ray tomography and in-operando neutron imaging study[J]. Electrochimica Acta, 2016, 211: 478-487.
[85] SHEN J, XU L, CHANG H, et al. Partial flooding and its effect on the performance of a proton exchange membrane fuel cell[J]. Energy Conversion and Management, 2020, 207: 112537.1-112537.8.
[86] STEINBACH A J, ALLEN J S, BORUP R L, et al. Anode-design strategies for improved performance of polymer-electrolyte fuel cells with ultra-thin electrodes[J]. Joule, 2018, 2 (7): 1297-1312.
[87] HUSSAIN N, VAN STEEN E, TANAKA S, et al. Metal based gas diffusion layers for enhanced fuel cell performance at high current densities[J]. Journal of Power Sources, 2017, 337: 18-24.
[88] PARK J, OH H, LEE Y I, et al. Effect of the pore size variation in the substrate of the gas diffusion layer on water management and fuel cell performance[J]. Applied energy, 2016, 171: 200-212.
[89] ASADZADE M, SHAMLOO A. Design and simulation of a novel bipolar plate based on lung-shaped bio-inspired flow pattern for PEM fuel cell[J]. International Journal of Energy Research, 2017, 41(12): 1730-1739.
[90] SHAO H, QIU D, PENG L, et al. Modeling and analysis of water droplet dynamics in the dead-

ended anode gas channel for proton exchange membrane fuel cells[J]. Renewable Energy, 2019, 138: 842-851.

[91] ZHOU J, PUTZ A, SECANELL M. A mixed wettability pore size distribution based mathematical model for analyzing two-phase flow in porous electrodes[J]. Journal of The Electrochemical Society, 2017, 164(6): F530-F539.

[92] FERREIRA R B, FALCãO D, OLIVEIRA V, et al. Experimental study on the membrane electrode assembly of a proton exchange membrane fuel cell: effects of microporous layer, membrane thickness and gas diffusion layer hydrophobic treatment[J]. Electrochimica Acta, 2017, 224: 337-345.

[93] LAPICQUE F, BELHADJ M, BONNET C, et al. A critical review on gas diffusion micro and macroporous layers degradations for improved membrane fuel cell durability[J]. Journal of Power Sources, 2016, 336: 40-53.

[94] SUN Y, BAO C, JIANG Z, et al. A two-dimensional numerical study of liquid water breakthrough in gas diffusion layer based on phase field method[J]. Journal of Power Sources, 2020, 448: 227352.9.1-227352.9.

[95] ITO H, IWAMURA T, SOMEYA S, et al. Effect of through-plane polytetrafluoroethylene distribution in gas diffusion layers on performance of proton exchange membrane fuel cells[J]. Journal of Power Sources, 2016, 306: 289-299.

[96] SAKAIDA S, TABE Y, CHIKAHISA T, et al. Analysis of water transport in anisotropic gas diffusion layers for improved flooding performance of PEFC[J]. Journal of The Electrochemical Society, 2019, 166(10): F627-F636.

[97] MALHOTRA S, GHOSH S. Numerical investigation of drop dynamics in presence of wettability gradient inside a serpentine channel of proton exchange membrane fuel cell[J]. International Journal of Energy Research, 2020, 44(8): 6964-6980.

[98] TRANTER T G, BOILLAT P, MULARCZYK A, et al. Pore network modelling of capillary transport and relative diffusivity in gas diffusion layers with patterned wettability[J]. Journal of The Electrochemical Society, 2020, 167(11): 114512.1-114512.11.

[99] GUO F, YANG X, JIANG H, et al. An ultrasonic atomization spray strategy for constructing hydrophobic and hydrophilic synergistic surfaces as gas diffusion layers for proton exchange membrane fuel cells[J]. Journal of Power Sources, 2020, 451: 227784.1-227784.6.

[100] IJAODOLA O, EL-HASSAN Z, OGUNGBEMI E, et al. Energy efficiency improvements by investigating the water flooding management on proton exchange membrane fuel cell (PEMFC) [J]. Energy, 2019, 179: 246-267.

[101] KÄTZEL J, MARKÖTTER H, ARLT T, et al. Effect of ageing of gas diffusion layers on the water distribution in flow field channels of polymer electrolyte membrane fuel cells[J]. Journal of Power Sources, 2016, 301: 386-391.

[102] ARLT T, KLAGES M, MESSERSCHMIDT M, et al. Influence of artificially aged gas diffusion layers on the water management of polymer electrolyte membrane fuel cells analyzed with in-operando synchrotron imaging[J]. Energy, 2017, 118: 502-511.

[103] ALDAKHEEL F, ISMAIL M, HUGHES K, et al. Gas permeability, wettability and morphology of gas diffusion layers before and after performing a realistic ex-situ compression test[J]. Renewable Energy, 2020, 151: 1082-1091.

[104] PERNG S-W, WU H-W, SHIH G-J. Effect of prominent gas diffusion layer (GDL) on non-isothermal transport characteristics and cell performance of a proton exchange membrane fuel cell (PEMFC)[J]. Energy, 2015, 88: 126-138.

[105] WU H-W, SHIH G-J, CHEN Y-B. Effect of operational parameters on transport and performance of a PEM fuel cell with the best protrusive gas diffusion layer arrangement[J]. Applied Energy, 2018, 220: 47-58.

[106] NIU Z, WU J, BAO Z, et al. Two-phase flow and oxygen transport in the perforated gas diffusion layer of proton exchange membrane fuel cell[J]. International Journal of Heat and Mass Transfer, 2019, 139: 58-68.

[107] SAFI M A, MANTZARAS J, PRASIANAKIS N I, et al. A pore-level direct numerical investigation of water evaporation characteristics under air and hydrogen in the gas diffusion layers of polymer electrolyte fuel cells[J]. International Journal of Heat and Mass Transfer, 2019, 129: 1250-1262.

[108] LAL S, LAMIBRAC A, ELLER J, et al. Determination of water evaporation rates in gas diffusion layers of fuel cells[J]. Journal of The Electrochemical Society, 2018, 165(9): F652-F661.

[109] SAFI M A, PRASIANAKIS N I, MANTZARAS J, et al. Experimental and pore-level numerical investigation of water evaporation in gas diffusion layers of polymer electrolyte fuel cells[J]. International Journal of Heat and Mass Transfer, 2017, 115: 238-249.

[110] UTAKA Y, KORESAWA R. Effect of wettability-distribution pattern of the gas diffusion layer with a microgrooved separator on polymer electrolyte fuel cell performance[J]. Journal of Power Sources, 2017, 363: 227-233.

[111] SATJARITANUN P, HIRANO S, SHUM A, et al. Fundamental understanding of water movement in gas diffusion layer under different arrangements using combination of direct modeling and experimental visualization[J]. Journal of The Electrochemical Society, 2018, 165(13): F1115-F1126.

[112] ELLER J, ROTH J, MARONE F, et al. Operando properties of gas diffusion layers: saturation and liquid permeability[J]. Journal of The Electrochemical Society, 2016, 164(2): F115-F126.

[113] ALRWASHDEH S S, MANKE I, MARKÖTTER H, et al. In operando quantification of three-dimensional water distribution in nanoporous carbon-based layers in polymer electrolyte membrane fuel cells[J]. ACS Nano, 2017, 11(6): 5944-5949.

[114] TARDY E, COURTOIS F, CHANDESRIS M, et al. Investigation of liquid water heterogeneities in large area PEM fuel cells using a pseudo-3D multiphysics model[J]. International Journal of Heat and Mass Transfer, 2019, 145: 118720.1-118720.15.

[115] BATTRELL L, PATEL V, ZHU N, et al. Imaging of the desaturation of gas diffusion layers by synchrotron computed tomography[J]. Journal of Power Sources, 2019, 416: 155-162.

[116] NIU Z, JIAO K, WANG Y, et al. Numerical simulation of two-phase cross flow in the gas diffusion layer microstructure of proton exchange membrane fuel cells[J]. International Journal of Energy Research, 2018, 42(2): 802-816.

[117] UTAKA Y, KORESAWA R. Performance enhancement of polymer electrolyte fuel cells by combining liquid removal mechanisms of a gas diffusion layer with wettability distribution and a gas channel with microgrooves[J]. Journal of power sources, 2016, 323: 37-43.

[118] SHRESTHA P, BANERJEE R, LEE J, et al. Hydrophilic microporous layer coatings for polymer electrolyte membrane fuel cells operating without anode humidification[J]. Journal of Power Sources, 2018, 402: 468-482.

[119] ZHANG D, CAI Q, GU S. Three-dimensional lattice-Boltzmann model for liquid water transport and oxygen diffusion in cathode of polymer electrolyte membrane fuel cell with electrochemical reaction[J]. Electrochimica Acta, 2018, 262: 282-296.

[120] HE W, YI J S, VAN NGUYEN T. Two-phase flow model of the cathode of PEM fuel cells using

interdigitated flow fields[J]. AIChE Journal, 2000, 46(10): 2053-2064.

[121] DUTTA S, SHIMPALEE S, VAN ZEE J. Numerical prediction of mass-exchange between cathode and anode channels in a PEM fuel cell[J]. International Journal of Heat and Mass Transfer, 2001, 44(11): 2029-2042.

[122] WILSON M S, VALERIO J A, GOTTESFELD S. Low platinum loading electrodes for polymer electrolyte fuel cells fabricated using thermoplastic ionomers[J]. Electrochimica Acta, 1995, 40(3): 355-363.

[123] PAGANIN V, TICIANELLI E, GONZALEZ E. Development and electrochemical studies of gas diffusion electrodes for polymer electrolyte fuel cells[J]. Journal of Applied Electrochemistry, 1996, 26(3): 297-304.

[124] GIORGI L, ANTOLINI E, POZIO A, et al. Influence of the PTFE content in the diffusion layer of low-Pt loading electrodes for polymer electrolyte fuel cells[J]. Electrochimica Acta, 1998, 43(24): 3675-3680.

[125] JORDAN L R, SHUKLA A, BEHRSING T, et al. Diffusion layer parameters influencing optimal fuel cell performance[J]. Journal of Power sources, 2000, 86(1-2): 250-254.

[126] QI Z, KAUFMAN A. Improvement of water management by a microporous sublayer for PEM fuel cells[J]. Journal of Power Sources, 2002, 109(1): 38-46.

[127] SONG J, CHA S, LEE W. Optimal composition of polymer electrolyte fuel cell electrodes determined by the AC impedance method[J]. Journal of Power Sources, 2001, 94(1): 78-84.

[128] WANG Z, WANG C, CHEN K. Two-phase flow and transport in the air cathode of proton exchange membrane fuel cells[J]. Journal of Power Sources, 2001, 94(1): 40-50.

[129] YOU L, LIU H. A two-phase flow and transport model for the cathode of PEM fuel cells[J]. International Journal of Heat and Mass Transfer, 2002, 45(11): 2277-2287.

[130] NAM J H, KAVIANY M. Effective diffusivity and water-saturation distribution in single-and two-layer PEMFC diffusion medium[J]. International Journal of Heat and Mass Transfer, 2003, 46(24): 4595-4611.

[131] PASAOGULLARI U, WANG C Y. Two-phase transport and the role of micro-porous layer in polymer electrolyte fuel cells[J]. Electrochimica Acta, 2004, 49(25): 4359-4369.

[132] WEBER A Z, NEWMAN J. Effects of microporous layers in polymer electrolyte fuel cells[J]. Journal of the Electrochemical Society, 2005, 152(4): A677-A688.

[133] LIN G, VAN NGUYEN T. A two-dimensional two-phase model of a PEM fuel cell[J]. Journal of the Electrochemical Society, 2006, 153(2): A372-A382.

[134] KARAN K, ATIYEH H, PHOENIX A, et al. An experimental investigation of water transport in PEMFCs: The role of microporous layers[J]. Electrochemical and Solid-State Letters, 2006, 10(2): B34-B38.

[135] ATIYEH H K, KARAN K, PEPPLEY B, et al. Experimental investigation of the role of a microporous layer on the water transport and performance of a PEM fuel cell[J]. Journal of Power Sources, 2007, 170(1): 111-121.

[136] CETINBAS F C, AHLUWALIA R K, SHUM A D, et al. Direct simulations of pore-scale water transport through diffusion media[J]. Journal of The Electrochemical Society, 2019, 166(7): F3001-F3008.

[137] NANADEGANI F S, LAY E N, SUNDEN B. Effects of an MPL on water and thermal management in a PEMFC[J]. International Journal of Energy Research, 2019, 43(1): 274-296.

[138] BURHEIM O S, PHAROAH J G. A review of the curious case of heat transport in polymer electrolyte fuel cells and the need for more characterisation[J]. Current opinion in electrochem-

istry, 2017, 5(1): 36-42.
[139] ZHAN N, WU W, WANG S. Pore nelwork modeling of liquid water and oxygen transport through the porosity-graded bilayer gas diffusion layer of polymer electrolyte membrane fuel cells[J]. Electrochimica Acta, 2019, 306: 264-276.
[140] CHEN L, LIN R, CHEN X, et al. Microporous layers with different decorative patterns for polymer electrolyte membrane fuel cells[J]. ACS Applied Materials & Interfaces, 2020, 12(21): 24048-24058.
[141] CHEN L, LIN R, TANG S, et al. Structural design of gas diffusion layer for proton exchange membrane fuel cell at varying humidification[J]. Journal of Power Sources, 2020, 467: 228355.1-228355.9.
[142] MOHSENINIA A, KARTOUZIAN D, SCHLUMBERGER R, et al. Enhanced water management in PEMFCs: Perforated catalyst layer and microporous layers[J]. ChemSusChem, 2020, 13(11): 2931-2934.
[143] SIMON C, ENDRES J, BENJAMIN N L, et al. Interaction of pore size and hydrophobicity/hydrophilicity for improved oxygen and water transport through microporous layers[J]. Journal of The Electrochemical Society, 2019, 166(13): F1022-F1035.
[144] WONG A K C, BANERJEE R, BAZYLAK A. Tuning MPL intrusion to increase oxygen transport in dry and partially saturated polymer electrolyte membrane fuel cell gas diffusion layers[J]. Journal of the Electrochemical Society, 2019, 166(7): F3009-F3019.
[145] NIBLETT D, MULARCZYK A, NIASAR V, et al. Two-phase flow dynamics in a gas diffusion layer-gas channel-microporous layer system[J]. Journal of Power Sources, 2020, 471: 228427.1-228427.12.
[146] TANUMA T, KAWAMOTO M, KINOSHITA S. Effect of properties of hydrophilic microporous layer (MPL) on PEFC performance[J]. Journal of The Electrochemical Society, 2017, 164(6): F499-F503.
[147] SIMON C, KARTOUZIAN D, MüLLER D, et al. Impact of microporous layer pore properties on liquid water transport in PEM fuel cells: carbon black type and perforation[J]. Journal of The Electrochemical Society, 2017, 164(14): F1697-F1711.
[148] AFRA M, NAZARI M, KAYHANI M H, et al. 3D experimental visualization of water flooding in proton exchange membrane fuel cells[J]. Energy, 2019, 175: 967-977.
[149] POURNEMAT A, MARKÖTTER H, WILHELM F, et al. Nano-scale Monte Carlo study on liquid water distribution within the polymer electrolyte membrane fuel cell microporous layer, catalyst layer and their interfacial region[J]. Journal of Power Sources, 2018, 397: 271-279.
[150] PARK G-G, SOHN Y-J, YANG T-H, et al. Effect of PTFE contents in the gas diffusion media on the performance of PEMFC[J]. Journal of Power Sources, 2004, 131(1-2): 182-187.
[151] YU J, YOSHIKAWA Y, MATSUURA T, et al. Preparing gas-diffusion layers of PEMFCs with a dry deposition technique[J]. Electrochemical and Solid-State Letters, 2005, 8(3): A152-A155.
[152] 徐海峰，陈剑，王晓丽，等. PEMFC 用气体扩散层中微孔层的干法制备 [J]. 电源技术，2007, 31(1): 57-59.
[153] PETTERSSON J, RAMSEY B, HARRISON D. A review of the latest developments in electrodes for unitised regenerative polymer electrolyte fuel cells[J]. Journal of Power Sources, 2006, 157(1): 28-34.
[154] SHAHGALDI S, OZDEN A, LI X, et al. A novel membrane electrode assembly design for proton exchange membrane fuel cells: Characterization and performance evaluation[J]. Electrochimica Acta, 2019, 299: 809-819.

[155] ZHANG Y, SMIRNOVA A, VERMA A, et al. Design of a proton exchange membrane (PEM) fuel cell with variable catalyst loading[J]. Journal of Power Sources, 2015, 291: 46-57.
[156] FERRARA A, POLVERINO P, PIANESE C. Analytical calculation of electrolyte water content of a proton exchange membrane fuel cell for on-board modelling applications[J]. Journal of Power Sources, 2018, 390: 197-207.
[157] CHA D, JEON S W, YANG W, et al. Comparative performance evaluation of self-humidifying PEMFCs with short-side-chain and long-side-chain membranes under various operating conditions[J]. Energy, 2018, 150: 320-328.
[158] HUANG S-Y, GANESAN P, JUNG H-Y, et al. Development of supported bifunctional oxygen electrocatalysts and corrosion-resistant gas diffusion layer for unitized regenerative fuel cell applications[J]. Journal of Power Sources, 2012, 198: 23-29.
[159] WANG Y, CHEN K S, MISHLER J, et al. A review of polymer electrolyte membrane fuel cells: Technology, applications, and needs on fundamental research[J]. Applied Energy, 2011, 88(4): 981-1007.
[160] ARIMURA T, OSTROVSKII D, OKADA T, et al. The effect of additives on the ionic conductivity performances of perfluoroalkyl sulfonated ionomer membranes[J]. Solid State Ionics, 1999, 118(1-2): 1-10.
[161] RALPH T, HOGARTH M. Catalysis for low temperature fuel cells[J]. Platinum Metals Review, 2002, 46(3): 117-135.
[162] CHEBBI R, BEICHA A, DAUD W W, et al. Surface analysis for catalyst layer (PT/PTFE/C) and diffusion layer (PTFE/C) for proton exchange membrane fuel cells systems (PEMFCs)[J]. Applied Surface Science, 2009, 255(12): 6367-6371.
[163] SWETTE L, KACKLEY N. Oxygen electrodes for rechargeable alkaline fuel cells-II[J]. Journal of powcr sourccs, 1990, 29(3-4): 423-436.
[164] CHEN G, BARE S R, MALLOUK T E. Development of supported bifunctional electrocatalysts for unitized regenerative fuel cells[J]. Journal of the Electrochemical Society, 2002, 149(8): A1092-A1099.
[165] MATHIAS M, ROTH J, FLEMING J, et al. Handbook of fuel cells—fundamentals, technology and applications[J]. Fuel Cell Technology and Applications, 2003, 3: 517-537.
[166] LARMINIE J, DICKS A, MCDONALD M S. Fuel cell systems explained[M]. West Sussex: J. Wiley Chichester , 2003.
[167] YAO W, YANG J, WANG J, et al. Chemical deposition of platinum nanoparticles on iridium oxide for oxygen electrode of unitized regenerative fuel cell[J]. Electrochemistry Communications, 2007, 9(5): 1029-1034.
[168] SMITH W. The role of fuel cells in energy storage[J]. Journal of Power Sources, 2000, 86(1-2): ·74-83.
[169] BASU S, LI J, WANG C-Y. Two-phase flow and maldistribution in gas channels of a polymer electrolyte fuel cell[J]. Journal of Power Sources, 2009, 187(2): 431-443.
[170] VIELSTICH W, LAMM A, GASTEIGER H. Handbook of fuel cells. Fundamentals, technology, applications[J]. Nachrichten Aus Der Chernie, 2010, 52(1): 57.
[171] LI X, SABIR I. Review of bipolar plates in PEM fuel cells: Flow-field designs[J]. International Journal of Hydrogen Energy, 2005, 30(4): 359-371.
[172] TAHERIAN R, HADIANFARD M J, GOLIKAND A N. Manufacture of a polymer-based carbon nanocomposite as bipolar plate of proton exchange membrane fuel cells[J]. Materials & Design, 2013, 49: 242-251.

[173] MIDDELMAN E, KOUT W, VOGELAAR B, et al. Bipolar plates for PEM fuel cells[J]. Journal of Power Sources, 2003, 118(1-2): 44-46.
[174] YU J, YI B, XING D, et al. Degradation mechanism of polystyrene sulfonic acid membrane and application of its composite membranes in fuel cells[J]. Physical Chemistry Chemical Physics, 2003, 5(3): 611-615.
[175] DEWIT M, FAAIJ A. Impact of hydrogen onboard storage technologies on the performance of hydrogen fuelled vehicles: A techno-economic well-to-wheel assessment[J]. International Journal of Hydrogen Energy, 2007, 32(18): 4859-4870.
[176] TANG C, JIAO Y, SHI B, et al. Coordination tunes selectivity: Two-electron oxygen reduction on high-loading molybdenum single-atom catalysts[J]. Angewandte Chemie International Edition, 2020, 59(23): 9171-9176.
[177] JAYAKUMAR K, PANDIYAN S, RAJALAKSHMI N, et al. Cost-benefit analysis of commercial bipolar plates for PEMFC's[J]. Journal of Power Sources, 2006, 161(1): 454-459.
[178] HERMANN A, CHAUDHURI T, SPAGNOL P. Bipolar plates for PEM fuel cells: A review[J]. International Journal of Hydrogen Energy, 2005, 30(12): 1297-1302.
[179] ANTUNES R A, DE OLIVEIRA M C L, ETT G, et al. Carbon materials in composite bipolar plates for polymer electrolyte membrane fuel cells: A review of the main challenges to improve electrical performance[J]. Journal of Power Sources, 2011, 196(6): 2945-2961.
[180] LIM J W, LEE D, KIM M, et al. Composite structures for proton exchange membrane fuel cells (PEMFC) and energy storage systems (ESS): Review[J]. Composite Structures, 2015, 134: 927-949.
[181] TAWFIK H, HUNG Y, MAHAJAN D. Metal bipolar plates for PEM fuel cell—A review[J]. Journal of Power Sources, 2007, 163(2): 755-767.
[182] SAADAT N, DHAKAL H N, TJONG J, et al. Recent advances and future perspectives of carbon materials for fuel cell[J]. Renewable and Sustainable Energy Reviews, 2021, 138: 110535.1-110535.21.
[183] BOYACI SAN F G, TEKIN G. A review of thermoplastic composites for bipolar plate applications[J]. International Journal of Energy Research, 2013, 37(4): 283-309.
[184] TANG A, CRISCI L, BONVILLE L, et al. An overview of bipolar plates in proton exchange membrane fuel cells[J]. Journal of Renewable and Sustainable Energy, 2021, 13(2): 022701.
[185] MEHTA V, COOPER J S. Review and analysis of PEM fuel cell design and manufacturing[J]. Journal of Power Sources, 2003, 114(1): 32-53.
[186] YANG Y, MAO K, GAO S, et al. O-, N-atoms-coordinated Mn cofactors within a graphene framework as bioinspired oxygen reduction reaction electrocatalysts[J]. Advanced Materials, 2018, 30(28): 1801732.1-1801732.10.
[187] CUNNINGHAM B D, HUANG J, BAIRD D G. Development of bipolar plates for fuel cells from graphite filled wet-lay material and a thermoplastic laminate skin layer[J]. Journal of Power Sources, 2007, 165(2): 764-773.
[188] HEO S I, YUN J C, OH K S, et al. Influence of particle size and shape on electrical and mechanical properties of graphite reinforced conductive polymer composites for the bipolar plate of PEM fuel cells[J]. Advanced Composite Materials, 2012, 15(1): 115-126.
[189] CHEN Z, GONG W, LIU Z, et al. Coordination-controlled single-atom tungsten as a non-3d-metal oxygen reduction reaction electrocatalyst with ultrahigh mass activity[J]. Nano Energy, 2019, 60: 394-403.
[190] TAHERIAN R, HADIANFARD M J, GOLIKAND A N. A new equation for predicting electri-

cal conductivity of carbon-filled polymer composites used for bipolar plates of fuel cells[J]. Journal of Applied Polymer Science, 2013, 128(3): 1497-1509.

[191] WANG X, CHEN Z, ZHAO X, et al. Regulation of coordination number over single Co sites: Triggering the efficient electroreduction of CO_2[J]. Angew Chem Int Ed Engl, 2018, 57(7): 1944-1948.

[192] MIGHRI F, HUNEAULT M A, CHAMPAGNE M F. Electrically conductive thermoplastic blends for injection and compression molding of bipolar plates in the fuel cell application[J]. Polymer Engineering and Science, 2004, 44(9): 1755-1765.

[193] ELYASI M, KHATIR F A, HOSSEINZADEH M. Manufacturing metallic bipolar plate fuel cells through rubber pad forming process[J]. The International Journal of Advanced Manufacturing Technology, 2016, 89(9-12): 3257-3269.

[194] MOHAMMADTABAR N, BAKHSHI-JOOYBARI M, HOSSEINIPOUR S J, et al. Feasibility study of a double-step hydroforming process for fabrication of fuel cell bipolar plates with slotted interdigitated serpentine flow field[J]. The International Journal of Advanced Manufacturing Technology, 2015, 85(1-4): 765-777.

[195] GONG Y N, JIAO L, QIAN Y, et al. Regulating the coordination environment of MOF-templated single-atom nickel electrocatalysts for boosting CO_2 reduction[J]. Angew Chemie International Edition, 2020, 59(7): 2705-2709.

[196] CHEN T C, YE J M. Fabrication of micro-channel arrays on thin stainless steel sheets for proton exchange membrane fuel cells using micro-stamping technology[J]. The International Journal of Advanced Manufacturing Technology, 2012, 64(9-12): 1365-1372.

[197] HU Q, ZHANG D, FU H, et al. Investigation of stamping process of metallic bipolar plates in PEM fuel cell—Numerical simulation and experiments[J]. International Journal of Hydrogen Encrgy, 2014, 39(25): 13770-13776.

[198] SMITH T L, SANTAMARIA A D, PARK J W, et al. Alloy selection and die design for stamped proton exchange membrane fuel cell (PEMFC) bipolar plates[J]. procedia CIRP, 2014, 14: 275-280.

[199] MODANLOO V, ALIMIRZALOO V, ELYASI M. Optimal design of stamping process for fabrication of titanium bipolar plates using the integration of finite element and response surface methods[J]. Arabian Journal for Science and Engineering, 2019, 45(2): 1097-1107.

[200] ZHAO Y, PENG L. Formability and flow channel design for thin metallic bipolar plates in PEM fuel cells: Modeling[J]. International Journal of Energy Research, 2018, 43(7): 2592-2604.

[201] KARACAN K, CELIK S, TOROS S, et al. Investigation of formability of metallic bipolar plates via stamping for light-weight PEM fuel cells[J]. International Journal of Hydrogen Energy, 2020, 45(60): 35149-35161.

[202] NETO D M, OLIVEIRA M C, ALVES J L, et al. Numerical study on the formability of metallic bipolar plates for proton exchange membrane (PEM) fuel cells[J]. Metals, 2019, 9(7): 810.

[203] BARZEGARI M M, KHATIR F A. Study of thickness distribution and dimensional accuracy of stamped metallic bipolar plates[J]. International Journal of Hydrogen Energy, 2019, 44(59): 31360-31371.

[204] TALEBI-GHADIKOLAEE H, MOSLEMI NAEINI H, MIRNIA M J, et al. Experimental and numerical investigation of failure during bending of AA6061 aluminum alloy sheet using the modified Mohr-Coulomb fracture criterion[J]. The International Journal of Advanced Manufacturing Technology, 2019, 105(12): 5217-5237.

[205] GATEA S, OU H, LU B, et al. Modelling of ductile fracture in single point incremental forming

using a modified GTN model[J]. Engineering Fracture Mechanics, 2017, 186: 59-79.

[206] HOU Y, QIU M, KIM M G, et al. Atomically dispersed nickel-nitrogen-sulfur species anchored on porous carbon nanosheets for efficient water oxidation[J]. Nat Commun, 2019, 10(1): 1392-1397.

[207] XU Z, QI Z, HE C, et al. Combined activation methods for proton-exchange membrane fuel cells[J]. Journal of Power Sources, 2006, 156(2): 315-320.

电堆材料的进阶需求

8.1 质子传导电解质与隔膜

8.1.1 质子传导电解质与隔膜概述

质子交换膜燃料电池的关键特征在于电解质与隔膜的性质，电解质与隔膜由聚合物结构组成，能够以比较高的传导率传递氢离子，因此得名“质子交换膜”。作为固体电解质的质子交换膜除了起着传导质子的作用，还能分离燃料和氧化剂，防止燃料在电极之间穿透，并且为催化剂提供物理支撑及隔离电子等功能。因此，为了保证质子交换膜燃料电池性能和耐久性，理想的质子交换膜材料需要满足如下要求[1-2]：①质子电导率高；②化学稳定性好；③燃料渗透率低；④热性能和力学性能良好；⑤优异的形貌和尺寸稳定性；⑥材料成本低。这些性能，如质子电导率、燃料渗透率、化学稳定性和力学性能等，都与膜的化学结构和形貌密切相关。PEMFC 常用的电解质膜材料有聚苯乙烯磺酸、酚醛树脂磺酸、聚三氟苯乙烯磺酸和全氟磺酸（PFSA）等。聚苯乙烯磺酸最初用于质子交换膜燃料电池，但由于其在燃料电池运行过程中容易降解而被弃用。20 世纪 70 年代，杜邦成功开发 Nafion 膜，即 PFSA 聚合物膜。它不仅具有良好的稳定性，而且还具有优良的质子导电性和长使用寿命。目前，它已被证明是 PEMFC 最理想的电解质，它的出现极大地促进了 PEMFC 的发展。

PEM 大致可分为高温 PEM 和常温 PEM 两类。高温 PEM 最突出的优点是其工作温度可以达到 120℃，由于水在 100℃以上的环境中基本以气体的形式存在，这样完全解决了燃料工作状态下存在液态水所带来的系列问题，故无须考虑水管理。然而目前高温 PEM 的质子电导率很低，使用寿命很短，需要进一步优化，还无法实现商业化。此外，目前常温 PEM 的水管理依然是 PEMFC 发展的关键问题之一。

8.1.2 全氟磺酸质子交换膜

1 全氟磺酸质子交换膜化学结构

全氟磺酸离子聚合物属于离子导电聚合物，这些离聚物以其卓越的离子电导率和化学－机械稳定性而闻名。在电化学技术中，全氟磺酸通常被用作固体电解

质，特别是被用作质子交换膜燃料电池中的质子交换膜和氯碱工业中的钠离子导体。20世纪70年代，杜邦（DuPont）公司生产出了全氟磺酸质子交换膜（Nafion膜），它与普通的PEM相比，不但增加了近两倍的质子电导率，而且还延长了4个数量级的膜寿命（104 ~ 105h），目前Nafion膜已经广泛在燃料电池领域里应用。Nafion是一种无规则的共聚物，由电中性的半结晶聚合物疏水主链（聚四氟乙烯（PTFE））和端基带有亲水性磺酸离子交换基团（$-SO_3H$）的全氟支链结构组成。主链疏水的聚四氟乙烯骨架和支链亲水的全氟磺酸侧基间聚集形成明显的亲疏水相分离的离子传输通道结构，使得质子可在膜内的离子传输通道内有效地传输迁移[3]。正是这种相分离的形态赋予了全氟磺酸独特的离子和溶剂传输能力。因此，全氟磺酸本质是多功能聚合物，在静电相互作用存在时，其传输和力学性能由其形态控制。然而，这种形态也依赖于与疏水主链相关的机械（变形）能和与其支链的亲水离子基团水合相关的化学/熵能之间的各种相互作用和平衡。这种平衡受到环境和材料参数的控制和影响，比如工作温度、润湿性、离聚物当量、磺酸基密度及其各自的梯度分布等，这些参数制约着全氟磺酸的结构/性能关系。

控制形态最有效的途径是通过离聚物化学。全氟磺酸的性质受到当量（EW）和支链化学与长度的影响。当量的定义为含1mol磺酸基团的干全氟磺酸离聚物的重量，单位为g/mol，当量与离子交换容量（IEC）成反比，IEC的单位为mmol/g。因此，支链长度（大小）和主链长度都控制着PFSA离聚物膜的EW和化学结构，以及它的相分离行为。此外，中和磺酸基团的反离子对于确定全氟磺酸离聚物的结构也至关重要，其中质子化形式是最常见的。

尽管Nafion膜在质子交换膜中有着广泛的应用，但是为了进一步提升燃料电池的性能，具有较高离子交换容量和短支链的全氟磺酸膜也已经获得了更多的关注。特别是Gore公司的Gore select系列膜、3M公司的3M膜、日本Asahi Chemical公司的Aciplex膜、Asahi Glass公司的Flemion膜和比利时Solvay公司的Aquivion膜。以上各类全氟磺酸膜的区别在于支链结构和长度不同。这些全氟磺酸离聚物膜有相同的主链化学结构，有时也会根据它们的支链长度和EW进行分类。例如，Aquivion膜的全氟磺酸通常被归类为短支链（SSC）全氟磺酸，而Nafion膜的全氟磺酸可被视为长支链（LSC）全氟磺酸。

由于需要降低膜电极整体的传输阻力，全氟磺酸膜的厚度一直在减薄[1]。使用更薄的PEM可以提高燃料电池的极限功率密度，同时降低沿阴极流道方向的温升并降低电池温度。更薄的PEM可以增强水从阴极向阳极的反扩散，降低催化层的水淹倾向，改善阴极催化层的供氧，提高催化层对氧的扩散率，从而改善传质。另外在低湿度条件下，更薄的PEM可以促进PEM水化，使PEM快速从脱水中恢复；在高湿度条件下，也便于通过阳极去除多余的生成水，有益于燃料电池健康的水管理。然而，使用更薄的 PEM 往往会加速气体渗透，从而降低系统效率。这种趋势在质子交换膜燃料电池中尤其明显，因为一方面要求离聚物膜更薄更稳定以承受腐蚀性的化学和环境条件，另一方面需要满足商业化的耐久性要求。

2 全氟磺酸质子交换膜微观结构

由于全氟磺酸主链和支链亲水官能团的极性不同，全氟磺酸膜在含水状态下亲水磺酸基团和疏水主链会产生微相分离结构。其中，疏水相主要由主链构成，为膜提供强度和稳定性等性能，保证膜尺寸和形貌的稳定性；亲水相则由磺酸基团聚集而成，为质子迁移提供连续的通道。全氟磺酸膜的微观结构和形态对其性能有重要影响。由于全氟磺酸膜微观形貌的复杂性，到目前为止对其微观形貌仍然没有一个统一的认识。在这过程中，学者们先后借助于小角 X 射线散射（Small-Angle X-ray Scattering，SAXS）[4-5]、广角 X 射线衍射（Wide-Angle X-ray Diffraction，WAXD）[6-7]、小角中子散射（Small-Angle Neutron Scattering，SANS）[8-10] 及透射电镜（Transmission Electron Microscopy ，TEM）[11-13] 等实验技术提出了离子簇胶束网络模型、局部有序模型、核壳模型、层状模型、三明治模型、棒状模型、蠕虫状模型及平行柱状纳米水通道模型等。其中被人们广泛认可的是 Gierke 等 [14] 提出的离子簇胶束网络模型，该模型利用小角 X 射线散射和广角 X 射线衍射实验得出。该模型中膜内部亲水的磺酸基团吸水形成反胶囊离子团簇，疏水的碳氟链形成晶相疏水区，离子簇分散在主链内部，离子簇直径大小约为 4nm，相邻离子簇间距为 5nm，并且两个相邻离子簇之间存在约 1nm 宽的亲水通道，质子在膜内的传输依赖于该亲水通道。

3 全氟磺酸质子交换膜中质子传输机制

当 Nafion 膜完全水合时，拥有非常高的质子电导率，高达 $0.1S \cdot cm^{-1}$[15]。这要归功于其分子结构。全氟磺酸质子交换膜中由于有磺酸基团的存在，会在水溶剂的条件下解离生成氢质子，使其更容易接近周围的原子或者分子。氢质子则会与膜内自由水中结合生成水合质子 H_3O^+，而水合质子继续与其他自由水结合，形成更大尺寸的水合离子结构。在含水量非常小的情况下，亲水区域的含水量较低，Nafion 膜中的质子传输是通过附着在聚四氟乙烯表面的 $-SO_3H$ 基团进行的，这被称为表面机制。氢质子主要通过膜通道内部各分子间氢键的形成与断裂从膜的一侧传递到另一侧。传输机制则认为质子主要以 H_3O^+ 形式迁移。在膜中，由于电位差的存在，水合质子通过亲水性通道从膜的一侧扩散到另一侧，在扩散过程中，质子会与水分子结合形成水合质子结构。这种传输机制的形成主要是因

为在质子交换膜中，聚合物长链之间的缠绕会留有一部分的自由体积，这部分自由体积恰好为水合质子的扩散提供了足够的空间。一般来说，通过传输机制的质子电导率很小，随着含水量的增加，这些通道变得更宽，更多的自由分子可以使用。在有水的情况下，质子（H^+）离开 $-SO_3H$ 并附着于水形成水合质子（H_3O^+），通过亲水性通道扩散。然而，水合质子与 $-SO_3H$ 基团形成强烈的静电作用，这仍然阻碍了 Grotthuss 质子传输机制，因此在低相对湿度下，表面机制导致的质子传输在 Nafion 膜中占主导地位[15]。

含水量的进一步增加使水团簇变大，质子传导通道变得更宽。水的增加导致了 Grotthuss 机制的主导地位，其中质子通过水分子中的氢键网络进行扩散。完全饱和的 Nafion 膜类似于一个由疏水性骨架链和亲水性水 / 酸段组成的两相系统。在这种情况下，Nafion 膜的电导率几乎达到电解质溶液的电导率值，这是由 Grotthuss 机制控制的。目前，一种新型的全氟磺酸离子聚合物已经商业化，它的短支链由四氟乙烯（TFE）和磺酰氟乙烯基醚（SFVE）共聚而成，称为 Aquivion®，具有卓越的质子电导性及出色的化学和热稳定性。

不论质子在膜中以哪种机制传递，都离不开作为载体的水溶剂。所以，质子交换膜只有在水化的条件下才能正常的工作。PEM 需要维持水化状态才能保持较高的质子电导率，因此 PEM 含水量 λ 需要保持在一个适当的范围内。λ 太低会导致 PEM 干燥，过高会导致燃料电池的水淹，都会影响燃料电池的性能。因此，PEM 适当的含水量 λ 和均匀的水分布是 PEMFC 正常运行的保证。

4　Nafion 基复合膜

尽管 Nafion 膜目前正在主导商业化的燃料电池市场，但它在设计上有一些相当大的问题，阻碍了它在极端条件下的性能发挥。Nafion 的导电性完全依赖于亲水域中存在的足够的水通道，因此 Nafion 膜不适合在低于 0℃和 / 或高于 100℃的温度下工作。此外，对于燃料电池中的氧化还原反应，在电极上总是会形成一些中间产物，从而影响其性能。例如，氧化还原过程中形成的过氧化氢（H_2O_2）不会影响 Nafion 膜的稳定性，然而，H_2O_2 分解为 · OH 或 · OOH，这些自由基会攻击 Nafion 含 H 的支链末端基团并催化其分解[15]。在低相对湿度条件和超过 80℃的温度下，Nafion 膜会被催化分解。这通常被认为是 Nafion 膜的主要降解机制。此外，外来的带电杂质的存在也可能通过减少水的含量而大大降低 Nafion 膜的导电性。因此，在膜制造过程中应尽量减少污染离子。Nafion 膜在高温下的化学稳定性和热稳定性很差。作为 MEA 的一部分，Nafion 很容易受到湿热老化的影响，这些可能会导致膜的降解，进而影响膜的性能和耐久性。此外，由于压缩和外部振动而在膜表面产生的机械应力是 PEMFC 催化层机械损伤的关键原因，催化层机械损伤会导致催化层裂纹的产生和扩展，并产生分层，这些都可能造成短路电流。Nafion 膜的机械强度可以通过加入惰性基质而得到改善，惰性基质可以是聚合物或无机材料。然而 Nafion 膜中加入惰性材料后可能会降低 H^+ 的传导率和吸水率。通过添加某些添加剂，如磷钨酸，可以提高增强 Nafion 膜的导电性。除此之外，带有调整功能团的无机材料也可以提高膜的各种性能，如导电性、吸水性和离子交换能力，同时保持复合膜的机械稳定性。另外，无机材料的形状和表面处理过程也能在增强 Nafion 膜的力学性能方面发挥重要作用。

由于 Nafion 膜对保水性能的敏感性及在高温下较差的机械稳定性、热稳定性和化学稳定性，目前正在进行许多研究探讨优化 Nafion 基复合膜的可能性。目前已经有大量的研究通过离子基团的化学接枝对 Nafion 进行修饰，然而，接枝技术虽然改善了 Nafion 膜的质子电导率，但没有改善其机械稳定性。通过在 Nafion 基质中引入无机添加剂，如金属有机骨架、沸石、金属氧化物，以及各种聚合物，如壳聚糖、聚苯并咪唑、聚偏二氟乙烯，以改善 Nafion 膜的稳定性和保水性。

8.1.3 其他质子交换膜

目前商业化的全氟磺酸型质子交换膜普遍存在价格高、质子电导率低和高温性能退化等缺点。因此，开发新的性能高、价格低廉、环境友好的质子交换膜材料成为质子交换膜燃料电池领域的研究热点之一。现阶段广泛研究的非氟质子交换膜主要有聚苯乙烯膜、聚苯并咪唑膜、聚酰亚胺膜、天然聚合物膜、磺化聚芳醚酮膜和磺化聚醚醚酮膜等。

聚苯乙烯膜于 1955 年由通用电气开发，这些膜表现出较低的机械强度。后来，通用电气开发了部分磺化聚苯乙烯膜。20 世纪 60 年代，美国国家航空航天局将这些膜用于双子座系列宇宙飞船。聚苯乙烯膜根据其应用大致分为质子交换膜和阴离子交换膜，分别用于质子交换膜燃料电池和阴离子交换膜燃料电池。对于质子交换膜，质子传导是通过在聚合物中引入磺酸基团来实现的，而聚合物骨架决定了热稳定性和机械耐久性及质子导电性。磺酸基团可以通过用磺化剂处理聚合物的后磺化技术或通过使用磺化单体合成聚合物来引入[16]。

聚苯并咪唑是一类分子结构中含有咪唑环的无定型热塑性高分子聚合物。聚苯并咪唑中庞大的芳香族主链限制自由链运动，从而诱导更高的热阻、机械强度和玻璃转变温度（430℃）。然而，聚苯并咪唑不具有质子导电性，不能单独用作质子交换膜。一般采用两种方法对其进行改性，使其具有质子导电性[15]。第一种方法是在聚苯并咪唑中掺杂无机酸，一般是磷酸；第二种方法是对聚苯并咪唑进行磺化，引入磺酸基团。硫酸、磷酸等强酸容易修饰聚苯并咪唑中的杂环苯并咪

唑环，从而促进质子传导。掺杂无机酸的聚苯并咪唑膜在高温时具有良好的电导率；它的电渗系数几乎为零，即质子在聚苯并咪唑膜中传递过程中不携带水分子，这一性质使得聚苯并咪唑膜组装的电池能够在高温、低水蒸气分压下操作，因此无机酸掺杂的聚苯并咪唑膜一般用作高温质子交换膜。

聚酰亚胺属于芳香族，是主链中含有亚胺杂环结构的一类综合性能优良的有机高分子材料。具有优良的热稳定性和机械稳定性、良好的成膜性和优异的化学性能。由于其质子交换特性，磺化聚酰亚胺在过去几年中受到了特别的关注。磺化聚酰亚胺不仅拥有聚酰亚胺自身优异的热稳定性、力学性能和阻隔性，还有良好的导电性，具有较高质子电导率的磺化聚酰亚胺可作为一类新型的质子交换膜材料应用于燃料电池领域。聚亚酰胺的磺化可以通过在母体聚合物中直接添加磺酸基团来实现，也可以通过与磺化的单体一起聚合来实现[16]。然而，磺化聚酰亚胺在水合状态下会发生水解，因此，还需要提高它们的水解稳定性。另外，在低相对湿度下，提高聚酰亚胺的质子电导率是一个挑战。电导率可以通过增加膜的磺化含量来提高，但这会导致膜的膨胀行为及力学性能降低。

来自天然材料的聚合物膜无毒且价格低廉，是质子交换膜燃料电池的天然候选材料，这些材料包括壳聚糖、卡拉胶、纤维素等。壳聚糖（CS）是一种多糖基生物聚合物，是通过甲壳素的碱性去乙酰化得到的。它存在于螃蟹、虾等甲壳类动物的外骨骼中，在自然界中存量丰富。壳聚糖是一种生物可降解、无毒的材料，在溶液中具有与 pH 值相关的阳离子电荷密度，因此它可以与其他阴离子聚合物形成复合物。由于其良好的生物相容性、低渗透率和生态友好，壳聚糖是一种很有前景的质子交换膜材料，但与 Nafion 相比，它的质子电导率较低。这是由于壳聚糖高度结晶性质和缺乏质子迁移能力。另外这类天然聚合物膜一般机械强度较差，且易水解或高温分解。

低成本、较好的机械强度及良好的化学稳定性和热稳定性是磺化芳香族主链聚合物成为质子交换膜材料的主要原因。在磺化芳香族主链聚合物中，研究最多的质子交换膜化合物是磺化聚芳醚酮（SPAEKs）和磺化聚醚醚酮（SPEEKs）。一般来说磺化聚醚醚酮膜比磺化聚芳醚酮的应用范围更广。

聚芳醚酮类材料作为一种常见的特种工程塑料，因其良好的热稳定性、化学稳定性和机械稳定性，被广泛应用于军事领域。聚芳醚酮聚合物结构中的芳基基团具有可磺化性，经磺化处理后可制备磺化聚芳醚酮类聚合物电解质材料，这类磺酸功能化的膜材料继承了传统聚芳醚酮优异的综合性能，同时磺酸基团赋予磺化聚芳醚酮较高的质子电导性，使得磺化聚芳醚酮可作为潜在的全氟磺酸膜替代材料应用于燃料电池系统。·OH 自由基会对非磺化苯醚芳香环产生攻击，导致磺化聚芳醚酮主链断裂，从而导致膜材料降解，因此磺化聚芳醚酮膜的稳定性比较低，降解速度比 Nafion 膜要快。

磺化聚醚醚酮一般由聚醚醚酮后磺化得到，制备方法简单易控。因为其良好的化学稳定性、热稳定性及力学性能，磺化聚醚醚酮是被较早研究的质子交换膜基础基体材料之一。然而，磺化聚醚醚酮膜的高度磺化会影响其化学稳定性，因为膜会受到·OH 的侵蚀，所以磺化聚醚醚酮膜的磺化率必须控制在一定的范围内，这主要取决于特定的聚合物主链结构和膜的形态。由于这类材料的微观结构亲水区连通性较 Nafion 膜差，且质子迁移通道较窄，分支较多，因此其电导率往往小于 Nafion 膜。一般要通过嵌段合成、交联和无机纳米粒子填充等改性方法来提高磺化聚醚醚酮的电导率。

8.2　电催化剂

8.2.1　电催化剂概述

质子交换膜燃料电池的商业化应用面临着成本过高、耐久性较低和配套设施不足等方面的问题，而作为燃料电池的重要组成部分，催化剂的成本和性能一直是制约其商业化应用的一个重要因素。质子交换膜燃料电池主要涉及的两个半反应中，阳极氢氧化反应是一个快速的动力学过程，而阴极氧还原反应则比较复杂，包括多步电子的得失和耦合质子的转移，是一个缓慢的动力学过程。因此，氧还原反应是关键步骤，需要消耗比氢氧化反应更多的催化剂材料。为此，开发具有成本效益的高性能电催化剂来改善氧还原反应动力学对于降低质子交换膜燃料电池的成本至关重要。

氧还原反应（Oxygen Reduction Reaction，ORR）普遍存在于各种化学、生物反应过程，也是电化学中研究得较多的一个反应，但对其反应机理的揭示远远赶不上对氢氧化反应的研究。ORR 的可逆性很小，其交换电流密度只有 $10^{-12} \sim 10^{-3}A \cdot cm^{-2}$，其 $4e^-$ 还原反应的标准电极电位是 1.23V，但即使使用被誉为万能催化剂的 Pt，在开路状态，其过电位也在 0.3V 左右[17]。这是因为在高电势时 O_2 在 Pt 表面的吸附很强，只能通过降低其电势（即增加极化）才能使其与质子和电子进行反应[18]。在正电势下，电极本身可能有含氧物质吸附，

甚至有异相的氧化物生成，即电极的表面状态发生了改变，因此也很难在热力学平衡电位附近研究该反应的动力学问题；ORR 的动力学过程是复杂的 $4e^-$ 反应，反应历程中出现多种中间产物，如 H_2O_2 及 HO_2^-、O_2^- 等中间态含氧吸附物种或 PtO 金属氧化物等。尤其是当出现过氧化氢时，至少存在三对氧化还原体系。从热力学角度考虑，H_2O_2 是不稳定的中间物种，其浓度几乎总是由动力学而非热力学决定，导致整个反应历程复杂化。因此，研究 ORR 高活性的燃料电池用催化剂无论在基础研究领域还是 PEMFC 的商业化应用都具有极其重要的意义。

Pt 以其优异的活性和稳定性而被广泛应用于 PEMFC，特别是作为阴极催化剂，在 ORR 方面具有很大的优势。燃料电池中催化剂的催化性能与其吸附能力和化学键的特性密切相关。然而 Pt 催化剂仍存在一些缺点。例如，Pt 的稀有性和用量提高了燃料电池的成本；在酸性介质中，ORR 缓慢，阴极过电位过高；燃料中存在微量杂质，如 CO，会吸附在 Pt 表面，阻碍活性位点，造成 Pt 催化剂中毒[19]；酸性介质会腐蚀碳载体，使负载的 Pt 发生溶解、团聚、烧结，降低催化剂的耐久性等。为了实现低成本、高活性和耐久性的电催化剂，开发了不同类型的 Pt 基催化剂。对 Pt 的形貌和结构进行了改进，包括核壳结构、多孔结构、多面体结构、纳米结构等。将 Pt 粒子的粒径控制在一定范围内，既不会因粒径过小而影响 ORR，也不会因粒径过大而导致比表面积减小。此外，Pt 合金可以有效地提高催化剂的活性，同时，改变催化剂的形态和结构也可以增加其活性位点的暴露量，增强活性和稳定性。除了这些 Pt 基催化剂外，在过去的几十年里，已经开发了一些非 Pt 基催化剂，其载体有过渡金属 - 氮 - 碳（M-N-C）、无金属碳材料、过渡金属氧化物、氮化物、碳化物和硫族化合物。另外，催化剂载体材料对于调节 Pt 纳米粒子的性能（如分散度、形状、大小和结构）至关重要，并且在决定催化剂性能方面发挥着关键作用。因此，开发合适的催化剂载体材料已成为实现高性能和长寿命的质子交换膜燃料电池的有效策略之一。

8.2.2　Pt 基催化剂

Pt/C 催化剂是目前商用的燃料电池催化剂，一般来说 Pt 纳米颗粒负载在炭黑上，这样更能够优化 Pt 纳米颗粒的分布和活性表面积，从而提高反应速率。碳载体为在阳极产生并由阴极接收的电子提供了通路。催化剂纳米颗粒的尺寸对催化反应有非常重要的作用。越小的纳米颗粒具有越高的表面体积，并且具有更多的低配位位点，如边、角、顶点等。在纳米尺度上，Pt 或 Pt 合金颗粒不仅均匀地分布在导电载体上，还提供了更多的几何表面积，从而可能有助于降低 Pt 基金属的负载。总的来说，Pt 或 Pt 合金在电解液中的电化学活性面积与总几何表面积成正比。然而，存在一个临界粒径，低于这个粒径，催化活性会随活性反应位点的可用性降低而降低。此外，金属－绝缘体转变和库仑阻塞效应也会降低催化剂的电化学活性。Pt 基金属纳米颗粒的尺寸并不是越小越好，因为尺寸小到某一个极限值，纳米颗粒并不再显示金属的性质，而是表现为分子簇。催化剂具有比活性（催化剂每单位实际表面积的活性）随其粒径的增大而增大的尺寸效应，且在 2 ~ 4nm 范围内达到最大的质量活性[20]。然而，随着催化剂的老化，尺寸效应开始不再适用，因为不可逆表面氧化物会导致 Pt 溶解/沉积和颗粒尺寸分布变宽。

通常来说，金属的电化学活性主要依赖于金属不同晶面的性质，每个晶面都有其独特的电化学活性。几十年来，这种表面结构－活性关系一直用于开发活性 Pt 基催化剂。Pt 具有面心立方（FCC）晶体结构，通常在体相结构的单晶表面上有（111）、（100）和（110）晶面[21]。具有多面体形状的纳米晶体通常由（111）和（100）晶面围成。方体由（100）晶面包围，而四面体、八面体、十面体和二十面体被（111）晶面包围[22]。立方八面体和截角八面体纳米结构则同时具有（100）和（111）晶面。商用的 Pt/C 催化剂一般是由低指数的（100）、（111）等晶面围成。一般来说，ORR 活性在弱吸附的电解质中顺序为 Pt（100）< Pt（111）≈ Pt（110），而在强吸附的电解质中，ORR 活性为 Pt（111）< Pt（110）< Pt（100）[23]。与低指数晶面相比，高指数晶面拥有较高密度的台阶原子及扭结位原子，这些原子易于与反应物分子相互作用，促使反应物分子化学键断裂，因此其催化活性普遍高于低指数晶面。以这一发现为基础，高指数晶面为表面的 Pt 基催化剂研究成果相继涌现。尽管具有高指数晶面的 Pt 基催化剂在 ORR 上催化性能表现良好，但其也存在一些缺点。高指数纳米晶体往往倾向于大尺寸生长，从而降低反应的质量活性。此外，在燃料电池的工作条件下，高指数晶面和不饱和台阶和扭结位原子可能不稳定。高指数晶面具有高溶解速率，容易失活，导致催化活性降低，从而阻碍其实际应用。

Pt 颗粒在 Pt/C 催化剂碳载体上的聚集或迁移，或者 Pt 颗粒在电解质中的溶解，以及碳载体的腐蚀，都会导致 Pt/C 催化剂活性下降。催化剂的 ECSA 降低是导致 Pt/C 催化剂燃料电池寿命减少的关键因素，造成 Pt/C 催化剂 ECSA 降低的原因包括[24]：Pt 微晶在碳载体上结合迁移成更大的颗粒、Pt 粒子溶解后再溶解于离子导体中、碳载体腐蚀导致的 Pt 颗粒脱落和团聚、电化学 Ostwald 熟化。因此对于开发 Pt 基催化剂，主要分为三个方向：①减小 Pt 颗粒的直径，增加 Pt 的分散度，增加其比表面积；②开发一种具有特定取向表面的 Pt 合金颗粒的制备方法；③应用各种物理和化学方法，在 Pt 催化剂中加入其他金属元素，使其合金化，或将 Pt 分散到其他过渡金属、金属合金和氧化物中，形成一种特殊的

混合物或合金。对纳米级 Pt 结构的精确控制，以及对其形态和组成的控制 / 调节，能够从本质上提高 ORR 性能和降低质子交换膜燃料电池中 Pt 的用量。

具有核壳结构的 Pt 基合金纳米颗粒由于电子和应变效应及设计良好的核壳结构可以最大限度地利用贵金属，可以显著提高 Pt 基催化剂的 ORR 活性。在 Pt 基核壳电催化剂中，由于核壳之间的晶格不匹配，有限厚度的 Pt 壳层可能会经历表面应变，导致表面 Pt 的 d 带中心移动[24]。在 d 带中心的最佳位置，Pt 壳层表现出适度的 Pt-O 相互作用，具有优异的 ORR 活性。催化活性对晶格应变高度敏感，稳定性则与核壳界面作用紧密相关。然而，在燃料电池反应过程中，为了保持结构的完整性，合成高质量的外壳并在核心上覆盖完整的薄层仍然是一个挑战。合理设计 Pt 基电催化剂的核壳结构是诱导表面应变效应，促进燃料电池阴极上氧还原反应（ORR）动力学的有效方法。然而，在长期的循环运行过程中，Pt 基核壳催化剂常发生不稳定的核溶解和结构坍塌，极大地影响了燃料电池的实际应用。因此阻止核心在 Pt 核壳下的溶解是提高材料催化稳定性的关键。Göhl 等[25]研究了以过渡金属碳化物为核和 Pt 壳层组成的核 − 壳纳米粒子，发现完全覆盖的 Pt 壳层可以缓解核心元素的溶解。在经过电位循环后，具有完整 Pt 壳层的纳米粒子，保留了核 − 壳的特征，且粒径相似。相比之下，部分覆盖 Pt 壳层的样品经历了核的逐渐溶解，随后出现了富含 Pt 的中空颗粒坍塌的过程，导致颗粒尺寸减小。与部分覆盖的纳米颗粒相比，完全覆盖的纳米颗粒的核心元素溶解速度要慢得多，这进一步证实了其结构稳定性。

一维纳米结构催化剂通常具有独特的各向异性结构，外表面的能量低，氧结合能力弱，从而提高了催化剂的性能。同时一维纳米结构还拥有良好的电子传导性，表现出高的结构稳定性。一维纳米结构催化剂可以通过电化学沉积法、化学还原法、模板法和原子层沉积法等方法制备。电化学沉积法是在有外加电场的情况下，通过在电解池中阴阳极的反应和在固体上生成沉积层来制备催化剂，具有简便且价格低廉的特点。模板法通常生产具有可控尺寸和形状的材料，根据模板的结构和特点可以分为硬模板法和软模板法。原子层沉积法是由循环中气化前体的交替暴露引起自限性表面反应，进而沉积获得一维纳米材料。一维纳米结构催化剂主要有纳米线和纳米棒等。当一维结构的 Pt 电催化剂的直径减小到几纳米或几层原子时，Pt 会大量暴露表面原子。超薄的 Pt 基纳米线作为提高 ORR 活性的稳定催化剂具有极大的潜力。

多孔结构是高效的结构，因为它们有丰富的暴露的活性位点、高比表面积，以及高质量传输效率。在电催化反应过程中，反应物可以接近外表面和内表面，从而有可能改善电催化性能。具有多孔结构的 Pt 基催化剂可以提供丰富的催化活性位点和高比表面积，不仅有利于 Pt 的传输质量，而且继承了 Pt 的高导电性，从而使纳米级多孔网络的电子传导率和质量传输效率最大化。多孔碳材料往往有许多边缘位点和缺陷位点，这为 ORR 提供了丰富的活性位点。

目前催化层一般都是通过在基底（比如气体扩散层、质子交换膜等）上涂覆含有溶剂、催化剂和离聚物的催化剂浆料制备而成的。然而，传统的催化层存在催化剂利用率低、催化剂负载量高等缺点，阻碍了燃料电池性能的提高和成本的降低。2002 年，Middelman[26] 首次提出了一个有序结构的催化层，该层具有垂直的电子、质子、气体和液体传输通道，以增强质量传输和提高电催化剂的利用率。此外，其他定义明确的纳米结构，比如有序的铂纳米管阵列，也被用于燃料电池电极，以提高性能和耐久性。

提高 Pt 基催化剂的质量活性（MA）是减少 Pt 用量和提高其催化效率的一种方法，这可以通过合金化过程来实现。将 Pt 与其他金属形成二元或多元合金，不仅能通过过渡金属与 Pt 的协同和锚定作用来减少 Pt 的迁移团聚，提高催化剂的催化活性和耐久性等性能，同时还是有效降低 Pt 载量的一种有效途径。合金化可以通过配体效应和应变效应来改变金属的电子属性，从而提高催化性能。配体效应是由不同表面金属原子的原子邻近性引入的，涉及金属原子之间的电子转移，使 Pt 的电子性质发生变化，从而进一步改变了与反应中间体的相互作用[21]。应变效应一般是由表面和近表面原子之间的尺寸不匹配导致的，通常包括表面原子的压缩或扩展排列，这反过来又在表层产生压缩或拉伸应变。压缩应变使 d 带中心下移，造成了反应中间体的弱吸附，从而提高催化效率，而拉伸应变使 d 带变窄，并使 d 带中心移近费米能级，从而导致中间体的强烈吸附。配体效应和应变效应是密切相关的，通常其中一种效应支配另一种效应。在作者的一项研究工作中，采用石墨化碳（Graphitized Carbon，GC）制备了 PtNi/GC 八面体纳米晶催化剂，所制备的催化剂具有结晶良好的八面体形貌和石墨层结构，以及高耐腐蚀性，该催化剂的质量活性和比活性分别是商用 Pt/C 催化剂的 5 倍和 7 倍。

Pt 基合金催化剂 ORR 活性优异，然而非 Pt 金属溶解到酸性溶液中或从合金表面浸出会导致 Pt 基合金的不稳定，从而导致催化剂和电池性能衰退。因此除了 Pt 和金属直接简单结合的 Pt 合金催化剂外，形貌可控的 Pt 合金催化剂，包括核壳结构 Pt 基催化剂、空心纳米催化剂、纳米片或纳米线催化剂、单原子催化剂等以其高 ORR 催化活性而成为近几年质子交换膜燃料电池催化剂的研究重点。核壳结构的 Pt 基催化剂是在非 Pt 金属核周围沉积薄的 Pt 基壳来提高 Pt 的利用率，从而在核原子上形成可调控的壳层。除了核壳的组成、形貌、载体材料和 ORR 活性有密切关系相关外，核壳结构的 Pt 基催化剂合成路径也是重要影响因素。空心纳米结构也可以极大地减少 Pt 的载量，从而提高催化剂活性。例如，近些年来空心结构的 Pt_3Ni 是研究热点之一。Pt_3Ni 纳米框架的高比活性是纳米框架上两个单层厚 Pt-Skin 表面的形成及 Pt_3Ni 纳米框架的开放结构导致的，该结构允许分子进入内部和外部表面原子，从而允许反应物进入[21]。此外，其他的形貌可控的纳米催化剂在过去几十年也得到了广泛的关注，如超薄金属纳米片、纳米线、纳米管和纳米棒等。这些催化剂由于具有独特的各向异性结构、低缺陷密度和较少的 Pt 团聚等特点，因而能够提升 Pt 的利用率。

由于 Pt 成本高、储量低，许多研究人员将注意力转向廉价且易于批量生产的材料，开发了许多催化剂，如碳材料催化剂、掺杂金属的氮碳催化剂、掺杂非金属杂原子的碳催化剂、氮化物催化剂、过渡金属硫族化合物催化剂、碳层包覆的非贵金属化合物与 Pt 复合催化剂。载体材料在开发高性能催化剂中起着重要的作用，因为载体的结构和表面性能极大地影响了金属纳米粒子的大小和分散质量。在这些 Pt 和非金属催化剂中，掺杂金属的氮碳催化剂和掺杂非金属杂原子的碳催化剂因其活性高、稳定性好而最受关注。

杂原子（尤其是氮）掺杂到碳载体中会影响催化剂金属载体体系的三个方面：①合成过程中的成核和生长速率；②金属催化剂与载体之间的化学结合；③金属的电子结构。氮原子的原子半径与碳原子相似，氮的电负性大于碳。当氮加入到碳材料中时，由于氮原子具有较强的电负性，使电子在碳原子周围富集，使相邻的碳原子带正电荷，增加了碳载体与 Pt 离子或 Pt 纳米粒子之间的相互作用[24]，有利于氧分子的吸附，这可以提高耐久性和 ORR 活性。近年来，Pt/ 金属氮掺杂碳（Pt/M-N-C）催化剂因其优异的催化活性和稳定性而受到研究者的关注。氮、硫和硼等非金属杂原子掺杂的碳纳米催化剂由于具有较高的催化活性和出色的抗燃料渗透和抗 CO 中毒能力，也被认为是一类极具前景的燃料电池催化剂。

8.2.3　非 Pt 基催化剂

开发在酸性介质中有效运行的非贵金属催化剂，必须同时考虑两个关键因素：活性位点的可及性和 ORR 相关物质的传输特性，这由比表面积和孔隙结构决定；高效的内在活性位点和在恶劣环境下的长期耐久性，这由金属相关物质的化学成分和微观结构决定。目前用于酸性介质 ORR 的无 Pt 基催化剂大多数是碳基的。大量的研究表明，杂原子掺杂（如 N、B、S 和 P）可以改变掺杂碳材料的电子结构，使氧还原反应更容易[24]。具体而言，在掺杂碳纳米结构中的这些掺杂剂中，作为基本掺杂材料的 N 具有与作为基体的碳相似的原子大小和 5 个价电子，这些价电子可与碳结构提供强共价键。此外，由于相邻碳原子与 N 之间的电子相互作用，N 比 C 具有更高的电负性，可以增强 O_2 的吸附和还原，从而改善 ORR 活性。碳材料中的 N 掺杂可以改变 sp^2 碳平面的电子结构[24]。然而，目前这些催化剂的密度还不能与 Pt 基催化剂相比。因此，碳与氮和过渡金属共掺杂形成 M（Fe，Co，Cr，Ni，Mn，Ti，Zn）- N -C 的催化剂是目前非 Pt 催化剂的研究重点。这些催化剂的原料开源丰富，因此会显著降低 PEMFC 的成本。这些材料的电催化活性高度依赖于金属的类型。

氮作为碳基质中的掺杂剂可以以吡啶氮、吡咯氮、石墨氮和氮氧化物的形式存在。在这些氮物种中，吡啶氮和石墨氮对 ORR 的活性位点发挥着重要作用。金属 - 有机框架材料（MOF）具有高的比表面积、纳米孔结构、可调节的孔径和催化剂形貌，以及明确的过渡金属离子中心和有机配体，因此 MOF 基材料是一种有前途的 ORR 催化剂。MOF 一般是通过金属物种与有机配体在具有孔隙率的循环框架中自连接和配位合成的[24]，可以通过种子晶体生长、微波合成、室温搅拌和原位水热合成等不同的方法合成各种形态的 MOF。对于纳米结构的形成，MOF 的热解不仅有助于精确控制尺寸、形状、组成，以及具有高孔隙率的周期性晶体结构，而且促进了各种官能团的单步掺入。其中，沸石咪唑酯骨架结构材料是 ORR 催化中应用最广泛的 MOF。研究表明，具有四面体结构的沸石咪唑酯骨架结构材料具有优异的化学稳定性和热稳定性及不变的孔隙率。MOF 低的电导性使其催化 ORR 的动力学速度缓慢，需要设计新型的导电 MOF。MOF 衍生的核 - 壳结构材料可以控制颗粒的大小和分布，石墨化程度高。同时，其多孔结构和高电导率有利于反应物和电子的输运。

非贵金属过渡金属（如 Fe 或 Co）和氮（N）共掺杂碳（表示为 M-N-C）作为 PEMFC 的无 Pt 基电催化剂有很大的发展前景。典型的 ORR M-N_x-C 催化剂是通过混合氮、碳前驱体和金属源，然后在不同温度下热解合成的[24]。这些方法通常导致金属颗粒大而聚集，形状不规则，活性位点暴露少，孔隙率低，这些都不利于 ORR 的性能和稳定性。因此，需要一些其他的方法，如 MOF 的热解，来制备纳米结构，并与其他合成程序并行进行，以形成多孔和不连续的晶体纳米结构，并提高 ORR 活性。

Co-N-C 催化剂的 ORR 活性通常低于 Fe-N-C 催化剂，并且在酸介质中产生较高的过氧化氢产率。Fe-N-C 是目前最先进的无 Pt 基催化剂，其在酸介质中的催化活性接近 Pt/C 催化剂。然而，与 Pt 基催化剂相比，提高它们在电化学氧化环境中的稳定性是一个很大的挑战。活性位点的腐蚀和含 Fe 物质在水溶液中的损失是导致 Fe - N - C 催化剂活性降解的主要原因。

8.2.4 催化剂载体

在燃料电池发展的早期，膜电极使用的催化剂通常是铂黑颗粒。铂黑表面积因其制备工艺的不同而有很大的差异。在碱性环境中，以甲醛为还原剂制备铂黑比表面积比较高，为 25 ~ 30m^2/g，平均粒径约为 10nm。由于没有载体，Pt 纳米粒子会发生团聚，电化学活性区比较低，从而极大地限制了催化效率，导致燃料电池性能比较低。20 世纪 70 年代，质子交换膜燃料电池的商业应用开始发展，这在一定程度上促进了 Pt/C 高分散催化剂的开发和研究。当碳材料被用作燃料电池电极上的 Pt 纳米颗粒的载体时，Pt 纳米粒子可以沉积在高比表面积的碳载体上，表现出极高的电化学活性面积（ECSA），并将 Pt 负载量从 5.0mg · cm^{-2} 降低到 1.0mg · cm^{-2}[27]。

一般来说，催化剂载体材料需要满足以下要求[28]：①比表面积高，有利于 Pt 纳米粒子的沉积，使催化剂比表面积最大化；②导电性良好；③在 150℃空气条件下燃烧反应性低；④在燃料电池工作条件下（高氧浓度、低 pH、高含水量、高电极电位）具有良好的电化学稳定性；⑤催化剂中 Pt 比较容易回收；⑥与 Pt 纳米粒子有很强的相互作用。由于 Pt 催化剂具有较大的过电位，另外没有载体会导致 Pt 纳米颗粒聚集，因此需要载体来负载 Pt 才能获得好的催化性能。载体材料对催化剂性能的影响也相当显著。高比表面积和富孔结构的载体不仅为 Pt 的均匀分散提供了桥梁，而且促进了质子的传递，此外，载体中的部分组分还可以与 Pt 发挥协同催化作用，有利于提高催化剂的整体催化性能。因此，载体材料对质子交换膜燃料电池的性能起着至关重要的作用。碳载体具有良好的导电性、大的比表面积和在酸性或碱性条件下相对良好的耐腐蚀性，因此可广泛应用于质子交换膜燃料电池的催化剂载体。此外，除了碳的电子性质、结构和表面化学外，Pt 纳米颗粒和碳载体之间的化学相互作用对 Pt/C 催化剂的催化性能有重要的意义。另外，通过提高碳纳米材料载体的性能来提高贵金属的利用率，可以在一定程度上进一步降低催化剂成本。因此，碳材料，尤其是炭黑，是过去几十年来最常用的 Pt 基催化剂载体。

20 世纪 90 年代以来，炭黑材料因其较大的表面积、优异的电导率、多孔的结构和较低的成本，被广泛用作质子交换膜燃料电池中 Pt 和 Pt 合金催化剂的载体。炭黑是通过石油加工过程中的天然气或芳香残留物等碳氢化合物的热解制得的。最常见的生产工艺是炉黑工艺，炭黑易于形成链状团聚体。原料的芳香度越高，聚合度越高。初级炭黑颗粒（粒径约为 20nm）是由带有微孔（< 2nm）的微晶准球形颗粒组装而成的[29]。初级炭黑颗粒倾向于聚集，形成团聚颗粒（粒径约为 200nm），颗粒之间有 2 ~ 20nm 的中孔。团聚体间存在大孔隙（>20nm）。在典型的 N_2 吸附实验中，炭黑的孔径为双峰分布。这两类孔径分别为原生孔隙（< 20nm）和次生孔隙（> 20nm）。Vulcan XC-72 和 Ketjen Black 是两种常用的质子交换膜燃料电池炭黑类载体。作为最常见的商业催化剂载体的 Vulcan XC-72

具有比较小的表面积（约为 220m²/g），这是因为它的微孔的比例比较小。Vulcan XC-72 具有丰富的缺陷位点和有机官能团，其允许 Pt 纳米颗粒更均匀地分布，并且可以提高 Pt 性能。此外，由于 Vulcan XC-72 具有少量微孔，所以位于 Vulcan XC-72 颗粒表面上的催化剂颗粒直接暴露于离子聚合物。相比之下，Ketjen Black 具有较大的比表面积（约为 890m²/g），其中微孔（孔径 <2nm）对应的比表面积约为 480m²/g。Ketjen Black 的这种结构可以使一部分 Pt 颗粒位于碳团聚体内部，从而使催化剂颗粒和离子聚合物能够分散更均匀。此外，由于 Pt 的均匀分散及 Pt 和离子聚合物之间的相互作用，所以 Ketjen Black 上负载的 Pt 具有较高的电化学表面积和较高的 ORR 活性。

炭黑的性能主要取决于相应的微观形貌、有机官能团和粒径分布等。因此炭黑在用作催化剂载体前需要进行活化，用来增加金属分散性及其催化活性。炭黑材料的活化方法有化学活化和热处理两种。化学活化，也称为氧化处理，可以使用各种氧化剂对炭黑进行处理，如硝酸、过氧化氢或臭氧等。碳表面的化学活化会导致炭黑表面碱性位点的丧失及表面酸性位点的形成。碳载体材料上氧基数量的增加不仅提高了催化剂纳米颗粒的分散性，而且提高了燃料电池的性能。热处理可以去除碳表面的杂质。热处理过程中通常去除的杂质有金属杂质、无定形碳、多壳层碳纳米胶囊和含氧官能团等。这些杂质去除有助于增加催化剂的电化学面积[28]。

炭黑材料作为使用最广泛的催化剂载体之一，尽管有很多的优点，但它仍然存在一些问题[30]：①存在有机硫杂质；②一部分催化剂纳米颗粒位于炭黑深微孔或凹处，使其无法与反应物接触，从而降低催化活性。孔径和孔径分布也影响离子聚合物 Nafion 与催化剂纳米粒子的相互作用。由于 Nafion 胶束的尺寸（孔径 > 40nm）大于炭黑中的孔隙，任何直径小于胶束尺寸的孔隙中的金属纳米粒子都无法和 Nafion 接触，因此其对电化学活性没有贡献。此外，炭黑在热力学上是不稳定的，容易发生电化学腐蚀，并且因为 Pt 的存在而加速腐蚀，最终导致 Pt 从炭黑上脱离，降低催化剂的活性和稳定性。因此为了解决这些问题并实现催化剂性能的不断提高，越来越多的研究人员已经开始探索其他材料作为 Pt 催化剂的载体，如导电氧化物、碳化物、氮化物、导电聚合物和介孔硅等，然而碳材料在质子交换膜燃料电池催化剂载体上的地位仍然不可取代。为了实现膜电极上阴极的低 Pt 负载量，先进的碳基载体材料是开发高性能 Pt 催化剂所必需的。为了实现这一具有挑战性的目标，尺寸在 2 ~ 3nm 左右的 Pt 或 PtM 纳米粒子需要均匀分散在最佳的碳基载体中，并具有较强的金属 – 碳相互作用，以增强其稳定性。高性能、低铂族金属催化剂对先进碳载体催化剂活性和稳定性提出了很高的要求。

由于比表面积比较高，无定形碳材料（例如活性炭）近年来一直是质子交换膜燃料电池中 Pt 催化剂的载体。然而，无定形碳的化学稳定性比较差，特别是在氧化的燃料电池工作条件下。碳的结构变化对确定其氧化动力学至关重要，如层间间距、晶面内和垂直于准晶层的晶粒尺寸、孔隙体积、比表面积和表面化学。高石墨化有利于提高碳载体的稳定性。此外，高石墨化可通过 π 键增加烧结阻力，从而阻止催化剂制备阶段的 Pt 颗粒生长 [31]。因此，石墨碳材料是具有巨大潜力的燃料电池催化剂载体。碳纳米管作为石墨化碳载体家族的一员，通常是由六边形排列的单片碳原子卷起来形成的管状结构，有开孔的，也有闭口的，根据石墨烯片的层数，碳纳米管分为单壁碳纳米管和多壁碳纳米管两种。碳纳米管具有化学稳定性和热稳定性比较高、ORR 催化性能可掺杂调控及综合力学性能优异等特点。与 Vulcan XC-72 上的 Pt 相比，碳纳米管负载的 Pt 催化剂能够抑制电化学面积的损失。然而，由于物理结构独特，未经处理的碳纳米管负载的 Pt 催化剂电化学面积较小，会限制催化性能。此外，没有官能化的碳纳米管具有光滑的表面和化学惰性，导致结合或锚定 Pt 纳米颗粒困难，这导致金属纳米颗粒的分散性比较差和容易聚集，特别是高负载催化剂。通过调整碳纳米管的纳米结构，例如用含氧基团对碳纳米管进行适当的官能化，与 Vulcan XC-72 相比，碳纳米管负载的 Pt 催化剂对燃料电池反应的催化活性增强 [27]。由于增强了金属 – 载体相互作用，官能化碳纳米管中的结构缺陷有助于改善催化活性。然而，碳纳米管中产生的结构缺陷可能又会造成碳载体氧化。因此，同时实现碳纳米管负载 Pt 催化剂的良好催化活性和稳定性仍然是一个挑战，碳纳米管作为催化剂的载体，在质子交换膜燃料电池领域的实际应用仍有一段路要走。

由于碳与杂原子的电负性差异，杂原子掺杂可以调节碳原子之间的电荷再分配，从而大大提高碳载体材料的比表面积和电子导电性 [32]。碳载体催化剂的活性可以通过掺杂氮、硫、硼等杂原子得到大幅提高，同时耐久性增强。Pt 向碳载体的电子转移是杂原子掺杂后 Pt/C 相互作用增强的根本原因。通常，缺电子 Pt 纳米粒子可以通过促进从 Pt 原子到 O_2 的电荷转移来促进 O_2 离解，同时减少 OH 物种的吸附，这样会减少活性位点的堵塞，从而提高催化活性。此外，这些官能团可以改变金属催化剂纳米颗粒分散过程中的成核和动力学生长，使催化剂纳米粒子分布更均匀，粒径更小。由于氮原子的原子半径与碳原子的最为接近，且氮的电负性值（3.04）比碳（2.55）大 [33]，因此在各种杂原子中氮原子是碳材料掺杂中使用最广泛的杂原子。氮掺杂的碳负载的 Pt 或 PtM 催化剂表现出更强的 ORR 活性和耐久性，并可以促进 Pt 纳米粒子的分散。由于未经处理的碳纳米管与 Pt 纳米粒子之间的相互作用较弱，氮掺杂可以调节碳纳米管的物理和化学性质，因此掺杂后的碳纳米管作为 Pt/C 催化剂的载体往往表现出更高的催化活性和稳定性。将氮掺杂到碳纳米管中有两种方法，分别为原位掺杂和后处理掺杂。原位掺杂法是合成氮掺杂碳纳米管最常用的方法，就是将含氮前躯体直接热解或将含氮化合物进行化学气相沉积。后处理掺杂法则通过含氮前驱体（如氮气，氨气等）对合成的碳材料进行后处理。氮掺杂石墨烯也是质子交换膜燃料电池中常用的一种掺杂氮原子的碳载体材料。氮掺杂后，不仅可以使化学反应位点增多，还可以使催化剂颗粒分散更均匀。

碳还可以和其他材料结合，如金属氧化物和碳化物等，形成杂化纳米复合材料，这些材料可用于增强其稳定性和提高固有活性。一些金属氧化物比碳更稳定，可以保护碳材料不受腐蚀。其中，二氧化钛（TiO_2）由于其高稳定性和亲水性，是极具潜力的质子交换膜燃料电池中 Pt 纳米粒子的载体。然而，TiO_2 导电性较差，限制了其在燃料电池中的应用。使用碳与 TiO_2 相结合的纳米复合材料可以克服这些导电限制。除 TiO_2 外，其他几种具有较高耐腐蚀性的金属氧化物也被认为是与碳复合的候选材料。例如，氮掺杂钽氧化物（$N\text{-}Ta_2O_5$）通过层状结构连接将 Pt 纳米粒子固定在碳载体上，从而成为更稳定的电催化剂，这独特的结构在增强载体－金属相互作用、防止 Pt 纳米粒子脱离、迁移和聚集方面起着重要作用[34]。过渡金属碳化物，特别是碳化钨（WC），具有类 Pt 催化性能，这使过渡金属碳化物本身可以作为催化剂或作为催化剂载体，例如，使用改性聚合物辅助沉积法合成碳化钨，将其用作燃料电池催化剂[35]。过渡金属碳化物的化学灵活性使其能够在合成或后处理过程中改变化学成分和催化性能。尽管目前有大量关于纳米复合材料载体在质子交换膜燃料电池中应用的研究，但目前最先进的燃料电池仍依赖于纯碳载体，这就需要进一步研究燃料电池环境下的复合载体行为，同时发展针对复合载体的膜电极的集成技术。

8.2.5 催化剂的制备与表征

催化剂的颗粒大小、分散程度和形态特性直接影响催化剂的电化学活性，因此，催化剂的大小、形状和组成必须通过特定的制备条件加以严格控制。典型的燃料电池催化剂制备技术包括浸渍法、保护剂法、模板法、固相还原法、微乳液法、有机溶胶法、微波法等。浸渍法是比较传统的制备方法。其具体过程是将载体在一定的溶剂（如水、异丙醇、乙醇等）中超生分散均匀，选择加入一定的贵金属前驱体，如氯铂酸（$H_2PtCl_6 \cdot 6H_2O$），调节 pH 值至碱性，在一定温度下滴加还原剂（$NaBH_4$、HCHO、Na_2SO_3、NH_2NH_2、HCOONa、CH_3OH、EtOII 等），使贵金属还原，沉积到碳载体上，或者干燥后得到所需要的碳载体金属催化剂。该方法的主要优点是单步完成，过程简单；可用于从一元到多元催化剂的制备。

然而其所合成催化剂中金属粒子的平均粒径范围较宽；金属前驱体在酸、碱性环境中均可以发生还原反应，且还原速度较快，金属粒径不易控制；另外，该方法所采用的还原剂有较大毒性。

近年来，乙二醇还原法广泛用于制备高负载量金属催化剂。具体制备过程是将金属前驱体如氯化铱（$IrCl_3 \cdot 3H_2O$）、氯铂酸（$H_2PtCl_6 \cdot 6H_2O$）溶解于乙二醇溶液中，加入以定量的碳载体，超声磁力搅拌均匀后，调节溶液的 pH 值为碱性，在油浴中加热至 120℃或者更高，回流几个小时后金属离子被还原为纳米粒子，回流结束后加入盐酸，把溶液的 pH 值调到酸性，使金属催化剂沉降到碳载体。这种方法的特点是制备过程中采用乙二醇为溶剂，兼作还原剂和保护剂。另外，此方法制备的催化剂金属粒子平均粒径在 2 ~ 3nm，操作简单，环境友好，适合批量生产。

模板法是通过选择具有不同孔径材料，如一些介孔材料或聚合物材料，作为合成纳米催化剂中金属生成模板，从而限制了生成的金属颗粒继续长大及金属的形状，从而得到不同尺寸及不同结构的纳米催化剂。根据模板的不同性质，模板法又可分为硬模板（MCM-41，SAB-15 等）法和软模板（CTAB 等）法。硬模板法和软模板法相比具有以下缺点：①由于硬模板连续性差，所以该方法制备的催化剂金属相互联结性低；②硬模板的去除通常使用氢氟酸，氢氟酸的使用会对环境及使用安全等造成严重的威胁；③硬模板孔结构通常会制约纳米催化剂结构和尺寸；④硬模板通常价格昂贵，不易批量生产。软模板法更容易和灵活控制燃料电池所用催化剂的结构和尺寸，并且软模板法环境友好，价格便宜，更容易大规模生产。

微乳液法是一种比较传统的制备方法，由两种互不相溶液体在表面活性剂作用下形成热力学稳定和各向同性的透明分散体系。其粒径大小为 1 ~ 10nm，可分为“水包油相”“油包水相”及油水连续的“双连续相”。用于纳米粉末制备时通常使用“油包水相”微乳液。该方法适用范围很广，几乎所有的无机和有机物纳米结构都可以在微乳液体系中制备。其实验装置简单，操作容易，并且可以控制合成颗粒的大小，制备出的颗粒粒径小，分布窄，还可以选择不同的表面活性剂对粒子表面进行改性，使其具有更优异的性能。

微波法是将配合好的催化剂前驱体溶液在一定的反应条件下进行微波加热处理，再经洗涤、干燥等处理，得到最终催化剂的制备方法。微波法与其他制备方法相比具有快速性、方便性、经济性、设备简易性等突出的优势，是一种快速高效制备高性能催化剂的方法。

质子交换膜燃料电池催化剂的表征主要包括表面结构、组成和电化学性能等。为了确定催化剂的结构和组成，可以使用多种表征工具，比如透射电子显微镜（Transmission Electron Microscopy，TEM）、扫描电子显微镜（Scanning Electron Microscope，SEM）、高角环状暗场扫描透射电子显微镜（High-Angle Annular Dark Field Scanning Transmission Electron Microscopy，HAADF-STEM）、电子能量损失谱（Electron Energy Loss Spectrum，EELS）、X 射线衍射（X-ray Diffraction，XRD）、能量色散 X 射线能谱（Energy Dispersive X - ray Spectroscopy，EDX）、X 射线光电子能谱（X-Photoelectron Spectroscopy，XPS）、紫外 – 可见光谱（UV-Visible Spectroscopy，UV-ViS）。在实际应用中，通常将上述一种或多种表征技术结合在一起进行综合分析，从而准确得到燃料电池催化剂的结构和组成。表征催化剂的电化学性能主要包括电化学活性、耐久性和电氧化的毒性耐受性。典型的电化学技术有循环伏安法（Cyclic Voltammetry，CV）和线性扫描伏安法（Linear Sweep Voltammetry，LSV）。

8.3 GDL 基材

气体扩散层（GDL）是质子交换膜燃料电池（PEMFC）的关键组成部分之一。一般来说，GDL 在 PEMFC 中的主要作用有三个方面：①通过允许适量的水进出反应区来维持膜电极组件（MEA）中的水平衡；②为 MEA 提供机械支撑；③在电极和集电器之间提供电接触[36]。GDL 在 PEMFC 的反应物气体扩散和水管理中起着关键作用。为了满足对系统所需功率的快速响应，有效的水管理是必要的，即缺水会降低膜和催化层（CL）中的离子电导率，并在膜和 CL 之间引起很高的接触电阻，而 MEA 中的过量水会减少电化学反应的催化位点并阻碍反应物通过非反应区域的传输。从水蒸气冷凝并通过阴极 CL 的氧还原反应产生的液态水进入膜或 GDL。在缺水情况下，膜和 CL 之间界面处的电渗透阻力和电化学反应形成的较高液态水压驱动水流向阳极。在过量水情况中，液态水积聚在 CL-GDL 界面处，然后当液态水压力超过由其孔隙几何形状和疏水性决定的水流通过 GDL 的阈值压力时流向气体流通道。PEMFC 中的 GDL 夹在 CL 和气体流道之间，其结构影响催化剂利用率和整体电池性能。它允许气体向 CL 输送，同时为 CL 提供物理支持。它还有助于水蒸气到达膜，增加其离子电导率，同时使催化活性位点产生的液态水离开 CL- 膜界面。GDL 通常是防湿的，因此 GDL 中的表面和孔隙不会被液态水堵塞，从而阻碍气体向 CL 的输送。

8.3.1　材料与组件

GDL 由大孔基材（MPS）（即单层 GDL）或大孔碳布或碳纸片上的薄碳层（即双层 GDL）组成。用于 PEMFC 的双层 GDL 的结构如图 8-1 所示。与气体流道接触的第一层是用作气体分配器和集电器的 MPS。第二层是薄微孔层（MPL），含有碳粉和疏水或亲水剂，主要管理两相水流。

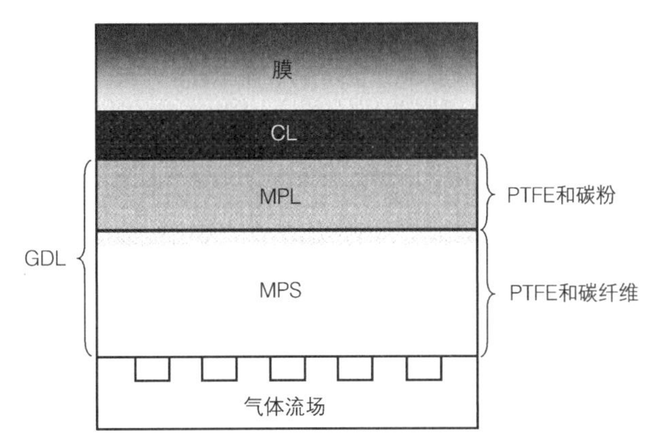

图 8-1　用于 PEMFC 的双层 GDL 示意图 [37]

GDL 主要是碳基的，如编织碳布、无纺布碳纸、碳毡和碳泡沫，很少有无碳基 GDL 的研究，如 SS 及其合金，Ti 及其合金，以及铜和 Ni 基材。GDL 最初由大孔层或基材组成，通常是编织或无纺布片材，孔径在 10 ~ 30μm 之间。自 21 世纪以来，广泛使用的基材一直是碳基材料（纸、毛毡和布）。碳纸是通过湿法成网技术制备的夹紧碳纤维，然后进行热黏合，可碳化树脂浸渍、固化和石墨化。碳毡是通过在黏合剂悬浮液中梳理并加压以形成隔热材料来沉积纺出的碳纤维来制造的。碳布由薄编织碳纤维组成。将氧化后的纤维布在惰性气氛下碳化并变成碳布。为了增强导电性和耐腐蚀性，碳布在惰性气氛下进行石墨化。最初研究了金属基 GDL 较薄，并且能够产生均匀的多孔结构。它们以金属网、泡沫或微加工金属基板的形式构建，通常用于直接甲醇燃料电池（DMFC），因为它们的孔隙相对较大，所以增强了液体燃料和水产品的运输性能。气体扩散层基材如图 8-2 所示。

为了改善导电性和水管理，GDL 制造的最新发展引入了微孔层（MPL）。MPL 主要由碳粉和疏水剂（例如 PTFE）组成，应用于碳基底的内侧朝向催化层，孔径为 100 ~ 500nm，研究表明其对燃料电池性能具有有益的影响，碳粉具有良好的电性能，并可以增强气体向催化层的传输，同时疏水剂从系统中排出多余的水 [38]。疏水剂（通常是 PTFE）已被用于平衡基材和 MPL 中碳的亲水特性。

所需的 GDL 配置包括亲水孔，以帮助保持膜良好的润湿性和导电性，而疏水孔排出多余的水并保持反应气体到达催化层的通路畅通。碳材料的亲水性取决于碳纤维和粉末的不同种类，以及它们是否石墨化。然而，过量的疏水剂会导致电导率、孔隙率和渗透率降低，因此疏水剂的最佳量与疏水剂的类型和使用的碳的类型直接相关。

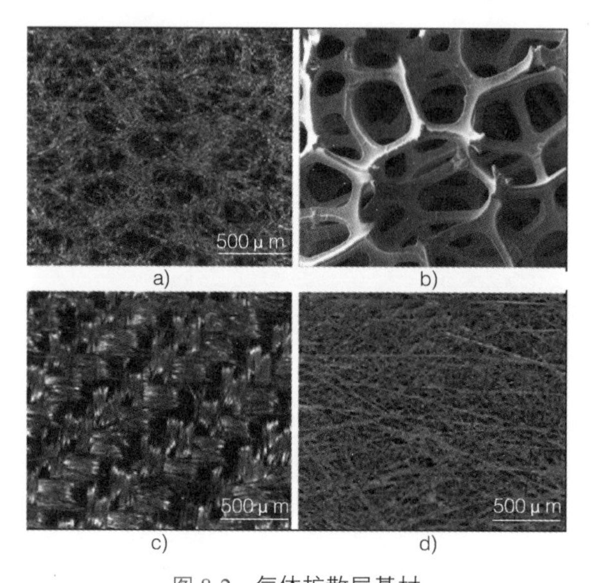

图 8-2　气体扩散层基材

a) 碳毡　b）金属泡沫　c）碳布 - 编织　d）碳纤维纸

大孔基材通常是 GDL 的主要成分。碳纤维板通常用于 MPS，因为它们具有高透气性、压缩下的强度和弹性、酸性环境中的耐腐蚀性及出色的导电性。它们通常由挤出聚合物纤维（如聚苯胺）制成，这些纤维在高温（即 2000℃以上）发生石墨化。通过此过程形成的单个碳纤维通常具有 5 ~ 10μm 的直径，这些碳纤维的方向取决于制造工艺。GDL 中最常用的碳纤维板类型是碳布、碳纸或碳毡。利用 SEM 分别对其表面和横截面成像，如图 8-3 所示。碳布通常包括以规则结构编织在一起的互锁碳纤维束，如图 8-3a 所示。在复写纸中，纤维是刚性的、直的和随机取向的，如图 8-3b 所示。因此，与碳布相比，它们的多孔性通常较小，并且由于纤维优先在面内取向，因此微观结构具有高度各向异性[39]。这会影响气体传输特性、导热系数和电导率。此外，碳毡由随机取向的意大利面状纤维组成，如图 8-3c 所示。

碳纤维板的孔隙率通常在 70% ~ 90% 的范围内，碳纤维的厚度、多孔结构和结构各向异性都会影响所得 GDL 的两相输运特性（即反应气体和液态水如何通过该层）。然而，GDL 中的气体传输特性和电子电导率之间存在权衡，因为电子是通过碳纤维板的固体无孔相传导的。因此，应优化基板的结构，以确保足够的

质量传输性和足够的导电性。孔隙率是决定特定 GDL 燃料电池性能的关键因素。大孔定义为直径超过 5μm 的孔，中孔定义为直径在 0.07 ~ 5μm 之间，微孔定义为直径小于 0.07μm。在电化学系统中，大孔通常被认为是疏水的，起到气体传输的作用。介孔被认为是亲水性的，有助于气体扩散和液态水运输。最后，微孔被认为是疏水性的，有助于将水蒸气冷凝成液体，随后可以将其输送出电池。

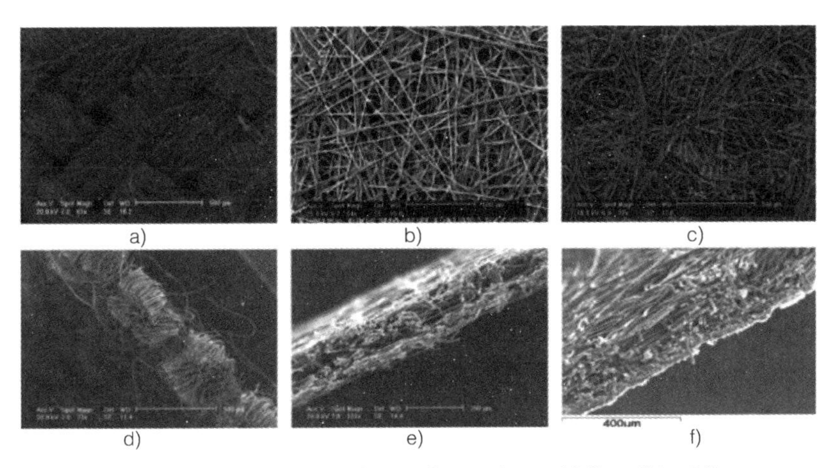

图 8-3　SEM 对碳布、碳纸、碳毡的表面和横截面进行成像

a）碳布表面　b）碳纸表面　c）碳毡表面　d）碳布横截面　e）碳纸横截面　f）碳毡横截面

除了提高电池性能和耐用性外，使用替代材料的其他动机还包括降低制造成本和提高可持续性。静电纺丝是一种最新的制造技术，用于生产亚微米到纳米级的连续纤维。通过调整纺丝过程中的参数，可以控制材料的纤维直径、孔径、纤维排列和表面特性。从本质上讲，可以制造具有优化微观结构的大孔基底，用于质量传输和液态水的管理。为此，一些研究人员已使用静电纺丝来优化 GDL 设计：孔径和疏水性[40]。Chevalier 等人[41]对静电纺丝 MPS 的优化进行了全面研究，其中改变了各种参数，包括纤维长度、纤维直径、润湿性和纤维取向。然后对 GDL 进行原位和非原位表征，他们的研究表明，纤维直径最小的 GDL（0.20μm 与 1.13μm 相比）具有最小的纤维间空间，因此孔径最小，从而促进了液体水去除的改善和质量传递阻力的降低。这导致其功率密度（501mW · cm^{-2}）比较厚的光纤 GDL（275mW · cm^{-2}）更高。润湿性和纤维排列也对 MEA 性能有显著影响，使最大功率密度提高了 12%。此外也可以通过修改生产参数（包括聚合物溶液的浓度和纤维直径）来优化静电纺丝 GDL 用于自加湿 PEMFC。需要克服某些挑战来提高 GDL 的耐久性，因为 Balakrishnan 等人[42]的研究表明，由于氟化单层的降解，在过氧化氢加速应力测试后，接触角显著下降。极化曲线表明，降解静电纺丝 GDL 的液态水积累和质量传递损失高于原始电纺 GDL。耐久性测试的重要性不容低估，

因为它们与性能测试（例如峰值功率密度或极限电流密度）一样重要。

提高 GDL 水管理能力的尝试导致了对大孔基底设计的各种修改，其中之一是阴极 MPS 的穿孔 [43]。已经使用不同的方法在阴极 MPS 衬底上创建大孔（相对于基底的孔径），目的是创建将液态水从阴极扩散介质和催化层的孔转移到气流通道的途径，从而减轻阴极侧的多孔介质液态水饱和，并实现质量传输。已经采用了各种技术来为多余的水创造途径，包括手动微钻孔、放电加工和激光穿孔。激光穿孔的使用最为广泛，但研究人员指出，由于从周围区域去除 PTFE 材料，激光穿孔及放电加工会形成亲水孔。当使用激光穿孔来增强水管理时，必须优化穿孔直径，因为它可能会导致功率损失。Gersteisen 等人 [44] 广泛研究了 MPS 穿孔对液态水输运和 MEA 性能的影响。在最初的研究中，他们在东丽 TGP-H-090 MPS 中通过激光穿孔产生了 80μm 的孔结果表明。这增强了 PEMFC 的性能，极限电流密度增加了 22%。执行的极化曲线发现穿孔大孔基底的质量传递损失较少，表明该 MPS 减少了液态水的积累。从单个电池放大到 PEMFC 堆栈显示了其设计在实际应用中的可行性。这是一个关键但经常被研究人员忽视的步骤，因为 GDL 的设计和修改不会扩展到单电池之外。

8.3.2 GDL 的力学性能

GDL 的作用之一是提供机械强度以支持膜和催化层。GDL 在组装时经常受到高压缩力，因此，GDL 需要足够刚性和稳定性以承受这些机械应力。GDL 机械稳定性通常通过对其施加增量压力并测量厚度变化来研究。夹紧压力降低了电阻和热阻，然而，它也会影响通过 GDL 的反应物传输，并导致对编织结构的 GDL 的流场通道的高度侵入。

孔隙率、碳纤维直径和厚度决定了基材的微观结构，这直接影响其可压缩性 [45]，Radhakrishnan 等人提到，纤维结构起着重要作用，因为它决定了孔隙率、渗透率和电导率等性能 [46]，而 Nazemian 等人指出，碳纸厚度和孔隙率的影响很大，碳纤维直径对电流密度的影响可以忽略不计 [47]。他们还表示，当碳纸厚度或孔隙率增加时，燃料电池性能会下降。Lee 等人进行了有限元分析，以研究膜与 GDL 变形之间的相关性。他们强调了 GDL 厚度选择的重要性，指出厚度低且通平面刚度不足的 GDL 将无法提供足够的支撑来承受膜膨胀 [48]。GDL 上的压应力导致非线性不可逆结构变形，在低压缩力下通过平滑粗糙的 GDL 表面或在高压缩力下使 GDL 孔塌陷来影响表面形貌 [45]。无纺布碳毡被认为比总应变小得多的编织结构更硬 [49]。

碳纤维纸是 GDL 大孔层的主要产品。它的脆性使整个系统具有更好的机械

支撑和均匀的气流，从而具有更高的抗压强度[50]。相反，碳布比碳纸多孔，曲折性更小，其特点是压缩性更高，导致材料侵入流场通道，使气流不均匀，从而影响燃料电池性能[46]。Ge 等人在测试碳纸和碳布 GDL 时观察到，当压缩力增加时，燃料电池性能最初有所提高，但是，在压缩力到一定值后，电池性能下降，得出的结论是，最佳燃料电池性能存在最大压缩力值[51]。

为了提高机械强度和耐用性，研究了各种无碳材料。Jayakumar 等人提出了一种 3D 打印技术，与碳基 Sigracet™ BC GDL 相比，用铝化物（填充铝粉的尼龙）制造金属复合 GDL，增加了机械支撑和耐用性。此外，为了增强导电性并进一步增加机械支撑，他们在铝化物基体上加入了优化量的钛粉。结果显示，与参考碳基 GDL（Sigracet™ 39 BC）相比，厚度增加，电导率较低，这归因于多孔 3D 打印 GDL 结构。Choi 等人使用泡沫钛作为 GDL，在 0.7V 时实现了更高的燃料电池性能。与商用碳 GDL（SGL 35BC）相比，该 GDL 在加速压力测试期间的重量损失很小；然而，在质量传递区域，由于均匀孔隙率小而无法有效地去除产品水，金属 GDL 的损失增加[52]。Sima 等人制备了多孔铜 GDL，并成功进行了透气性测试。该技术的主要缺点是铜 GDL 在与空气接触数小时后被氧化，表明铜不具有承受酸性 PEMFC 环境的适当性能，因为发现过渡金属的金属腐蚀会加速聚合物膜降解。在同一问题上，与东丽 TGP-H-060 相比，Zhang 等人制造的铜 GDL 表现出较差但稳定的燃料电池性能。为了提高性能，他们引入了 MPL 来减小孔径，并通过在双极板和铜 GDL 之间应用碳基 GDL 来减少接触面积，从而获得了更好的结果[53]。Hussain 等人指出，不锈钢 GDL 的刚度是其优于商用碳 GDL（科德宝 H2315I3C1）的主要因素，因为它提供了直接的扩散途径，消除了碳基 GDL 的曲折和压缩变形[54]。这些发现与 Desplobain 等人的先前发现一致。此外，他们监测了硅基和商用陶瓷 GDL 的流动，并得出结论，氢流动增强是由于硅 GDL 的直孔[55]。

GDL 最重要的作用是能够将反应气体输送到催化层并去除燃料电池运行过程中产生的多余水。质量传递是指气体和液体通过多孔气体扩散介质的机制，取决于分子加速度和环境。通过 GDL 的质量传递类型如图 8-4 所示，4 种类型的流动由以下公式定义：

$$\mathrm{Kn} = \lambda / d \tag{8-1}$$

式中，Kn 是克努森数；λ 是流动的平均自由程；d 是流道直径。4 种类型流动的特点分别是：①在自由分子流动中，气体分子之间的碰撞比与包含壁的碰撞更频繁。Kn 在 0.01 ~ 0.5 之间变化，这表明气体分子的平均自由程与容器的长度尺度相同，无法区分流动和扩散；②在分子流动中，Kn>0.5，并且流量在扩散中占主导地位，因为平均路径明显大于流道直径；③在黏性流动中，气体分子的平均自由程明显短于流道的直径，气体分子之间的碰撞比与包含壁的碰撞更频繁。气体粒子彼此保持恒定平行的层中，但是，如果流速增加，则层被破坏，并且颗粒无序地相互碰撞；④在表面扩散中，气体分子被吸收并沿着固体表面移动。

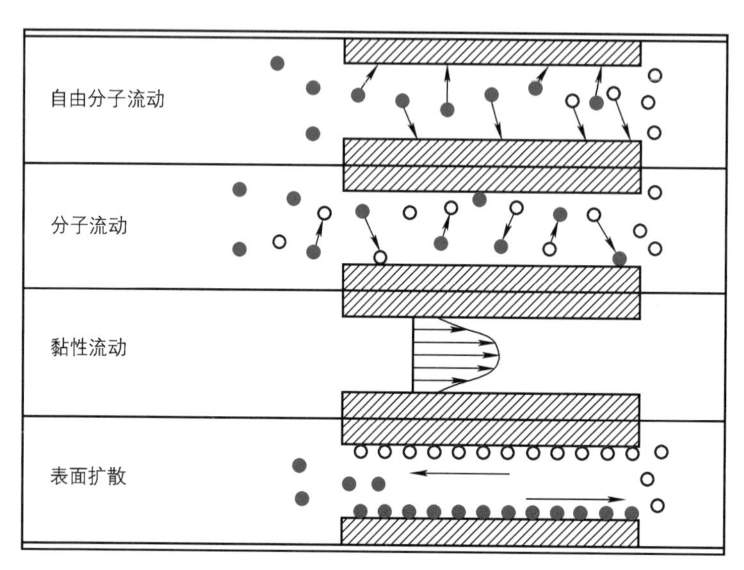

图 8-4　通过 GDL 的质量传递类型

Xu 等人通过储能分析及通道几何形状、GDL 厚度和夹紧力的影响对压缩 GDL 中的水输运进行了建模，观察到由于通过面和面内质量传递的综合作用，最大压力先减小后增加，估计最大输水的最佳厚度为 0.2mm。他们得出的结论是，较小的脊槽比能够以较小的质量传递阻力和稳定的最大压力实现更好的排水 [56]。Yuan 等人研究了燃料电池不同部分的水分布，得出的结论是含水量最高的区域是 GDL，其次是流场通道，最后是质子交换膜和催化层。典型的 GDL 中有微孔、介孔和大孔，碳基底的孔径比 MPL 大 [57]。

孔隙率和孔径分布与质量传递密切相关。许多研究得出结论，高 GDL 孔隙率可改善质量传递，从而提高燃料电池性能 [58]。多年来已经确定 GDL 孔径分布对质量传递的影响大于总孔隙率的影响，并且孔隙率越大，对水饱和度的降低和极限电流密度的增加效果均较好。Athanasaki 等人的研究中，在使用 GDL 时，通过实施孔隙形成剂实现了更高的 MPL 孔隙率 [59]。然而，高孔隙率会降低通平面导电性并削弱机械结构 [58]。在高相对湿度条件下，较大的孔径证实它减少了阴极的水淹，因此反应气体具有通过较小的疏水孔到达活性位点的开放路径 [60]。

在燃料电池运行期间，在阴极催化层和 MPL 之间的界面上产生液态水，其过程如图 8-5 所示。液态水可以很容易地移动（或传输），其主要通过 MPL 和碳基底的较大孔隙，到达流场通道，而 MPL 的较小孔由于其疏水特性而抑制液态水，其主要作为将反应气体输送到反应区的路径。徐等人利用 X 射线断层扫描显微镜研究了水动力学现象。他们研究了不同温度下的水传输，并得出结论，在低温下，水从 MPL 分布到流场通道，而在高温下，MPL-GDL 和 GDL 与流场通道之间的界面处的饱和度似乎升高，水分布主要由GDL- 流场界面的水团簇驱动[61]。Nishiyama 和 Murahashi 研究表明，气体传输是通过疏水微孔实现的，而大孔取决于 MPL 的位置和组成，可以表现为疏水或亲水。由于其黏度较大，对微孔的亲和力差，液态水只能通过大孔传输，速率取决于表面形态和惯性力。总之，假设通道不被液态水占据，气体输送可以在微孔和大孔中进行[62]。由于水进入较小孔隙所需的毛细力不足，剩余的水经扩散通过膜被驱动到阳极侧，从而减少了 GDL 和催化层的水淹，并改善了膜水合作用。Hiramitsu 等人研究表明，水淹起源于 GDL 和 CL 之间的界面，可以通过控制该区域的 GDL 孔径来减少含水量[63]。因此，GDL 孔隙率在确定 GDL 中两相输运中的作用至关重要。

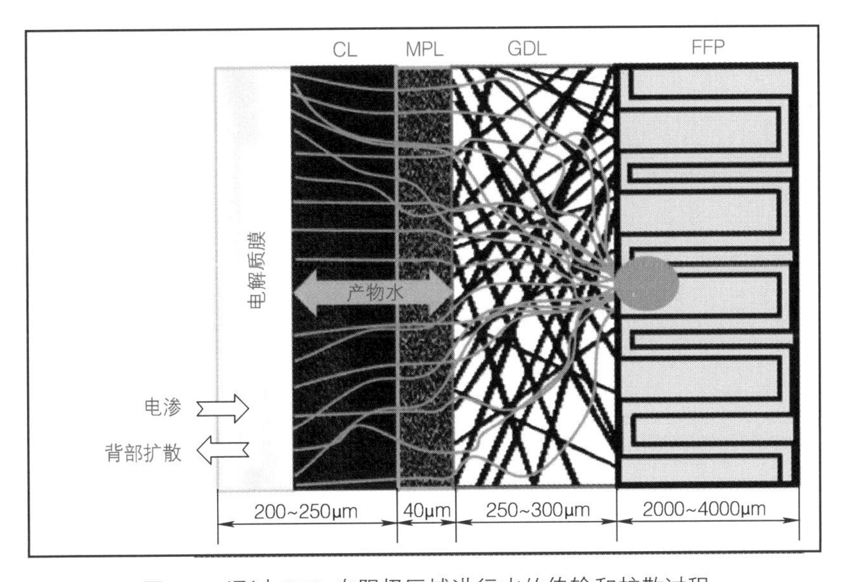

图 8-5　通过 GDL 在阴极区域进行水的传输和扩散过程

由于结构内的含水量随机，已经检查了孔隙率不均匀的 GDL。Zhao 等人开发了一个可视化平台和水平衡模型来研究单电池的水传输机制。结果表明，燃料电池性能提高了进气湿度和氢气 / 空气化学计量，燃料电池中的含水量随着进气湿度的降低而增加[64]。GDL 的孔隙率、孔径分布和渗透率密切相关。面内和通平面渗透率取决于密度、疏水剂含量、结构、后压厚度和 MPL 类型等参数。研究表明，为了缓解燃料电池运行过程中复杂的水驱问题，分级孔隙率 GDL 通过促进除水和气体输送可以表现出更高的性能。Ko 等人评估了在 25% 和 100% 相对湿度下不同孔隙率梯度的 GDL 性能[65]。结果表明，随着孔隙率梯度的增加，电导率降低，但中等孔隙率梯度的 GDL 在低和高相对湿度条件下均表现更好，并强调需要优化孔隙率以实现最大燃料电池性能。

在 MPL 浆料上使用孔形成剂已被证明可以通过增加 MPL 孔隙率来改善质量传输限制，并促进水通过较大的亲水孔传输，使较小的疏水孔开放以进行气体运输，避免水淹并最终提高燃料电池性能。孔形成剂的效果取决于它们的类型和负载。Liu 等研究了不同碳类型、PTFE 含量和孔形成剂设计的 GDL 的物理孔隙特性。他们得出的结论是，在使用的所有碳类型中，石墨化炭黑显示出最大的性能，特定碳的最佳 PTFE 质量分数估计为 30%。与其他三种试剂相比，使用草酸铵作为孔形成剂的性能进一步提高，因为草酸铵的孔径和体积更大，从而增加了电极活性[66]。

8.3.3 GDL 的亲水 / 疏水性

反应物通过扩散还是对流流经 GDL 取决于几何形状、材料参数和双极板设计。此外，疏水性与燃料电池中的水管理直接相关，是 GDL 表面和孔隙的重要特性。由于与 MPL 相比，碳基材具有相对较大的孔径，因此在大多数情况下，GDL 是多孔层。亲水性孔隙倾向于保留水分，而疏水性孔隙将水排出。GDL 疏水性已通过改变疏水剂（黏合剂）含量来操纵。最常用的黏合剂是 PTFE，目前还有大量关于其他类型的研究，例如全氟聚醚（PFPE）和氟化乙烯丙烯（FEP）。最常见的 PTFE 含量为重量的 33%。然而，众所周知，最佳 PTFE 含量取决于碳类型和负载等参数，并且 PTFE 含量存在最佳值，在该值下，质量传递限制降低；高于或低于该值时，由于孔隙率和渗透率降低，电池性能均会下降[67]。

渗透率控制着反应物流经 GDL，是 PEMFC 性能的关键标准。面内和面通透率的值在很大程度上取决于 GDL 因素，例如密度、疏水剂负载、光纤拓扑和 MPL。GDL 材料在稳定气流下的面内和面渗透率很可能使用实验测量方法和达西模型进行计算。实际上，PTFE 负载和厚度增加了渗透极限，尽管 GDL 的适度压缩几乎没有影响。GDL 孔隙率直接影响“有效”扩散系数和渗透率，因此影响通过 GDL 的反应物和水传输。

8.3.4 GDL 的导电性和导热性

GDL 必须具备的另一个理想特性是足够的导电性。通过 GDL 的电子传输受 GDL 材料、厚度和电导率的影响。此外，GDL、催化层和 FFP-BPP 之间的电子转移会影响电子的传输，对 PEMFC 的性能起着至关重要的作用。通常，较薄的

GDL 由于质量电阻较小，导电性较高，因此表现出更好的性能。但厚度取决于材料，因此需要对其进行优化以满足研究人员的需求。特别是对于碳布的情况，太薄的 GDL 将无法为催化层提供足够的机械支撑，并且材料侵入流场通道，破坏系统的气体和水流。Prasanna 等人研究表明，应该有一个最佳的基板厚度，在该厚度下，传质损失、接触电阻和活化电位将是最小的，后经过证实，电阻是材料依赖性的，只要使用相同的材料，GDL 的直通和面内电子电阻对燃料电池性能的影响最小 [68]。相反，其对燃料电池组件之间的界面接触电阻具有显著影响，因为它不仅取决于材料特性，还取决于压缩和表面几何形状，因为 GDL 的不均匀压缩可能导致沿 MEA 的电流分布不均匀。Hamour 等人在负载下对 GDL 和双极板进行了一系列实验，并观察到当压缩力增加时电导率增加。尽管如此，超过一定程度的压缩力后，GDL 结构会发生塑性变形，尽管电导率随着材料接触的改善而增加，但 GDL 中的多孔体系会塌陷 [69]。

热传导和温度控制是影响燃料电池性能的两个方面。GDL 中的热导率是预测 MEA 内温度分布的重要属性。与电阻一样，热阻也取决于夹紧压力；例如，平面热阻和接触电阻都随着压缩力或夹紧压力的增加而降低。结果表明，GDL 中 PTFE 的存在导致低夹紧压力下的导热系数增加，但在较高的压缩压力下导热系数降低。在燃料电池运行期间，发生放热反应的催化层中的温度升高，并可能导致膜劣化和耐久性下降。GDL 的热导率与膜直接相关，在控制这些参数方面可以发挥重要作用。具体来说，在潮湿条件下，当膜温度较高时，催化层上形成的液态水可以通过蒸发除去，因此首选低电导率 GDL。此外，当燃料电池在干燥条件下运行时，导热系数不足的 GDL 会促进膜脱水，导致电导率降低，燃料电池性能下降。PTFE 和 MPL 的添加会影响导热系数。PTFE 作为一种聚合物，其特点是导热系数低，因此 GDL 电导率取决于 PTFE 负载，MPL 厚度也是一个关键参数，因为 MPL 提供了额外的传热阻力。因此，必须通过考虑操作条件来仔细选择合适的 GDL 材料。

8.3.5　GDL 表面形态

许多研究表明 GDL 的表面形态与燃料电池性能之间存在相关性。特别是，Wang 等人研究了碳纸和碳布之间的差异，发现碳布在潮湿条件下表现更好，因为曲折度较小，表面较粗糙，有利于水滴的分离。然而，碳纸的曲折度更高，表面更光滑，导致水滴更容易分离，在干燥条件下运行得更好 [70]。具有 MPL 的 GDL 已经获得了很多研究人员的关注，因为它们的存在和结构影响了许多参数，包括燃料电池性能。MPL 应用通常会导致与 CL 接触的表面更光滑，这也有助于提高其存在性能。更细的碳颗粒会产生更光滑的表面和更小的孔隙，因此 MPL 形态取决于碳粉的类型、负载及涂层方法。

一些研究将 GDL 效率的提高与碳类型和负载量相关联。碳粉特性对 PEMFC 性能具有显著影响，乙炔黑和 VULCAN®（XC-72R）相比，乙炔黑具有增强性能。将 CNT GDL 用于 DMFC，与东丽碳纸（TGP-H-060）相比，其极限电流密度和峰值功率密度分别提高了 40% 和 27%。这些发现归因于 CNT 的石墨化程度更高，孔数更大。在 20 世纪 90 年代观察到碳负载对表面形态的影响，以及对燃料电池性能的影响。具体来说，对于给定的碳负载，电极性能是其结构（孔隙率和表面积）和组成的函数。通过在碳纤维纸上制备不同碳负载的 MPL 来研究碳负载的影响，并得出结论，燃料电池性能的改善在很大程度上取决于 GDL 的碳负载。

在温度变化期间，MPL 表面通常会出现裂纹。尽管裂纹作用与较大的孔隙相似，并有助于水通过 GDL 传输，但它们在 MPL 表面上的存在会导致导电性差。此外，Pt 催化剂颗粒解离并落入裂纹和孔隙中，导致对催化剂的支持减少，并通过积聚水分在裂纹周围形成缺陷，从而导致 MPL 和膜快速降解。MPL-CL 界面的表面粗糙度对极化损失起着重要作用，更具体地说，毛细作用引起的界面间隙中的水积聚可能会显著影响 MPL-CL 界面的传输。相反，MPL 光滑，无裂纹的表面和均匀性会使反应物气体均匀地输送到反应区并有效去除水分，因为膜能够黏附在催化层上而没有任何界面间隙。

8.3.6 GDL 电化学特性

电化学阻抗谱（EIS）是一种非侵入性诊断工具，用于原位测量 PEMFC GDL 的传输和动力学特性，如图 8-6 所示。它被解释为代表分子 / 粒子的运动，例如传质、扩散、电化学双层、离子吸附、涂层、电阻、腐蚀、电导和电化学反应。电化学阻抗谱（EIS）是燃料电池表征的可靠原位工具。PEMFC 中的扩散现象会产生一种称为 Warburg 阻抗的阻抗，该阻抗取决于高频下潜在扰动的频率；Warburg 阻抗很小，因为扩散反应物不必在低频下移动很远，并且反应物必须扩散得更远，从而增加了阻抗。

Manzo 和 Greenwood 使用来自不同氧气水平的 PEMFC 的 EIS 参数，并开发了气体扩散层（GDL）和空气通道的数学模拟，分离了通道 –GDL 界面中氧气消耗引起的阻抗 [72]。EIS 是一种强大的工具，不仅可以对催化现象进行深入的原位动力学分析，还可以对扩散过程进行深入的原位动力学分析。具体来说，EIS 揭示了 GDL 的行为，这很可能归因于在各种过电位下发生的扩散阻力。评估燃料

电池性能的关键参数，如欧姆电阻、电荷转移和传质电阻，其变化趋势为功率密度和性能的函数[71]。

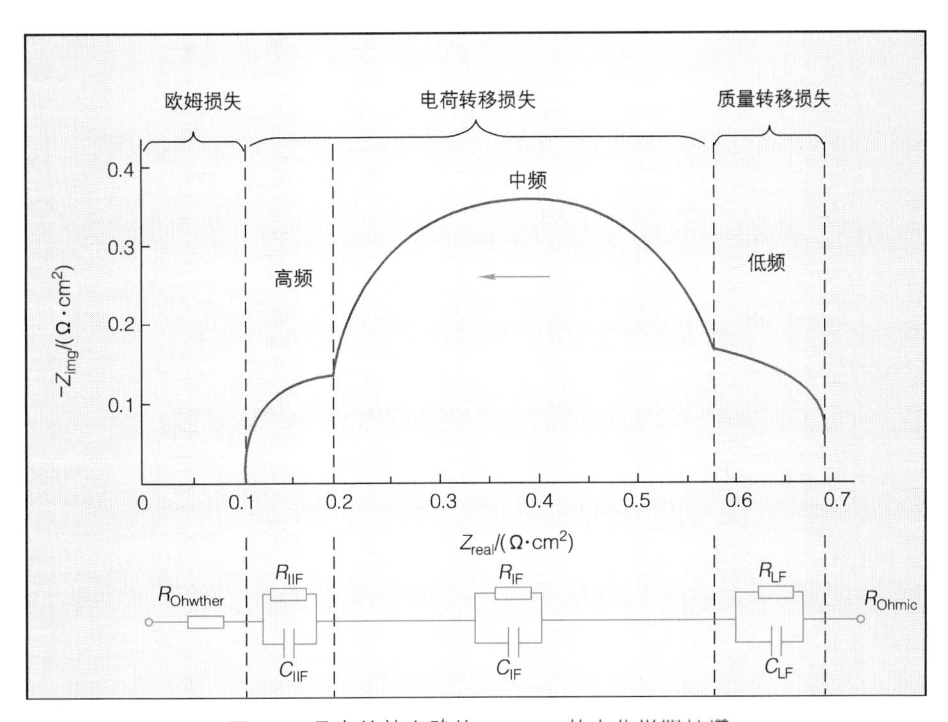

图 8-6　具有等效电路的 PEMFC 的电化学阻抗谱

8.3.7　GDL 制造方法

许多研究人员探索了 MPL 的各种制造方法。然而，受这些方法影响的 MPL 属性需要进一步检查和理解。制造方法对 MPL 厚度、表面形态、孔隙率和燃料电池性能有直接影响，因为这些参数与导电性、导热性及质量传递直接相关。浆料沉积有许多技术，其使用取决于重现性、可扩展性、应用和时间。通常用于制造 MPL 的技术分为涂层和印刷。这两种技术都描述了将一层油墨转移到承印物上的方法，但是两者之间的区别主要在于所形成图案的复杂性。根据基材类型和涂层方法，制造可以是连续的（例如卷对卷）或批处理（例如喷涂）。

最传统的方法是铸造和刀片涂层。铸造是最简单的涂层技术，因为不需要任何设备。将溶液简单地浇铸在铺于平坦表面上的基材上，然后干燥。这种方法已成功用于薄膜和涂料的生产，其主要缺点是无法控制薄膜厚度，必须使用适当的溶剂来避免沉淀、结晶或不均匀干燥。最近有学者提出了冷冻带铸造作为开发高结构 GDL 的新方法，通过改进，该技术在大型 GDL 生产中具有成本效益，从而解决了毛细孔结构存在的除水问题。刀片涂层（刮刀）技术是指在锋利刀片的前面沉积涂层材料，该刀片与表面保持固定距离，其顶部有基板。当刀片移动时，涂层均匀地沉积在基材的顶部，通常在 10～500μm 之间。

与铸造相比，该技术具有明确的厚度控制。但是，为了提高再现性，它需要用更高的黏合剂成分制备黏性油墨。随着 MPL 上 PTFE 含量的增加，干燥时间减少，在烧结过程中会形成更大的裂纹。刀片涂层是一种相对缓慢的技术，与铸造类似，在此过程中存在材料聚集或结晶的可能性。

理想情况下，涂层工艺应兼具高速和成本效益，以及溶剂和基材的柔韧性。卷对卷制造工艺通常用于生产燃料电池膜，此外，它还被用于高精度和高速的 GDL 制造。该工艺利用多个辊子作为卷材路径，其中基材在移动时被导航，添加剂或涂层被添加到其上，这使其适用于大批量生产。

湿层技术主要用于传统的纺织和造纸工业，其中纤维素纤维悬浮在水中并过滤到交织的纤维垫上。工艺如下：将短切的碳纤维加工成原碳纤维，然后将原纸浸渍在可碳化树脂（可选添加碳填料的可碳化树脂）中，固化并再碳化 / 石墨化。该程序用于调节孔隙率，并增强导电性和导热性。此外，还应用烧结或热退火来黏合基板 -MPL，并发挥 GDL 的全部疏水性能。正确选择原材料和添加剂可确保材料几乎不含对燃料电池应用有害的重金属。湿层技术 GDL 的制造工艺如图 8-7 所示。短切碳纤维 GDL 是首选解决方案，因为它们可以大批量（可扩展性）和低厚度制造[73]。

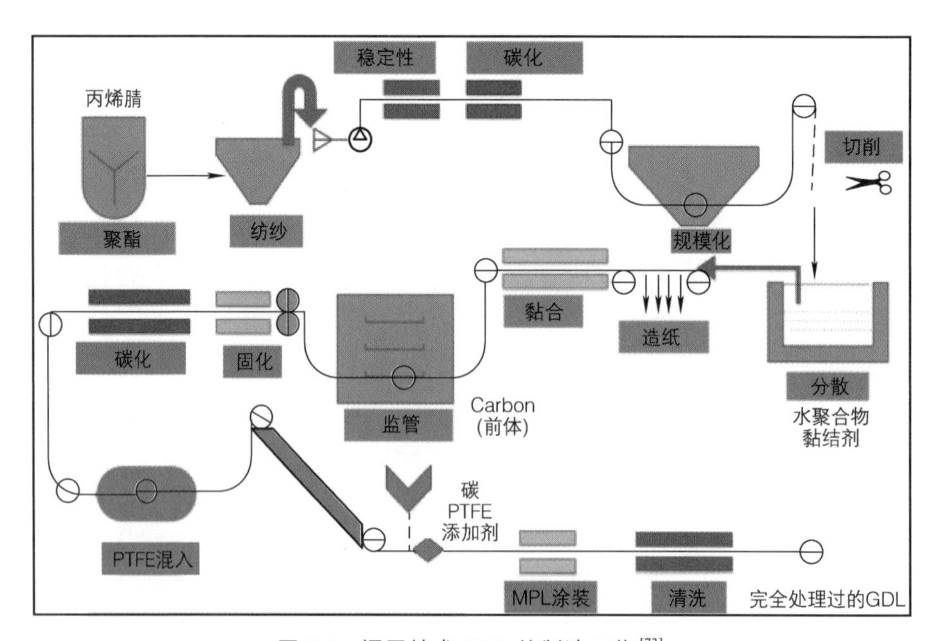

图 8-7　湿层技术 GDL 的制造工艺[73]

喷涂是MPL沉积最流行的技术，其中碳粉和疏水剂的分散体通过超声处理在溶剂（通常是水或IPA）中混合，混合物通过喷嘴以气溶胶的形式沉积在基材上。它不能生产大批量产品，其耗时长，聚焦面积和表面均匀性有限，这是因为气溶胶颗粒到达基材时不会对齐。尽管如此，由于其可行性、易用性及黏度和厚度范围广，各种研究已经使用喷涂沉积进行MPL制造。电喷涂方法的特点是由于雾化产生的细小液滴和快速蒸发的溶剂可以均匀涂覆。但是，流量、起始电压和工作距离等参数必须根据情况进行控制。考虑透气性、低电阻和涂层附着力，使用电喷涂技术在1.5～2.0cm的工作距离和0.4～0.6mL/h的流速下制造了优化的MPL。超声波喷涂通过将高频声波转换为机械能并将其转化为液体来产生驻波，在离开喷嘴表面时以均匀细雾的形式分散成微滴。液滴的中位数尺寸取决于喷嘴工作的特定共振频率。据报道，喷涂在透气性方面显示出优势，但是缺乏可重复性和可扩展性限制了该技术在实验室规模中的应用。

丝网印刷需要高黏度的流体，涂层的厚度由溶液和丝网的厚度控制，涉及许多参数（刮刀的速度、施加的力、距离和位置），增加了技术的复杂性。丝网印刷油墨沉积在承印物上，承印物位于固定在框架中的网状丝网下方，开口以这种方式定位以形成所需的图像。然后用刮刀将涂层溶液拉过框架，根据网状图案将溶液通过筛网推到基板上。在用丝网印刷制备的MPL上观察到开裂的表面，而MPL在喷涂方法上显示出具有不同孔径的光滑表面。显然，正如接触角测量所揭示的那样，燃料电池在低相对湿度条件下在丝网印刷方法上表现出更高的性能，这归因于黏合剂沉淀导致更亲水的MPL。此外，在高相对湿度条件下，通过喷涂方法沉积的MPL表现更好。在比较喷涂和刀片涂层方法时也出现了相同的观察结果，得出的结论是制造过程与GDL特性的关联需要进一步评估。

静电纺丝是一种通常用于碳纤维制造的技术，其中通过在开口和集电极之间施加10kV的电压差，通过射流投射聚合物溶液。该工艺可生产直径为0.5～5mm的非常薄的纤维，孔结构可控。可以使用静电纺丝进行MPL制造，然后进行热处理。与商业GDL相比，该工艺产品在高相对湿度条件下的质量传递阻力降低，这归因于孔结构的改善，最终产品表现出高性能。此外，也可使用静电纺丝技术设计具有孔隙率梯度的GDL，与同样使用静电纺丝方法制造的两种具有均匀孔隙率的GDL结构相比，在相对低和高湿度条件下观察到了优越的性能。单射流限制了这种方法的可扩展性，因此研究了使用多射流的制造方法以提高生产率。

增材制造是一种变革性的3D工艺，在此期间，材料根据CAD设计逐层沉积。该方法可以创建更轻的功能部件，例如PEMFC应用中的GDL。GDL制造中最常用的增材制造类型是选择性激光烧结（SLS）和选择性激光熔化

（SLM），其中 SLS 使用高功率激光器将小颗粒材料组合成一个 3D 形状，如图 8-8 所示。

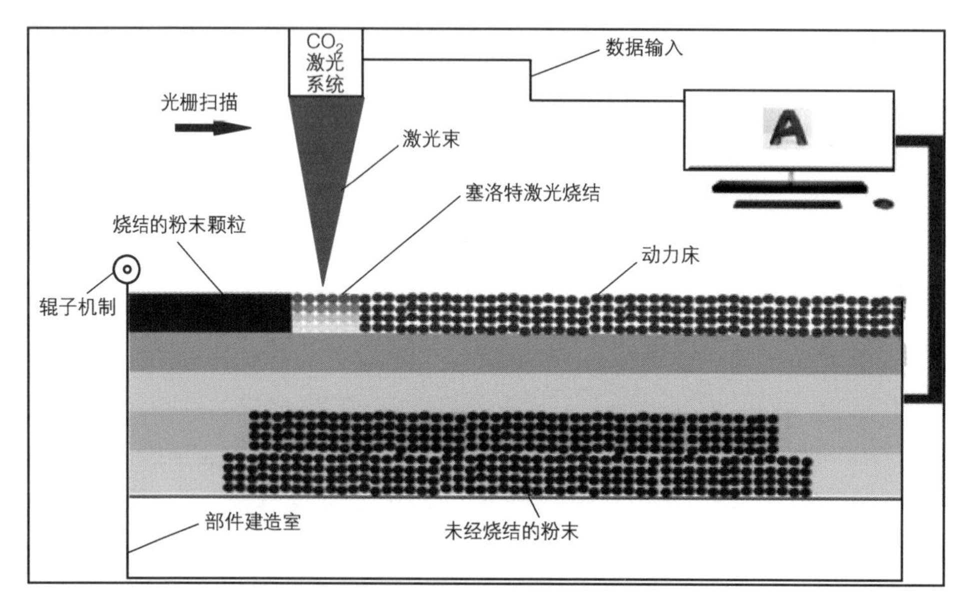

图 8-8　通过选择性激光烧结工艺进行增材制造

SLS 操作参数主要决定了最终产品的质量属性，包括激光功率和扫描速度，并且可以轻松控制。增材制造是当今最常见的 GDL 制造方法，因为它具有成本效益、自动化和高生产率。在 PEMFC 中，增材制造在材料制造中扩展了许多应用，包括 GDL、MEA 和双极板。此外，Tai 等人推断，增材制造引起了很多研究者的关注，是因为它可用于生产具有出色性能和成本效益的多个关键燃料电池组件[74]。

热处理在 GDL 的制造中起着非常重要的作用。如前所述，微孔层是燃料电池的一个非常关键的组成部分，因为它控制着促进系统水管理的参数。MPL 常用的热处理工艺之一是固态烧结，主要原因是其可以控制疏水性，为了使用碳粉实现最佳的疏水剂分布，需要高温（PTFE 为 360℃，FEP 为 270℃）。

除疏水剂含量对表面结构和疏水程度起着至关重要的作用外，烧结温度也有很大的影响。烧结温度升高对电导率有负面影响，烧结的时间和温度对 MPL 孔结构和疏水性也有直接影响。由于当温度达到接近其熔点时疏水剂分布更好，密封了一些裂纹，并增加了质量阻力，因此无论碳型烧结如何，GDL 的透气性都会降低[75]。然而，高温烧结会在 200 ~ 250℃加速具有疏水和亲水组合模式接枝的 GDL 的降解，因此应考虑热处理替代技术，例如使用红外线的局部加热等[76]，如图 8-9 ~ 图 8-11 所示。

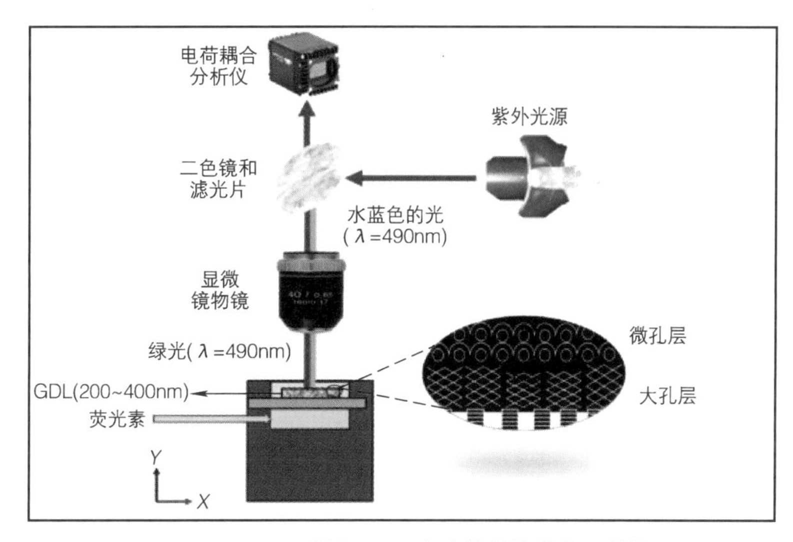

图 8-9　用于可视化 GDL 中水传输的荧光显微镜

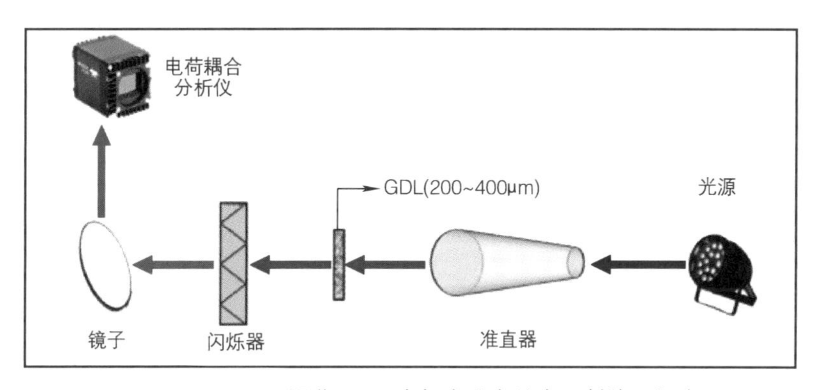

图 8-10　用于可视化 GDL 内部水分布的中子射线照相术

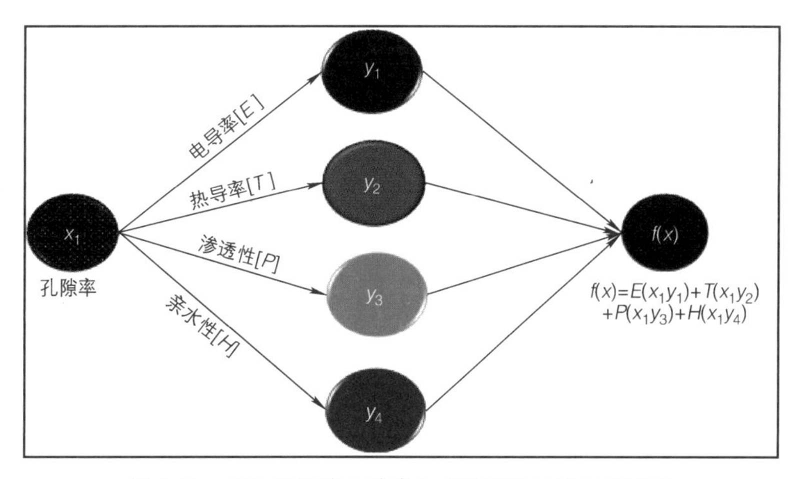

图 8-11　用于识别优化输出性能的新型神经网络模型

8.3.8 GDL 研究、开发和商业化趋势

PEMFC 对运输的需求无疑至关重要，近年来的研究重点是将该技术调暗，以替代内燃机车辆。然而，在实现这一目标之前，仍有许多问题需要解决。尽管如此，清洁能源部长级会议氢倡议是 2019 年在温哥华启动的一项多政府倡议，旨在协助在工业和运输应用中部署氢，以加速氢和燃料电池技术的使用和商业化。包括 GDL 在内的燃料电池部件的商业化和自动化有了许多研究进展。其主要挑战显然是成本过高，因为燃料电池材料，尤其是 Pt 催化剂，与内燃机和混合动力等其他车辆技术相比仍然非常昂贵，所以制造商必须降低生产成本以使市场更容易进入。随着燃料电池技术仍在不断发展，每天都有新的方法开发，这个问题变得非常复杂。研究机构和工业组织正在开发新的协议，以降低材料制造成本。2020 年，研究机构提出了他们的计划，通过取代昂贵的材料来降低 GDL 的制造成本，例如 PAN 纤维，PAN 纤维由昂贵的原材料制成，需要高温（1700 ~ 2000℃）碳化过程，以及 PTFE，使用成本较低的纤维和超疏水气相技术，可能会减少对 MPL 的需求。

GDL 的主要制造商是东丽、巴拉德动力系统和西格里等专门从事电池和燃料电池应用的碳纤维生产公司。2017 年，东丽宣布决定启动一个大型制造工厂，大规模生产用作 GDL 建造基材的碳纸，以满足不断增长的材料需求，并为氢技术的建立做出贡献。几十年来，东丽一直致力于氢技术的发展，并为大型汽车公司丰田（Mirai）和本田（Clarity）的首批燃料电池汽车提供碳纸。在欧洲，西格里于 2017 年作为 GDL 组件开发商加入了 INSPIRE 项目，旨在设计具有更高性能和耐用性的下一代燃料电池，实现功率密度为 $1.3W \cdot cm^{-2}$ 的 150kW 电堆。西格里与现代汽车公司合作开发了 FCEV Hyundai NEXO，于 2018 年 2 月展示。巴拉德动力系统是全球最大的 PEM 制造商，提供包括采用卷对卷工艺的 CCM 和薄膜、双极板组装及燃料电池堆和系统组装在内的制造解决方案，并与大型汽车公司合作，加速燃料电池乘用车的开发。2020 年，巴拉德动力系统与奥迪合作推出了最大功率为 140kW、功率密度为 4.3kW/L 的燃料电池堆。他们还开发了用于重型货车、公共汽车和轻轨的各种燃料电池模块，其平台包括用于小型公共汽车和货车的净功率为 30kW、85kW 和 100kW 的燃料电池速度模块，以及用于大型公共汽车和货车净功率为 70kW 和 100kW 的燃料电池冷启动模块。

尽管燃料电池汽车的可用性不会增加，直到有足够的加氢站来满足公众需求，但越来越多的汽车制造商正在启动燃料电池动力乘用车的设计和开发计划，其中大多数制造商已经进行了数十年的试验。宝马将与丰田合作发布 BMW iX5，其在氢气和加油时间为 3 ~ 4min 时，估计最大功率输出为 125kW。第三代本田

Clarity FCV 于 2023 年重返市场，提高了耐用性，并降低了价格。

8.4　双极板基材

双极板，也称为集电流板，是 PEMFC 最关键的元件之一。双极板的主要功能是提供气流通道，防止燃料电池中的氢气和氧气相互交叉，并在阳极和阴极之间建立串联的电流路径。双极板占 PEMFC 电堆体积的 60% 以上，占总成本的 30%，这对质子 PEMFC 的大规模商业应用具有重大影响。近年来，大量研究人员对双极板的流场设计进行了实验和仿真研究，以获得性能优异的新型流场。然而，这不是一项简单的工作，在保证 PEMFC 有一定的机械强度和良好的耐腐蚀性的前提下，双极板的厚度应尽可能薄，以减少体积和节省成本。此外，双极板的流场设计是一项非常重要的任务，因为它直接影响到 PEMFC 的输出功率、使用寿命。双极板设计参数，包括输出功率、压降、PEM 中的含水量和氧气分布的均匀性，需要复杂的平衡，这是流场优化设计的主要限制因素。此外，双极板更高的耐腐蚀性、更低的界面接触电阻（ICR）和更低的成本，是推动 PEMFC 全面商业化的关键因素。

8.4.1　双极板的特点和功能

双极板与 PEMFC 电堆中的膜电极组件（MEA）同样重要，其主要作用是支撑电极材料，收集和传导电流，分离氧化剂和还原剂，并引导氧化剂和还原剂在电极内表面上流动[77]。因此，双极板必须具有以下特性：

1）双极板是整个 PEMFC 的框架，为 MEA 提供支撑，因此必须有足够的强度。同时，考虑到功率密度，最好选择比强度较高的材料。

2）双极板表面需要加工流场作为气体和水的通道。因此，必须保持良好的加工性能。

3）双极板具有收集和传导电流的功能，因此必须是良导体。

4）双极板需要有效地将氧化剂与还原剂分离，以避免它们接触，这就要求双极板具有低透气性。

5）PEMFC 的电解液是酸性介质，因此双极板必须具有良好的耐化学性和耐电化学腐蚀性，以提高使用寿命。

6）双极板必须具有优良的导热性和低热膨胀系数，因为燃料电池的内部工作环境约为 80℃。

7）为了适合大规模商业化生产，双极板需要满足低成本的要求。

8.4.2 PEMFC 流场设计模型

PEMFC 操作中的输运现象极其复杂，包括水的相变和输运、电化学反应、三维传热、电子和质子输运等。由于 PEMFC 的复杂性，这些传递现象很难通过实验研究来捕捉。同时，PEMFC 的实验研究将花费大量的金钱和时间。因此，建模和仿真已被广泛应用于 PEMFC 的性能研究。目前，CFD 建模是评估流道设计，分析组分分布均匀性和评估 PEMFC 性能的最流行的技术[78]。PEMFC 流场设计模型的描述包括 CFD 模型的应用现状、控制方程、仿真过程及 CFD 模型的未来应用概念。目前，由于对一维、二维、准二维和准三维模型的假设过多，其预测能力差，三维 CFD 模型作为最适合的 CFD 模型已被广泛用于描述 PEMFC 内部所有复杂输运现象和评价 PEMFC 的性能。

8.4.3 双极板的材料与改性

根据双极板的加工材料，双极板大致分为金属双极板和石墨双极板。石墨双极板在 PEMFC 环境中具有优异的化学稳定性、耐腐蚀性和导电性，但是石墨双极板的机械强度不高，易碎，其脆性造成加工困难。一般来说，增加石墨双极板的厚度是为了保证其机械强度，这会导致燃料电池的体积和重量增加，不利于轻量化。此外，石墨双极板需要高温石墨化处理，生产周期长。同时，高温石墨化处理会导致树脂石墨化体积收缩，产生气孔，使燃料和氧化剂相互渗透，从而降低 PEMFC 的性能。这会直接导致石墨双极板无法实现大规模商业化生产。金属双极板具有导电性和机械强度优良价格低廉、易于批量生产等优点。因此，金属双极板在燃料电池领域具有很大的应用潜力。然而，金属双极板面临的最大问题是化学稳定性差，在氢、氧等酸性和氧化还原介质的燃料电池内部环境中容易被腐蚀，表面容易形成钝化膜。常用作金属双极板的材料有不锈钢、钛、铝、镍合金等。目前，研究人员已经进行了大量的研究，以提高金属双极板的防腐蚀性和降低表面接触电阻[79]。双极板的表面改性也是降低金属双极板界面接触电阻和腐蚀电流密度，提高 PEMFC 性能和使用寿命的重要方法。通常，许多方法，如

电沉积（ED）、离子注入（II）、物理气相沉积（PVD）、化学气相沉积（CVD）、磁控溅射（MS）、电弧离子电镀（AIP）、浸涂（DC）、堆积胶结（PC）、化学钝化（CP）、等离子表面扩散合金化（PSDA）和微弧合金化（MAA），已广泛应用于金属双极板的表面改性。下面将介绍金属双极板最具潜力的材料和表面改性。

8.4.4　不锈钢和涂层

1　无涂层不锈钢

不锈钢（SS）因其在化学反应过程中的良好的化学稳定性和导电能力而被广泛用作 PEMFC 的双极板。通常，SS 可分为两大类：奥氏体不锈钢和铁素体不锈钢。与铁素体不锈钢相比，奥氏体不锈钢具有更高的 Ni 含量，这导致奥氏体不锈钢具有更好的成型性。值得注意的是，Cr、Ni、Mo 和 Ti 元素可以在 SS 表面形成灭活膜。然而，当微量金属 Ni 和 Ti 在不锈钢中添加时，钝化电流明显降低。此外，次要元素显示出与主要元素相似甚至更好的效果。

研究人员对没有表面涂层的不锈钢板作为双极板材料有不同的看法。一些研究人员认为，电化学或化学手段可以优先溶解不锈钢中耐腐蚀性差的元素，而耐腐蚀性好的元素，如 Cr、Si、Mo，富集在金属表面形成由其导电氧化物组成的保护层，可以直接作为双极板材料。因此，AISI 446 不锈钢被认为是双极板的候选者。此外，通过对双极板接触电阻的测试，发现在 PEMFC 的阳极和阴极条件下，AISI 446 不锈钢表面可以生成非导电钝化膜，从而增强了双极板的电阻，降低了 PEMFC 的整体性能。根据双极板接触电阻的测试，ICR 在 $220N \cdot cm^{-2}$ 的压力下的大小按以下顺序排列：SS304 > SS316L> BMA5> 6020 NiBs> 5923 NiB ≈ 3127 NiB > XM9612。目前，各种传统的无涂层不锈钢材料都不能满足 DOE 标准对双极板耐腐蚀性和 ICR 的要求 [80]。为了满足商业应用的长期测试要求，金属双极板必须涂有导电保护膜，以避免燃料电池在长期运行中性能下降。

2　金属涂层

金属涂层是一种广泛使用的薄膜，用于提高不锈钢的耐腐蚀性和导电性。可以通过在不锈钢基材上真空等离子喷涂（VPS）生产致密的钛涂层。此外，为了降低 ICR，通过 PVD 磁控溅射将 Pt（8%Pt-Ti）沉积在 Ti 涂层上。电解槽的平均降解速率为 $26.5mV \cdot h^{-1}$。当 Pt-Ti 涂层在 PEM 电解槽环境中测试约 200h。结果表明，不锈钢可作为 PEMFC 双极板的基体 [81]。通过定期调节不锈钢双极板上的电流密度来生产 Pd-Co 梯度涂层。试验结果表明，与恒流密度下沉积的涂层相比，Pd-Co 梯度涂层表现出更好的显微硬度、更好的对不锈钢的黏附强度和更低的孔隙率。此外，在一些强腐蚀性溶剂中，如沸腾的 CH_3COOH、含有 0.005mol Br 的 HCOOH 混合物，具有 Pd-Co 梯度涂层的不锈钢双极板显示出极强的耐腐蚀性。沉积致密、柱状结构和单相 Pt 的铁涂层在 316 不锈钢基板上。铁涂层具有优异的导电性和耐腐蚀性，符合 DOE 标准，有助于提高 PEMFC 的性能。为了增强 AISI 304 不锈钢双极板的耐腐蚀性、疏水性和导电性，Rajaei 等[82]采用 ED 方法在 AISI 304 不锈钢基板上制备了 Ni-Mo 和 Ni-Mo-P 合金涂层。采用 Ni-Mo 和 Ni-Mo-P 涂层可明显降低恒电位试验前后的 ICR 值，涂层双极板的 ICR 值为不锈钢基体的 ICR 值的 1/8。因此，所研究的 Ni-Mo 和 Ni-Mo-P 涂层可作为 PEMFC 中的金属双极板涂层。此外，Ni-Mo 和 Ni-Mo-P 合金涂层表现出比不锈钢基体更高的表面疏水性能，这有利于去除水和耐腐蚀增强。Manso 等人[83]通过 CVD 在 SS316L 双极板上生产了 30μm 厚的钽涂层，并对电极进行了长期极化测试（>100h），以研究 ICR、接触角和钽涂层的耐久性。ICR 范围为 22.3 ~ 32.6m$\Omega \cdot cm^2$。处理后，表面形貌和接触角没有明显变化。此外，钽涂层显示出良好的耐久性，因为涂层的结构形态在长期测试中没有改变和损失。

3 含氮涂层

TiN 是含氮涂层不锈钢上最常见的涂层之一。通过 PVD 工艺技术在不锈钢 316L 基板表面沉积了 1mm 的氮化钛（TiN）薄层涂层。然后评估了该双极板的 ICR 和耐腐蚀性。结果表明，ICR 随着 pH 值和电位的提高而增强，ICR 在操作开始时改善得最快。此外，TiN 涂层的主要降解类型是氧化，这将导致更高的电阻或形成 TiO^2 钝化层。通过 AIP 在 SS316L 基板表面生产 Ti/（Ti，Cr）N-CrN 多层涂层。其 ICR 远低于 SS316L 基板。此外，腐蚀电流密度为 0.12μA $\cdot$ cm^{-2} 的 Ti/（Ti，Cr）N-CrN 多层涂层通过电位动力学和恒电位测试获得。这些测试结果表明，多层涂层 SS316L 双极板可以提高单层 PEMFC 的性能，在 PEMFC 应用中显示出巨大的应用潜力。

4 聚合物

聚合物也用作不锈钢上的涂层。通过在 SS316L 不锈钢双极板上电聚合制备了聚对苯二胺（PpPD）导电聚合物涂层，与无涂层基板相比，0.06mm PpPD 涂层基板的动电位极化测试结果中显示出较低的腐蚀电流密度。此外，该涂层双极板的偏振电阻值比无涂层基板提高了 2.5 倍。这些结果表明，PpPD 涂层双极板在 PEMFC 环境中具有明显的耐腐蚀性。在碳粉（C 和 C-PDA 粉末）存在下，通过电聚合可成功地在 SS304 上生产聚吡咯（PPy）涂层。电化学测量和浸泡实验表明，PPy/C-PDA 涂层在模拟工作环境下可以工作 720h。

5 其他

其他化合物也适用于涂覆在不锈钢上，以增强耐腐蚀性和导电性。通过在SS304双极板上电镀来制造Cr-C涂层。实验结果表明，涂覆Cr-C的双极板表现出优异的耐腐蚀性和电化学稳定性。此外，PEMFC的Cr-C涂层双极板比无涂层SS304双极板表现出更好的电池性能。通过电镀在SS316L上沉积Co-Pd薄膜，随着混合速度的提高，纯Pd镀层样品的耐腐蚀性迅速降低，但由于Co-Pd膜具有很强的耐腐蚀性，Co-Pd镀层样品在测试溶液中几乎没有腐蚀。导电镍层在PEMFC环境中具有较好的耐腐蚀性。吴等[84]在SS304双极板上采用直流磁控溅射法制备了铬夹层非晶碳（Cr/A-C）薄膜，研究了Cr/A-C SS304、无涂层SS304和A-C SS304的疏水性能、ICR和耐腐蚀性。实验结果表明，Cr/A-C SS304与水的接触角和ICR分别为89.5°和16.65 mΩ · cm^2，其性能优于无涂层的SS304和A-C SS304。此外，Cr/A-C SS304的耐腐蚀性在PEMFC的模拟环境中也表现出优异的性能。易等[85]在不同的氩气流速下在不锈钢双极板上沉积了无定形碳薄膜，以增强耐腐蚀性和界面导电性。最低接触电阻和腐蚀电流密度分别为1.3mΩ · cm^2和0.1μA · cm^{-2}，这比技术要求值和以前的研究结果要低得多。结果表明，无定形碳薄膜可以增强不锈钢双极板的耐腐蚀性和界面导电性。

8.4.5　有色合金和涂层

1 Ti合金

Ti也被认为是双极板的良好选择，因为它具有低密度、优异的机械强度和出色的耐腐蚀性。然而，Ti表面容易形成绝缘氧化层，这将大大降低其导电性。为了增强Ti合金双极板的耐腐蚀性、表面导电性和润湿能力，通过在Ti-6Al-4V双极板上应用双阴极辉光放电方法制备了ZrCN纳米晶涂层。与无涂层的Ti-6Al-4V基板相比，ZrCN涂层Ti-6Al-4V的基板的ICR大大降低。此外，它表现出较低的表面润湿能力，这将有利于提高除水能力和耐腐蚀性。在Ti-6Al-4V衬底上制造了TiSiN纳米复合涂层，应用反应溅射沉积，以满足金属双极板的耐腐蚀性和导电性要求[86]。与无涂层相比，TiSiN涂层在所有HF浓度下均表现出明显的更高耐腐蚀性。此外，TiSiN涂层还表现出导电性和疏水性，因此是保护金属双极板免受腐蚀侵蚀的极具发展潜力的材料。

2 铝和合金

可采用高速氧燃料（HVOF）热喷涂方法在铝基板上热喷涂150μm碳化铬涂层。研究表明，涂层铝作为双极板材料应用于PEMFC是可行的。为了提高铝双极板在 PEMFC 环境下的导电性和耐腐蚀性，在铝基板上制备石墨烯薄膜。此腐蚀电流密度值约为无涂层铝基板的 1/1000。此外，带有石墨烯层的铝双极板的 ICR 相对较低，并且比无涂层铝基板更稳定。在这种情况下，带有石墨烯涂层的铝基板在耐腐蚀和电阻方面完全可以满足 DOE 标准。通过施加热喷涂在铝双极板上可生产不同的涂层材料。

3 镍基合金

镍具有机械强度高、导热性好、导电性好等优点，被认为是良好的 PEMFC 的双极板材料。然而，镍双极板长时间暴露在潮湿的环境中会腐蚀。为增强镍双极板的耐腐蚀性能，在不同电流密度下通过应用计时电位法在镍基板上制备聚吡咯薄膜[87]。过电流保护（OCP）和 EIS 测试表明，与未涂层镍相比，PPy-Ni 具有较强的耐腐蚀性和稳定性。

8.4.6 双极板的制作

目前，具有优异涂层的金属双极板有望替代传统的石墨、聚合物基复合材料或机械加工厚金属双极板。因此，接下来将介绍金属双极板的制作，包括成型工艺和表面改性工艺。近年来，金属双极板的一些成型技术，如电化学微加工工艺、磁脉冲成型、电镀、增材制造、高真空压铸已有许多研究。然而，当金属双极板的厚度为 0.1mm 或更薄时，上述那些成型技术无法应用，塑性成型技术已成为工业批量生产中最有发展潜力的制造方法。一般来说，塑性成型技术，包括液压成型工艺、冲压、辊压成型、液压和模内机械连接工艺，已应用于制造薄金属双极板的研究[88]。图 8-12a 显示了用于生产金属双极板的液压成型工艺。液压成型过程如下：高压液体将活塞从第一压力缸推到第二压力缸。在此过程中，活塞内部液体的体积被进一步压缩，使液体压力迅速增加，高压液体通过冲击模具使工件变形。图 8-12b 显示了最常见的塑性成型工艺，即加盖印花，其中金属板在特定力和速度下用冲头和模具加工成所需的形状。金属双极板辊压成型技术的关键是应用点对点共轭映射原理获得辊对，以满足不同双极板流道结构的需求。它由四个工作步骤组成：单极板辊压、双极板连接、双极板成型和剪切落料，如图 8-12c 所示。液压和模内机械连接如图 8-12d 所示。该工艺流程如下：首先，将上下毛坯放置在上下模具之间；然后，将上下钢模相对移动，上下毛坯在压力下焊接在一起；最后，在两个坯料之间注入高压液体，在高压液体的作用下，坯料填充整个模具型腔。

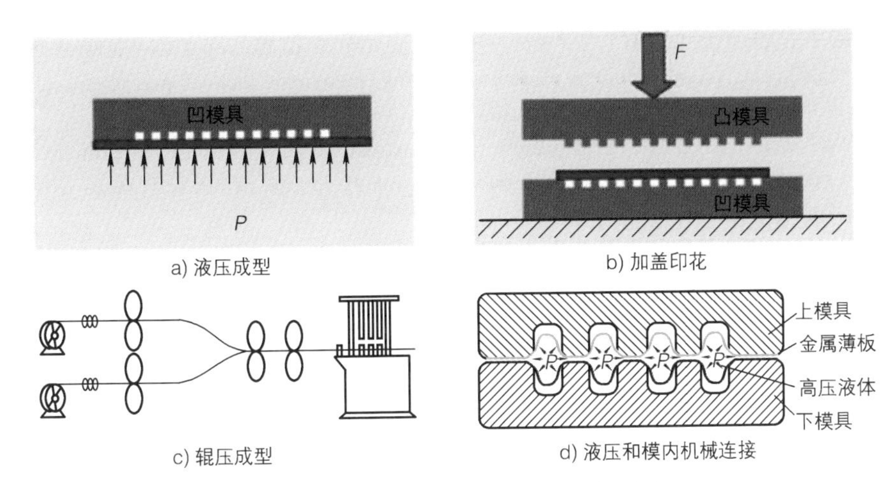

图 8-12　生产金属双极板的塑性成型技术

参考文献

[1] KUSOGLU A, WEBER A Z. New insights into perfluorinated sulfonic-acid ionomers[J]. Chem Rev, 2017, 117(3): 987-1104.

[2] JIAO K, XUAN J, DU Q, et al. Designing the next generation of proton-exchange membrane fuel cells[J]. Nature, 2021, 595(7867): 361 369.

[3] KARIMI M B, MOHAMMADI F, HOOSHYARI K. Recent approaches to improve Nafion performance for fuel cell applications: A review[J]. International Journal of Hydrogen Energy, 2019,44(54): 28919-28938.

[4] BENOIT L, GEBEL G, WILLIAMS C E, et al. small-angle scattering study of perfluorosulfonated ionomer solutions[J]. Journal of Physical Chemistry B 1997, 101(10): 1884-1892.

[5] LIU Y, HORAN J L, SCHLICHTING G J, et al. A small-angle X-ray scattering study of the development of morphology in films formed from the 3M perfluorinated sulfonic acid ionomer[J]. Macromolecules, 2012, 45(18): 7495-7503.

[6] BERLINGER S A, DUDENAS P J, BIRD A, et al. Impact of dispersion solvent on ionomer thin films and membranes[J]. ACS Applied Polymer Materials, 2020, 2(12): 5824-5834.

[7] DUDENAS P J, KUSOGLU A. Evolution of ionomer morphology from dispersion to film: An in situ X-ray study[J]. Macromolecules, 2019, 52(20): 7779-7785.

[8] ALDEBERT P, DRENARD B, PINERI M. Small-angle neutron scattering of perfluorosulfonated ionomers in solution[J]. Macromolecules 1986, 19(10): 2651-2653.

[9] ALDEBERT P, DREYFUS B, GEBEL G, et al. Rod like micellar structures in perfluorinated ionomer solutions[J]. Journal de Physique, 1988, 49(12): 2101-2109.

[10] KIM Y S, WELCH C F, HJELM R P, et al. Origin of toughness in dispersion-cast nafion membranes[J]. Macromolecules, 2015, 48(7): 2161-2172.

[11] NGO T T, YU T L, LIN H L. Nafion-based membrane electrode assemblies prepared from catalyst inks containing alcohol/water solvent mixtures[J]. Journal of Power Sources, 2013, 238: 1-10.

[12] NGO T T, YU T L, LIN H L. Influence of the composition of isopropyl alcohol/water mixture solvents in catalyst ink solutions on proton exchange membrane fuel cell performance[J]. Journal of Power Sources. 2013, 225: 293-303.

[13] WANG Z, TANG H, LI J, et al. Insight into the structural construction of a perfluorosulfonic acid membrane derived from a polymeric dispersion[J]. Journal of Power Sources, 2014, 256: 383-393.

[14] GIERKE H. Ion transport and clustering in nafion perfluorinated membranes[J].Journal of Membrane Science, 1983, 13(13): 307-326.

[15] AHMAD S, NAWAZ T, ALI A, et al. An overview of proton exchange membranes for fuel cells: Materials and manufacturing[J]. International Journal of Hydrogen Energy, 2022, 47(44): 19086-19131.

[16] JAMIL A, RAFIQ S, IQBAL T, et al. Current status and future perspectives of proton exchange membranes for hydrogen fuel cells[J]. Chemosphere, 2022, 303: 135204.1-135204.11.

[17] GASTEIGER H A, KOCHA S S, SOMPALLI B, et al. Activity benchmarks and requirements for Pt, Pt-alloy, and non-Pt oxygen reduction catalysts for PEMFCs[J]. Applied Catalysis B: Environmental, 2005, 56(1-2): 9-35.

[18] NϕRSKOV J K, ROSSMEISL J, LOGADOTTIR A, et al. Origin of the overpotential for oxygen reduction at a fuel-cell cathode[J]. Journal of Physical Chemistry B, 2004, 108(46): 17886-17892.

[19] WANG J, LI B, YERSAK T, et al. Recent advances in Pt-based octahedral nanocrystals as high performance fuel cell catalysts[J]. J Mater Chem A, 2016, 4(30): 11559-11581.

[20] HOU J, YANG M, KE C, et al. Platinum-group-metal catalysts for proton exchange membrane fuel cells: From catalyst design to electrode structure optimization[J]. EnergyChem, 2020, 2(1): 100023. http://doi.org/10.1016/j.enchem. 2019. 100023.

[21] MAHATA A, NAIR A S, PATHAK B. Recent advancements in Pt-nanostructure-based electrocatalysts for the oxygen reduction reaction[J]. Catal Sci Technol, 2019, 9(18): 4835-4863.

[22] CHIU C Y, LI Y, RUAN L, et al. Platinum nanocrystals selectively shaped using facet-specific peptide sequences[J]. Nat Chem, 2011, 3(5): 393-399.

[23] MARKOVIC N. Kinetics of oxygen reduction on Pt(hkl) electrodes: Implications for the crystallite size effect with supported Pt electrocatalysts[J]. Journal of the Electrochemical Society, 1997, 144(5): 1591-1597.

[24] REN X, WANG Y, LIU A, et al. Current progress and performance improvement of Pt/C catalysts for fuel cells[J]. J Mater Chem A, 2020, 8(46): 24284-24306.

[25] GOHL D, GARG A, PACIOK P, et al. Engineering stable electrocatalysts by synergistic stabilization between carbide cores and Pt shells[J]. Nat Mater, 2020, 19(3): 287-291.

[26] MIDDELMAN E. Improved PEM fuel cell electrodes by controlled self-assembly[J]. Fuel Cells Bulletin, 2002(11): 9-12.

[27] QIAO Z, WANG C, ZENG Y, et al. Advanced nanocarbons for enhanced performance and durability of platinum catalysts in proton exchange membrane fuel cells[J]. Small, 2021, 17(48): 2006805. 1-2006805. 23.

[28] SAMAD S, LOH K S, WONG W Y, et al. Carbon and non-carbon support materials for platinum-based catalysts in fuel cells[J]. International Journal of Hydrogen Energy, 2018, 43(16): 7823-7854.

[29] HUANG J, LI Z, ZHANG J. Review of characterization and modeling of polymer electrolyte fuel cell catalyst layer: The blessing and curse of ionomer[J]. Frontiers in Energy, 2017, 11(3):

334-364.

[30] YOU P Y, KAMARUDIN S K. Recent progress of carbonaceous materials in fuel cell applications: An overview[J]. Chem Eng J, 2017, 309: 489-502.

[31] COLOMA F, SEPULVEDAESCRIBANO A, RODRIGUEZREINOSO F. Heat-Treated Carbon-Blacks as Supports for Platinum Catalysts[J]. Journal of Catalysis, 1995, 154(2): 299-305.

[32] WU G, SWAIDAN R, LI D, et al. Enhanced methanol electro-oxidation activity of PtRu catalysts supported on heteroatom-doped carbon[J]. Electrochimica Acta, 2008, 53(26): 7622-7629.

[33] ZHENG Y, JIAO Y, JARONIEC M, et al. Nanostructured metal-free electrochemical catalysts for highly efficient oxygen reduction[J]. Small, 2012, 8(23): 3550-3566.

[34] CHENG N, LIU J, BANIS M N, et al. High stability and activity of Pt electrocatalyst on atomic layer deposited metal oxide/nitrogen-doped graphene hybrid support[J]. International Journal of Hydrogen Energy, 2014, 39(28): 15967-15974.

[35] LORI O, GONEN S, KAPON O, et al. Durable tungsten carbide support for Pt-based fuel cells cathodes[J]. ACS Appl Mater Interfaces, 2021, 13(7): 8315-8323.

[36] ZHAN Z, XIAO J, ZHANG Y, et al. Gas diffusion through differently structured gas diffusion layers of PEM fuel cells[J]. International Journal of Hydrogen Energy, 2007, 32(17): 4443-4451.

[37] PARK S, LEE J W, POPOV B N. Effect of carbon loading in microporous layer on PEM fuel cell performance[J]. Journal of Power Sources, 2006, 163(1): 357-363.

[38] GOSTICK J T, IOANNIDIS M A, FOWLER M W, et al. On the role of the microporous layer in PEMFC operation[J]. Electrochemistry Communications, 2009, 11(3): 576-579.

[39] LIU C H, KO T H, CHANG E C, et al. Effect of carbon fiber paper made from carbon felt with different yard weights on the performance of low temperature proton exchange membrane fuel cells[J]. Journal of Power Sources, 2008, 180(1): 276-282.

[40] REN G, QU Z, WANG X, et al. Liquid water transport and mechanical performance of electrospun gas diffusion layers[J]. International Journal of Green Energy, 2021, 19(2): 210-218.

[41] CHEVALIER S, GE N, LEE J, et al. Novel electrospun gas diffusion layers for polymer electrolyte membrane fuel cells, part II: in operando synchrotron imaging for microscale liquid water transport characterization[J]. Journal of Power Sources, 2017, 352: 281-290.

[42] BALAKRISHNAN M, SHRESTHA P, LEE C, et al. Degradation characteristics of electrospun gas diffusion layers with custom pore structures for polymer electrolyte membrane fuel cells[J]. ACS Appl Mater Interfaces, 2021, 13(2): 2414-2427.

[43] MARKöTTER H, ALINK R, HAUßMANN J, et al. Visualization of the water distribution in perforated gas diffusion layers by means of synchrotron X-ray radiography[J]. International Journal of Hydrogen Energy, 2012, 37(9): 7757-7761.

[44] GERTEISEN D, HEILMANN T, ZIEGLER C. Enhancing liquid water transport by laser perforation of a GDL in a PEM fuel cell[J]. Journal of Power Sources, 2008, 177(2): 348-354.

[45] ZHANG Z, HE P, DAI Y J, et al. Study of the mechanical behavior of paper-type GDL in PEMFC based on microstructure morphology[J]. International Journal of Hydrogen Energy, 2020, 45(53): 29379-29394.

[46] RADHAKRISHNAN V, HARIDOSS P. Effect of cyclic compression on structure and properties of a gas diffusion layer used in PEM fuel cells[J]. International Journal of Hydrogen Energy, 2010, 35(20): 11107-11118.

[47] NAZEMIAN M, MOLAEIMANESH G R. Impact of carbon paper structural parameters on the performance of a polymer electrolyte fuel cell cathode via lattice Boltzmann method[J]. Acta

Mechanica Sinica, 2019, 36(2): 367-380.
[48] LEE T, YANG C. A parametric study on the deformation of gas diffusion layer in PEM fuel cell[J]. Journal of Mechanical Science and Technology, 2020, 34(1): 259-268.
[49] BOUZIANE K, KHETABI E M, LACHAT R, et al. Impact of cyclic mechanical compression on the electrical contact resistance between the gas diffusion layer and the bipolar plate of a polymer electrolyte membrane fuel cell[J]. Renewable Energy, 2020, 153: 349-361.
[50] SUN X, WANG Z. Understanding of the Role of Carbon Fiber Paper in Proton Exchange Membrane Fuel Cells[J]. Journal of Electrochemical Energy Conversion and Storage, 2022, 19(1): 014501-6.
[51] GE J, HIGIER A, LIU H. Effect of gas diffusion layer compression on PEM fuel cell performance[J]. Journal of Power Sources, 2006, 159(2): 922-927.
[52] CHOI H, KIM O H, KIM M, et al. Next-generation polymer-electrolyte-membrane fuel cells using titanium foam as gas diffusion layer[J]. ACS Appl Mater Interfaces, 2014, 6(10): 7665-7671.
[53] ZHANG F Y, ADVANI S G, PRASAD A K. Performance of a metallic gas diffusion layer for PEM fuel cells[J]. Journal of Power Sources, 2008, 176(1): 293-298.
[54] HUSSAIN N, VAN STEEN E, TANAKA S, et al. Metal based gas diffusion layers for enhanced fuel cell performance at high current densities[J]. Journal of Power Sources, 2017, 337: 18-24.
[55] GAUTIER G, KOUASSI S, DESPLOBAIN S, et al. Macroporous silicon hydrogen diffusion layers for micro-fuel cells: from planar to 3D structures[J]. Microelectronic Engineering, 2012, 90: 79-82.
[56] XU Y, QIU D, YI P, et al. An integrated model of the water transport in nonuniform compressed gas diffusion layers for PEMFC[J]. International Journal of Hydrogen Energy, 2019, 44(26): 13777-13785.
[57] YUAN W, LI J, XIA Z, et al. Study of water transport mechanism based on the single straight channel of proton exchange membrane fuel cell[J]. AIP Advances, 2020, 10(10): 1052061.1-1052061. 14.
[58] XIA L, NI M, HE Q, et al. Optimization of gas diffusion layer in high temperature PEMFC with the focuses on thickness and porosity[J]. Applied Energy, 2021, 300: 117357. 1-117357.12.
[59] ATHANASAKI G, WANG Q, SHI X, et al. Design and development of gas diffusion layers with pore forming agent for proton exchange membrane fuel cells at various relative humidity conditions[J]. International Journal of Hydrogen Energy, 2021, 46(9): 6835-6844.
[60] TANUMA T, KAWAMOTO M, KINOSHITA S. Effect of properties of hydrophilic microporous layer (MPL) on PEFC performance[J]. Journal of The Electrochemical Society, 2017, 164(6): F499-F503.
[61] XU H, NAGASHIMA S, NGUYEN H P, et al. Temperature dependent water transport mechanism in gas diffusion layers revealed by subsecond operando X-ray tomographic microscopy[J]. Journal of Power Sources, 2021, 490: 229492. 1-229492. 10.
[62] NISHIYAMA E, MURAHASHI T. Water transport characteristics in the gas diffusion media of proton exchange membrane fuel cell-Role of the microporous layer[J]. Journal of Power Sources, 2011, 196(4): 1847-1854.
[63] HIRAMITSU Y, SATO H, HOSOMI H, et al. Influence of humidification on deterioration of gas diffusivity in catalyst layer on polymer electrolyte fuel cell[J]. Journal of Power Sources, 2010, 195(2): 435-444.
[64] ZHAO X, WANG R, ZHANG Y, et al. Study on water transport mechanisms of the PEMFC

based on a visualization platform and water balance model[J]. International Journal of Chemical Engineering, 2021, 2021(1): 9298305.1-9298305.12.

[65] KO D, DOH S, PARK H S, et al. The effect of through plane pore gradient GDL on the water distribution of PEMFC[J]. International Journal of Hydrogen Energy, 2018, 43(4): 2369-2380.

[66] LIU J, YANG C, LIU C, et al. Design of pore structure in gas diffusion layers for oxygen depolarized cathode and their effect on activity for oxygen reduction reaction[J]. Industrial & Engineering Chemistry Research, 2014, 53(14): 5866-5872.

[67] CHEN T, LIU S, ZHANG J, et al. Study on the characteristics of GDL with different PTFE content and its effect on the performance of PEMFC[J]. International Journal of Heat and Mass Transfer, 2019, 128: 1168-1174.

[68] PRASANNA M, HA H Y, CHO E A, et al. Influence of cathode gas diffusion media on the performance of the PEMFCs[J]. Journal of Power Sources, 2004, 131(1-2): 147-154.

[69] HAMOUR M, GRANDIDIER J C, OUIBRAHIM A, et al. Electrical conductivity of PEMFC under loading[J]. Journal of Power Sources, 2015, 289: 160-167.

[70] WANG Y, WANG C Y, CHEN K S. Elucidating differences between carbon paper and carbon cloth in polymer electrolyte fuel cells[J]. Electrochimica Acta, 2007, 52(12): 3965-3975.

[71] LATORRATA S, PELOSATO R, GALLO STAMPINO P, et al. Use of electrochemical impedance spectroscopy for the evaluation of performance of PEM fuel cells based on carbon cloth gas diffusion electrodes[J]. Journal of Spectroscopy, 2018, 2018(1): 3254375.1-3254375.13.

[72] CRUZ-MANZO S, GREENWOOD P. Analytical warburg impedance model for EIS analysis of the gas diffusion layer with oxygen depletion in the air channel of a PEMFC[J]. Journal of The Electrochemical Society, 2021, 168(7): 074502. 1-074502.15.

[73] ATHANASAKI G, JAYAKUMAR A, KANNAN A M. Gas diffusion layers for PEM fuel cells: materials, properties and manufacturing-A review[J]. International Journal of Hydrogen Energy, 2023, 48(6): 2294-2313.

[74] TAI X Y, ZHAKEYEV A, WANG H, et al. Accelerating fuel cell development with additive manufacturing technologies: state of the art, opportunities and challenges[J]. Fuel Cells, 2019, 19(6): 636-650.

[75] OROGBEMI O M, INGHAM D B, ISMAIL M S, et al. Through-plane gas permeability of gas diffusion layers and microporous layer: effects of carbon loading and sintering[J]. Journal of the Energy Institute, 2018, 91(2): 270-278.

[76] XIONG K, WU W, WANG S, et al. Modeling, design, materials and fabrication of bipolar plates for proton exchange membrane fuel cell: A review[J]. Applied Energy, 2021, 301: 117443. 1-117443.23.

[77] KARIMI S, FRASER N, ROBERTS B, et al. A review of metallic bipolar plates for proton exchange membrane fuel cells: materials and fabrication methods[J]. Advances in Materials Science and Engineering, 2012, 2012: 1-22.

[78] ARVAY A, FRENCH J, WANG J C, et al. Nature inspired flow field designs for proton exchange membrane fuel cell[J]. International Journal of Hydrogen Energy, 2013, 38(9): 3717-3726.

[79] NETWALL C J, GOULD B D, RODGERS J A, et al. Decreasing contact resistance in proton-exchange membrane fuel cells with metal bipolar plates[J]. Journal of Power Sources, 2013, 227: 137-144.

[80] LENG Y, MING P, YANG D, et al. Stainless steel bipolar plates for proton exchange membrane fuel cells: Materials, flow channel design and forming processes[J]. Journal of Power Sources,

2020, 451: 227783.1-227783.23.
[81] GAGO A S, ANSAR S A, SARUHAN B, et al. Protective coatings on stainless steel bipolar plates for proton exchange membrane (PEM) electrolysers[J]. Journal of Power Sources, 2016, 307: 815-825.
[82] RAJAEI V, RASHTCHI H, RAEISSI K, et al. The study of Ni-based nano-crystalline and amorphous alloy coatings on AISI 304 stainless steel for PEM fuel cell bipolar plate application[J]. International Journal of Hydrogen Energy, 2017, 42(20): 14264-14278.
[83] MANSO A P, MARZO F F, GARICANO X, et al. Corrosion behavior of tantalum coatings on AISI 316L stainless steel substrate for bipolar plates of PEM fuel cells[J]. International Journal of Hydrogen Energy, 2020, 45(40): 20679-20691.
[84] MINGGE W, CONGDA L, TAO H, et al. Chromium interlayer amorphous carbon film for 304 stainless steel bipolar plate of proton exchange membrane fuel cell[J]. Surface and Coatings Technology, 2016, 307: 374-381.
[85] YI P, ZHANG W, BI F, et al. Microstructure and properties of a-C films deposited under different argon flow rate on stainless steel bipolar plates for proton exchange membrane fuel cells[J]. Journal of Power Sources, 2019, 410-411: 188-195.
[86] PENG S, XU J, LI Z, et al. A reactive-sputter-deposited TiSiN nanocomposite coating for the protection of metallic bipolar plates in proton exchange membrane fuel cells[J]. Ceramics International, 2020, 46(3): 2743-2757.
[87] BEN JADI S, EL JAOUHARI A, AOUZAL Z, et al. Electropolymerization and corrosion resistance of polypyrrole on nickel bipolar plate for PEM fuel cell application[J]. Materials Today: Proceedings, 2020, 22: 52-56.
[88] PENG L, YI P, LAI X. Design and manufacturing of stainless steel bipolar plates for proton exchange membrane fuel cells[J]. International Journal of Hydrogen Energy, 2014, 39(36): 21127-21153.

电堆概念设计流程

在我国提出碳达峰、碳中和的“双碳”目标后，我国的能源转型越来越迫切。发展及推广新能源汽车，是我国节能减排、绿色发展的重要战略。质子交换膜燃料电池因其高效率、零排放和工作温度低等特点非常适合作为交通工具的动力源，因此车用燃料电池的发展至关重要，本章即对车用燃料电池堆的概念设计流程进行了讨论，主要对电堆概念设计、电堆的组成及功能、客户需求及目标分解、膜电极设计、双极板设计、辅助部件设计、电堆组装工艺及工程验证进行了介绍。

9.1 电堆概念设计

作为一款能源动力装置，质子交换膜燃料电池堆是一个复杂的工业产品，电堆的设计包含六大特点，如图 9-1 所示。

1）电堆设计必须是客户需求驱动。客户可以是研究单位、政府或具备商业价值的真实市场。在燃料电池商业化前期，来自前两者的需求往往更为贴切，也易于被设计者接受；而考虑到制造成本与商业价值的来自真实市场的需求则往往更难以满足。

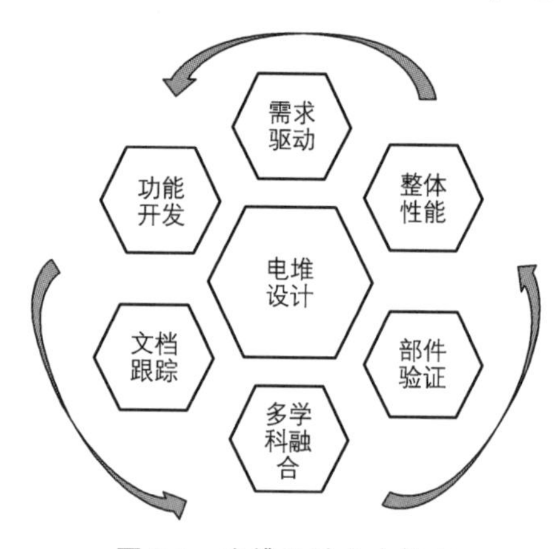

图 9-1　电堆设计六大特点

2）电堆设计是由功能决定的，功能的需求必须从电堆设计中体现出来。一款电堆是为了乘用车、商用车、分布式电站、机车、无人机还是家用热电联供系统（CHP）设计，其功能定位是不相同的，甚至表现出极大的差异。

3）在电堆开发过程中，要把设计和验证过程中产生的各类文档分门别类地存档，以便在电堆制造与使用过程中出问题时，可追溯相关文档以解决问题。

4）电堆开发是一个机械、化学、电化学、电子、力学及材料学等相关学科的知识大融合的过程，必须依赖于团队中各类人才的通力合作。

5）电堆开发的过程是动态变化、螺旋上升的，所有的材料、部件和结构都要在这个过程中不断验证、逐步完善。

6）电堆性能的发挥依赖于整个产品的部件性能与相互良好匹配，不是某个孤立的材料或部件所能单独决定的。只有电堆整体最优化后，其性能才能达到最优。

在燃料电池堆的概念设计过程中，设计人员首先需要认真分析客户对清洁、高效能源转换装置的需求，利用自身的知识储备、信息与经验，快速得到一个设计概念。然后，经过一系列有序化、有组织、有目标的设计活动，贯彻这一设计概念，将电堆产品由粗到精、由模糊到清晰、由抽象到具体进行设计，最终生成概念产品电堆。电堆概念设计流程如图 9-2 所示。

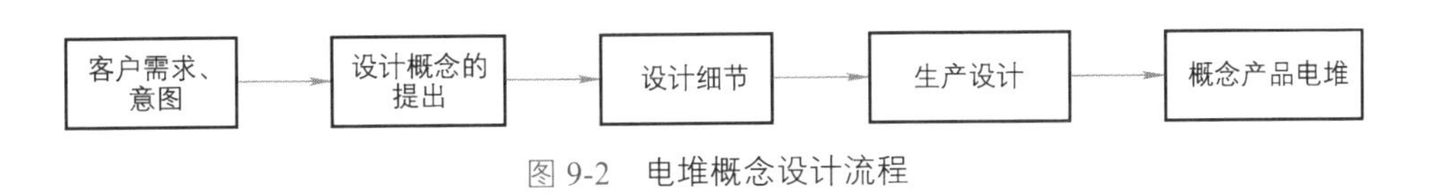

图 9-2　电堆概念设计流程

9.2　电堆的组成及功能

通常，一个复杂的电堆是由数百节单电池组成的，还必须得包括集流板、绝缘板、端板、紧固件、密封件等辅助部件，如图 9-3 所示。

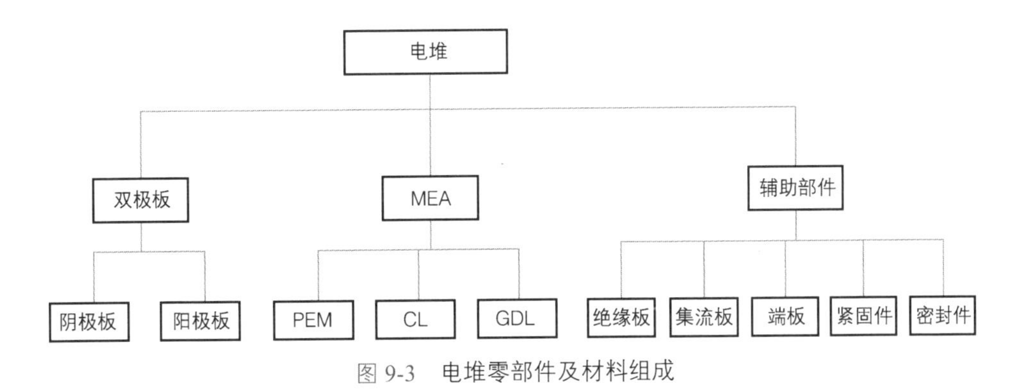

图 9-3　电堆零部件及材料组成

由图 9-8 可见，设计之前，要将电堆进行逐级分解，首先将电堆分解成部件级别，再分解成材料级别。燃料电池按照部件划分大概可分为极板、MEA 和辅助部件。

双极板包含阴、阳极板，两极板分别成型出相应流体流道，并组合通过密封划分分别提供氢气、空气和水的流通通道。目前应用中双极板的材料主要包含石墨、不锈钢（SS316L）、钛合金等，而材料不同，其成型方式也有所不同，例如石墨极板的成型方式有机雕成型和模压成型。

膜电极组件（MEA）主要包含质子交换膜（PEM）、催化层（CL）和气体扩散层（GDL），其中质子交换膜（PEM）的作用是分隔燃料与氧化剂、传递质子（H^+）。

气体扩散层（GDL）位于极板和催化层之间，其作用是支撑催化层、稳定电极结构、传质及导热、导电。

辅助部件主要包含电堆装配所需的除双极板和 MEA 以外的其他必需部件，主要包含绝缘板、端板、集流板、紧固件、密封件。

其中集流板是提供电堆电流汇集、输入、输出的零件。一个电堆一般包含两个集流板，为减小相关电流流通电阻，集流板材料的选择需要具备良好的导电性能，同时集流板与外部环境甚至与电堆内部环境直接接触，故还需要具备一定的防腐效果，目前一般采用的是紫铜基体增加金或银镀层。

绝缘板是隔绝电堆带电部分与外部与系统或测试台架连接部件之间的直接连通，保证一定的绝缘性能。

端板在电堆中的主要作用是在紧固件的作用下夹紧电堆堆芯。通常为了保证电堆的碳纸一定的压缩率来降低接触电阻，需要施加电堆一定的组装力。而电堆内部受力均匀性又是保障电堆长寿命的关键，因此端板需要满足在一定的组装力下还具备要求的平整度即刚度需求。

9.3 客户需求及目标分解

客户需求就是电堆的设计边界和限制条件，通常需求是多维度的。应用场景不同，客户的需求会有所不同。客户需求一般包含电堆的电输出特性、功率、重量、体积、成本、寿命、低温冷启动温度和防护等级等参数，不过当应用场景要求条件更多时，其客户需求也会相应增加。

在了解客户需求后，需要以此为依据进一步具体确定电堆各项指标的设计目标值，再将电堆设计目标分解至其组成部件的相关设计目标，见表 9-1。

表 9-1　电堆设计客户需求及目标分解

客户需求	电堆设计参数	膜电极组件	双极板	辅助部件
电输出特性 功率 重量 体积 寿命 成本 低温冷启动温度 防护等级 安全等级 ……	额定功率 峰值功率 电堆重量 模块重量 电堆体积 模块体积 电堆重量比功率密度 电堆体积比功率密度 寿命 成本 防护等级 绝缘值 ……	发电性能（I-V 曲线） 活性面积 轮廓尺寸 贵金属载量 碳纸厚度 ……	材料（石墨 / 金属 / 复合） 轮廓尺寸 流道形式 流道尺寸 成型工艺 极板厚度 接触电阻 阻气率 耐腐蚀性能 热导率 电导率 ……	集流板 基材 厚度 轮廓尺寸 镀层 电导率 绝缘板 材料 厚度 绝缘强度 吸水率 透气率 端板 材料 厚度 结构尺寸 接口 ……

9.4 膜电极组件设计

质子交换膜燃料电池膜电极（Membrane Electrode Assembly，MEA）是电堆中的最核心的单元之一，包括质子交换膜（Proton Exchange Membrane，PEM）、气体扩散层（Gas Diffusion Layer，GDL）、微孔层（Micro Porous Layer，MPL）、催化层（Catalyst Layer，CL）及密封边框，其性能和寿命优劣极大地影响着电堆的输出性能与耐久性能。

MEA 的制备方法主要有喷雾法（包括 CCM、CCG）、刀片涂层法、喷涂法、溅射法和静电纺丝法。不同 MEA 制备工艺的优缺点见表 9-2[1]。

表 9-2　不同 MEA 制备工艺的优缺点

方法	制备过程	优点	缺点
喷雾法	CCM：将催化剂直接喷洒到 PEM 上 CCG：将催化剂喷洒到 GDL 上，然后用热压膜	—	CCG 的二次热压过程引起多孔 CL 和 GDL 的结构变化，导致气体输送缓慢，阻力增大
刀片涂层法	将催化剂浆料均匀地放在刮刀的末端，然后移动刮刀，并调整刮刀与负载介质之间的平面距离	效率高，损耗率小	将液体直接涂在膜或扩散层上会导致膜膨胀、催化剂泄漏等
喷涂法	将催化剂加载到空白中间介质上，然后将催化剂转移到相应的目标介质	高效稳定，易于批量生产，重现性好，损耗率低	两种热压容易引起 CL 变性和氧化；CL 的孔隙率不容易控制
溅射法	使用惰性气体（如氩）在直流或射频高压电场中形成高能离子束，轰击阴极催化剂靶材表面，沉积在支撑介质上	使催化层负载准确可控，催化层分布均匀	设备价格昂贵，不适合批量生产
静电纺丝法	雾化催化剂浆液中的静电材料，然后静电针处的液滴将形成“泰勒锥”并延伸成细丝	实用，简单，易于批量生产，性能稳定	—

MEA 参数对燃料电池寿命有着重要的影响，主要有以下几点：

1　质子交换膜的稳定性

质子交换膜是 MEA 的核心部分，其稳定性决定了燃料电池的寿命。如果质子交换膜不能有效地防止氧化还原反应中产生的自由基对电极催化层的损害，会导致电极催化剂失活，从而降低 MEA 的性能和寿命。质子交换膜的稳定性主要受以下因素影响：①温度，高温会使质子交换膜失去水分，导致其变得干硬、易碎，降低其稳定性。因此，控制燃料电池的工作温度对于保证质子交换膜的稳定性至关重要；②湿度，湿度不足会使质子交换膜变干，易碎。湿度过高则会引起水分积聚和电解液的稀释，从而导致膜的脱水和腐蚀，加速质子交换膜的老化和失活；③化学物质，一些化学物质，如强酸或强碱等，会对质子交换膜造成损害，加速其老化和失活。此外，通过对燃料电池堆的运行参数进行优化控制，如合适的温度和湿度条件，可以延长质子交换膜的使用寿命。

2　电极催化剂的数量和分布

电极催化剂是 MEA 的另一个关键组成部分，其数量和分布对 MEA 的性能和寿命有很大影响。电极催化剂数量不足会导致电流密度分布不均匀，电化学反应不完全，从而限制燃料电池的性能和寿命。若电极催化剂数量过多，则会增加制造成本，同时也会降低燃料电池的耐久性和稳定性。电极催化剂分布不均匀会导致电流密度分布不均匀，使得某些区域局部电流密度过大，从而加速电极催化剂退化和失活，缩短燃料电池的寿命。

3 水管理策略

水的存在对 MEA 的稳定性和寿命也有着深刻的影响，如果水管理不当，会导致水分积聚和堵塞，从而限制 MEA 的性能和寿命。水管理策略主要包括：①湿度控制，过高或过低的湿度都会影响 MEA 的稳定性和寿命。当湿度过高时，水可能会积聚在电极催化层中，阻碍电子和质子传输，导致电极表面失活。当湿度过低时，质子交换膜可能会变硬、易碎，从而导致其老化和退化；②通气控制，适当的通气可以帮助排出堆积在 MEA 中的水分，避免水的积聚和堵塞，从而保证 MEA 的正常运行；③材料选择，选取优良的材料可以提高 MEA 的耐水性能，较差的材料可能会加速 MEA 的失活和老化。

针对以上影响因素，燃料电池 MEA 的测评方法主要包括以下几个方面：

（1）质子交换膜的稳定性测评　可以采用加速老化实验、热失重分析、取样检测等手段来测试膜的物理和化学性能的变化。

（2）电极催化剂的数量和分布测评　可以采用扫描电镜、能谱分析等手段来测试电极催化剂的分布和数量，并通过数值模拟和实验验证等手段来优化电极结构和制造工艺，以实现最佳的电极催化剂分布和数量，并提高燃料电池的性能和寿命。

（3）水管理策略测评　可以采用电化学阻抗谱、红外线光谱分析等手段来测试水的含量和分布。同时也可以结合数值模拟和实验验证来评估不同水管理策略的效果。

总之，对 MEA 参数的评估需要综合考虑多个方面，通过实验验证和数值模拟等手段来评估其对燃料电池寿命的影响，并为 MEA 的优化设计提供参考依据。

9.5　双极板设计

燃料电池双极板（BP）的作用是传导电子、提供反应气体和冷却液流动通道，是燃料电池的关键部件。BP 的设计可以显著影响 PEMFC 的输出性能、重量和成本。BP 的重量（占 PEMFC 堆的 50%）、性能和成本取决于其材料、流场结构和 PEMFC 的加工技术利用率[2]。

BP 使用的材料主要包括石墨、复合材料和金属，表 9-3 为不同材料 BP 的成型方式及优缺点。石墨是应用最广泛的导电非金属材料，具有优异的疏水性和耐腐蚀性，但强度弱，导热慢，并且石墨的脆性和低强度会限制其在移动设备中的应用安全性。目前应用较为广泛的有无孔石墨板和膨胀石墨板。无孔石墨板一般由碳粉 / 石墨粉和用于黏接、堵孔的树脂在高温（2500℃左右）条件下石墨化制备而成的。整个过程需要进行严格的升温程序，导致生产周期长、成本难以控制[3]。另外，石墨化过程中如树脂固化时产生小分子的气体，可能会造成新的孔隙，导致堆内流体特别是氢气的外泄和内窜，降低电堆性能，甚至引发安全事故。膨胀石墨是由天然鳞片石墨在高温下进行瞬时热处理膨化制得的一种疏松多孔的蠕虫状物质，已广泛用作各种密封材料，它具有良好的导电与导热性能，且成本较低，易于加工，已被以加拿大巴拉德、广东国鸿公司为代表的燃料电池堆生产商用于批量生产廉价模压双极板。开发石墨基聚合物复合 BP 以克服石墨的脆弱特性。石墨和聚合物黏合剂（通常是热固性聚合物或热塑性聚合物）通过压缩成型或注塑成型结合。涂有防腐涂料的金属 BP 因其导热快、强度高、力学性能好、集成度高且能批量生产等竞争特性，可用于移动设备。双极板的金属材料有不锈钢、钛、铝和铜及其合金等。

双极板除材料和成型工艺以外，其结构的设计也尤为关键。双极板流场设计主要包括平行流场、蛇形流场、交指流场和点状流场等常见流场，以及螺旋流场、3D 流场和仿生流场等新形流场。双极板的设计需要考虑反应气体和冷却流体的分配均匀性，不仅仅是各节之间的均匀分配，还包括每节各流道之间的均匀分配，尤其现在为了追求电堆的大功率不断增加活性面积。如果反应气体在电极各处分布不均匀，将会引起电流密度不均匀，可能导致燃料电池局部过热，电池性能下降，电池使用寿命缩短。同时如果流场阻力过大，则会增大反应气体质量传输过程中所需的外加功耗。此外双极板的作用还有排出生成水，避免堵塞扩散层甚至流道，从而导致水淹缺气，电池电压反极，故双极板流场形式和流道结构的设计还需要具备良好的排水性能。此外，阴阳极板组合而形成氢气、空气（或氧气）和冷却液流动的腔室，三腔室之间的密封设计也同样关键。

双极板的性能测试包括透气率、抗弯强度、腐蚀电流密度、与扩散层之间的接触电阻测试等。①透气率是指在单位时间内透过单位面积样品的气体量，单位为 $cm^3/cm^2 \cdot min$ 或 $mL/cm^2 \cdot min$，参考国家标准 GB/T 20042.6—2011《质子交换膜燃料电池　第 6 部分：双极板特性测试方法》；②抗弯强度即在规定条件下，双极板在弯曲过程中所能承受的最大弯曲应力，单位为 MPa。参照 GB/T 13465.2—2014《不透性石墨材料试验方法　第 2 部分：抗弯强度》应用三点弯曲法对双极板材料抗弯强度进行测试；③腐蚀电流密度是指单位面积的双极板材料在燃料电池运行环境中，在腐蚀电位下由于化学或电化学作用引起的破坏产生的电流值，单位为 $\mu A \cdot cm^{-2}$，测试仪器为电化学恒电位测试仪；④两种材料之间的接触部分产生的电阻称为接触电阻，单位是 $m\Omega \cdot cm^2$。双极板的接触电阻主要指双极板与碳纸之间的接触电阻，参考国家标准 GB/T 20042.6—2011。

表 9-3　不同材料 BP 的成型方式及优缺点

类型	成型方式	成型过程	优缺点
石墨与复合 BP	机械加工	—	由于石墨板的强度低、脆性大，加工薄双极板易产生次品，并且随着加工批量的增大，该方法将会被注塑成型或模压成型的低成本生产方式逐渐淘汰
	注塑成型	将一定比例的石墨与树脂混合料从注塑机的料斗送入机筒内，被加热熔化后的树脂与不熔的石墨混合料在极高的注塑压力下经由喷嘴注入闭合模具内，经冷却定形后，脱模得到制品	金属粉末如果氧化溶出，可能成为质子交换膜和催化层中离聚物的污染物；黏结剂去除时间较长，厚截面开裂，尺寸、缺陷和热应力限制；成本高，且不适合大规模生产 [4]
	模压成型	首先对石墨粉与树脂的混合材料进行制备，然后对混合材料和模具进行前处理，采用聚合物的熔融温度和一定压力，使得粉料在压缩模中流动并充满整个行腔，固化脱模后得到 BP	模具结构简单，得到的制品密度高、尺寸精确、收缩少、性能好，同时可成型流动性很差的物料，具备较高生产率
金属 BP	冲压成型	冲压成型工艺是用压力装置和刚性模具对板材施加一定的外力，使其产生塑性变形，从而获得所需形状或尺寸的一种方法	成本低、生产率高且薄而均匀；但传统冲压方法的成型极限相对较低，双极板折皱和微裂纹等缺陷在成型过程中都极易出现，导致次品 [5]
	液压成型	液压成型工艺是一种利用液体或模具作为传力介质加工金属制品的一种塑性加工技术	不需要冲床，从而降低了成本和时间，并且表面质量更好，双极板的回弹更小，尺寸一致性，拉伸率和复杂零件的成型能力更高；但液压成型的生产速度远低于冲压成型工艺 [6]
	软膜成型	由一个刚性模具和一个橡胶板组成，并且它们之间的接触表面是柔性的	可解决冲压和液压成型过程中的裂纹、折皱和表面波纹等问题；另外，橡胶垫和刚性模具不需要在成型过程中精确组装，从而可以大大减少时间和成本；但生产周期相对于冲压较长，橡胶垫块可能需要频繁更换，这将导致生产时间变长，成本增加 [7]
	辊压成型	一种将长条状金属片连续弯曲成所需形状的轧制工艺	在金属双极板批量生产中具有更高的效率和更低的成本；不利于复杂流场制 [8]
	热冲压成型	直接热冲压和间接热冲压 [9]	—

9.6 辅助部件设计

9.6.1 集流板

集流板是质子交换膜燃料电池的重要部件，其主要功能是收集电流。目前应用中集流板主要有两种，一种为嵌入式，一种为全面积。其中嵌入式集流板，顾名思义，即集流板嵌入进绝缘板内，其面积较双极板小，仅覆盖活性区域和分配区，不与电堆内流体直接接触，该设计可减小电堆环境的腐蚀影响。而全面积集流板即集流板的面积与双极板面积基本相同，集流板与电堆流体直接接触，故其防腐要求相对更高。通常，一个燃料电池堆包含有两个集流板，分别安装在堆芯的首尾两端，并与前后端板保持绝缘，两个集流板分别作为正、负极连接着外部电路，电堆电流电压输入输出通过集流板的汇集连通，一般为便于连接集流板会伸出一截结构进行连接外部高压接头。该结构处的最大载流量是约束集流板相关参数的关键，结合最大工作电流设计需求，即可确定该处的最小截面积，从而设计集流板厚度。

由于集流板的应用环境和寿命的要求，因此需要其具有接触电阻低和防腐性能好的要求，集流板通常由贵金属如金或铂，或非贵金属如不锈钢、铜或铝制成，贵金属不仅具有良好的导电性，而且几乎可以避免电化学腐蚀，因此不会产生可能毒害燃料电池的金属离子。然而，由于这些贵金属非常昂贵，目前多使用铜制作集流板，铜集流板、铝合金端板及电堆系统中的其他金属部件，在使用过程中，由于高温 \ 高湿度流体或气体的侵蚀，这些金属部件易产生阳离子析出，如 Fe^{3+}、Al^{3+}、Ca^{2+}、Cu^{2+}、Na^{+}、Mg^{2+} 等，并随着 PEMFC 水气输送的过程，这些金属阳离子逐渐扩散到电堆内部。有研究表明，这些金属阳离子的出现和积累会导致燃料电池的电压下降，使燃料电池的性能和寿命出现衰退，这是因为 Nafion 膜对阳离子有很高的亲和力，电堆中的不纯金属阳离子被膜吸附后易导致膜的导电性降低，形成的过氧自由基会使膜变薄，甚至导致针孔的形成 [10]，危害燃料电池的性能和安全，导致燃料电池的寿命和耐久性降低。同时，铜容易被腐蚀，因此还需要在铜板表面镀一层耐腐蚀性金属层，一般是镀金或者镀铬，但镀金又使得集流板成本很高，镀铬则又降低了铜板的导电性。另外，镀层不耐刮擦，刮擦容易导致镀层缺陷，形成电化学腐蚀面，加速集流板的腐蚀。因此在使用过程中，应尽可能确保集流板表面的完好，或者通

过优化工艺来提高镀层的强度、硬度和耐磨性。在设计验证中针对集流板的强度和耐腐蚀性，通常会引用相应的国标要求进行测试验证，验证合格后才进行使用。

9.6.2　端板

电堆是通过螺栓紧固或钢带紧固的组装方式，将众多的 MEA、双极板利用端板、紧固件组装在一起而成的。端板主要功能是与紧固件一起为电堆发电，核心单元 MEA 和双极板提供组装力，密封件提供封装压力，保持各节单电池内 MEA 与双极板的平行、节与节之间的一致性，确保燃料电池面内压力分布的均匀性，从而减少燃料电池堆内所有组件之间的接触电阻。端板的刚性越好、抗蠕变性越强，则越能为电堆内部的材料提供均一、稳定的力学环境，特别是在发电、振动、车辆加减速等运动过程及电堆长期湿热环境下就越能稳定、高效地工作。同时，端板还兼具分配流体、挂载辅件等功能，对于电堆力学稳健性与长期运行稳定性起着关键的作用。除此以外，端板与系统辅助部件（如喷氢阀、回氢泵、温湿压传感器、流体通道等）一体化已成为发展趋势，特别是在车企中，这一理念被广泛采用，这就造成端板设计的复杂性与难度。

目前，端板（EP）研究主要体现在材料选择和结构设计上。

1）端板材料应具有抗弯刚度高、弹性模量及屈服强度高、化学和电化学稳定性良好，以及电绝缘性高等特点。金属和金属合金由于其高强度和高刚度而成为制造 EP 的典型材料，如铝合金，其具有低质量密度、相当大的强度和刚度。然而，这种材料中的大多数不能满足耐腐蚀性和电绝缘要求，因此需要进一步的处理，如表面涂敷或用绝缘、耐腐蚀材料密封。金最初被用作表面涂层，然而，其高成本和对金属基材的差黏附性阻止了其进一步应用。已研究用氧化铝膜或环氧树脂涂层代替金，以赋予金属 EP 绝缘性和耐腐蚀性。金属合金 EP 的另一个缺点是它们的高导热性，这增加了电堆中能量损失的风险。不锈钢由于其良好的力学性能和合理的耐腐蚀性，也是优选的选择。尽管钛合金具有约为普通铁基金属合金的 50% 的密度、高强度和强耐腐蚀性，但是其高成本常常将其自身排除在 EP 的工业考虑之外[11]。除此之外，还有非金属材料，如工程塑料、聚砜等，但用作端板材料时存在热稳定性差、抗疲劳性差等缺点，在 PEMFC 应用环境下易发生老化衰退。

2）在结构设计方面，为了达到均匀分配封装力的要求，端板通常被设计为拥有一定厚度的平板，增加端板厚度可以提高 GDL 表面压力分布均匀性，但会使端板质量增加，因此在大型电堆中端板占整堆质量的比重较大，造成整堆功率密度下降。为了解决 EP 重量和刚度设计之间的矛盾，EP 的拓扑优化设计可以显著降低端板的质量，同时不影响端板整体的受力均匀性。拓扑优化方法是一种在给定载荷、性能指标的约束下，对给定区域的材料分布进行优化计算的数学方法，因此可以用来在产品的概念设计阶段有针对性地根据产品的功能、性能要求进行总体结构的设计[12]。图 9-4 为通过拓扑优化方法得到的燃料电池端板结构，相较于现有端板结构，质量降低了 18.62%，均匀性提高了 10.9%，一致性提高了 30.11%，且能最大限度地保留端板整体的刚度及受力均匀性。

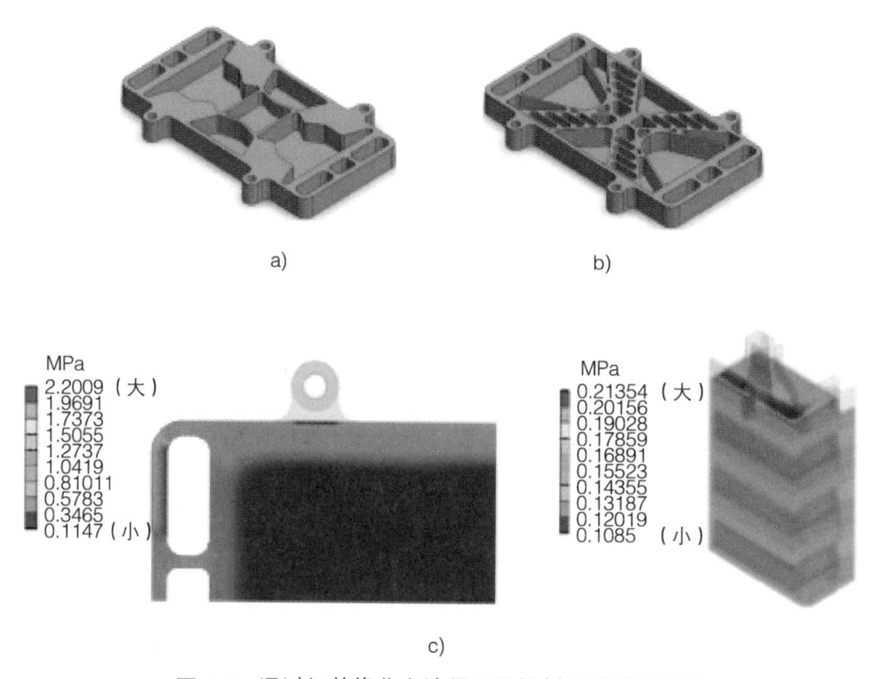

图 9-4　通过拓扑优化方法得到的燃料电池端板结构

a）现结构　b）新结构　c）端板下表面接触压力云图、质子交换膜与阳极板之间接触压力分布云图

由于如今电堆应用场景的限制，对电堆的要求是体积及重量越小越好，集成度越高越好。因此在端板进行结构设计之初需要梳理相关刚度需求、减重需求和系统辅件一体化需求。结构设计后进行相关材料选项和力学优化设计，确认后即可加工成型。同时为了控制成本和质量，在应用中会针对加工工艺进行优化和对部件进行检验。端板作为电堆的外围部件，其直接接触外部环境，故在使用时需要满足相应的盐雾腐蚀要求。综上所述，设计合理的端板结构和选取刚度高、耐腐蚀的材料，才能保证端板与发电单元、电堆内部各组件的接触受力均匀性，各部件保持在合理的压缩范围，进而降低堆内各组件之间的接触电阻，这有利于提升电堆的性能及效率，同时也能提高电堆的长期稳定性和耐久性。

9.7　电堆组装工艺设计

电堆由双极板和 MEA 依次串联叠放，然后两端加上集流板、绝缘板和端板组装而成[13]，其装配示意图如图 9-5 所示。一个双极板、一个 MEA 和所需密封件组成一个单电池，电堆由所需节数的单电池堆叠组成。因此，燃料电池堆组装工艺设计的过程中需要重点考虑以下几点：

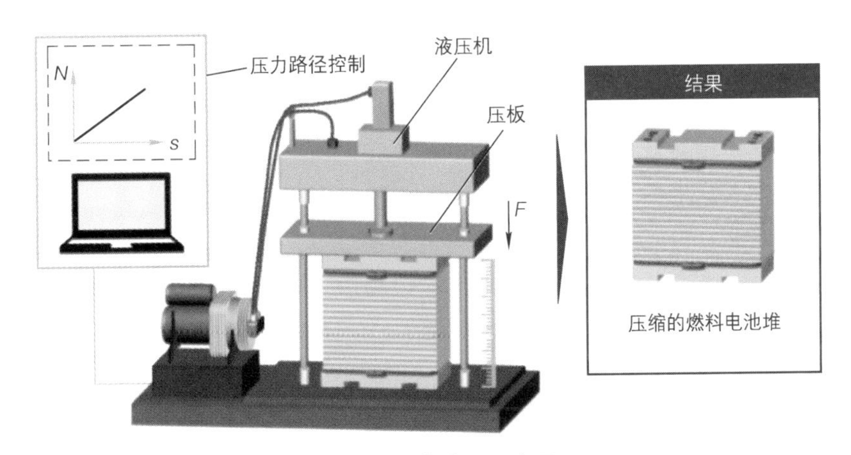

图 9-5　电堆装配示意图

1）电堆装配的工艺，其关键在于精确定位、压紧力、快速装配及其他。①精确定位：燃料电池堆由一定数量的双极板和 MEA 外加集流板、绝缘板及端板等辅助件堆叠而成。各零件之间需要精确定位。堆叠过程中为保证装配精度需要借助一定的定位工装等，目前采用的定位一般为外定位、内定位和内外定位的结合。若定位精度不够，易造成：MEA 两侧极板错位受压产生局部剪切导致失效；密封对位不准，尤其是压缩弹性密封时胶线错位，会造成胶线剪切和局部应力集中，导致密封失效，电堆不能通过测试；多节叠放，尤其现在为了追求大功率，节数达到 400 片，如果双极板或 MEA 有所错位，压紧时会产生剪切甚至横向滑移，双极板或 MEA 与定位夹具发生摩擦，易造成变形甚至损坏电堆。②压紧力：压紧力的选择须保证堆内材料不屈服的条件下实现良好的层间电接触。压紧力不足，可能造成导电、导热不良，发电时稳定性不佳和单节电压偏低等问题；压紧力过大，即使材料（如 GDL）没有发生屈服，也可能造成 GDL 突入流道、孔隙率下降，在高电流密度时供氧排水性能变差。③快速装配：装配节拍和工序复杂程度主要对电堆生产效率产生影响，从而对成本产生影响。常用的快速装配技术包括模块化设计、预装配和自动化、快速点胶技术、快速连接器，为燃料电池商业化应用提供更好的支持。④其他：目前常用的电堆装配或压机形式主要为立式，即电堆竖直叠放。但由于电堆节数增加和定位方式考量，也有一些采用一定角度的装配或水平横向装配。

2）堆叠完成后通过压机进行压装，以达到碳纸和密封所需压缩状态，压装后进行紧固装配，然后进行下线检测。燃料电池堆的产品检测是确保产品质量和性能符合要求的重要环节，一般包括：①外观检查，可以判断电堆的制造质量和装配精度是否符合要求，例如是否存在接口松动、裂纹、缺陷或污染等问题；②尺寸测量及气密性检测，可以确定电堆尺寸是否符合设计要求，例如电堆厚度、宽度和长度及压力许可值等参数；③电性能测试包括静态测试和动态测试。静态测试通常采用电化学阻抗谱（EIS）或极化曲线法来测试电极催化层和质子交换膜的电化学性能及电堆整体的输出电流和电压；动态测试通常采用负载变化法或步进法等方式进行，以评估电堆在不同负载条件下的电性能表现；④力学性能测试包括弯曲试验、拉伸试验、压缩试验等。这些测试可以评估电堆结构的稳定性、强度和刚度，从而保证电堆在使用过程中不会发生形变或失效；⑤耐久性是评估电堆长期稳定运行能力的关键因素。常用的耐久性测试方法包括加速退化试验、恒流老化试验、热循环试验等。

3）电池封装需要根据电池的实际情况进行选择，同时需要考虑到其成本、制造难度和维护方便性等问题。在封装过程中还需要注意防止电堆受到机械振动、温度变化等外界干扰，并确保其在不同环境条件下的稳定性和可靠性，包括以下封装方式：①真空封装，将电池组件置于真空环境中，通过密闭容器对其进行封装。该方法可有效防止氧化、腐蚀等问题，但需要考虑到容器材料的选用和真空维持难度；②气密封装，通过密封垫、密封胶等材料将电池组件和容器进行紧密连接，形成气密封装。该方法适用性广、维护较为方便，但需要考虑到密封材料的可靠性和耐久性；③压力封装，通过对电池组件周围施加一定氢气压力，将其与容器壁形成紧密连接，从而实现封装。该方法可以提高安全性，但需要考虑到压力控制、泄漏等问题。

电堆外部结构示意图如图 9-6 所示，电堆封装即固定电堆连接外部系统的结构。封装具有电堆防护、固定、流体供应和高低压输出连接的作用。电堆固定放置在封装设备以内，然后通过封装固定在车用系统上，并预留流体接口、高压接口、低压接口和辅助功能接口。

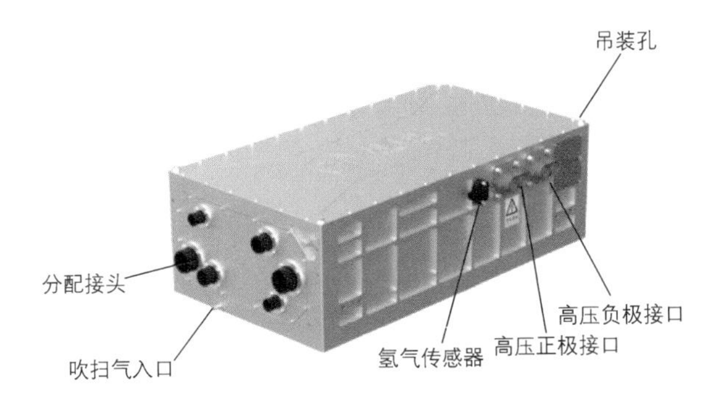

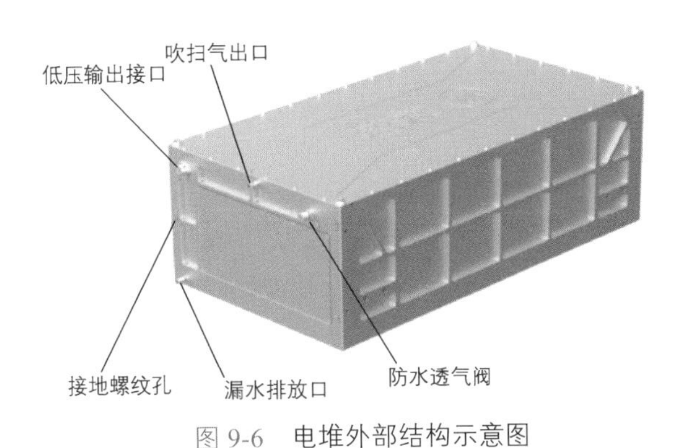

图 9-6　电堆外部结构示意图

9.8　工程验证

9.8.1　运行条件验证

燃料电池堆的实际发电性能除了受 MEA、双极板等零件设计和组装工艺的影响之外，电堆的实际运行的条件如运行温度、气体流量、压力、湿度等对其性能和可靠性也有较大的影响。运行条件与电堆初始发电性能和寿命有着紧密相关的联系。因此一般在电堆装配后会针对相关运行条件进行相关发电测试、敏感性测试和耐久性测试，来评估和找出适合电堆运行的最佳运行条件，以提供系统部件选项、搭建及运行策略等输入，电堆运行条件验证见表 9-4。

这些运行条件验证可以帮助评估燃料电池堆在实际应用场景下的可靠性和稳定性，为进一步优化电堆设计和制造提供依据，同时也可以为产品认证和规范制定提供技术支持。

表 9-4　电堆运行条件验证

序号	运行条件参数	单位	备注
1	温度	℃	电堆运行冷却液进出温度
2	气体流量	L/min	反应气体氢气和空气（氧气）的流量
3	气体压力	kPa	反应气体氢气和空气（氧气）的压力
4	气体湿度	%	反应气体氢气和空气（氧气）的加湿度
5	有 / 无氢气循环	—	是否具备氢气循环
6	氢气尾排脉冲	—	—

9.8.2　电堆发电性能验证

燃料电池堆需要在设计或用户要求的条件下进行运行测试其相关电化学性能曲线，其中条件包含电压和电流标称功率输出、温度和冷却剂流量标称热能输出、温度范围、标称燃料组分、阳极和阴极介质标称流量、阳极和阴极流体标称压力范围和相关制造商规定的标称范围内输出功率变化率。电堆在正常条件下运行，直到达到热平衡条件，需要测量和记录相关参数，见表 9-5。

表 9-5　测试所需记录参数

序号	内容
1	燃料电池堆满负荷电流时的终端电压
2	温度
3	燃料压力
4	燃料消耗速率
5	氧化剂供应流量
6	氧化剂压力
7	冷却液入口和出口温度
8	冷却液流量
9	冷却液入口和出口压力
10	燃料和氧化剂压差

电堆发电性能的好坏主要依赖于极化曲线测试。极化曲线是描述电堆输出电流和电压的关系曲线，也是连接电堆设计与系统设计的接口，是判断电堆设计是否满足要求的基础验证。极化曲线测试通过记录电堆工作点的电流和电压数据，在不同电流密度下绘制出极化曲线，以评估电堆的输出功率、效率和稳定性等指标。

9.8.3　耐久性验证

燃料电池堆的耐久性是评估其长期稳定运行能力的重要因素之一，需要进行相应的发电性能验证来评估其耐久性表现，也最能体现设计水平的高低。同时，

电堆的耐久性能也是制约燃料电池商业化的一大技术难题。耐久性的影响因素很多，如：①氢气纯度，燃料电池堆中使用的氢气纯度越高，电堆的寿命越长，因为杂质在反应中产生的过程会降低电堆的效率和寿命；②温度和湿度，燃料电池堆中，温度和湿度对电堆的稳定性和寿命具有重要影响，高温和高湿度会导致电堆催化剂失活或腐蚀等问题，水的补给和排放需要精确控制，太少会导致膜干化、降低效率，太多降低电堆的效率和寿命；③循环次数，燃料电池堆的循环次数也是影响其寿命的一个因素。随着循环次数的增加，电堆内部材料的劣化速度加快，可能导致电堆性能下降，甚至失效；④停堆时间，燃料电池堆长时间停堆后重启可能会出现启动问题，也容易引起水分析和泄漏等问题；⑤氧化还原环境，燃料电池堆需要在无氧化学环境中运行，外部环境的氧化物和其他杂质会侵蚀电堆内部组件，从而降低电堆寿命。

因此，电堆应用场景复杂程度不同，其运行条件、电流、工况等均有所不同，故针对耐久性的验证也有所不同。有针对某一条件如开路、怠速、启停过程等的耐久性研究，燃料电池变载工况循环测试流程见表 9-6。表中内容为一个燃料电池变载工况测试案例，包括启动、怠速、循环变载考核、基准电流和停堆工况。

表 9-6　燃料电池变载工况循环测试流程

步骤	工况	要求	
1	启动	前提条件	各节燃料电池电压 < 0.3V
		方式	根据实车状况模拟
2	怠速	停留时间	240s
		开始记录加载次数	
3	循环变载考核	加载始点	怠速电流
		加载过程时间	根据实车状况模拟
		加载终点	额定电流
		额定电流停留时间	2s
		减载过程	根据实车状况模拟
		减载终点	怠速电流
		怠速停留时间	15s
4	基准电流	条件	变载考核近 4h
		方法	从怠速加载到基准电流工况维持 90s，记录电压，减载至怠速工况
5	停堆工况	停机处理方式	根据实车状况模拟

除此之外，基于上述常见的行驶过程工况，为了测试轻型车辆常见行驶过程中的燃油经济性（或者续驶能力）和排放水平，也有针对某一具体工况如新欧洲行驶循环周期（New European Driving Circle，NEDC）工况和世界统一轻型车辆测试过程（Worldwide Harmonised Light Vehicle Test Procedure，WLTP）的实际耐久试验验证，各车用工况循环图谱如图 9-7 所示。

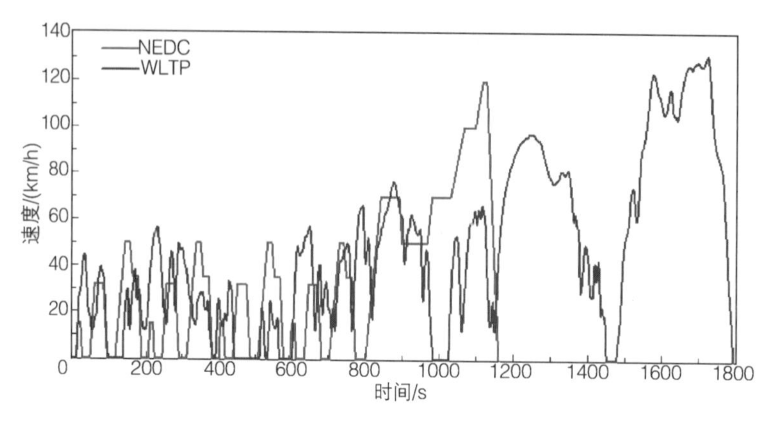

图 9-7　各车用工况循环图谱

9.8.4　可靠性验证

燃料电池可靠性受到诸多因素影响，如电堆材料的选型及制造工艺、电堆的操作条件、燃料质量等。可靠性验证主要是为了验证设计的电堆在各种极端环境下的运行可靠性，应包括“三高”（高原、高寒和高温）环境测试、振动试验、电磁兼容性（EMC）试验、防水防尘试验、氢安全测试等。燃料电池堆可靠性验证（低温冷启动）实测过程如图 9-8 所示。

1）燃料电池堆的三高环境测试是指在高温（如在 50 ~ 90℃，参考 GB/T 28046.4—2011《道路车辆　电气及电子设备的环境条件和试验　第 4 部分：气候负荷》）、高湿（如在 RH=80% ~ 98%，参考 IEC 60068-2-31：2008《环境试验　第 2-31 部分：试验　试验 Ec：粗处理冲击（主要用于设备型试样）》）和高海拔（如在 3000m 以上的高海拔）等恶劣环境条件下对电堆进行测试，在高海拔测试下由于氧气浓度随着海拔的升高而减少，因此高海拔环境测试还需要考虑氧气浓度对电堆性能的影响。三高环境测试可以帮助评估燃料电池堆在极端环境下的可靠性和稳定性，并为其应用于特定领域（如航空、航天、高原地区等）提供技术支持。同时，该测试也有助于优化电堆设计和制造过程，提升产品质量和可靠性。

图 9-8　燃料电池堆可靠性验证（低温冷启动）实测过程

2）振动试验是电堆或模块水腔、空气腔、氢气腔分别加满水、空气、氢气，压力为额定工作压力，然后参照标准要求（同济大学牵头的《燃料电池堆振动测试规范》）或应用端要求的振动强度要求进行振动试验。电堆或模块在振动台上的夹具需要按照应用场景的布置集成结构进行设计，需要按照相关要求进行安装。在振动前后分别检查电堆或模块的气密性、绝缘性和防护性是否满足要求。另外振动后观察封装壳体和封装安装固定部件是否出现裂纹、扭曲变形等缺陷，以及电堆或模块能否正常运行。

3）电磁兼容性试验包含四项，分别为电磁发射试验、电磁辐射抗扰度试验、电磁传导抗扰度试验和静电抗扰度试验。电磁发射试验参考国标 GB/T 18655—2010《车辆、船和内燃机　无线电骚扰特性　用于保护车载接收机的限值和测量方法》，电磁辐射抗扰度试验参考国标 GB/T 17619—1998《机动车电子电器组件的电磁辐射抗扰性限值和测量方法》，电磁传导抗扰度试验参考国标 GB/T 21437.2—2021《道路车辆　电气 / 电子部件对传导和耦合引起的电骚扰试验方法　第 2 部分：沿电源线的电瞬态传导发射和抗扰性》，静电抗扰度试验参考国标 GB/T 19951—2019《道路车辆　电气 / 电子部件对静放电抗扰性的试验方法》。

4）防水防尘试验即模块防止灰尘和水进入的防护等级测试，一般用 IPXX 来表示防护等级。其中第一位和第二位特征数字代表的防护等级见表 9-7。

表 9-7　第一位和第二位特征数字代表的防护等级

数字	第一位特征数字表示的防护等级		第二位特征数字表示的防护等级	
	简要说明	含义	简要说明	含义
0	无防护	—	无防护	—
1	防止直径不小于 50mm 的固定异物	直径 50mm 球形物体试具不得完全进入壳内	防止垂直方向滴水	垂直方向滴水应无有害影响
2	防止直径不小于 12.5mm 的固体异物	直径 12.5mm 的球形物体试具不得完全进入壳内	防止当外壳在 15° 范围内倾斜时垂直方向滴水	当外壳的各垂直面在 15° 范围内倾斜时，垂直滴水应无有害影响
3	防止直径不小于 2.5mm 的固体异物	直径 2.5mm 的物体试具完全不得进入壳内	防淋水	各垂直面在 60° 范围内淋水，无有害影响
4	防止直径不小于 1.0mm 的固体异物	直径 1.0mm 的物体试具完全不得进入壳内	防溅水	向外壳各方向溅水无有害影响
5	防尘	不能完全防止尘埃进入，但进入的灰尘量不得影响设备的正常运行，不得影响安全	防喷水	向外壳各方向喷水无有害影响
6	尘密	无灰尘进入	防强烈喷水	向外壳各个方向强烈喷水无有害影响
7	—	—	防短时间浸水影响	浸入规定压力的水中经规定时间后外壳进水量不致达有害程度
8	—	—	防持续潜水影响	按生产厂和用户双方同意的条件（应比特征数字为 7 时严酷）持续潜水后外壳进水量不致达有害程度

参考文献

[1] CHEN D F, PEI P C, LI Y H, et al. Proton exchange membrane fuel cell stack consistency: Evaluation methods, influencing factors, membrane electrode assembly parameters and improvement measures[J]. Energy Conversion and Management, 2022, 261: 115651.1-115651.18.

[2] THOMPSON S T, JAMES B D, HUYA-KOUADIO J M, et al. Direct hydrogen fuel cell electric vehicle cost analysis: System and high-volume manufacturing description, validation, and outlook[J]. Journal of Power Sources, 2018, 399: 304-313.

[3] CHARON E, ROUZAUD J N, ALEON J. Graphitization at low temperatures (600-1200℃) in the presence of iron implications in planetology[J]. Carbon, 2014, 66: 178-190.

[4] SONG Y X, ZHANG C Z, LING C Y, et al. Review on current research of materials, fabrication and application for bipolar plate in proton exchange membrane fuel cell[J]. International Journal of Hydrogen Energy, 2020, 45(54): 29832-29847.

[5] SMITH T L, SANTAMARIA A D, PARK J W, et al. Alloy selection and die design for stamped Proton Exchange Membrane Fuel Cell (PEMFC) bipolar plates[J]. Procedia Cirp, 2014, 14: 275-280.

[6] PENG L F, YI P Y, LAI X M. Design and manufacturing of stainless steel bipolar plates for proton exchange membrane fuel cells[J]. International Journal of Hydrogen Energy, 2014, 39(36): 21127-21153.

[7] THIRUVARUDCHELVAN S. The potential role of flexible tools in metal forming[J]. Journal of Materials Processing Technology, 2002, 122(2-3): 293-300.

[8] ZHI Y, WANG X G, WANG S, et al. A review on the rolling technology of shape flat products[J]. International Journal of Advanced Manufacturing Technology, 2018, 94(9-12): 4507-4518.

[9] ESMAEILI S, HOSSEINIPOUR S L. Experimental investigation of forming metallic bipolar plates by hot metal gas forming (HMGF)[J]. SN Applied Sciences, 2019, 1(2). http://doi.org/10.1007/s42452-019-0202-4.

[10] LI H, TSAY K, WANG H J, et al. Durability of PEM fuel cell cathode in the presence of Fe^{3+} and Al^{3+}[J]. Journal of Power Sources, 2010, 195(24): 8089-8093.

[11] WU C W, ZHANG W, HAN X, et al. A systematic review for structure optimization and clamping load design of large proton exchange membrane fuel cell stack[J]. Journal of Power Sources, 2020, 476: 228724.1-228724.28.

[12] LIN P, ZHOU P, WU C W. Multi-objective topology optimization of end plates of proton exchange membrane fuel cell stacks[J]. Journal of Power Sources, 2011, 196(3): 1222-1228.

[13] SONG K, WANG Y M, DING Y H, et al. Assembly techniques for proton exchange membrane fuel cell stack: A literature review[J]. Renewable & Sustainable Energy Reviews, 2022, 153: 111777.1-111777.28.